离散数学习题解析

屈婉玲　耿素云
王捍贫　刘　田　编著

内 容 简 介

《离散数学习题解析》一书是北京市精品教材《离散数学教程》的配套学习用书,也是北京大学的国家级精品课程"离散数学"的教学参考书。全书由集合论、图论、代数结构、组合数学、数理逻辑等五个部分组成,与《离散数学教程》的教学安排完全一致。

本书不仅对《离散数学教程》中主要章节的全部习题给出解答,并对《教程》中的重点章节补充了新的习题。这些补充题基本上选自历年教学中的测验考试题,或者研究生入学考题。此外,对于部分典型习题,本书提供了多种解题思路,并对不同的解法进行了分析。

本书不仅适合于计算机及其相关专业的本科生或者研究生,也可以供计算机专业的科技人员使用或参考。

图书在版编目(CIP)数据

离散数学习题解析/屈婉玲,耿素云,王捍贫,刘田编著. —北京:北京大学出版社,2008.1
ISBN 978-7-301-09801-1

Ⅰ.离… Ⅱ.①屈…②耿…③王…④刘… Ⅲ.离散数学－高等学校－解题 Ⅳ.O158-44

中国版本图书馆 CIP 数据核字(2005)第 119251 号

书　　　名:离散数学习题解析
著作责任者:屈婉玲等　编著
责 任 编 辑:沈承凤
封 面 设 计:张　虹
标 准 书 号:ISBN 978-7-301-09801-1/O・0667
出 版 发 行:北京大学出版社
地　　　址:北京市海淀区成府路 205 号　100871
网　　　址:http://www.pup.cn
电 子 信 箱:zpup@pup.pku.edu.cn
电　　　话:邮购部 62752015　发行部 62750672　编辑部 62765014　出版部 62754962
印 刷 者:北京虎彩文化传播有限公司
经 销 者:新华书店
　　　　　787 毫米×1092 毫米　16 开本　26 印张　646 千字
　　　　　2008 年 1 月第 1 版　2022 年 12 月第 6 次印刷
定　　　价:70.00 元

未经许可,不得以任何方式复制或抄袭本书之部分或全部内容。
版权所有,侵权必究
举报电话:(010)62752024　电子信箱:fd@pup.pku.edu.cn

前　言

作为信息科学与技术的数学基础之一,离散数学受到了越来越多的关注。ACM IEEE 2001 Computing Curricula(CC2001)和我国教育部高等教育司组织评审通过的《中国计算机科学与技术学科教程2002》(CCC2002)都把离散数学作为计算机科学与技术专业的核心课程之一。目前推出 CC2005 和 CCC2005 已经把原来的计算机科学与技术专业划分成 4 个学科方向,其中计算机科学、软件工程、计算机工程等方向也都把离散数学作为核心课程之一。

为培养具有扎实理论基础和实践能力的创新型人才,北京大学计算机科学技术系一贯重视基础课程的建设。在这种良好的环境下,离散数学教学小组总结了多年一线教学的丰富经验,在课程建设中做了大量深入的工作,取得了丰硕的成果,所讲授的离散数学课程被评为国家级精品课程。《离散数学教程》(以下简称《教程》)一书是在北京大学多年教学实践的基础上撰写的,是计算机科学技术系的主干课教材。该教材自2002年出版以来已经被多所学校选作本科生/研究生教材或研究生入学考试参考用书,并于2004年评为北京市精品教材,是国内离散数学高层次教学的重点教材之一。这本教材的特点是体系严谨、结构合理、内容丰富、深入浅出。它不仅把通常离散数学教材的集合论、图论、代数结构等内容加以拓广,而且增加了组合数学的主要内容。在叙述上基本上采用了形式化或半形式化的方法。特别是数理逻辑部分,按照本科生可以接受的目标,严格按照逻辑系统形式化的要求来组织内容,这在国内外离散数学教材中还是不多见的。(不必特别强调逻辑部分,或者每部分都强调特色)

学好离散数学的一个重要环节就是习题练习。通过大量的练习,不但能够帮助学生复习所学到的知识,深入理解有关概念,熟悉离散建模的方法与分析工具,同时对于培养学生严谨慎密的思维和逻辑推理能力有着重要的作用。为此,我们根据多年的教学积累,在《离散数学教程》一书中选配了大量的练习。这些练习完全根据课程进行设计,由浅入深,具有各种不同的难度,基本上包含了课程的所有内容。由于这本教材的定位和特点,不少练习题的类型与其他教学参考书不太一样,学生自己很难在其他书上找到相关的提示、解答或者分析。因此,许多学生特别是自学本书的学生迫切感到需要一本习题指导用书。针对这种需求,我们编写了这本《离散数学习题解析》,希望对使用这本教材的读者提供一些切实的帮助。

本书包含了《教程》中主要章节习题的全部解答,同时对《教程》中重点章节的习题做了新的补充。这些补充题基本上选自历年教学中的测验考试题,或者研究生入学考题。对于部分典型习题,本书提供了多种解题思路,并对不同的解法进行了分析。我们撰写这本参考书的原意是希望在解题技巧和能力的训练方面提供帮助,使用本书的学生应该在自己充分思考后再参阅相关的解答或分析。

本书的集合论与图论部分由耿素云、刘田完成,代数结构与组合数学部分由屈婉玲完成,数理逻辑部分由王捍贫完成。鉴于时间与水平所限,错误之处在所难免,欢迎读者批评指正。

作　者

2006年9月于北京大学

目　　录

第一章　集合 ……………………………………………………………… (1)
　Ⅰ．习题一 …………………………………………………………………… (1)
　Ⅱ．习题解答 ………………………………………………………………… (4)
　Ⅲ．补充习题 ………………………………………………………………… (16)
　Ⅳ．补充习题解答 …………………………………………………………… (19)

第二章　二元关系 ………………………………………………………… (30)
　Ⅰ．习题二 …………………………………………………………………… (30)
　Ⅱ．习题解答 ………………………………………………………………… (35)
　Ⅲ．补充习题 ………………………………………………………………… (54)
　Ⅳ．补充习题解答 …………………………………………………………… (56)

第三章　函数 ……………………………………………………………… (64)
　Ⅰ．习题三 …………………………………………………………………… (64)
　Ⅱ．习题解答 ………………………………………………………………… (66)
　Ⅲ．补充习题 ………………………………………………………………… (74)
　Ⅳ．补充习题解答 …………………………………………………………… (77)

第四章　自然数 …………………………………………………………… (82)
　Ⅰ．习题四 …………………………………………………………………… (82)
　Ⅱ．习题解答 ………………………………………………………………… (82)
　Ⅲ．补充习题 ………………………………………………………………… (85)
　Ⅳ．补充习题解答 …………………………………………………………… (86)

第五章　基数（势） ………………………………………………………… (90)
　Ⅰ．习题五 …………………………………………………………………… (90)
　Ⅱ．习题解答 ………………………………………………………………… (90)
　Ⅲ．补充习题 ………………………………………………………………… (97)
　Ⅳ．补充习题解答 …………………………………………………………… (98)

第六章　序数 ……………………………………………………………… (101)
　Ⅰ．习题六 …………………………………………………………………… (101)
　Ⅱ．习题解答 ………………………………………………………………… (102)
　Ⅲ．补充习题 ………………………………………………………………… (106)
　Ⅳ．补充习题解答 …………………………………………………………… (107)

第七章　图 ………………………………………………………………… (110)
　Ⅰ．习题七 …………………………………………………………………… (110)
　Ⅱ．习题解答 ………………………………………………………………… (111)
　Ⅲ．补充习题 ………………………………………………………………… (122)

Ⅳ．补充习题解答 ·· (124)
第八章　欧拉图与哈密顿图 ··· (129)
　　　Ⅰ．习题八 ·· (129)
　　　Ⅱ．习题八解答 ·· (130)
　　　Ⅲ．补充习题 ·· (140)
　　　Ⅳ．补充习题解答 ·· (141)
第九章　树 ··· (144)
　　　Ⅰ．习题九 ·· (144)
　　　Ⅱ．习题解答 ·· (145)
　　　Ⅲ．补充习题 ·· (156)
　　　Ⅳ．补充习题解答 ·· (156)
第十章　图的矩阵表示 ··· (160)
　　　Ⅰ．习题十 ·· (160)
　　　Ⅱ．习题解答 ·· (161)
　　　Ⅲ．补充习题 ·· (166)
　　　Ⅳ．补充习题解答 ·· (166)
第十一章　平面图 ··· (169)
　　　Ⅰ．习题十一 ·· (169)
　　　Ⅱ．习题解答 ·· (170)
　　　Ⅲ．补充习题 ·· (179)
　　　Ⅳ．补充习题解答 ·· (180)
第十二章　图的着色 ··· (182)
　　　Ⅰ．习题十二 ·· (182)
　　　Ⅱ．习题十二解答 ·· (183)
　　　Ⅲ．补充习题 ·· (190)
　　　Ⅳ．补充习题解答 ·· (191)
第十三章　支配集、覆盖集、独立集与匹配 ·· (194)
　　　Ⅰ．习题十三 ·· (194)
　　　Ⅱ．习题解答 ·· (195)
　　　Ⅲ．补充习题 ·· (197)
　　　Ⅳ．补充习题解答 ·· (198)
第十四章　带权图及其应用 ··· (201)
　　　Ⅰ．习题十四 ·· (201)
　　　Ⅱ．习题解答 ·· (202)
　　　Ⅲ．补充习题 ·· (208)
　　　Ⅳ．补充习题解答 ·· (210)
第十五章　代数系统 ··· (215)
　　　Ⅰ．习题十五 ·· (215)
　　　Ⅱ．习题解答 ·· (218)

Ⅲ．补充习题 ··· (227)
　　Ⅳ．补充习题解答 ·· (228)

第十六章　半群与独异点
　　Ⅰ．习题十六 ·· (230)
　　Ⅱ．习题解答 ·· (231)

第十七章　群
　　Ⅰ．习题十七 ·· (234)
　　Ⅱ．习题解答 ·· (238)
　　Ⅲ．补充习题 ·· (252)
　　Ⅳ．补充习题解答 ·· (253)

第十八章　环与域
　　Ⅰ．习题十八 ·· (257)
　　Ⅱ．习题解答 ·· (259)
　　Ⅲ．补充习题 ·· (267)
　　Ⅳ．补充习题解答 ·· (267)

第十九章　格与布尔代数
　　Ⅰ．习题十九 ·· (269)
　　Ⅱ．习题解答 ·· (272)
　　Ⅲ．补充习题 ·· (279)
　　Ⅳ．补充习题解答 ·· (280)

第二十章　组合存在性定理
　　Ⅰ．习题二十 ·· (282)
　　Ⅱ．习题解答 ·· (283)
　　Ⅲ．补充习题 ·· (286)
　　Ⅳ．补充习题解答 ·· (287)

第二十一章　基本的计数公式
　　Ⅰ．习题二十一 ··· (288)
　　Ⅱ．习题解答 ·· (291)
　　Ⅲ．补充习题 ·· (300)
　　Ⅳ．补充习题解答 ·· (302)

第二十二章　组合计数方法
　　Ⅰ．习题二十二 ··· (305)
　　Ⅱ．习题解答 ·· (308)
　　Ⅲ．补充习题 ·· (318)
　　Ⅳ．补充习题解答 ·· (320)

第二十三章　组合计数定理
　　Ⅰ．习题二十三 ··· (327)
　　Ⅱ．习题解答 ·· (329)
　　Ⅲ．补充习题 ·· (335)

Ⅳ．补充习题解答 ·· (336)
第二十四章　组合设计与编码 ·· (339)
　　Ⅰ．习题二十四 ·· (339)
　　Ⅱ．习题解答 ··· (340)
第二十五章　组合最优化问题 ·· (347)
　　Ⅰ．习题二十五 ·· (347)
　　Ⅱ．习题解答 ··· (348)
第二十六章　命题逻辑 ·· (350)
　　Ⅰ．习题二十六 ·· (350)
　　Ⅱ．习题解答 ··· (352)
　　Ⅲ．补充习题 ··· (382)
　　Ⅳ．补充习题解答 ·· (382)
第二十七章　一阶谓词演算 ··· (384)
　　Ⅰ．习题二十七 ·· (384)
　　Ⅱ．习题解答 ··· (387)
　　Ⅲ．补充习题 ··· (403)
　　Ⅳ．补充习题解答 ·· (404)

第一章 集 合

Ⅰ. 习题一

1. 用列举法表示下列集合.

(1) 偶素数集合；

(2) 1 至 200 的整数中完全平方数集合；

(3) 1 至 100 的整数中完全立方数集合；

(4) 非负整数集合；

(5) 24 的素因子集合；

(6) 英文字母集合.

2. 用描述法表示下列集合.

(1) 平面直角坐标系中单位圆内的点集；

(2) 正切为 1 的角集；

(3) 八进制数字集合；

(4) $x^2+y^2=z^2$ 的非负整数解集；

(5) $x^2+5x+6=0$ 的解集.

3. 确定下列的包含和属于关系是否正确.

(1) $\varnothing \subseteq \varnothing$；

(2) $\varnothing \subset \varnothing$；

(3) $\varnothing \in \varnothing$；

(4) $\varnothing \in \{\varnothing\}$；

(5) $\varnothing \subseteq \{\varnothing\}$；

(6) $\varnothing \in \{\varnothing\}$ 且 $\varnothing \subseteq \{\varnothing\}$；

(7) $\{\varnothing\} \in \{\varnothing\}$ 且 $\{\varnothing\} \subseteq \{\varnothing\}$；

(8) A 为任一集合，则 $\varnothing \subseteq P(A)$ 且 $\varnothing \in P(A)$；

(9) $\{a,b\} \subseteq \{a,b,\{a,b\}\}$；

(10) $\{a,b\} \in \{a,b,\{a,b,c\}\}$；

(11) $\{a,b\} \in \{a,b,\{\{a,b\}\}\}$.

4. 设 A,B,C 为任意三个集合，下列各命题是否为真，并证明你的结论.

(1) 若 $A \in B$ 且 $B \subseteq C$，则 $A \in C$；

(2) 若 $A \in B$ 且 $B \subseteq C$，则 $A \subseteq C$；

(3) 若 $A \subseteq B$ 且 $B \in C$，则 $A \in C$；

(4) 若 $A \subseteq B$ 且 $B \in C$，则 $A \subseteq C$.

5. 试证明属于关系不满足传递性，即对于任意的集合 A,B,C，若 $A \in B$ 且 $B \in C$，不一定有 $A \in C$ 成立.

6. 列出下列集合的各元子集,并求幂集.

(1) $\{a,b,c\}$;

(2) $\{1,\{2,3\}\}$;

(3) $\{\varnothing,\{\varnothing\}\}$;

(4) $\{\{1,2\},\{1,1,2\},\{2,1,1,2\}\}$;

(5) $\{\{\varnothing,1\},1\}$.

7. 画出下列各集合的文氏图.

(1) $\sim(A\cup B)$;

(2) $A\cap(\sim B\cup C)$;

(3) $\sim A\cap(B\cap C)$;

(4) $(A\cap B\cap C)\cup\sim(A\cup B\cup C)$.

8. 设全集 $E=\{1,2,3,4,5\},A=\{1,4\},B=\{1,2,5\},C=\{2,4\}$,求下列各集合(用列举法表示).

(1) $A\cap\sim B$;

(2) $(A\cap B)\cup\sim C$;

(3) $\sim(A\cap B)$;

(4) $\sim A\cup\sim B$;

(5) $P(A)\cap P(C)$;

(6) $P(A)-P(C)$.

9. 设 A,B,C,D 为整数集合 Z 的子集,其中,$A=\{1,2,7,8\},B=\{x\mid x^2<50\},C=\{x\mid x$ 可被 3 整除 $\wedge 0\leqslant x\leqslant 30\},D=\{x\mid x=2^k\wedge k\in Z\wedge 0\leqslant k\leqslant 6\}$.求下列各集合(用列举法表示).

(1) $A\cup B\cup C\cup D$;

(2) $A\cap B\cap C\cap D$;

(3) $B-(A\cup C)$;

(4) $(\sim A\cap B)\cup C$.

10. 设 $A=\{a\}$.判断下列的包含与属于关系是否正确.

(1) $\{\varnothing\}\in PP(A)$;

(2) $\{\varnothing\}\subseteq PP(A)$;

(3) $\{\varnothing,\{\varnothing\}\}\in PP(A)$;

(4) $\{\varnothing,\{\varnothing\}\}\subseteq PP(A)$;

(5) $\{\varnothing,\{a\}\}\in PP(A)$;

(6) $\{\varnothing,\{a\}\}\subseteq PP(A)$.

11. 设 A,B 为两个集合,证明 $A-B=A$ 当且仅当 $A\cap B=\varnothing$.

12. 寻找下列各集合等式的充分必要条件,并证明之.

(1) $(A-B)\cup(A-C)=A$;

(2) $(A-B)\cup(A-C)=\varnothing$;

(3) $(A-B)\cap(A-C)=\varnothing$;

(4) $(A-B)\cap(A-C)=A$.

13. 设 A,B,C 为任意三个集合.
(1) 证明 $(A-B)-C \subseteq A-(B-C)$；
(2) 在什么条件下，(1)中等号成立？

14. 设 A,B,C 为任意的集合，已知
$$A \cap B = A \cap C \text{ 且 } \sim A \cap B = \sim A \cap C,$$
证明 $B=C$.

15. 下列集合中哪些是彼此相等的？
$A=\{3,4\}$； $B=\{3,4\} \cup \varnothing$；
$C=\{3,4\} \cup \{\varnothing\}$； $D=\{x \mid x \in R \wedge x^2-7x+12=0\}$；
$E=\{\varnothing,3,4\}$； $F=\{3,4,4\}$； $G=\{4,\varnothing,\varnothing,3\}$.

16. 化简下列集合.
(1) $\bigcup \{\{3,4\},\{\{3\},\{4\}\},\{3,\{4\}\},\{\{3\},4\}\}$；
(2) $\bigcap \{PPP(\varnothing), PP(\varnothing), P(\varnothing), \varnothing\}$；
(3) $\bigcap \{PPP\{\varnothing\}, PP\{\varnothing\}, P\{\varnothing\}\}$.

17. 设 $\mathscr{A}=\{\{\varnothing\},\{\{\varnothing\}\}\}$，计算下列各式.
(1) $P(\mathscr{A})$； (2) $P(\bigcup \mathscr{A})$； (3) $\bigcup P(\mathscr{A})$.

18. 设 $\mathscr{B}=\{\{1,2\},\{2,3\},\{1,3\},\{\varnothing\}\}$，计算下列各式.
(1) $\bigcup \mathscr{B}$； (2) $\bigcap \mathscr{B}$； (3) $\bigcap \bigcup \mathscr{B}$； (4) $\bigcup \bigcap \mathscr{B}$.

19. 设 $\mathscr{A}=\{\{A\},\{A,B\}\}$，计算下列各式.
(1) $\bigcup \bigcup \mathscr{A}$； (2) $\bigcap \bigcap \mathscr{A}$； (3) $\bigcap \bigcup \mathscr{A} \cup (\bigcup \bigcup \mathscr{A} - \bigcup \bigcap \mathscr{A})$.

20. 设 A,B,C 为三个集合，已知 $(A \cap C) \subseteq (B \cap C)$，$(A \cap \sim C) \subseteq (B \cap \sim C)$，证明 $A \subseteq B$.

21. 设 A,B 为两个集合，试求下列各式成立的充分必要条件.
(1) $A \cap B = A$； (2) $A \cup B = A$；
(3) $A \oplus B = A$； (4) $A \cap B = A \cup B$.

22. 设 A,B,C,D 为四个集合.
(1) 已知 $A \subseteq B$ 且 $C \subseteq D$，证明 $A \cup C \subseteq B \cup D$；$A \cap C \subseteq B \cap D$.
(2) 已知 $A \subset B$ 且 $C \subset D$，$A \cup C \subset B \cup D$；$A \cap C \subset B \cap D$ 总为真吗？

23. 设 A,B,C 为三个集合，已知 $A \oplus B = A \oplus C$，证明 $B=C$.

24. A,B,C 为三个集合，证明：
$$(A-B)-C = (A-C)-B = A-(B \cup C) = (A-C)-(B-C).$$

25. 化简下列各式.
(1) $(A \cap B) \cup (A-B)$；
(2) $A \cup (B-A) - B$；
(3) $((A \cup B \cup C) \cap (A \cup B)) - ((A \cup (B-C)) \cap A)$.

26. 设 A,B,C 为任意集合，证明：
(1) $A \subseteq C \wedge B \subseteq C$ 当且仅当 $A \cup B \subseteq C$；
(2) $C \subseteq A \wedge C \subseteq B$ 当且仅当 $C \subseteq A \cap B$.

27. 设 A 为任意集合，证明 $\{\varnothing,\{\varnothing\}\} \in PPP(A)$，并且 $\{\varnothing,\{\varnothing\}\} \subseteq PPP(A)$.

28. 设 A,B 为集合，E 是全集，证明下面命题是等价的.
(1) $A \subseteq B$；

(2) $\sim B \subseteq \sim A$；
(3) $\sim A \cup B = E$；
(4) $A - B \subseteq \sim A$；
(5) $A - B \subseteq B$.

29. 设 $\mathscr{A}, \mathscr{B}$ 是非空的集族，且 $\mathscr{A} \cap \mathscr{B} \neq \varnothing$，证明：
$$(\cap \mathscr{A}) \cap (\cap \mathscr{B}) \subseteq \cap (\mathscr{A} \cap \mathscr{B}).$$

30. 设 A, B 为两个集合，证明：
(1) $P(A) \cap P(B) = P(A \cap B)$；
(2) $P(A) \cup P(B) \subseteq P(A \cup B)$.

31. 求 1 到 250 这 250 个整数中，至少能被 2,3,5,7 之一整除的数的个数.

32. 75 名儿童到游乐场去玩. 他们可以骑旋转木马，坐滑行铁道，乘宇宙飞船，已知其中 20 人这三种东西都玩过，其中 55 人至少乘坐过其中的两种. 若每样乘坐一次的费用是 5 元，游乐场总收入 700 元，试确定有多少儿童没有乘坐其中任何一种.

33. 设 $\{A_k\}$ 为一个集合列，其中 $A_k = \left[0, 1 + \dfrac{1}{k}\right], k = 1, 2, \cdots$，求 $\overline{\lim\limits_{k \to \infty}} A_k$ 和 $\underline{\lim\limits_{k \to \infty}} A_k$. $\{A_k\}$ 收敛吗？

34. 设 $A_{11} = [0, 1]$，$A_{21} = \left[0, \dfrac{1}{2}\right]$，$A_{22} = \left[\dfrac{1}{2}, 1\right]$，$\cdots$，$A_{ki} = \left[\dfrac{i-1}{k}, \dfrac{i}{k}\right]$，$i = 1, 2, \cdots, k$，$k = 1, 2, \cdots$. 令 $B_1 = A_{11}$，$B_2 = A_{21}$，$B_3 = A_{22}$，$\cdots$，求集合列 $\{B_k\}$ 的上、下极限.

35. 设 $A_{2k} = \left[0, \dfrac{1}{2k}\right], k = 1, 2, \cdots$，$A_{2k+1} = [0, 2k+1], k = 0, 1, 2, \cdots$，求集合列的上、下极限.

Ⅱ. 习题解答

1. 设 (1)~(6) 中集合分别为 A, B, C, D, E, F，则
(1) $A = \{2\}$；
(2) $B = \{1, 4, 9, 16, 25, 36, 49, 64, 81, 100, 121, 144, 169, 196\}$
$= \{1^2, 2^2, 3^2, 4^2, 5^2, 6^2, 7^2, 8^2, 9^2, 10^2, 11^2, 12^2, 13^2, 14^2\}$；
(3) $C = \{1, 8, 27, 64\} = \{1^3, 2^3, 3^3, 4^3\}$；
(4) $D = \{0, 1, 2, \cdots\}$；
(5) $E = \{2, 3\}$；
(6) $F = \{a, b, c, \cdots, x, y, z\}$.

2. 设 (1)~(5) 中集合分别为 A, B, C, D, E，则
(1) $A = \{(x, y) \mid x, y \in R \wedge x^2 + y^2 < 1\}$；另外，$\{(x, y) \mid x, y \in R \wedge x^2 + y^2 \leqslant 1\}$ 为平面直角坐标系中单位圆内及单位圆上的点集，而 $\{(x, y) \mid x, y \in R \wedge x^2 + y^2 > 1\}$ 为平面直角坐标系中单位圆外的点集.
(2) $B = \{x \mid x \in R \wedge x = \dfrac{\pi}{4} + k\pi, k = 0, \pm 1, \pm 2, \cdots\}$.
(3) $C = \{x \mid x \in N \wedge 0 \leqslant x \leqslant 7\}$.
(4) $D = \{(x, y, z) \mid x, y, z \in N \wedge x^2 + y^2 = z^2\}$.

(5) $E=\{x\,|\,x\in R \wedge x^2+5x+6=0\}$,其实,$E=\{-2,-3\}$.

3. 正确的为(1),(4),(5),(6),(8),(9).

4. (1)为真;(2),(3),(4)为假.对正确推理给出证明,对不正确的推理只需给出反例即可.
(1) 证明太简单(略);
(2) 取 $A=\{a\}$,$B=\{\{a\},\{b\}\}$,$C=\{\{a\},\{b\},\{c\}\}$,则 $A\in B\subseteq C$,但 $A\nsubseteq C$;
(3) 取 $A=\{a\}$,$B=\{a,\{b\}\}$,$C=\{\{a,\{b\}\},c\}$,则 $A\subseteq B \wedge B\in C$,但 $A\notin C$;
(4) 取 $A=\{a\}$,$B=\{a,b\}$,$C=\{\{a,b\},c\}$,则 $A\subseteq B \wedge B\in C$,但 $A\nsubseteq C$.

5. 只需举反例即可.
取 $A=\{a\}$,$B=\{\{a\},\{b\}\}$,$C=\{\{\{a\},\{b\}\},c\}$,显然有 $A\in B \wedge B\in C$,但 $A\notin C$.

6. 设(1)~(6)的集合分别为 A,B,C,D,E,F.
(1) 0 元子集:$\varnothing$;
　　1 元子集:$\{a\},\{b\},\{c\}$;
　　2 元子集:$\{a,b\},\{a,c\},\{b,c\}$;
　　3 元子集:$\{a,b,c\}$;
　　$P(A)=\{\varnothing,\{a\},\{b\},\{c\},\{a,b\},\{a,c\},\{b,c\},\{a,b,c\}\}$.
(2) 0 元子集:$\varnothing$;
　　1 元子集:$\{1\},\{\{2,3\}\}$;
　　2 元子集:$\{1,\{2,3\}\}$;
　　$P(B)=\{\varnothing,\{1\},\{\{2,3\}\},\{1,\{2,3\}\}\}$.
(3) 0 元子集:$\varnothing$;
　　1 元子集:$\{\varnothing\},\{\{\varnothing\}\}$;
　　2 元子集:$\{\varnothing,\{\varnothing\}\}$;
　　$P(B)=\{\varnothing,\{\varnothing\},\{\{\varnothing\}\},\{\varnothing,\{\varnothing\}\}\}$.
(4) 0 元子集:$\varnothing$;
　　1 元子集:$\{\{1,2\}\}$;
　　$P(D)=\{\varnothing,\{\{1,2\}\}\}$.
　　注意:$D=\{\{1,2\}\}$.
(5) 0 元子集:$\varnothing$;
　　1 元子集:$\{\{\varnothing,1\}\},\{1\}$;
　　2 元子集:$\{\{\varnothing,1\},1\}$;
　　$P(E)=\{\varnothing,\{\{\varnothing,1\}\},\{1\},\{\{\varnothing,1\},1\}\}$.

7. (1),(2),(3),(4)中的文氏图分别由图 1.1 中(a),(b),(c),(d)给出.

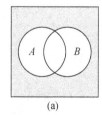 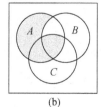 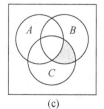 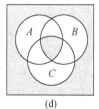

　　(a)　　　　　　(b)　　　　　　(c)　　　　　　(d)

图 1.1

图中阴影部分表示所求集合.

8. (1) $A\cap \sim B=\{4\}$；

(2) $(A\cap B)\cup \sim C=\{1,3,5\}$；

(3) $\sim(A\cap B)=\{2,3,4,5\}$；

(4) $\sim A\cup \sim B=\{2,3,4,5\}$；

(5) $P(A)\cap P(C)=\{\varnothing,\{4\}\}$；

(6) $P(A)-P(C)=\{\{1\},\{1,4\}\}$.

9. 解本题应首先求出集合 B,C,D 的列举法表示：

$$B=\{-7,-6,-5,-4,-3,-2,-1,0,1,2,3,4,5,6,7\};$$
$$C=\{0,3,6,9,12,15,18,21,24,27,30\};$$
$$D=\{1,2,4,8,16,32,64\}.$$

(1) $A\cup B\cup C\cup D=\{-7,-6,-5,-4,-3,-2,-1,0,1,2,3,4,5,6,7,8,9,12,15,16,18,21,24,27,30,32,64\}$；

(2) $A\cap B\cap C\cap D=\varnothing$；

(3) $B-(A\cup C)=\{-7,-6,-5,-4,-3,-2,-1,4,5\}$；

(4) $(\sim A\cap B)\cup C=\{-7,-6,-5,-4,-2,-1,0,3,4,5,6,9,12,15,18,21,24,27,30\}$.

10. 注意：$PP(A)=\{\varnothing,\{\varnothing\},\{\{a\}\},\{\varnothing,\{a\}\}\}$. 正确的包含与属于关系为：(1),(2),(4),(5).

11. 方法一：集合演算.

"$\Rightarrow$" $A\cap B$

    $=(A-B)\cap B$ (已知 $A=A-B$)

    $=(A\cap \sim B)\cap B$ (补交转换律)

    $=A\cap(\sim B\cap B)$ (结合律)

    $=A\cap \varnothing$ (矛盾律)

    $=\varnothing$；   (零律)

"$\Leftarrow$" A

    $=A\cap E$ (同一律)

    $=A\cap(B\cup \sim B)$ (排中律)

    $=(A\cap B)\cup(A\cap \sim B)$ (分配律)

    $=\varnothing \cup(A\cap \sim B)$ (已知 $A\cap B=\varnothing$)

    $=A\cap \sim B$ (同一律)

    $=A-B.$ (补交转换律)

方法二：用集合运算的定义证.

"$\Rightarrow$"   使用反证法. 假设 $A\cap B\neq \varnothing$，则 $\exists x_0$，

$x_0\in A\cap B \Leftrightarrow x_0\in A\wedge x_0\in B$

    $\Leftrightarrow x_0\in(A-B)\wedge x_0\in B$ (已知 $A=A-B$)

    $\Leftrightarrow x_0\in A\wedge x_0\notin B\wedge x_0\in B$ (补运算定义)

    $\Rightarrow x_0\notin B\wedge x_0\in B,$ (化简律)

显然这是个矛盾.

"⇐" 只需证明 $A-B\subseteq A$ 且 $A\subseteq A-B$.

$A-B\subseteq A$ 是显然的,下面证 $A\subseteq A-B$. $\forall x$,

$x\in A \Leftrightarrow x\in A \wedge (x\in B \vee x\notin B)$ ($x\in B \vee x\notin B$ 为真命题)

$\Leftrightarrow (x\in A \wedge x\in B) \vee (x\in A \wedge x\notin B)$ (分配律)

$\Leftrightarrow (x\in A\cap B) \vee (x\in A-B)$ (交运算定义,补运算定义)

$\Rightarrow (x\in \varnothing) \vee (x\in A-B)$ (已知 $A\cap B=\varnothing$)

$\Leftrightarrow x\in A-B$, ($x\in \varnothing$ 为假命题,同一律)

所以,$A\subseteq A-B$,于是有 $A=A-B$(当 $A\cap B=\varnothing$ 时).

12. 本题中找到的充分必要条件的形式不唯一(可利用文氏图来发现这些充要条件). 下面给每小题一个充要条件,并证明之. 充要条件用符号化的形式给出,即"⇔".

(1) $(A-B)\cup(A-C)=A \Leftrightarrow A\cap B\cap C=\varnothing$;

(2) $(A-B)\cup(A-C)=\varnothing \Leftrightarrow A\subseteq(B\cap C)$;

(3) $(A-B)\cap(A-C)=\varnothing \Leftrightarrow A\subseteq(B\cup C)$;

(4) $(A-B)\cap(A-C)=A \Leftrightarrow A\cap(B\cup C)=\varnothing$.

利用下面两个命题证明(1)~(4)较为方便.

命题 1 $A\cap B=A \Leftrightarrow A\subseteq B$ ($A\cup B=A \Leftrightarrow B\subseteq A$).

证 在习题 21(1)(2)的解答中.

命题 2 $A\cap B=\varnothing \Leftrightarrow A\subseteq \sim B$.

证 "⇒" $\forall x$, $x\in A$

$\Rightarrow x\notin B$ (因为 $A\cap B=\varnothing$)

$\Leftrightarrow x\in \sim B$,

所以,由 $A\cap B=\varnothing$,得证 $A\subseteq \sim B$.

"⇐" $A\subseteq \sim B$

$\Leftrightarrow A\cap \sim B=A$, (命题 1)

于是

$$A\cap B=(A\cap \sim B)\cap B=A\cap(\sim B\cap B)=A\cap \varnothing=\varnothing.$$

下面证明本题中的(1)~(4).

(1) $(A-B)\cup(A-C)=A$

$\Leftrightarrow (A\cap \sim B)\cup(A\cap \sim C)=A$

$\Leftrightarrow A\cap(\sim B\cup \sim C)=A$

$\Leftrightarrow A\cap \sim(B\cap C)=A$

$\Leftrightarrow A\subseteq \sim(B\cap C)$ (命题 1)

$\Leftrightarrow A\cap(B\cap C)=\varnothing$ (命题 2)

$\Leftrightarrow A\cap B\cap C=\varnothing$;

(2) $(A-B)\cup(A-C)=\varnothing$

$\Leftrightarrow (A\cap \sim B)\cup(A\cap \sim C)=\varnothing$

$\Leftrightarrow A\cap \sim(B\cap C)=\varnothing$

$\Leftrightarrow A\subseteq \sim\sim(B\cap C)$ (命题 2)

$\Leftrightarrow A \subseteq (B \cap C)$；

(3) $(A-B) \cap (A-C) = \varnothing$

$\Leftrightarrow (A \cap \sim B) \cap (A \cap \sim C) = \varnothing$

$\Leftrightarrow A \cap \sim B \cap \sim C = \varnothing$

$\Leftrightarrow A \cap \sim (B \cup C) = \varnothing$

$\Leftrightarrow A \subseteq \sim \sim (B \cup C)$ （命题2）

$\Leftrightarrow A \subseteq (B \cup C)$；

(4) $(A-B) \cap (A-C) = A$

$\Leftrightarrow (A \cap \sim B) \cap (A \cap \sim C) = A$

$\Leftrightarrow A \cap \sim B \cap \sim C = A$

$\Leftrightarrow A \cap \sim (B \cup C) = A$

$\Leftrightarrow A \subseteq \sim (B \cup C)$ （命题1）

$\Leftrightarrow A \cap (B \cup C) = \varnothing$. （命题2）

13. (1) 可以用多种方法证明 $(A-B)-C \subseteq A-(B-C)$. 这里用集合演算证明之.

左 $= (A-B)-C$

$\quad = (A \cap \sim B) \cap \sim C$ （补交转换律）

$\quad \subseteq A \cap \sim B$

$\quad = A-B$；

右 $= A-(B-C)$

$\quad = A \cap \sim (B \cap \sim C)$

$\quad = A \cap (\sim B \cup C)$

$\quad = (A \cap \sim B) \cup (A \cap C)$ （分配律）

$\quad = (A-B) \cup (A \cap C)$.

显然有左 $\subseteq$ 右.

(2) 下面给出一个充要条件（可以利用文氏图来发现这个条件）：

$$(A-B)-C = A-(B-C) \Leftrightarrow A \cap C = \varnothing.$$

利用补交转换律和分配律容易得出

$$(A-B)-C = (A-B) \cap (A-C),$$
$$A-(B-C) = (A-B) \cup (A \cap C),$$

于是，

$$(A-B)-C = A-(B-C) \Leftrightarrow A \cap C = \varnothing$$

转化为

$$(A-B) \cap (A-C) = (A-B) \cup (A \cap C) \Leftrightarrow A \cap C = \varnothing.$$

"$\Rightarrow$" 用反证法证明 $A \cap C = \varnothing$，否则 $\exists x_0 \in A \cap C$，易知 $x_0 \in (A-B) \cup (A \cap C)$，但 $x_0 \notin (A-B) \cap (A-C)$，这与 $(A-B) \cap (A-C) = (A-B) \cup (A \cap C)$ 矛盾.

"$\Leftarrow$" $(A-B) \cup (A \cap C) = A-B$， （因为 $A \cap C = \varnothing$）

而

$(A-B) \cap (A-C) = (A-B) \cap A$ （因为 $A \cap C = \varnothing$, 以及 11 题）

$\quad = A-B$. （因为 $A-B \subseteq A$）

综上所述充分性得证.

14. 方法一：集合演算.

$B = E \cap B$ （E 为全集）
$= (A \cup \sim A) \cap B$ （排中律）
$= (A \cap B) \cup (\sim A \cap B)$ （分配律）
$= (A \cap C) \cup (\sim A \cap C)$ （已知条件）
$= (A \cup \sim A) \cap C$ （分配律）
$= E \cap C$ （排中律）
$= C.$ （同一律）

方法二：用定义进行逻辑演算.

$\forall x,$
$x \in B \Leftrightarrow (x \in A \vee x \in \sim A) \wedge x \in B$ （排中律）
$\Leftrightarrow (x \in A \wedge x(B)) \vee (x \in \sim A \wedge x \in B)$ （分配律）
$\Leftrightarrow x \in A \cap B \vee x \in \sim A \cup B$ （交运算定义）
$\Leftrightarrow x \in A \cap C \vee x \in \sim A \cup C$ （已知条件）
$\Leftrightarrow (x \in A \wedge x \in C) \vee (x \in \sim A \wedge x \in C)$ （交运算定义）
$\Leftrightarrow (x \in A \vee x \in \sim A) \wedge x \in C$ （分配律）
$\Leftrightarrow x \in C.$ （排中律，同一律）

由定义可知
$$B = C.$$

15. $A = B = D = F$, $C = E = G$.

16. (1) $\{3, 4, \{3\}, \{4\}\}$；

(2) $\varnothing$；

(3) $\{\varnothing, \{\varnothing\}\}$.

17. (1) $P(\mathscr{A}) = \{\varnothing, \{\{\varnothing\}\}, \{\{\{\varnothing\}\}\}, \mathscr{A}\}$；

(2) $P(\bigcup \mathscr{A}) = P\{\varnothing, \{\varnothing\}\} = \{\varnothing, \{\varnothing\}, \{\{\varnothing\}\}, \{\varnothing, \{\varnothing\}\}\}$；

(3) $\bigcup P(\mathscr{A}) = \{\{\varnothing\}, \{\{\varnothing\}\}\} = \mathscr{A}$.

18. (1) $\bigcup \mathscr{B} = \{1, 2, 3, \varnothing\}$；

(2) $\bigcap \mathscr{B} = \varnothing$；

(3) $\bigcap \bigcup \mathscr{B} = \varnothing$；

(4) $\bigcup \bigcap \mathscr{B} = \varnothing$.

19. (1) $\bigcup \bigcup \mathscr{A} = A \cup B$；

(2) $\bigcap \bigcap \mathscr{A} = A$；

(3) $\bigcap \bigcup \mathscr{A} \cup (\bigcup \bigcup \mathscr{A} - \bigcup \bigcap \mathscr{A}) = B$.

注意：$(A \cap B) \cup ((A \cup B) - A) = B$.

20. 方法一：集合演算.

$A = A \cap (C \cup \sim C)$
$= (A \cap C) \cup (A \cap \sim C)$
$\subseteq (B \cap C) \cup (B \cap \sim C)$ （由已知条件）

$$= B \cap (C \cup \sim C)$$
$$= B. \qquad \text{(同一律)}$$

方法二：用定义证明 $A \subseteq B$.

$\forall x$,

$x \in A \Leftrightarrow x \in A \wedge (x \in C \vee x \in \sim C)$

$\qquad \Leftrightarrow (x \in A \wedge x \in C) \vee (x \in A \wedge x \in \sim C)$

$\qquad \Leftrightarrow x \in A \cap C \vee x \in A \cap \sim C$

$\qquad \Rightarrow x \in B \cap C \vee x \in B \cap \sim C \qquad$ （由已知条件 $A \subseteq B$）

$\qquad \Leftrightarrow (x \in B \wedge x \in C) \vee (x \in B \wedge x \in \sim C)$

$\qquad \Leftrightarrow x \in B \wedge (x \in C \vee x \in \sim C)$

$\qquad \Leftrightarrow x \in B$,

所以，
$$A \subseteq B.$$

21. (1) $A \cap B = A \Leftrightarrow A \subseteq B$;

(2) $A \cup B = A \Leftrightarrow B \subseteq A$;

(3) $A \oplus B = A \Leftrightarrow A = \varnothing$；

(4) $A \cap B = A \cup B \Leftrightarrow A = B$.

证 (1)和(2)的结论已在 12 题中用过了.

(1) "$\Rightarrow$" $\forall x$,

$\quad x \in A$

$\Rightarrow x \in A \cap B \qquad$ （因为 $A \cap B = A$）

$\Leftrightarrow x \in A \wedge x \in B$

$\Rightarrow x \in B$, $\qquad$ （化简律）

所以，由 $A \cap B = A$,得证 $A \subseteq B$.

"$\Leftarrow$" $A \cap B \subseteq A$ 是显然的,下面证 $A \subseteq A \cap B$. $\forall x$,

$\quad x \in A$

$\Rightarrow x \in A \wedge x \in B \qquad$ （因为 $A \subseteq B$）

$\Leftrightarrow x \in A \cap B$,

所以，由 $A \subseteq B$,得证 $A \cap B = A$.

(2) 类似可证 $A \cup B = A \Leftrightarrow B \subseteq A$.

(3) 注意到

$\quad A \oplus B = A$

$\Leftrightarrow (A - B) \cup (B - A) = (A \cup B) - (A \cap B) = A$, $\qquad$ (*)

证 "$\Rightarrow$" 用反证法，若 $A \oplus B = A$, 而 $B \neq \varnothing$, 则 $\exists x_0$,

$$x_0 \in B \Leftrightarrow x_0 \in B \wedge (x_0 \in A \vee x_0 \notin A)$$
$$\Leftrightarrow (x_0 \in B \wedge x_0 \in A) \vee (x_0 \in B \wedge x_0 \notin A).$$

讨论：

① $x_0 \in B \wedge x_0 \in A$

$\Leftrightarrow x_0 \in A \cap B$

$\Leftrightarrow x_0 \notin A \oplus B$ （见（*）式）

$\Rightarrow x_0 \notin A$,   （见（*）式）

这就推出 $x_0 \in A$ 与 $x_0 \notin A$ 的矛盾.

② $x_0 \in B \wedge x_0 \notin A$

$\Rightarrow x_0 \in B - A$

$\Rightarrow x_0 \in A \oplus B$ （见（*）式）

$\Rightarrow x_0 \in A$,   （见（*）式）

推出同样的矛盾.

由①与②可知，$B = \varnothing$.

"$\Leftarrow$" 若 $B = \varnothing$，由对称差运算定义可知 $A \oplus B = A$.

(4) "$\Rightarrow$" 用反证法，已知 $A \cap B = A \cup B$，若 $A \neq B$，则 $\exists x$,

$$(x \in A \wedge x \notin B) \vee (x \notin A \wedge x \in B) \Rightarrow x \in A \cup B \wedge x \notin A \cap B,$$

这与 $A \cap B = A \cup B$ 矛盾.

"$\Leftarrow$" 显然.

22. (1) $\forall x$,

$x \in A \cup C$

$\Leftrightarrow x \in A \vee x \in C$

$\Rightarrow x \in B \vee x \in D$ （因为 $A \subseteq B$ 且 $C \subseteq D$）

$\Leftrightarrow x \in B \cup D$,

所以，$A \cup C \subseteq B \cup D$.

(2) 不一定为真. 举反例如下：

取 $A = \{x \mid x \in \mathbf{N} \wedge x \text{ 为奇数}\}$，$B = \mathbf{N}$，则 $A \subset B$；取 $C = \{x \mid x \in \mathbf{N} \wedge x \text{ 为偶数}\}$，$D = \mathbf{N}$，则 $C \subset D$. 此时，$A \cup C = B \cup D = \mathbf{N}$，而不是 $A \cup C \subset B \cup D$.

又取 $A = C = \varnothing$，$B = \{1, 2, 3\}$，$D = \{4, 5, 6\}$，则 $A \cap C = B \cap D = \varnothing$，而不是 $A \cap C \subset B \cap D$.

23. 证明本题利用集合演算较为方便. 在演算中利用 $A \oplus A = \varnothing$，$\varnothing \oplus A = A \oplus \varnothing = A$.

由 $A = A$，$A \oplus B = A \oplus C$ 以及 $\oplus$ 运算有结合律，可得

$$A \oplus (A \oplus B) = A \oplus (A \oplus C)$$
$$\Rightarrow (A \oplus A) \oplus B = (A \oplus A) \oplus C$$
$$\Rightarrow \varnothing \oplus B = \varnothing \oplus C$$
$$\Rightarrow B = C.$$

24. 证明本题使用集合演算比较方便. 在演算中使用补交转换律，以及集合之间的相等关系具有传递性.

(1) 证明：$(A - B) - C = (A - C) - B$：

$(A - B) - C$

$= (A \cap \sim B) \cap \sim C$ （补交转换律）

$= (A \cap \sim C) \cap \sim B$ （交换律，结合律）

$= (A - C) - B$；   （补交转换律）

(2) 证明：$(A - C) - B = A - (B \cup C)$：

$(A - C) - B$

$= (A \cap \sim C) \cap \sim B$ （补交转换律）
$= A \cap (\sim B \cap \sim C)$ （交换律，结合律）
$= A \cap \sim (B \cup C)$ （德·摩根律）
$= A - (B \cup C)$; （补交转换律）

(3) 证明：$A - (B \cup C) = (A - C) - (B - C)$：
  $(A - C) - (B - C)$
$= (A \cap \sim C) \cap \sim (B \cap \sim C)$ （补交转换律）
$= (A \cap \sim C) \cap (\sim B \cup C)$ （德·摩根律）
$= (A \cap \sim C \cap \sim B) \cup (A \cap \sim C \cap C)$ （分配律）
$= A \cap \sim (B \cup C) \cup \varnothing$ （结合律，德·摩根律，矛盾律）
$= A - (B \cup C)$. （补交转换律，同一律）

也可以从左往右证.

25. (1) $(A \cap B) \cup (A - B)$
$= (A \cap B) \cup (A \cap \sim B)$ （补交转换律）
$= A \cap (B \cup \sim B)$ （分配律）
$= A \cap E$ （排中律，E 为全集）
$= A$. （同一律）

注意 $B \cup \sim B = E$. （E 为全集）

(2) $A \cup (B - A) - B$
$= (A \cup (B \cap \sim A)) \cap \sim B$ （补交转换律）
$= (A \cap \sim B) \cup (B \cap \sim A \cap \sim B)$ （分配律）
$= (A - B) \cup \varnothing$ （补交转换律，矛盾律，零律）
$= A - B$. （同一律）

(3) $((A \cup B \cup C) \cap (A \cup B)) - ((A \cup (B - C)) \cap A)$
$= (A \cup B) - ((A \cup (B - C)) \cap A)$ （吸收律）
$= (A \cup B) - A$ （吸收律）
$= (A \cup B) \cap \sim A$ （补交转换律）
$= (A \cap \sim A) \cup (B \cap \sim A)$ （分配律）
$= B \cap \sim A$ （矛盾律，同一律）
$= B - A$ （补交转换律）
$= A - B$. （同一律）

26. (1) "$\Rightarrow$" $\forall x$,
  $x \in A \cup B$
$\Leftrightarrow x \in A \vee x \in B$
$\Rightarrow x \in C \vee x \in C$ （已知 $A \subseteq C \wedge B \subseteq C$）
$\Leftrightarrow x \in C$, （幂等律）

所以，$A \cup B \subseteq C$.

  "$\Leftarrow$" $\forall x$,
  $x \in A$

$\Rightarrow x \in A \vee x \in B$ （附加律）
$\Leftrightarrow x \in A \cap B$
$\Rightarrow x \in C$, （已知 $A \subseteq C \wedge B \subseteq C$）

所以，$A \subseteq C$. 类似可证 $B \subseteq C$.

(2) "$\Rightarrow$" $\forall x$,
   $x \in C$
$\Rightarrow x \in A \wedge x \in B$ （已知 $C \subseteq A \wedge C \subseteq B$）
$\Leftrightarrow x \in A \cap B$,

所以，$C \subseteq A \cap B$.

"$\Leftarrow$" $\forall x$,
   $x \in C$
$\Rightarrow x \in A \cap B$ （已知 $C \subseteq A \cap B$）
$\Leftrightarrow x \in A \wedge x \in B$,

由此可得 $C \subseteq A \wedge C \subseteq B$.

27. 证明本题，只需注意空集$\varnothing$为任意集合的子集，以及幂集的定义.

(1) 由于空集$\varnothing$是一切集合的子集，所以
$$\varnothing \in P(A) \wedge \varnothing \in PP(A) \wedge \varnothing \in PPP(A);$$

(2) 由幂集的定义及①可知
$$\varnothing \in PP(A) \wedge \{\varnothing\} \in PPP(A) \wedge \varnothing \in PPP(A);$$

(3) 由(2)及幂集定义可知
$$\varnothing \in PPP(A) \wedge \{\varnothing\} \in PPP(A) \wedge \{\varnothing, \{\varnothing\}\} \in PPP(A),$$

即$\varnothing, \{\varnothing\}, \{\varnothing, \{\varnothing\}\}$分别为$PPP(A)$的零元子集，1元子集和2元子集. 由于$\{\varnothing, \{\varnothing\}\}$的元素均在$PPP(A)$中，所以$\{\varnothing, \{\varnothing\}\} \subseteq PPP(A)$，又因为$\{\varnothing, \{\varnothing\}\}$在$PPP(A)$中，故$\{\varnothing, \{\varnothing\}\} \in PPP(A)$.

28. 证本题只需注意全集、子集的定义，用定义进行逻辑演算较为方便. 只需证明(1)$\Rightarrow$(2)$\Rightarrow$(3)$\Rightarrow$(4)$\Rightarrow$(5)$\Rightarrow$(1).

(1)$\Rightarrow$(2) $\forall x$,
$x \in \sim B \Rightarrow x \notin B \Rightarrow x \notin A$ （因为 $A \subseteq B$）
$\Rightarrow x \in \sim A$,

所以，$\sim B \subseteq \sim A$.

(2)$\Rightarrow$(3) $\sim A \cup B \subseteq E$ 显然，下面证明 $E \subseteq \sim A \cup B$.

$\forall x$,
$x \in E \Rightarrow x \in \sim B \vee x \in B$
$\Rightarrow x \in \sim A \vee x \in B$ （因为$\sim B \subseteq \sim A$）
$\Rightarrow x \in \sim A \cup B$,

所以，$E \subseteq \sim A \cup B$，从而证明了$\sim A \cup B = E$.

(3)$\Rightarrow$(4) （集合演算比较方便）
$\sim A \cup B = E$
$\Rightarrow \sim(\sim A \cup B) = \varnothing$

$\Leftrightarrow A \cap \sim B = \varnothing$

$\Leftrightarrow A - B = \varnothing$

$\Rightarrow \varnothing = A - B \subseteq \sim A.$ （因为空集是一切集合的子集）

(4) $\Rightarrow$ (5) （集合演算比较方便）

$$A - B \subseteq A \quad \text{（这是显然的）} \qquad ①$$

又已知 $\quad A - B \subseteq \sim A \quad ((4)) \qquad ②$

由①与②可知，

$(A - B) \cap (A - B) = A - B \subseteq A \cap \sim A = \varnothing$

$\Rightarrow \varnothing = A - B \subseteq B.$ （$\varnothing$ 是一切集合的子集）

(5) $\Rightarrow$ (1) 用反证法比较方便，否则，$A \not\subseteq B$，则必 $\exists x_0$，

$x_0 \in A \land x_0 \notin B \Rightarrow x_0 \in A - B \Rightarrow x_0 \in B$, （因为 $A - B \subseteq B$）

$x_0 \notin B$ 与 $x_0 \in B$ 是个矛盾，所以当 $A - B \subseteq B$，必有 $A \subseteq B$.

29. 由于 $\mathscr{A} \cap \mathscr{B} \neq \varnothing$，保证 $\mathscr{A} \neq \varnothing, \mathscr{B} \neq \varnothing$，因而 $\cap \mathscr{A}, \cap \mathscr{B}, \cap (\mathscr{A} \cap \mathscr{B})$ 均有意义。下面给出证明.

$\forall x$,

$x \in \cap \mathscr{A} \Leftrightarrow \forall z (z \in \mathscr{A} \to x \in z)$

$\Rightarrow \forall z (z \in \mathscr{A} \cap \mathscr{B} \to x \in z)$ （因为 $\mathscr{A} \cap \mathscr{B} \subseteq \mathscr{A}$）

$\Leftrightarrow x \in \cap (\mathscr{A} \cap \mathscr{B})$,

所以 $\cap \mathscr{A} \subseteq \cap (\mathscr{A} \cap \mathscr{B})$，类似可证 $\cap \mathscr{B} \subseteq \cap (\mathscr{A} \cap \mathscr{B})$，于是，$(\cap \mathscr{A}) \cap (\cap \mathscr{B}) \subseteq \cap (\mathscr{A} \cap \mathscr{B})$.

30. 用定义证明方便.

(1) $\forall x$,

$x \in P(A) \cap P(B)$

$\Leftrightarrow x \in P(A) \land x \in P(B)$

$\Leftrightarrow x \subseteq A \land x \subseteq B$

$\Leftrightarrow x \subseteq A \cap B$

$\Leftrightarrow x \in P(A \cap B);$

(2) $\forall x$,

$x \in P(A) \cup P(B)$

$\Leftrightarrow x (P(A) \lor x \in P(B)$

$\Leftrightarrow x \subseteq A \lor x \subseteq B$

$\Rightarrow x \subseteq A \cup B$

$\Leftarrow x \in P(A \cup B).$

31. 本题是容斥原理的一个应用.

设 A_2, A_3, A_5, A_7 分别是能被 2,3,5,7 整除的数 (1~250) 的集合. 容易算出：

$$|A_2| = \left\lfloor \frac{250}{2} \right\rfloor = 125, \quad |A_3| = \left\lfloor \frac{250}{3} \right\rfloor = 83,$$

$$|A_5| = \left\lfloor \frac{250}{5} \right\rfloor = 50, \quad |A_7| = \left\lfloor \frac{250}{7} \right\rfloor = 35,$$

类似地，

$$|A_2 \cap A_3| = \lfloor \frac{250}{6} \rfloor = 41, \quad |A_2 \cap A_5| = \lfloor \frac{250}{10} \rfloor = 25,$$

$$|A_2 \cap A_7| = \lfloor \frac{250}{14} \rfloor = 17, \quad |A_3 \cap A_5| = \lfloor \frac{250}{15} \rfloor = 16,$$

$$|A_3 \cap A_7| = \lfloor \frac{250}{21} \rfloor = 11, \quad |A_5 \cap A_7| = \lfloor \frac{250}{35} \rfloor = 7,$$

$$|A_2 \cap A_3 \cap A_5| = \lfloor \frac{250}{30} \rfloor = 8, \quad |A_2 \cap A_3 \cap A_7| = \lfloor \frac{250}{42} \rfloor = 5,$$

$$|A_2 \cap A_5 \cap A_7| = \lfloor \frac{250}{70} \rfloor = 3, \quad |A_3 \cap A_5 \cap A_7| = \lfloor \frac{250}{105} \rfloor = 2,$$

$$|A_2 \cap A_3 \cap A_5 \cap A_7| = \lfloor \frac{250}{210} \rfloor = 1, \quad 其中 \lfloor x \rfloor 为不大于 x 的最大整数.$$

由容斥原理可知

$|A_2 \cup A_3 \cup A_5 \cup A_7|$
$= (|A_2|+|A_3|+|A_5|+|A_7|) - (|A_2 \cap A_3|+|A_2 \cap A_5|+|A_2 \cap A_7|+|A_3 \cap A_5|+|A_3 \cap A_7|+|A_5 \cap A_7|) + (|A_2 \cap A_3 \cap A_5|+|A_2 \cap A_3 \cap A_7|+|A_2 \cap A_5 \cap A_7|+|A_3 \cap A_5 \cap A_7|) - |A_2 \cap A_3 \cap A_5 \cap A_7|$
$= (125+83+50+35) - (41+25+17+16+11+7) + (8+5+3+2) - 1 = 193.$

32. 应用容斥原理解本题.

设 $A_1 = \{x \mid x\ 骑过木马\}$，$A_2 = \{x \mid x\ 坐过滑行铁道\}$，$A_3 = \{x \mid x\ 乘过宇宙飞船\}$，$E = \{x \mid x\ 为来到游乐场的儿童\}$，则 E 为全集，且 $|E| = 75$.

设 x 为没玩过以上 3 中游乐中任何一种的人数，则

$$x = |E| - |A_1 \cup A_2 \cup A_3|. \qquad ①$$

而

$|A_1 \cup A_2 \cup A_3| = (|A_1|+|A_2|+|A_3|) - (|A_1 \cap A_2|+|A_1 \cap A_3|+|A_2 \cap A_3|)$
$\quad + |A_1 \cap A_2 \cap A_3|. \qquad ②$

在②中，$\qquad |A_1|+|A_2|+|A_3| = 700 \div 5 = 140. \qquad ③$

$$|A_1 \cap A_2 \cap A_3| = 20. \qquad ④$$

又

$55 = |(A_1 \cap A_2) \cup (A_1 \cap A_3) \cup (A_2 \cap A_3)|$
$= (|A_1 \cap A_2|+|A_1 \cap A_3|+|A_2 \cap A_3|) - 3|A_1 \cap A_2 \cap A_3| + |A_1 \cap A_2 \cap A_3|$
$= (|A_1 \cap A_2|+|A_1 \cap A_3|+|A_2 \cap A_3|) - 2|A_1 \cap A_2 \cap A_3|. \qquad ⑤$

由④与⑤得

$$|A_1 \cap A_2|+|A_1 \cap A_3|+|A_2 \cap A_3| = 95. \qquad ⑥$$

将③，④，⑥代入②，得

$$|A_1 \cup A_2 \cup A_3| = 140 - 95 + 20 = 65. \qquad ⑦$$

将⑦代入①，得 $x = 75 - 65 = 10$.

33. (1) $\overline{\lim\limits_{k \to \infty}} A_k = \bigcap\limits_{n=1}^{\infty} \bigcup\limits_{k=n}^{\infty} A_k = [0,1]$;

(2) $\underline{\lim}\limits_{k\to\infty} A_k = \bigcup\limits_{n=1}^{\infty}\bigcap\limits_{k=n}^{\infty} A_k = [0,1]$;

(3) 因为 $\overline{\lim}\limits_{k\to\infty} A_k = \underline{\lim}\limits_{k\to\infty} A_k = [0,1]$，所以集合列 $\{A_k\}$ 收敛. 且 $\lim\limits_{k\to\infty} A_k = [0,1]$.

34. (1) $\overline{\lim}\limits_{k\to\infty} B_k = \bigcap\limits_{n=1}^{\infty}\bigcup\limits_{k=n}^{\infty} B_k = [0,1]$;

(2) $\underline{\lim}\limits_{k\to\infty} B_k = \bigcup\limits_{n=1}^{\infty}\bigcap\limits_{k=n}^{\infty} B_k = \varnothing$;

(3) 集合列 $\{B_k\}$ 不收敛.

35. (1) $\overline{\lim}\limits_{k\to\infty} A_k = [0,\infty)$;

(2) $\underline{\lim}\limits_{k\to\infty} A_k = \{0\}$;

(3) 集合列 $\{A_k\}$ 无极限.

Ⅲ．补充习题

1～15 为练习第一章 1.1 节（预备知识）的题目．

1. 将下列命题在命题逻辑中符号化，并求真值．
(1) 若函数 $y=|x-1|$ 在 $x=1$ 处连续，则它在 $x=1$ 处可导；
(2) 若函数 $y=|x-1|$ 在 $x=1$ 处可导，则它在 $x=1$ 处连续；
(3) 函数 $y=|x-1|$ 在 $x=1$ 处可导当且仅当它在 $x=1$ 处连续．

2. 设 n 是大于 0 的自然数，在命题逻辑中将下列语句符号化，并讨论其真值．
(1) 若 n 能被 2 整除，则 n 能被 6 整除；
(2) n 能被 6 整除，仅当 n 能被 2 整除；
(3) 除非 n 能被 2 整除，否则 n 不能被 6 整除．

3. 将下列命题符号化，并求真值．
(1) 只有美国位于非洲，地球才是方的并且雪是白色的；
(2) 2 是素数或 3 是偶数当且仅当一年分四季；
(3) 如果 7>5，则 3<2，除非 5 是无理数．

4. 在一阶谓词逻辑中将下列命题符号化，并判断命题的真假．
(1) 素数都大于等于 3；
(2) 有人喜欢吃芹菜；
(3) 说实数都是有理数是不对的；
(4) 没有人用左手写字．

5. 将 4 题中的(3)与(4)化成前束范式．

6. 在一阶谓词逻辑中将下列命题符号化，并判断命题的真假．
(1) 正数都大于负数；
(2) 任何两个不相等的有理数之间都存在另外的有理数；
(3) 有的整数小于所有的自然数；
(4) 并不是任何两个人都能合作；
(5) 不存在两个性格完全相同的人．

7. 将 6 题中(2)～(5)化成前束范式．

8. 将哥德巴赫猜想符号化.

9. 将费马大定理符号化.

10. 求下面给定公式的前束范式.
(1) $\exists xF(x) \vee \neg \forall xG(x)$; (2) $\forall xF(x) \vee \neg \exists xG(x)$;
(3) $\forall xF(x) \wedge \neg \exists xG(x)$; (4) $\exists xF(x) \wedge \neg \forall xG(x)$.

11. 求下面公式的前束范式.
(1) $\forall xF(x,y) \rightarrow \exists yG(x,y)$;
(2) $(\forall xF(x,y) \rightarrow \forall yG(y)) \rightarrow \forall xH(x,y,z)$.

12. 设 $A(x)$ 与 $B(x)$ 为任意两个含 x 自由出现的公式,证明下面公式都不是永真式.
(1) $\forall x(A(x) \vee B(x)) \rightarrow (\forall xA(x) \vee \forall xB(x))$;
(2) $(\exists xA(x) \wedge \exists xB(x)) \rightarrow \exists x(A(x) \wedge B(x))$.

13. 设 $A(x)$ 与 $B(x)$ 为任意两个含 x 自由出现的公式.
(1) 证明:$(\forall xA(x) \rightarrow \forall xB(x)) \rightarrow \forall x(A(x) \rightarrow B(x))$ 不是永真式;
(2) 证明:$(\exists xA(x) \rightarrow \exists xB(x)) \rightarrow \forall x(A(x) \rightarrow B(x))$ 不是永真式.

14. 下面等值式是否正确? 并证明你的结论.
$$\exists x(A(x) \rightarrow B(x)) \Leftrightarrow \forall xA(x) \rightarrow \exists xB(x).$$
其中,$A(x)$ 与 $B(x)$ 为含 x 自由出现的公式.

15. 设 $F(x)$ 与 $G(x)$ 为任意两个 1 元谓词,证明下面等值式.
(1) $\forall xF(x) \wedge \exists xG(x) \Leftrightarrow \forall x \exists y(F(x) \wedge G(y))$;
(2) $\forall x \exists y(F(x) \vee G(y)) \Leftrightarrow \forall xF(x) \vee \exists xG(x)$.

16. 下列各集合能否成为某集合的幂集? 若能请给出相应的集合.
(1) $A_1 = \varnothing$; (2) $A_2 = \{\varnothing\}$;
(3) $A_3 = \{\varnothing, \{a\}\}$; (4) $A_4 = \{\varnothing, \{a\}, \{\varnothing, a\}\}$;
(5) $A_5 = \{\varnothing, \{a,b\}, \{a\}, \{b\}, \{\varnothing\}\}$; (6) $A_6 = \{\varnothing, \{\varnothing\}, \{a\}, \{\{\varnothing\}, a\}\}$.

17. 设 $A = \{x \mid x^2 > 2\}$,$B = \{x \mid |x-2| < |x+3|\}$ 是实数集合 R 的子集,用区间或区间运算表示下面集合.
(1) $A \cup B$; (2) $A \cap B$;
(3) $A \oplus B$; (4) $\sim A \cup B$;
(5) $\sim A \cap B$.

18. 设 $\mathscr{A} = \{\{\varnothing\}, \{\{\varnothing\}\}, \{\{\varnothing\}, \{\{\varnothing\}\}\}\}$,计算下列各小题.
(1) $\cup \mathscr{A}$; (2) $\cap \cup \mathscr{A}$;
(3) $\cup p(\mathscr{A})$; (4) $\cup \mathscr{A} \oplus \cap \mathscr{A}$;
(5) $\mathscr{A} - \{\varnothing\}$.

19. 计算下列各题.
(1) $PP(\varnothing)$; (2) $PP(\{\varnothing\})$;
(3) $PP(\{a\})$; (4) $\cup(\{PP(\varnothing), PP(\{\varnothing\}), PP(\{a\})\})$;
(5) $\cap(\{PP(\varnothing), PP(\{\varnothing\}), PP(\{a\})\})$.

20. 设 a,b 为集合 A 中的元素,试证明,$\{\{a\}, \{a,b\}\} \in PP(A)$.

21. 设 A 为任意集合,证明:$\cup P(A) = A$.

22. 设 A 为任意集合，证明：$A \subseteq P(\cup A)$，试讨论，在什么情况下，$A = P(\cup A)$.

23. (1) 试寻找集合 A, B，使得 $A \in B$ 并且 $P(A) \in P(B)$；

(2) 寻找集合 A, B，使得 $A \in B$ 并且 $P(A) \notin P(B)$.

24. 设 A, B 为两个集合，且 $A \in B$，证明：$P(A) \in PP(\cup B)$.

25. 证明：对于任何集合 A, B，均有
$$P(A-B) \neq P(A) - P(B).$$

26. 设 A, B, C 是全集 E 的子集，寻找出正确的等式并加以证明，对不正确的等式请举出反例.

(1) $(A-B)-C = (A-C)-B$；   (2) $(A-B)-C = A-(B \cup C)$；

(3) $(A-B)-C = (A-C)-(B-C)$；   (4) $A-(B \cup C) = (A-B) \cup C$.

27. 设 A, B 为二集合，证明：若 $A=B$，则 $\cup A = \cup B$. 又若已知 $\cup A = \cup B$，$A=B$ 一定成立吗？

28. 已知 $\forall x \in \mathscr{A}$，则 $x \subseteq B$（即 $\mathscr{A}$ 中的元素都是 B 的子集），证明：$\cup \mathscr{A} \subseteq B$.

29. 设 A, B, C 为全集 E 的子集，证明：若 $A \subseteq B$，则 $C-B \subseteq C-A$.

30. 设 A, B 为任意的集合，求下列各命题的真值，并说明理由.

(1) $\varnothing \in P(A)$；   (2) $\varnothing \subseteq P(A)$；

(3) $\varnothing \cup \{\varnothing\} = \varnothing$；   (4) $\{\varnothing\} - \varnothing = \{\varnothing\} \cup \varnothing$；

(5) 若 $A \subseteq B$，则 $(A \cup B) \cap B = B$；   (6) 若 $A-B=A$，则 $B=\varnothing$；

(7) $A \oplus A = A$；   (8) $A \oplus \{\varnothing\} = \varnothing$；

(9) $(A-B) \cup B = A$；   (10) 若 $A \subseteq B$，则 $(A \cap B) \cup A = A$.

31. 设 A, B 为集合，请用 $(1) \Rightarrow (2) \Rightarrow (3) \Rightarrow (4) \Rightarrow (1)$ 的方法证明下面 4 个命题是等价的.

(1) $A \subseteq B$；   (2) $A-B = \varnothing$；

(3) $A \cup B = B$；   (4) $A \cap B = A$.

32. 设集合 $A = \{\varnothing\}$，$B = PP(A)$，寻找下面 4 个命题中的假命题，并说明理由.

(1) $\{\varnothing, \{\varnothing\}\} \in B$；   (2) $\{\{\varnothing\}\} \in B$；

(3) $\{\{\varnothing, \{\{\varnothing\}\}\}\} \subseteq B$；   (4) $\{\{\varnothing\}\} \subseteq B$.

33. 设 X, Y, Z 均为实数集合 R 的子集，且 $X = \{x \mid -2 < x < 5\}$，$Y = \{x \mid x+1 > 4\}$，$Z = \{x \mid x^2 - 3x > 0\}$，设
$$A = \{x \mid -2 < x < 0\}, \quad B = \{x \mid 0 < x < 3\},$$
$$C = \{x \mid 3 < x < 5\}, \quad D = \{x \mid -3 < x < -2\},$$

且 A, B, C, D 都是实数集 R 的子集，在 A, B, C, D 中寻找 $(X-Y) \cup Z$ 的描述法表法式.

34. 设 $A = \{\{\varnothing\}, \{\{\varnothing\}\}\}$，求：

(1) $\cap A$；   (2) $\cup A$；   (3) $\cup \cap A$；   (4) $\cap \cup A$；

(5) $\cup \cup A$；   (6) $\cap \cap A$；   (7) $\cup P(A)$；   (8) $P(\cup A)$.

35. 设 A, B 均为非空集族，且 $A \cap B \neq \varnothing$，$\cap A \neq \varnothing$，$\cap B \neq \varnothing$，令 $C = \cap (A \cup B)$，$D = (\cap A) \cap (\cap B)$. 给定下面 4 个命题：

(1) $C = D$；   (2) $C \subset D$；

(3) $D \subset C$；   (4) C 与 D 无包含与相等关系.

从中找出真命题，并证明之.

36. 设 I 为正整数集合,A,B,C,D,E 均为 I 的子集,且

$$A=\{x\mid x<12\};$$
$$B=\{x\mid x\leqslant 8\};$$
$$C=\{x\mid x=2k\wedge k\in I\};$$
$$D=\{x\mid x=3k\wedge k\in I\};$$
$$E=\{x\mid x=2k-1\wedge k\in I\}.$$

试将下列各集合用以上集合的一种运算形式给出.

(1) $\{2,4,6,8\}$; (2) $\{3,6,9\}$;

(3) $\{10\}$; (4) $\{x\mid x\text{ 为偶数}\wedge x>10\}$;

(5) $\{x\mid (x\text{ 为偶数}\wedge x\leqslant 10)\vee(x\text{ 为奇数}\wedge x>9)\}$.

37. 已知 A,B,C 为任意 3 个集合,已知 $A\cup B=A\cup C$ 且 $A-B=A-C$,证明 $B=C$.

38. 下面给出的两个集合方程是否有解?为什么?

(1) $A=P(A)$; (2) $A=\bigcup A$.

39. 证明或推翻下列命题:

$$(\forall A\in F)(\exists B\in G)(A\cap B\in H)\Rightarrow(\bigcup F)\cap(\bigcap G)\subseteq(\bigcup H).$$

Ⅳ. 补充习题解答

1. 设 p:函数 $y=|x-1|$ 在 $x=1$ 处连续,q:函数 $y=|x-1|$ 在 $x=1$ 处可导. 命题符号化为:

(1) $p\to q$. 其真值为 0,即 $p\to q$ 为假命题(因为 p 为真,而 q 为假).

(2) $q\to p$. 其真值为 1,即 $q\to p$ 为真命题(因为前件 q 为假).

(3) $q\leftrightarrow p$. 其真值为 0,即 $q\leftrightarrow p$ 为假命题(因为 p 与 q 的真值不同).

2. 设 p:n 能被 2 整除,q:n 能被 6 整除. 语句符号化为:

(1) $p\to q$. 其真值不能确定,当 n 能被 6 整除时,其真值为 1,否则,会出现蕴涵式的前件为真,后件为假的情况,此时真值为 0. 因而 $p\to q$ 为命题公式,而不是命题.

(2) $q\to p$. 此时,虽然 p 与 q 为命题变项,但蕴涵式不会出现前件为真,后件为假的情况,所以 $q\to p$ 的真值为 1.

(3) $\neg p\to\neg q$ 或 $q\to p$. 其真值情况同(2).

3. (1) 设 p:美国位于非洲,q:地球是方的,r:雪是白色的,命题符号化为

$$(q\wedge r)\to p \text{ 或 } \neg p\to\neg(q\wedge r).$$

这是真命题.

(2) 设 p:2 是素数,q:3 是偶数,r:一年分四季,命题符号化为

$$(p\vee q)\leftrightarrow r.$$

这是真命题.

(3) 设 p:$7>5$,q:$3<2$,r:5 是无理数,命题符号化为

$$\neg r\to(p\to q).$$

这是假命题.

4. (1) 设 $F(x)$:x 是素数,$G(x)$:$x\geqslant 3$,命题符号化为 $\forall x(F(x)\to G(x))$,因为 2 也是素数,所以,此命题为假命题.

(2) 设 $F(x)$：x 是人，$G(x)$：x 喜欢吃芹菜，命题符号化为 $\exists x(F(x) \wedge G(x))$，这是真命题。

(3) 设 $F(x)$：x 为实数，$G(x)$：x 是有理数，命题符号化为 $\neg \forall x(F(x) \rightarrow G(x))$，这是真命题。

(4) 设 $F(x)$：x 是人，$G(x)$：x 用左手写字，命题符号化为 $\neg \exists x(F(x) \wedge G(x))$，这是假命题。

5.

(3) $\neg \forall x(F(x) \rightarrow G(x))$
$\Leftrightarrow \neg \forall x(\neg F(x) \vee G(x))$ （蕴涵等值式）
$\Leftrightarrow \exists x \neg(\neg F(x) \vee G(x))$ （量词否定等值式）
$\Leftrightarrow \exists x(F(x) \wedge \neg G(x))$. （双重否定律与德·摩根律）

(4) $\neg \exists x(F(x) \wedge G(x))$
$\Leftrightarrow \forall x \neg(F(x) \wedge G(x))$ （量词否定等值式）
$\Leftrightarrow \forall x(\neg F(x) \vee \neg G(x))$ （德·摩根律）
$\Leftrightarrow \forall x(F(x) \rightarrow \neg G(x))$. （蕴涵等值式）

6. 本题练习 2 元谓词及其否定式。

(1) 设 $F(x)$：x 为正数，$G(y)$：y 为负数，$H(x,y)$：$x > y$，命题符号化为
$$\forall x \forall y(F(x) \wedge G(y) \rightarrow H(x,y)).$$
这是真命题。

(2) 设 $F(x)$：x 为有理数，$G(x,y)$：$x = y$，$H(x,y)$：$x < y$，命题符号化为
$$\forall x \forall y((F(x) \wedge F(y) \wedge \neg G(x,y)) \rightarrow \exists z(F(z) \wedge H(x,z) \wedge H(z,y))).$$
这是真命题。

(3) 设 $F(x)$：x 为整数，$G(y)$：y 为自然数，$H(x,y)$：$x < y$，命题符号化为
$$\exists x(F(x) \wedge \forall y(G(y) \rightarrow H(x,y))).$$
这是真命题。

(4) 设 $F(x)$：x 为人，$G(x,y)$：x 与 y 能合作，命题符号化为
$$\neg \forall x \forall y(F(x) \wedge G(y) \rightarrow H(x,y)).$$
这是真命题。

(5) 设 $F(x)$：x 为人，$H(x,y)$：x 与 y 性格完全相同，命题符号化为
$$\neg \exists x \exists y(F(x) \wedge F(y) \wedge H(x,y)).$$
这是真命题。

7. (2) $\forall x \forall y \exists z((F(x) \wedge F(y) \wedge \neg G(x,y)) \rightarrow (F(z) \wedge H(x,z) \wedge H(z,y)))$.

(3) $\exists x \forall y(F(x) \wedge (G(y) \rightarrow H(x,y)))$.

(4) $\exists x \exists y(F(x) \wedge F(y) \wedge \neg H(x,y))$.

(5) $\forall x \forall y(F(x) \wedge F(y) \rightarrow \neg H(x,y))$.

8. 哥德巴赫猜想[①]:"任何大于 4 的偶数均等于两个奇素数之和".

设 $F(x):x$ 为偶数,$G(x):x>4,H(x):x$ 为素数,$R(x):x$ 为奇数,$L(x,y,z):x=y+z$.命题符号化为
$$\forall x((F(x)\land G(x))\to \exists y\exists z(H(y)\land R(y)\land H(z)\land R(z)\land L(x,y,z))).$$
其前束范式为
$$\forall x\exists y\exists z((F(x)\land G(x))\to(H(y)\land R(y)\land H(z)\land R(z)\land L(x,y,z))).$$

9. 费马大定理[②]:"当 n 为大于 2 的正整数时,方程 $x^n+y^n=z^n$ 无正整数解".

令 $F(n):n$ 为正整数,$G(n):n>2,H(x):x$ 为实数,命题符号化为
$$\forall n\forall x\forall y\forall z((F(n)\land G(n))\to(H(x)\land H(y)\land H(z)\land x^n+y^n\neq z^n)).$$

10. 利用《教程》第一章 1.1 节中六(一阶谓词逻辑等值式与基本等值式)与七(前束范式)解本题.

(1) 方法一:利用量词否定等值式与量词分配等值式(注意,存在量词 $\exists$ 对 $\lor$ 适合分配律).

$\exists xF(x)\lor\neg\forall xG(x)$

$\Leftrightarrow \exists xF(x)\lor\exists x\neg G(x)$ （量词否定等值式）

$\Leftrightarrow \exists x(F(x)\lor\neg G(x))$ （量词分配等值式）

$\Leftrightarrow \exists x(\neg G(x)\lor F(x))$ （交换律）

$\Leftrightarrow \exists x(G(x)\to F(x))$, （蕴涵等值式）

在以上的演算中,后三步都是原公式的前束范式,可见,公式的前束范式形式不唯一.

方法二:利用换名规则.

$\exists xF(x)\lor\neg\forall xG(x)$

$\Leftrightarrow \exists xF(x)\lor\exists x\neg G(x)$ （量词否定等值式）

$\Leftrightarrow \exists xF(x)\lor\exists y\neg G(y)$ （换名规则）

$\Leftrightarrow \exists x\exists y(F(x)\lor\neg G(y))$ （量词辖域收缩与扩张等值式）

$\Leftrightarrow \exists x\exists y(G(y)\to F(x))$, （交换律、蕴涵等值式）

后两步都是原公式的前束范式.

(2) 由于全称量词 $\forall$ 对 $\lor$ 不满足分配律,所以这里只能使用换名规则.

$\forall xF(x)\lor\neg\exists xG(x)$

$\Leftrightarrow \forall xF(x)\lor\forall x\neg G(x)$ （量词否定等值式）

$\Leftrightarrow \forall xF(x)\lor\forall y\neg G(y)$ （换名规则）

$\Leftrightarrow \forall x\forall y(F(x)\lor\neg G(y))$ （量词辖域收缩与扩张等值式）

[①] 哥德巴赫(1690—1764)是著名的数学家,诞生在普鲁士的哥尼斯堡(该城市以著名的七桥问题闻名于世).在 1742 年他与诸名数学家通信中提出了著名的猜想(哥德巴赫猜想),200 多年来多位数学家为证明此猜想做出了很大努力,但此猜想至今还没有得到证明.

[②] 费马(1601—1665)是法国数学家,也是 17 世纪欧洲最著名的数学家之一.在 17 世纪 40 年代,费马在一本书中提出猜想:"$x^n+y^n=z^n$,当 $n\geq 3$ 时无正整数解",并称给出了证明,但在他的书中并没给出证明,后人还是将这个猜想称为定理,即费马大定理.多年来多名数学家为定理的证明做出很大努力,直至上世纪末英国数学家安德鲁·威尔斯宣布证明了费马大定理.人们称费马大定理,是为了同费马小定理加以区别.费马小定理:设 p 为素数,a 为 p 互素,则
$$a^{p-1}\equiv 1\,(\mathrm{mod}\,p)$$

$\Leftrightarrow \forall x \forall y (G(y) \to F(x))$, （交换律、蕴涵等值式）

后两步都是原公式的前束范式.

（3）方法一：利用量词分配等值式.

$\forall x F(x) \land \neg \exists x G(x)$

$\Leftrightarrow \forall x F(x) \land \forall x \neg G(x)$ （量词否定等值式）

$\Leftrightarrow \forall x (F(x) \land \neg G(x))$. （量词分配等值式）

方法二：利用换名规则.

$\forall x F(x) \land \neg \exists x G(x)$

$\Leftrightarrow \forall x F(x) \land \forall x \neg G(x)$ （量词否定等值式）

$\Leftrightarrow \forall x F(x) \land \forall y \neg G(y)$ （换名规则）

$\Leftrightarrow \forall x \forall y (F(x) \land \neg G(y))$. （量词辖域收缩与扩张等值式）

（4）$\exists x F(x) \land \neg \forall x G(x)$

$\Leftrightarrow \exists x F(x) \land \exists x \neg G(x)$ （量词否定等值式）

$\Leftrightarrow \exists x F(x) \land \exists y \neg G(y)$ （换名规则）

$\Leftrightarrow \exists x \exists y (F(x) \land \neg G(y))$. （量词辖域收缩与扩张等值式）

11. 解此题必须用换名规则.

（1）$\forall x F(x,y) \to \exists y G(x,y)$

$\Leftrightarrow \forall u F(u,y) \to \exists v G(x,v)$ （换名规则）

$\Leftrightarrow \exists u \exists v (F(u,y) \to G(x,v))$. （量词辖域收缩与扩张等值式）

（2）$(\forall x F(x,y) \to \forall y G(y)) \to \forall x H(x,y,z)$

$\Leftrightarrow (\forall u F(u,y) \to \forall v G(v)) \to \forall x H(x,y,z)$ （换名规则）

$\Leftrightarrow (\exists u \forall v (F(u,y) \to G(v)) \to \forall x H(x,y,z)$

$\Leftrightarrow \forall u \exists v \forall x ((F(u,y) \to G(v)) \to H(x,y,z))$,

后两步均用量词辖域收缩与扩张等值式.

12. 证明此类问题只需寻找一个解释 I，使其在 I 下，蕴涵式的前件为真，而后件为假.

（1）设解释 I 为：个体域为自然数集合 N，$A(x)$：x 为奇数，$B(x)$：x 为偶数. 在 I 下，前件被解释为"所有自然数不是奇数，就是偶数"，这是真命题. 而后件被解释为"所有自然都是奇数或所有自然数都是偶数"，这是假命题，因而该公式在 I 下前件为真，后件为假，所以在 I 下，$\forall x (A(x) \lor B(x)) \to (\forall x A(x) \lor \forall x B(x))$ 为假命题. 于是，原公式不是永真式.

（2）在这里也可以使用（1）中的解释，也可以还找另外的一些解释，例如，取解释 I 为：个体域为实数集合 R，$A(x)$：x 为有理数，$B(x)$：x 为无理数. 在 I 下，公式被解释为"如果存在 x 是有理数，并且存在 x 是无理数，则存在 x 既是有理数又是无理数"，这显然是假命题. 因而这里公式不是永真式.

说明：由预备知识可知，全称量词 $\forall$ 对 $\land$ 满足分配律，存在量词 $\exists$ 对 $\lor$ 满足分配律：

$$\forall x (A(x) \land B(x)) \Leftrightarrow \forall x A(x) \land \forall x B(x);$$

$$\exists x (A(x) \lor B(x)) \Leftrightarrow \exists x A(x) \lor \exists x B(x).$$

又知道：

$$(\forall x A(x) \lor \forall x B(x)) \Rightarrow \forall x (A(x) \lor B(x));$$

$$\exists x (A(x) \land B(x)) \Rightarrow (\exists x A(x) \land \exists x B(x)).$$

通过本题的证明可知：
$$\forall x(A(x) \vee B(x)) \Rightarrow (\forall xA(x) \vee \forall xB(x));$$
$$(\exists xA(x) \wedge \exists xB(x)) \Rightarrow \exists x(A(x) \wedge B(x)).$$
由以上分析可知,全称量词对∨不满足分配律,而存在量词对∧不满足分配律.希望读者在证明中要特别加以注意.

13. (1) 取解释 I 为：个体域为人的集合, $A(x)$: x 吸烟, $B(x)$: x 爱唱歌. 在 I 下, $\forall xA(x),\forall xB(x)$ 分别被解释为"所有人都吸烟","所有人都爱唱歌",它们都是假命题,因而 $\forall xA(x) \rightarrow \forall xB(x)$ 为真命题,而 $\forall x(A(x) \rightarrow B(x))$ 被解释为"对每个人来说,如果他吸烟,则他就爱唱歌",这是假命题,故在 I 下,蕴涵式 $(\forall xA(x) \rightarrow \forall xB(x)) \rightarrow \forall x(A(x) \rightarrow B(x))$ 为假,即它不是永真式.

(2) 取解释 I 为：个体域为人的集合, $A(x)$: x 用右手写字, $B(x)$: x 用左手写字；在 I 下, $\exists xA(x) \rightarrow \exists xB(x)$ 被解释为"如果存在用右手写字的人,就存在用左手写字的人",这是真命题. 而后件 $\forall x(A(x) \rightarrow B(x))$ 被解释为"对每个人来说,如果他用右手写字,则他就用左手写字",这是假命题,故原公式存在成假的解释,因而它不是永真式.

注意：$\forall x(A(x) \rightarrow B(x)) \rightarrow (\forall xA(x) \rightarrow \forall xB(x))$ 是永真式,即 $\forall (Ax(x) \rightarrow B(x)) \Rightarrow (\forall xA(x) \rightarrow \forall xB(x))$.同样地, $\forall x(A(x) \rightarrow B(x)) \rightarrow (\exists xA(x) \rightarrow \exists xB(x))$ 也是永真式,即 $\forall x(A(x) \rightarrow B(x)) \Rightarrow (\exists xA(x) \rightarrow \exists xB(x))$.

14. 此等值式是正确的,证明如下：

$\exists x(A(x) \rightarrow B(x))$

$\Leftrightarrow \exists x(\neg A(x) \vee B(x))$ （蕴涵等值式）

$\Leftrightarrow \exists x \neg A(x) \vee \exists xB(x)$ （量词分配等值式）

$\Leftrightarrow \neg \forall xA(x) \vee \exists xB(x)$ （量词否定等值式）

$\Leftrightarrow \forall xA(x) \rightarrow \exists xB(x).$ （蕴涵等值式）

15. 可用换名规则与量词辖域收缩与扩张等值式证明.

(1) $\forall xF(x) \wedge \exists xG(x)$

$\Leftrightarrow \forall xF(x) \wedge \exists yG(y)$ （换名规则）

$\Leftrightarrow \forall x(F(x) \wedge \exists yG(y))$ （量词辖域收缩与扩张等值式）

$\Leftrightarrow \forall x \exists y(F(x) \wedge G(y))$ （量词辖域收缩与扩张等值式）

(2) $\forall x \exists y(F(x) \vee G(y))$

$\Leftrightarrow \forall x(F(x) \vee \exists yG(y))$ （量词辖域收缩与扩张等值式）

$\Leftrightarrow \forall xF(x) \vee \exists xG(x).$ （换名规则）

16. (1) 集合幂集都至少有 1 个元素, $\varnothing$ 当然不能成为任何集合的幂集;

(2) $A_2 = \{\varnothing\} = P(\varnothing);$

(3) $A_3\{\varnothing,\{a\}\} = P\{a\};$

(4) 任何集合 A 的幂集 $P(A)$ 应含有 2^n 个元素,其中 n 为 A 中元素个数, $|A_4| = 3$,故无集合以 A_4 为幂集;

(5) 不存在以 A_5 为幂集的集合,理由同(4);

(6) 若 A_6 是某集合的幂集,则该集合应该为 A_6 中元素最多的集合 $\{\{\varnothing\},a\}$,可是 A_6 中没有以 $\{\varnothing\}$ 为元素的集合 $\{\{\varnothing\}\}$,故不存在集合以 A_6 为幂集.

17. 易知,$A=(-\infty,-\sqrt{2})\cup(\sqrt{2},+\infty)$,$B=\left(-\frac{1}{2},+\infty\right)$.

(1) $A\cup B=(-\infty,-\sqrt{2})\cup\left(-\frac{1}{2},+\infty\right)$;

(2) $A\cap B=(\sqrt{2},+\infty)$;

(3) $A\oplus B=(-\infty,-\sqrt{2})\cup\left(-\frac{1}{2},\sqrt{2}\right]$;

(4) $\sim A\cup B=B-A=[-\sqrt{2},+\infty)$;

(5) $\sim A\cap B=\left(-\frac{1}{2},\sqrt{2}\right]$.

18. (1) $\cup\mathscr{A}=\{\varnothing,\{\varnothing\},\{\{\varnothing\}\}\}$;

(2) $\cap\cup\mathscr{A}=\varnothing$;

(3) $\cup P(\mathscr{A})=\mathscr{A}$;

(4) $\cup\mathscr{A}\oplus\cap\mathscr{A}=\cup\mathscr{A}\oplus\varnothing=\cup\mathscr{A}$;

(5) $\mathscr{A}-\{\varnothing\}=\mathscr{A}$.

19. (1) $PP(\varnothing)=P(\{\varnothing\})=P\{\varnothing,\{\varnothing\}\}$;

(2) $PP(\{\varnothing\})=P(\{\varnothing,\{\varnothing\}\})=\{\varnothing,\{\varnothing\},\{\{\varnothing\}\},\{\varnothing,\{\varnothing\}\}\}$;

(3) $PP(\{a\})=P(\{\varnothing,\{a\}\})=\{\varnothing,\{\varnothing\},\{\{a\}\},\{\varnothing,\{a\}\}\}$;

(4) $\cup(\{PP(\varnothing),PP(\{\varnothing\}),PP(\{a\})\})$
$=\{\varnothing,\{\varnothing\},\{\{\varnothing\}\},\{\varnothing,\{\varnothing\}\},\{\{a\}\},\{\varnothing,\{a\}\}\}$;

(5) $\cap(\{PP(\varnothing),PP(\{\varnothing\}),PP(\{a\})\})=\{\varnothing,\{\varnothing\}\}$.

20. 因为 $a\in A\wedge b\in A$,所以由 a 与 b 构成的 2 元集 $\{a,b\}\in P(A)$,并且 $\{a\}\in P(A)$,所以,由 $\{a\},\{a,b\}$ 构成的 2 元集 $\{\{a\},\{a,b\}\}\in PP(A)$.

21. 若 $A=\varnothing$,则 $P(A)=\{\varnothing\}$,$\cup P(A)=\cup\{\varnothing\}=\varnothing$,结论为真.设 $A\neq\varnothing$.

$$\forall x, x\in\cup P(A)$$
$$\Leftrightarrow \exists z(z\in P(A)\wedge x\in z)$$
$$\Leftrightarrow \exists z(z\subseteq A\wedge x\in z)$$
$$\Leftrightarrow x\in A,$$

所以,$\cup P(A)=A$.

22. 若 $A=\varnothing$,结论显然为真.设 $A\neq\varnothing$.

$$\forall x, x\in A$$
$$\Rightarrow x\subseteq\cup A$$
$$\Rightarrow x\in P(\cup A),$$

所以 $A\subseteq P(\cup A)$.

下面证明:$A=P(\cup A)$ 当且仅当 $\exists B(A=P(B))$.

"$\Rightarrow$"在 $A=P(\cup A)$ 中取 $B=\cup A$,则 $A=P(B)$.

"$\Leftarrow$"$A=P(B)$
$$\Rightarrow \cup A=\cup P(B)$$

$\Rightarrow \bigcup A = B$ （由 21 题得）
$\Rightarrow P(\bigcup A) = P(B) = A$
$\Rightarrow A = P(\bigcup A).$

23. (1) 取集合 $A = \varnothing, B\{\varnothing, a\}$，则
$$A \in B, P(A) = \{\varnothing\}, P(B) = \{\varnothing, \{\varnothing\}, \{a\}, \{\varnothing, a\}\},$$
显然有 $P(A) \in P(B)$.

其实，取 $A = \varnothing$，只要 B 中含 $\varnothing$ 作为元素，则必有 $P(A) \in P(B)$.

(2) 取 $A \neq \varnothing, B = \{A\}$，则 $P(B) = \{\varnothing, \{A\}\}$，此时，$P(A) \neq \varnothing$，并且 $P(A) \neq \{A\}$，所以 $P(A) \notin P(B)$.

24.
$$A \in B$$
$$\Rightarrow A \subseteq \bigcup B$$
$$\Rightarrow P(A) \subseteq P(\bigcup B)$$
$$\Rightarrow P(A) \in PP(\bigcup B).$$

25. 因为 $\varnothing$ 是任何集合的子集，所以，$\varnothing \in P(A) \wedge \varnothing \in P(B) \wedge \varnothing \in P(A-B)$，于是，$\varnothing \notin (P(A) - P(B))$，故必有 $P(A-B) \neq P(A) - P(B)$.

26. (1),(2),(3) 均正确，只有 (4) 不正确.

(1) $(A-B)-C$
$= (A \cap \sim B) \cap \sim C$ （补交转换律）
$= (A \cap \sim C) \cap \sim B$ （交换律、结合律）
$= (A-C) - B.$ （补交转换律）

(2) $(A-B) - C$
$= (A \cap \sim B) \cap \sim C$ （补交转换律）
$= A \cap \sim (B \cup C)$ （结合律、德·摩根律）
$= A - (B \cup C).$ （补交转换律）

(3) $(A-B) - C$
$= (A \cap \sim B) \cap \sim C$ （补交转换律）
$= (A \cap \sim C) \cap \sim B$ （交换律、结合律）
$= ((A \cap \sim C) \cap \sim B) \cup \varnothing$ （同一律）
$= ((A \cap \sim C) \cap \sim B) \cup (A \cap \sim C \cap C)$ （矛盾律、零律）
$= (A \cap \sim C) \cap (\sim B \cup C)$ （分配律）
$= (A \cap \sim C) \cap \sim (B \cap \sim C)$ （德·摩根律）
$= (A-C) \cap \sim (B-C)$ （补交转换律）
$= (A-C) - (B-C);$ （补交转换律）

其实，证明此等式，从右往左证简单：

$(A-C) - (B-C)$
$= (A \cap \sim C) \cap \sim (B \cap \sim C)$ （补交转换律）
$= (A \cap \sim C) \cap (\sim B \cup C)$ （德·摩根律、双重否定律）
$= (A \cap \sim C \cap \sim B) \cup (A \cap \sim C \cap C)$ （分配律）
$= (A \cap \sim C \cap \sim B) \cup \varnothing$ （矛盾律、零律）

$= (A \cap \sim B) \cap \sim C$ （同一律、交换律）
$= (A-B) - C.$ （补交转换律）

(4) 从公式的右边演算：
$A - (B \cup C)$
$= A \cap \sim (B \cup C)$ （补交转换律）
$= A \cap (\sim B \cap \sim C)$ （德·摩根律）
$= (A \cap \sim B) \cap \sim C$ （结合律）
$= (A-B) \cap \sim C.$ （补交转换律）

因而，若原式相等，应该有下面等式成立：
$$(A-B) \cap \sim C = (A-B) \cup C.$$
当 $C = \varnothing$ 时，左边 $(A-B) \cap \sim C = (A-B) \cap E = A-B$，右边 $(A-B) \cup C = (A-B) \cup \varnothing = A-B$. 即当 $C = \varnothing$ 时，原等式成立.

当 $C \neq \varnothing$ 时，显然 $(A-B) \cap \sim C \neq (A-B) \cup C$.

对于(4)中等式不成立，也可以举一实例即可. 例如，取全集
$$E = \{a,b,c,d,e\}, A = \{a,b,c\}, B = \{c,d,e\}, C = \{a,e\},$$
此时 $(A-B) \cap \sim C = \{a,b\} \cap \{b,c,d\} = \{b\}$，而 $(A-B) \cup C = \{a,b,e\}$，由此说明原等式不成立.

27. $\forall x$,
$x \in \cup A$
$\Leftrightarrow \exists z (z \in A \land x \in z)$
$\Leftrightarrow \exists z (z \in B \land x \in z)$ （$A=B$）
$\Leftrightarrow x \in \cup B$,
所以，$\cup A = \cup B$.

当 $\cup A = \cup B$ 时，不一定有 $A = B$，任举一反例即可. 取
$$A = \{\{1,2,3,\}, \{4,5,6\}, \{7,8,9\}\},$$
$$B = \{\{1,2,3,4,5\}, \{6,7\}, \{8,9\}\},$$
则 $\cup A = \cup B = \{1,2,3,4,5,6,7,8,9\}$，此时 $A \neq B$.

28. $\forall x$,
$x \in \cup \mathscr{A}$
$\Leftrightarrow \exists z (z \in \mathscr{A} \land x \in z)$
$\Rightarrow \exists z (z \subseteq B \land x \in z)$
$\Rightarrow x \in B$,
所以，$\cup \mathscr{A} \subseteq B$.

29. $\forall x$
$x \in (C-B)$
$\Leftrightarrow x \in C \land x \notin B$
$\Rightarrow x \in C \land x \notin A$ （$A \subseteq B$）
$\Leftrightarrow x \in (C-A)$,
所以，$C-B \subseteq C-A$.

30. 真值为 1 的为 (1),(2),(4),(5),(10),其余的真值均为 0.
(1) 因为空集是一切集合的子集,所以 $\varnothing$ 是 A 的子集,故有 $\varnothing \in P(A)$;
(2) 因为 $P(A)$ 为集合,又 $\varnothing$ 是一切集合的子集,故 $\varnothing \subseteq P(A)$,也即 $\varnothing \in PP(A)$;
(3) $\varnothing \cup \{\varnothing\} = \{\varnothing\} \neq \varnothing$;
(4) 设 E 为全集,$\{\varnothing\} - \varnothing = \{\varnothing\} \cap \sim\varnothing = \{\varnothing\} \cap E = \{\varnothing\} = \{\varnothing\} \cup \varnothing$;
(5) 这里,只需注意,当 $A \subseteq B$ 时,$A \cup B = B$;
(6) $A - B = A$,只需 $A \cap B = \varnothing$;
(7) 因为 $A \oplus A = \varnothing$,所以,当 $A \neq \varnothing$ 时,$A \oplus A = \varnothing \neq A$;
(8) 只有 $A = \{\varnothing\}$ 时,等式才成立;
(9) $(A - B) \cup B = (A \cap \sim B) \cup B = (A \cup B) \cap (\sim B \cup B) = (A \cup B) \cap E = (A \cup B)$ (E 为全集),显然,只有 $B \subseteq A$,才有 $A \cup B = A$,否则,$A \cup B \neq A$;
(10) 因为 $A \subseteq B$,所以,$A \cap B = A$,$A \cup A = A$,所以命题为真.

31. (1) $\Rightarrow$ (2). 用反证法. 若 $A - B \neq \varnothing$,则 $\exists x(x \in A \land x \notin B)$,这与 $A \subseteq B$ 相矛盾.
(2) $\Rightarrow$ (3). $A \cup B = (A - B) \cup B = \varnothing \cup B = B$.
(3) $\Rightarrow$ (4).
$A \cap B$
$= A \cap (A \cup B)$ (由(3))
$= (A \cap A) \cup (A \cap B)$
$= A \cup (A \cap B)$ (幂等律)
$= A$.   ($A \cap B \subseteq A$)
(4) $\Rightarrow$ (1). 用反证法. 否则,$A \not\subseteq B$,则
$\exists x(x \in A \land x \notin B)$
$\Rightarrow \exists x(x \in A \land x \notin (A \cap B))$
$\Rightarrow \exists x(x \in (A \cap B) \land x \notin (A \cap B))$,   (由(4)有 $A \cap B = A$)
这是矛盾的.

32. (3)中命题为假,其余的全为真命题. 解此题最简单的方法是写出 $PP(B)$,一切问题就都能回答了.
$$P(B) = \{\varnothing, \{\varnothing\}\}, PP(B) = \{\varnothing, \{\varnothing\}, \{\{\varnothing\}\}, \{\varnothing, \varnothing\}\}.$$
易知,$\{\{\varnothing, \{\{\varnothing\}\}\}\}$ 中元素 $\{\varnothing, \{\{\varnothing\}\}\}$ 不在 $PP(B)$ 中,所以(3)中命题为假,其余 3 个命题均为真.

33. 易知 $X - Y = \{x \mid -2 < x \leqslant 3\}$,而 $Z = \{x \mid x < 0 \lor x > 3\}$,于是 $(X - Y) \cap Z = \{x \mid -2 < x < 0\}$.

34. (1) $\cap A = \varnothing$;   (2) $\cup A = \{\varnothing, \{\varnothing\}\}$;
(3) $\cup \cap A = \cup \varnothing = \varnothing$;   (4) $\cap \cup A = \varnothing$;
(5) $\cup \cup A = \{\varnothing\}$;   (6) $\cap \cap A = \cap \varnothing$(无意义);
(7) $\cup P(A) = \cup \{\varnothing, \{\{\varnothing\}\}, \{\{\{\varnothing\}\}\}, \{\varnothing, \{\{\varnothing\}\}\}\} = \{\{\varnothing\}, \{\{\varnothing\}\}\} = A$;
(8) $P(\cup A) = \{\varnothing, \{\varnothing\}, \{\{\varnothing\}\}, \{\varnothing, \{\varnothing\}\}\}$.

35. (1) 为真命题，即 $C=D$. 证明如下：

$\forall x$,

$x \in \bigcap(A \cup B)$

$\Leftrightarrow \forall z(z \in (A \cup B) \to x \in z)$

$\Leftrightarrow \forall z((z \in A \vee z \in B) \to x \in z)$

$\Leftrightarrow \forall z(\neg(z \in A \vee z \in B) \vee x \in z)$

$\Leftrightarrow \forall z((\neg z \in A \wedge \neg z \in B) \vee x \in z)$

$\Leftrightarrow \forall z((\neg z \in A \vee x \in z) \wedge (\neg z \in B \vee x \in z))$

$\Leftrightarrow \forall z(\neg z \in A \vee x \in z) \wedge \forall z(\neg z \in B \vee x \in z)$

$\Leftrightarrow \forall z(z \in A \to x \in z) \wedge \forall z(z \in B \to x \in z)$

$\Leftrightarrow x \in \bigcap A \wedge x \in \bigcap B$

$\Leftrightarrow x \in ((\bigcap A) \cap (\bigcap B))$,

所以，$C=D$. 在以上演算中，注意 $\forall$ 对 $\wedge$ 满足分配律.

36. (1) $\{2,4,6,8\} = B \cap C$;

(2) $\{3,6,9\} = A \cap D$;

(3) $\{10\} = (A-B) \cap C = (A-B) - E$;

(4) $\{x \mid x \text{ 为偶数} \wedge x > 10\} = C - A$;

(5) $\{x \mid (x \text{ 为偶数} \wedge x \leq 10) \vee x \text{ 为奇数} \wedge x > 9)\} = (A \cap C) \cup (\sim B \cap E)$.

37. 由于 $A \cup B = A \cup C$ 且 $A-B = A-C$，因而有

$(A \cup B) - (A-B) = (A \cup C) - (A-C)$

$\Leftrightarrow (A \cup B) \cap \sim(A \cap \sim B) = (A \cup C) \cap \sim(A \cap \sim C)$ （补交转换律）

$\Leftrightarrow (A \cup B) \cap (\sim A \cup B) = (A \cup C) \cap (\sim A \cup C)$ （德·摩根律）

$\Leftrightarrow (A \cap \sim A) \cup B = (A \cap \sim A) \cup C$ （分配律）

$\Leftrightarrow \varnothing \cup B = \varnothing \cup C$ （零律）

$\Leftrightarrow B = C$, （同一律）

得证 $B=C$.

38. (1) $A = P(A)$ 无解. 证明如下：

设 $|A|=n$，则 $|P(A)| = 2^n$，因为对于任何非负整数 n，$n \neq 2^n$，即 $A \neq P(A)$ 是显然的.

(2) $A = \bigcup A$ 有解. 因为 $\bigcup \varnothing = \varnothing$，所以，取 $A = \varnothing$ 即为 $A = \bigcup A$ 的解.

39. 命题成立.

首先，$(\forall A \in F)(\exists B \in G)(A \cap B \in H)$ 可看作是 $\forall A(A \in F \to \exists B(B \in G \wedge A \cap B \in H))$ 的缩写（一般可把 $\forall A(A \in F \to \cdots)$ 缩写为 $(\forall A \in F)(\cdots)$，把 $\exists B(B \in G \wedge \cdots)$ 缩写为 $(\exists B \in G)$ $(\cdots)$）. 其次，将 F, G, H 理解为集族.

证明一：逻辑演算法，利用定义.

$\forall x$,

$x \in (\bigcup F) \cap (\bigcap G)$

$\Leftrightarrow x \in (\bigcup F) \wedge x \in (\bigcap G)$

$\Leftrightarrow \exists A(A \in F \wedge x \in A) \wedge \forall B(B \in G \to x \in B)$

$\Rightarrow \exists A \exists B(A \in F \wedge B \in G \wedge A \cap B \in H \wedge x \in A \cap B)$ （已知条件）

$\Rightarrow \exists C(C \in H \wedge x \in C)$ （令 $C = A \cap B$）
$\Leftrightarrow x \in (\bigcup H)$.

证明二：逻辑演算法，利用下列两个命题：
$$\forall A, \quad A \in F \Rightarrow A \subseteq (\bigcup F);$$
$$\forall B, \quad B \in G \Rightarrow (\bigcap G) \subseteq B.$$

$\forall A(A \in F \rightarrow \exists B(B \in G \wedge A \cap B \in H))$
$\Rightarrow \forall A(A \in F \rightarrow \exists B(B \in G \wedge A \cap B \subseteq (\bigcup H)))$
$\Rightarrow \forall A(A \in F \rightarrow A \cap (\bigcap G) \subseteq (\bigcup H))$
$\Rightarrow (\bigcup F) \cap (\bigcap G) \subseteq (\bigcup H)$.

证明三：集合演算法.

$(\bigcup F) \cap (\bigcap G)$
$= (\bigcup \{A\}_{A \in F}) \cap (\bigcap \{B\}_{B \in G})$
$= \bigcup \{A \cap (\bigcap \{B\}_{B \in G})\}_{A \in F}$ （分配律）
$\subseteq \bigcup \{A \cap B_A\}_{A \in F, A \cap B_A \in H}$ （已知条件，$B_A \in G$ 使得 $A \cap B_A \in H$，$\bigcap \{B\}_{B \in G} \subseteq B_A$）
$\subseteq (\bigcup H)$. （因为 $\{A \cap B_A\}_{A \in F, A \cap B_A \in H} \in H$）

说明：对于"证明或推翻下列命题"这种类型的题目，可以先试着证明，如果在某一步推不过去，再根据具体情况构造反例.

第二章 二元关系

I. 习题二

1. 按有序对的定义写出有序三元组$\langle a,b,c\rangle$和有序对$\langle\langle a,b\rangle,c\rangle$的集合表达式.

2. 计算下列各题(其结果用集合表示)

(1) $\langle a,b\rangle\bigcup\langle c,d\rangle$;

(2) $\langle a,b\rangle\bigcap\langle c,d\rangle$;

(3) $\langle a,b\rangle\oplus\langle c,d\rangle$;

(4) $\bigcap\langle a,b\rangle$;

(5) $\bigcap\{\langle a,b\rangle\}$;

(6) $\bigcap\langle a,b,c\rangle$;

(7) $\bigcap\bigcap\{\langle a,b\rangle\}$;

(8) $\bigcap\bigcap\bigcap\{\langle a,b\rangle\}^{-1}$.

3. $\langle a,\langle b,c\rangle\rangle=\langle a,b,c\rangle$能成立吗? 为什么?

4. 下列哪些等式是成立的?

(1) $\langle\varnothing,\varnothing\rangle=\varnothing$;

(2) $\langle\varnothing,\varnothing\rangle=\{\varnothing\}$;

(3) $\langle\varnothing,\varnothing\rangle=\{\{\varnothing\}\}$;

(4) $\langle\varnothing,\varnothing\rangle=\{\varnothing,\{\varnothing\}\}$;

(5) $\langle\varnothing,\varnothing\rangle=\{\{\varnothing\},\{\varnothing,\varnothing\}\}$;

(6) $\langle a,\{a\}\rangle=\{\{a\}\}$;

(7) $\langle a,\{a\}\rangle=\{\{a\},\{a,\{a\}\}\}$.

5. 在什么条件下,下列等式成立?

(1) $A\times B=\varnothing$;

(2) $A\times B=B\times A$;

(3) $A\times(B\times C)=(A\times B)\times C$.

6. 设A,B,C,D为任意的集合. 证明下列各式成立.

(1) $(A\times C)\bigcup(B\times D)\subseteq(A\bigcup B)\times(C\bigcup D)$;

(2) $(A-B)\times(C-D)\subseteq(A\times C)-(B\times D)$.

7. 设A,B,C为任意集合. 证明下列等式成立.

(1) $(A-B)\times C=(A\times C)-(B\times C)$;

(2) $(A\oplus B)\times C=(A\times C)\oplus(B\times C)$.

8. 设A,B为二集合,在什么条件下,有$A\times B\subseteq A$成立? 等号能成立吗?

9. 设A是n元集,B是m元集,A到B共有多少个不同的二元关系? 设$A=\{a,b,c\}$,$B=\{1\}$,写出A到B和B到A的全部二元关系.

10. 设R是非空集合A上的二元关系,证明 $\mathrm{fld}R=\bigcup\bigcup R$.

11. 设$R_1=\{\langle a,b\rangle,\langle b,d\rangle,\langle c,c\rangle,\langle c,d\rangle\}$,$R_2=\{\langle a,c\rangle,\langle b,d\rangle,\langle d,b\rangle,\langle d,d\rangle\}$,$A=\{a,c\}$,求:

(1) $R_1\bigcup R_2$,$R_1\bigcap R_2$,$R_1\oplus R_2$;

(2) $\mathrm{dom}R_1$,$\mathrm{dom}R_2$,$\mathrm{dom}(R_1\bigcup R_2)$;

(3) $\mathrm{ran}R_1$,$\mathrm{ran}R_2$,$\mathrm{ran}(R_1\bigcap R_2)$;

(4) $R_1\upharpoonright A$,$R_1\upharpoonright\{c\}$,$(R_1\bigcup R_2)\upharpoonright A$,$R_2\upharpoonright A$;

(5) $R_1[A]$,$R_2[A]$,$(R_1\bigcap R_2)[A]$;

(6) $R_1 \circ R_2$, $R_2 \circ R_1$, $R_1 \circ R_1$.

12. 设 $R=\{\langle\varnothing,\{\varnothing,\{\varnothing\}\}\rangle,\langle\{\varnothing\},\varnothing\rangle,\langle\varnothing,\varnothing\rangle\}$，求：

(1) R^{-1}；

(2) $R \circ R$；

(3) $R\upharpoonright\varnothing$, $R\upharpoonright\{\varnothing\}$, $R\upharpoonright\{\{\varnothing\}\}$, $R\upharpoonright\{\varnothing,\{\varnothing\}\}$；

(4) $R[\varnothing]$, $R[\{\varnothing\}]$, $R[\{\{\varnothing\}\}]$, $R[\{\varnothing,\{\varnothing\}\}]$；

(5) $\mathrm{dom}R$, $\mathrm{ran}R$, $\mathrm{fld}R$.

13. 设 R 是非空集合 A 上的二元关系，证明：

(1) $R\cup R^{-1}$ 是包含 R 的最小的对称的二元关系；

(2) $R\cap R^{-1}$ 是含于 R 的最大的对称的二元关系.

14. 设 R 是非空集合 A 上的二元关系，若 $\forall x,y,z\in A$，如果 $xRy\wedge yRz$，那么 $x\cancel{R}z$，则称 R 是 A 上反传递的二元关系.

(1) 举一些反传递关系的例子；

(2) 证明：R 是反传递的当且仅当 $R^2\cap R=\varnothing$，其中 $R^2=R\circ R$.

15. 设 $A(A\neq\varnothing)$ 为一集合，$R,S,T\subseteq P(A)\times P(A)$，其中，
$$R=\{\langle x,y\rangle|x,y\in P(A)\wedge x\subseteq y\},$$
$$S=\{\langle x,y\rangle|x,y\in P(A)\wedge x\cap y=\varnothing\},$$
$$T=\{\langle x,y\rangle|x,y\in P(A)\wedge x\cup y=A\}.$$
试分析 R,S,T 的性质.

16. 设 $A=\{0,1,\cdots,12\}$，$R,S\subseteq A\times A$，其中，
$$R=\{\langle x,y\rangle|x,y\in A\wedge x+y=10\},$$
$$S=\{\langle x,y\rangle|x,y\in A\wedge x+3y=12\},$$

(1) 用列举法表示出 R 和 S；

(2) 分析 R 和 S 的性质.

17. 设 $A=\{0,1,2,3\}$，$R\subseteq A\times A$，且
$$R=\{\langle x,y\rangle|x=y\vee x+y\in A\},$$
求 R 的关系矩阵 $M(R)$ 和关系图 $G(R)$，并讨论 R 的性质.

18. 设 $A=\{a,b,c\}$，图 2.1 中给出了 4 个二元关系 R_1,R_2,R_3,R_4 的关系图，写出每个关系的集合表达式和关系矩阵，并讨论每个关系的性质.

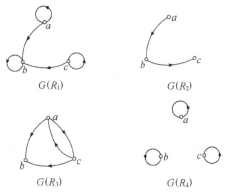

图 2.1

19. 设 $A=\{a,b,c\}$, $R_1,R_2,R_3,R_4 \subseteq A \times A$, 它们的关系矩阵分别为

$$M(R_1)=\begin{bmatrix} 1 & 1 & 0 \\ 1 & 1 & 1 \\ 1 & 0 & 1 \end{bmatrix}, \quad M(R_2)=\begin{bmatrix} 1 & 1 & 0 \\ 0 & 1 & 0 \\ 1 & 1 & 0 \end{bmatrix},$$

$$M(R_3)=\begin{bmatrix} 0 & 1 & 1 \\ 1 & 0 & 1 \\ 1 & 1 & 0 \end{bmatrix}, \quad M(R_4)=\begin{bmatrix} 1 & 1 & 1 \\ 0 & 0 & 1 \\ 1 & 1 & 0 \end{bmatrix}.$$

写出各关系的集合表达式, 画出关系图并讨论它们的性质.

20. 画出下面二元关系的关系图, 并写出关系矩阵.
$A=\{a,b,c,d\}$, $B=\{1,2,3\}$, $R \subseteq A \times B$, 且 $R=\{\langle a,1 \rangle, \langle b,2 \rangle, \langle c,2 \rangle, \langle c,3 \rangle\}$.

21. 设 $A_1=\{1,2\}$, $A_2=\{a,b,c\}$, $A_3=\{\alpha,\beta\}$, 已知 $R_1 \subseteq A_1 \times A_2$, $R_2 \subseteq A_2 \times A_3$, 且
$$R_1=\{\langle 1,a \rangle, \langle 1,b \rangle, \langle 2,c \rangle\}, \quad R_2=\{\langle a,\beta \rangle, \langle b,\beta \rangle\},$$
用关系矩阵乘法求 $R_2 \circ R_1$.

22. 设 R 是非空集合 A 上的二元关系, 试证明, 如果 R 是自反的, 并且是传递的, 则 $R \circ R = R$, 但其逆不真.

23. 设 R,S 都是非空集合 A 上的二元关系, 且它们都是对称的. 证明: $R \circ S$ 具有对称性当且仅当 $R \circ S = S \circ R$.

24. 设 $A=\{1,2\}$, 写出 A 上的全部二元关系, 讨论它们的性质并指出空关系、恒等关系、全域关系、小于等于关系、小于关系、大于等于关系、大于关系、整除关系等(以上各关系的定义请见 2.2 节).

25. 设 $R \subseteq A \times B$, 证明:
$$I_{\mathrm{dom}R} \subseteq R^{-1} \circ R, \quad I_{\mathrm{ran}R} \subseteq R \circ R^{-1}.$$

26. 设 $A=\{a,b,c,d\}$, $R \subseteq A \times A$, 且
$$R=\{\langle a,b \rangle, \langle b,a \rangle, \langle b,c \rangle, \langle c,d \rangle\}.$$
(1) 用 $M(R)$ 的幂求 R^2,R^3;
(2) 求最小的自然数 $m,n(m<n)$, 使得 $R^m=R^n$;
(3) 由(2)你能得出哪些结论?

27. 设 R_1 和 R_2 是 $n(n \geq 2)$元集 A 上的二元关系, 已知 $\mathrm{fld}R_1 \cap \mathrm{fld}R_2 = \varnothing$, 证明:
$$(R_1 \cup R_2)^m = R_1^m \cup R_2^m \ (m \geq 0).$$

28. 设 $A=\{a,b,c,d,e,f,g,h\}$, $R \subseteq A \times A$, 且
$$R=\{\langle a,b \rangle, \langle b,c \rangle, \langle c,a \rangle, \langle d,e \rangle, \langle e,f \rangle, \langle f,g \rangle, \langle g,h \rangle, \langle h,d \rangle\},$$
求最小的自然数 $m,n(m<n)$, 使得 $R^m=R^n$.

29. 设 $A=\{a,b,c,d\}$, $R \subseteq A \times A$, 且 $R=\{\langle a,a \rangle, \langle b,b \rangle, \langle a,b \rangle, \langle c,d \rangle\}$. 求
(1) $r(R)$;   (2) $s(R)$;   (3) $t(R)$.

并画出它们的关系图.

30. 设 R 是非空集合 A 上的二元关系, 记传递闭包 $t(R)=R^+$, 记 $\bigcup_{i=0}^{\infty} R^i = R^\oplus$, 证明:
(1) $(R^+)^+ = R^+$;
(2) $(R^\oplus)^\oplus = R^\oplus$;

(3) $R \circ R^{\oplus} = R^{+} = R^{\oplus} \circ R$.

31. R 是集合 $A = \{a,b,c,d,e,f,g\}$ 上的二元关系，R 的关系图如图 2.2 所示，求 $r(R), s(R), t(R)$ 的关系图.

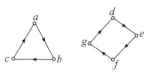

图 2.2

32. 设 $\mathscr{A}_n = \{A \mid A \text{ 为 } n \text{ 阶实方阵}\}, n \geq 1$. 对于任意的 $A, B \in \mathscr{A}_n$, 若存在非奇异的 $P, Q \in \mathscr{A}_n$, 使得 $B = P \cdot A \cdot Q$, 则称 A 等价于 B, 记作 $A \cong B$.

若存在非奇异的 $P \in \mathscr{A}_n$, 使得 $B = P \cdot A \cdot P^{-1}$, 则称 A 相似于 B, 记作 $A \sim B$.

若存在非奇异的 $P \in \mathscr{A}_n$, 使得 $B = P \cdot A \cdot P^T$, 则称 A 合同于 B, 记作 $A \equiv B$.

证明 n 阶实矩阵之间的关系 $\cong, \sim, \equiv$ 都是等价关系.

33. 设 $C^* = \{a + bi \mid a, b \text{ 为实数且 } a \neq 0\}$. 在 C^* 上定义
$$R = \{\langle a+bi, c+di \rangle \mid a+bi, c+di \in C^* \land ac > 0\},$$
证明 R 是 C^* 上的等价关系，给出 R 产生的等价类，并说明其几何意义，式中 i 为虚数单位.

34. 设 R_1, R_2 是非空集合 A 上的等价关系，下面给出的关系是否还是 A 上的等价关系，为什么？

(1) $\sim R_1(\sim R_2)$; (2) $R_1 - R_2(R_2 - R_1)$;
(3) $r(R_1 - R_2)(r(R_2 - R_1))$; (4) $R_1 \circ R_2(R_2 \circ R_1)$.

35. 设 R 是非空集合 A 上的二元关系，R 满足下面条件：
(1) R 是自反的；
(2) $\forall x, y, z \in A$, 若 $\langle x, y \rangle \in R \land \langle x, z \rangle \in R$, 则 $\langle y, z \rangle \in R$.
证明 R 是 A 上的等价关系.

36. 设 A, B 为二集合，已知 $A \cap B \neq \varnothing$, 又已知 $\pi_1 = \{A_1, A_2, \cdots, A_n\}$ 为 A 的划分，设在 $A_i \cap B (i = 1, 2, \cdots, n)$ 中有 m 个是非空的($m \geq 1$ 是显然的). 设 $B_{i_k} = A_{i_k} \cap B \neq \varnothing, k = 1, 2, \cdots, m$, 证明 $\pi_2 = \{B_{i_1}, B_{i_2}, \cdots, B_{i_m}\}$ 为 $A \cap B$ 的划分.

37. 设 $A = \{1, 2, \cdots, 20\}, R = \{\langle x, y \rangle \mid x, y \in A \land x \equiv y \pmod{5}\}$, 证明 R 为 A 上的等价关系，求 A/R 诱导出的 A 的划分.

38. 设 $\pi_1 = \{A_1, A_2, \cdots, A_m\}, \pi_2 = \{B_1, B_2, \cdots, B_n\}$ 都是集合 A 的划分，证明
$$\mathscr{A} = \{A_i \cap B_j \neq \varnothing \mid i = 1, 2, \cdots, m, j = 1, 2, \cdots, n\}$$
也是 A 的划分，并且 $\mathscr{A}$ 既是 π_1 的加细，也是 π_2 的加细.

39. 设 $A = \{1, 2, 3, 4\}, \pi = \{\{1, 2, 3\}, \{4\}\}$ 是 A 的一个划分.
(1) 求 π 诱导出的 A 上的等价关系 R_π 及商集 A/R_π;
(2) 求 π 的所有加细诱导出的 A 上的等价关系及其商集.

40. 设 R_1, R_2 都是非空集合 A 上的等价关系，证明：A/R_1 是 A/R_2 的加细当且仅当 $R_1 \subseteq R_2$.

41. 设 R_1 是 A 上的等价关系，R_2 是 B 上的等价关系，A, B 均非空.
$R_3 = \{\langle\langle x_1, y_1 \rangle, \langle x_2, y_2 \rangle\rangle \mid x_1 R_1 x_2 \land y_1 R_2 y_2\}$, 证明 R_3 是 $A \times B$ 上的等价关系.

42. 设 $A = \{a, b, c, d\}$, 已知 A 共有 15 个不同的等价关系. 在这 15 个等价关系中，商集为二元集的有几个？试写出它们的集合表达式.

43. 设 $A = \{a, b, c, d, e\}$, 试用第二类 Stirling 数及其性质计算 A 上有多少个不同的划分(从而可知 A 上有多少个不同的等价关系).

44. 设 $A=\{1,2,3,4\}$，R_1,R_2,R_3,R_4 是 A 上的偏序关系，它们的关系图如图 2.3 所示.

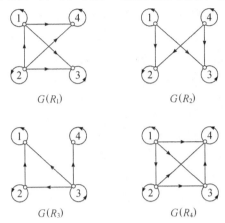

图 2.3

(1) 画出 R_1,R_2,R_3,R_4 的哈斯图；　　(2) 指出哪些是全序关系.

45. 分别画出下列各偏序集的哈斯图，并指出 A 的最大元、最小元、极大元、极小元.

(1) 偏序集为 $\langle A_1,\leqslant_1\rangle$，其中，
$$A_1=\{a,b,c,d,e\},\leqslant_1=I_{A_1}\bigcup\{\langle a,b\rangle,\langle a,c\rangle,\langle a,d\rangle,\langle a,e\rangle,\langle b,e\rangle,\langle c,e\rangle,\langle d,e\rangle\}.$$

(2) 偏序集为 $\langle A_2,\leqslant_2\rangle$，其中，
$$A_2=A_1,\leqslant_2=I_{A_2}\bigcup\{\langle c,d\rangle,\langle b,d\rangle\}.$$

46. 在偏序集 $\langle Z^+,\leqslant\rangle$ 中，Z^+ 为正整数集合，$\leqslant$ 为整除关系，设 $B=\{1,2,\cdots,10\}$，求 B 的上界、上确界、下界、下确界.

47. 设偏序集为 $\langle A,\leqslant\rangle$，其中 A 是 54 的因子的集合，$\leqslant$ 为整除关系，画出哈斯图，指出 A 中有多少条最长链，并指出 A 中元素至少可以划分成多少个互不相交的反链，又至多可以划分成多少个互不相交的反链.

48. 设 R 是非空集合 A 上的二元关系，$B\subseteq A$，在 B 上定义二元关系：$R\upharpoonright B=R\bigcap(B\times B)$，证明：

(1) 若 R 是 A 上的拟序关系，则 $R\upharpoonright B$ 是 B 上的拟序关系；

(2) 若 R 是 A 上的偏序关系，则 $R\upharpoonright B$ 是 B 上的偏序关系；

(3) 若 R 是 A 上的全序关系，则 $R\upharpoonright B$ 是 B 上的全序关系；

(4) 若 R 是 A 上的良序关系，则 $R\upharpoonright B$ 是 B 上的良序关系.

49. 设 R_1 是 A 上的拟序关系，R_2 是 B 上的拟序关系，在 $A\times B$ 上定义二元关系如下：
$$\langle\langle x_1,y_1\rangle,\langle x_2,y_2\rangle\rangle\in R\Leftrightarrow\langle y_1,y_2\rangle\in R_2\vee\langle x_1,x_2\rangle\in R_1\wedge y_1=y_2),$$
证明 R 是 $A\times B$ 上的拟序关系.

50. 设 R_1 是 A 上的偏序关系，R_2 是 B 上的偏序关系，定义 $A\times B$ 上的二元关系 R 如下：
$$\langle\langle x_1,y_1\rangle,\langle x_2,y_2\rangle\rangle\in R\Leftrightarrow\langle x_1,x_2\rangle\in R_1\wedge\langle y_1,y_2\rangle\in R_2,$$
证明 R 是 $A\times B$ 上的偏序关系.

51. 设 R_1 是 $A=\{1,2,4,8\}$ 上的整除关系，R_2 是 $B=\{1,2,3,6\}$ 上的整除关系，按第 50 题所定义的，R 是 $A\times B$ 上的偏序关系，试画出 R_1,R_2,R 上的哈斯图.

52. 设 A 是 3 元集，问 A 上共有多少个偏序关系？

53. 设 A 是非空集合，$X=\{x\mid x$ 是 A 的划分$\}$，定义 X 上的二元关系如下：
$$R=\{\langle x,y\rangle \mid x\in X \wedge y\in X \wedge x \text{ 是 } y \text{ 的加细}\},$$
证明 R 是 X 上的偏序关系.

Ⅱ. 习题解答

1. $\langle a,b,c\rangle = \langle\langle a,b\rangle,c\rangle = \{\{\langle a,b\rangle\},\{\langle a,b\rangle,c\}\} = \{\{\{\{a\},\{a,b\}\}\},\{\{\{a\},\{a,b\}\},c\}\}$.

2. (1) $\langle a,b\rangle \cup \langle c,d\rangle = \{\{a\},\{a,b\},\{c\},\{c,d\}\}$;

(2) $\langle a,b\rangle \cap \langle c,d\rangle = \varnothing$;

(3) $\langle a,b\rangle \oplus \langle c,d\rangle = \{\{a\},\{a,b\},\{c\},\{c,d\}\}$;

(4) $\bigcap \langle a,b\rangle = \bigcap\{\{a\},\{a,b\}\} = \{a\}$;

(5) $\bigcap\{\langle a,b\rangle\} = \bigcap\{\{\{a\},\{a,b\}\}\} = \{\{a\},\{a,b\}\}$;

(6) $\bigcap\langle a,b,c\rangle = \varnothing$;

(7) $\bigcap\bigcap\{\langle a,b\rangle\} = \bigcap\{a\} = a$;

(8) $\bigcap\bigcap\{\langle a,b\rangle\}^{-1} = \bigcap\bigcap\{\langle b,a\rangle\} = \bigcap\langle b,a\rangle = b$.

3. 只需写出 $\langle a,\langle b,c\rangle\rangle$ 与 $\langle a,b,c\rangle$ 的集合表示，就可以得出结论.
$$\langle a,\langle b,c\rangle\rangle = \{\{a\},\{a,\{\{b\},\{b,c\}\}\}\},$$
而
$$\langle a,b,c\rangle = \langle\langle a,b\rangle,c\rangle = \{\{\{\{a\},\{a,b\}\}\},\{\{\{a\},\{a,b\}\},c\}\}.$$
显然两式不相等.

4. (1) $\langle\varnothing,\varnothing\rangle \neq \varnothing$.

因为 $\langle\varnothing,\varnothing\rangle = \{\{\varnothing\},\{\varnothing,\varnothing\}\} = \{\{\varnothing\},\{\varnothing\}\} = \{\{\varnothing\}\} \neq \varnothing$.

(2) $\langle\varnothing,\varnothing\rangle \neq \{\varnothing\}$，见(1)中演算结果.

(3) $\langle\varnothing,\varnothing\rangle = \{\{\varnothing\}\}$ 成立.

(4) $\langle\varnothing,\varnothing\rangle \neq \{\varnothing,\{\varnothing\}\}$.

(5) $\langle\varnothing,\varnothing\rangle = \{\{\varnothing\},\{\varnothing,\varnothing\}\}$，见(1)中演算过程.

(6) $\langle a,\{a\}\rangle \neq \{\{a\}\}$.

因为 $\langle a,\{a\}\rangle = \{\{a\},\{a,\{a\}\}\}$.

(7) $\langle a,\{a\}\rangle = \{\{a\},\{a,\{a\}\}\}$.

5. (1) $A\times B = \varnothing \Leftrightarrow A=\varnothing \vee B=\varnothing$.

"$\Rightarrow$" 否则 $A\neq\varnothing \wedge B\neq\varnothing$，则 $A\times B\neq\varnothing$，这与 $A\times B=\varnothing$ 相矛盾.

"$\Leftarrow$" 显然.

(2) $A\times B = B\times A \Leftrightarrow A=\varnothing \vee B=\varnothing \vee A=B$.

"$\Rightarrow$" 否则 $A\neq\varnothing \wedge B\neq\varnothing \wedge A\neq B$，由于卡氏积运算不满足交换律(当 $A\neq\varnothing \wedge B\neq\varnothing \wedge A\neq B$ 时)，所以 $A\times B\neq B\times A$，这与 $A\times B=B\times A$ 相矛盾.

"$\Leftarrow$" $A=\varnothing$ 时，$A\times B=\varnothing$，$B\times A=\varnothing$，所以 $A\times B=B\times A$. $B=\varnothing$ 时类似讨论. 当 $A=B$ 时，显然有 $A\times B=B\times A$.

(3) $A\times(B\times C)=(A\times B)\times C \Leftrightarrow A=\varnothing \vee B=\varnothing \vee C=\varnothing$.

注意：当 $A=B=C\neq\varnothing$ 时，$A\times(A\times A)\neq(A\times A)\times A$.

本题说明卡氏积运算不满足交换律和结合律.

6. (1) 证明 $(A\times C)\cup(B\times D)\subseteq(A\cup B)\times(C\cup D)$，可用逻辑演算(用定义证)，也可以

用集合演算证明.

  方法一：利用集合演算，$\cup$ 与 $\cap$ 对 $\times$ 满足分配律.

  右 $=(A\cup B)\times(C\cup D)$

    $=((A\cup B)\times C)\cup((A\cup B)\times D)$

    $=(A\times C)\cup(B\times C)\cup(A\times D)\cup(B\times D)$；

  左 $=(A\times C)\cup(B\times D)$.

显然有左 $=(A\times C)\cup(B\times D)\subseteq(A\times C)\cup(B\times C)\cup(A\times D)\cup(B\times D)=$ 右.

  方法二：用定义证，由逻辑演算来完成.

   $\forall\langle x,y\rangle,$

   $\langle x,y\rangle((A\times C)\cup B\times D)$

  $\Leftrightarrow\langle x,y\rangle\in(A\times C)\vee\langle x,y\rangle\in(B\times D)$

  $\Leftrightarrow(x\in A\wedge y\in C)\vee(x\in B\wedge y\in D)$

  $\Leftrightarrow(x\in A\vee x\in B)\wedge(x\in A\vee y\in D)\wedge(y\in C\vee x\in B)\wedge(y\in C\vee y\in D)$

  $\Rightarrow(x\in A\vee x\in B)\wedge(y\in C\vee y\in D)$

  $\Leftrightarrow x\in(A\cup B)\wedge y\in C\cup D$

  $\Leftrightarrow\langle x,y\rangle\in(A\cup B)\times(C\cup D)$.

由定义可知，$(A\times C)\cup(B\times D)\subseteq(A\cup B)\times(C\cup D)$.

  (2) 用定义(逻辑演算)证明 $(A-B)\times(C-D)\subseteq(A\times C)-(B\times D)$.

   $\forall\langle x,y\rangle,$

   $\langle x,y\rangle\in(A-B)\times(C-D)$

  $\Leftrightarrow x\in(A-B)\wedge y\in(C-D)$

  $\Leftrightarrow(x\in A\wedge x\notin B)\wedge(y\in C\wedge y\notin D)$

  $\Leftrightarrow(x\in A\wedge y\in C)\wedge(x\notin B\wedge y\notin D)$ （交换律、结合律）

  $\Rightarrow\langle x,y\rangle\in(A\times C)\wedge\langle x,y\rangle\notin(B\times D)$

  $\Leftrightarrow\langle x,y\rangle\in(A\times C)-(B\times D)$.

也可以用集合演算证明.

  7. (1) 用定义进行逻辑演算，从右到左证明方便.

   $\forall\langle x,y\rangle,$

   $\langle x,y\rangle\in(A\times C)-(B\times C)$

  $\Leftrightarrow\langle x,y\rangle\in(A\times C)\wedge\langle x,y\rangle\notin(B\times C)$

  $\Leftrightarrow(x\in A\wedge y\in C)\wedge(x\notin B\vee y\notin C)$

  $\Leftrightarrow(x\in A\wedge y\in C\wedge x\notin B)\vee(x\in A\wedge y\in C\wedge y\notin C)$

  $\Leftrightarrow(x\in(A-B)\wedge y\in C)\vee 0$

  $\Leftrightarrow\langle x,y\rangle\in(A-B)\times C.$

  (2) 利用(1)证明(2).

   $(A\oplus B)\times C$

   $=((A-B)\cup(B-A))\times C$

   $=(A-B)\times C\cup(B-A)\times C$

   $=((A\times C)-(B\times C))\cup((B\times C)-(A\times C))$

   $=(A\times C)\oplus(B\times C).$

8. 当 $A=\varnothing$ 或 $B=\varnothing$ 时,必有 $A\times B\subseteq A$ 成立.

当 $A=\varnothing$ 或 $A=B=\varnothing$ 时,等号成立.

9. A 到 B 共有 2^{mn} 个不同的二元关系.

当 $A=\{a,b,c\}, B=\{1\}$ 时,A 到 B 共有 $2^3=8$ 个二元关系,它们是 $A\times B=\{\langle a,1\rangle,\langle b,1\rangle,\langle c,1\rangle\}$ 的全部子集:

$$R_1=\varnothing, R_2=\{\langle a,1\rangle\}, R_3=\{\langle b,1\rangle\}, R_4=\{\langle c,1\rangle\}, R_5=\{\langle a,1\rangle,\langle b,1\rangle\},$$
$$R_6=\{\langle a,1\rangle,\langle c,1\rangle\}, R_7=\{\langle b,1\rangle,\langle c,1\rangle\}, R_8=\{\langle a,1\rangle,\langle b,1\rangle,\langle c,1\rangle\},$$

其中 $R_8=A\times B$.

类似地,B 到 A 也有 $2^3=8$ 个二元关系,它们是 $B\times A=\{\langle 1,a\rangle,\langle 1,b\rangle,\langle 1,c\rangle\}$ 的全部子集:

$$S_1=\varnothing, S_2=\{\langle 1,a\rangle\}, S_3=\{\langle 1,b\rangle\}, S_4=\{\langle 1,c\rangle\}, S_5=\{\langle 1,a\rangle,\langle 1,b\rangle\},$$
$$S_6=\{\langle 1,a\rangle,\langle 1,c\rangle\}, S_7=\{\langle 1,b\rangle,\langle 1,c\rangle\}, S_8=\{\langle 1,a\rangle,\langle 1,b\rangle,\langle 1,c\rangle\},$$

其中 $S_8=B\times A$.

10. 解本题应注意到:$R=\varnothing$ 时,$\mathrm{fld}R=\bigcup\bigcup R=\varnothing$. 当 $R\neq\varnothing$ 时,R 中的元素的有序对 $\langle x,y\rangle=\{\{x\},\{x,y\}\}$,再用上广义并集的定义,就可以得到如下证明:

$\forall x,$
$x\in\mathrm{fld}\,R$
$\Leftrightarrow x\in\mathrm{dom}\,R\vee x\in\mathrm{ran}\,R$
$\Leftrightarrow \exists y(y\in\mathrm{ran}\,R\wedge\langle x,y\rangle\in R)\vee\exists y(y\in\mathrm{dom}\,R\wedge\langle y,x\rangle\in R)$
$\Leftrightarrow \exists y((y\in\mathrm{ran}\,R\wedge\langle x,y\rangle\in R)\vee(y\in\mathrm{dom}\,R\wedge\langle y,x\rangle\in R))$ （$\exists$ 对 $\vee$ 满足分配律）
$\Leftrightarrow \exists y((y\in\mathrm{ran}\,R\wedge\{\{x\},\{x,y\}\}\in R)\vee(y\in\mathrm{dom}\,R\wedge\{\{y\},\{x,y\}\}\in R))$
$\Leftrightarrow \exists y((y\in\mathrm{ran}\,R\wedge\{x\}\in\bigcup R\wedge\{x,y\}\in\bigcup R)\vee(y\in\mathrm{dom}\,R\wedge\{y\}\in\bigcup R\wedge\{x,y\}\in\vee R))$
$\Leftrightarrow \exists y\in((y\in\mathrm{ran}\,R\wedge x\in\bigcup\bigcup R\wedge y\in\bigcup\bigcup R)\vee(y\in\mathrm{dom}\,R\wedge y\in\bigcup\bigcup R\wedge x\in\bigcup\bigcup R))$
$\Leftrightarrow x\in\bigcup\bigcup R$.

$\mathrm{fld}\,R=\bigcup\bigcup R$.

11. 解本题只需注意到若干定义即可.

(1) $R_1\bigcup R_2=\{\langle a,b\rangle,\langle b,d\rangle,\langle c,c\rangle,\langle c,d\rangle,\langle a,c\rangle,\langle d,b\rangle,\langle d,d\rangle\}$;

$R_1\bigcap R_2=\{\langle b,d\rangle\}$;

$R_1\oplus R_2=\{\langle a,b\rangle,\langle c,c\rangle,\langle c,d\rangle,\langle a,c\rangle,\langle d,b\rangle,\langle d,d\rangle\}$.

(2) $\mathrm{dom}\,R_1=\{a,b,c\}$;

$\mathrm{dom}\,R_2=\{a,b,d\}$;

$\mathrm{dom}(R_1\bigcup R_2)=\{a,b,c,d\}$.

(3) $\mathrm{ran}\,R_1=\{b,c,d\}$;

$\mathrm{ran}\,R_2=\{b,c,d\}$;

$\mathrm{ran}\,R_1\bigcap\mathrm{ran}\,R_2=\{b,c,d\}$.

(4) $R_1\upharpoonright A=\{\langle a,b\rangle,\langle c,c\rangle,\langle c,d\rangle\}$;

$R_1\upharpoonright\{c\}=\{\langle c,c\rangle,\langle c,d\rangle\}$;

$(R_1\bigcup R_2)\upharpoonright A=\{\langle a,b\rangle,\langle a,c\rangle,\langle c,c\rangle,\langle c,d\rangle\}$;

$R_2\upharpoonright A=\{\langle a,c\rangle\}$.

(5) $R_1[A]=\{b,c,d\}$;

$R_2[A]=\{c\}$;

$(R_1\cap R_2)[A]=\varnothing$.

(6) $R_1\circ R_2=\{\langle a,c\rangle,\langle a,d\rangle,\langle d,d\rangle\}$;

$R_2\circ R_1=\{\langle a,d\rangle,\langle b,b\rangle,\langle b,d\rangle,\langle c,b\rangle,\langle c,d\rangle\}$;

$R_1\circ R_1=\{\langle a,d\rangle,\langle c,c\rangle,\langle c,d\rangle\}$.

12. (1) $R^{-1}=\{\langle\{\varnothing,\{\varnothing\}\},\varnothing\rangle,\langle\varnothing,\{\varnothing\}\rangle,\langle\varnothing,\varnothing\rangle\}$.

(2) $R\circ R=\{\langle\{\varnothing\},\{\varnothing,\{\varnothing\}\}\rangle,\langle\{\varnothing\},\varnothing\rangle,\langle\varnothing,\varnothing\rangle,\langle\varnothing,\{\varnothing,\{\varnothing\}\}\rangle\}$.

(3) $R\upharpoonright\varnothing=\varnothing$;

$R\upharpoonright\{\varnothing\}=\{\langle\varnothing,\{\varnothing,\{\varnothing\}\}\rangle,\langle\varnothing,\varnothing\rangle\}$;

$R\upharpoonright\{\{\varnothing\}\}=\{\langle\{\varnothing\},\varnothing\rangle\}$;

$R\upharpoonright\{\varnothing,\{\varnothing\}\}=R$.

(4) $R[\varnothing]=\varnothing$;

$R[\{\varnothing\}]=\{\{\varnothing,\{\varnothing\}\},\varnothing\}$;

$R[\{\{\varnothing\}\}]=\{\varnothing\}$;

$R[\{\varnothing,\{\varnothing\}\}]=\{\{\varnothing,\{\varnothing\}\},\varnothing\}$.

(5) dom $R=\{\varnothing,\{\varnothing\}\}$;

ran $R=\{\{\varnothing,\{\varnothing\}\},\varnothing\}$;

fld $R=\{\varnothing,\{\varnothing\},\{\varnothing,\{\varnothing\}\}\}$.

13. (1) 设 $\mathscr{S}=\{S|S\subseteq A\times A\wedge S\text{是对称的}\wedge R\subseteq S\}$,易知,$A$ 上的全域关系 $E_A\in\mathscr{S}$,所以 $\mathscr{S}\neq\varnothing$. 定义 $s(R)=\bigcap\mathscr{S}$. 下面证明 $s(R)$是包含 R 的最小的对称的二元关系,并且 $R\cup R^{-1}=s(R)$. 由定义可知:

① $R\subseteq s(R)$;

② $s(R)$是 A 上对称的二元关系(因为对称关系的交还是对称关系);

③ $s(R)=\bigcap\mathscr{S}$是包含 R 的最小的对称关系.

重要的一步是证明 $R\cup R^{-1}=s(R)=\bigcap\mathscr{S}$.

由于 $R\cup R^{-1}$是 A 上对称的二元关系,由定义可知,$s(R)\subseteq R\cup R^{-1}$,下面证明 $R\cup R^{-1}\subseteq s(R)$.

$\forall\langle x,y\rangle$,

$\langle x,y\rangle\in R\cup R^{-1}$

$\Leftrightarrow\langle x,y\rangle\in R\vee\langle x,y\rangle\in R^{-1}$

$\Leftrightarrow\langle x,y\rangle\in R\vee\langle y,x\rangle\in R$

$\Rightarrow\forall S(S\in\mathscr{S}\to\langle x,y\rangle\in S)\vee\forall S(S\in\mathscr{S}\to\langle y,x\rangle\in S)$

$\Leftrightarrow\forall S(S\in\mathscr{S}\to\langle x,y\rangle\in S)\vee\forall S(S\in\mathscr{S}\to\langle x,y\rangle\in S)$ （因为 S 对称）

$\Leftrightarrow\forall S(S\in\mathscr{S}\to\langle x,y\rangle\in S)$ （幂等律）

$\Rightarrow\langle x,y\rangle\in\bigcap\mathscr{S}=s(R)$.

这就证明了 $R\cup R^{-1}\subseteq s(R)$,从而有 $R\cup R^{-1}=s(R)$,由于 $s(R)$是 A 上最小的包含 R 的对称关系,从而有 $R\cup R^{-1}$是包含 R 的最小的对称的二元关系.

(2) 设 $\mathscr{S}=\{S|S\subseteq A\times A\wedge S\text{是对称的}\wedge S\subseteq R\}$,并令 $s(R)=\bigcup\mathscr{S}$,易知

① $s(R)$是对称的(因为对称关系的并还是对称关系);

② $s(R)\subseteq R$;

③ $s(R)$ 是含于 R 的最大的对称关系.

下面只需是证明 $R\cap R^{-1}=s(R)=\bigcup\mathscr{S}$. 首先,由于 $R\cap R^{-1}$ 是对称的(证明简单),所以,$R\cap R^{-1}\subseteq s(R)=\bigcup\mathscr{S}$. 下面证明 $s(R)=\bigcup\mathscr{S}\subseteq R\cap R^{-1}$.

$\forall\langle x,y\rangle$,

$\langle x,y\rangle\in\bigcup\mathscr{S}$

$\Leftrightarrow \exists S(S\in\mathscr{S}\wedge\langle x,y\rangle\in S)$

$\Leftrightarrow \exists S(S\in\mathscr{S}\wedge\langle x,y\rangle\in S\wedge\langle y,x\rangle\in S)$ （因为 S 对称）

$\Leftrightarrow \exists S(S\in\mathscr{S}\wedge\langle x,y\rangle\in S\wedge\langle x,y\rangle\in S^{-1})$

$\Rightarrow \exists S(S\in\mathscr{S}\wedge\langle x,y\rangle\in R\wedge\langle x,y\rangle\in R^{-1})$ （因为 $S\subseteq R$）

$\Rightarrow \langle x,y\rangle\in R\cap R^{-1}$.

综上所述,可知 $s(R)=\bigcup\mathscr{S}=R\cap R^{-1}$.

14. (1) 例：设 A 为人类集合
$$R=\{\langle x,y\rangle\mid x\in A\wedge y\in A\wedge x\text{ 是 }y\text{ 的母亲}\},$$
则 R 是 A 上反传递的二元关系.

又例：设
$$R=\{\langle x,y\rangle\mid x\in N\wedge y\in N\wedge x-y=2\},$$
则 R 是反传递二元关系,其中 N 为自然数集合.

(2) "$\Rightarrow$" 反证法. 若 $R^2\cap R\neq\varnothing$,则 $\exists\langle x_0,y_0\rangle$,

$\langle x_0,y_0\rangle\in R^2\cap R$

$\Leftrightarrow \langle x_0,y_0\rangle\in R^2\wedge\langle x_0,y_0\rangle\in R$

$\Leftrightarrow \exists t_0(\langle x_0,t_0\rangle\in R\wedge\langle t_0,y_0\rangle\in R)\wedge\langle x_0,y_0\rangle\in R$,

这与 R 是反传递的相矛盾,所以,$R^2\cap R=\varnothing$.

"$\Leftarrow$" $\forall\langle x,y\rangle,\langle y,z\rangle$,

$\langle x,y\rangle\in R\wedge\langle y,z\rangle\in R\Leftrightarrow\langle x,z\rangle\in R^2$.

由于 $R^2\cap R=\varnothing$,当 $\langle x,z\rangle\in R^2$ 时,必有 $\langle x,z\rangle\notin R$,所以 R 是反传递的；

15. (1) $R=\{\langle x,y\rangle\mid x,y\in P(A)\wedge x\subseteq y\}$ 具有反自反性,反对称性和传递性；

(2) $S=\{\langle x,y\rangle\mid x,y\in P(A)\wedge x\cap y=\varnothing\}$ 具有对称性；

(3) $T=\{\langle x,y\rangle\mid x,y\in P(A)\wedge x\cup y=A\}$ 也只具有对称性.

设 $A=\{a,b\}$,试求出 R,S 和 T,并验证 R 无自反性,无对称性,S 与 T 无自反性,无反对称性和传递性.

16. (1)
$R=\{\langle 0,10\rangle,\langle 10,0\rangle,\langle 1,9\rangle,\langle 9,1\rangle,\langle 2,8\rangle,\langle 8,2\rangle,\langle 3,7\rangle,\langle 7,3\rangle,\langle 4,6\rangle,\langle 6,4\rangle,\langle 5,5\rangle\}$;
$S=\{\langle 0,4\rangle,\langle 3,3\rangle,\langle 6,2\rangle,\langle 9,1\rangle,\langle 12,0\rangle\}$.

(2) R 具有对称性,S 具有反对称性. 试说明 S 为什么无传递性.

17. R 的集合表达式和关系矩阵 $M(R)$ 为
$R=I_A\cup\{\langle 0,1\rangle,\langle 1,0\rangle,\langle 0,2\rangle,\langle 2,0\rangle,\langle 0,3\rangle,\langle 3,0\rangle,\langle 1,2\rangle,\langle 2,1\rangle\}$,

$$M(R)=\begin{bmatrix}1&1&1&1\\1&1&1&0\\1&1&1&0\\1&0&0&1\end{bmatrix}.$$

R 的关系图 $G(R)$ 如图 2.4 所示.

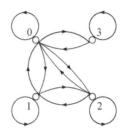

图 2.4

R 是自反和对称的.

18. (1) $R_1 = I_A \bigcup \{\langle a,b\rangle, \langle c,b\rangle\}$,

$M(R_1) = \begin{bmatrix} 1 & 1 & 0 \\ 0 & 1 & 0 \\ 0 & 1 & 1 \end{bmatrix}$, R_1 是自反的, 反对称的和传递的;

(2) $R_2 = \{\langle a,b\rangle, \langle b,c\rangle\}$,

$M(R_2) = \begin{bmatrix} 0 & 1 & 1 \\ 0 & 0 & 1 \\ 0 & 0 & 0 \end{bmatrix}$, R_2 是反自反的, 反对称的;

(3) $R_3 = \{\langle a,b\rangle, \langle a,c\rangle, \langle c,a\rangle, \langle c,b\rangle\}$,

$M(R_3) = \begin{bmatrix} 0 & 1 & 1 \\ 0 & 0 & 0 \\ 1 & 1 & 0 \end{bmatrix}$, R_3 是反自反的;

(4) $R_4 = I_A$,

$M(R_4) = \begin{bmatrix} 1 & 0 & 0 \\ 0 & 1 & 0 \\ 0 & 0 & 1 \end{bmatrix}$, R_4 是自反的, 对称的和传递的.

19. $R_1 = I_A \bigcup \{\langle a,b\rangle, \langle b,a\rangle, \langle b,c\rangle, \langle c,a\rangle\}$, R_1 是自反的;
$R_2 = \{\langle a,a\rangle, \langle a,b\rangle, \langle b,b\rangle, \langle c,a\rangle, \langle c,b\rangle\}$, R_2 是反对称的和传递的;
$R_3 = \{\langle a,b\rangle, \langle a,c\rangle, \langle b,a\rangle, \langle b,c\rangle, \langle c,a\rangle, \langle c,c\rangle\}$, R_3 是反自反的和对称的;
$R_4 = \{\langle a,a\rangle, \langle a,b\rangle, \langle a,c\rangle, \langle b,c\rangle, \langle c,a\rangle\}$, R_4 没有这 5 种性质中的任何一种.
$G(R_1), G(R_2), G(R_3), G(R_4)$ 分别如图 2.5(a), (b), (c), (d) 所示.

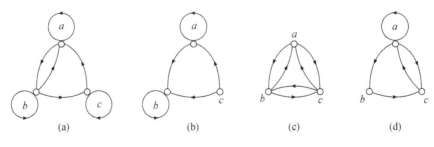

图 2.5

20. 关系图如图 2.6 所示.

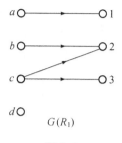

图 2.6

$$M(R_1) = \begin{bmatrix} 1 & 0 & 0 \\ 0 & 1 & 0 \\ 0 & 1 & 1 \\ 0 & 0 & 0 \end{bmatrix}.$$

21. $M(R_1) = \begin{bmatrix} 1 & 1 & 0 \\ 0 & 0 & 1 \end{bmatrix}$, $M(R_2) = \begin{bmatrix} 0 & 1 \\ 0 & 1 \\ 0 & 0 \end{bmatrix}$,

$M(R_2 \circ R_1) = M(R_1) \cdot M(R_1) = \begin{bmatrix} 0 & 1 \\ 0 & 0 \end{bmatrix}$, 所以 $R_2 \circ R_1 = \{\langle 1, \beta \rangle\}$.

注意：在这里. 矩阵运算中,乘法使用逻辑乘,加法使用逻辑加.

22. (1) 若 R 是自反的和传递的, 证明 $R \circ R = R$.

先证: $R \circ R \subseteq R$. $\forall \langle x, y \rangle$,

$\langle x, y \rangle \in R \circ R$

$\Leftrightarrow \exists t (\langle x, t \rangle \in R \land \langle t, y \rangle \in R)$

$\Rightarrow \langle x, y \rangle \in R$, （因为 R 传递）

所以, $R \circ R \subseteq R$.

再证 $R \subseteq R \circ R$. $\forall \langle x, y \rangle$,

$\langle x, y \rangle \in R$

$\Rightarrow \langle x, y \rangle \in R \land \langle y, y \rangle \in R$ （因为 R 是自反的）

$\Rightarrow \langle x, y \rangle \in R \circ R$,

所以, $R \subseteq R \circ R$.

(2) 若 $R \circ R = R$, 不一定有 R 是自反的和传递的.

例如, 取 $A = \{a, b\}$, $R = \{\langle a, a \rangle\}$, 则 $R \circ R = \{\langle a, a \rangle\}$, 但 R 无自反性.

23. "$\Rightarrow$" $\forall \langle x, y \rangle$,

$\langle x, y \rangle \in R \circ S$

$\Leftrightarrow \langle y, x \rangle \in R \circ S$ （因为 $R \circ S$ 对称）

$\Leftrightarrow \exists t (\langle y, t \rangle \in S \land \langle t, x \rangle \in R)$

$\Leftrightarrow \exists t (\langle t, y \rangle \in S \land \langle x, t \rangle \in R)$ （因为 R 与 S 对称）

$\Leftrightarrow \langle x, y \rangle \in S \circ R$,

所以, $R \circ S = S \circ R$.

其实，由 R,S 及 $R\circ S$ 的对称性，由定理也可以证明 $R\circ S=S\circ R$.

$\quad R\circ S=(R\circ S)^{-1}$ （由定理 2.12 得）

$=S^{-1}\circ R^{-1}$ （由定理 2.7 得）

$=S\circ R$. （由定理 2.12 得）

"$\Leftarrow$" $\forall\langle x,y\rangle$,

$\langle x,y\rangle\in R\circ S$

$\Leftrightarrow\langle x,y\rangle\in S\circ R$ （因为 $R\circ S=S\circ R$）

$\Leftrightarrow\exists t(\langle x,t\rangle\in R\wedge\langle t,y\rangle\in S)$

$\Leftrightarrow\exists t(\langle t,x\rangle\in R\wedge\langle y,t\rangle\in S)$ （因为 R,S 对称）

$\Leftrightarrow\langle y,x\rangle\in R\circ S$, （因为 R 传递）

所以，$R\circ S$ 具有对称性.

24. A 上共有 $2^4=16$ 个二元关系，它们都是 $A\times A=\{\langle 1,1\rangle,\langle 1,2\rangle,\langle 2,1\rangle,\langle 2,2\rangle\}$ 的子集. 将它们分别记为 $R_1,R_2,\cdots,R_{16}$，其中，

$R_1=\varnothing$; $\qquad R_2=\{\langle 1,1\rangle\}$;

$R_3=\{\langle 1,2\rangle\}$; $\qquad R_4=\{\langle 2,1\rangle\}$;

$R_5=\{\langle 2,2\rangle\}$; $\qquad R_6=\{\langle 1,1\rangle,\langle 1,2\rangle\}$;

$R_7=\{\langle 1,1\rangle,\langle 2,1\rangle\}$; $\qquad R_8=\{\langle 1,1\rangle,\langle 2,2\rangle\}$;

$R_9=\{\langle 1,2\rangle,\langle 2,1\rangle\}$; $\qquad R_{10}=\{\langle 1,2\rangle,\langle 2,2\rangle\}$;

$R_{11}=\{\langle 2,1\rangle,\langle 2,2\rangle\}$; $\qquad R_{12}=\{\langle 1,1\rangle,\langle 1,2\rangle,\langle 2,1\rangle\}$;

$R_{13}=\{\langle 1,1\rangle,\langle 1,2\rangle,\langle 2,2\rangle\}$; $\qquad R_{14}=\{\langle 1,1\rangle,\langle 2,1\rangle,\langle 2,2\rangle\}$;

$R_{15}=\{\langle 1,2\rangle,\langle 2,1\rangle,\langle 2,2\rangle\}$; $\qquad R_{16}=A\times A=\{\langle 1,1\rangle,\langle 1,2\rangle,\langle 2,1\rangle,\langle 2,2\rangle\}$.

其中，

$R_1=\varnothing$ 为空关系，具有反自反、对称、反对称、传递性；

$R_8=\{\langle 1,1\rangle,\langle 2,2\rangle\}=I_A$ 为恒等关系，具有自反、对称、反对称、传递性；

$R_{16}=A\times A$ 为全域关系，具有自反、对称、传递性.

小于等于关系有：

$R_2=\{\langle 1,1\rangle\}$，具有对称、反对称、传递性；

$R_3=\{\langle 1,2\rangle\}$，具有反自反、反对称、传递性；

$R_5=\{\langle 2,2\rangle\}$，具有对称、反对称、传递性；

$R_6=\{\langle 1,1\rangle,\langle 1,2\rangle\}$，具有反对称和传递性；

$R_8=\{\langle 1,1\rangle,\langle 2,2\rangle\}=I_A$；

$R_{10}=\{\langle 1,2\rangle,\langle 2,2\rangle\}$，具有反对称和传递性；

$R_{13}=\{\langle 1,1\rangle,\langle 1,2\rangle,\langle 2,2\rangle\}$，具有自反、反对称、传递性.

小于关系有：

$R_3=\{\langle 1,2\rangle\}$，具有反自反、反对称、传递性.

大于等于关系有：

$R_2=\{\langle 1,1\rangle\}$；

$R_4=\{\langle 2,1\rangle\}$，具有反自反、反对称和传递性；

$R_5=\{\langle 2,2\rangle\}$；

$R_7 = \{\langle 1,1\rangle, \langle 2,1\rangle\}$,具有反对称和传递性;
$R_8 = I_A$;
$R_{11} = \{\langle 2,1\rangle, \langle 2,2\rangle\}$,具有反对称和传递性;
$R_{14} = \{\langle 1,1\rangle, \langle 2,1\rangle, \langle 2,2\rangle\}$,具有自反、反对称和传递性.
大于关系有:
$R_4 = \{\langle 2,1\rangle\}$,具有反自反、反对称和传递性.
整除关系有:
$R_{13} = \{\langle 1,1\rangle, \langle 1,2\rangle, \langle 2,2\rangle\}$,具有自反、反对称和传递性;
还有 R_9, R_{12}, R_{15} 没有出现在所讨论的关系中.

25. 按定义证明即可.

$\forall \langle x, x \rangle$,

$\langle x, x \rangle \in I_{\text{dom }R}$

$\Rightarrow x \in \text{dom } R$

$\Rightarrow \exists y (y \in \text{ran } R \wedge \langle x, y \rangle \in R)$

$\Rightarrow \exists y (\langle x, y \rangle \in R \wedge \langle y, x \rangle \in R^{-1})$

$\Rightarrow \langle x, x \rangle \in R^{-1} \circ R$,

所以,$I_{\text{dom }R} \subseteq R^{-1} \circ R$.

类似地,

$\forall \langle y, y \rangle$,

$\langle y, y \rangle \in I_{\text{ran }R}$

$\Rightarrow y \in \text{ran } R$

$\Rightarrow \exists x (x \in \text{dom } R \wedge \langle x, y \rangle \in R)$

$\Rightarrow \exists x (\langle x, y \rangle \in R \wedge \langle y, x \rangle \in R^{-1})$

$\Rightarrow \langle y, y \rangle \in R \circ R^{-1}$,

所以,$I_{\text{ran }R} (R \circ R^{-1}$.

26. (1) 注意:矩阵运算时的乘法与加法均采用逻辑运算.

$$M(R) = \begin{bmatrix} 0 & 1 & 0 & 0 \\ 1 & 0 & 1 & 0 \\ 0 & 0 & 0 & 1 \\ 0 & 0 & 0 & 0 \end{bmatrix}, \quad M(R^2) = \begin{bmatrix} 1 & 0 & 1 & 0 \\ 0 & 1 & 0 & 1 \\ 0 & 0 & 0 & 0 \\ 0 & 0 & 0 & 0 \end{bmatrix},$$

$$M(R^3) = \begin{bmatrix} 0 & 1 & 0 & 0 \\ 1 & 0 & 1 & 0 \\ 0 & 0 & 0 & 0 \\ 0 & 0 & 0 & 0 \end{bmatrix}, \quad M(R^4) = \begin{bmatrix} 1 & 0 & 1 & 0 \\ 0 & 1 & 0 & 1 \\ 0 & 0 & 0 & 0 \\ 0 & 0 & 0 & 0 \end{bmatrix}.$$

由 $M(R^2)$ 可知:$R^2 = \{\langle a,a\rangle, \langle a,c\rangle, \langle b,b\rangle, \langle b,d\rangle\}$;
由 $M(R^3)$ 可知:$R^3 = \{\langle a,b\rangle, \langle a,d\rangle, \langle b,a\rangle, \langle b,c\rangle\}$.

(2) 由 $M(R^2)$ 与 $M(R^4)$ 可知:$m=2, n=4$,则 m, n 为所求.

(3) 由(2)可得出:

$$R^2 = R^4 = \cdots = R^{2k} \quad (k \geq 1);$$

$$R^3 = R^5 = \cdots = R^{2k+1} \quad (k \geqslant 1).$$

于是可得出如下结论：
$$\forall s \in N, 均有 R^s \in \{R^0 = I_A, R^1 = R, R^2, R^3\}.$$

27. 首先,
$$\text{fld } R_1 \cap \text{fld } R_2 = \text{dom } R_1 \cup \text{ran } R_1) \cap (\text{dom } R_2 \cup \text{ran } R_2)$$
$$= (\text{dom } R_1 \cap \text{dom } R_2) \cup (\text{dom } R_1 \cap \text{ran } R_2) \cup (\text{ran } R_1 \cap \text{dom } R_2) \cup (\text{ran } R_1 \cap \text{ran } R_2).$$

易知, 由 fld $R_1 \cap$ fld $R_2 = \varnothing$, 可得

(1) dom $R_1 \cap$ dom $R_2 = \varnothing$;　　(2) dom $R_1 \cap$ ran $R_2 = \varnothing$;

(3) ran $R_1 \cap$ dom $R_2 = \varnothing$;　　(4) ran $R_1 \cap$ ran $R_2 = \varnothing$.

其次, 用归纳法证明 $(R_1 \cup R_2)^m = R_1^m \cup R_2^m$.

归纳基础: $m = 0$ 或 $m = 1$ 时, 有
$$(R_1 \cup R_2)^0 = I_A = I_A \cup I_A = R_1^0 \cup R_2^0;\quad (R_1 \cup R_2)^1 = R_1 \cup R_2 = R_1^1 \cup R_2^1.$$

归纳步骤: 设 $m = k$ 时结论为真, 证 $m = k+1$ 时结论为真.

$(R_1 \cup R_2)^{k+1}$

$= (R_1 \cup R_2)^k \circ (R_1 \cup R_2)$

$= (R_1^k \cup R_2^k) \circ (R_1 \cup R_2)$　　　　　　　　　　　　　　　　　　　（归纳步骤）

$= (R_1^k \circ R_1) \cup (R_1^k \circ R_2) \cup (R_2^k \circ R_1) \cup (R_2^k \circ R_2)$　　（合成运算对并运算有分配律）

$= R_1^{k+1} \cup R_1^k \circ R_2 \cup R_2^k \circ R_1 \cup R_2^{k+1}$.

只需证明 $R_1^k \circ R_2 = \varnothing$, 且 $R_2^k \circ R_1 = \varnothing$. 而
$$R_1^k \circ R_2 = R_1^{k-1} \circ (R_1 \circ R_2),\quad R_2^k \circ R_1 = R_2^{k-1} \circ (R_2 \circ R_1),$$
于是, 又只要证明 $R_1 \circ R_2 = \varnothing$, 且 $R_2 \circ R_1 = \varnothing$. 下面证明 $R_1 \circ R_2 = \varnothing$, (反证法) 否则,

$\exists \langle x, y \rangle \in R_1 \circ R_2$

$\Rightarrow \exists t (\langle x, t \rangle \in R_2 \wedge \langle t, y \rangle \in R_1)$

$\Rightarrow \exists t (t \in \text{ran} R_2 \wedge t \in \text{dom} R_1)$

$\Rightarrow \text{dom} R_1 \cap \text{ran} R_2 \neq \varnothing$,

这与结论(2)相矛盾. 类似可证明 $R_2 \circ R_1 = \varnothing$.

28. 由 R 的集合表达式可知, $R = R_1 \cup R_2$, 其中,

$R_1 = \{\langle a, b \rangle, \langle b, c \rangle, \langle c, a \rangle\}$;

$R_2 \{\langle d, e \rangle, \langle e, f \rangle, \langle f, g \rangle, \langle g, h \rangle, \langle h, d \rangle\}$;

fld$R_1 = \{a, b, c\}$, fld$R_2 = \{d, e, f, g, h\}$, 可知

fld$R_1 \cap$ fld$R_2 = \varnothing$.

由 27 题可知, $\forall m \in N$, 有
$$R^m = (R_1 \cup R_2)^m = R_1^m \cup R_2^m. \tag{$*$}$$

易知, $R_1^{3k} = I_{fidR_1}$, $R_2^{5k} = I_{fidR_2}$, $k \in N$, 由 $(*)$ 可知
$$R^{15k} = R_1^{15k} \cup R_2^{15k} = I_{fidR_1} \cup = I_{fidR_2} = I_A, k \in N,$$

取数 $m = 0, n = 15$, 有 $R^0 = R^{15} = I_A$, 即 0 与 15 满足要求.

29. (1) $r(R) = R \cup I_A = \{\langle a, a \rangle, \langle b, b \rangle, \langle c, c \rangle, \langle d, d \rangle, \langle a, b \rangle, \langle c, d \rangle\}$;

(2) $s(R) = R \cup R^{-1} = \{\langle a, a \rangle, \langle b, b \rangle, \langle a, b \rangle, \langle b, a \rangle, \langle c, d \rangle, \langle d, c \rangle\}$;

(3) $t(R) = R$ (R 是传递的).

$r(R), s(R), t(R)$ 的关系图分别由图 2.7 中的 $G(r(R)), G(s(R)), G(t(R))$ 所示.

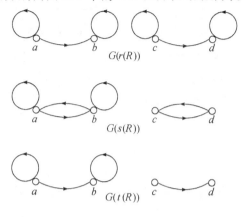

图 2.7

30. (1) 由于 $R^+ = t(R)$ 为传递关系，所以
$$(R^+)^+ = t(R^+) = R^+. \qquad \text{(见定理 2.19)}$$

(2) 由定义可知
$$R^\oplus = \bigcup_{i=0}^{\infty} R^i = I_A \bigcup \bigcup_{i=1}^{\infty} R^i = I_A \bigcup t(R) = I_A \bigcup R^+,$$
容易证明 $R^\oplus$ 具有传递性. 由定义可知
$$(R^\oplus)^\oplus = I_A \bigcup (\bigcup_{i=1}^{\infty} (R^\oplus)^i)$$
$$= I_A \bigcup t(R^\oplus)$$
$$= I_A \bigcup R^\oplus \qquad \text{(由 } R^\oplus \text{ 有传递性及定理 2.24)}$$
$$= I_A \bigcup I_A \bigcup (\bigcup_{i=1}^{\infty} R^i)$$
$$= I_A \bigcup t(R) = R^\oplus.$$

(3) $R \circ R^\oplus = R \circ (\bigcup_{i=0}^{\infty} R^i) = \bigcup_{i=1}^{\infty} R^i = t(R) = R^+$, $R^\oplus \circ R = (\bigcup_{i=0}^{\infty} R^i) \circ R = \bigcup_{i=1}^{\infty} R^i = t(R) = R^+$, 所以，$R \circ R^\oplus = R^\oplus \circ R$.

31. $r(R), s(R), t(R)$ 的关系图分别由图 2.8(a),(b),(c)给出.

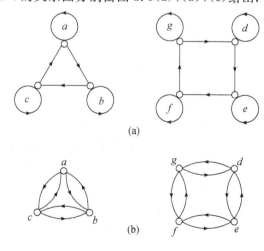

(a)

(b)

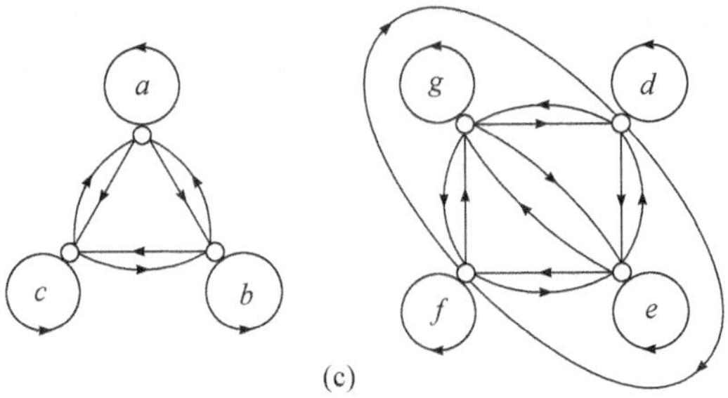

(c)

图 2.8

32. (1) 只需证明≅具有自反性、对称性和传递性,下面分别进行证明.

① 取 n 阶单位矩阵 $E_n \in \mathscr{A}_n$,则 $A = E_n \cdot A \cdot E_n$,于是≅具有自反性;

② 若存在 $P, Q \in \mathscr{A}_n$,使得 $B = P \cdot A \cdot Q$,则有 $A = P^{-1} \cdot B \cdot Q^{-1}$,且 $P^{-1}, Q^{-1} \in \mathscr{A}_n$,所以,≅具有对称性;

③ 若 $A \cong B$ 且 $B \cong C$,则存在 $P_1, Q_1, P_2, Q_2, \in \mathscr{A}_n$,使得 $B = P_1 \cdot A \cdot Q_1, C = P_2 \cdot B \cdot Q_2$,于是,

$$C = P_2 \cdot B \cdot Q_2 = P_2 \cdot (P_1 \cdot A \cdot Q_1) \cdot Q_2 = (P_2 \cdot P_1) \cdot A \cdot (Q_1 \cdot Q_2),$$

而 $P_2 \cdot P_1, Q_1 \cdot Q_2 \in \mathscr{A}_n$,所以,≅具有传递性.

类似可证(2)和(3).

33. 先证明 R 是 C^* 上的等价关系.

(1) $\forall a + bi \in C^*$,若

$$a + bi \in C^* \Rightarrow a \neq 0 \Rightarrow aa = a^2 > 0 \Rightarrow \langle a+bi, a+bi \rangle \in R$$

则 R 是自反的;

(2) $\forall a+bi, c+di \in C^*$,若

$$\langle a+bi, c+di \rangle \in R \Rightarrow ac > 0 \Rightarrow ca > 0 \Rightarrow \langle c+di, a+bi \rangle \in R,$$

则 R 是对称的;

(3) $\forall a+bi, c+di, e+fi \in C^*$,若

$$\langle a+bi, c+di \rangle \in R \land \langle c+di, e+fi \rangle \in R \Rightarrow ac > 0 \land ce > 0 \Rightarrow ae \rangle 0 \Rightarrow \langle a+bi, e+fi \rangle \in R,$$

则 R 是传递的.

综上所述,R 是 C^* 上的等价关系.

等价类 $\pi_1 = \{z | z = a+bi \land a > 0\}$,表示右半复平面;$\pi_2 = \{z | z = a+bi \land a < 0\}$,表示左半复平面.

34. (1) $\sim R_1$ 与 $\sim R_2$ 均无自反性,故都不是等价关系;

(2) $R_1 - R_2$ 与 $R_2 - R_1$ 也均无自反性,故也都不是等价关系;

(3) $r(R_1 - R_2)$ 与 $r(R_2 - R_1)$ 具有自反性和对称性,但不一定具有传递性.

现举一反例如下:

设 $A = \{a, b, c, d\}$,$R_1 = I_A \cup \{\langle a, b \rangle, \langle b, a \rangle, \langle b, c \rangle, \langle c, b \rangle, \langle a, c \rangle, \langle c, a \rangle\}$,$R_2 = I_A \cup \{\langle a, c \rangle, \langle c, a \rangle\}$,则 R_1 和 R_2 都是 A 上的等价关系,而

$$r(R_1 - R_2) = I_A \cup \{\langle a, b \rangle, \langle b, a \rangle, \langle b, c \rangle, \langle c, b \rangle\}$$

已无传递性，故 $r(R_1-R_2)$ 不是 A 上的等价关系．

(4) $R_1 \circ R_2$ 与 $R_2 \circ R_1$ 具有自反性，但不一定具有对称性和传递性．现举反例如下：

设 $A=\{a,b,c,d\}$，$R_1=I_A \bigcup \{\langle b,c\rangle,\langle c,b\rangle\}$，$R_2=I_A \bigcup \{\langle a,b\rangle,\langle b,a\rangle\}$，则 R_1 和 R_2 都是 A 上的等价关系，可是
$$R_1 \circ R_2 = I_A \bigcup \{\langle a,b\rangle,\langle b,a\rangle,\langle b,c\rangle,\langle c,b\rangle,\langle a,c\rangle\},$$
它既无对称性，也无传递性，因而不是等价关系．

35. 记 R 满足的条件(2)为(∗)，下面证明 R 是 A 上的等价关系．

① R 是自反的（已知条件(1)）；

② 证 R 是对称的．$\forall x,y \in A$，若

$\langle x,y\rangle \in R$

$\Rightarrow \langle x,y\rangle \in R \wedge \langle x,x\rangle \in R$ (R 是自反的)

$\Rightarrow \langle y,x\rangle \in R$,   （由(∗)）

所以，R 是对称的；

③ 证 R 是传递的．$\forall x,y,z \in A$，若

$\langle x,y\rangle \in R \wedge \langle y,z\rangle \in R$

$\Rightarrow \langle y,x\rangle \in R \wedge \langle y,z\rangle \in R$ (R 对称)

$\Rightarrow \langle x,z\rangle \in R$,   （由(∗)）

所以，R 是传递的．

注意：若 R 是 $A(A \neq \varnothing)$ 上的等价关系，也能推出题目中的两个条件成立．

36. 由于已知 $B_{i_k}=A_{i_k} \bigcap B \neq \varnothing$，$k=1,2,\cdots,m$，下面只需证明两点：

(1) 若 $k \neq r$，则 $B_{i_k} \bigcap B_{i_r}=\varnothing$. 这是由于 A_{i_k} 与 A_{i_r} 是 π_1 的不同划分块所致．

(2) 证明 $\bigcup \pi_2=A \bigcap B$. 又 $\bigcup \pi_2 \subseteq A \bigcap B$ 是显然的，下面只需证明 $A \bigcap B \subseteq \bigcup \pi_2$. $\forall x$，

$x \in A \bigcap B$

$\Leftrightarrow x \in A \wedge x \in B$

$\Leftrightarrow x \in \bigcup\limits_{i=1}^{\infty} A_i \wedge x \in B$ ($A=\bigcup\limits_{i=1}^{\infty} A_i$)

$\Leftrightarrow x \in (\bigcup\limits_{i=1}^{\infty} A_i) \bigcap B$ ($A=\bigcup\limits_{i=1}^{\infty} A_i$)

$\Leftrightarrow x \in (\bigcup\limits_{i=1}^{\infty} A_i \bigcap B)$ （分配律）

$\Leftrightarrow x \in \bigcup\limits_{k=1}^{\infty}(A_{i_k} \bigcap B)$ ($A_i \bigcap B$ 中有 m 个是非空的，$A_{i_k} \bigcap B \neq \varnothing$，$k=1,2,\cdots,m$)

$\Leftrightarrow x \bigcup\limits_{k=1}^{\infty} B_{i_k}$ ($B_{i_k}=A_{i_k} \bigcap B$)

$\Leftrightarrow x \in \bigcup \pi_2$,   ($\pi_2=\{B_{i_1},B_{i_2},\cdots,B_{i_m}\}$)

所以，$\bigcup \pi_2=A \bigcap B$.

37. 易知 R 是自反、对称和传递的，所以 R 是 A 上的等价关系．

共有 5 个不同的 R 等价类：$[1]_R=\{1,6,11,16\}$，$[2]_R=\{2,7,12,17\}$，$[3]_R=\{3,8,13,18\}$，$[4]_R=\{4,9,14,19\}$，$[5]_R=\{5,10,15,20\}$，所以，商集 $A/R=\{[1]_R,[2]_R,[3]_R,[4]_R,[5]_R\}$.

38. 先证 $\mathscr{A}$ 是 A 的划分.

(1) 由 $\mathscr{A}$ 的构造可知，$\mathscr{A}$ 中元素均非空；

(2) 由于 π_1 与 π_2 都是 A 的划分，所以 $\forall (A_i \cap B_j), (A_r \cap B_k), i \neq r, j \neq k$，均有

$$(A_i \cap B_j) \cap (A_r \cap B_k) = (A_i \cap A_r) \cap (B_j \cap B_k) = \varnothing \cap \varnothing = \varnothing;$$

(3) $\bigcup \mathscr{A} = \bigcup \{A_i \cup B_j \neq \varnothing \mid i=1,2,\cdots,m, j=1,2,\cdots,n\}$

$\qquad = \bigcup \{A_i \cap B_j \mid i=1,2,\cdots,m, j=1,2,\cdots,n\}$

$\qquad = \bigcup_{i,j}(A_i \cap B_j)$

$\qquad = (\bigcup_i A_i) \cap (\bigcup_j B_j)$ （分配律）

$\qquad = A \cap A$

$\qquad = A.$

由(1),(2),(3)可知，$\mathscr{A}$ 也是 A 的划分.

又 $\forall i,j$，均有 $A_i \cap B_j \subseteq A_i, A_i \cap B_j \subseteq B_j$，因而 $\mathscr{A}$ 是 π_1 和 π_2 的加细.

39. (1) $R_\pi = I_A \cup \{\langle 1,2\rangle, \langle 2,1\rangle, \langle 1,3\rangle, \langle 3,1\rangle, \langle 2,3\rangle, \langle 3,2\rangle\}$, $A/R_\pi = \pi = \{\{1,2,3\}, \{4\}\}$；

(2) π 有 5 个加细(包含 π 本身)，设其为

$$\pi_1 = \pi = \{\{1,2,3\}, \{4\}\};$$
$$\pi_2 = \{\{1\}, \{2,3\}, \{4\}\};$$
$$\pi_3 = \{\{2\}, \{1,3\}, \{4\}\};$$
$$\pi_4 = \{\{3\}, \{1,2\}, \{4\}\};$$
$$\pi_5 = \{\{1\}, \{2\}, \{3\}, \{4\}\}.$$

它们对应的等价关系分别为

$$R_{\pi_1} = R_\pi;$$
$$R_{\pi_2} = I_A \cup \{\langle 2,3\rangle, \langle 3,2\rangle\};$$
$$R_{\pi_3} = I_A \cup \{\langle 1,3\rangle, \langle 3,1\rangle\};$$
$$R_{\pi_4} = I_A \cup \{\langle 1,2\rangle, \langle 2,1\rangle\};$$
$$R_{\pi_5} = I_A.$$

40. "$\Rightarrow$" 即由 A/R_1 是 A/R_2 的加细，证明 $R_1 \subseteq R_2$. $\forall \langle x,y\rangle$,

$\langle x,y\rangle \in R_1$

$\Rightarrow [x]_{R_1} = [y]_{R_1}$

$\Rightarrow \exists z(z \in A \wedge [x]_{R_1} = [y]_{R_1} \subseteq [z]_{R_2})$ （A/R_1 是 A/R_2 的加细）

$\Rightarrow x \in [z]_{R_2}, y \in [z]_{R_2}$

$\Rightarrow \langle x,y\rangle \in R_2,$

得证 $R_1 \subseteq R_2$.

"$\Leftarrow$" 即由 $R_1 \subseteq R_2$，证明 A/R_1 是 A/R_2 的加细.

设 $[x_1]_{R_1}$ 为 R_1 的任意一个等价类，则 $[x_1]_{R_1} \in A/R_1$, $\forall x$,

$x \in [x_1]_{R_1}$

$\Rightarrow \langle x,x_1\rangle \in R_1$

$\Rightarrow \langle x,x_1\rangle \in R_2$ （$R_1 \subseteq R_2$）

$\Rightarrow x \in [x_1]_{R_2} \in A/R_2.$

由加细关系的定义可知，A/R_1 是 A/R_2 的加细.

41. 只需证明 R_3 具有自反性、对称性和传递性.

(1) 证 R_3 具有自反性. $\forall \langle x, y \rangle$,

$\langle x, y \rangle \in A \times B$

$\Leftrightarrow x \in A \land y \in B$

$\Rightarrow \langle x, x \rangle \in R_1 \land \langle y, y \rangle \in R_2$ (R_1, R_2 是自反的)

$\Rightarrow \langle \langle x, y \rangle, \langle x, y \rangle \rangle \in R_3.$ (R_3 的定义)

(2) 证 R_3 具有对称性. $\forall \langle \langle x_1, y_1 \rangle, \langle x_2, y_2 \rangle \rangle$,

$\langle \langle x_1, y_1 \rangle, \langle x_2, y_2 \rangle \rangle \in R_3$

$\Leftrightarrow \langle x_1, x_2 \rangle \in R_1 \land \langle y_1, y_2 \rangle \in R_2$

$\Rightarrow \langle x_2, x_1 \rangle \in R_1 \land \langle y_2, y_1 \rangle \in R_2$ (R_1, R_2 是对称的)

$\Rightarrow \langle \langle x_2, y_2 \rangle, \langle x_1, y_1 \rangle \rangle \in R_3.$

(3) 证 R_3 是传递的. $\forall \langle \langle x_1, y_1 \rangle, \langle x_2, y_2 \rangle \rangle$ 和 $\langle \langle x_2, y_2 \rangle, \langle x_3, y_3 \rangle \rangle$,

$\langle \langle x_1, y_1 \rangle, \langle x_2, y_2 \rangle \rangle \in R_3 \land \langle \langle x_2, y_2 \rangle, \langle x_3, y_3 \rangle \rangle \in R_3$

$\Leftrightarrow \langle x_1, x_2 \rangle \in R_1 \land \langle y_1, y_2 \rangle \in R_2 \land \langle x_2, x_3 \rangle \in R_1 \land \langle y_2, y_3 \rangle \in R_2$

$\Rightarrow \langle x_1, x_3 \rangle \in R_1 \land \langle y_1, y_3 \rangle \in R_2$ (R_1, R_2 是传递的)

$\Leftrightarrow \langle \langle x_1, y_1 \rangle, \langle x_3, y_3 \rangle \rangle \in R_3,$

所以，R_3 是 $A \times B$ 上的等价关系.

42. 商集为二元集，即把四个元素分成两个等价类，这样的商集共有 7 个，它们是：

$\pi_1 = \{\{a\}, \{b, c, d\}\};$ $\pi_2 = \{\{b\}, \{a, c, d\}\};$

$\pi_3 = \{\{c\}, \{a, b, d\}\};$ $\pi_4 = \{\{d\}, \{a, b, c\}\};$

$\pi_5 = \{\{a, b\}, \{c, d\}\};$ $\pi_6 = \{\{a, c\}, \{b, d\}\};$

$\pi_7 = \{\{a, d\}, \{b, c\}\}.$

43. 在第二类 Stirling 数的公式中，此时 $n=5$，A 的划分数为

$$\begin{Bmatrix} 5 \\ 1 \end{Bmatrix} + \begin{Bmatrix} 5 \\ 2 \end{Bmatrix} + \begin{Bmatrix} 5 \\ 3 \end{Bmatrix} + \begin{Bmatrix} 5 \\ 4 \end{Bmatrix} + \begin{Bmatrix} 5 \\ 5 \end{Bmatrix}$$

$$= 1 + (2^4 - 1) + \left(3\begin{Bmatrix} 4 \\ 3 \end{Bmatrix} + \begin{Bmatrix} 4 \\ 2 \end{Bmatrix}\right) + C_5^2 + 1$$

$$= 1 + 15 + (3 \times C_4^2 + (2^3 - 1)) + 10 + 1 = 52.$$

44. (1) R_1, R_2, R_3, R_4 的哈斯图分别如图 2.9(a),(b),(c),(d)所示；(2) 其中 R_4 是全序关系.

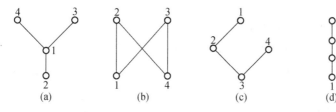

图 2.9

45. $\leqslant_1$ 与 $\leqslant_2$ 的哈斯图分别如图 2.10(a),(b)所示.

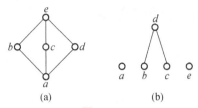

图 2.10

A_1 中关于 $\leqslant_1$ 的极大元与最大元都是 e,极小元与最小元都是 a.

A_2 中关于 $\leqslant_2$ 的极大元有 a,d,e,极小元为 a,b,c,e,无最大和最小元.

46. 对于整除关系,B 的极大元为 $6,7,8,9,10$,$\text{lcm}\{6,7,8,9,10\}=2520$,所以 B 的上界集合
$$D=\{x\mid x=2520k \land k\in Z^+\}.$$
D 中元素均为 B 的上界,其中 D 的最小元 2520 为 B 的上确界.

显然 B 的下界与下确界都是 1.

47. 易知 $A=\{1,2,3,6,9,18,27,54\}$,$\langle A,\leqslant\rangle$ 的哈斯图如图 2.11 所示.

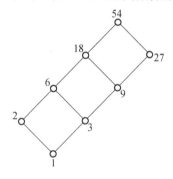

图 2.11

A 中有 4 条最长链:$\{1,2,6,18,54\},\{1,3,6,18,54\},\{1,3,9,18,54\},\{1,3,9,27,54\}$.

由于 A 中最长链的长度为 5,由定理 2.31 可知,A 中至少存在 5 个互不相交的反链. 其实,$\{1\},\{2,3\},\{6,9\},\{18,27\},\{54\}$ 为 5 个互不相交的反链.

A 中元素至多可划分成 8 个互不相交的反链,A 中 8 个元素组成的 8 个单元子集满足要求.

48. (1) 若 R 是 A 上的拟序关系,证明 $R\upharpoonright B$ 是 B 上的拟序关系,只需证明 $R\upharpoonright B$ 是反自反和传递的. 由于 $B\subseteq A$,反自反性是显然的. 下面只需证 $R\upharpoonright B$ 在 B 上是传递的.

$\forall\langle x,y\rangle,\langle y,z\rangle$,

$\langle x,y\rangle\in R\upharpoonright B \land \langle y,z\rangle\in R\upharpoonright B$

$\Leftrightarrow \langle x,y\rangle\in R \land \langle x,y\rangle\in B\times B \land \langle y,z\rangle\in R \land \langle y,z\rangle\in B\times B$

$\Rightarrow \langle x,z\rangle\in R \land \langle x,z\rangle\in B\times B$ (R 与 $B\times B$ 均传递)

$\Leftrightarrow \langle x,y\rangle\in R\upharpoonright B$,

所以,$R\upharpoonright B$ 具有传递性.

(2) 若 R 是 A 上的偏序关系,证明 $R\upharpoonright B$ 是 B 上的偏序关系.

只需证明 $R\upharpoonright B$ 具有反自反性,反对称性和传递性. 自反性显然,传递性类似于(1)中的证明,这里只需证明 $R\upharpoonright B$ 具有反对称性.

$\forall \langle x,y \rangle$,

$\langle x,y \rangle \in R\upharpoonright B \wedge \langle y,x \rangle \in R\upharpoonright B$

$\Leftrightarrow \langle x,y \rangle \in R \wedge \langle x,y \rangle \in B \times B \wedge \langle y,x \rangle \in R \wedge \langle y,x \rangle \in B \times B$

$\Rightarrow \langle x,y \rangle \in R \wedge \langle y,x \rangle \in R$ （化简律）

$\Rightarrow x = y$ （R 是反对称的）

$\Leftrightarrow \langle x,y \rangle = \langle y,x \rangle$,

所以,$R\upharpoonright B$ 是反对称的.

(3) 若 R 是 A 上的全序关系,证明 $R\upharpoonright B$ 是 B 上的全序关系.

由全序的定义及(2)中的证明,这里只需证明 B 中任何两个元素均是可比的.

$\forall x,y$,

$x \in B \wedge y \in B$

$\Rightarrow (\langle x,y \rangle \in R \vee \langle y,x \rangle \in R) \wedge \langle x,y \rangle \in B \times B \wedge \langle y,x \rangle \in B \times B$ （R 为全序）

$\Rightarrow (\langle x,y \rangle \in R \wedge \langle x,y \rangle \in B \times B \wedge \langle y,x \rangle \in B \times B) \vee$

$\quad (\langle y,x \rangle \in R \wedge \langle x,y \rangle \in B \times B \wedge \langle y,x \rangle \in B \times B)$

$\Rightarrow (\langle x,y \rangle \in R \cap B \times B) \vee (\langle y,x \rangle \in R \cap B \times B)$

$\Rightarrow \langle x,y \rangle \in R\upharpoonright B \vee \langle y,x \rangle \in R\upharpoonright B$.

(4) 若 R 是 A 上的良序关系,证明 $R\upharpoonright B$ 是 B 上的良序关系.

由(1)的证明,这里只需证明,$\forall B' \subseteq B$,若 $B' \neq \varnothing$,则 B' 有最小元.

$B' \subseteq B \wedge B' \neq \varnothing$

$\Rightarrow B' \subseteq A \wedge B' \neq \varnothing$

$\Rightarrow \exists y(y \in B' \wedge \forall x(x \in B' \to \langle y,x \rangle \in R))$ （$B' \subseteq A \wedge R$ 是良序）

$\Rightarrow \exists y(y \in B' \wedge \forall x(x \in B' \to \langle y,x \rangle \in R) \wedge \langle y,x \rangle \in B' \times B')$

$\Rightarrow \exists y(y \in B' \wedge \forall x(x \in B' \to \langle y,x \rangle \in R) \wedge \langle y,x \rangle \in B \times B)$ （$B' \subseteq B$）

$\Rightarrow \exists y(y \in B' \wedge \forall x(x \in B' \to \langle y,x \rangle \in R\upharpoonright B))$.

由以上推导可知,存在的 y 是 B' 在 $R\upharpoonright B$ 下的最小元,故 $R\upharpoonright B$ 是良序.

49. 只需证明 R 是反自反和传递的.

(1) $\forall \langle x,y \rangle \in A \times B$,

$\langle \langle x,y \rangle, \langle x,y \rangle \rangle \in R$

$\Leftrightarrow \langle y,y \rangle \in R_2 \vee (\langle x,x \rangle \in R_1 \wedge y = y)$

$\Rightarrow \langle y,y \rangle \in R_2 \vee \langle x,x \rangle \in R_1$,

这与 R_1 和 R_2 都是反自反的相矛盾,所以 R 是反自反的.

(2) $\forall x_1, x_2, x_3 \in A, y_1, y_2, y_3 \in B$,

$\langle \langle x_1,y_1 \rangle, \langle x_2,y_2 \rangle \rangle \in R \wedge \langle \langle x_2,y_2 \rangle, \langle x_3,y_3 \rangle \rangle \in R$

$\Leftrightarrow (\langle y_1,y_2 \rangle \in R_2 \vee (\langle x_1,x_2 \rangle \in R_1 \wedge y_1 = y_2))$

$\quad \wedge (\langle y_2,y_3 \rangle \in R_2 \vee (\langle x_2,x_3 \rangle \in R_1 \wedge y_2 = y_3))$

$\Leftrightarrow (\langle y_1,y_2 \rangle \in R_2 \wedge \langle y_2,y_3 \rangle \in R_2)$

$\quad \vee (\langle y_1,y_2 \rangle \in R_2 \wedge (\langle x_2,x_3 \rangle \in R_1 (y_2 = y_3))$

$\quad\quad \vee(((x_1,x_2)\in R_1 \wedge y_1=y_2) \wedge \langle y_2,y_3\rangle\in R_2)$
$\quad\quad \vee(((x_1,x_2)\in R_1 \wedge y_1=y_2) \wedge (\langle x_2,x_3\rangle\in R_1 \wedge y_2=y_3))$
$\Rightarrow \langle y_1,y_3\rangle\in R_2$ $\quad\quad\quad\quad\quad\quad\quad\quad\quad\quad\quad\quad\quad\quad\quad\quad$ (R_2 传递)
$\quad\quad \vee \langle y_1,y_3\rangle\in R_2$ $\quad\quad\quad\quad\quad\quad\quad\quad\quad\quad\quad\quad\quad\quad\quad\quad$ ($\langle y_1,y_2\rangle\in R_2$ 且 $y_2=y_3$)
$\quad\quad \vee \langle y_1,y_3\rangle\in R_2$ $\quad\quad\quad\quad\quad\quad\quad\quad\quad\quad\quad\quad\quad\quad\quad\quad$ ($\langle y_2,y_3\rangle\in R_2$ 且 $y_1=y_2$)
$\quad\quad \vee(\langle x_1,x_3\rangle\in R_1 \wedge y_1=y_3)$ $\quad\quad\quad\quad\quad\quad\quad\quad$ (R_1 传递且 $y_1=y_2=y_3$))
$\Rightarrow \langle y_1,y_3\rangle\in R_2 \vee (\langle x_1,x_3\rangle\in R_1 \wedge y_1=y_3)$ $\quad\quad$ (R_1 传递且 $y_1=y_2=y_3$))
$\Leftrightarrow \langle\langle x_1,y_3\rangle,\langle x_2,y_3\rangle\rangle\in R,$

所以，R 是传递的．

50. 只需证明 R 是 $(A\times B)\times(A\times B)$ 上自反、反对称和传递的二元关系．

(1) 证 R 是自反的.

$\forall \langle x,y\rangle,$

$\langle x,y\rangle\in A\times B$

$\Leftrightarrow x\in A \wedge y\in B$

$\Rightarrow \langle x,x\rangle\in R_1 \wedge \langle y,y\rangle\in R_2$ $\quad\quad\quad\quad\quad\quad\quad\quad$ (R_1,R_2 是自反的)

$\Leftrightarrow \langle\langle x,y\rangle,\langle x,y\rangle\rangle\in R.$ $\quad\quad\quad\quad\quad\quad\quad\quad\quad\quad$ (R 的定义)

(2) 证 R 是反对称的.

$\forall \langle x_1,y_1\rangle,\langle x_2,y_2\rangle,$

$\langle\langle x_1,y_1\rangle,\langle x_2,y_2\rangle\rangle\in R \wedge \langle\langle x_2,y_2\rangle,\langle x_1,y_1\rangle\rangle\in R$

$\Leftrightarrow \langle x_1,x_2\rangle\in R_1 \wedge \langle y_1,y_2\rangle\in R_2 \wedge \langle x_2,x_1\rangle\in R_1 \wedge \langle y_2,y_1\rangle\in R_2$ $\quad$ (R 的定义)

$\Rightarrow x_1=x_2 \wedge y_1=y_2$ $\quad\quad\quad\quad\quad\quad\quad\quad\quad\quad\quad\quad\quad$ (R_1,R_2 是反对称的)

$\Leftrightarrow \langle x_1,y_1\rangle=\langle x_2,y_2\rangle.$

(3) 证 R 是传递的.

$\forall \langle x_1,y_1\rangle,\langle x_2,y_2\rangle,\langle x_3,y_3\rangle,$

$\langle\langle x_1,y_1\rangle,\langle x_2,y_2\rangle\rangle\in R \wedge \langle\langle x_2,y_2\rangle,\langle x_3,y_3\rangle\rangle\in R$

$\Leftrightarrow \langle x_1,x_2\rangle\in R_1 \wedge \langle y_1,y_2\rangle\in R_2 \wedge \langle x_2,x_3\rangle\in R_1 \wedge \langle y_2,y_3\rangle\in R_2$

$\Rightarrow \langle x_1,x_3\rangle\in R_1 \wedge \langle y_1,y_3\rangle\in R_2$ $\quad\quad\quad\quad\quad\quad\quad\quad$ (R_1,R_2 是传递的)

$\Leftrightarrow \langle\langle x_1,y_1\rangle,\langle x_3,y_3\rangle\rangle\in R.$

其实，本题(1)与(3)的证明同 41 题(1)与(3)的证明．

51. 图 2.12(a),(b),(c)分别为 R_1,R_2,R 的哈斯图．

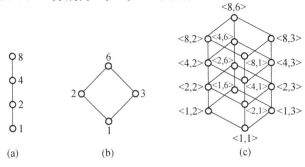

图 2.12

52. 设 $A=\{a,b,c\}$，A 上的二元关系共有 $2^9=512$ 个，要从 512 个二元关系中去寻找自反、反对称和传递的二元关系，比较麻烦. 利用偏序关系与它的哈斯图是一一对应的关系，来寻找 A 上的偏序关系是比较方便的.

两个元素的哈斯图中至多有两条边，其中无边的哈斯图有 1 个，一条边的有 6 个，两条边的有 12 个，所以 A 上的偏序关系一共有 19 种，它们的哈斯图分别如图 2.13(a)，(b)，…，(s)所示.

对应的偏序关系分别为

$R_a=I_A$;　　　　　　　　　　　　$R_b=I_A \cup \{\langle a,b \rangle\}$;
$R_c=I_A \cup \{\langle b,a \rangle\}$;　　　　　　　$R_d=I_A \cup \{\langle a,c \rangle\}$;
$R_e=I_A \cup \{\langle c,a \rangle\}$;　　　　　　　$R_f=I_A \cup \{\langle b,c \rangle\}$;
$R_g=I_A \cup \{\langle c,b \rangle\}$;　　　　　　　$R_h=I_A \cup \{\langle a,b \rangle,\langle a,c \rangle,\langle b,c \rangle\}$;
$R_i=I_A \cup \{\langle a,b \rangle,\langle a,c \rangle,\langle c,b \rangle\}$;　　$R_j=I_A \cup \{\langle a,c \rangle,\langle b,a \rangle,\langle b,c \rangle\}$;
$R_k=I_A \cup \{\langle b,a \rangle,\langle b,c \rangle,\langle c,a \rangle\}$;　　$R_l=I_A \cup \{\langle a,b \rangle,\langle c,a \rangle,\langle c,b \rangle\}$;
$R_m=I_A \cup \{\langle b,a \rangle,\langle c,b \rangle,\langle c,a \rangle\}$;　　$R_n=I_A \cup \{\langle a,b \rangle,\langle a,c \rangle\}$;
$R_o=I_A \cup \{\langle b,a \rangle,\langle b,c \rangle\}$;　　　　$R_p=I_A \cup \{\langle c,a \rangle,\langle c,b \rangle\}$;
$R_q=I_A \cup \{\langle b,a \rangle,\langle c,a \rangle\}$;　　　　$R_r=I_A \cup \{\langle a,b \rangle,\langle c,b \rangle\}$;
$R_s=I_A \cup \{\langle a,c \rangle,\langle b,c \rangle\}$.

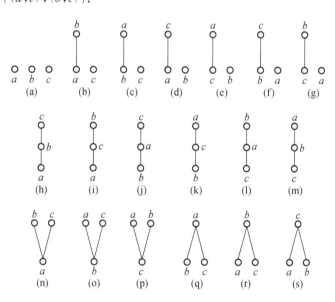

图 2.13

53. 只需证明 R 是自反的、反对称的和传递的.

(1) 证明 R 是自反的.

$\forall x \in X$，则 x 是 A 的划分，x 的任意划分块 $A_i \subseteq A_i$，所以 x 是 x 的加细，这说明 $\langle x,x \rangle \in R$，由于 x 的任意性可知，R 是自反的.

(2) 证明 R 是反对称的.

$$\forall x,y \in X,$$

$\langle x,y \rangle \in R \wedge \langle y,x \rangle \in R \Leftrightarrow x$ 是 y 的加细 $\wedge y$ 是 x 的加细.

由于 x 是 y 的加细可知,$\forall A_i \in x$,$\exists B_j \in y$,使得 $A_i \subseteq B_j$. 又因为 y 是 x 的加细,因而对此 $B_j \in y$,$\exists A_k \in x$,使得 $B_j \subseteq A_k$. 于是 $A_i \subseteq B_j \subseteq A_k$. 结论是 $A_i = A_k$,否则,$A_i \neq A_k$,由于 A_i, A_k 均为 x 的划分块,因而 $\varnothing \neq A_i \subseteq A_k$,必有 $A_i \cap A_k \neq \varnothing$,这与 A_i, A_k 均为 x 的不同划分块相矛盾,于是必有 $A_i = A_k$,迫使 $A_i = B_j$,这又使 $x \subseteq y$,类似讨论可知 $y \subseteq x$,于是必有 $x = y$,故 R 是反对称的.

(3) 证明 R 是传递的.

$\forall x, y, z \in X$,

$\langle x,y \rangle \in R \wedge \langle y,z \rangle \in R$

$\Leftrightarrow x$ 是 y 的加细 $\wedge y$ 是 z 的加细

$\Rightarrow (\forall A_i \in x, \exists B_j \in y$,使得 $A_i \subseteq B_j) \wedge$(对此 B_j,$\exists C_k \in z$,使得 $B_j \subseteq C_k$)

$\Rightarrow \forall A_i \in x$,$\exists C_k \in z$,使得 $A_i \subseteq C_k$

$\Rightarrow x$ 是 z 的加细,

这就说明了 R 的传递性.

Ⅲ. 补充习题

1. 设二元关系 $R = \{\langle \{1\}, 1 \rangle, \langle 1, \{1\} \rangle, \langle 2, \{3\} \rangle, \langle \{3\}, \{2\} \rangle\}$,求:

(1) $\mathrm{dom}R$;   (2) $\mathrm{ran}R$;

(3) $\bigcup R$;   (4) $\bigcap R$;

(5) $\mathrm{dom}R \oplus \mathrm{ran}R$.

2. 设 $R \subseteq N \times N$(N 为自然数集),且 $R = \{\langle x,y \rangle | x,y \in N \wedge x + 2y = 10\}$. 求:

(1) $\mathrm{dom}R$;   (2) $\mathrm{ran}R$;

(3) $\mathrm{fld}R$;   (4) $R \upharpoonright \{0, 2\}$;

(5) $R[\{4, 8\}]$;   (6) 讨论 R 的性质.

3. 设 $R = \{\langle x,y \rangle | x,y \in Z \wedge x + 3y = 12\}$,其中 Z 为整数集. 求 $R \cap (\{2,3,4,6\} \times \{1,2,3,4,5\})$.

4. 设集合 $A = \{a, b\}$. 写出 A 上的全体自反关系;反自反关系;对称关系;反对称关系;传递关系.

5. 设 $A = \{1, 2, 3, 4\}$,由第二类 Stirling 数的递推公式可知,A 共有 15 个不同的划分.

(1) 写出 15 个不同的划分;

(2) 记 $\mathscr{A} = \{\pi | \pi$ 为 A 的划分$\}$,设 $\leqslant$ 为 $\mathscr{A}$ 上的加细关系,则 $\langle \mathscr{A}, \leqslant \rangle$ 为偏序关系,试画出该偏序关系的哈斯图;

(3) 指出 $\mathscr{A}$ 关于 $\leqslant$ 的极大元、极小元、最大元、最小元.

6. 设集合 $A = \{1, 2, 3, 4, 6, 8, 9\}$,设 A 上的偏序集 $R = \langle A, | \rangle$,其中 $|$ 为整除关系.

(1) 写出 R 的列举法表达式;

(2) 画出 R 的哈斯图;

(3) 求 $B_1 = \{4, 6\}$ 关于 $|$ 的最大下界和最小上界;

(4) 求 $B_2 = \{2, 3, 6\}$ 关于 $|$ 的最大元和最小元;

(5) A 中元素最少可以划分成几个互不相交的反链?最长反链的长度为几?

7. 设集合 $A=\{a,b,c,d\}$，$R\subseteq A\times A$，且
$$R=\{\langle a,a\rangle,\langle a,b\rangle,\langle c,b\rangle\}.$$
(1) 求 R 的自反闭包 $r(R)$、对称闭包 $s(R)$ 和传递闭包 $t(R)$ 的集合表达式；
(2) 画出 R、$r(R)$、$s(R)$、$t(R)$ 的关系图 $G(R)$、$G(r(R))$、$G(s(R))$、$G(t(R))$；
(3) 求包含 R 的最小的等价关系 S 的集合表达式和关系图 $G(S)$.

8. 设 A,B 为任意两个集合，且 $A\neq\varnothing$，$B\neq\varnothing$. 给定下面 5 个命题：
$p_1:A=B$，$p_2:P(A)=P(B)$，$p_3:\bigcup A=\bigcup B$，$p_4:\bigcap A=\bigcap B$，$p_5:A\oplus B=\varnothing$.
设 $\mathscr{A}=\{p_1,p_2,p_3,p_4,p_5\}$.
(1) 在 $\mathscr{A}$ 上定义等价关系
$$R=\{\langle x,y\rangle\mid x\in\mathscr{A}\wedge y\in\mathscr{A}\wedge x\ 与\ y\ 互为充要条件\},$$
试求出商集 $\mathscr{A}/R$；
(2) 在 $\mathscr{A}/R$ 上定义偏序关系
$$S=\{\langle u,v\rangle\mid u\in\mathscr{A}/R\wedge v\in\mathscr{A}/R\wedge u\ 是\ v\ 充分条件\},$$
试写出 S 的集合表达式并画出 S 的哈斯图.

9. 设二元关系 $R\subseteq X\times Y$，X 与 Y 均非空集合，考虑下面的两个命题：
$p_1:\forall x_1,x_2\in X,\forall y_1,y_2\in Y$，若 $\langle x_1,y_1\rangle\in R$，并且 $\langle x_2,y_2\rangle\in R$，则 $\langle x_1,y_2\rangle\in R$；
$P_2:\exists A\subseteq X$ 并且 $\exists B\subseteq Y$，使得 $R=A\times B$.
证明：p_1 与 p_2 互为充要条件，即 $p_1\Leftrightarrow p_2$.

10. 设 $A=\{a,b,c\}$，关系 $R\subseteq A\times A$，已知 R 的关系矩阵
$$M(R)=\begin{bmatrix}1&0&0\\1&1&0\\1&0&0\end{bmatrix}.$$
(1) 画出自反闭包 $r(R)$、对称闭包 $s(R)$、传递闭包 $t(R)$ 的关系图；
(2) 求 R^{-1} 的集合表达式；
(3) 对于任意正整数 $n(n\geq 1)$，求 R^n 与 $(R^{-1})^n$ 的集合表达式；
(4) 试讨论 R 与 R^{-1} 均有哪些性质.

11. 设 A 为 $n(n\geq 1)$ 元集，问：
(1) A 上有多少个自反关系？
(2) A 上有多少个反自反关系？

12. 设 A 为 $n(n\geq 1)$ 元集，问：
(1) A 上有多少个对称关系？
(2) A 上有多少个反对称关系？

13. 设 A 为 $n(n\geq 1)$ 元集，问：
(1) A 上有多少个既是自反的又是对称的关系？
(2) A 上有多少个既是反自反的又是对称的关系？
(3) A 上有多少个既不是自反的也不是反自反的关系？

14. 设 A 为人的集合，R,S,H 均为 A 上的二元关系，且
$$R=\{\langle x,y\rangle\mid x,y\in A\wedge x\ 是\ y\ 的父亲\};$$
$$S=\{\langle x,y\rangle\mid x,y\in A\wedge x\ 是\ y\ 的母亲\};$$
$$H=\{\langle x,y\rangle\mid x,y\in A\wedge x\ 是\ y\ 的祖母\}.$$

试用 R 与 S 之间的合成关系表示 H,并讨论 H 的性质.

15. 设 R 是 $n(n \geqslant 2)$ 元集上的反自反的二元关系,R^2 还是反自反的吗?证明你的结论.

16. 设 A 为一集合,$R \subseteq A \times A$,已知 $R^7 = R^{15}$,试化简 R^{2006}.

17. 设集合 $A = \{1, 2, 3\}$,R 为 $A \times A$ 上的等价关系,且对任意的 $w, x, y, z \in A$,$\langle \langle w, x \rangle, \langle y, z \rangle \rangle \in R$ 当且仅当 $w - x = y - z$.

(1) 求 $R - I_{A \times A}$ 的集合表达式;

(2) 求商集 $A \times A / R$.

18. 设 $A = \{a, b, c, d, e, f, g\}$,$R \subseteq A \times A$,且
$$R = I_A \cup \{\langle a, b \rangle, \langle c, e \rangle, \langle c, d \rangle, \langle c, f \rangle, \langle c, g \rangle, \langle e, g \rangle, \langle d, g \rangle, \langle f, g \rangle\}.$$

(1) R 是 A 上的等价关系吗?若是等价关系,写出 A 关于 R 的商集.若不是,请说明理由;

(2) R 是 A 上的偏序关系吗?若是,请画出 $\langle A, R \rangle$ 的哈斯图,并求 A 的最大元、最小元、极大元、极小元.

19. 设 $A = \{a, b, c, d\}$,R 是 A 上的偏序关系,且
$$R = I_A \cup \{\langle c, a \rangle, \langle c, b \rangle, \langle a, b \rangle, \langle d, a \rangle, \langle d, b \rangle\}.$$

(1) 画出 R 的关系图和哈斯图;

(2) 取 $B = \{a, c, d\}$,求 B 的上界集合和上确界;

(3) 求 $B = \{a, c, d\}$ 的最大元、最小元、极大元、极小元.

20. 设 R 是集合 A 上对称和传递的二元关系.又已知,$\forall a \in A \Rightarrow \exists b (b \in A \wedge \langle a, b \rangle \in R)$,证明 R 是 A 上的等价关系.

21. 设 R 和 S 都是集合 A 上的二元关系,已知 R 是自反和传递关系,S 满足条件:$\forall a, b \in A$,$\langle a, b \rangle \in S$ 当且仅当 $\langle a, b \rangle \in R \wedge \langle b, a \rangle \in R$ (记为(*)),证明 S 是 A 上的等价关系.

22. 设 R 是 A 上的二元关系,若 R 是自反的和对称的,则称 R 是 A 上的相容关系,试举出些相容关系的例子.

23. 设 R_1 和 R_2 都是集合 A 上的相容关系(即是自反和对称的),证明:$R_1 \cup R_2$ 与 $R_1 \cap R_2$ 也是 A 上相容关系.

24. 设 $R = \{\langle \varnothing, \varnothing \rangle, \langle \varnothing, \{\varnothing\} \rangle, \langle \{\varnothing\}, \{\varnothing, \{\varnothing\}\} \rangle\}$,求:

(1) R^2;   (2) R^3;   (3) $R^3 \upharpoonright \{\varnothing\}$;

(4) $R^2 \upharpoonright \{\{\varnothing\}\}$;   (5) $R[\varnothing]$;   (6) $[\{\varnothing\}]$.

25. 设 X 和 Y 是任意非空集合,a, b, c, d, e 是下列五个命题,a:$X \subseteq Y$,b:$P(X) \subseteq P(Y)$,c:$\cup X \subseteq \cup Y$,d:$X - Y = \varnothing$,e:$X \oplus Y = \varnothing$.设 $A = \{a, b, c, d, e\}$,在 A 上定义等价关系 R_1:
$$x R_1 y \Leftrightarrow x \text{ 是 } y \text{ 的充要条件};$$
在 A/R_1 上定义偏序关系 R_2:
$$[x]_{R_1} R_2 [y]_{R_1} \Leftrightarrow x \text{ 是 } y \text{ 的充分条件}.$$

(1) 写出商集 A/R_1;

(2) 画出偏序集 $\langle A/R_1, R_2 \rangle$ 的哈斯图.

Ⅳ. 补充习题解答

1. (1) $\text{dom} R = \{1, 2, \{1\}, \{3\}\}$.

(2) ran$R${1,{1},{2},{3}}.

(3) 为解此小题应首先将 R 中的有序对用集合表示.
$R=\{\{\{\{1\}\},\{\{1\},1\}\},\{\{1\},\{1,\{1\}\}\},\{\{2\},\{2,\{3\}\}\},\{\{\{3\}\},\{\{3\},\{2\}\}\}\}$.
$\bigcup R=\{\{\{1\}\},\{\{1\},1\},\{1\},\{1,\{1\}\},\{2\},\{2,\{3\}\},\{\{3\}\},\{\{3\},\{2\}\}\}$
$=\{\{1\},\{2\},\{\{1\}\},\{\{3\}\},\{1,\{1\}\},\{2,\{3\}\},\{\{3\},\{2\}\}\}$.

(4) $\bigcap R=\varnothing$.

(5) dom$R\oplus$ran$R=\{2,\{2\}\}$.

2. 解本题最方便的方法是写出 R 的列举法表达式:
$$R=\{\langle 0,5\rangle,\langle 2,4\rangle,\langle 4,3\rangle,\langle 6,2\rangle,\langle 8,1\rangle,\langle 10,0\rangle\}.$$

(1) dom$R=\{0,2,4,6,8,10\}$;

(2) ran$R=\{0,1,2,3,4,5\}$;

(3) fld$R=\{0,1,2,3,4,5,6,8,10\}$;

(4) $R\upharpoonright\{0,2\}=\{\langle 0,5\rangle,\langle 2,4\rangle\}$;

(5) $R[\{4,8\}]=\{1,3\}$;

(6) 易知,R 只具有反自反性和反对称性.

3. $R=\{\langle 0,4\rangle,\langle 3,3\rangle,\langle 6,2\rangle\}$,在 R 中只有 $\langle 3,3\rangle,\langle 6,2\rangle$ 在 $\{2,3,4,6\}\times\{1,2,3,4,5\}$ 中,因而 $R\bigcap(\{2,3,4,6\}\times\{1,2,3,4,5\})=\{\langle 3,3\rangle,\langle 6,2\rangle\}$.

4. 解此题,只需写出 A 上的全体二元关系,然后从中寻找答案.A 上共有 16 个二元关系:

$R_1=\varnothing$(空关系); $R_2=\{\langle a,b\rangle\}$;

$R_3=\{\langle b,a\rangle\}$; $R_4=\{\langle a,b\rangle,\langle b,a\rangle\}$;

$R_5=\{\langle a,a\rangle\}$; $R_6=\{\langle a,a\rangle,\langle a,b\rangle\}$;

$R_7=\{\langle a,a\rangle,\langle b,a\rangle\}$; $R_8=\{\langle a,a\rangle,\langle a,b\rangle,\langle b,a\rangle\}$;

$R_9=\{\langle b,b\rangle\}$; $R_{10}=\{\langle a,b\rangle,\langle b,b\rangle\}$;

$R_{11}=\{\langle b,a\rangle,\langle b,b\rangle\}$; $R_{12}=\{\langle a,b\rangle,\langle b,a\rangle,\langle b,b\rangle\}$;

$R_{13}=\{\langle a,a\rangle,\langle b,b\rangle\}=I_A$(恒等关系); $R_{14}=\{\langle a,a\rangle,\langle a,b\rangle,\langle b,b\rangle\}$;

$R_{15}=\{\langle a,a\rangle,\langle b,a\rangle,\langle b,b\rangle\}$;

$R_{16}=\{\langle a,a\rangle,\langle a,b\rangle,\langle b,a\rangle,\langle b,b\rangle\}=E_A$(全域关系).

自反的:$R_{13},R_{14},R_{15},R_{16}$(4 个);

反自反的:R_1,R_2,R_3,R_4(4 个);

对称的:$R_1,R_4,R_5,R_8,R_9,R_{12},R_{13},R_{16}$(8 个);

反对称的:$R_1,R_2,R_3,R_5,R_6,R_7,R_9,R_{10},R_{11},R_{13},R_{14},R_{15}$(12 个).

传递的:除 R_8 和 R_{12},另外 14 个都是传递关系.

5. (1) 设 15 个划分分别为 $\pi_1,\pi_2,\cdots,\pi_{15}$,且

$\pi_1=\{\{1\},\{2\},\{3\},\{4\}\}$; $\pi_2=\{\{1\},\{2\},\{3,4\}\}$;

$\pi_3=\{\{1\},\{3\},\{2,4\}\}$; $\pi_4=\{\{1\},\{4\},\{2,3\}\}$;

$\pi_5=\{\{2\},\{3\},\{1,4\}\}$; $\pi_6=\{\{2\},\{4\},\{1,3\}\}$;

$\pi_7=\{\{3\},\{4\},\{1,2\}\}$; $\pi_8=\{\{1,2\},\{3,4\}\}$;

$\pi_9=\{\{1,3\},\{2,4\}\}$; $\pi_{10}=\{\{1,4\},\{2,3\}\}$;

$\pi_{11}=\{\{1\},\{2,3,4\}\}$; $\pi_{12}=\{\{2\},\{1,3,4\}\}$;

$\pi_{13} = \{\{3\},\{1,2,4\}\}$; $\qquad\qquad\qquad \pi_{14} = \{\{4\},\{1,2,3,\}\}$;
$\pi_{15} = \{\{1,2,3,4,\}\}$.

(2) $\langle \mathscr{A}, \leqslant \rangle$ 的哈斯图由图 2.14 给出.

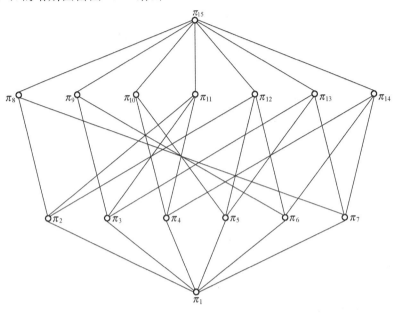

图 2.14

(3) $\mathscr{A}$ 关于 $\leqslant$ 的极大元与最大元均为 π_{15}, 极小及最小元均为 π_1.

6. (1) $R = I_A \cup \{\langle 1,2 \rangle, \langle 1,3 \rangle, \langle 1,4 \rangle, \langle 1,6 \rangle, \langle 1,8 \rangle, \langle 1,9 \rangle, \langle 2,4 \rangle, \langle 2,6 \rangle, \langle 2,8 \rangle, \langle 3,6 \rangle, \langle 3,9 \rangle, \langle 4,8 \rangle\}$;

(2) R 的哈斯图如图 2.15 所示;

(3) B_1 的最大下界为 2, 无最小上界;

(4) B_2 的最大元为 6, 无最小元;

(5) 由于 A 中最长链 $\{1,2,4,8\}$ 的长度为 4, 所以 A 中元素可以划分成 4 个互不相交的反链, 它们分别为 $\{1\},\{2,3\},\{4,6,9\},\{8\}$, 其中最长的反链为 $\{4,6,9\}$, 其长度为 3.

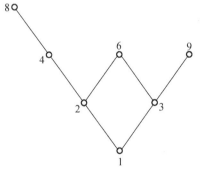

图 2.15

7. (1) $r(R) = I_A \cup \{\langle a,b \rangle, \langle c,b \rangle\}$;
$\qquad s(R) = R \cup \{\langle b,a \rangle, \langle b,c \rangle\}$;
$\qquad t(R) = R$.

(2) $R, r(R), s(R), t(R)$ 的关系图如图 2.16 所示.

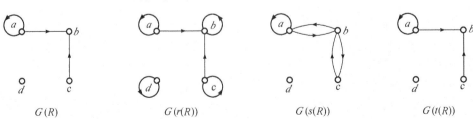

图 2.16

(3) $S = I_A \cup \{\langle a,b \rangle, \langle b,a \rangle, \langle b,c \rangle \langle c,b \rangle, \langle a,c \rangle, \langle c,a \rangle\}$, S 的关系图如图 2.17 所示.

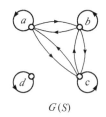

图 2.17

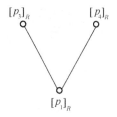

图 2.18

8. (1) 易知:
$$R = I_{\mathscr{A}} \cup \{\langle p_1, p_2 \rangle, \langle p_2, p_1 \rangle, \langle p_1, p_5 \rangle, \langle p_5, p_1 \rangle, \langle p_2, p_5 \rangle, \langle p_5, p_2 \rangle\},$$
$\mathscr{A}/R = \{[p_1]_R, [p_3]_R, [p_4]_R\}$，其中，$[p_1]_R = \{p_1, p_2, p_5\}$，$[p_3]_R = \{p_3\}$，$[p_4]_R = \{p_4\}$.

(2) $S = I_{A/R} \cup \{\langle [p_1]_R, [p_3]_R \rangle, \langle [p_1]_R, [p_4]_R \rangle\}$，其哈斯图如图 2.18 所示.

说明：解本题时用：$A = B \Leftrightarrow P(A) = P(B) \Leftrightarrow A \oplus B = \varnothing$；$A = B \Rightarrow \cup A = \cup B$；$A = B \Rightarrow \cap A = \cap B (A \neq \varnothing, B \neq \varnothing)$.

9. 证 $p_1 \Rightarrow p_2$. 即寻找 A 和 B，传得 $R = A \times B$.

令 $A = \text{dom} R, B = \text{ran} R$，则 $R \subseteq A \times B$. 下面再证明 $A \times B \subseteq R$.

$\forall \langle x, y \rangle \in A \times B$

$\Rightarrow x \in A \wedge y \in B$

$\Rightarrow \exists y_1 (y_1 \in B \wedge \langle x, y_1 \rangle \in R) \wedge \exists x_2 (x_2 \in A \wedge \langle x_2, y \rangle \in R)$

$\Rightarrow \langle x, y \rangle \in R$, (由 p_1 得)

所以，$A \times B \subseteq R$，于是 $R = A \times B$，这说明 p_1 是 p_2 的充分条件.

再证 $p_2 \Rightarrow p_1$. 即由 p_2 证明 p_1.

$\forall x_1, x_2 \in X, \forall y_1, y_2 \in Y$，若

$\langle x_1, y_1 \rangle \in R \wedge \langle x_2, y_2 \rangle \in R$

$\Rightarrow \langle x_1, y_1 \rangle \in A \times B \wedge \langle x_2, y_2 \rangle \in A \times B$ (由 $R = A \times B$ 得)

$\Rightarrow x_1 \in A_1 \wedge y_2 \in B$

$\Rightarrow \langle x_1, y_2 \rangle \in A \times B$

$\Rightarrow \langle x_1, y_2 \rangle \in R$, (由 $R = A \times B$ 得)

于是 p_1 成立，这说明 p_1 是 p_2 的必要条件.

10. (1) 易知 $R = \{\langle a,a \rangle, \langle b,a \rangle, \langle b,b \rangle, \langle c,a \rangle\}$，$r(R), s(R), t(R)$ 由图 2.19 给出.

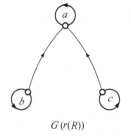 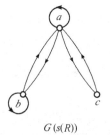 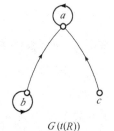

图 2.19

(2) $R^{-1} = \{\langle a,a \rangle, \langle b,b \rangle, \langle a,b \rangle, \langle a,c \rangle\}$.

(3) $(M(R))^2 = \begin{bmatrix} 1 & 0 & 0 \\ 1 & 1 & 0 \\ 1 & 0 & 0 \end{bmatrix} \begin{bmatrix} 1 & 0 & 0 \\ 1 & 1 & 0 \\ 1 & 0 & 0 \end{bmatrix} = \begin{bmatrix} 1 & 0 & 0 \\ 1 & 1 & 0 \\ 1 & 0 & 0 \end{bmatrix} = M(R)$,所以,对任意的 $n(n \geqslant 1)$ 均有 $(M(R))^n = M(R)$,即

$$R^n = R = \{\langle a,a \rangle, \langle b,b \rangle, \langle b,a \rangle, \langle c,a \rangle\}.$$

类似可得,$(R^{-1})^n = R^{-1} = \{\langle a,a \rangle, \langle b,b \rangle, \langle a,b \rangle, \langle a,c \rangle\}$.

(4) R 与 R^{-1} 都只有传递性.

11. 由于二元关系的集合表达式与关系矩阵是一一对应的,因而用关系矩阵讨论本题以及 12、13 题是比较方便的.

(1) 共有 $2^{n(n-1)}$ 个不同的自反关系.证明如下:

自反关系的关系矩阵中,对角元素全为 1,其他 $n^2 - n$ 个位置上均有两种情况,即不是 0 就是 1,于是自反关系的关系矩阵共有 $2^{n(n-1)}$ 种不同情况,也即 A 上共有 $2^{n(n-1)}$ 个不同的自反关系.$n=2$ 时,共有 4 种不同自反关系(见第 4 题).

(2) 类似讨论可知,A 上共有 $2^{n(n-1)}$ 个不同的反自反的关系,$n=2$ 时共有 4 个反自反关系(见第 4 题).

12. (1) A 上共有 $2^{\frac{n(n+1)}{2}}$ 个不同的对称的关系.证明如下:

对称关系的关系矩阵是对称矩阵,并且对角元素可以任意,于是关系矩阵由对角元素与上三角(或下三角)矩阵决定.而对角元素与上三角元素共有 $n+(n-1)+\cdots+2+1 = \frac{n(n+1)}{2}$ 种不同情况,于是对称关系矩阵共有 $2^{\frac{n(n+1)}{2}}$ 种不同情况,也即 A 上共有 $2^{\frac{n(n+1)}{2}}$ 种不同的对称关系.$n=2$ 时,共有 $2^3 = 8$ 个不同的对称关系(见第 4 题).

(2) A 上共有 $2^n \cdot 3^{\frac{n(n-1)}{2}}$ 个不同的反对称关系.证明如下:

反对称关系的关系矩阵中,对角元素不影响反对称性,因而共有 2^n 种不同.上三角阵与下三角阵中关于对角线对称的每个元素对 (x,y) 均有 3 种可能:$(0,0)$、$(0,1)$、$(1,0)$,这种元素对共有 $(n-1)+(n-2)+\cdots+2+1 = \frac{n(n-1)}{2}$ 种,于是所有对称元素对共有 $3^{\frac{n(n-1)}{2}}$ 种情况.所以反对称关系矩阵共有 $2^n \cdot 3^{\frac{n(n-1)}{2}}$ 种不同情况,即 A 上共有 $2^n \cdot 3^{\frac{n(n-1)}{2}}$ 种不同的反对称关系.当 $n=2$ 时,A 上共有 $2^2 \cdot 3 = 12$ 个不同的反对称关系(见第 4 题).

13. (1) 既是自反的又是对称的关系的关系矩阵是对称矩阵,并且对角元素全为 1,因为关系矩阵完全由上三角(或下三角)矩阵决定,其元素有 $(n-1)+(n-2)+\cdots+2+1 = \frac{n(n-1)}{2}$ 个,取值有 $2^{\frac{n(n-1)}{2}}$ 种可能,也即 A 上共有 $2^{\frac{n(n-1)}{2}}$ 种不同的自反对称关系.$n=2$ 时,有 2 个自反对称关系(见 4 题中 R_{13}, R_{16}).

(2) 类似讨论可知,A 上共有 $2^{\frac{n(n-1)}{2}}$ 种不同的反自反对称关系.$n=2$ 时,有 2 个反自反对称关系(见 4 题中 R_1, R_4).

(3) A 上共有 2^{n^2} 个不同的二元关系,再由 11 题可知,A 上共有 $2^{n^2} - 2 \cdot 2^{n(n-1)} = 2^{n^2} - 2^{n(n-1)+1}$ 个不同的既不是自反的,也不是反自反的关系.$n=2$ 时,A 上共有 $2^4 - 2^3 = 8$ 个既不是自反的也不是反自反的关系(见第 4 题 $R_5 \sim R_{12}$).

14. $H=R\circ S$,易知 H 是反自反的,反对称的,并且是反传递的.

15. 不一定. R^2 可能还是反自反的,也可能不是反自反的了.

设 $A=\{a,b,c\}$, $R_1=\{\langle a,b\rangle\}$,则 $R_1^2=\varnothing$, $\varnothing$ 还是 A 上的反自反的关系.

再取 $R_2=\{\langle a,c\rangle,\langle c,a\rangle\}$, R_2 也是 A 上反自反关系,而 $R_2^2=\{\langle a,a\rangle,\langle c,c\rangle\}$ 已不是 A 上反自反关系了.

16. 利用定理 2.18 解本题.
$$R^{2006}=R^{7+249\times 8+7}=R^{7+7}=R^{14}.$$

17. (1) 易知,在 R 中而不在 $I_{A\times A}$ 中的有序对共 10 个,即

$R\text{-}I_{A\times A}=\{\langle\langle 1,1\rangle,\langle 2,2\rangle\rangle,\langle\langle 1,1\rangle,\langle 3,3\rangle\rangle,\langle\langle 2,2\rangle,\langle 1,1\rangle\rangle,\langle\langle 2,2\rangle,\langle 3,3\rangle\rangle,\langle\langle 3,3\rangle,$
$\langle 1,1\rangle\rangle,\langle\langle 3,3\rangle,\langle 2,2\rangle\rangle,\langle\langle 1,2\rangle,\langle 2,3\rangle\rangle,\langle\langle 2,3\rangle,\langle 1,2\rangle\rangle,\langle\langle 2,1\rangle,\langle 3,2\rangle\rangle,\langle\langle 3,2\rangle,\langle 2,1\rangle\rangle\}$.

(2) R 有 5 个不同的等价类:
$$[\langle 1,2\rangle]_R=\{\langle 1,2\rangle,\langle 2,3\rangle\};$$
$$[\langle 2,1\rangle]_R=\{\langle 2,1\rangle,\langle 3,2\rangle\};$$
$$[\langle 1,1\rangle]_R=\{\langle 1,1\rangle,\langle 2,2\rangle,\langle 3,3\rangle\};$$
$$[\langle 1,3\rangle]_R=\{\langle 1,3\rangle\};$$
$$[\langle 3,1\rangle]_R=\{\langle 3,1\rangle\}.$$

商集 $A\times A/R=\{[\langle 1,2\rangle]_R,[\langle 2,1\rangle]_R,[\langle 1,1\rangle]_R,[\langle 1,3\rangle]_R,[\langle 3,1\rangle]_R\}$.

18. (1) R 不是 A 上的等价关系. R 虽然有自反性和传递性,但 R 无对称性,如 $\langle a,b\rangle\in R$,但 $\langle b,a\rangle\notin R$,所以 R 不是 A 上的等价关系.

(2) R 是 A 上的偏序关系. R 具有自反性、反对称性和传递性,所以 $\langle A,R\rangle$ 为偏序集.其哈斯图如图 2.20 所示.

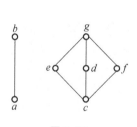

图 2.20

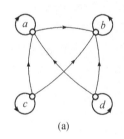 

图 2.21

A 关于 R 既无最大元,也无最小元,其极大元有 b 和 g,极小元有 a 和 c.

19. (1) 图 2.21(a)为 R 的关系图,(b)为哈斯图;

(2) B 的上界集合为 $\{a,b\}$, a 是上确界;

(3) B 的极大元和最大元都是 a, B 无最小元, c, d 均为极小元.

20. 只需证明 R 是自反的.已知 $\forall a$,

$a\in A\Rightarrow\exists b(b\in A\wedge\langle a,b\rangle\in R)$
　　$\Rightarrow\exists b(b\in A\wedge\langle a,b\rangle\in R\wedge\langle b,a\rangle\in R)$　　　　　　　　　　(R 是对称的)
　　$\Rightarrow\langle a,a\rangle\in R$,　　　　　　　　　　　　　　　　　　　　　　　　　　(R 是传递的)

所以, R 是自反的,故 R 是 A 上的等价关系.

21. (1) 证明 S 是自反的. $\forall a \in A$,

$\langle a,a \rangle \in R \land \langle a,a \rangle \in R$ (R 是自反的)

$\Leftrightarrow \langle a,a \rangle \in S$,   (由条件(*))

所以 S 是自反的.

(2) 证 S 是对称的. $\forall a,b \in A$, 若

$\langle a,b \rangle \in S$

$\Leftrightarrow \langle a,b \rangle \in R \land \langle b,a \rangle \in R$ (由条件(*))

$\Leftrightarrow \langle b,a \rangle \in R \land \langle a,b \rangle \in R$ (交换律)

$\Leftrightarrow \langle b,a \rangle \in S$,   (由条件(*))

所以 S 是对称的.

(3) 证 S 是传递的. $\forall a,b,c \in A$, 若

$\langle a,b \rangle \in S \land \langle b,c \rangle \in S$

$\Leftrightarrow \langle a,b \rangle \in R \land \langle b,a \rangle \in R \land \langle b,c \rangle \in R \land \langle c,b \rangle \in R$ (条件(*))

$\Leftrightarrow (\langle c,b \rangle \in R \land \langle b,a \rangle \in R) \land (\langle a,b \rangle \in R \land \langle b,c \rangle \in R)$ (交换律)

$\Rightarrow \langle c,a \rangle \in R \land \langle a,c \rangle \in R$ (R 是传递的)

$\Leftrightarrow \langle a,c \rangle \in R \land \langle c,a \rangle \in R$ (交换律)

$\Leftrightarrow \langle a,c \rangle \in S$,   (条件(*))

所以, S 是传递的, 由以上证明可知, S 是等价关系.

22. (1) 设 A 是人的集合, $R \subseteq A \times A$, 并且 $R = \{\langle x,y \rangle | x \in A \land y \in A \land x$ 与 y 是同学$\}$. 易知 R 是自反和对称的, 所以 R 是相容关系.

(2) 设 $A = \{x | x$ 是英文单词$\}$, $R \subseteq A \times A$, 且 $R = \{\langle x,y \rangle | x \in A \land y \in A \land x$ 与 y 至少有 1 个字母相同$\}$. 则 R 是 A 上相容关系.

读者可以举出更多相容关系的例子. 问: 相容关系与等价关系有何关系?

23. 这里只证明 $R_1 \cap R_2$ 是相容的, $R_1 \cup R_2$ 是相容的留给读者证明.

(1) 证 $R_1 \cap R_2$ 是自反的. $\forall a \in A$,

$\langle a,a \rangle \in R_1 \land \langle a,a \rangle \in R_2$ (R_1, R_2 是自反的)

$\Rightarrow \langle a,a \rangle \in R_1 \cap R_2$,

所以, $R_1 \cap R_2$ 是自反的.

(2) 证 $R_1 \cap R_2$ 是对称的. $\forall a,b \in A$, 若

$\langle a,b \rangle \in R_1 \cap R_2$

$\Leftrightarrow \langle a,b \rangle \in R_1 \land \langle a,b \rangle \in R_2$

$\Rightarrow \langle b,a \rangle \in R_1 \land \langle b,a \rangle \in R_2$ (R_1, R_2 是对称的)

$\Leftrightarrow \langle b,a \rangle \in R_1 \cap R_2$,

所以, $R_1 \cap R_2$ 是对称的.

由(1)与(2)可知, $R_1 \cap R_2$ 是相容关系.

24. (1) $R^2 = \{\langle \varnothing, \varnothing \rangle, \langle \varnothing, \{\varnothing\} \rangle, \langle \varnothing, \{\varnothing, \{\varnothing\}\} \rangle\}$;

(2) $R^3 = R^2$;

(3) $R^3 \upharpoonright \{\varnothing\} = R^3$;

(4) $R^3 \upharpoonright \{\{\varnothing\}\} = \varnothing$;

(5) $R^3[\varnothing]=\varnothing$；

(6) $R^3[\{\varnothing\}]=\{\varnothing,\{\varnothing\},\{\varnothing,\{\varnothing\}\}\}$.

25. 先要确定这 5 个命题的关系是：$e \Rightarrow a \Leftrightarrow b \Leftrightarrow d \Rightarrow c$，其中 $e：X \oplus Y = \varnothing \Leftrightarrow X=Y$.

(1) $A/R_1=\{\{a,b,d\},\{c\},\{e\}\}$；

(2) 偏序集$\langle A/R_1,R_2\rangle$的哈斯图如图 2.22 所示.

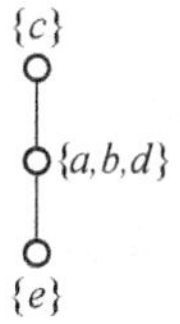

说明：本题综合了第一章和第二章的知识，先要利用第一章的知识来确定这 5 个命题的关系. $e \Rightarrow a$ 是显然的，$a \Rightarrow c$的证明参见例 1.8(1)，请读者自己举例说明不是充要条件. $a \Leftrightarrow b$的证明参见例 1.9(1)，$a \Leftrightarrow d$ 的证明参见例 1.7.

图 2.22

第三章 函 数

Ⅰ．习题三

1. 设 $A=\{1,2,3,4\}$，$B=\{a,b,c,d,e\}$，问下列二元关系中哪些属于 $A \nrightarrow B$（A 到 B 的偏函数集合）？哪些属于 $A \rightarrow B$（A 到 B 的全函数集合）？

$$R_1=\{\langle 1,a\rangle,\langle 2,a\rangle,\langle 3,b\rangle,\langle 4,\langle a,b\rangle\rangle\};$$
$$R_2=\{\langle 1,a\rangle,\langle 2,a\rangle,\langle 3,c\rangle,\langle 4,d\rangle\};$$
$$R_3=\{\langle 2,e\rangle,\langle 3,d\rangle,\langle 4,b\rangle\};$$
$$R_4=\{\langle 1,a\rangle,\langle 2,b\rangle,\langle 3,c\rangle,\langle 1,d\rangle\};$$
$$R_5=\{\langle 1,2\rangle,\langle 2,b\rangle,\langle 3,c\rangle,\langle 4,d\rangle\};$$
$$R_6=\{\langle 1,c\rangle,\langle 2,c\rangle,\langle 3,c\rangle,\langle 4,c\rangle\};$$
$$R_7=\{\langle 3,e\rangle,\langle 4,d\rangle\}.$$

2. 设 $f,g \in A \rightarrow B$，且 $f \cap g \neq \varnothing$，$f \cap g$，$f \cup g$ 还是函数吗？如是函数的话，还属于 $A \rightarrow B$ 吗？

3. 下列函数中，哪些是单射的？哪些是满射的？哪些是双射的？

(1) $f: R \rightarrow R$，$f(x)=x^3+1$；

(2) $f: N \rightarrow N$，$f(x)=x+1$；

(3) $f: N \rightarrow N$，$f(x)=x$ 除以 3 的余数；

(4) $f: R \rightarrow \left[-\dfrac{3}{2}, \dfrac{3}{2}\right]$，$f(x)=\dfrac{3}{2}\sin x$；

(5) $f: R-\{0\} \rightarrow R$，$f(x)=\lg|x|$；

(6) $f: R^+ \rightarrow R$，$f(x)=\dfrac{1}{2}\ln x$，其中 R^+ 为正实数集；

(7) $f: N \rightarrow P(N)$，$f(x)=\{k \mid k$ 是小于 x 的素数$\}$；

(8) $f: R \rightarrow R$，$f(x)=x^2-2x-15$；

(9) $f: N \rightarrow \{0,1\}$，$f(x)=\begin{cases} 0, & x \text{ 为奇数,} \\ 1, & x \text{ 为偶数;} \end{cases}$

(10) $f: (-\infty, 1] \rightarrow R[-1, +\infty)$，$f(x)=x^2-2x$.

4. 设 $A=\{a,b,c\}$，$B=\{1,2\}$，令 $\mathscr{A}=P(A)$，$\mathscr{B}=A \rightarrow B$，构造一个 $\mathscr{A}$ 到 $\mathscr{B}$ 的双射函数，再构造一个 $\mathscr{B}$ 到 $\mathscr{A}$ 的双射函数．

5. 证明：若 $A \rightarrow B = B \rightarrow A$，则 $A=B$．

6. 设 A, B, C 为三个集合，已知 $A \subseteq B$，证明 $(C \rightarrow A) \subseteq (C \rightarrow B)$．

7. 设 $f: A \rightarrow A$，试证明：如果 $f \subseteq I_A$，则 $f=I_A$．

8. 设 $f: A \rightarrow A$，试证明：如果 $I_A \subseteq f$，则 $f=I_A$．

9. 试给出集合 A 和 $A \rightarrow A$ 的两个函数 f 和 g，使得 f 是单射的，g 是满射的，但是它们都不是双射的.

10. 设 $f, g \in A \nrightarrow B$，已知 $f \subseteq g$ 且 $\mathrm{dom}\, g \subseteq \mathrm{dom}\, f$，试证明 $f = g$.

11. 设 $f: A \rightarrow B$，定义 $g: B \rightarrow P(A)$ 如下：对于任意的 $b \in B$，$g(b) = \{x \mid x \in A \wedge f(x) = b\}$，试证明当 f 为满射的时，g 为单射的.

12. 设 $f: R \times R \rightarrow R$，$f(\langle x, y \rangle) = x + y$，又设 $g: R \times R \rightarrow R$，$g(\langle x, y \rangle) = x \cdot y$，证明：$f, g$ 都是满射的，但都不是单射的.

13. 设 $\mathcal{E}$ 是集合 A 上全体等价关系集合，$\mathcal{F}$ 是 A 上全体划分的集合，证明存在 $\mathcal{E}$ 到 $\mathcal{F}$ 的双射函数.

14. 设 $\mathcal{A} = [0,1] \rightarrow R$，在 $\mathcal{A}$ 上定义二元关系 S 如下：
$$S = \{\langle f, g \rangle \mid f \in \mathcal{A} \wedge g \in \mathcal{A} \wedge \forall x(x \in [0,1] \rightarrow (f(x) - g(x)) \geqslant 0)\},$$
证明 S 是 $\mathcal{A}$ 上的偏序关系，但不是全序关系.

15. 由 $f: A \rightarrow B$ 导出的 A 上的等价关系定义为
$$R = \{\langle x, y \rangle \mid x \in A \wedge y \in A \wedge f(x) = f(y)\}.$$
设 $f_1, f_2, f_3, f_4 \in N \rightarrow N$，且

$$f_1(n) = n;$$

$$f_2(n) = \begin{cases} 1, & n \text{ 为奇数}, \\ 0, & n \text{ 为偶数}; \end{cases}$$

$$f_3(n) = j, \quad n = 3k + j, \quad j = 0, 1, 2, \ k \in N;$$

$$f_4(n) = j, \quad n = 6k + j, \quad j = 0, 1, \cdots, 5, \ k \in N.$$

R_i 为 f_i 导出的 N 上的等价关系，$i = 1, 2, 3, 4$.

(1) 求商集 N/R_i，$i = 1, 2, 3, 4$；

(2) 画出偏序集 $\langle \{N/R_1, N/R_2, N/R_3, N/R_4\}, \leqslant \rangle$ 的哈斯图，其中 $\leqslant$ 为划分之间的加细关系；

(3) 求 $H = \{10k \mid k \in N\}$ 在 f_1, f_2, f_3, f_4 下的像.

16. 设 $f: R \rightarrow R$，$f(x) = x^2 - 2$；$g: R \rightarrow R$，$g(x) = x + 4$；$h: R \rightarrow R$，$h(x) = x^3 - 1$. 试分析 $g \circ f$ 和 $f \circ g$ 各有哪些性质？f, g, h 中哪些有反函数？若有反函数请求出来.

17. 设 R 是 A 上的等价关系，在什么条件下自然映射 $f: A \rightarrow A/R$ 有反函数？并求出反函数.

18. 设偏函数

$f: R \nrightarrow R, f(x) = \dfrac{1}{x}$；

$g: R \nrightarrow R, g(x) = x^2$；   ($g$ 也是全函数，即 $g: R \rightarrow R$)

$h: R \nrightarrow R, h(x) = \sqrt{x}$.

(1) 求 f, g, h 的定义域和值域；

(2) 改变 f, g, h 的前域，使 f, g, h 成为函数（全函数）.

19. 设
$$f: N \to N, f(x) = \begin{cases} x+1, & x=0,1,2,3, \\ 0, & x=4, \\ x, & x \geq 5; \end{cases}$$

$$g: N \to N, g(x) = \begin{cases} \dfrac{x}{2}, & x \text{ 为偶数}, \\ 3, & x \text{ 为奇数}. \end{cases}$$

(1) 设 $A_1 = \{0,1,2\}$, $B_1 = \{0,1,5,6\}$, 求像 $f(A_1)$, 原像 $f^{-1}(B_1)$;

(2) 设 $A_2 = \{x \mid x \in N \land x \text{ 为偶数}\}$, $B_2 = \{3\}$, 求像 $g(A_2)$ 和原像 $g^{-1}(B_2)$;

(3) f 与 g 都有反函数吗?

20. 设 $g: A \to B$, $f: B \to C$.

(1) 已知 $f \circ g$ 是单射的且 g 是满射的, 证明 f 是单射的;

(2) 已知 $f \circ g$ 是满射的且 f 是单射的, 证明 g 是满射的.

21. 设 $f, g \in (X \to Y)$, 又设 $A = \{x \mid x \in X \land f(x) = g(x)\}$, $h_1: A \to X$, $h_1(x) = x$, 证明 $f \circ h_1 = g \circ h_1$; 又设 $B \subseteq X$, $h_2: B \to X$, $h_2(x) = x$, 且已知 $f \circ h_2 = g \circ h_2$, 证明 $B \subseteq A$.

22. 设 $h \in (X \to X)$, 证明: 对于任意的 $f, g \in (X \to X)$, 只要 $h \circ f = h \circ g$ 就有 $f = g$ 当且仅当 h 是单射的. 并且只要 $f \circ h = g \circ h$ 就有 $f = g$ 当且仅当 h 是满射的.

23. 设 $f: A \to A$, 若存在正整数 n, 使得 $f^n = I_A$, 证明 f 是双射的.

24. 设 $f: X \to Y$, $A \subseteq Y$ 且 $B \subseteq Y$, 证明:
$$f^{-1}(A \cap B) = f^{-1}(A) \cap f^{-1}(B).$$

Ⅱ. 习题解答

1. 除 R_4 不是函数外, 其余的都是函数, 又 R_1 和 R_5 不是定义域在 A 中且值域在 B 中的函数. R_2, R_3, R_6, R_7 都是定义域在 A 中, 值域在 B 中的函数,

$$R_2, R_3, R_6, R_7 \in A \twoheadrightarrow B, \quad R_3, R_7 \in A \nrightarrow B, \quad R_2, R_6 \in A \to B.$$

2. $f \cap g$ 一定还是函数, 且 $f \cap g$ 一定属于 $A \twoheadrightarrow B$, 而不一定属于 $A \to B$. $f \cup g$ 不一定是函数.

3. 双射的函数有 (1), (6), (10); 只是单射的函数为 (2); 只是满射的函数为 (4), (5), (9); 其余的 3 个函数 (3), (7), (8) 既不是单射的, 也不是满射的.

4. $\mathscr{A} = \{\varnothing, \{a\}, \{b\}, \{c\}, \{a,b\}, \{a,c\}, \{b,c\}, A\}$, $\mathscr{B} = A \to B = \{f_1, f_2, \cdots, f_8\}$, 其中,

$f_1 = \{\langle a,1 \rangle, \langle b,1 \rangle, \langle c,1 \rangle\}$; $\quad f_2 = \{\langle a,2 \rangle, \langle b,2 \rangle, \langle c,2 \rangle\}$;

$f_3 = \{\langle a,1 \rangle, \langle b,1 \rangle, \langle c,2 \rangle\}$; $\quad f_4 = \{\langle a,1 \rangle, \langle b,2 \rangle, \langle c,1 \rangle\}$;

$f_5 = \{\langle a,2 \rangle, \langle b,1 \rangle, \langle c,1 \rangle\}$; $\quad f_6 = \{\langle a,2 \rangle, \langle b,2 \rangle, \langle c,1 \rangle\}$;

$f_7 = \{\langle a,2 \rangle, \langle b,1 \rangle, \langle c,2 \rangle\}$; $\quad f_8 = \{\langle a,1 \rangle, \langle b,2 \rangle, \langle c,2 \rangle\}$.

其中, f_1, f_2 是常值函数, 它们都是非单射又非满射函数; $f_3 \sim f_8$ 都是满射但非单射函数. $f_1 \sim f_8$ 均非双射函数.

(1) 构造一个 $\mathscr{A}$ 到 $\mathscr{B}$ 的双射函数.

因为 $|\mathscr{A}| = |\mathscr{B}| = 2^3 = 8$, 所以 $\mathscr{A}$ 到 $\mathscr{B}$ 共有 $8!$ 个双射函数, 其中一个为

$F: \mathscr{A} \to \mathscr{B}$, $\quad F(C) = \{\langle x,1 \rangle \mid x \in C\} \cup \{\langle x,2 \rangle \mid x \notin C\}$, 其中, $C \in \mathscr{A}$,

F 把 A 的子集 C 映射到 C 的"特征函数"上,这个"特征函数"在属于 C 的元素上取值 1,在不属于 C 的元素上取值 2. 例如,

$$F(\varnothing) = \{\langle a,2\rangle, \langle b,2\rangle, \langle c,2\rangle\} = f_2;$$
$$F(\{a\}) = \{\langle a,1\rangle, \langle b,2\rangle, \langle c,2\rangle\} = f_8;$$
$$F(\{a,b\}) = \{\langle a,1\rangle, \langle b,1\rangle, \langle c,2\rangle\} = f_3;$$
$$F(A) = \{\langle a,1\rangle, \langle b,1\rangle, \langle c,1\rangle\} = f_1.$$

(2) 再构造一个 $\mathscr{B}$ 到 $\mathscr{A}$ 的双射函数.

上述双射函数 F 的反函数 F^{-1} 就是从 $\mathscr{B}$ 到 $\mathscr{A}$ 的双射函数. 也可以用任意顺序把 $\mathscr{B}$ 与 $\mathscr{A}$ 的元素一一对应,来构造 $\mathscr{B}$ 到 $\mathscr{A}$ 的双射函数. 例如,$F_1: \mathscr{B} \to \mathscr{A}$,且

$$F_1 = \{\langle f_1, \varnothing\rangle, \langle f_2, \{a\}\rangle, \langle f_3, \{b\}\rangle, \langle f_4, \{c\}\rangle,$$
$$\langle f_5, \{a,b\}\rangle, \langle f_6, \{a,c\}\rangle, \langle f_7, \{b,c\}\rangle, \langle f_8, A\rangle\}.$$

5. 首先证明:若 $A \to B = B \to A$,则 $A \to B = B \to A \neq \varnothing$. (反证法)否则,

$$A \to B = B \to A = \varnothing$$
$$\Rightarrow (A \neq \varnothing \land B = \varnothing) \land (B \neq \varnothing \land A = \varnothing)$$
$$\Rightarrow (A \neq \varnothing \land A = \varnothing) \land (B \neq \varnothing \land B = \varnothing),$$

这是矛盾. 所以,当 $A \to B = B \to A$ 时,$A \to B = B \to A \neq \varnothing$. (注意,当 $A = B = \varnothing$ 时,$A \to B = B \to A = \{\varnothing\} \neq \varnothing$.)

其次证明:若 $A \to B = B \to A$,则 $A = B$.

$A \to B = B \to A \neq \varnothing$
$\Rightarrow \exists f(f \in A \to B \land f \in B \to A)$
$\Rightarrow (\mathrm{dom} f = A \land \mathrm{ran} f \subseteq B) \land (\mathrm{dom} f = B \land \mathrm{ran} f \subseteq A)$
$\Rightarrow \mathrm{dom} f = A \land \mathrm{dom} f = B$ (化简律)
$\Rightarrow A = B.$

6. $\forall f(f$ 为函数$)$,

  $f \in C \to A$
$\Leftrightarrow \mathrm{dom} f = C \land \mathrm{ran} f \subseteq A$
$\Rightarrow \mathrm{dom} f = C \land \mathrm{ran} f \subseteq B$ ($A \subseteq B$)
$\Leftrightarrow f \in C \to B,$

所以,当 $A \subseteq B$ 时,$C \to A \subseteq C \to B$.

7. 只需证明 $I_A \subseteq f$.

  $\forall x,$
  $\langle x, x\rangle \in I_A$
$\Rightarrow x \in A$
$\Rightarrow x \in \mathrm{dom} f$ ($f: A \to A$)
$\Rightarrow \exists y(\langle x, y\rangle \in f \land y \in \mathrm{ran} f)$
$\Rightarrow \exists y(\langle x, y\rangle \in f \land y = x)$ ($f \subseteq I_A$)
$\Rightarrow \langle x, x\rangle \in f,$

所以,$I_A \subseteq f$,由 $f \subseteq I_A$ 可知 $f = I_A$.

8. 只需证明 $f \subseteq I_A$.

$\forall x, y \in A$,

$\langle x, y \rangle \in f$

$\Rightarrow \langle x, y \rangle \in f \wedge x \in A \wedge y \in A$ $\qquad (f: A \to A)$

$\Rightarrow \langle x, y \rangle \in f \wedge \langle x, x \rangle \in I_A \wedge \langle y, y \rangle \in I_A$

$\Rightarrow \langle x, y \rangle \in f \wedge \langle x, x \rangle \in f$ $\qquad (I_A \subseteq f)$

$\Rightarrow x = y.$ $\qquad (f \text{ 为函数})$

这说明 f 中的有序对的两个元素相同且在 A 中,所以 $f \subseteq I_A$,由 $I_A \subseteq f$ 可知 $f = I_A$.

9. 要构造 $A \to A$ 的满射且非双射函数,A 只能是无穷集.

取 $A = N$,

$f: A \to A$,且 $f(x) = 2x$,$x \in A$.

$g: A \to A$,且 $g(x) = \lfloor \dfrac{x}{2} \rfloor$,$x \in A$,其中 $\lfloor x \rfloor$ 表示不超过 x 的最大整数.

f 是单射的,但因 $1, 3, \cdots \notin \operatorname{ran} f = A$,所以 f 非满射.

g 是满射的,但非单射,因为 $g(2k) = g(2k+1) = k$,$k \in N$,所以 g 也是非双射的.

10. 用反证法证明之. 否则 $f \neq g$,即 $f \subset g$.

$\exists \langle x, y \rangle$,

$\langle x, y \rangle \in g \wedge \langle x, y \rangle \notin f$

$\Rightarrow x \in \operatorname{dom} g \wedge \langle x, y \rangle \in g \wedge \langle x, y \rangle \notin f$

$\Rightarrow x \in \operatorname{dom} f \wedge \langle x, y \rangle \in g \wedge \langle x, y \rangle \notin f$ $\qquad (\operatorname{dom} g \subseteq \operatorname{dom} f)$

$\Rightarrow \exists y'(x \in \operatorname{dom} f \wedge \langle x, y \rangle \in g \wedge \langle x, y' \rangle \in f \wedge \langle x, y \rangle \notin f)$

$\Rightarrow \exists y'(\langle x, y \rangle \in g \wedge \langle x, y' \rangle \in g \wedge y' \neq y)$. $\qquad (f \subset g)$

这与 g 为函数相矛盾. 故必有 $f = g$.

11. 首先,因为 f 为满射的,所以 $\forall y \in B$,$g(y) \neq \varnothing$.

其次,用反证法证明,当 f 满射时,g 必单射. 否则,$\exists b_1, b_2 \in B$ 且 $b_1 \neq b_2$,使得 $g(b_1) = g(b_2)$,于是 $\forall x \in A$,$x \in g(b_1) \Leftrightarrow x \in g(b_2) \Rightarrow f(x) = b_1 \wedge f(x) = b_2 \Rightarrow b_1 = b_2$,这与 $b_1 \neq b_2$ 矛盾,所以 g 为单射的.

注意,若 f 非满射,g 就可能非单射.

例如,$A = \{1, 2, 3\}$,$B = \{a, b, c, d, e\}$,

$f: A \to B$,且 $f(1) = f(2) = a$,$f(3) = b$,则 f 非满射.

$g: B \to P(A)$,则 $g(a) = \{1, 2\}$,$g(b) = \{3\}$,$g(c) = g(d) = g(e) = \varnothing$,显然 g 非单射.

请再举一个例子,当 f 非满射时,g 是单射的.

12. (1) 先看 f:$\forall x \in R$,有 $f(\langle x, 0 \rangle) = x + 0 = x$,所以 f 是满射的. 又 $\forall x \in R$,有 $f(\langle x, 0 \rangle) = x + 0 = x = 0 + x = f(\langle 0, x \rangle)$,所以 f 非单射.

(2) 再看 g:$\forall x \in R$,有 $g(\langle x, 1 \rangle) = x \cdot 1 = x$,所以 g 是满射的. 又 $\forall x \in R$,有 $g(\langle x, 1 \rangle) = x \cdot 1 = x = 1 \cdot x = g(\langle 1, x \rangle)$,所以 g 非单射.

13. 设 $f: \mathscr{E} \to \mathscr{F}$,且 $\forall R \in \mathscr{E}$,$f(R) = A/R \in \mathscr{F}$. 下面证明 f 是双射的.

(1) 证明 f 是单射的. 只需证明:$\forall R, S \in \mathscr{E}$,若 $f(R) = f(S)$,必有 $R = S$.

由定义有 $f(R) = f(S) \Rightarrow A/R = A/S.$

$$\forall \langle x,y \rangle,$$
$$\langle x,y \rangle \in R$$
$$\Rightarrow [x]_R = [y]_R \in A/R$$
$$\Rightarrow [x]_R = [y]_R \in A/S \qquad (A/R = A/S)$$
$$\Rightarrow \langle x,y \rangle \in S,$$

所以，$R \subseteq S$，类似可证，$S \subseteq R$，所以，$R = S$.

(2) 证明 f 是满射的.

$\forall \pi \in \mathscr{F}$，定义
$$R_\pi = \{\langle x,y \rangle \mid x \text{ 与 } y \text{ 属于 } \pi \text{ 的同一个划分块}\},$$
则 R_π 是 A 上的等价关系，所以 $R_\pi \in \mathscr{E}$，并且 $A/R = \pi \in \mathscr{F}$. 这就证明了 f 是满射的.

由(1)，(2)可知 f 是双射的.

14. 首先证明 S 是 $\mathscr{A}$ 上的偏序关系.

(1) 证 S 具有自反性.

$\forall f \in \mathscr{A}$, $\forall x \in [0,1]$,
$$f \in \mathscr{A} \wedge x \in [0,1]$$
$$\Rightarrow f(x) - f(x) \geqslant 0 \wedge x \in [0,1]$$
$$\Rightarrow \langle f,f \rangle \in S,$$
所以，S 具有自反性.

(2) 证 S 具有自对称性.

$\forall f,g \in A$,
$$\langle f,g \rangle \in S \wedge \langle g,f \rangle \in S$$
$$\Rightarrow \forall x \in [0,1](f(x) - g(x) \geqslant 0 \wedge g(x) - f(x) \geqslant 0)$$
$$\Rightarrow \forall x \in [0,1](f(x) \geqslant g(x) \wedge g(x) \geqslant f(x))$$
$$\Rightarrow \forall x \in [0,1](f(x) = g(x))$$
$$\Rightarrow f = g,$$
所以，S 具有反对称性.

(3) 证 S 具有传递性.

$\forall f,g,h \in A$,
$$\langle f,g \rangle \in S \wedge \langle g,h \rangle \in S$$
$$\Rightarrow \forall x \in [0,1](f(x) - g(x) \geqslant 0 \wedge g(x) - h(x) \geqslant 0)$$
$$\Rightarrow \forall x \in [0,1](f(x) - g(x) \geqslant 0)$$
$$\Rightarrow \langle f,h \rangle \in S,$$
所以，S 具有传递性.

再证 S 不是全序关系.

取 $f,g \in \mathscr{A}$，且 $\forall x \in [0,1], f(x) = x, g(x) = -x + 1$，当 $x \in \left[\frac{1}{2}, 1\right]$ 时，$f(x) - g(x) = 2x - 1 \geqslant 0$，而当 $x \in \left[0, \frac{1}{2}\right)$ 时，$f(x) - g(x) = 2x - 1 < 0$，这说明 f,g 不可比，故 S 不是全序关系.

15. 设 R_i 为函数 f_i 导出的 N 上的等价关系，$i=1,2,3,4$.

(1) $N/R_1 = \{\{n\} \mid n \in N\}$;

$N/R_2 = \{\{1,3,5,\cdots\}, \{0,2,4,\cdots\}\}$
$= \{\{2k+1 \mid k \in N\}, \{2k \mid k \in N\}\}$
$= \{\{2k+i \mid k \in N\} \mid i=0,1\}$;

$N/R_3 = \{\{0,3,6,\cdots\}, \{1,4,7,\cdots\}, \{2,5,8,\cdots\}\}$
$= \{\{3k \mid k \in N\}, \{3k+1 \mid k \in N\}, \{3k+2 \mid k \in N\}\}$
$= \{\{3k+i \mid k \in N\} \mid i=0,1,2\}$;

$N/R_4 = \{\{6k \mid k \in N\}, \{6k+1 \mid k \in N\}, \cdots, \{6k+5 \mid k \in N\}\}$
$= \{\{6k+i \mid k \in N\} \mid i=0,1,2,3,4,5\}$.

(2) 易知，N/R_1 是 N/R_i 的加细，$i=1,2,3,4$. N/R_4 是 N/R_i 的加细，$i=2,3,4$. 这是因为，在 N/R_4 中，$\{6k \mid k \in N\}, \{6k+2 \mid k \in N\}, \{6k+4 \mid k \in N\}$ 是 N/R_2 中 $\{2k \mid k \in N\}$ 的子集，而 N/R_4 中，$\{6k+1 \mid k \in N\}, \{6k+3 \mid k \in N\}, \{6k+5 \mid k \in N\}$ 是 N/R_2 中 $\{2k+1 \mid k \in N\}$ 的子集，所以 N/R_4 是 N/R_2 的加细.

又 N/R_4 中，$\{6k \mid k \in N\}, \{6k+3 \mid k \in N\}$ 是 N/R_3 中 $\{3k \mid k \in N\}$ 的子集，$\{6k+1 \mid k \in N\}, \{6k+4 \mid k \in N\}$ 是 N/R_3 中 $\{3k+1 \mid k \in N\}$ 的子集，$\{6k+2 \mid k \in N\}, \{6k+5 \mid k \in N\}$ 是 N/R_3 中 $\{3k+2 \mid k \in N\}$ 的子集，所以 N/R_4 也是 N/R_3 的加细.

再注意 N/R_2 与 N/R_3 互不为加细，以及任何划分都是自己的加细. 所以，$\langle \{N/R_1, N/R_2, N/R_3, N/R_4\}, \leqslant \rangle$ 的哈斯图如图 3.1 所示.

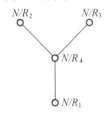

图 3.1

(3) $f_1(n) = n$，所以 $f_1(10k) = 10k$，$k \in N$，因而 H 在 f_1 下的像为 $f_1(H) = H$.

$f_2(2k) = 0$，$k \in N$，因为 $10k$ 为偶数，所以 H 在 f_2 下的像为 $f_2(H) = \{0\}$.

$$f_3(10k) = \begin{cases} 0, & k = 3r, \quad r \in N, \\ 1, & k = 3r+1, \quad r \in N, \\ 2, & k = 3r+2, \quad r \in N, \end{cases}$$

所以，H 在 f_3 下的像为 $f_3(H) = \{0,1,2\}$.

$$f_4(10k) = \begin{cases} 0, & k = 3r, \quad r \in N, \\ 4, & k = 3r+1, \quad r \in N, \\ 2, & k = 3r+2, \quad r \in N, \end{cases}$$

所以，H 在 f_4 下的像为 $f_4(H) = \{0,2,4\}$.

16. 首先分析 $g \circ f$ 和 $f \circ g$ 的性质. $g \circ f, f \circ g : R \to R$，且 $g \circ f(x) = g(f(x)) = g(x^2 - 2) = x^2 - 2 + 4 = x^2 + 2$. $g \circ f$ 既非单射，又非满射.

$f \circ g(x) = f(g(x)) = f(x+4) = (x+4)^2 - 2 = x^2 + 8x + 4$，$f \circ g$ 也既非单射，又非满射.

其次考虑 f,g,h 的反函数. f 非双射,故无反函数. g,h 均为 $R\to R$ 中的双射函数,因而均有反函数,设 g,h 的反函数分别为 $g^{-1}:R\to R$, $h^{-1}:R\to R$, $\forall x\in R$, $g^{-1}(x)=x-4$, $h^{-1}(x)=(1+x)^{\frac{1}{3}}$.

17. f 有反函数当且仅当 f 为双射函数. 因为 f 是 A 到 A/R 的自然映射,即 $\forall x\in A$, $f(x)=[x]$,要求 f 单射,必有 $[x]$ 为单元集,即 $[x]=\{x\}$,由此可知,$|A|=|A/R|$,从而 f 也是满射的. 达到以上要求,等价关系 R 必为 A 上的恒等关系 I_A. 从以上分析可知,当 $R=I_A$ 时,$f:A\to A/R$ 有反函数,且反函数 $f^{-1}:A/R\to A$, $f^{-1}([x])=f^{-1}(\{x\})=x$.

18. (1) $\mathrm{dom}\, f=\mathrm{ran}\, f=R-\{0\}$;

$\mathrm{dom}\, g=R, \mathrm{ran}\, g=R^+\cup\{0\}$;

$\mathrm{dom}\, h=\mathrm{ran}\, h=R^+\cup\{0\}$.

(2) $f:R-\{0\}\to R$, $f(x)=\dfrac{1}{x}$;

$g:R\to R$, $g(x)=x^2$; （g 无需改变）

$h:R^+\cup\{0\}\to R$, $h(x)=\sqrt{x}$.

19. (1) f 在 A_1 下的像 $f(A_1)=\{1,2,3\}$,在 B_1 下的原像
$$f^{-1}(B_1)=\{4,0,5,6\}=\{0,4,5,6\};$$

(2) g 在 A_2 下的像 $g(A_2)=N$,像 在 B_2 下的原像
$$g^{-1}(B_2)=N_{奇}\cup\{6\}=\{2k+1\mid k\in N\}\{6\};$$

(3) f 有反函数（f 是双射的）,其反函数为
$$f^{-1}:N\to N,\ f^{-1}(x)=\begin{cases}4, & x=0,\\ x-1, & x=1,2,3,4,\\ x, & x\geqslant 5.\end{cases}$$

g 无反函数（g 不是双射的）.

20. (1) 用反法证明之. 否则,f 是非单射的,于是 $\exists c\in C$, $\exists b_1,b_2\in C$,且 $b_1\neq b_2$,使得
$$f(b_1)=f(b_2)=c, \qquad ①$$
可是,又由于 g 是满射的,对此 b_1,b_2 必 $\exists a_1,a_2\in A$,使得
$$g(a_1)=b_1\wedge g(a_2)=b_2. \qquad ②$$
由①与②可知,
$$c=f(b_1)=f(g(a_1))=f\circ g(a_1),$$
$$c=f(b_2)=f(g(a_2))=f\circ g(a_2). \qquad ③$$
由于 $f\circ g$ 是单射的,由③可知,
$$a_1=a_2. \qquad ④$$
由函数的定义及②,④可知 $b_1=b_2$,这与 $b_1\neq b_2$ 矛盾.

(2) 还用反法证明. 否则,$\exists b\in B\wedge b\notin \mathrm{ran}\, g$. 由于 f 是单射的,对上述 $b\in B$, $\exists!c\in C$,使得
$$f(b)=c. \qquad ①$$
又由于 $f\circ g$ 满射,对上述 c, $\exists!a\in A$,使得
$$f\circ g(a)=f(g(a))=c. \qquad ②$$
又由于 f 是单射的,由①,②可知,

$$b = g(a). \qquad ③$$

由③可知,$b \in \text{ran } g$,这与 $b \notin \text{ran } g$ 相矛盾.

注意,量词 $\exists!$ 表示存在唯一.

21. 先证明 $f \circ h_1 = g \circ h_1$. 由集合 A 的定义,及 $h_1: A \to X, h_1(x) = x$,
$\forall x \in A$,

$$\begin{aligned} f \circ h_1(x) &= f(h_1(x)) \\ &= f(x) & (h_1 \text{ 的定义}) \\ &= g(x) & (A \text{ 的定义}) \\ &= g(h_1(x)) & (h_1 \text{ 的定义}) \\ &= g \circ h_1(x), \end{aligned}$$

所以,$f \circ h_1 = g \circ h_1$.

再证明 $B \subseteq A$.

$\forall x \in B$,

$x \in B$

$\Rightarrow x \in X$

$\Rightarrow f(x) = f(h_2(x))$ (h_2 的定义)

$\qquad = f \circ h_2(x)$

$\qquad = g \circ h_2(x)$ ($f \circ h_2 = g \circ h_2$)

$\qquad = g(h_2(x))$

$\qquad = g(x)$ (h_2 的定义)

$\Rightarrow x \in A$,

所以,$B \subseteq A$.

22. 先证只要 $h \circ f = h \circ g$,就有 $f = g$ 当且仅当 h 是单射的.

"$\Rightarrow$" 证 h 是单射的. 用反证法. 否则,$\exists x_1, x_2 \in X$,且 $x_1 \neq x_2$,有 $h(x_1) = h(x_2)$,下面推矛盾.

取 $f: X \to X$,且 $f(x) = x_1, g: X \to X$,且 $g(x) = x_2$,则 $\forall x \in X$,

$$h \circ f(x) = h(f(x)) = h(x_1), h \circ g(x) = h(g(x)) = h(x_2),$$

由于 $h(x_1) = h(x_2)$ 及 x 的任意性,故有 $h \circ f = h \circ g$. 可是,由 f 与 g 的定义可知 $f \neq g$,这与只要 $h \circ f = h \circ g$ 就有 $f = g$ 相矛盾.

"$\Leftarrow$" h 是单射的且 $h \circ f = h \circ g$,证明必有 $f = g$. 否则,$\exists f, g \in (X \to X)$,有 $h \circ f = h \circ g$,而 $f \neq g$,必推出矛盾来.

由 $f \neq g$,$\exists x_0 \in X$,使得

$$f(x_0) \neq g(x_0),$$

而对此 x_0,有

$$h \circ f(x_0) = h \circ g(x_0) \Leftrightarrow h(f(x_0)) = h(g(x_0)),$$

这与 h 是单射相矛盾.

其实,充分性也可以利用定理 3.10 证明.

由于 h 为单射,由定理 3.10 可知,h 存在左逆 h',于是,

$$h' \circ (h \circ f) = h' \circ (h \circ g)$$

$$\Rightarrow (h'\circ h)\circ f=(h'\circ h)\circ g$$
$$\Rightarrow I_X\circ f=I_X\circ g$$
$$\Rightarrow f=g;$$

再证：$f\circ h=g\circ h$ 就有 $f=g \Leftrightarrow h$ 是满射的.

"$\Rightarrow$" 证 h 是满射的. 若 $X=\varnothing$ 或 X 是单元集，结论为真. 下面讨论中，设 $X\neq\varnothing$ 且 X 不是单元集.

用反证法. 否则，h 不是满射的，则 $\exists x_0\in X$，且 $x_0\notin \mathrm{ran}\, h$，则必 $\exists x_1\in X-\{x_0\}$，取
$$f: X\to X, f(x)=\begin{cases} x_0, & x=x_0, \\ x_1, & x\neq x_0; \end{cases}$$
$$g: X\to X, g(x)=x_1.$$

则 $\forall x\in X$，由于 $f\circ h=g\circ h$，所以，
$$f\circ h(x)=f(h(x))=x_1 \qquad\qquad (x_0\notin \mathrm{ran}\, h)$$
$$=g(h(x))=g\circ h(x),$$

可是，$f\neq g$，这与只要 $f\circ h=g\circ h$，就有 $f=g$ 矛盾.

"$\Leftarrow$" h 是满射的且 $f\circ h=g\circ h$，证明必有 $f=g$. 由定理 3.10 可知，h 存在右逆 h''，若 $f\circ h=g\circ h$，则
$$(f\circ h)\circ h''=(g\circ h)\circ h''$$
$$\Rightarrow f\circ (h\circ h'')=g\circ (h\circ h'')$$
$$\Rightarrow f\circ I_X=g\circ I_X$$
$$\Rightarrow f=g.$$

23. 方法一 利用定理 3.5 的(3)及结合律证明.

(1) 若存在 $n=1$，使得 $f^1=f=I_A$，因为 I_A 为双射的，所以，f 为双射的；

(2) 若存在 $n\geqslant 2$，使得 $f^n=I_A$，由函数的合成关系满足结合律，可知
$$f^n=f^{n-1}\circ f=f\circ f^{n-1}=I_A.$$

因为 I_A 为双射的，由定理 3.5 可知，f 是单射的($f^{n-1}\circ f=I_A$)，f 也是满射的($f\circ f^{n-1}=I_A$)，从而可知 f 是双射的.

方法二 利用定理 3.10 及结合律证明.

只讨论 $n\geqslant 2$ 的情况. 由结合律知
$$f^n=f^{n-1}\circ f=f\circ f^{n-1}=I_A, \quad f^{n-1}\circ f=I_A,$$

这说明 f 存在左逆，由定理 3.10 可知，f 是单射的. 又 $f\circ f^{n-1}=I_A$，可知 f 存在右逆，因而 f 是满射的，所以，f 是双射的.

方法三 利用结合律，使用反证法证明.

(1) 证明 f 是单射的.

若 $\exists x_1, x_2\in A$ 且 $x_1\neq x_2$，有 $f(x_1)=f(x_2)$，则
$$I_A(x_1)=f^{(n)}(x_1)=f^{n-1}\circ f(x_1)=f^{n-1}\circ(f(x_1)),$$
$$I_A(x_2)=f^{(n)}(x_2)=f^{n-1}\circ f(x_2)=f^{n-1}\circ(f(x_2)),$$

又因为 $f(x_1)=f(x_2)$，因而有 $I_A(x_1)=I_A(x_2)$，这与 $x_1\neq x_2$ 及 I_A 为单射相矛盾.

(2) 证明 f 是满射的.

否则，$\exists y\in A$，$\forall x\in A$，均有 $f(x)\neq y$，这蕴涵着 $\forall x\in A$，均有 $f^{(n)}(x)=I_A(x)\neq y$，这与

I_A 是满射的相矛盾.

由(1)与(2)可知 f 是双射的.

24. 方法一 在证明中用到函数的单值性.

$$\forall x,$$
$$x \in f^{-1}(A \cap B)$$
$$\Leftrightarrow \exists y(y \in A \cap B \wedge f(x) = y)$$
$$\Leftrightarrow \exists y(y \in A \wedge y \in B \wedge f(x) = y)$$
$$\Leftrightarrow \exists y((y \in A \wedge f(x) = y) \wedge (y \in B \wedge f(x) = y))$$
$$\stackrel{(*)}{\Leftrightarrow} \exists y(y \in A \wedge f(x) = y) \wedge \exists y(y \in B \wedge f(x) = y)$$
$$\Leftrightarrow x \in f^{-1} \in A) \wedge x \in f^{-1}(B)$$
$$\Leftrightarrow x \in f^{-1}(A) \cap f^{-1}(B),$$

所以，$f^{-1}(A \cap B) = f^{-1}(A) \cap f^{-1}(B)$.

对(*)的说明：由推理定律 $\exists x(A(x) \wedge B(x)) \Rightarrow \exists x A(x) \wedge \exists x B(x)$，因而有
$$\exists y((y \in A \wedge f(x) = y) \wedge (y \in B \wedge f(x) = y))$$
$$\Rightarrow \exists y(y \in A \wedge f(x) = y) \wedge \exists y(y \in B \wedge f(x) = y),$$

又因为函数的单值性，有 $\forall x \in f^{-1}(A \cap B)$ ($f^{-1}(A \cap B) \subseteq \text{dom } f$)，$\exists ! y \in A \cap B$ ($A \cap B \subseteq \text{ran } f$)，因而又有
$$\exists y(y \in A \wedge f(x) = y) \wedge \exists y(y \in B \wedge f(x) = y)$$
$$\Rightarrow \exists y((y \in A \wedge f(x) = y) \wedge (y \in B \wedge f(x) = y)),$$

因而，(*)处的"⇔"成立.

方法二 由 $A \cap B \subseteq A$ 及 f^{-1} 的定义知 $f^{-1}(A \cap B) \subseteq f^{-1}(A)$，同理 $f^{-1}(A \cap B) \subseteq f^{-1}(B)$，故 $f^{-1}(A \cap B) \subseteq f^{-1}(A) \cap f^{-1}(B)$. 下面只需证明 $f^{-1}(A) \cap f^{-1}(B) \subseteq f^{-1}(A \cap B)$.

$\forall x, x \in f^{-1}(A) \cap f^{-1}(B) \Rightarrow x \in f^{-1}(A) \wedge x \in f^{-1}(B) \Rightarrow f(x) \in A \wedge f(x) \in B \Rightarrow f(x) \in A \cap B \Rightarrow x \in f^{-1}(A \cap B)$，所以，$f^{-1}(A) \cap f^{-1}(B) \subseteq f^{-1}(A \cap B)$.

方法三 直接用定义和逻辑演算证明.

$\forall x, x \in f^{-1}(A) \cap f^{-1}(B) \Leftrightarrow x \in f^{-1}(A) \wedge x \in f^{-1}(B) \Leftrightarrow f(x) \in A \wedge f(x) \in B \Leftrightarrow f(x) \in A \cap B \Leftrightarrow x \in f^{-1}(A \cap B)$，所以，$f^{-1}(A) \cap f^{-1}(B) = f^{-1}(A \cap B)$.

Ⅲ. 补充习题

1. 设 $f_i \in R \twoheadrightarrow R$ (R 为实数集)，$i = 1, 2, 3, 4$，且
$$f_1(x) = x^3 + 8;$$
$$f_2(x) = \ln x, x > 0;$$
$$f_3(x) = \frac{1}{x^3 + 1}, x \neq -1;$$
$$f_4(x) = \begin{cases} 1, & x > 0, \\ -1, & x \leq 0. \end{cases}$$

在 $f_i(i = 1, 2, 3, 4)$ 中寻找 $R \to R$ 中的双射函数，并证明你的结论.

2. 设 $f: R \times R \to R$ (R 为实数集)，且 $\forall x, y \in R, f(\langle x, y \rangle) = x^2 y$，试讨论 f 的性质.

3. 设 $f: R \to R, g: R \to R, R$ 为实数集,且
$$f(x) = \begin{cases} x+5, & x \geq 2, \\ |x|, & x < 2; \end{cases} \qquad g(x) = 2x.$$
设 $h = f \circ g$,则 $h: R \to R$. 写出 h 的表达式,并讨论 h 的性质.

4. 设 $f, g, h \in R \to R$ (R 为实数集),且 $f(x) = e^x, g(x) = x(1+x), h(x) = \cos x$. 设 $t = f \circ (g \circ h)$.

(1) 求 t 的表达式;

(2) 求 $\text{dom } t$ 和 $\text{ran } t$.

5. 设集合 $|A| = 3$,问:

(1) A 上有多少个二元关系?

(2) A 上有多少个等价关系?

(3) A 上有多少个偏序关系?

(4) $|A \to A| = ?$

(5) $A \to A$ 中有多少个双射函数?

6. 设 f, g 均为函数(即 f 与 g 均为单值的二元关系),已知 $f \subseteq g$ 且 $\text{dom } g \subseteq \text{dom } f$,证明: $f = g$.

7. 设 f 与 g 都是函数,证明 $f \cap g$ 也是函数.

8. 设 f 与 g 都是函数,$f \cup g$ 还一定是函数吗?

9. 设 f 与 g 均为函数,证明: $f \cup g$ 是函数当且仅当 $\forall x \in (\text{dom } f \cap \text{dom } g)$,均有 $f(x) = g(x)$.

10. 设 F 是满足如下条件的函数集合: $\forall f, g, f \in F \land g \in F \Rightarrow f \subseteq g \lor g \subseteq f$. 证明 $\cup F$ 是函数.

11. 设 f, g, h 均为 $N \to N$ 中函数(N 为自然数集),已知:
$$f(n) = n+1, \quad g(n) = 2n, \quad h(n) = \begin{cases} 0, & n \text{ 为偶数}, \\ 1, & n \text{ 为奇数}, \end{cases}$$
试求 $f_1 = f \circ f, f_2 = f \circ g, f_3 = g \circ f, f_4 = g \circ h, f_5 = (f \circ g) \circ h$ 的函数表达式,并讨论 $f_1 \sim f_5$ 的性质.

12. 设 f, g, h 均为 $R \to R$ 中的函数(R 为实数集),且 $f(x) = x+3, g(x) = 2x+1, h(x) = \dfrac{x}{2}$.

(1) 求下面各函数的表达式:
$$g \circ f, f \circ g, f \circ f, g \circ g, f \circ h, h \circ g, h \circ f, f \circ h \circ g;$$

(2) 讨论(1)中函数的性质.

13. 设 f_1, f_2, f_3, f_4 均为 $R \to R$ 中的函数(R 为实数集),且已知:
$$f_1(x) = 2x+1; \quad f_2(x) = x^2+1;$$
$$f_3(x) = -x^3; \quad f_4(x) = (x^2+1)/(x^2+2).$$

(1) 寻找给定 4 个函数中的双射函数;

(2) 对是双射函数的求出反函数;

(3) 对不是双射函数的求出值域;

(4) 讨论除单射、满射、双射外的 4 个函数的其他一些性质.

14. 设 f_1, f_2, f_3, f_4 为 $Z \to Z$ 中的 4 个函数(Z 为整数集),且 $f_1(x)=1$;$f_2(x)=2x+1$;$f_3(x)=\lceil x/5 \rceil$①;$f_4(x)=\lfloor (x^2+1)/3 \rfloor$②. 设 $A=\{-1,0,2,4,7\}$,求 A 在 f_i 下的像 $f_i(A)$,$i=1,2,3,4$.

15. 设 $f \in (R \to R)$(R 为实数集),且 $f(x)=\lfloor x^2/3 \rfloor$. $A=\{-2,-1,0,1,2,3\}$,$B=\{0,1,2,3,4,5\}$,$C=\{1,5,7,11\}$,$D=\{2,6,10,14\}$. 求 f 在 A,B,C,D 下的像 $f(A),f(B),f(C),f(D)$.

16. 设 $f \in (R \to R)$(R 为实数集),且 $f(x)=2x$,求像 $f(Z),f(N),f(R)$,Z,N 分别为整数集和自然数集.

17. 设 $f \in (R \to R)$(R 为实数集),且 $f(x)=x^2$. $A=\{1\}$,$B=\{x|0<x<1\}$,$C=\{x|x>4\}$,求原像 $f^{-1}(A),f^{-1}(B),f^{-1}(C)$.

18. 设 $f \in (R \to R)$(R 为实数集),且 $f(x)=\lfloor x \rfloor$. $A=\{0\}$,$B=\{-1,0,1\}$,$C=\{x|0<x<1\}$,求原像 $f^{-1}(A),f^{-1}(B),f^{-1}(C)$.

19. 设 $f \in R \to R$,且 $f(x)=\lfloor x \rfloor + \dfrac{1}{2}$,设 $A=\{x|x \in R \wedge -2<x\leqslant 2\}$,求 f 在 A 上的限制 $f \upharpoonright A$ 的图形.

20. 设 $f \in R \to R$,且 $f(x)=\lceil x \rceil - \dfrac{1}{2}$,设 $A=\{x|x \in R \wedge -2\leqslant x<2\}$,求 f 在 A 上的限制 $f \upharpoonright A$ 的图形.

21. 判断下列各函数的性质,并求双射函数的反函数.

(1) $f: R \to R$ 且 $f(x)=2x^2-6x+4$;

(2) $f: R_+ \to R$ 且 $f(x)=\ln x$;

(3) $f: N \to N$ 且 $f(n)=n(\bmod 5)$;

(4) $f: N \to N$ 且

$$f(n)=\begin{cases} n+2, & n=0,1,2, \\ 0, & n=3, \\ 1, & n=4, \\ n, & n \notin \{0,1,2,3,4\}. \end{cases}$$

其中,R, R_+, N 分别为实数集,正实数集和自然数集.

22. 设二元关系 $R=\{\langle a,b \rangle, \langle a,c \rangle, \langle b,a \rangle, \langle b,b \rangle, \langle b,d \rangle, \langle e,f \rangle, \langle g,a \rangle, \langle g,h \rangle\}$.

(1) 寻找 R 的最大子集 F,使 F 是函数;

(2) 寻找集合 A 与 B,使(1)中的 F 为 A 到 B 的全函数,即 $F: A \to B$;

(3) 寻找(1)中 F 的最大子集 G,使 G 是单根的;

(4) 寻找集合 C 和 D,使(3)中的 G 为 C 到 D 的双射函数,即 $G: C \to D$,且 G 是双射函数.

23. 设 $f: R \to R$(R 为实数集),且 $f(x)=\tan \dfrac{x}{2}$.

(1) 寻找 f 的子集 g 及集合 A,B,使 $g: A \to B$,且为双射函数;

(2) 求 g 的反函数 g^{-1}.

---

① $\lceil x \rceil$ 为大于等于 x 的最小整数.

② $\lfloor x \rfloor$ 为小于等于 x 的最大整数.

24. 设 f 是定义域含于实数集 R 的函数,且 $f(x)=\dfrac{1}{x^2-1}$. 试寻找 f 的子集 g,h,r 均为双射函数,且 g 为严格单调递增的, h 为严格单调递减的, r 为偶函数.

Ⅳ. 补充习题解答

1. f_1 是 $R \to R$ 中的双射函数. 证明如下:$\forall x_1,x_2 \in R$,且 $x_1 \neq x_2$,则 $x_1^3+8 \neq x_2^3+8$,所以 f_1 是单射的. 又 $\forall y \in R, \exists x, x=\sqrt[3]{y-8}$,则 $f_1(x)=(\sqrt[3]{y-8})^3+8=y$,故 f_1 是满射的,所以 f_1 是双射的,也即 $f: R \to R$ 且为双射的.

因为 $\mathrm{dom}\, f_2 = R_+$(大于 0 的实数集),因而 $\mathrm{dom}\, f_2 \neq R$,于是 $f_2 \notin R \to R$,更谈不上是 $R \to R$ 中的双射函数.

由于 $\mathrm{dom}\, f_3 = R - \{1\}$,故 $f_3 \notin R \to R$,因而也不可能为 $R \to R$ 的双射函数.

$\mathrm{dom}\, f_4 = R$,但 $\mathrm{ran}\, f_4 = \{-1,1\} \neq R$,所以 f_4 不是 $R \to R$ 中的双射函数.

2. $\forall x \in R$ 且 $x \neq 0$,均有
$$f(\langle x,y\rangle) = x^2 y, \quad f(\langle -x,y\rangle) = (-x)^2 y = x^2 y,$$
故 f 非单射. 又因为 $x^2 \geq 0$,所以 $x^2 y$ 可以取到一切实数值,即 $\mathrm{ran}\, f = R$,所以 f 是满射的.

3. $\forall x \in R$,
$$h(x) = f \circ g(x) = f(g(x)) = \begin{cases} 2x+5, & x \geq 1, \\ |2x|, & x < 1. \end{cases}$$
易知, $\mathrm{ran}\, h = \{y \mid y \in R \land y \geq 0\} \subset R$,所以 h 不是满射的. 又 h 也不是单射的,例如, $h(2) = h(-4.5) = 9$. 从而 h 更不是双射的.

4. (1) $t(x) = \cos(e^x(1+e^x))$;

(2) $\mathrm{dom}\, t = R, \mathrm{ran}\, t = \{x \mid x \in R \land |x| \leq 1\}$.

5. (1) 因为 A 为 3 元集,所以 $|A \times A| = 9$. 因而 A 上二元关系的个数为
$$C_9^0 + C_9^1 + \cdots + C_9^9 = (1+1)^9 = 2^9 = 512.$$

(2) 易知 A 上有 5 个不同的划分,所以 A 上共有 5 个不同的等价关系. 设 $A = \{a,b,c\}$,则 5 个等价关系分别为:

$R_1 = I_A$(恒等关系); $\quad R_2 = I_A \cup \{\langle a,b\rangle, \langle b,a\rangle\}$;

$R_3 = I_A \cup \{\langle a,c\rangle, \langle c,a\rangle\}$; $\quad R_4 = I_A \cup \{\langle b,c\rangle, \langle c,b\rangle\}$;

$R_5 = I_A \cup \{\langle a,b\rangle, \langle b,a\rangle, \langle a,c\rangle, \langle c,a\rangle, \langle b,c\rangle, \langle c,b\rangle\} = E_A$. (全域关系)

(3) A 上共有 19 个偏序关系,见习题二中 52 题.

(4) 设任意的 $f \in (A \to A)$,则 $|\mathrm{dom}\, f| = |A| = 3, \forall x \in A, f(x)$ 有 3 种可能的选择,所以 $|A \to A| = 3^3 = 27$.

(5) 易知,在 $A \to A$ 的 27 个函数中,有 $3! = 6$ 个双射函数. 设 $A = \{a,b,c\}$,则

$f_1 = \{\langle a,a\rangle, \langle b,b\rangle, \langle c,c\rangle\}$; $\quad$ (A 上恒等函数)

$f_2 = \{\langle a,a\rangle, \langle b,c\rangle, \langle c,b\rangle\}$;

$f_3 = \{\langle a,c\rangle, \langle b,b\rangle, \langle c,a\rangle\}$;

$f_4 = \{\langle a,b\rangle, \langle b,a\rangle, \langle c,c\rangle\}$;

$f_5 = \{\langle a,b\rangle, \langle b,c\rangle, \langle c,a\rangle\}$;

$f_6 = \{\langle a,c\rangle, \langle b,a\rangle, \langle c,b\rangle\}$.

6. 只需证明 $g \subseteq f$. $\forall \langle x,y \rangle$,

$$\langle x,y \rangle \in g$$
$$\Rightarrow x \in \mathrm{dom}\, g \land \langle x,y \rangle \in g$$
$$\Rightarrow x \in \mathrm{dom}\, f \land \langle x,y \rangle \in g \qquad (\mathrm{dom}\, g \subseteq \mathrm{dom}\, f)$$
$$\Rightarrow \exists z(\langle x,z \rangle \in f) \land \langle x,y \rangle \in g$$
$$\Rightarrow \exists z(\langle x,z \rangle \in g) \land \langle x,y \rangle \in g \qquad (f \subseteq g)$$
$$\Rightarrow z = y. \qquad \text{(因为 } g \text{ 为函数)}$$

由以上推导可知，$\langle x,y \rangle \in g \Rightarrow \langle x,y \rangle \in f$，所以 $g \subseteq f$，又已知 $f \subseteq g$，故 $f = g$.

7. 只需证明 $f \cap g$ 是单值的，$\forall \langle x,y_1 \rangle, \langle x,y_2 \rangle$,

$$\langle x,y_1 \rangle \in f \cap g \land \langle x,y_2 \rangle \in f \cap g$$
$$\Leftrightarrow \langle x,y_1 \rangle \in f \land \langle x,y_1 \rangle \in g \land \langle x,y_2 \rangle \in f \land \langle x,y_2 \rangle \in g$$
$$\Rightarrow y_1 = y_2, \qquad \text{(因为 } f \text{ 与 } g \text{ 都是函数)}$$

所以 $f \cap g$ 也是函数.

8. $f \cup g$ 不一定是函数.

设函数 $f = \{\langle a,b \rangle, \langle c,d \rangle\}$，$g = \{\langle c,d \rangle, \langle e,f \rangle\}$，它们的并 $f \cup g = \{\langle a,b \rangle, \langle c,d \rangle, \langle e,f \rangle\}$ 仍然是单值的，所以 $f \cup g$ 是函数.

又设 $f = \{\langle a,b \rangle, \langle c,d \rangle\}$，$g = \{\langle c,e \rangle, \langle e,f \rangle\}$，它们的并 $f \cup g = \{\langle a,b \rangle, \langle c,d \rangle, \langle c,e \rangle, \langle e,f \rangle\}$ 已不是单值的，因而 $f \cup g$ 不是函数.

9. "$\Rightarrow$"，即已知 $f \cup g$ 为函数，要证明，$\forall x \in (\mathrm{dom}\, f \cap \mathrm{dom}\, g)$，均有 $f(x) = g(x)$. 用反证法证明之. 否则，$\exists x \in (\mathrm{dom}\, f \cap \mathrm{dom}\, g)$，而 $f(x) = y_1 \neq y_2 = g(x)$，可是 $\langle x,y_1 \rangle \in f \cup g \land \langle x,y_2 \rangle \in f \cup g$，这与 $f \cup g$ 为函数相矛盾.

"$\Leftarrow$"即已知，$\forall x \in (\mathrm{dom}\, f \cap \mathrm{dom}\, g)$，均有 $f(x) = g(x)$，要证明 $f \cup g$ 是函数. 还是用反证法证明. 若 $f \cup g$ 不是函数. 则必存在 x 和 $y_1 \neq y_2$，使得 $\langle x,y_1 \rangle \in f \cup g \land \langle x,y_2 \rangle \in f \cup g$. 但因为 f 与 g 都是函数，因而 $\langle x,y_1 \rangle$ 与 $\langle x,y_2 \rangle$ 不能同时属于 f，也不能同时属于 g，必有 $(\langle x,y_1 \rangle \in f \land \langle x,y_2 \rangle \in g) \lor (\langle x,y_2 \rangle \in f \land \langle x,y_1 \rangle \in g)$. 可是，此时 $x \in (\mathrm{dom}\, f \cap \mathrm{dom}\, g)$，因而必有 $y_1 = f(x) = g(x) = y_2 \lor y_2 = f(x) = g(x) = y_1$，这与 $y_1 \neq y_2$ 相矛盾.

10. 只需证明 $\cup F$ 是单值的，又只需证明，$\forall \langle x,y \rangle, \langle x,z \rangle, \langle x,y \rangle \in \cup F \land \langle x,z \rangle \in \cup F$，则必有 $y = z$.

$$\langle x,y \rangle \in \cup F \land \langle x,z \rangle \in \cup F$$
$$\Rightarrow \exists f(f \in F \land \langle x,y \rangle \in f) \land \exists g(g \in F \land \langle x,z \rangle \in g).$$

分两种情况讨论:

(1) $f \subseteq g$，由上式可知 $\langle x,y \rangle \in g \land \langle x,z \rangle \in g$，因为 g 为函数，故必有 $y = z$.

(2) $g \subseteq f$，由上式可知，$\langle x,y \rangle \in f \land \langle x,z \rangle \in f$，因为 f 为函数，因而也必有 $y = z$.

11.
$$f_1(n) = f \circ f(n) = n + 2;$$
$$f_2(n) = f \circ g(n) = 2n + 1;$$
$$f_3(n) = g \circ f(n) = 2(n+1);$$

$$f_4(n)=g\circ h(n)=\begin{cases}1, & n\text{ 为偶数},\\ 2, & n\text{ 为奇数};\end{cases}$$

$$f_5(n)=(f\circ g)\circ h(n)=\begin{cases}1, & n\text{ 为偶数},\\ 3, & n\text{ 为奇数}.\end{cases}$$

f_1 是单射的,但非满射,$\operatorname{ran} f_1=\{n\mid n\in N\wedge n\geqslant 2\}$;

f_2 是单射的,但非满射,$\operatorname{ran} f_2=\{n\mid n=2k+1\wedge k\in N\}$;

f_3 是单射的,但非满射,$\operatorname{ran} f_3=\{n\mid n=2k\wedge k\in N\wedge k\geqslant 1\}$;

f_4 与 f_5 均非单射,又非满射的.

12. (1) $g\circ f(x)=2x+7$; $f\circ g(x)=2x+4$;

$f\circ f(x)=x+6$; $g\circ g(x)=4x+3$;

$f\circ h(x)=\dfrac{x}{2}+3$; $h\circ g(x)=x+\dfrac{1}{2}$;

$h\circ f(x)=\dfrac{x}{2}+\dfrac{3}{2}$; $f\circ h\circ g(x)=x+\dfrac{7}{2}$.

(2) (1)中各函数均为双射函数,并且都是线性函数,还都是严格单调递增的.

以上 8 个函数都是双射的是显然的.它们都是线性函数的理由是,线性函数的合成(即复合)还是线性函数.证明如下:

设 $f(x)=ax+b$,$g(x)=cx+d$,则 $f\circ g(x)=a(cx+d)+b=acx+(ad+b)=a'x+b'$ $(a'=ac,b'=ad+b)$.由于给定的 8 个函数都是线性函数,所以它们合成还是线性函数.

8 个线性函数的斜率均大于 0,所以它们都是严格单调递增的.

13. (1) f_1 与 f_3 都是单射的,并且是满射的,所以它们都是双射函数.f_2 与 f_4 既不单射,也不满射,所以它们都不是双射的.

(2) 设 f_1^{-1} 与 f_3^{-1} 分别为 f_1 与 f_3 的反函数,则 $f_1^{-1}(x)=\dfrac{x-1}{2}$,$f_3^{-1}(x)=\sqrt[3]{-x}=-\sqrt[3]{x}$.

(3) $\operatorname{ran} f_2=[1,+\infty)$,$\operatorname{ran} f_4=\left[\dfrac{1}{2},1\right)$.

(4) f_1 是严格单调递增的线性函数;f_2 是偶函数;f_3 是严格单调递减的;f_4 是偶函数,且以 $y=1$ 为水平渐近线.

14. $f_1(A)=\{1\}$;$f_2(A)=\{-1,1,5,9,15\}$;$f_3(A)=\{0,1,2\}$;$f_4(A)=\{0,1,5,16\}$.

15. $f(A)=\{0,1,3\}$;$f(B)=\{0,1,3,5,8\}$;$f(C)=\{0,8,16,40\}$;$f(D)=\{1,12,33,65\}$.

16. $f(Z)=\{2x\mid x\in Z\}$;$f(N)=\{2x\mid x\in N\}$;$f(R)=R=\operatorname{ran} f$.

17. $f^{-1}(A)=\{-1,1\}$;

$f^{-1}(B)=\{x\mid -1<x<0\vee 0<x<1\}=(-1,0)\cup(0,1)$;

$f^{-1}(C)=\{x\mid -\infty<x<-2\vee 2<x<+\infty\}=(-\infty,2)\cup(2,+\infty)$.

18. $f^{-1}(A)=\{x\mid 0\leqslant x<1\}=[0,1)$;

$f^{-1}(B)=\{x\mid -1\leqslant x<2\}=[-1,2)$;

$f^{-1}(C)=\varnothing$.

19. $f\upharpoonright A$ 的图形如图 3.2 所示.

20. $f\upharpoonright A$ 的图形如图 3.3 所示.

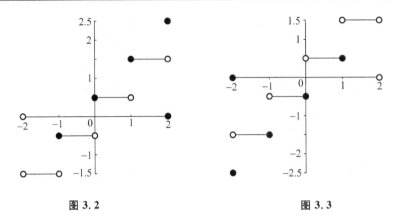

图 3.2　　　　　　　　　　图 3.3

21. (1) 易知,f 是以 $x=\dfrac{3}{2}$ 为对称轴开口向上的抛物线,其最小值为 $-\dfrac{1}{2}$,即 $\operatorname{ran} f=[-\dfrac{1}{2},+\infty)$,所以 f 既不单射,也不满射,更不是双射的.

(2) f 是双射的,其反函数 $f^{-1}:R\to R_+$,且 $f^{-1}(x)=e^x$.

(3) f 既不单射,也不满射,更不双射.其实,

$$f(n)=\begin{cases}0, & n=5k\ (k\in N),\\ 1, & n=5k+1\ (k\in N),\\ 2, & n=5k+2\ (k\in N),\\ 3, & n=5k+3\ (k\in N),\\ 4, & n=5k+4\ (k\in N);\end{cases}$$

$\operatorname{ran} f=\{0,1,2,3,4\}$.

(4) f 是双射的,$f^{-1}:N\to N$,

$$f(n)=\begin{cases}n+3, & n=0,1,\\ n-2, & n=2,3,4,\\ n, & n\notin\{0,1,2,3,4\}.\end{cases}$$

22. (1) 满足要求的 F 不唯一,这里取

$$F=\{\langle a,b\rangle,\langle b,b\rangle,\langle e,f\rangle,\langle g,h\rangle\}.$$

(2) 取 $A=\operatorname{dom} F=\{a,b,e,f\}$,$B=\operatorname{ran} F=\{b,f,h\}$,则 $F:A\to B$.

(3) 满足要求的 G 也不唯一,这里取

$$G=\{\langle a,b\rangle,\langle e,f\rangle,\langle g,h\rangle\}.$$

(4) 取 $C=\operatorname{dom} G=\{a,e,g\}$,$D=\operatorname{ran} G=\{b,f,h\}$,则 $G:C\to D$,且 G 为双射的.

23. (1) 所求函数不唯一,这里,取 $A=\{x\mid x\in R\wedge|x|<\pi\}$,$g=f\upharpoonright A$,$B=\operatorname{ran} f=R$,则 $g:A\to B$ 为双射函数,且为严格递增奇函数.

(2) $g^{-1}:B\to A$,且 $g^{-1}(x)=2\arctan x$,则 g^{-1} 为 B 到 A 的双射函数,且为严格单调递增奇函数.

24. f 的图形如图 3.4 所示.

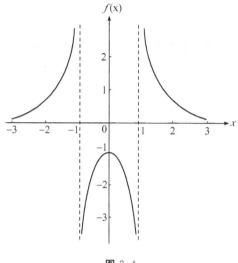

图 3.4

所寻找的 3 个函数都不唯一，下面给出一种选择.

(1) 取 $A=\{x\mid x\in R \wedge x<-1\}$，$B=\{y\mid y\in R \wedge y>0\}$，取 $g: A\to B$，且 $g(x)=\dfrac{1}{x^2-1}$，则 g 为 A 到 B 的双射函数，并且 g 是严格单调递增的.

(2) 取 $C=\{x\mid x\in R \wedge x>1\}$，$B=\{y\mid y\in R \wedge y>0\}$，取 $h: C\to B$，且 $h(x)=\dfrac{1}{x^2-1}$，则 h 为 C 到 B 的双射函数，并且 h 是严格单调递减的.

(3) 取 $D=\{x\mid x\in R \wedge -1<x<1\}$，$E=\{y\mid y\in R \wedge y\leqslant -1\}$，取 $r: D\to E$，且 $r(x)=\dfrac{1}{x^2-1}$，则 r 为 D 到 E 的双射函数，且 r 是偶函数.

第四章 自 然 数

Ⅰ. 习题四

1. 判断下列各集合是否为归纳集,并说明理由.
(1) $\{\varnothing, \varnothing^+, \varnothing^{++}, \cdots\} \cup \{a, a^+, a^{++}, \cdots\}$;
(2) $\{\{\varnothing\}, \{\varnothing\}^+, \{\varnothing\}^{++}, \cdots\}$;
(3) $\{\varnothing, \varnothing^+, \varnothing^{++}, \cdots, \varnothing^{++++++++}\}$;
(4) $\{a, a^+, a^{++}, \cdots\}$.

2. 计算
(1) $2 \cup 3$;
(2) $2 \cap 3$;
(3) $\cup 5$;
(4) $\cap 6$;
(5) $\cup \cup 7$.

3. 证明:除零以外的自然数都是自然数的后继.

4. 证明:对于任意的自然数 m, n,均有 $m \in m+n^+$.

5. 设 A 是传递集,证明 A^+ 也是传递集.

6. 设 $\mathscr{A}$ 中每个元素都是传递集,证明:
(1) $\cup \mathscr{A}$ 是传递集;
(2) 当 $\mathscr{A} \neq \varnothing$ 时,$\cap \mathscr{A}$ 也是传递集.

7. 设 $f: A \to A$ 是单射但不是满射函数,$a \in A - \operatorname{ran} f$. 定义 $h: N \to A$,且 $h(0) = a$,$h(n^+) = f(h(n))$,证明 h 也是单射函数.

Ⅱ. 习题解答

1. (1) 设
$$A = \{\varnothing, \varnothing^+, \varnothing^{++}, \cdots\} \cup \{a, a^+, a^{++}, \cdots\} = \{\varnothing, \varnothing^+, \varnothing^{++}, \cdots, a, a^+, a^{++}, \cdots\},$$
由归纳集定义可知,无论 a 是否为 $\varnothing$,A 都是归纳集.

(2) 设 $B = \{\{\varnothing\}, \{\varnothing\}^+, \{\varnothing\}^{++}, \cdots\}$,由于 $\varnothing \notin B$,由归纳集定义可知,B 不是归纳集.

(3) 设 $C = \{\varnothing, \varnothing^+, \varnothing^{++}, \cdots, \varnothing^{++++++++}\}$,由归纳集定义可知,归纳集中任何元素都应该有后继,这里 $\varnothing^{++++++++}$ 无后继,所以,C 不是归纳集.

(4) 设 $D = \{a, a^+, a^{++}, \cdots\}$,若 $a = \varnothing$,则 D 是归纳集,而且是"最小"的归纳集合. 当 $a \neq \varnothing$ 时,D 不是归纳集,因为 $\varnothing$ 及其后继 $\varnothing^+, \varnothing^{++}, \cdots$ 不属于 D.

2. 这里的计算要求计算结果用自然数表示.
(1) $2 \cup 3 = \{0, 1\} \cup \{0, 1, 2\} = \{0, 1, 2\} = 3$;
(2) $2 \cap 3 = \{0, 1\} \cap \{0, 1, 2\} = \{0, 1\} = 2$;

(3) $\bigcup 5 = \bigcup \{0,1,2,3,4\} = 0\bigcup 1\bigcup 2\bigcup 3\bigcup 4 = \varnothing \bigcup \{0\} \bigcup \{0,1\} \bigcup \{0,1,2\} \bigcup \{0,1,2,3\} = \{0,1,2,3\} = 4$;

(4) $\bigcap 6 = \bigcap \{0,1,2,3,4,5\} = \varnothing = 0$;

(5) $\bigcup \bigcup 7 = \bigcup(\bigcup 7) = \bigcup 6 = 5$.

从本题可看出以下几点：

① 设 n,m 为自然数，则 $n\bigcup m = \max\{n,m\}$，$n\bigcap m = \min\{n,m\}$；

② $\bigcup 0 = 0$，$\bigcup n = n-1$，$n \neq 0$. $\bigcap n = 0(\varnothing)$，$n \neq 0$.

3. 用数学归纳法证明之.

(1) 构造集合 S' 和 S 如下：
$$S' = \{n \mid n \in N \land n \neq 0 \land \exists m(m \in N \land n = m^+)\},$$
再令 $S = S' \bigcup \{0\}$.

(2) 证明 S 是 N 的归纳子集.

证明 $\varnothing = 0 \in S$，这是显然的.

证明对于 $\forall n \in S$，必有 $n^+ \in S$. 分两种情况讨论：

① $n = 0 \in S$，$0^+ = \{0\} = 1$，则 $0^+ = 1 \in S' \subset S$，所以，$0^+ \in S$；

② $n \neq 0$，则 $n \in S'$，因而 $\exists m \in N$，使得 $n = m^+$，而 $n^+ = m^+ \bigcup \{m^+\} = m^{++}$，所以，$n^+ \in S' \subset S$，因而，$n^+ \in S$.

由①，②可知，S 为 N 的归纳子集，所以 $S = N$.

4. 用数学归纳法证明.

(1) 构造集合 S 如下：
$$S = \{n \mid n \in N \land \forall m(m \in N \to m \in m+n^+)\}.$$

(2) 证明 S 是 N 的归纳子集.

① 证明 $\varnothing = 0 \in S$.

$\forall m \in N$，$m \in m^+ = m \bigcup \{m\}$，而

$m^+ = (m+0)^+$ （加法规则1）

$\quad = m+0^+$，（加法规则2）

于是，$m \in m+0^+$，这就证明了 $0 \in S$.

② $\forall n \in S$，要证 $n^+ \in S$.

由于 $n \in S$，所以，$\forall m \in N$，有 $m \in m+n^+$，而

$m \in m+n^+ \Rightarrow m \in (m+n^+) \bigcup (m+n^+)^+$

$\qquad = (m+n^+) \bigcup (m+n^+) \bigcup \{m+n^+\}$

$\qquad = (m+n^+) \bigcup \{m+n^+\}$

$\qquad = (m+n^+)^+$

$\Rightarrow m \in (m+n^+)^+$

$\Rightarrow m \in m+n^{++}$. （加法规则2）

由于 $n^+ \in S$，故 S 是 N 的归纳子集，所以 $S = N$.

5. $\forall x \in A^+$，$A^+ = A \bigcup \{A\}$，分两种情况讨论：

(1) $x \in A$，则 $\forall y, y \in x \Rightarrow y \in A$ （A 为传递集）

$\qquad \Rightarrow y \in A^+ = A \bigcup \{A\}$；

(2) $x = A$，则 $\forall y, y \in x \Rightarrow y \in A \Rightarrow y \in A^+ = A \cup \{A\}$.

所以，A^+ 为传递集.

6.（1）方法一：用定义证. $\forall x$,

$x \in \bigcup \mathscr{A} \Leftrightarrow \exists z (z \in \mathscr{A} \land x \in z)$

$\Rightarrow \exists z (z \in \mathscr{A} \land \forall y (y \in x \to y \in z))$ （z 为传递集）

$\Rightarrow \exists z (z \in \mathscr{A} \land \forall y (y \in x \to y \in \bigcup \mathscr{A}))$, （$y \in z \in \mathscr{A}$）

所以，$\bigcup \mathscr{A}$ 为传递集.

方法二：用定理 4.10(1)(2)证明. 只需证明 $\bigcup \bigcup \mathscr{A} \subseteq \bigcup \mathscr{A}$. $\forall x$,

$x \in \bigcup \bigcup \mathscr{A} \Leftrightarrow \exists z_1 (z_1 \in \bigcup \mathscr{A} \land x \in z_1)$

$\Rightarrow \exists z_1 \exists z_2 (z_2 \in \mathscr{A} \land z_1 \in z_2 \land x \in z_1)$

$\Rightarrow \exists z_1 \exists z_2 (z_2 \in \mathscr{A} \land z_1 \subseteq z_2 \land x \in z_1)$ （z_2 为传递集）

$\Rightarrow \exists z_2 (z_2 \in \mathscr{A} \land x \in z_2)$

$\Rightarrow x \in \bigcap \mathscr{A}$,

由定理 4.10(1),(2)可知，$\bigcup \mathscr{A}$ 为传递集.

（2）利用定理 4.10(1)(2)证明. 只需证明 $\bigcup \bigcap \mathscr{A} \subseteq \bigcap \mathscr{A}$. $\forall x$,

$x \in \bigcup \bigcap \mathscr{A} \Leftrightarrow \exists z_1 (z_1 \in \bigcap \mathscr{A} \land x \in z_1)$

$\Rightarrow \exists z_1 (\forall z_2 (z_2 \in \mathscr{A} \to z_1 \in z_2) \land x \in z_1)$

$\Rightarrow \exists z_1 (\forall z_2 (z_2 \in \mathscr{A} \to z_1 \subseteq z_2) \land x \in z_1)$ （z_2 为传递集）

$\Rightarrow \forall z_2 (z_2 \in \mathscr{A} \to x \in z_2)$

$\Rightarrow x \in \bigcap \mathscr{A}$,

由定理 4.10(1),(2)可知 $\bigcap \mathscr{A}$ 为传递集.

7. 使用反证法. 若 h 非单射，则 $\exists m, n \in A$ 且 $m \neq n$，使得 $h(m) = h(n)$，不妨设 $m < n$，下面推矛盾.

（1）若 $m = 0$，则 $n \geq 1$，此时，$h(m) = h(0) = a$，而 $h(n) = f(h(n-1))$，于是由 $h(m) = h(n)$ 得

$$a = h(0) = h(m) = h(n) = f(h(n-1)),$$

这与 $a \notin \operatorname{ran} f$ 相矛盾.

（2）$m \neq 0$，则 $0 < m < n$，此时，由 $h(m) = h(n)$ 得

$f(h(m-1)) = h(m) = h(n) = f(h(n-1))$

$\Rightarrow f(h(m-1)) = f(h(n-1))$

$\Rightarrow h(m-1) = h(n-1)$ （f 单射）

$\Rightarrow f(h(m-2)) = h(m-1) = h(n-1) = f(h(n-2))$

$\Rightarrow h(m-2) = h(n-2)$ （f 单射）

……

$\Rightarrow h(0) = h(n-m)$

$\Rightarrow a = h(0) = h(n-m) = f(h(n-m-1))$,

这与 $a \notin \operatorname{ran} f$ 相矛盾.

注意，在以上证明中，$n \geq 1$ 后，$(n-1)^+ = (n-1) \cup \{n-1\} = \{0, 1, \cdots, n-2, n-1\} = n$.

Ⅲ. 补充习题

1. 已知自然数 $4=\{0,1,2,3\}=\{\varnothing,\{\varnothing\},\{\varnothing,\{\varnothing\}\},\{\varnothing,\{\varnothing\},\{\varnothing,\{\varnothing\}\}\}\}$，求 $\bigcup 4$ 和 $\bigcap 4$，并将计算结果用自然数表示.

2. (1) 设 $A=\{1\}$，计算 A 的后继 A^+ 和 $\bigcup A^+$；

(2) 设 $B=\{2\}$，计算 B 的后继 B^+ 和 $\bigcup B^+$；

(3) 设 $C=\{1,2\}$，计算 C 的后继 C^+ 和 $\bigcup C^+$ 与 $\bigcap C^+$.

3. 下面给出的集合中，哪些是传递集？
$A=\{0,1,\{1\}\}$；
$B=\{0,1,2,3\}$；
$C=\{3\}$；
$D=\langle 0,1\rangle$.

4. (1) 设 $A=\{a,b,\{\{\varnothing\}\}\}$，试找出 a 和 b，使 A 为传递集；

(2) 设 $B=\{\{\{\{\varnothing\}\}\},c,d,e\}$，试找出 c,e,d，使 B 为传递集.

5. 设 $h\in N\to N(N$ 为自然数集)，已知 $h(0)=3,h(n^+)=2h(n)$，试求 $h(1),h(2),h(3)$ 和 $h(4)$.

6. 设 $f\in N\to N(N$ 为自然数集)，已知 $f(0)=1,f(n^+)=f(n)+3$，试用显式表示 f.

7. 设 $h\in N\to N(N$ 为自然数集)，且 $h(n)=5n+2$，试用 $h(n)$ 表示 $h(n^+)$.

8. 设 $f:N\times N\to N(N$ 为自然数集)，且满足条件：

(1) $\forall n\in N,f(\langle 0,n\rangle)=1$；

(2) $\forall m,n\in N,f(\langle m^+,n\rangle)=f(\langle m,n\rangle)n$.

证明：$f(\langle m,n\rangle)=n^m$.

9. 设 $f:N\times N\to N(N$ 为自然数集)，且对于任意的 $m,n\in N$，满足条件：

(1) $f(\langle 0,n\rangle)=0$；

(2) $f(\langle m^+,n\rangle)=f(\langle m,n\rangle)+n$.

证明 $f(\langle m,n\rangle)=mn$.

10. 设 $f:N\to N(N$ 为自然数集)，且
$$f(n)=\begin{cases} f(f(n+11)), & 0\leqslant n\leqslant 100, & ① \\ n-10, & n>100. & ② \end{cases}$$

(1) 验证：$f(99)=91$；

(2) 证明：$0\leqslant n\leqslant 100$ 时，$f(n)=91$.

11. 设 $f:N\times N\to N(N$ 为自然数集)，$\forall m,n\in N$，满足以下 3 个条件：

(1) $f(\langle m,0\rangle)=m$；

(2) $f(\langle m,n^+\rangle)=f(\langle m,n\rangle)^+$；

(3) $f(\langle m,n\rangle)=f(\langle n,m\rangle)$.

证明：$\forall m,n,l\in N$，有下式成立：
$$f(\langle f(\langle m,n\rangle),l\rangle)=f(\langle m,f(\langle n,l\rangle)\rangle).$$

12. 设 $A=\{0,1,2,3,4,\{\{\varnothing\}\}\}$，计算下列各题(要求计算结果全用自然数表示).

(1) $\bigcup A$；　　　　(2) $\bigcup\bigcup A$；

(3) $\cup \cap A$；   (4) $\cap \cup A$；

(5) $P(\cup \cup A)$.

13. 设 n 是某个自然数，N 是自然数集，回答下列问题并给出证明.

(1) $P(n)$ 是否传递集？

(2) $P(N)$ 是否归纳集？

14. 求 3 个不同的 A，使得 $A = \cup A$.

Ⅳ．补充习题解答

1. $\cup 4 = \{\varnothing, \{\varnothing\}, \{\varnothing, \{\varnothing\}\}\} = 3$； $\cap 4 = \varnothing = 0$.

2. (1) $A^+ = \{1\} \cup \{\{1\}\} = \{1, \{1\}\}$；

$\cup A^+ = \cup \{1, \{1\}\} = 1 \cup \{1\} = \{\varnothing\} \cup \{\{\varnothing\}\} = \{\varnothing, \{\varnothing\}\} = \{0, 1\} = 2$.

(2) $B^+ = B \cup \{B\} = \{2\} \cup \{\{2\}\} = \{2, \{2\}\}$；

$\cup B^+ = 2 \cup \{2\} = \{0, 1\} \cup \{2\} = \{0, 1, 2\} = 3$.

(3) $C^+ = C \cup \{C\} = \{1, 2\} \cup \{\{1, 2\}\} = \{1, 2, \{1, 2\}\}$；

$\cup C^+ = \cup \{1, 2, \{1, 2\}\} = 1 \cup 2 \cup \{1, 2\} = \{0\} \cup \{0, 1\} \cup \{1, 2\} = \{0, 1, 2\} = 3$；

$\cap C^+ = \cap \{1, 2, \{1, 2\}\} = 1 \cap 2 \cap \{1, 2\} = \{0\} \cap \{0, 1\} \cap \{1, 2\} = \varnothing = 0$.

3. A 是传递集. $\cup A = \cup \{0, 1, \{1\}\} = \{0, 1\} \subseteq A$，由定理 4.10 可知 A 是传递集.

B 也是传递集. $\cup B = \cup \{0, 1, 2, 3\} = \{0, 1, 2\} \subseteq B$，由定理 4.10 可知，$B$ 也是传递集. 其实，$B = 4$，4 为自然数，由定理 10.13 可知 B 是传递集.

C 不是传递集. $\cup C = \cup \{3\} = 3 = \{0, 1, 2\} \not\subseteq \{3\}$，由定理 4.10 可知，$C$ 不是传递集.

D 也不是传递集. 注意到 $\langle 0, 1 \rangle = \{\{0\}, \{0, 1\}\}$，$\cup D = \cup \{\{0\}, \{0, 1\}\} = \{0, 1\} \notin \langle 0, 1 \rangle$，所以 D 也不是传递集.

4. (1) 其实，取 $a = \varnothing, b = \{\varnothing\}$，则 A 为传递集. $A = \{\varnothing, \{\varnothing\}, \{\{\varnothing\}\}\}$，$\cup A = \{\varnothing, \{\varnothing\}\} \subseteq A$.

(2) 取 $c = \varnothing, d = \{\varnothing\}, e = \{\{\varnothing\}\}$，易知 B 为传递集. $\cup B = \cup \{\{\{\{\varnothing\}\}\}, \varnothing, \{\varnothing\}, \{\{\varnothing\}\}\} = \{\varnothing, \{\varnothing\}, \{\{\varnothing\}\}\} \subseteq B$.

5. $h(1) = h(0^+) = 2h(0) = 2 \times 3 = 6$； $h(2) = h(1^+) = 2h(1) = 2 \times 6 = 12$；

$h(3) = h(2^+) = 2h(2) = 2 \times 12 = 24$； $h(4) = h(3^+) = 2h(3) = 2 \times 24 = 48$.

6. $f(n) = 3n + 1$. 可用归纳法证明.

(1) 归纳基础. $f(0) = 1 = 3 \times 0 + 1$.

(2) 归纳步骤. 设 n 时，有 $f(n) = 3n + 1$ 成立. 证明 n^+ 时，等式也成立.

$f(n^+) = f(n) + 3 = 3n + 1 + 3$ （归纳假设）

$= 3(n+1) + 1 = 3n^+ + 1$.

7. 已知 $h(n) = 5n + 2$，所以

$h(n^+) = 5n^+ + 2 = 5(n+1) + 2 = 5n + 5 + 2 = 5n + 2 + 5 = h(n) + 5$.

8. 用归纳法证明.

归纳基础：$m = 0$ 时，由条件 (1) 有，$f(\langle 0, n \rangle) = 1 = n^0$（注意，$n = 0$ 时也对（见定理 4.17））.

归纳步骤：设 $m = k$ 时结论为真，即 $f(\langle k, n \rangle) = n^k$. 当 $m = k + 1$ 时，

$$f(\langle m,n\rangle)=f(\langle k+1,n\rangle)$$
$$=f(\langle k^+,n\rangle)=f(\langle k,n\rangle)n \qquad \text{(由条件(2))}$$
$$=n^k n=n^{k+1}=n^{k^+}. \qquad \text{(用归纳假设)}$$

9. 用归纳法证明.

归纳基础：$m=0$ 时，$f(\langle 0,n\rangle)=0=0\times n$. （条件(1)）

归纳步骤：假设 $m=k$ 时，$f(\langle k,n\rangle)=kn$. 当 $m=k^+$ 时，
$$f(\langle k^+,n\rangle)=f(\langle k,n\rangle)+n \qquad \text{(条件(2))}$$
$$=kn+n \qquad \text{(归纳假设)}$$
$$=(k+1)n=k^+ n.$$

10. (1)
$$f(99)=f(f(99+11)) \qquad \text{(由①得)}$$
$$=f(f(110))$$
$$=f(110-10) \qquad \text{(由②得)}$$
$$=f(100)$$
$$=f(f(100+11)) \qquad \text{(由①得)}$$
$$=f(f(111))$$
$$=f(101) \qquad \text{(由②得)}$$
$$=101-10 \qquad \text{(由②得)}$$
$$=91.$$

(2) 为证明当 $0\leqslant n\leqslant 100$ 时，$f(n)=91$，按下面 3 步进行.

第一步：验证 $f(100)=91$.
$$f(100)$$
$$=f(f(100+11)) \qquad \text{(由①得)}$$
$$=f(f(111))$$
$$=f(101) \qquad \text{(由②得)}$$
$$=101-10 \qquad \text{(由②得)}$$
$$=91.$$

第二步：当 $90\leqslant n\leqslant 99$ 时，证 $f(n)=91$.
$$f(n)=f(f(n+11)) \qquad \text{(由①得)}$$
$$=f(n+1). \qquad \text{(由②得)}$$
此时，$91\leqslant n+1\leqslant 100$，于是
$$f(99)=f(100)=91; \qquad \text{(由第一步得)}$$
$$f(98)=f(99)=91;$$
$$f(97)=f(98)=91;$$
……
$$f(90)=f(91)=91.$$

第三步：当 $0\leqslant n<90$ 时，证 $f(n)=91$.

此时，$11\leqslant n+11\leqslant 100$. 将 0 到 89 分成 9 种情况：

Ⅰ. $80 \leqslant n \leqslant 89$ $(91 \leqslant n+11 \leqslant 100)$;
Ⅱ. $70 \leqslant n \leqslant 79$ $(81 \leqslant n+11 \leqslant 90)$;
Ⅲ. $60 \leqslant n \leqslant 69$ $(71 \leqslant n+11 \leqslant 80)$;
Ⅳ. $50 \leqslant n \leqslant 59$ $(61 \leqslant n+11 \leqslant 70)$;
Ⅴ. $40 \leqslant n \leqslant 49$ $(51 \leqslant n+11 \leqslant 60)$;
Ⅵ. $30 \leqslant n \leqslant 39$ $(41 \leqslant n+11 \leqslant 50)$;
Ⅶ. $20 \leqslant n \leqslant 29$ $(31 \leqslant n+11 \leqslant 40)$;
Ⅷ. $10 \leqslant n \leqslant 19$ $(21 \leqslant n+11 \leqslant 30)$;
Ⅸ. $0 \leqslant n \leqslant 9$ $(11 \leqslant n+11 \leqslant 20)$.

在Ⅰ情况下：

$f(n)=f(f(n+11))$ （由①得）

$\quad =f(91)$ （由第二步得）

$\quad =91$; （由第二步得）

在Ⅱ情况下：

$f(n)=f(f(n+1))$ （由①得）

$\quad =f(91)$ （由Ⅰ和第二步得）

$\quad =91$; （由第二步得）

在Ⅲ情况下：

$f(n)=f(f(n+11))$ （由①得）

$\quad =f(91)$ （由Ⅰ、Ⅱ得）

$\quad =91$.

对于Ⅳ～Ⅸ均可类似讨论.

11. $\forall m,n \in N$, 设 $T=\{l \mid f(\langle f(\langle m,n \rangle),l \rangle)=f(\langle m,f(\langle n,l \rangle)\rangle)\}$, 下面对 l 做归纳法.

归纳基础. 证 $l=0$ 时, T 为真.

$f(\langle f(\langle m,n \rangle),0 \rangle)=f(\langle m,n \rangle)$, （由条件(1)得）

$f(\langle m,f(\langle n,0 \rangle)\rangle)=f(\langle m,n \rangle)$, （由条件(1)得）

所以 $l=0$ 时, T 为真.

归纳步骤. 设 $l=k$ 时, T 为真, 证 $l=k^+$ 时 T 也为真.

$f(\langle f(\langle m,n \rangle),k^+ \rangle)$

$=(f(\langle f(\langle m,n \rangle),k \rangle))^+$ （由条件(2)得）

$=f(\langle m,f(\langle n,k \rangle)\rangle)^+$ （由归纳假设）

$=f(\langle m,(f(\langle n,k \rangle))^+ \rangle)$ （由条件(2)得）

$=f(\langle m,f(\langle n,k^+ \rangle)\rangle)$. （由条件(2)得）

12. (1) $\bigcup A=\{0,1,2,3,4,\{\{\varnothing\}\}\}=\{0,1,2,3\}=4$;

(2) $\bigcup \bigcup A=\{0,1,2\}=3$;

(3) $\bigcup \bigcap A=\bigcup \varnothing=\varnothing=0$;

(4) $\bigcap \bigcup A=\bigcap \{0,1,2,3\}=\varnothing=0$;

(5) $P(\bigcup \bigcup A)=\{\varnothing,\{0\},\{1\},\{2\},\{0,1\},\{0,2\},\{1,2\},\{0,1,2\}\}$

$\quad =\{0,1,\{1\},\{2\},2,\{0,2\},\{1,2\},3\}$

$\quad =\{0,1,2,3,\{1\},\{2\},\{0,2\},\{1,2\}\}$.

13. (1) $P(n)$ 是传递集.

证明一 根据定理 4.13,每个自然数都是传递集,所以 n 是传递集.再根据定理 4.11,A 为传递集 $\Leftrightarrow P(A)$ 为传递集,所以 $P(n)$ 是传递集.

证明二 根据定理 4.10,A 是传递集 $\Leftrightarrow \bigcup A \subseteq A \Leftrightarrow \forall y(y\in A \to y\subseteq A) \Leftrightarrow A\subseteq P(A)$. 再利用 $n=\{0,1,2,\cdots,n-1\}$,可以直接验证后面三个条件成立(只需要验证其中一个即可).例如,
$$\bigcup n = \bigcup\{0,1,2,\cdots,n-1\} = n-1 = \{0,1,2,\cdots,n-2\}\subseteq\{0,1,2,\cdots,n-1\} = n.$$

证明三 用数学归纳法.

令 $S=\{n\in N \mid P(n)$ 是归纳集$\}$,下面证明 S 是归纳集.

① $\varnothing \in S$:$P(\varnothing)=\{\varnothing\}$ 显然是归纳集;

② 假设 $n\in S$,证明 $n^+ \in S$:由于 $n^+ = n\cup\{n\}$,所以

$\bigcup P(n^+)$

$= n^+$ (对任意集合 A,$\bigcup P(A) = A$)

$= n\cup\{n\}$

$\subseteq P(n)\cup\{n\}$ (由归纳假设,$P(n)$ 是归纳集;由定理 4.10,$n=\bigcup P(n)\subseteq P(n)$)

$\subseteq P(n^+)$.   (因为 $n\subseteq n^+$,所以 $P(n)\subseteq P(n^+)$;又 $n\in P(n^+)$,所以 $\{n\}\subseteq P(n)\subseteq P(n^+)$)

由定理 4.10,$P(n^+)$ 是归纳集,所以 $n^+ \in S$.

由①,②可知 S 是归纳集,所以 $S=N$,即原命题成立.

(2) $P(N)$ 不是归纳集.

注意到 $N^+=N\cup\{N\}\notin P(N)$,这是因为 $P(N)$ 的任意元素 A 都是 N 的子集,所以 A 的元素都是自然数,因此是有限集,而 $N\cup\{N\}$ 中有一个元素是无限集 N. 所以 $P(N)$ 对后继运算不封闭,故 $P(N)$ 不是归纳集.

14. $A=\varnothing,A=N,A=\{\varnothing,\{\varnothing\},\{\{\varnothing\}\},\{\{\{\varnothing\}\}\},\cdots\}$.

说明:根据传递集的定义,每个解都是传递集(反之不然,比如除 0 外的任何自然数 n 都是传递集但不是解,因为 $\bigcup n=n-1\neq n$).

根据广义并的定义,$A=\varnothing$ 显然是解.$A=N$ 是解,因为 $N=\{0,1,2,\cdots,n,\cdots\}$.而 $n=\{0,1,\cdots,n-1\}$,所以 $\bigcup N=0\cup 1\cup 2\cup\cdots\cup n\cup\cdots=\varnothing\cup\{0\}\cup\{0,1\}\cup\cdots\cup\{0,1,\cdots,n-1\}\cup\cdots=N$. $A=\{\varnothing,\{\varnothing\},\{\{\varnothing\}\},\{\{\{\varnothing\}\}\},\cdots\}$ 是解,因为 $\bigcup A=\bigcup\{\varnothing,\{\varnothing\},\{\{\varnothing\}\},\{\{\{\varnothing\}\}\},\cdots\}$
$=\varnothing\cup\{\varnothing\}\cup\{\{\varnothing\}\}\cup\{\{\{\varnothing\}\}\}\cup\cdots=\{\varnothing,\{\varnothing\},\{\{\varnothing\}\},\{\{\{\varnothing\}\}\},\cdots\}=A$.

由于(广义)并运算是结合的,容易看出,如果 A_1 和 A_2 是不同的解,则 $A_1\cup A_2$ 也是解.

第五章 基数（势）

Ⅰ. 习题五

1. 设 A 为非空集合，$\mathscr{A}$ 和 $\mathscr{B}$ 分别为 A 上的全体偏序关系和全体拟序关系集合，证明 $\mathscr{A} \approx \mathscr{B}$.

2. 设集合 $A \neq \varnothing$，在 $(A \to A)$ 上定义二元关系 R 如下：
$$R = \{\langle f, g \rangle \mid f, g \in (A \to A) \wedge \operatorname{ran} f = \operatorname{ran} g\}.$$
(1) 证明：R 是 $A \to A$ 上的等价关系；
(2) 证明：商集 $(A \to A)/R \approx P(A) - \{\varnothing\}$.

3. 设 a, b 为任意两实数，且 $a < b$，证明 $[0,1] \approx [a, b] \approx R$.

4. 证明定理 5.3，即证明等势关系具有自反性、对称性和传递性.

5. 设 c 为某个自然数 n 的真子集，则 c 与属于 n 的某个自然数等势.

6. 证明定理 5.8：设 A, B, C 为 3 个集合，则 (1) $A \leqslant A$；(2) 若 $A \leqslant B$ 且 $B \leqslant C$，则 $A \leqslant C$.

7. 证明定理 5.15：集合 A 为无穷可数集当且仅当 A 可以写成如下形式：
$$\{a_1, a_2, \cdots, a_n, \cdots\}.$$

8. 证明：$n(n \geqslant 2)$ 个可数集之并为可数集.

9. 证明：$n(n \geqslant 2)$ 个可数集的卡氏积为可数集.

10. 证明定理 5.18：设 A 为无穷集，则 $P(A)$ 不是可数集.

11. 设 $A = \{n^7 \mid n \in N \wedge n \neq 0\}$，$B = \{n^{109} \mid n \in N \wedge n \neq 0\}$. 求：
(1) card A；　　(2) card B；　　(3) card $(A \cup B)$；　　(4) card $(A \cap B)$.

12. 设 A, B 为两集合，证明：如果 $A \approx B$，则 card $P(A) =$ card $P(B)$.

13. 证明例 5.9（设 n 为自然数（有穷基数），则 (1) $n + \aleph_0 = \aleph_0$；(2) $n \cdot \aleph_0 = \aleph_0 (n \neq 0)$；(3) $\aleph_0 + \aleph_0 = \aleph_0$；(4) $\aleph_0 \cdot \aleph_0 = \aleph_0$.）.

14. 证明例 5.10：设 κ 为任意基数，证明：(1) $\kappa + 0 = \kappa$；(2) $\kappa \cdot 0 = 0$；(3) $\kappa \cdot 1 = \kappa$；(4) $\kappa^0 = 1$；(5) $0^\kappa = 0 (\kappa \neq 0)$；(6) $\kappa + \kappa = 2 \cdot \kappa$；(7) $\kappa^1 = \kappa$；(8) $n + 1 = n^+$（n 为有穷基数）.

Ⅱ. 习题解答

1. 只需证明 $\mathscr{A}$ 与 $\mathscr{B}$ 之间存在双射函数. 为此先证明：$\forall R \in \mathscr{A}$，则 $R' = R - I_A \in \mathscr{B}$，即 R' 是 A 上的拟序. 这只需证明 R' 是反自反和传递的.

(1) R' 是反自反是显然的.
(2) 证 $R' = R - I_A$ 是传递的. $\forall \in x, y, x \in A$,
　　$\langle x, y \rangle \in R' \wedge \langle y, z \rangle \in R'$
$\Rightarrow \langle x, y \rangle \in R' \wedge \langle y, z \rangle \in R' \wedge x \neq y \wedge y \neq z$ 　　　　　　　　　　(R' 反自反)
$\Rightarrow \langle x, y \rangle \in R \wedge \langle y, z \rangle \in R \wedge x \neq y \wedge y \neq z \wedge x \neq z$ 　　　　　　　(R 反对称)
$\Rightarrow \langle x, z \rangle \in R \wedge x \neq z$ 　　　　　　　　　　　　　　　　　　　　　　　　　(R 传递)

$\Rightarrow \langle x,z \rangle \in R' = R - I_A$.

这就证明 R' 具有反自反和传递性,所以 $R' \in \mathscr{B}$. 下面设

$$f: \mathscr{A} \to \mathscr{B}, \text{且} \forall R \in \mathscr{A}, f(R) = R - I_A \stackrel{\text{记为}}{=} R',$$

证明 f 是双射的.

(1) $\forall R_1, R_2 \in \mathscr{A} \land R_1 \neq R_2$,易知 $R_1' \neq R_2'$,且 $R_1', R_2' \in \mathscr{B}$. 所以 f 是单射的.

(2) $\forall R' \in \mathscr{B}$,令 $R = R' \cup I_A$,易知 R 是 A 上自反、反对称和传递的二元关系,所以 $R \in \mathscr{A}$;且 $f(R) = R - I_A = R' \cup I_A - I_A = R' \in \mathscr{B}$,所以 f 是满射的. 于是 $\mathscr{A} \approx \mathscr{B}$.

2. (1) ① 由于相等关系"="具有自反性,所以,$\forall f \in A \to A$,有 $\langle f, f \rangle \in R$,即 R 具有自反性.

② $\forall f, g \in A \to A$,若

$$\langle f, g \rangle \in R \Rightarrow (\text{ran } f = \text{ran } g) \Rightarrow (\text{ran } g = \text{ran } f) \Rightarrow \langle g, f \rangle \in R,$$

则 R 具有对称性.

③ $\forall f, g, h \in A \to A$,若

$$\langle f, g \rangle \in R \land \langle g, h \rangle \in R$$
$$\Rightarrow (\text{ran } f = \text{ran } g) \land (\text{ran } g = \text{ran } f) \Rightarrow (\text{ran } f = \text{ran } h) \Rightarrow \langle f, h \rangle \in R,$$

则 R 具有传递性.

由①,②,③可知,R 为 $A \to A$ 上的等价关系.

(2) 构造 $(A \to A)/R \to (P(A) - \{\varnothing\})$ 的双射函数.

令 $F: (A \to A)/R \to P(A)$,对于任意的 R 的等价类 $[f]_R \in (A \to A)/R$,$F([f]_R) = \text{ran } f$,则 $\text{ran } f \in P(A)$,并且 $\text{ran } f \neq \varnothing$;否则,若 $\text{ran } f = \varnothing$;这与 $f: A \to A$ 且 $A \neq \varnothing$ 相矛盾,所以,取

$$F: (A \to A)/R \to (P(A) - \{\varnothing\}).$$

下面证明 F 是双射的.

① 证明 F 是单射的.

$\forall [f]_R, [g]_R \in (A \to A)/R$,

$F([f]_R) = F([g]_R)$

$\Rightarrow \text{ran } f = \text{ran } g$ (F 的定义)

$\Rightarrow \langle f, g \rangle \in R$

$\Rightarrow [f]R = [g]R$. (R 是等价关系)

② 证明 F 是满射的.

$\forall B \in P(A) \land B \neq \varnothing$,则 $\exists b \in B$,令 $f: A \to A$,且

$$f(x) = \begin{cases} x, & x \in B, \\ b, & x \in A - B, \end{cases}$$

则 $F([f]_R) = B$,所以 F 是满射的.

由①,②可知,F 是双射的,所以商集 $(A \to A)/R \approx P(A) - \{\varnothing\}$.

3. 由定理 5.1(4) 可知,$(0,1) \approx R$,(5) 可知 $[0,1] \approx (0,1)$. 又由定理 5.3 的(3) 可知,$[0,1] \approx (0,1) \approx R$. 再由定理 5.3 的(3) 与(2),只需证:$[0,1] \approx [a,b]$. 令

$$f: [0,1] \to [a,b], \text{且} \forall x \in [0,1],$$
$$f(x) = a + (b-a)x.$$

易知，f 是双射函数，于是 $[0,1] \approx [a,b] \approx R$.

4. (1) 取 $f = I_A : A \to A$，由于 I_A 是双射的，所以 $A \approx A$.

(2) 因为 $A \approx B$，所以存在双射函数 $f : A \to B$，取 $f^{-1} : B \to A$ 且 f^{-1} 为双射，因而 $B \approx A$.

(3) 由于 $A \approx B \wedge B \approx C$，因而存在双射函数 $f : A \to B$，又存在双射函数 $g : B \to C$，由定理 3.4(3) 可知，$h = g \circ f : A \to C$，且为双射，于是 $A \approx C$.

5. 用归纳法证明之. 令
$$S = \{n \mid n \in n \wedge \forall c (c \subset n \to \exists m (m \in n \wedge c \approx m))\},$$
下面证明 S 为 N 的归纳子集.

(1) 证 $\varnothing \in S$. $\varnothing = 0 \in N$ 为真. $\forall c (c \subset \varnothing \to \exists m (m \in \varnothing \wedge c \approx m))$ 中，蕴涵式前件与后件均为假，故蕴涵式为真. 所以 $\varnothing = 0 \in S$.

(2) 设自然数 $n \in S$，要证 $n^+ = n \cup \{n\} \in S$. 由于 $n^+ \in N$，所以只需证明
$$\forall c (c \subset n^+ \to \exists m (m \in n^+ \wedge c \approx m)).$$

分情况讨论：

① $c \subset n^+ = n \cup \{n\}$ 且 $n \notin c$，则必有 $c = n \vee c \subset n$.

若 $c = n$，则取 $m = n \in n^+$，有 $c \approx m (m = n)$;

若 $c \subset n$，由于 $n \in S$，故 $\exists m (m \in n \wedge c \approx m) \Rightarrow \exists m (m \in n^+ \wedge c \approx m)$.

所以，当 $n \notin c$ 时，$n \in S$，必有 $n^+ \in S$.

② $c \subset n^+ = n \cup \{n\}$ 且 $n \in c$.

取 $c' = c - \{n\} \subset n$，由于 $n \in S$，因而 $\exists m \in n$，使 $c - \{n\} = c' \approx m$，则 $c = c' \cup \{n\} \approx m \cup \{m\} = m^+ \in n^+ (m \in n)$，所以，在 $n \in c$ 时，由 $n \in S$，也必有 $n^+ \in S$.

6. (1) 取 $f = I_A : A \to A$，因为 f 是单射的，所以 $A \preccurlyeq A$.

(2) 因为 $A \preccurlyeq B$，所以存在单射函数 $f : A \to B$. 又因为 $B \preccurlyeq C$，所以存在单射函数 $g : B \to C$. 由定理 3.3 可知，$h = g \circ f : A \to C$，又由定理 3.4(2) 可知，h 为单射的，所以 $A \preccurlyeq C$.

7. "$\Rightarrow$" 由于 A 为无穷集，所以 $A \approx N$. 因而存在双射函数 $f : N \to A$，$f(N) = \{f(0), f(1), \cdots\} = A$，令 $f(0) = a_1, f(1) = a_2, \cdots, f(n) = a_{n^+}$，则 A 表示为 $A = \{a_1, a_2, \cdots, a_n, \cdots\}$ 的形式.

"$\Rightarrow$" 只需证明 $A = \{a_1, a_2, \cdots\}$ 与 N 等势. 令 $g : A \to N$，且 $g(a_{n^+}) = n$，易知，g 为 A 到 N 的双射函数，所以 $A \approx N$，因而 A 为无穷可数集.

8. 首先易知下面 4 个命题为真：

命题 1 A 为有穷集合当且仅当 A 可表示为如下形式：
$$A = \{a_1, a_2, \cdots, a_r\}, a_i \neq a_j, i \neq j.$$

命题 1 的证明简单（略去）.

命题 2 $n(n \geqslant 2)$ 个有穷可数集之并仍为可数集.

证 设 $A_1, A_2, \cdots, A_n$ 为 n 个有穷可数集. 由命题 1 可知，它们可表示为如下形式：
$$A_1 = \{a_{11}, a_{12}, \cdots, a_{1r_1}\}, a_{1i} \neq a_{1j}, i \neq j,$$
$$A_2 = \{a_{21}, a_{22}, \cdots, a_{2r_2}\}, a_{2i} \neq a_{2j}, i \neq j,$$
$$\cdots\cdots$$
$$A_n = \{a_{n1}, a_{n2}, \cdots, a_{nr_n}\}, a_{ni} \neq a_{nj}, i \neq j,$$

则 $\bigcup_{i=1}^{n}A_i=\{a_{11},a_{12},\cdots,a_{1r_1},a_{21},a_{22},\cdots,a_{2r_2},\cdots,a_{n1},a_{n2},\cdots,a_{nr_n}\}$,依次将 $\bigcup_{i=1}^{n}A_i$ 中不同元素分别记为 $a_1,a_2,\cdots,a_s$,则 $\bigcup_{i=1}^{n}A_i=\{a_1,a_2,\cdots,a_s\}$,$s\leqslant\sum_{i=1}^{n}r_i$,由命题 1 可知,$\bigcup_{i=1}^{n}A_i$ 为有穷可数集.

命题 3 有穷可数集与无穷可数集之并为无穷可数集.

证 设 A_1 为有穷可数集,由命题 1 可知,A_1 可表示为
$$A_1=\{a_{11},a_{12},\cdots,a_{1r}\};$$
设 A_2 为无穷可数集,由定理 5.15 可知,A_2 可表示为
$$A_2=\{a_{21},a_{22},\cdots\};$$
于是,
$$A_1\bigcup A_2=\{a_{11},a_{12},\cdots,a_{1r},a_{21},a_{22},\cdots\}.$$
将其中不同元素依次记为 $a_1,a_2,\cdots$,则
$$A_1\bigcup A_2=\{a_1,a_2,\cdots\}.$$
由定理 5.15 可知,$A_1\bigcup A_2$ 为无穷可数集.

命题 4 两个无穷可数集之并为无穷可数集.

证 设 A_1,A_2 均为无穷可数集,由定理 5.15 可知,它们均可表示为如下形式:
$$A_1=\{a_{11},a_{12},\cdots\},\quad A_2=\{a_{21},a_{22},\cdots\},$$
用对角线法表示 $A_1\bigcup A_2$ 中的元素,得
$$A_1\bigcup A_2=\{a_{11},a_{12},a_{21},a_{13},a_{22},\cdots\}.$$
将其中不同元素按顺序记为 $a_1,a_2,\cdots$,则
$$A_1\bigcup A_2=\{a_1,a_2,\cdots\}.$$
由定理 5.15 可知,$A_1\bigcup A_2$ 为无穷可数集.

下面用归纳法证明 $n(n\geqslant 2)$ 个可数集之并为可数集.

(1) 归纳基础:$n=2$ 时,分三种情况讨论:

① A_1 与 A_2 均为有穷可数集,由命题 2 可知,$A_1\bigcup A_2$ 为有穷可数集;

② A_1 与 A_2 中有一个是有穷可数集,另一个为无穷可数集,由命题 3 可知,$A_1\bigcup A_2$ 为无穷可数集;

③ A_1 与 A_2 均为无穷可数集,由命题 4 可知,$A_1\bigcup A_2$ 为有穷可数集.

(2) 归纳步骤:设 $n=k$ 时,结论为真,证 $n=k+1$ 时结论为真.

由归纳假设 $n=k$ 时结论为真可知,$\bigcup_{i=1}^{n}A_i$ 为有穷可数集,或为无穷可数集,又 A_{k+1} 也可能为有穷可数集,也可能为无穷可数集. 类似于 $n=2$ 时的讨论可证 $\bigcup_{i=1}^{n}A_i(A_i)\bigcup A_{k+1}$ 为可数集.

讨论:可以用对角线法证明,可数个可数集之并还是可数集.

9. 用上题(第 8 题)中给出的 4 个命题及定理 5.15 证明本题. 下面就给出集合均为无穷可数集的情况加以证明.

用归纳法证明.

(1) $n=2$ 时,设给出的两个无穷集合分别为 A_1 和 A_2. 又由定理 5.15 可知,它们均可记为如下形式:
$$A_1=\{a_{11},a_{12},\cdots\},\ a_{1i}\neq a_{1j},\ i\neq j,\ A_2=\{a_{21},a_{22},\cdots\},\ a_{2i}\neq a_{2j},\ i\neq j,$$

$$A_1 \times A_2 = \{\langle a_{11}, a_{21}\rangle, \langle a_{11}, a_{22}\rangle, \langle a_{11}, a_{23}\rangle, \cdots$$
$$\langle a_{12}, a_{21}\rangle, \langle a_{12}, a_{22}\rangle, \langle a_{12}, a_{23}\rangle, \cdots$$
$$\langle a_{13}, a_{21}\rangle, \langle a_{13}, a_{22}\rangle, \langle a_{13}, a_{23}\rangle, \cdots$$
$$\cdots\}.$$

用对角线法写出 $A_1 \times A_2$ 中的元素,得
$$A_1 \times A_2 = \{\langle a_{11}, a_{21}\rangle, \langle a_{11}, a_{22}\rangle, \langle a_{12}, a_{21}\rangle, \langle a_{11}, a_{23}\rangle, \langle a_{12}, a_{22}\rangle, \langle a_{13}, a_{21}\rangle, \cdots\}$$
由定理 5.15 可知 $A_1 \times A_2$ 为无穷可数集.

(2) 设 $n=k$ 时结论为真,证 $n=k+1$ 时结论也为真. 设 $k+1$ 个无穷可数集分别为 A_1, $A_2, \cdots, A_k, A_{K+1}$,由归纳假设及定理 5.15 可知
$$A_1 \times A_2 \times \cdots \times A_k = \{a_1, a_2, \cdots\}, \quad A_{k+1} = \{b_1, b_2, \cdots\},$$
且 $a_i \neq a_j$, $i \neq j$, $b_i \neq b_j$, $i \neq j$. 于是
$$(A_1 \times A_2 \times \cdots \times A_k) \times A_{K+1}$$
$$= \{\langle a_1, b_1\rangle, \langle a_1, b_2\rangle, \langle a_1, b_3\rangle, \cdots$$
$$\langle a_2, b_1\rangle, \langle a_2, b_2\rangle, \langle a_2, b_3\rangle, \cdots$$
$$\langle a_3, b_1\rangle, \langle a_3, b_2\rangle, \langle a_3, b_3\rangle, \cdots$$
$$\cdots\}.$$
$$\stackrel{\text{对角线法}}{=} \{\langle a_1, b_1\rangle, \langle a_1, b_2\rangle, \langle a_2, b_1\rangle, \langle a_1, b_3\rangle, \langle a_2, b_2\rangle, \cdots\}$$
$$= \{c_1, c_2, \cdots\} \text{(用 } c_1, c_2, \cdots \text{ 依次表示各元素)}.$$
由定理 5.15 可知,$A_1 \times A_2 \times \cdots \times A_k \times A_{k+1}$ 为无穷可数集.

讨论:在上面(1)中还可如下证明 $A_1 \times A_2$ 是可数集. 设 $A_1 = \{a_{11}, a_{12}, \cdots\}$,$A_2 = \{a_{21}, a_{22}, \cdots\}$,把 A_1 分解为单元集之并,$A_1 = \bigcup_{i=1}^{\infty} A_{1i}$,其中 $A_{1i} = \{a_{1i}\}$,$i = 1, 2, \cdots$,由定理 5.15 可知,
$$A_{1i} \times A_2 = \{\langle a_{1i}, a_{21}\rangle, \langle a_{1i}, a_{22}\rangle, \langle a_{1i}, a_{23}\rangle, \cdots\}$$
是可数集. 再由第 8 题的结论可知,
$$A_1 \times A_2 = (\bigcup_{i=1}^{\infty} A_{1i}) \times A_2 = \bigcup_{i=1}^{\infty} (A_{1i} \times A_2)$$
是可数集.

10. card $A = \kappa$
$$\Rightarrow \aleph_0 \leqslant \kappa \qquad \text{(定理 5.14)}$$
$$\Rightarrow \aleph_0 \leqslant \kappa = \text{card } A < \text{card } P(A) \qquad \text{(定理 5.11)}$$
$$\Rightarrow \aleph_0 < \text{card } P(A)$$
由可数集的定义可知,$P(A)$ 不是可数集.

11. (1) **方法一** 用定义证.

令 $f: N \to A$, $\forall n \in N$, $f(n) = (n+1)^7$,易证 f 是 N 到 A 的双射函数,所以 $A \approx N$,故 card A = card $N = \aleph_0$.

方法二 用已知定理证.

$A = \{n^7 \mid n \in N \wedge n \neq 0\} = \{1^7, 2^7, 3^7, \cdots\}$,由定理 5.15 可知 A 为无穷可数集,因而 card $A = \aleph_0$.

方法三 易知 $A\subseteq N$，由定理 5.7 的推论可知，card $A\leqslant\aleph_0$，又因为 A 为无穷集合，由定理 5.14 可知，card $A\geqslant\aleph_0$，所以，card $A=\aleph_0$.

(2) 类似于(1)可证 card $B=\aleph_0$.

(3) 易知，$A\subseteq A\cup B\subseteq N$，所以，
$$\aleph_0=\text{card }A\leqslant\text{card }(A\cup B)\leqslant\text{card }N=\aleph_0,$$
故有 card $(A\cup B)=\aleph_0$.

(4) 设 $C=\{n^{7\times 109}\mid n\in N\wedge n\neq 0\}$，由于 $n^{7\times 109}=(n^7)^{109}=(n^{109})^7$，而 $n^7\in N$ 且 $n^{109}\in N$，所以 $n^{7\times 109}\in A\wedge n^{7\times 109}\in B$，于是 $C\subseteq A\cap B\subseteq A$，易知 $C\approx N$，再由(1)可知，
$$\aleph_0=\text{card }C\leqslant\text{card }(A\cap B)\leqslant\text{card }A=\aleph_0,$$
所以，card $(A\cap B)=\aleph_0$.

其实，由于 $\gcd(7,109)=1$，可以证明 $A\cap B=C$.

12. 因为 $A\approx B$，所以存在双射函数 $f: A\to B$. 令 $H: P(A)\to P(B)$，且 $\forall C\in P(A)$，$H(C)=\{f(x)\mid x\in C\}$，易知 $H(C)$ 等于 C 在 f 下的像 $f(C)$，即 $H(C)=f(C)\in P(B)$. 下面证明 H 是双射的.

(1) 证明 H 是单射的. $\forall C_1,C_2\in P(A)$，若 $C_1\neq C_2$，由于 f 是 A 到 B 的双射函数，因而 C_1 和 C_2 在 f 下的像不等，即 $f(C_1)\neq f(C_2)$，所以 H 是单射的.

(2) 证明 H 是满射的. 由于 $f: A\to B$ 且为双射的，所以 f 的逆 f^{-1} 为 B 到 A 的双射函数，即 $f^{-1}: B\to A$ 且为双射的. 因而，$\forall D\in P(B)$，D 在 f^{-1} 下的像 $f^{-1}(D)\in P(A)$，因而 H 在 $f^{-1}(D)$ 的函数值是 $H(f^{-1}(D))=f(f^{-1}(D))=D$，所以，$H$ 是满射的.

由(1),(2)可知，H 是 $P(A)$ 到 $P(B)$ 的双射函数，故 card $P(A)=$card $P(B)$.

13. (1) **方法一** 用基数加法的定义及基数相等的定义证.

取集合 $A=\{a_1,a_2,\cdots,a_n\}$，$a_i\neq a_j$，$i\neq j$，且 $a_i\notin N$（自然数集），$i=1,2,\cdots,n$. 于是 $A\cap N=\varnothing$，因而，
$$\text{card }(A\cup N)=n+\aleph_0.$$
设 $f: N\to(A\cup N)$，且 $\forall i\in N$，
$$f(i)=\begin{cases}a_{i+1}, & i=0,1,\cdots,n-1,\\ i=n+j, & j=0,1,2,\cdots.\end{cases}$$
易知，f 是双射的，所以 $A\cup N\approx N$. 于是，$n+\aleph_0=$card $(A\cup N)=$card $N=\aleph_0$.

方法二 用定理 5.15 证.

$A\cup N=\{a_1,a_2,\cdots,a_n,0,1,2,\cdots\}$，由定理 5.15 可知，$A\cup N$ 为无穷可数集，故 card $(A\cup N)=\aleph_0$. 又由于 $A\cap N=\varnothing$，可知 card $(A\cup N)=$ card $A+$card $N=n+\aleph_0$，于是 $\aleph_0=n+\aleph_0$.

还可以用定理 5.24 证明.

(2) **方法一** 用定理 5.15 证明.

取 $A=\{a_1,a_2,\cdots,a_n\}$，则 card $A=n$. 下面证明 $A\times N\approx N$.
$$A\times N=\{a_1,a_2,\cdots,a_n\}\times\{0,1,2,\cdots\}$$
$$=\{\langle a_1,0\rangle,\langle a_1,1\rangle,\langle a_1,2\rangle,\cdots$$
$$\langle a_2,0\rangle,\langle a_2,1\rangle,\langle a_2,2\rangle,\cdots$$
$$\langle a_3,0\rangle,\langle a_3,1\rangle,\langle a_3,2\rangle,\cdots$$

$$\cdots$$
$$\langle a_n,0\rangle, \langle a_n,1\rangle, \langle a_n,2\rangle, \cdots.$$

用对角线法排列各元素，得
$$A\times N = \{\langle a_1,0\rangle, \langle a_1,1\rangle, \langle a_2,0\rangle, \langle a_1,2\rangle, \langle a_2,1\rangle, \cdots\}.$$

由定理 5.15 可知，$A\times N$ 为无穷可数集，于是 $A\times N \approx N$，从而 card $(A\times N)=$ card $N=\aleph_0$.

方法二 用定理 5.24 证.

设 $A=\{a_1,a_2,\cdots,a_n\}$，则
$$\text{card }(A\times N) = n\cdot \aleph_0 = max\{n,\aleph_0\} = \aleph_0. \qquad (\text{定理 5.24})$$

方法三 用习题 8 的结论证.

设 $A=\{a_1,a_2,\cdots,a_n\}$，把 A 分解为单元集之并，$A=\bigcup_{i=1}^{n} A_i$，其中 $A_i=\{a_i\}$，$i=1,2,\cdots,n$，由定理 5.15 可知，
$$A_i\times N = \{\langle a_i,0\rangle, \langle a_i,1\rangle, \langle a_i,2\rangle, \cdots\}$$

是可数集. 再由习题 8 中的结论可知，
$$A\times N = (\bigcup_{i=1}^{n} A_i)\times N = \bigcup_{i=1}^{n} (A_i\times N)$$

是可数集.

(3) 用定义证. 取 $N_{偶}=\{n\mid n\in N \wedge n\text{ 为偶数}\}$，$N_{奇}=\{n\mid n\in N \wedge n\text{ 为奇数}\}$，易知，$N_{偶}\approx N_{奇}\approx N$，且 $N_{偶}\cap N_{奇}=\varnothing$，$N_{偶}\cup N_{奇}=N$，于是，
$$\aleph_0 + \aleph_0 = \text{card}(N_{偶}\cup N_{奇}) = \text{card } N = \aleph_0.$$

还可以用定理 5.15 或定理 5.24 证明.

(4) 因为 $N\times N\approx N$，所以，$\aleph_0 \cdot \aleph_0 = \text{card}(N\times N) = \text{card } N = \aleph_0$.

还可以用定理 5.23、定理 5.24 等方法证明.

证明 13 题方法很多，请给出各不同方法.

14. 证明本题的方法很多，这里多数用定义证明.

(1) 取 A，使 card $A=\kappa$，$B=\varnothing$，则 card $B=0$，且 $A\cap B=\varnothing$. 于是，
$$\kappa + 0 = \text{card } A + \text{card } B = \text{card}(A\cup B) = \text{card } A = \kappa,$$

所以，$\kappa+0=\kappa$.

(2) 取集合 A 和 B，使得 card $A=\kappa$，$B=\varnothing$，于是 card $B=0$，且 $A\times B=\varnothing$. 于是，
$$\text{card }(A\times B) = \text{card } A \cdot \text{card } B = \kappa \cdot 0,$$

又 card $(A\times B) =$ card $\varnothing = 0$，因而 $\kappa\cdot 0 = 0$.

(3) 取集合 A 和 B，且 $B=\{a\}$，使 card $A=\kappa$，又有 card $B=1$. $A\times B=\{\langle x,a\rangle\mid x\in A\}$，易知 $A\times B\approx A$.

由定义知道 card $(A\times B) =$ card $A \cdot$ card $B = \kappa\cdot 1$；另外，由于 $A\times B\approx A$，所以 card $(A\times B) =$ card $A=\kappa$，于是有 $\kappa\cdot 1=\kappa$.

(4) 取集合 A 和 B，使得 $A=\varnothing$，card $B=\kappa$，则 $\varnothing\to B=\{\varnothing\}$，所以，card$(\varnothing\to B)=$ card$\{\varnothing\}=1$；另外，由于 card$(\varnothing\to B)=$ card $B^{\text{card}\varnothing}=\kappa^0$，所以，$\kappa^0=1$.

(5) 取 A 和 B，使得 card $A=\kappa\neq 0$，$B=\varnothing$，则 card $B=0$. 此时，$A\to B= A\to\varnothing=\varnothing$，所以，$0^\kappa=$card$(A\to\varnothing)=$card $\varnothing=0$，即 $0^\kappa=0(\kappa\neq 0)$.

若 A 也为 $\varnothing$，即 card $A=\kappa=0$，则有 $0^0=1$(为什么?).

(6) 用定义证本题，因为 κ 为任意基数，所以选不交集合时要特别注意，使得选出的两个集合要无公共元素.

取集合 $C=\{a,b\}$，$a\neq b$，D 为一集合，card $D=\kappa$. $A=\{a\}\times D$，$B=\{b\}\times D$，易知 card A = card B = card $D=\kappa$，并且 $A\cap B=\varnothing$，card $C=2$.

由定义可知，$\kappa+\kappa=\mathrm{card}(A\cup B)$，$2\cdot\kappa=\mathrm{card}(C\times D)$. 下面只需证明 $(A\cup B)\approx(C\times D)$.

设 $f:(A\cup B)\to(C\times D)$，$\forall\langle x,y\rangle\in(A\cup B)$，

$$f(\langle x,y\rangle)=\begin{cases}\langle a,y\rangle, & \langle x,y\rangle\in A,\\ \langle b,y\rangle, & \langle x,y\rangle\in B,\end{cases}$$

则 f 是双射的，证明如下：

先证 f 是单射的. $\forall\langle x_1,y_1\rangle,\langle x_2,y_2\rangle\in A\cup B$，且 $\langle x_1,y_1\rangle\neq\langle x_2,y_2\rangle$，分如下情况讨论：

① $x_1=x_2=a$，则必有 $y_1\neq y_2$，于是 $f(\langle x_1,y_1\rangle)=\langle a,y_1\rangle\neq\langle a,y_2\rangle=f(\langle x_2,y_2\rangle)$；

② $x_1=x_2=b$，也必有 $y_1\neq y_2$，于是 $f(\langle x_1,y_1\rangle)=\langle b,y_1\rangle\neq\langle b,y_2\rangle=f(\langle x_2,y_2\rangle)$；

③ $x_1=a\wedge x_2=b$，由于 $x_1\neq x_2$，必有 $f(\langle x_1,y_1\rangle)=\langle a,y_1\rangle\neq\langle b,y_2\rangle=f(\langle x_2,y_2\rangle)$；

④ $x_1=b\wedge x_2=a$，也必有 $f(\langle x_1,y_1\rangle)=\langle b,y_1\rangle\neq\langle a,y_2\rangle=f(\langle x_2,y_2\rangle)$.

综上所述，可知 f 是单射的.

再证 f 是满射的. $\forall\langle x,y\rangle\in C\times D$，必有 $x=a$ 或 $x=b$.

若 $x=a$，则 $\exists\langle a,y\rangle\in(A\cup B)$，有 $f(\langle a,y\rangle)=\langle a,y\rangle$. 若 $x=b$，则 $\exists\langle b,y\rangle\in(A\cup B)$，有 $f(\langle b,y\rangle)=\langle b,y\rangle$. 从而得证，$f$ 是满射的.

至此，证明了 f 是双射的，从而，$(A\cup B)\approx(C\times D)$，由定义可知，$\kappa+\kappa=2\cdot\kappa$.

(7) ① $\kappa=0$ 时，取集合 $A=\{a\}$，则 card $A=1$，$B=\varnothing$，则 card $B=0$. 此时 $A\to B=\varnothing$. 于是，$0^1=\mathrm{card}(A\to B)=\mathrm{crad}\ \varnothing=0$.

② $\kappa\neq 0$ 时，取集合 $A=\{a\}$，则 card $A=1$，取集合 B，使得 card $B=\kappa$. 先证明 $B\approx A\to B$.

取 $H:B\to(A\to B)$，$\forall x\in B$，$H(x)=\{\langle a,x\rangle\}$，显然，$\forall x_1,x_2\in B$，当 $x_1\neq x_2$ 时，$H(x_1)=\{\langle a,x_1\rangle\}\neq\{\langle a,x_2\rangle\}=H(x_2)$，故 H 为单射的.

又 $\forall x\in B$，有函数 $\{\langle a,x\rangle\}=H(x)\in A\to B$，所以，$H$ 是满射的. 故 H 是双射的，所以 $B\approx A\to B$. 因而 $\kappa^1=\mathrm{card}(A\to B)=\mathrm{crad}\ B=\kappa$.

(8) 在本题中要注意的是，自然数既是有穷基数，又是集合.

由于 $n^+\in N$，故 n 与 n^+ 都是有穷基数. 作为自然数，n 与 n^+ 都是集合，$n=\{0,1,\cdots,n-1\}$，$n^+=\{0,1,\cdots,n\}$，又 $n^+=n\cup\{n\}$，且 $n\cap\{n\}=\varnothing$，由基数的加法定义有

$$n+1=\mathrm{card}(n\cup\{n\})=\mathrm{card}\ n^+=n^+.$$

Ⅲ. 补充习题

1. 设 $N_4=\{4k|k\in N\}$，$N_5=\{5k|k\in N\}$. 证明 $N_4\approx N_5$.

2. 设 $A=\{\{\{0\}\},\{1\},\{2\},\{3\}\}$，$B=\{a,b,c,d,e,f,g\}$. N_4 与 N_5 同 1 题中. 令 $\mathscr{A}=N_4\cup A$，$\mathscr{B}=N_5\cup B$. 求 card$\mathscr{A}$ 和 card$\mathscr{B}$.

3. 设 $A=\{\{a,b,c\},\{d,e,f\},\{g,h,i,j\}\}$，$B=\{\{a,b\},\{c,d\},\{e,f\},\{g,h\},\{i,j\}\}$. 证明：card$A$<card$B$，并求出 card$A$ 与 card$B$.

4. 设 $A=\{a,b,c\}$，$B=\{\{1\},\{2\},\{a,b\},\{b,c\},\{3\},\{a\},\{b\},\{c\}\}$，证明：

(1) card$P(A)$=card$B$； (2) card$A$<card$B$.

5. 设 card$A=n$(n 为不为零的自然数),card$B=0$,证明:card($A\to B$)$=0$,card($B\to A$)$=1$.

6. 设 $A=\{a,b,c\}$,$B=\{1,2\}$,令
$$\mathscr{A}=\{f|f:A\to B\wedge f\text{为满射函数}\},\quad \mathscr{B}=\{f|f:A\to B\wedge f\text{为非满射函数}\},$$
求 card$\mathscr{A}$ 和 card$\mathscr{B}$.

7. 设 $A=\{a,b,c,d,e\}$,$B=\{1,2,3\}$,令
$$\mathscr{A}=\{f|f:A\to B\wedge f\text{为满射函数}\},$$
求 card$\mathscr{A}$.

8. 设 card$A=5$,card$B=3$,求 card($A\to B$).

9. 设 card$A=5$,card$B=3$,求 card($A\twoheadrightarrow B$).

10. 设 A 为有穷集合,并且 $A\neq\varnothing$,在 $A\to A$ 中定义二元关系 R 如下:
$$R=\{\langle f,g\rangle|f,g\in A\to A\wedge \operatorname{ran}f=\operatorname{ran}g\},$$
已知 R 为 $A\to A$ 上的等价关系,试证明:
$$(A\to A)/R \prec \cdot P(A),$$
这里,$(A\to A)/R$ 为 $(A\to A)$ 关于 R 的商集.

11. 设 κ 为任意基数,用定义证明:$\kappa\cdot\kappa=\kappa^2$.

12. 用定义证明:$\aleph\cdot\aleph=\aleph$.

Ⅳ. 补充习题解答

1. 方法一 利用等势关系具有传递性(见定理 5.3)来证明.先证明 $N\approx N_4 \wedge N\approx N_5$.

令 $f:N\to N_4$,且 $f(n)=4n,n\in N$,容易看出 f 是双射的,所以 $N\approx N_4$.

令 $g:N\sim N_5$,且 $g(0)=0$,$n\neq0$ 时,$g(n)=4n+1$,则 g 为双射的,所以 $N\approx N_5$.由等势关系的传递性可知,$N_4\approx N_5$.

方法二 直接证明 $N_4\approx N_5$.

令 $h:N_4\to N_5$,且 $\forall n\in N_4$,当 $n=0$ 时,$h(0)=0$,当 $n\neq0$ 时,$h(n)=n+1$,则 h 为 N_4 到 N_5 的双射函数.所以 $N_4\approx N_5$.

2. 由 1 的证明可知,$N_4\approx N$,$N_5\approx N$,所以 card$N_4=\aleph_0$,card$N_5=\aleph_0$,$\aleph_0$ 为无穷基数.card$A=4$,card$B=5$.因为 $N_4\cap A=\varnothing$,$N_5\cap B=\varnothing$,由定义 5.6 可知,card$\mathscr{A}=\aleph_0+4$,card$\mathscr{B}=\aleph_0+5$,可是 $\aleph_0$ 为无穷基数,由例 5.9 可知,card$\mathscr{A}=\aleph_0$,card$\mathscr{B}=\aleph_0$,即 card$\mathscr{A}=$card$\mathscr{B}=\aleph_0$.

3. 设 $f:A\to B$,且 $f(\{a,b,c\})=\{a,b\}$,$f(\{d,e,f\})=\{c,d\}$,$f(\{g,h,i,j\})=\{e,f\}$,则 f 为 A 到 B 的单射函数,所以,$A\preccurlyeq B$,但因为 A 到 B 无双射函数,所以 $A\not\approx B$,$A\prec B$.由定义 5.4 可知,card$A<$card$B$.

又容易验证 $A\approx 3$,$B\approx 5$,所以,card$A=3$,card$B=5$.

4. (1) $P(A)=\{\varnothing,\{a\},\{b\},\{c\},\{a,b\},\{a,c\},\{b,c\},\{a,b,c\}\}$,设 $f:P(A)\to B$,且 $f(\varnothing)=\{1\}$,$f(\{a\})=\{2\}$,$f(\{b\})=\{a,b\}$,$f(\{c\})=\{b,c\}$,$f(\{a,b\})=\{3\}$,$f(\{a,c\})=\{a\}$,$f(\{b,c\})=\{b\}$,$f(\{a,b,c\})=\{c\}$,可知 f 是双射的,所以,$P(A)\approx B$,故有 card$P(A)=$card$B$.

(2) **方法一** 由定理 5.11 可知,card$A<$card$P(A)$,由(1)可知,card$A<$card$B$.

方法二 直接证明 $A\prec B$,所以 card$A<$card$B$.

5. 此时,$B=\varnothing$,$A\neq\varnothing$,所以,$A\to B=\varnothing$,故有 card($A\to B$)$=0$.而 $B\to A$ 中有一个空函数,即 $B\to A=\{\varnothing\}$.所以 card($B\to A$)$=1$.

6. 在 $A\to B$ 中共有 6 个满射函数(见例 3.2),所以 $\operatorname{card}\mathscr{A}=6$.
由于 $\operatorname{card}(A\to B)=2^3=8$,所以,$A\to B$ 中除 6 个满射函数,只有 2 个非满射的,故 $\operatorname{card}\mathscr{B}=2$.

7. $\operatorname{card}A=5$,$\operatorname{card}B=3$,A 到 B 共有 $3!\begin{Bmatrix}5\\3\end{Bmatrix}$ 个满射函数,其中 $\begin{Bmatrix}5\\3\end{Bmatrix}$ 为第二类 Stirling 数,经计算可得 $3!\begin{Bmatrix}5\\3\end{Bmatrix}=150$,因而 $\operatorname{card}\mathscr{A}=150$.

8. 在 $A\nrightarrow B$ 的函数中,定义域元素个数分别为 0 个(对应空函数),1 个、2 个、3 个、4 个和 5 个(对应全函数),于是 $A\nrightarrow B$ 中元素个数为
$$C_5^0+C_5^1\times 3+C_5^2\times 3^2+\cdots+C_5^5\times 3^5=(3+1)^5=2^{10}=1024,$$
所以
$$\operatorname{card}(A\nrightarrow B)=1024.$$

9. 由于 $A\nrightarrow B=A\nrightarrow\!\!\!/ A\cup A\to B$,且 $A\nrightarrow\!\!\!/ B\cap A\to B=\varnothing$,所以当 $\operatorname{card}A=5$,$\operatorname{card}B=3$ 时,由于 $\operatorname{card}(A\nrightarrow B)=1024$,$\operatorname{card}(A\to B)=3^5=243$,因而 $A\nrightarrow\!\!\!/ B$ 中含元素个数为 $1024-243=781$.

10. 设 $F:(A\to A)/R\to P(A)$,对于任意的等价类 $[f]\in(A\to A)/R$,令 $F([f])=\operatorname{ran}f$. 下面只需证明 F 是单射的,并且是非满射的.

(1) $\varnothing\in P(A)$,但对于任意的 $[f]$,$F([f])=\operatorname{ran}f\neq\varnothing$. 否则必有 $A=\varnothing$,这与 A 非空相矛盾,由于 A 为有穷集合,所以 F 是非满射的.

(2) 证 F 是单射的. $\forall[f_1],[f_2]\in(A\to A)/R$,$F([f_1])=F([f_2])\Rightarrow\operatorname{ran}f_1=\operatorname{ran}f_2\Rightarrow\langle f_1,f_2\rangle\in R\Rightarrow[f_1]=[f_2]$,故 F 是单射的,由(1)与(2)可知
$$(A\to A)/R\prec\cdot P(A).$$

11. 设 A 为集合,且 $\operatorname{card}A=\kappa$,$B=\{a,b\}$,则 $\operatorname{card}B=2$. 由定义 5.6 可知,
$$\kappa\cdot\kappa=\operatorname{card}(A\times A),\quad\operatorname{card}(B\to A)=\kappa^2,$$
下面只需证明 $A\times A\approx B\to A$.

设 $F:(A\times A)\to(B\to A)$,且 $\forall\langle x,y\rangle\in A\times A$,
$$F(\langle x,y\rangle)\in(B\to A)\text{ 并且 }F(\langle x,y\rangle)(a)=x,\ F(\langle x,y\rangle)(b)=y,$$
下面证明 F 为双射的.

(1) 证 F 单射. $\forall\langle x,y\rangle\in(A\times A)$,$\langle z,w\rangle\in(A\times A)$ 并设 $F(\langle x,y\rangle)=f$,$F\langle z,w\rangle=g$,若 $\langle x,y\rangle\neq\langle z,w\rangle$,则有 $x\neq z\vee y\neq w$. 若 $x\neq z$,则 $f(a)=x\neq z=g(a)$,若 $y\neq w$,则 $f(b)=y\neq w=g(b)$,因而 F 是单射的.

(2) 证 F 是满射的. $\forall f\in(B\to A)$,则 $f(a)\in A$,$f(b)\in A$,因而 $\langle f(a),f(b)\rangle\in A\times A$,且 $F(\langle f(a),f(b)\rangle)=f$,所以 F 是满射的. 由(1),(2)可知,F 是双射的,所以,$A\times A\approx B\to A$,因而有
$$\kappa\cdot\kappa=\operatorname{card}(A\times A)=\operatorname{card}(B\to A)=\kappa^2.$$

12. 这里所说的定义有两个:一个是 $\aleph$ 的定义,$\aleph=\operatorname{card}R$(或 $\aleph=\operatorname{card}[0,1]=\operatorname{card}(0,1)$ 等);另一个是基数乘法的定义,即要建立从 $R\times R$ 到 R(或从 $[0,1]\times[0,1]$ 到 $[0,1]$,从 $(0,1)\times(0,1)$ 到 $(0,1)$ 等)的双射. 可利用 S-B 定理,分别构造两个单射函数即可.

证明一 构造从 R 到 $R\times R$ 和从 $R\times R$ 到 R 的两个单射函数.

(1) 从 R 到 $R\times R$ 的单射函数.

令 $f: R \to R \times R$, $f(x) = \langle a, x \rangle$，其中 a 是任意固定实数．显然 f 是单射函数．

(2) 从 $R \times R$ 到 R 的单射函数．

任何实数 a 都表示成 $a_n a_{n-1} a_{n-2} \cdots a_1 . a_{-1} a_{-2} \cdots$，其中 $a_n a_{n-1} a_{n-2} \cdots a_1$ 是整数部分（允许开头是若干个 0），$a_{-1} a_{-2} \cdots$ 是小数部分（不允许结尾是无穷个 9，即如果结尾是无穷个 9，则给这无穷个 9 开始的前一位加 1，然后把这无穷个 9 变成无穷个 0，这样保证小数部分表示的唯一性）．令 $g: R \times R \to R$，

$$g(a_n a_{n-1} a_{n-2} \cdots a_1 . a_{-1} a_{-2} \cdots, b_n b_{n-1} b_{n-2} \cdots b_1 . b_{-1} b_{-2} \cdots)$$
$$= a_n b_n a_{n-1} b_{n-1} a_{n-2} b_{n-2} \cdots a_1 b_1 . a_{-1} b_{-1} a_{-2} b_{-2} \cdots.$$

由于整数部分（不计开头的若干个 0）和小数部分表示的唯一性，显然 g 是单射函数．

证明二 构造从 $[0,1]$ 到 $[0,1] \times [0,1]$ 和从 $[0,1] \times [0,1]$ 到 $[0,1]$ 的两个单射函数．

(1) 从 $[0,1]$ 到 $[0,1] \times [0,1]$ 的单射函数．

令 $f: [0,1] \to [0,1] \times [0,1]$，$f(x) = \langle a, x \rangle$，其中 a 是 $[0,1]$ 区间中任意固定实数．显然 f 是单射函数．

(2) 从 $[0,1] \times [0,1]$ 到 $[0,1]$ 的单射函数．

把正方形 $[0,1] \times [0,1]$ 分成 4 个小正方形：$[0,1/2] \times [0,1/2]$，$[0,1/2] \times [1/2,1]$，$[1/2,1] \times [0,1/2]$，$[1/2,1] \times [1/2,1]$（注意边界有重叠）．在线段 $[0,1]$ 中分出不相交的 4 个小闭区间（注意边界不重叠）．让这 4 个小正方形分别对应 4 个小闭区间．然后对每个小正方形和对应的小闭区间重复上述做法，直到无穷次（参看图 5.1）．

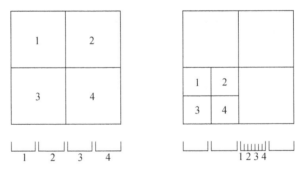

图 5.1

根据区间套定理（或两边夹法则），每个小正方形闭区间套收敛到正方形 $[0,1] \times [0,1]$ 上唯一的一个点，对应的线段闭区间套也收敛到线段 $[0,1]$ 上唯一的一个点．由于小正方形的边界有重叠，所以对于正方形里的有些点，有多个正方形闭区间套收敛到这些点上．例如，$(1/2, 1/2)$ 点总是位于 4 个小正方形的边界上，所以有 4 个正方形区间套收敛到 $(1/2, 1/2)$ 点上．对于这样的点，取其中任意一个正方形闭区间套，让对应的线段闭区间套的极限点与这个点对应．这样就让正方形里的每个点唯一对应于线段上的一个点．这样就定义了 $g: [0,1] \times [0,1] \to [0,1]$．

由于每次分出的 4 个线段闭区间是不相交的，所以不同的线段闭区间套的极限点都是不同的，所以 g 是单射函数．

第六章 序 数

I. 习题六

1. 设 $\langle A, <_A \rangle, \langle B, <_B \rangle$ 是两个拟序集，$f: A \to B$，且 $\forall x, y \in A$，满足：
$$x <_A y \Rightarrow f(x) <_B f(y).$$
(1) 是否可以断言 f 是单射的？
(2) 是否可以断言 $x <_A y \Leftrightarrow f(x) <_B f(y)$？
(3) 若 $<_A, <_B$ 分别是 A, B 上的拟线序关系，(1),(2) 中的结论如何？

2. 若 R 是集合 A 上的拟序关系，证明 R^{-1} 也是集合 A 上的拟序关系.

3. 设 $\langle A, R \rangle$ 为全序（拟序）集，A 是 n 元集.
(1) 证明：R 中含有 $\frac{1}{2}n(n+1)$ 个有序对；
(2) 当 R 是拟线序时，R 中共有多少个有序对？

4. 设 Z_+ 为正整数集，则 $\langle Z_+, < \rangle$ 是良序集，其中 $<$ 为小于关系. 设 $f: Z_+ \to N$，且 $\forall n \in Z_+$，$f(n)$ 等于 n 中不同的素数因子的个数. 在 Z_+ 上定义二元关系如下：
$$\forall m, n \in Z_+,$$
$$mRn \Leftrightarrow f(m) < f(n) \lor (f(m) = f(n) \land m < n).$$
证明 $\langle Z_+, R \rangle$ 是良序集.

5. 设 $\langle A, < \rangle$ 为良序集，$f: A \to A$，且满足如下条件：$\forall x, y \in A$，若 $x < y$，则 $f(x) < f(y)$. 证明：$\forall x \in A$，均有 $x \leqslant f(x)$.

6. 设 A 为一个给定的集合，对自然数 N 及 N 上的良序 $\in_N$ 使用超限递归定理，取 $\gamma(x, y)$ 为 $y = A \cup (\bigcup \operatorname{ran} x)$，设 F 是 N 上由 γ 构造的函数.
(1) 计算 $F(0), F(1), F(2)$，试寻找 $F(n)$ 应满足的递推公式；
(2) 证明：如果 $a \in F(n)$，则 $a \subseteq F(n^+)$；
(3) 设 $B = \bigcup \operatorname{ran} F$，证明 B 是传递集，且 $A \subseteq B$.

7. 整数集合 Z 在通常的顺序下（在实数轴上的顺序）不是良序，改变 Z 中元素的顺序为
$$0, 1, 2, \cdots, -1, -2, \cdots.$$
(1) 在新排序中，令 $<$ 为：$\forall x, y \in Z, x < y$ 当且仅当 y 排在 x 的后面，证明 $<$ 为 Z 上的良序；
(2) 在(1)中给出的良序集 $\langle Z, < \rangle$ 上定义函数 E 如下：
$$E(t) = \{E(x) \mid x < t\},$$
试求 $E(3), E(-1), E(-2), \cdots$.

8. 设 $\langle A, <_A \rangle$ 和 $\langle B, <_B \rangle$ 是两个良序集，已知 $\langle A, <_A \rangle \cong \langle B, <_B \rangle$，证明从 $\langle A, <_A \rangle$ 到 $\langle B, <_B \rangle$ 只能存在一个同构.

9. 设 $\langle A, < \rangle$ 是拟序集，在 A 上定义函数 F 如下，对于任意的 $a \in A$，$F(a) = \{x \mid x \in$

$A \wedge x \leqslant a\}$,设 $S = \operatorname{ran} F$,证明 F 是 $\langle A, < \rangle$ 与 $\langle B, \subset \rangle$ 之间的同构.

10. 设 $\langle A, < \rangle$ 是一个良序集,它的序数为 α,设 $B \subseteq A$,β 是良序集 $\langle B, <^0 \rangle$ 的序数. 证明:$\beta \in \alpha$,其中 $<^0$ 为 $<$ 在 B 上的限制.

Ⅱ. 习题解答

1. (1) f 不一定是单射的,举一反例如下:设
$$A = \{x_1, x_2, x_3\}, \quad <_A = \{\langle x_1, x_2 \rangle, \langle x_1, x_3 \rangle\},$$
$$B = \{y_1, y_2\}, \quad <_B = \{\langle y_1, y_2 \rangle\},$$

$f: A \to B$,且 $f = \{\langle x_1, y_1 \rangle, \langle x_2, y_2 \rangle, \langle x_3, y_2 \rangle\}$,易知,$\langle A, <_A \rangle, \langle B, <_B \rangle$ 均为拟序集. 且 f 满足:$\forall x, y \in A, x <_A y \Rightarrow f(x) <_B f(y)$,但 f 不是单射的. $\langle A, <_A \rangle, \langle B, <_B \rangle$ 的哈斯图如图 6.1 中实线边所示,f 如虚线边所示,这里,$x_2 \ne x_3$(x_2 与 x_3 不可比),但 $f(x_2) = f(x_3) = y_2$.

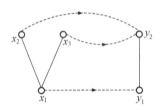

图 6.1

(2) 不一定有 $f(x) <_B f(y) \Rightarrow xAy$ 成立. 举反例如下,设
$$A = \{x_1, x_2, x_3\}, \quad <_A = \{\langle x_1, x_2 \rangle, \langle x_l, x_3 \rangle\},$$
$$B = \{y_1, y_2, y_3\}, \quad <_B = \{\langle y_1, y_2 \rangle, \langle y_2, y_3 \rangle, \langle y_1, y_3 \rangle\},$$

$f: A \to B$,且 $f = \{\langle x_1, y_1 \rangle, \langle x_2, y_3 \rangle, \langle x_3, y_2 \rangle\}$,易知,$\langle A, <_A \rangle, \langle B, <_B \rangle$ 均为拟序集,且 f 满足 $\forall x, y \in A, x <_A y \Rightarrow f(x) <_B f(y)$,$f(x_3) = y_2 <_B y_3 = f(x_2)$,但 x_3 与 x_2 不可比. $\langle A, <_A \rangle, \langle B, <_B \rangle$ 的哈斯图如图 6.2 中实线边所示,f 如虚线边所示.

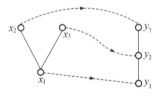

图 6.2

(3) 若 $<_A, <_B$ 全是拟线序,(1),(2) 的断言全为真.

① 若 $\langle A, <_A \rangle, \langle B, <_B \rangle$ 全是拟线序,必有 f 是单射的,否则 $\exists x_1, x_2 \in A$,且 $x_1 \ne x_2$,而 $f(x_1) = f(x_2) = y \in B$. 会推出矛盾.

因为 $x_1 \ne x_2$ 且 $<_A$ 为拟线序,因而必有 $x_1 <_A x_2$ 或 $x_2 <_A x_1$,由已知条件可知,$x_1 <_A x_2 \Rightarrow f(x_1) <_B f(x_2)$,$x_2 <_A x_1 \Rightarrow f(x_2) <_B f(x_1)$,这都与 $f(x_1) = f(x_2) = y$ 相矛盾.

② 若 $\langle A, <_A \rangle, \langle B, <_B \rangle$ 为拟线序,$\forall x_1, x_2 \in A$ 且 $x_1 \ne x_2$,当 $f(x_1) <_B f(x_2)$ 时,必有 $x_1 <_A x_2$,否则,若 $x_2 <_A x_1$,由已知条件必有 $f(x_2) <_B f(x_1)$,这是矛盾的.

2. 只需证明 R^{-1} 是反自反和传递的.

(1) $\forall \langle x,y \rangle$,

$\langle x,y \rangle \in R^{-1}$

$\Leftrightarrow \langle y,x \rangle \in R$

$\Rightarrow x \neq y$,   （因为 R 是反自反的）

所以,R^{-1} 是反自反的.

(2) $\forall \langle x,y \rangle, \langle y,z \rangle$,

$\langle x,y \rangle \in R^{-1} \wedge \langle y,z \rangle \in R^{-1}$

$\Leftrightarrow \langle y,x \rangle \in R \wedge \langle z,y \rangle \in R$

$\Rightarrow \langle z,x \rangle \in R$ （R 是传递的）

$\Leftrightarrow \langle x,z \rangle \in R^{-1}$,

所以,R^{-1} 是传递的.

3. (1) 因为 R 为全序关系,所以 A 中任何 2 个元素(含相同的 2 个元素)均可比,于是

$$|R| = C_n^2 + C_n^1 = \frac{n(n-1)}{2} + n = \frac{n^2-n+2n}{2} = \frac{n(n+1)}{2};$$

(2) R 为拟线序时,R 具反自反性,所以,

$$|R| = C_n^2 = \frac{n(n-1)}{2}.$$

4. (1) 证明 R 是拟序集.

① $\forall m \in Z_+$,由于 $f(m) = f(m)$(即 $f(m) \not< f(m)$),并且 $m \not< m$,所以 $\langle m,m \rangle \notin R$,这说明 R 是反自反的.

② $\forall m,n,l \in Z_+$,

$mRn \wedge nRl$

$\Rightarrow (f(m) < f(n) \vee (f(m) = f(n) \wedge m < n)) \wedge (f(n) < f(l) \vee (f(n) = f(l) \wedge n < l))$

$\Leftrightarrow ((f(m) < f(n)) \wedge (f(n) < f(l))) \vee ((f(m) < f(n)) \wedge (f(n) = f(l) \wedge n < l)) \vee ((f(m) = f(n) \wedge m < n)) \wedge (f(n) < f(l))) \vee ((f(m) = f(n) \wedge m < n) \wedge (f(n) = f(l) \wedge n < l)))$.

记上述 4 个析取项分别为 A,B,C,D,则

$$A \Rightarrow f(m) < f(l),$$
$$B \Rightarrow f(m) < f(l),$$
$$C \Rightarrow f(m) < f(l),$$
$$D \Rightarrow f(m) = f(l) \wedge m < l.$$

于是,

$$A \vee B \vee C \vee D \Rightarrow (f(m) < f(l)) \vee (f(m) = f(l) \wedge m < l),$$

所以,R 是传递的. 由 ① 与 ② 可知 R 是 Z_+ 上拟序关系.

(2) 证明 R 是拟全序关系.

由于 R 是反自反的,只需证明 Z_+ 中任何两个不同的元素都是可比的.

$\forall m,n \in Z_+$,并且 $m \neq n$,则必有 $m < n \vee n < m$.

① 当 $m < n$ 时,若 $f(m) < f(n)$,则 mRn,若 $f(m) = f(n)$ 时,也有 mRn;

② 当 $n < m$ 时,若 $f(n) < f(m)$,则 nRm,若 $f(n) = f(m)$ 时,也有 nRm.

由以上讨论可知,Z_+ 中任何两个不同元素都是可比的,所以 R 是拟全序.

(3) 证明 R 是 Z_+ 上的良序.

只需证明,$\forall A \subseteq Z_+$ 且 $A \neq \varnothing$, A 关于 R 有最小元.

设 A 在 f 下的像 $f(A) = B \subseteq N$, 设 B 中关于小于关系 $<$ 的最小元为 n_0, 并设 A 中元素 $m_{i_1}, m_{i_2}, \cdots$ 的函数值为 n_0, 即 $f(m_{i_1}) = f(m_{i_2}) = \cdots = n_0$, 则 $\min\{m_{i_1}, m_{i_2}, \cdots\} = m_0$ 为 A 中关于 R 的最小元.

例如,$A_1 = \{2,3,5,30,10,12,39\}$, 则 $B_1 = \{1,2,3\}$, A_1 关于 R 的最小元为 2.

又例如,$A_2 = \{210,20,30\}$, 则 $B_2 = \{2,3,4\}$, A_2 关于 R 的最小元为 20.

再如,$A_3 = \{10,12,39\}$, 则 $B_3 = \{1,2\}$, A_3 关于 R 的最小元为 39.

5. 证明中,记 $f: A \to A$ 满足的条件
$$\forall x, y \in A, \text{若 } x < y, \text{则 } f(x) < f(y), \tag{$*$}$$

记 $f(f(x)) = f^2(x), f(f(f(x))) = f^3(x), \cdots$

用反证法证明. 否则 $\exists x_0 \in A$, 使得 $f(x_0) < x_0$. 由 $f(x_0), x_0 \in A$ 及 ($*$) 可知
$$f^2(x_0) < f(x_0) < x_0,$$

再由 $f^2(x_0), f(x_0) \in A$ 及 ($*$) 可知
$$f^3(x_0) < f^2(x_0) < f(x_0) < x_0,$$

如此继续下去,可知 A 中没有关于 $<$ 的最小元,这与 $<$ 为 A 上的良序相矛盾.

6. (1) $F(0) = A \cup (\bigcup \bigcup \operatorname{ran}(F(\upharpoonright 0))) = A$;

$F(1) = A \cup (\bigcup \bigcup \operatorname{ran}(F\upharpoonright 1))$
$= A \cup (\bigcup \bigcup \operatorname{ran}\{\langle 0, F(0)\rangle\})$
$= A \cup (\bigcup \bigcup \{F(0)\})$
$= A \cup (\bigcup \bigcup \{A\})$
$= A \cup (\bigcup A) = A \cup (\bigcup F(0))$;

$F(2) = A \cup (\bigcup \bigcup \operatorname{ran}(F\upharpoonright 2))$
$= A \cup (\bigcup \bigcup \operatorname{ran}\{\langle 0, F(0)\rangle, \langle 1, F(1)\rangle\})$
$= A \cup (\bigcup \bigcup \{F(0), F(1)\})$
$= A \cup (\bigcup F(0) \cup F(1))$
$= A \cup (\bigcup (A \cup (A \cup (\bigcup A))))$
$= A \cup (\bigcup (A \cup (\bigcup A))) = A \cup (\bigcup F(1))$.

不难看出 $F(n^+) = A \cup (\bigcup F(n)), n = 0, 1, 2 \cdots$.

(2) 由(1)的计算可知:

$F(0) = A$;

$F(1) = A \cup (\bigcup A)$;

$F(2) = A \cup (\bigcup A) \cup (\bigcup \bigcup A)$;

$\cdots$

$F(n) = A \cup (\bigcup A) \cup (\bigcup \bigcup A) \cup \cdots \cup (\underbrace{\bigcup \bigcup \cdots \bigcup}_{n \text{次}} A)$;

$F(n^+) = A \cup (\bigcup A) \cup (\bigcup \bigcup A) \cup \cdots \cup (\underbrace{\bigcup \bigcup \cdots \bigcup}_{n+1 \text{次}} A)$.

由广义并的定义可知,$\forall a \in F(n) \Rightarrow a \subseteq F(n^+)$.

(3) 由(2)可知
$$B = \bigcup \operatorname{ran} F = F(0) \bigcup F(1) \bigcup \cdots = A \bigcup (\bigcup A) \bigcup (\bigcup \bigcup A) \bigcup \cdots.$$
易知,$\forall a \in B \Rightarrow a \subseteq B$,由定理 4.10 之(3)可知,$B$ 为传递集. $A \subseteq B$ 是显然的.

7. (1) 证 $\prec$ 为 Z 上的良序.

① 因为 $\forall x \in Z$, x 不在自己的前面或后面,所以新序 $\prec$ 是反自反的.

② $\forall x, y, z \in Z$, 若 $x \prec y \wedge y \prec z$, 说明 y 排在 x 后面,并且 z 排在 y 的后面,所以 z 排在 x 的后面, 即 $x \prec z$, 所以 $\prec$ 是传递的.

由 ① 与 ② 可知,$\prec$ 为 Z 上的拟序关系.

③ $\forall x, y \in Z$ 并且 $x \neq y$, 在新序 $\prec$ 中, 不是 y 排在 x 的后面, 就是 x 排在 y 的后面, 所以 Z 中任何两个不同元素都是可比的, 所以 $\prec$ 为 Z 上的拟全序.

④ 在 $\prec$ 下, 由于 0 排在首位, 所以, 0 为 Z 的最小元. $\forall A \subset Z$, 若 $0 \in A$, 则 0 为 A 的最小元. 若 $0 \notin A$, 在新序下, 必 $\exists x_A \in A$, x_A 排在 A 中所有元素的首位, 即 x_A 为 A 的最小元. 所以, $\prec$ 为 Z 上的良序.

(2) ① 为求 $E(3)$, 先求 $E(0), E(1)$ 和 $E(2)$:
$$E(0) = \{E(x) \mid x \prec 0\} = \varnothing = 0,$$
$$E(1) = \{E(x) \mid x \prec 1\} = \{E(0)\} = \{0\} = 1,$$
$$E(2) = \{E(x) \mid x \prec 2\} = \{E(0), E(1)\} = \{0, 1\} = 2,$$
$$E(3) = \{E(x) \mid x \prec 3\} = \{E(0), E(1), E(2)\} = \{0, 1, 2\} = 3;$$

② $E(-1) = \{E(x) \mid x \prec -1\} = \{E(0), E(1), E(2), \cdots\} = \{0, 1, 2, \cdots\} = N$;

③ $E(-2) = \{E(x) \mid x \prec -2\} = \{E(0), E(1), \cdots, E(-1)\} = N \bigcup \{E(-1)\} = N \bigcup \{N\} = N^+$.

类似可得
$$E(-3) = N^+ \bigcup \{N^+\} = N^{++}.$$

8. 设 f 为 $\langle A, \prec_A \rangle$ 与 $\langle B, \prec_B \rangle$ 之间的同构, f 应有下列性质:

(1) 由同构的保序性可知: $\forall a_x, a_y \in A$, 则 $a_x \prec_A a_y \Leftrightarrow f(a_x) \prec_B f(a_y)$.

(2) 设 a_0, b_0 分别为 A 关于 $\prec_A$, B 关于 $\prec_B$ 的最小元, 则 $f(a_0) = b_0$. 证明如下.

否则, $f(a_0) \neq b_0$, 则 $\exists b \in B \wedge b_0 \prec_B b$, 使得 $f(a_0) = b$. $\exists a \in A \wedge a_0 \prec_A a$, 使得 $f(a) = b_0$, 于是得出
$$a_0 \prec_A a \quad \text{且} \quad f(a) = b_0 \prec_B b = f(a_0),$$
这与(1)相矛盾, 于是必有 $f(a_0) = b_0$.

(3) 设 $a_x, a_y \in A \wedge a_x \prec_A a_y \wedge a_y$ 覆盖 $a_x \Leftrightarrow f(a_x) \prec_B f(a_y) \wedge f(a_y)$ 覆盖 $f(a_x)$.

证必要性. 由 f 的保序性, 可知 $f(a_x) \prec_B f(a_y)$ 为真. 下面证明 $f(a_y)$ 覆盖 $f(a_x)$.

否则, $\exists b \in B$, 使得 $f(a_x) \prec_B b \prec_B f(a_y)$, 并且 $\exists a \in A$, 使得 $f(a) = b$. 但因 a_y 覆盖 a_x, 所以必有
$$a \prec_A a_x \vee a_y \prec_A a.$$
若 $a \prec_A a_x$, 由(1)可知, 必有 $f(a) = b \prec_B f(a_x)$, 这与 $f(a_x) \prec_B b$ 相矛盾. 若 $a_y \prec_A a$, 由(1)必有 $f(a_y) \prec_B f(a) = b$, 这又与 $b \prec_B f(a_y)$ 相矛盾. 所以, 必有 $f(a_y)$ 覆盖 $f(a_x)$.

类似可证充分性.

设 A 中元素按 $\prec_A$ 排列为

$$a_0 <_A a_1 <_A a_2 <_A \cdots, a_{i+1} \text{ 为 } a_i \text{ 的覆盖}, \quad i = 0,1,2,\cdots.$$

B 中元素按 $<_B$ 排列为

$$b_0 <_B b_1 <_B b_2 <_B \cdots, b_{i+1} \text{ 为 } b_i \text{ 的覆盖}, \quad i = 0,1,2,\cdots.$$

由(2)与(3)可知 $f(a_i) = b_i, i = 0,1,2,\cdots.$

由以上证明可知,若 g 也是 $\langle A, <_A \rangle$ 与 $\langle B, <_B \rangle$ 之间的同构,也必有 $g(a_i) = b_i, i = 0,1,2,\cdots$,所以 $g = f$,即 $\langle A, <_A \rangle$ 到 $\langle B, <_B \rangle$ 只能存在一个同构.

9. 为直观理解本题,先举一实例观察一下,设 $\langle A, | \rangle, A = \{1,2,\cdots,9,10\}$,$|$ 为整除关系,则 $\langle A, | \rangle$ 为偏序集,令 $< = | - I_A$,则 $\langle A, < \rangle$ 为拟序集. $\forall a \in A, F(a) = \{x \mid x \in A \land (x < a \lor x = a)\}$,容易算出:

$$F(1) = \{1\}, \qquad F(2) = \{1,2\},$$
$$F(3) = \{1,3\}, \qquad F(4) = \{1,2,4\},$$
$$F(5) = \{1,5\}, \qquad F(6) = \{1,2,3,6\},$$
$$F(7) = \{1,7\}, \qquad F(8) = \{1,2,4,8\},$$
$$F(9) = \{1,3,9\}, \quad F(10) = \{1,2,5,10\},$$
$$\text{ran } F = S = \{F(1), F(2), \cdots, F(10)\}.$$

容易看出 $F: A \to S$ 是双射的并且是保序的,所以 F 是 $\langle A, < \rangle$ 与 $\langle S, \subseteq \rangle$ 之间的同构.

现在证明本题:

(1) ① $\forall a_1, a_2 \in A$ 且 $a_1 \neq a_2$,则 $a_1 \in F(a_1), a_2 \in F(a_2)$,并且 a_1, a_2 分别为 $F(a_1)$ 与 $F(a_2)$ 的最大元. 若 a_1 与 a_2 不可比,显然 $F(a_1) \neq F(a_2)$. 若 a_1 与 a_2 可比,不妨设 $a_1 < a_2$,这时一定有 $a_2 \notin F(a_1)$,因而也有 $F(a_1) \neq F(a_2)$,这就证明了 F 的单射性.

② 由于 $S = \text{ran } F$,所以 F 是满射的.

由 ① 与 ② 可知,F 是双射的.

(2) $\forall a_1, a_2 \in A$,且 $a_1 < a_2, \forall y,$

$$y \in F(a_1) \Rightarrow y < a_1 \lor y = a_1 \Rightarrow y < a_2,$$

所以 $F(a_1) \subseteq F(a_2)$,故 F 具有保序性,所以,F 是 $\langle A, < \rangle$ 与 $\langle S, \subseteq \rangle$ 之间的同构.

10. 设 E 为 $\langle A, < \rangle$ 上的前段值域函数,则 $\langle A, < \rangle$ 的序数 $\alpha = \text{ran } E$.

(1) 若 $B = A$,则 $<^0 = <$,所以 $\beta = \alpha = \text{ran } E$;

(2) 若 $B \subset A$,则 $\beta = \text{ran}(E \mid B)$,此时 $\alpha \notin \beta$. 由序数的三歧性,必有 $\beta \in \alpha$.

Ⅲ. 补充习题

1. 求拟序关系中某些元素的前节.

(1) 设拟序集 $\langle A, < \rangle$ 中,$A = \{a,b,c,d\}, < = \{\langle a,b \rangle, \langle a,c \rangle, \langle a,d \rangle, \langle b,c \rangle, \langle b,d \rangle\}$,求 $\text{seg} a, \text{seg} b, \text{seg} c, \text{seg} d$;

(2) 在拟线序集 $\langle A, \in \rangle$ 中,$A = \{1,3,5,8\}$,$\in$ 为属于关系,求 $\text{seg} 1, \text{seg} 3, \text{seg} 5, \text{seg} 8$;

(3) 在拟线序集 $\langle Z, < \rangle$ 中,Z 为整数集,$<$ 为小于关系,求 $\text{seg} 5, \text{seg} 0, \text{seg}(-2)$;

(4) 在良序集 $\langle N_{\text{偶}}, < \rangle$ 中,$N_{\text{偶}}$ 为偶自然数集合,$<$ 为小于关系,求 $\text{seg} 4, \text{seg} 8$.

2. 设 $\langle A, <_1 \rangle$ 中,$A = \{1,2,4,6,12\}, <_1 = \{\langle m,n \rangle \mid m,n \in A \land m \mid n \land m \neq n\}$;$\langle B, <_2 \rangle$ 中,$B = \{a,b,c,d,e\}, < = \{\langle a,b \rangle, \langle a,c \rangle, \langle a,d \rangle, \langle a,e \rangle, \langle b,c \rangle, \langle b,d \rangle, \langle b,e \rangle, \langle c,e \rangle, \langle d,e \rangle\}$,易知 $\langle A, <_1 \rangle$ 与 $\langle B, <_2 \rangle$ 都是拟序集,证明:$\langle A, <_1 \rangle \cong \langle B, <_2 \rangle$.

3. 设 N 与 $N_{奇}$ 分别为自然数集和正奇数集,证明良序集 $\langle N, < \rangle$ 与 $\langle N_{奇}, < \rangle$ 同构.

4. 设 $\langle A, \subset \rangle$ 为良序集,其中,$A = \{\{a\}, \{a,b\}, \{a,b,c\}, \{a,b,c,d\}, \{a,b,d,c,d,e\}\}$,$\subset$ 为真包含关系. 求 $\langle A, \subset \rangle$ 的前段值域函数 E 和 $\in$-像 $\mathrm{ran}E$.

5. 设 $N_{偶}$ 与 $N_{奇}$ 分别为偶自然数集和奇自然数,$<$ 为小于关系,则 $\langle N_{偶}, < \rangle$ 与 $\langle N_{奇}, < \rangle$ 均为良序集. 证明 $\langle N_{偶}, < \rangle \cong \langle N_{奇}, < \rangle$.

6. 求良序集的序数:

(1) $\langle A, < \rangle, A = \{a, b, c\}$,且 $a < b < c$;

(2) $\langle B, \subset \rangle, B = \{\varnothing, \{a\}, \{a,b\}, \{a,b,c\}\}$,$\subset$ 为真包含关系.

7. 设 $\langle A, < \rangle$ 中,$A = \{-3, -2, -1, 0, 1, 2, \cdots\}$,$<$ 为小于关系.

(1) 证明 $\langle A, < \rangle$ 是良序集;

(2) 求 $\langle A, < \rangle$ 的序数.

8. 根据定义 6.5,证明 5 是序数.

9. 5 与 7 作为序数,证明 $5 < 7$.

10. 判断下列集合中,哪些按属于关系是可以良序化的,对是可以良序化的再求出相应良序集的序数.

(1) $A = \{1, \{1\}, \{1, \{1\}\}, \{1, \{1\}, \{2\}, \{1, \{1\}\}\}\}$;

(2) $B = \{0, \{0\}, \{0, 1, 2\}, \{0, 1, 3, 4\}\}$;

(3) $C = \{a, \{a\}, \{a, \{a, b\}\}\}$.

Ⅳ. 补充习题解答

1. (1) $\mathrm{seg}a = \varnothing, \mathrm{seg}b = \{a\}, \mathrm{seg}c = \{a, b\}, \mathrm{seg}d = \{a, b\}$.

(2) 注意: $3 = \{0, 1, 2\}, 5 = \{0, 1, 2, 3, 4\}, 8 = \{0, 1, 2, \cdots, 7\}$. 所以,$\mathrm{seg}1 = \varnothing, \mathrm{seg}3 = \{1\}, \mathrm{seg}5 = \{1, 3\}, \mathrm{seg}8 = \{1, 3, 5\}$.

(3) $\mathrm{seg}5 = \{n \mid n \in Z \wedge n \leqslant 4\}$;

$\mathrm{seg}0 = \{n \mid n \in Z \wedge n \leqslant -1\}$;

$\mathrm{seg}(-2) = \{n \mid n \in Z \wedge n \leqslant -3\}$.

(4) $\mathrm{seg}4 = \{0, 2\}$; $\mathrm{seg}8 = \{0, 2, 4, 6\}$.

2. 解本题,最好先画出两个拟序集的哈斯图,然后寻找 $\langle A, <_1 \rangle$ 到 $\langle B, <_2 \rangle$ 上的同构.

令 $f: A \to B$,且

$$f(x) = \begin{cases} a, & x = 1, \\ b, & x = 2, \\ c, & x = 4, \\ d, & x = 6, \\ e, & x = 12. \end{cases}$$

易知 f 是双射的,并且具有保序性,所以 $\langle A, <_1 \rangle \cong \langle B, <_2 \rangle$.

3. 设 $f: N \to N_{奇}$,且 $f(n) = 2n + 1 (n \in N)$,易知,f 是双射并且是保序的,所以 $\langle N, < \rangle \cong \langle N_{奇}, < \rangle$.

4. 前段值域函数值为：
$$E(\{a\}) = \varnothing = 0;$$
$$E(\{a,b\}) = \{0\} = 1;$$
$$E(\{a,b,c\}) = \{0,1\} = 2;$$
$$E(\{a,b,c,d\}) = \{0,1,2\} = 3;$$
$$E(\{a,b,c,d,e\}) = \{0,1,2,3\} = 4.$$
∈- 像 $\mathrm{ran}E = \{0,1,2,3,4\} = 5$.

5. 方法一 用定义证. 令 $f: N_{偶} \to N_{奇}$,且 $\forall x \in N_{偶}, f(x) = x+1$,容易证明 f 是双射函数,并且是保序的,所以,
$$\langle N_{偶}, < \rangle \cong \langle N_{奇}, < \rangle.$$

方法二 用定理 6.10(两个良序集是同构的当且仅当它们具有相同的 ∈- 像) 证明.

对 $\langle N_{偶}, < \rangle$ 来说,前段值域函数值为：
$$E(0) = \{E(x) \mid x < 0\} = \varnothing = 0;$$
$$E(2) = \{E(x) \mid x < 2\} = \{0\} = 1;$$
$$E(4) = \{E(x) \mid x < 4\} = \{0,1\} = 2;$$
$$\cdots$$
$$E(2n) = \{E(x) \mid x < 2n\} = \{0,1,\cdots,n-1\} = n;$$
$$\cdots$$

因而, ∈- 像 $= \{0,1,2,\cdots\} = N$.

对 $\langle N_{奇}, < \rangle$ 来说,前段值域函数值为：
$$E(1) = \{E(x) \mid x < 1\} = \varnothing = 0;$$
$$E(3) = \{E(x) \mid x < 3\} = \{0\} = 1;$$
$$E(5) = \{E(x) \mid x < 5\} = \{0,1\} = 2;$$
$$\cdots$$
$$E(2n+1) = \{E(x) \mid x < 2n+1\} = \{0,1,\cdots,n-1\} = n;$$
$$\cdots$$

所以, ∈- 像 $= \{0,1,2,\cdots\} = N$.

由以上讨论可知, $\langle N_{偶}, < \rangle$ 与 $\langle N_{奇}, < \rangle$ 有相同的 ∈- 像,因而 $\langle N_{偶}, < \rangle \cong \langle N_{奇}, < \rangle$.

6. (1) 前段值域函数值为：
$$E(a) = \{E(x) \mid x < a\} = \varnothing = 0;$$
$$E(b) = \{E(x) \mid x < b\} = \{0\} = 1;$$
$$E(c) = \{E(x) \mid x < c\} = \{0,1\} = 2.$$

所以, ∈- 像 $= \{0,1,2\} = 3$,故 $\langle A, < \rangle$ 的序数是 3.

(2) 前段值域函数值为：
$$E(\varnothing) = \{E(x) \mid x \subset \varnothing\} = \varnothing = 0;$$
$$E(\{a,b\}) = \{E(x) \mid x \subset \{a,b\}\} = \{0\} = 1;$$
$$E(\{a,b,c\}) = \{E(x) \mid x \subset \{a,b,c\}\} = \{0,1\} = 2;$$
$$E(\{a,b,c,d\}) = \{E(x) \mid x \subset \{a,b,c,d\}\} = \{0,1,2\} = 3,$$

所以, ∈- 像 $= \{0,1,2,3\} = 4$,即 $\langle B, \subset \rangle$ 的序数为 4.

7. (1) A 中元素按小于关系 $<$ 是反自反和传递的,所以 $\langle A, <\rangle$ 是拟序关系,又按小于关系 $<$, A 中任何两个元素都是可比的,所以 $\langle A, <\rangle$ 为拟线序. 又 $\forall B \subseteq A$ 并且 $B \neq \varnothing$, B 中必有关于 $<$ 的最小元,所以 $\langle A, <\rangle$ 为良序集.

(2) **方法一** 按定义求序数,前段值域函数值为:
$$E(-3) = \{E(x) \mid x < -3\} = \varnothing = 0;$$
$$E(-2) = \{E(x) \mid x < -2\} = \{0\} = 1;$$
$$E(-1) = \{E(x) \mid x < -1\} = \{0,1\} = 2;$$
$$E(0) = \{E(x) \mid x < 0\} = \{0,1,2\} = 3;$$
$$E(1) = \{E(x \mid x < 1)\} = \{0,1,2,3\} = 4;$$
$$\cdots$$
$$\forall n \geqslant 0, E(n) = n+3; \cdots$$

所以, $\in$-像 $= \{0,1,2,\cdots\} = N$, 即 $\langle A, <\rangle$ 的序数为 N.

方法二 容易证明 $\langle A, <\rangle \cong \langle N, <\rangle$, 而 $\langle N, <\rangle$ 的序数为 N, 根据定理 6.11(同构的良序集具有相同的序数),所以 $\langle A, <\rangle$ 的序数为 N.

8. 根据定义 6.5,只需找一个良序集,使这个良序集的序数为 5,设 $\langle A, <\rangle$, 其中 $A = \{2,4,8,16,64\}$, 且 $\forall x, y \in A, x < y \Leftrightarrow x$ 整除 $y \wedge x \neq y$. 容易证明 $\langle A, <\rangle$ 为良序集. 前段值域函数值分别为:
$$E(2) = \{E(x) \mid x < 2\} = \varnothing = 0;$$
$$E(4) = \{E(x) \mid x < 4\} = \{0\} = 1;$$
$$E(8) = \{E(x) \mid x < 8\} = \{0,1\} = 2;$$
$$E(16) = \{E(x) \mid x < 16\} = \{0,1,2\} = 3;$$
$$E(64) = \{E(x) \mid x < 64\} = \{0,1,2,3\} = 4.$$

$\in$-像 $= \{0,1,2,3,4\} = 5$, 故 5 是 $\langle A, <\rangle$ 的序数,所以 5 是序数.

9. 序数 $5 = \{0,1,2,3,4\}$, $7 = \{0,1,2,3,4,5,6\}$, 由于 $5 \in 7$, 根据定义 6.7 可知 $5 < 7$.

10. (1) A 按属于关系是可以良序化的. 良序集 $\langle A, \in\rangle$ 的前段值域函数值分别为:
$$E(1) = \{E(x) \mid x \in 1\} = \varnothing = 0;$$
$$E(\{1\}) = \{E(x) \mid x \in \{1\}\} = \{0\} = 1;$$
$$E(\{1,\{1\}\}) = \{E(x) \mid x \in \{1,\{1\}\}\} = \{0,1\} = 2;$$
$$E(\{1,\{1\},\{2\},\{1,\{1\}\}\}) = \{0,1,2\} = 3.$$

$\in$-像 $= \{0,1,2,3\} = 4$, 所以 $\langle A, \in\rangle$ 的序数为 4.

(2) B 对于属于关系也是可以良序化的. 注意, $\{0\} = 1, \{0,1,2\} = 3$. 良序集 $\langle B, \in\rangle$ 的前段值域函数分别为:
$$E(0) = \{E(x) \mid x \in 0\} = \varnothing = 0;$$
$$E(\{0\}) = \{E(x) \mid x \in \{0\}\} = \{0\} = 1;$$
$$E(\{0,1,2\}) = \{E(x) \mid x \in \{0,1,2\}\} = \{0,1\} = 2;$$
$$E(\{0,1,3,4\}) = \{E(x) \mid x \in \{0,1,3,4\}\} = \{0,1,2\} = 3.$$

$\in$-像 $= \{0,1,2,3\} = 4$, 所以 $\langle B, \in\rangle$ 的序数为 4.

(3) C 中, $\{a\} \notin \{a,\{a,b\}\}$, 所以 C 按属于关系不可良序化.

第七章 图

I. 习题七

1. 设无向图 G 有 16 条边,有 3 个 4 度顶点、4 个 3 度顶点,其余顶点的度数均小于 3,问 G 中至少有几个顶点?

2. 设 9 阶无向图 G 中,每个顶点的度数不是 5 就是 6,证明 G 中至少有 5 个 6 度顶点或至少有 6 个 5 度顶点.

3. 证明空间中不可能存在有奇数个面且每个面均有奇数条棱的多面体.

4. 在一次象棋比赛中,任意两个选手之间至多只下一盘,又每个人至少下一盘,证明总能找到两名选手,他们下过的盘数是相同的.

5. 设 n 阶无向简单图 G 为 3 次图(3-正则图),边数 m 与 n 满足如下关系:
$$2n - 3 = m.$$
试问 G 有几种非同构的情况?并证明你的结论.

6. 下面给出的两个整数列,哪个是可图化的?对于可图化的请至少给出三个非同构的图.

(1) $d = (1, 2, 2, 4, 4, 5)$; (2) $d = (1, 1, 2, 2, 3, 3, 5)$.

7. 判断下列三个整数列中哪些是可以简单图化的?对于是简单图化的试给出两个非同构的图.

(1) $(6, 6, 5, 5, 3, 3, 2)$; (2) $(5, 3, 3, 2, 2, 1)$; (3) $(3, 3, 2, 2, 2, 2)$.

8. 画出无向完全图 K_4 的所有非同构的子图,其中哪些是 K_4 的生成子图,哪些是自补图?

9. 画出 3 阶有向完全图的所有非同构的子图,指出哪些是生成子图,哪些是自补图.

10. 现有 5 个 4 阶无向简单图,它们均有 3 条边,证明这 5 个图中至少有两个是同构的.

11. 设无向图 G 是 n 阶自补图,证明 $n = 4k$ 或 $n = 4k+1$,其中 k 为正整数.

12. 设 G 是 6 阶简单无向图,证明 G 或 $\overline{G}$ 中存在 3 个顶点彼此相邻.

13. 若无向图 G 中恰有两个奇度顶点,证明这两个奇度顶点必然连通.

14. 设 $n(n \geq 3)$ 阶无向简单图 G 是连通的,但不是完全图,证明存在 $u, v, w \in V(G)$,使得 $(u, v), (v, w) \in E(G)$,而 $(u, w) \notin E(G)$.

15. 设 G 是无向简单图,$\delta(G) \geq 2$,证明 G 中存在长度大于等于 $\delta(G) + 1$ 的圈.

16. 设 G 是无向简单图,$\delta(G) \geq 3$,证明 G 中各圈长度的最大公约数为 1 或 2.

17. 设 G 为 n 阶无向简单图,$\delta(G) \geq n-2$,证明 $\kappa(G) = \delta(G)$.

18. 设 G 是 n 阶无向简单图,证明:

(1) 当 $\delta(G) \geq \dfrac{n}{2}$ 时,G 为连通图; (2) 当 $\delta(G) \geq \dfrac{1}{2}(n+k-1)$ 时,G 为 k-连通图.

19. 设 G 是围长为 4 的 k-正则图.

(1) 证明 G 中至少有 $2k$ 个顶点；

(2) 当 G 中正好有 $2k$ 个顶点时，证明在同构的意义下 G 是唯一的．

20. 设 G 是 n 阶无向简单图，其直径 $d(G)=2$，$\Delta(G)=n-2$，证明 G 的边数 $m\geqslant 2n-4$．

21. 设 n 阶无向图 G 中有 m 条边，已知 $m\geqslant n$，证明 G 中必含圈．

22. 设 $n(n\geqslant 2)$ 阶无向简单连通图 G 中不含偶圈，证明 G 的块或为 K_2 或为奇圈．

23. 设 r,s 为两个正整数，满足 $1\leqslant r\leqslant s$ 且 $2r>s$，证明存在无向简单图 G，满足 $\kappa(G)=1$，$\lambda(G)=r,\delta(G)=s$．

24. 将无向完全图 K_n 的边涂上红色或蓝色．

(1) 证明对于 $n\geqslant 6$，任何一种随意的涂法，总存在红色的 K_3 或蓝色的 K_3；

(2) 用(1)中结论证明任何 6 个人中，或者有 3 个人彼此认识，或有 3 个人彼此不认识；

(3) 证明对于 $n\geqslant 7$，如果有 6 条或更多条红色的边关联于 1 个顶点，则在 K_n 中存在红色的 K_4 或存在蓝色的 K_3．

25. 设 D 为竞赛图，$\forall u,v,w\in V(D)$，若 $\langle u,v\rangle,\langle v,w\rangle\in E(D)$，就有 $\langle u,w\rangle\in E(D)$，则称 D 为传递的竞赛图．证明 $n(n\geqslant 2)$ 阶传递的竞赛图不可能是强连通的．

Ⅱ．习题解答

1. 用握手定理解本题，设 G 至少有 n 个顶点，则 G 有 $n-7$ 个顶点的度数至多为 2，由握手定理可得

$$2m=32\leqslant 3\times 4+4\times 3+2(n-7).$$

从此式解出 $n\geqslant 11$，即 G 中至少有 11 个顶点，当度数小于 3 的顶点都是 2 度顶点时，G 有 11 个顶点，其中 4 个是 2 度顶点．

2. 用握手定理的推论解本题．

方法一 穷举法．设 G 有 x 个 5 度顶点，由握手定理的推论可知，x 只能取 0,2,4,6,8 这 5 个值，G 有 $9-x$ 个 6 度顶点，于是 $(x,9-x)$ 只有下面 5 种情况：

(1) $(0,9)$；　(2) $(2,7)$；　(3) $(4,5)$；　(4) $(6,3)$；　(5) $(8,1)$．

在(1),(2),(3)中至少有 5 个 6 度顶点，而在(4),(5)中均至少有 6 个 5 度顶点．

方法二 反证法．否则，G 至多有 4 个 6 度顶点，并且至多有 5 个 5 度顶点，但由握手定理的推论可知，G 不可能有 5 个 5 度顶点，于是 G 至多有 8 个顶点，这与 G 有 9 个顶点相矛盾．

3. 用握手定理或握手定理的推论证明，使用反证法．

假设存在具有奇数个面且每个面均具有奇数条棱的多面体，要寻找出矛盾，就要做无向图 $G=\langle V,E\rangle$．其中，$V=\{v\mid v$ 为 G 的面$\}$，$E=\{(u,v)\mid u,v\in V\wedge u\neq v\wedge u$ 与 v 有公共棱$\}$．由假设可知，$|V|$（=面数）为奇数，且 $\forall v\in V$，$d(v)$ 为奇数，于是 G 有奇数个奇度顶点，这与握手定理推论相矛盾．所以，以上假设中的无向图 G 是不存在的，从而，具有奇数个面，每个面均具有奇数条棱的多面体是不存在的．

4. 利用简单图的性质（$\Delta\leqslant n-1$，n 为阶数）与鸽巢原理证本题．

设本次比赛中有 n 人参加（$n\geqslant 2$）．做无向图 $G=\langle V,E\rangle$，其中，$V=\{v\mid v$ 为选手$\}$．设 $V=\{v_1,v_2,\cdots,v_n\}$，$E=\{(u,v)\mid u,v\in V\wedge u\neq v\wedge u$ 与 v 下过棋$\}$．

由已知条件可知,所做图 G 中无环与平行边,因而为简单图,故 $\forall v\in V,1\leqslant d(v)\leqslant n-1$. 即 n 个度数 $d(v_1),d(v_2),\cdots,d(v_n)$ 只能取到 $(n-1)$ 个值,由鸽巢原理可知,至少有 $\left\lceil\dfrac{n}{n-1}\right\rceil=2$ 个人下过的盘数相同. 这里 $\lceil x\rceil$ 为不小于 x 的的最小整数,如 $\left\lceil\dfrac{5}{4}\right\rceil=2,\left\lceil\dfrac{5}{5}\right\rceil=1,\left\lceil\dfrac{8}{3}\right\rceil=3$ 等.

鸽巢原理:形象地说,鸽巢原理为:m 只鸽子飞入 $n(m\geqslant n)$ 个鸽巢,则至少有一个巢至少飞入 $\left\lceil\dfrac{m}{n}\right\rceil$ 只鸽子.

5. 在这里先证明一个命题.

命题:设 G_1 与 G_2 同为 n 阶无向简单图,则 $G_1\cong G_2$,当且仅当 $\overline{G}_1\cong\overline{G}_2$,其中 $\overline{G}_1$ 与 $\overline{G}_2$ 分别为 G_1 与 G_2 的补图.

证 由 $G_1\cong G_2$ 证 $\overline{G}_1\cong\overline{G}_2$.

设 $G_1=\langle V_1,E_1\rangle,G_2=\langle V_2,E_2\rangle,\overline{G}_1=\langle V_1,\overline{E}_1\rangle,\overline{G}_2=\langle V_2,\overline{E}_2\rangle$,因为 $G_1\cong G_2$,所以存在双射函数 $f:V_1\to V_2,\forall u,v\in V_1$,满足
$$(u,v)\in E_1\Leftrightarrow(f(u),f(v))\in E_2$$
$$\Rightarrow(u,v)\notin E_1\Leftrightarrow(f(u),f(v))\notin E_2$$
$$\Rightarrow(u,v)\in\overline{E}_1\Leftrightarrow(f(u),f(v))\in\overline{E}_2.$$

由此可知,此 f 也是 $\overline{G}_1$ 与 $\overline{G}_2$ 间的同构映射,所以 $\overline{G}_1\cong\overline{G}_2$.

类似地,由 $\overline{G}_1\cong\overline{G}_2$ 可证 $G_1\cong G_2$.

下面用上面命题、握手定理等解本题.

(1) 由已知条件和握手定理得下面方程组:
$$\begin{cases}3n=2m,\\ 2n-3=m.\end{cases}$$

解此方程组得 $n=6,m=9$. 由此可知,满足 $2n-3=m$ 的 3-正则图都是 6 阶 9 条边的无向简单图,它们都是 K_6 的子图. 这样的子图只有两种非同构的,如图 7.1(a),(b)所示. 所以 (a)$\not\cong$(b).

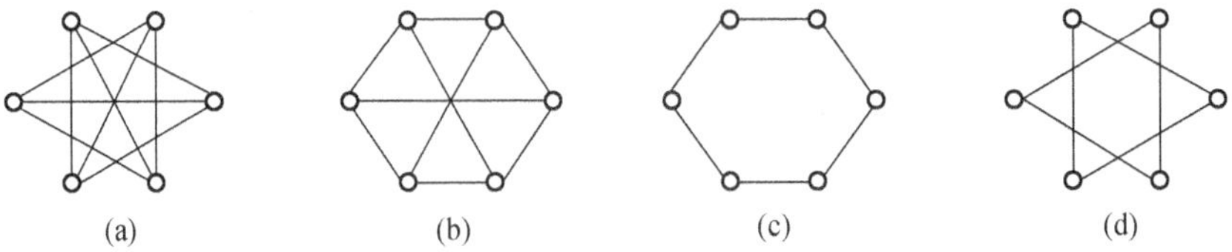

(a)   (b)   (c)   (d)

图 7.1

(2) 证明只有两种非同构的情况. 易知,(a)与(b)的补图都是 6 阶 6 条边的 2-正则图,为了证明 6 阶 9 条边的 3-正则图只有两种非同构情况,根据上面给出的命题,只需证明 6 阶 6 条边的 2-正则图只有两种非同构的情况. 而 6 阶 2-正则简单图连通时只能是 6 阶圈,不连通时只能是由两个 3 阶圈组成,如图 7.1(c),(d)所示. 易知,(a)与(c)互为补图,(b)与(d)互为补图,所以 6 阶 9 条边的 3-正则简单图只有两种非同构的情况,(a),(b)做为代表.

6. (1) 整数列 $d=(1,2,2,4,4,5)$ 可图化,但不能可简单图化(用定理 7.5 证明之).

(2) 数列含 5 个奇数,所以不可图化.

7. 三个数列都满足有偶数个奇数的条件,并且满足 $\max\{d_1,d_2,\cdots,d_n\}\leqslant n-1$,这些是构成无向简单图度数列的必要条件,但它们中还是有不能构成简单图度数列的. 要判断出能充当简单图的度数列的,要用定理 7.4 或定理 7.5,或者能画出一个无向简单图以给出数列为度数列(但对不能简单图化的数列,必须用定理或反证法等给出证明).

(1) 数列 $(6,6,5,5,3,3,2)$ 不能简单图化. 用定理 7.4 或定理 7.5 证明.

方法一 用定理 7.4 证明. 主要验证步骤如下:

① $r=1$, $6\leqslant 0+1+1+1+1+1+1=6$;　　　　　　　　　(不等式成立)

② $r=2$, $12\leqslant 2\times 1+2+2+2+2+2=12$;　　　　　　　(不等式成立)

③ $r=3$, $17\leqslant 3\times 2+3+3+3+2=17$;　　　　　　　　(不等式成立)

④ $r=4$, $22>4\times 3+3+3+2=20$.　　　　　　　　　　　(原不等式不成立)

由定理 7.4 可知(1)中数列不可简单图化.

方法二 用定理 7.5 证明.

$(6,6,5,5,3,3,2)$ 可简单图化

$\Leftrightarrow (5,4,4,2,2,1)$ 可简单图化

$\Leftrightarrow (3,3,1,1,0)$ 可简单图化

$\Leftrightarrow (2,0,0,0)$ 可简单图化.

由第③步可知(1)中数列不可简单图化. 其实由第②步已经可知(1)中数列不可简单图化.

(2) 数列 $(5,3,3,2,2,1)$ 是可简单图化的.

方法一 用定理 7.4 证明.

① $r=1$, $5\leqslant 0+1+1+1+1+1=5$;　　　　　　　　　　(不等式成立)

② $r=2$, $8\leqslant 2\times 1+2+2+2+1=9$;　　　　　　　　　(不等式成立)

③ $r=3$, $11\leqslant 3\times 2+2+2+1=11$;　　　　　　　　　(不等式成立)

④ $r=4$, $13\leqslant 4\times 3+2+1=15$;　　　　　　　　　　(不等式成立)

⑤ $r=5$, $15\leqslant 5\times 4+1=21$.　　　　　　　　　　　(不等式成立)

由定理 7.4 可知(2)中数列是可简单图化的.

方法二 用定理 7.5 证明.

$(5,3,3,2,2,1)$ 可简单图化 $\Leftrightarrow (2,2,1,1,0)$ 可简单图化.

只做①步就可知(2)中数列不可简单图化. 图 7.2(a)以 $(2,2,1,1,0)$ 为度数列,所以 $(5,3,3,2,2,1)$ 是可简单图化的. 它只有 1 种非同构情况,如图 7.2(b)所示.

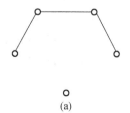 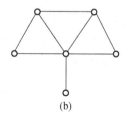

(a)　　　　　　　　　(b)

图 7.2

其实,用观察法也能画出以(5,3,3,2,2,1)为度数列的无向简单图.

(3) 用定理 7.4 和定理 7.5 都能证明(3)中数列可简单图化(这里不给出证明过程). 共可产生 4 种非同构的无向简单图以(2)中数列为度数列. 如图 7.3(a),(b),(c),(d)所示,它们都是 K_6 的子图.

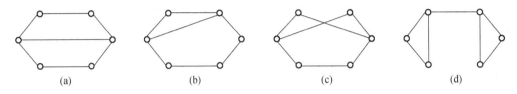

图 7.3

8. K_4 的非同构的子图共有 18 个,其中生成子图共有 11 个,自补图有 1 个. 在图 7.4 中给出 18 个非同构的子图,其中 n 为顶点数,m 为边数.

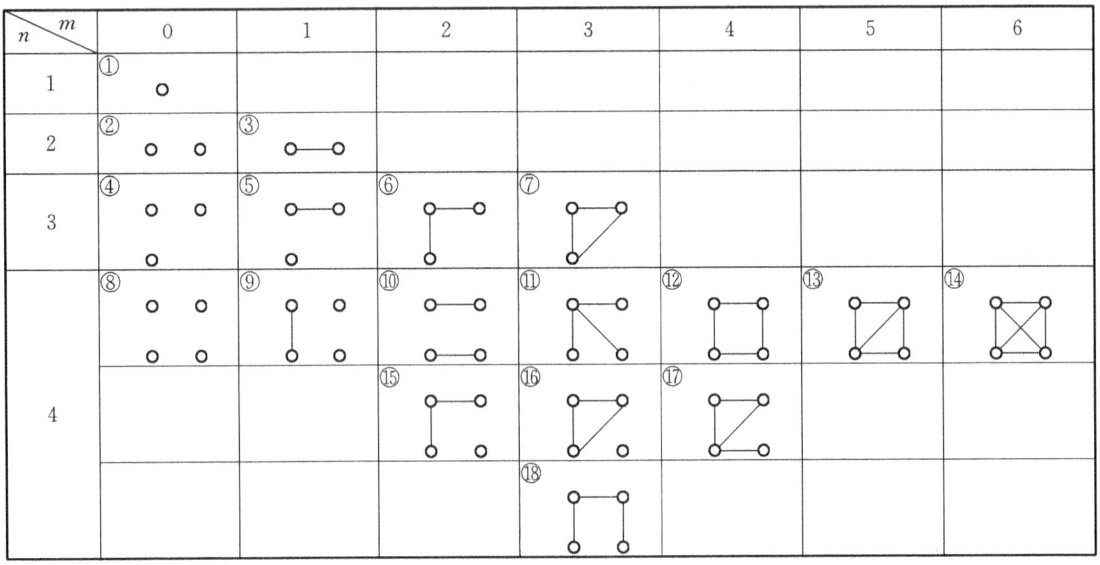

n \ m	0	1	2	3	4	5	6
1	①						
2	②	③					
3	④	⑤	⑥	⑦			
4	⑧	⑨	⑩	⑪	⑫	⑬	⑭
			⑮	⑯	⑰		
				⑱			

图 7.4

在图 7.4 中(18)为自补图.

两点说明:

(1) 从图 7.4 可以看出,4 阶非同构的无向简单图有 11 个,同构意义下,它们都是 K_4 的生成子图.

(2) 求所有 n 阶非同构的无向简单图不是一件容易的事. $n \leqslant 4$ 时容易求出,$n \geqslant 5$ 以后就较难求出了,如 5 阶、6 阶、7 阶非同构的无向简单图分别为 34 个、156 个、1044 个.

9. 3 阶有向完全图共有 20 个非同构的子图,其中生成子图 16 个,自补图有 4 个,在图 7.5 中给出了这 20 个非同构的子图,其中(8),(13),(16),(19)为自补图.

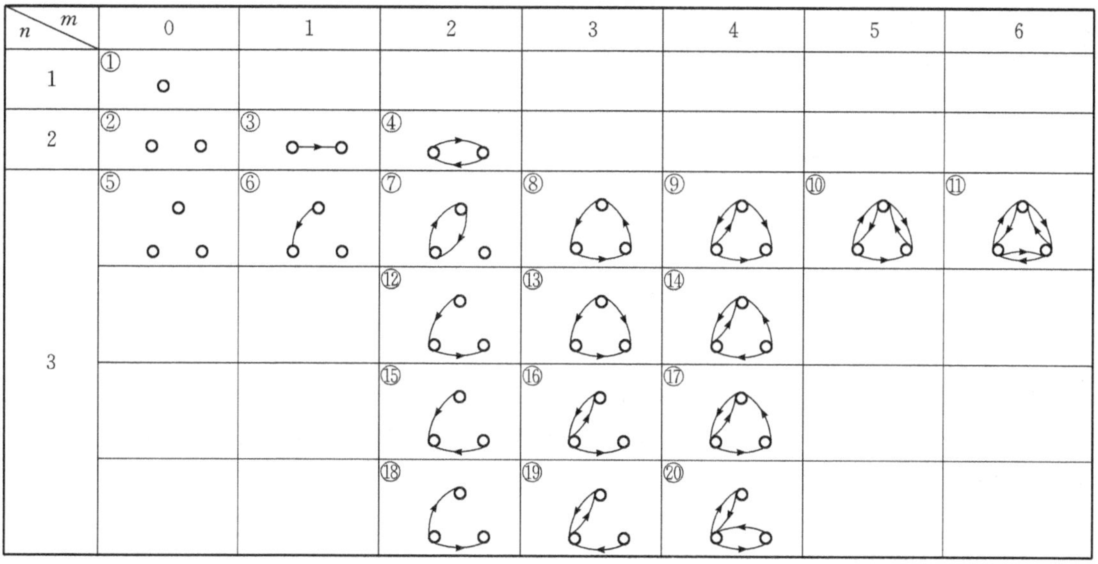

n\m	0	1	2	3	4	5	6
1	①						
2	②	③	④				
3	⑤	⑥	⑦	⑧	⑨	⑩	⑪
				⑫	⑬	⑭	
				⑮	⑯	⑰	
				⑱	⑲	⑳	

图 7.5

两点说明：

(1) 从图 7.5 可知，3 阶有向简单图共有 16 个，同构意义下它们都是 3 阶有向完全图的子图.

(2) 求所有 n 阶非同构的有向简单图更不是一件容易的事. 例如，4 阶、5 阶、6 阶非同构的有向简单图分别为 218 个、9608 个、1540944 个.

10. 根据握手定理及其推论，以及简单图的性质求解.

由握手定理可知，3 条边的无向图各顶点的度数之和为 6，又 4 阶简单图最大度 $\Delta \leqslant 3$，再由握手定理推论可知，4 阶 3 条边的无向简单图的度数列只有 3 种情况：

(1) 1,1,1,3；(2) 1,1,2,2；(3) 0,2,2,2. 每种情况只对应 1 个非同构的无向简单图，如图 7.6(a),(b),(c)所示.

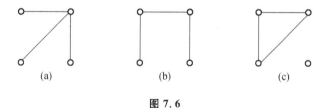

图 7.6

现有 5 个 4 阶无向简单图，它们都是 3 条边的，于是，在同构意义下，它们中的每一个都是 (a),(b),(c) 3 种情况之一，由鸽巢原理可知，它们中至少有 $\left\lceil \dfrac{5}{3} \right\rceil = 2$ 种是同构的.

注意：图 7.6(a),(b),(c)就是第 8 题中 3 条边的生成子图.

11. 本题利用图同构以及自补图的概念、完全图与自补图的关系求解.

设 G 为 n 阶自补图，则 $G \cong \overline{G}$（$\overline{G}$ 为 G 的补图），于是 G 与 $\overline{G}$ 的边数相等，且它们边数之和为 n 阶完全图 K_n 的边数，设 G 的边数为 m，则

$$m = \frac{1}{2} C_n^2 = \frac{n(n-1)}{4},$$

即 $4m=n(n-1)$,由于 n 与 $(n-1)$ 互素,所以必有 $n=4k$ 或 $n=4k+1,k\in(N-\{0\})$.

4 阶自补图有 1 个,如图 7.7(a)所示. 5 阶自补图有两种非同构的,如图 7.7(b),(c)所示.

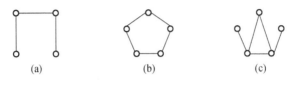

图 7.7

12. 用鸽巢原理及分情况讨论法证明本题.

设 $V(G)=\{v_1,v_2,\cdots,v_6\}$,则 $V(G)=V(\overline{G})$,$E(G)$ 中边用实线段表示,$E(\overline{G})$ 中边用虚线段表示. 则 $G\cup\overline{G}=K_6$,$V(K_6)=V(G)=V(\overline{G})$. 任取一顶点 $v_1\in V(K_6)$,由鸽巢原理可知,v_1 至少关联 3 条实线边,或至少关联 3 条虚线边,不妨设 v_1 至少关联 3 条实线边,从中取出 3 条,它们的另一端点分别为 v_2,v_3,v_4,如图 7.8(a)所示.

(1) 在 K_6 中,若边 (v_2,v_3) 也是实线边,则 v_1,v_2,v_3 在 G 中彼此相邻. 如图 7.8(b)所示.

(2) 若 (v_2,v_3) 为虚线边,再看边 (v_2,v_4). 若 (v_2,v_4) 为实线边,则 v_1,v_2,v_4 在 G 中彼此相邻,如图 7.8(c)所示.

(3) 若 (v_2,v_4) 也为虚线边,而 (v_3,v_4) 为实线边,则 v_1,v_3,v_4 在 G 中彼此相邻,如图 7.8(d)所示.

(4) 若 (v_3,v_4) 也是虚线边,则 v_2,v_3,v_4 在 $\overline{G}$ 中彼此相邻,如图 7.8(e)所示.

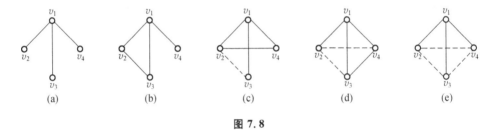

图 7.8

13. 用反证法证明,证明中用握手定理的推论.

否则,u 与 v 不连通,即 u 与 v 之间没有通路,于是 u 与 v 必处于 G 的不同连通分支中,设 u 与 v 分别处于 G 的连通分支 G_1,G_2 中,由于 G 中只有两个奇度顶点 u 与 v,所以,G_1,G_2 中各有 1 个奇度顶点,这与握手定理的推论相矛盾.

14. 本题的证明方法很多,下面给出两种证明方法.

方法一 直接证明法.

由于 G 不是完全图,所以存在顶点 v_1 与 v_2 不相邻,即 $(v_1,v_2)\notin E(G)$. 又由于 G 是连通图,所以 v_1,v_2 之间存在通路,设 $\Gamma=v_1u_1u_2\cdots u_rv_2$ 为 v_1 到 v_2 的通路,并且 Γ 是 v_1 到 v_2 的短程线. 由于 $(v_1,v_2)\notin E(G)$,所以 $r\geqslant 1$. 若 $r=1$,则 v_1,u_1,v_2 3 个顶点为所求,即 $(v_1,u_2)\in E(G)$,$(u_1,v_2)\in E(G)$,而 $(v_1,v_2)\notin E(G)$.

若 $r>1$,则 v_1,u_2,u_3 3 个顶点为所求. 此时必有 $(v_1,u_2)\notin E(G)$,否则 v_1 与 v_2 之间的短程不应该是 Γ,因为 $v_1u_2u_3\cdots u_rv_2$ 比 Γ 短,所以,必有 $(v_1,u_2)\notin E(G)$,而 $(v_1,u_1)\in E(G)$ 且

$(u_1,u_2)\in E(G)$,因而 v_1,u_1,u_2 为所求.

方法二 反证法.

否则,$\forall u,v,w\in V(G)$,只要 (u,v) 和 $(v,w)\in E(G)$,就有 $(u,w)\in E(G)$,记否定的结论为 $(*)$. 下面利用 $(*)$ 推矛盾.

$\forall u,v\in V(G)$,由 G 的连通性可知,u 与 v 之间有通路,设 $P=uv_1v_2\cdots v_rv$ 为 u 与 v 之间的一条通路. 因为 $(u,v_1),(v_1,v_2)\in E(G)$,由 $(*)$ 可知 $(u,v_2)\in E(G)$,又因为 $(u,v_2),(v_2,v_3)\in E(G)$,由 $(*)$ 可知,$(u,v_3)\in E(G)$,这样继续下去,必有 $(u,v)\in E(G)$,由 u,v 的任意性,可知 G 为无向完全图 K_n,这与 G 不是完全图矛盾.

15. 用扩大路径法证明.

不妨设 G 是连通的,否则,G 的每个连通分支的最小度都 ≥ 2.

设 $u,v\in V(G)$,由于 G 的连通性可知,u 与 v 之间存在路径,用扩大路径法扩大这条路径,设极大路径为 $\Gamma=v_1v_2\cdots v_{l-1}v_l$. 由于最小度为 $\delta\geq 2$,易知,$l\geq\delta+1$. 由极大路径的性质可知,Γ 中 v_1(还有 v_2)不与 Γ 外的顶点相邻,而 $d(v_1)\geq\delta(G)\geq 2$,因而在 Γ 上至少存在 $\delta(G)$ 个顶点 $v_{i_1}=v_2,v_{i_2},\cdots,v_{i_\delta}\cdots$ 与 v_1 相邻,如图 7.9 所示. 于是圈 $v_1v_{i_1}\cdots v_{i_\delta}v_1$ 的长度 $\geq\delta(G)+1$.

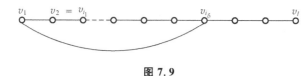

图 7.9

16. 用扩大路径法找一条极大路径,在路径上找 3 个圈进行讨论.

不妨设 G 是连通简单图,否则可对 G 的某个连通分支进行讨论.

设 $P=v_{i_0}v_{i_1}\cdots v_{i_l}$ 为 G 中一条极大路径. 则 $l\geq\delta(G)\geq 3$. 由于 v_{i_0} 不与 P 外顶点相邻,又因为 G 为简单图,则在 P 上除 v_{i_1} 与 v_{i_0} 相邻外,由 $\delta(G)\geq 3$,还至少存在两个顶点,设其为 v_{i_r},v_{i_s} ($1<r<s$) 与 v_{i_0} 相邻,于是可得 3 个圈,如图 7.10 所示.

$$C_1=v_{i_0}v_{i_1}\cdots v_{i_r}v_{i_0},$$
$$C_2=v_{i_0}v_{i_1}\cdots v_{i_r}\cdots v_{i_s}v_{i_0},$$
$$C_3=v_{i_0}v_{i_r}\cdots v_{i_s}v_{i_0}.$$

易知,C_1,C_2,C_3 的长度分别为 $r+1,s+1,s-r+2$. 设 $\gcd(r+1,s+1,s-r+2)=k$,则 $k\mid r+1\wedge k\mid s+1\wedge k\mid s-r+2$,由 $k\mid r+1\wedge k\mid s+1\Rightarrow k\mid s-r$,又由 $k\mid s-r+2\wedge k\mid s-r\Rightarrow k\mid 2$,于是 k 只能为 1 或 2.

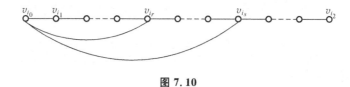

图 7.10

17. 利用点连通度的概念以及点连通度与最小度的关系进行讨论.

已知 $\delta(G)\geq n-2$,可知阶数 $n\geq 2$.

(1) $n=2$ 时,$\delta=0$ 或 $\delta=1$. $\delta=0$ 时,G 为 2 阶零图,点连通度 $\kappa=0$,满足 $\kappa=\delta$. $\delta=1$

时,G 为无向完全图 K_2,此时 $\kappa=1=\delta$.

(2) $n=3$ 时,$\delta=1$ 或 $\delta=2$. $\delta=1$ 时,G 必为 3 阶无向树,此时 $\kappa=\delta=1$. $\delta=2$ 时,G 为 K_3,$\kappa=\delta=2$.

(3) $n\geqslant 4$ 时,如下讨论.

由于 G 为简单图,又 $\delta\geqslant n-2$,所以 δ 只能取两个值:$n-1$ 或 $n-2$.

① $\delta=n-1$. 此时 G 为完全图 K_n,$\kappa=n-1=\delta$.

② $\delta=n-2$. 由定理 7.10(Whitney 定理)可知,$\kappa\leqslant\delta=n-2$,因而只需证明 $\kappa\geqslant n-2$. 这又只需证明从 G 中任意删除 $(n-3)$ 个顶点后,所得 3 阶子图仍然连通,为此,又只需证明
$$\forall u,v,w\in V(G),\text{若}(u,v)\notin E(G),\text{则}(u,w)\in E(G),\text{并且}(w,v)\in E(G), \quad (*)$$
如图 7.11 所示.

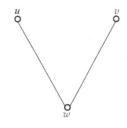

图 7.11

若 $(*)$ 不为真,即 $(u,w)\notin E(G)$ 或 $(w,v)\notin E(G)$,则 $d_G(u)\leqslant n-2-1=n-3$ 或 $d_G(v)\leqslant n-2-1=n-3$,这与 $\delta(G)=n-2$ 相矛盾.

18. (1) 可用多种方法证明 G 连通,下面给出两种方法.

方法一 反证法.

若 G 不连通,则 G 至少有 2 个连通分支,设 G_1,G_2 为其中的两个连通分支,设 $|V(G_1)|=n_1$,$|V(G_2)|=n_2$,则 $\min\{n_1,n_2\}\leqslant\left\lfloor\dfrac{n}{2}\right\rfloor$,且 $\forall v\in V(G_1)$,有 $d_G(v)=d_{G_1}(v)\leqslant\left\lfloor\dfrac{n}{2}\right\rfloor-1<\dfrac{n}{2}$(因为 G 为简单图),这与 $\delta(G)\geqslant\dfrac{n}{2}$ 相矛盾.

方法二 扩大路径法.

设 $\Gamma=v_{i_0}v_{i_1}\cdots v_{i_l}$ 为用扩大路径法得到的极大路径,由于 G 为 n 阶简单图,又 $\delta(G)\geqslant\dfrac{n}{2}$,所以 $l\geqslant\left\lceil\dfrac{n}{2}\right\rceil$. 令 $V_1=V(G)-V(\Gamma)$,由 $|V_1|\leqslant\left\lfloor\dfrac{n}{2}\right\rfloor$,设 $G_1=G[V_1]$,则 $\forall v\in V_1$,$d_{G_1}(v)\leqslant\left\lfloor\dfrac{n}{2}\right\rfloor-1$,由 $\delta(G)\geqslant\dfrac{n}{2}$ 可知,v 在 Γ 上至少与一个顶点相邻,从而可知 G 是连通的.

(2) 用(1)中结论证明(2).

为证明 G 是 k-连通图,只需证明 $\forall V'\subset V(G)$,$|V'|=k-1$,均有 $G'=G-V'$ 仍连通.

设 G' 的阶数为 n',则 $n'=n-(k-1)=n-k+1$,而
$$\delta(G')\geqslant\delta(G)-(k-1)\geqslant\dfrac{1}{2}(n+k-1)-(k-1)=\dfrac{1}{2}(n-k+1)=n',$$

由(1)可知,G' 连通,这就证明了 G 是 k-连通图.

19. 利用诸多定义证明本题.

(1) 因为 G 的围长 $g(G)=4$,因而 G 中最短的圈长为 4,设 $C=v_1v_2v_3v_4v_1$ 为 G 中的一个最短的圈. 对 C 中各顶点的邻域进行讨论,证明 G 的阶数 $n \geq 2k$. 设 $N(v_i)$ 为顶点 v_i 的邻域,$i=1,2,3,4$.

令
$$V_{1,3}=N(v_1) \bigcup N(v_3), \quad V_{2,4}=N(v_2) \bigcup N(v_4),$$

易知,$v_1,v_3 \in V_{2,4}$,而 $v_2,v_4 \in V_{1,3}$,且因为 G 为 k-正则图,所以,$|V_{1,3}| \geq k$,$|V_{2,4}| \geq k$. 下面证明 $V_{1,3} \bigcap V_{2,4} = \varnothing$. 否则,必 $\exists v \in V_{1,3} \wedge v \in V_{2,4}$,这蕴涵着
$$v \in (N(v_1) \bigcup N(v_3)) \bigcap (N(v_2) \bigcup N(v_4))$$
$$\Leftrightarrow (v \in N(v_1) \wedge v \in N(v_2)) \vee (v \in N(v_1) \wedge v \in N(v_4))$$
$$\vee (v \in N(v_3) \wedge v \in N(v_2)) \vee (v \in N(v_3) \wedge v \in N(v_4)).$$

记以上 4 种情况分别为 ①,②,③,④.

在 ① 中,说明 v 与 v_1 和 v_2 都相邻,而在 C 上 v_1 与 v_2 相邻,于是在 G 中有圈 vv_1v_2v,它的长度为 3,这与 $g(G)=4$ 相矛盾. 类似地,对 ②,③,④ 进行讨论都会得类似的矛盾. 所以必有 $V_{1,3} \bigcap V_{2,4} = \varnothing$. 因而 G 的阶数 $n \geq |V_{1,3}|+|V_{2,4}| \geq k+k=2k$.

(2) 为证明当 G 的阶数 $n=2k$ 时,在同构意义下 G 是唯一的,分下面几步讨论.

① 在(1)的证明中,已知 $V_{1,3} \bigcap V_{2,4} = \varnothing$,说明 $V_{1,3}$ 中的顶点只能与 $V_{2,4}$ 中的顶点相邻,同样,$V_{2,4}$ 中的顶点只能与 $V_{1,3}$ 中的顶点相邻.

② 已知 G 的阶数 $n=2k$,又已知 $|V_{1,3}| \geq k$,$|V_{2,4}| \geq k$,可得 $|V_{1,3}|=|V_{2,4}|=k$,由此可知 $V(G)=V_{1,3} \bigcup V_{2,4}$,再由(1)可知 G 是二部图,互补顶点子集分别为 $V_{1,3}$ 与 $V_{2,4}$.

③ 又由于 G 为 k-正则图,所以,$V_{1,3}$ 中每个顶点与 $V_{2,4}$ 中所有顶点相邻,反之亦然,所以 G 为完全二部图 $K_{k,k}$.

由 ①,②,③ 的讨论可知,在同构意义下,G 是唯一的.

20. 用简单图的性质、图的直径以及图中最大度的定义等直接证明本题.

设 $V(G)=\{v_1,v_2,\cdots,v_n\}$,不妨设 $d(v_1)=\Delta=n-2$. 又不妨设 v_1 的邻域 $N(v_1)=\{v_2,v_3,\cdots,v_{n-1}\}$,即只有 $v_n \notin N(v_1)$. 于是 v_1 与 v_n 不相邻. 再考虑 $N(v_n)$,则 $N(v_n) \neq \varnothing$,否则 v_n 为孤立点,则 $d(v_1,v_n)=\infty$,这与 $d(G)=2$ 相矛盾. 又可知 $N(v_n) \subseteq N(v_1)$.

(1) 若 $N(v_n)=N(v_1)$,则 G 的边数 $m \geq 2(n-2)=2n-4$.

(2) 若 $N(v_n) \subset N(v_1)$. 设 $N(v_n)=\{v_{s_1},v_{s_2},\cdots,v_{s_j}\}$,$V'=N(v_1)-N(v_n)=\{v_{i_1},v_{i_2},\cdots,v_{i_{n-2-j}}\}$,$1 \leq j \leq n-3$,$\forall v_{i_r} V'$,$1 \leq r \leq n-2-j$,为保证 $d(v_n,v_{i_r}) \leq 2$,至少 $\exists v_{s_t} \in V(v_n)$,使得 $(v_{i_r},v_{s_t}) \in E(G)$. 于是 G 的边数
$$m \geq |N(v_1)|+|N(v_n)|+|V'|=n-2+j+n-2-j=2n-4.$$

21. 用归纳法证明本题.

在使用归纳法之前,首先将图 G 简化成连通图,否则,G 中一定存在连通分支 G_k,在 G_k 中,$m_k \geq n_k$(m_k,n_k 分别为 G_k 中的边数与顶点数),因而只需证明 G_k 中含圈即可. 于是,下面就 G 为连通图进行证明,并且对边数 m 做归纳法.

(1) 证明 $m=3$ 时结论为真.

因为 G 为无向简单连通图,且 $3=m \geq n$,必有 $n=3$,即 G 为 K_3. 由于 K_3 为圈,所以 $m=3$ 时结论为真.

(2) 假设 $m=k(k\geq 3)$ 时结论为真,下面证明 $m=k+1$ 时结论为真.

若 G 中有 1 度顶点 v 存在,设 $G'=G-v$,则 G' 的边数 $m'=m-1$,$n'=n-1$,且 $m'\geq n'$,G' 仍连通,由归纳假设 G' 中含圈,也是 G 中含圈.

否则 G 中无 1 度顶点,即 $\forall v\in V(G)$,均有 $d(v)\geq 2$,也即 $\delta(G)\geq 2$,在 G 中用扩大路径法得极大路径

$$\Gamma=v_{i_0}v_{i_1}\cdots v_{i_l},\text{则 }l\geq 2.$$

由于 $d(v_{i_0})\geq 2$,因而在 Γ 上除 v_{i_1} 与 v_{i_0} 相邻外,还至少存在 $v_{i_r}(1<r\leq l)$ 与 v_{i_0} 相邻,于是 $v_{i_0}v_{i_r}v_{i_{r-1}}\cdots v_{i_1}v_{i_0}$ 为 G 中的圈.

22. 为给本题的结论一个直观的解释,在图 7.12 中给了一个示意图,图中每个块不是 K_2 就是奇圈.

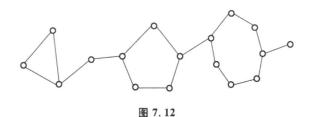

图 7.12

为证明本题先给出下面两个命题:

命题 1 设 C_1 与 C_2 是图中两个不同的圈,它们至少有一条公共边,并且除公共边外,其中的任何一个都不能以路径的形式在另一个中出现,则 C_1 与 C_2 的环和 $C_1\oplus C_2$ 为图中偶圈.

证明 只需对 C_1 与 C_2 的公共边是奇数还是偶数进行讨论. 若有奇数条公共边,则 $C_1\oplus C_2$ 中含 C_1 和 C_2 各剩下的偶数条边,所以 $C_1\oplus C_2$ 为偶圈. 若有偶数条公共边,则 $C_1\oplus C_2$ 中含 C_1 和 C_2 各剩下的奇数条边,所以 $C_1\oplus C_2$ 为偶圈. 含奇数条公共边和含偶数条公共边的示意图分别如图 7.13(a),(b)所示,其中虚线边为公共边.

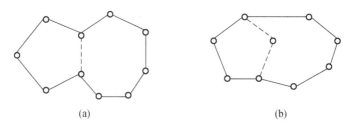

图 7.13

命题 2 设 C 为图中一个奇圈,则 C 上任何两个不同顶点之间与 C 边不重的路径 Γ 与 C 所构成的图中必含偶圈.

Γ 可在 C 内,也可以在 C 外. 图 7.14 中(a),(b)分别给出 Γ 在 C 内与 C 外的示意图. 虚线边在 Γ 上.

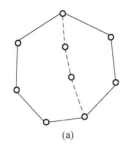 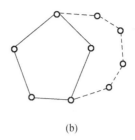

图 7.14

证明 以 Γ 在 C 内的情况加以证明. Γ 将 C 上除 Γ 上的两个顶点外的顶点分成两份,一份为奇数个,另一份为偶数个(因为 C 为奇圈),不妨设左边为奇数个,右边为偶数个. 若 Γ 上含奇数个顶点,则 Γ 上的顶点与左边的 C 上的顶点的导出子图为偶圈;若 Γ 上的顶点为偶数个,则 Γ 上的顶点与右边 C 上顶点的导出子图为偶圈.

对于 Γ 在 C 外的情况可类似讨论.

下面证明本题中的命题.

证明中除用到上面给出的命题 1 与命题 2 之外,还用到 Whitney 第二定理(定理 7.15)和定理 7.20.

设 G' 为 G 中任意一个块,下面证明 G' 不是 K_2 就是奇圈.

若 G' 为 K_2,则 G 为所要求的块;否则必有 $|V(G')| \geqslant 3$,则 G' 必为 2-连通图,由 Whitney 第二定理可知,G' 中必含圈,设 C' 为 G 中一个圈,因为 G 中不含偶圈,所以 C' 为奇圈. 若 $G' = C'$,则 G' 满足要求;否则,$G' \neq C'$,此时 C' 内、外都不含过 C' 上两个不同顶点的路径,由命题 2 可知,产生偶圈,这与 G 中不含偶圈矛盾.

由于 $G' \neq C'$,但 $V(C') \subset V(G')$,因而 $\exists v_0 \in V(G')$,但 $v_0 \notin V(C')$,且 v_0 在 C' 之外. 设 e 为 C' 上任意一条边,由定理 7.20 可知,G' 中存在过 e 和 v_0 的圈 C'',由 G 中不含偶圈可知,C'' 为奇圈. 于是,C' 与 C'' 含公共边 e,由命题 1 可知 $C' \oplus C''$ 为偶圈,这又与 G 中不含偶圈相矛盾. 所以,必有 $G' = C'$. 由于 G' 的任意,可知 G 的块不是 K_2 就是奇圈.

23. 证明本题,只需做出一个图或一族图满足要求即可,下面给出一族图:

做两个无向完全图 K_{s+1},在它们中间放置一个顶点 v,使 v 与两个 K_{s+1} 中各 r 个顶点相邻. 记所得图为 G. 则 G 为 $2(s+1)+1$ 阶无向简单图. 在 G 中,$d(v) = 2r$,在 K_{s+1} 中至少存在一个顶点 u,$d(u) = s$,而有 r 个顶点度数为 $s+1$.

因为 v 为割点,所以 $\kappa(G) = 1$,因为 $2r > s$,又存在 $d(u) = s$,所以,$\delta(G) = s$,由 $r \leqslant s$ 可知 $\lambda(G) = r$.

图 7.15(a)给出 $r = s = 3$ 的图形;图 7.15(b)给出 $r = 3, s = 4$ 的图形.

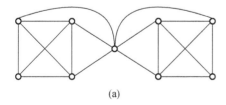 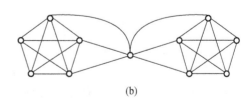

图 7.15

24. 本题的内容属于 Ramsey 定理(见《教程》中第二十章)的特殊情况.

(1) (1)的证明类似于本习题中第 12 题的证明,这里不再证明.

(2) 设 V 为 6 个人组成的集合,以 V 为顶点集,做无向完全图 K_6, $\forall u, v \in V$,若 u 与 v 彼此认识,就将边 (u,v) 涂红色,否则涂蓝色. 由(1)可知,在 K_6 中要么存在红色 K_3,要么存在蓝色 K_3. 若存在红色 K_3,说明存在 3 个人彼此不认识.

(3) 设 v_0 为 K_n 中一个顶点,并设它关联 6 条或更多的红色边. 取 v_0 相邻的 6 个顶点 v_1, $v_2, \cdots, v_6$,并设边 $(v_0, v_1), (v_0, v_2), \cdots, (v_0, v_6)$ 都是红色边,设 $V_1 = \{v_1, v_2, \cdots, v_6\}$,则 V_1 的导出子图 $G[V1]$ 为 K_6,由(1)可知,K_6 中存在红色 K_3 或蓝色 K_3. 若存在红色 K_3,不妨设它的 3 个顶点分别为 v_1, v_2, v_3,则 $\{v_0, v_1, v_2, v_3\}$ 的导出子图为 K_4,此 K_4 为红色 K_4,否则有蓝色 K_3.

25. 对 $n=2$ 或 $n=3$ 可直接由竞赛图的定义证明.

$n=2$ 时,D 为图 7.16(a)所示,显然 D 不强连通.

$n=3$ 时,由传递性,D 只能由图 7.16(b)所示,D 不是强连通的.

$n \geqslant 4$ 时,用反证法证明. 假设 D 是强连通的,则 D 中存在经过每个顶点至少一次的回路,因而,$\forall u \in V(D), \exists v \in V(D)$,使得 $\langle u, v \rangle \in E(D)$. 又对 $v, \exists w \in V(D)$,使得 $\langle v, w \rangle \in E(D)$. 还是因为 D 强连通,D 中存在 w 到 u 的通路,设 $\varGamma = w u_1 u_2 \cdots u_r u$ 为其中的一条. 由 D 是传递的可知,由 $\langle v, w \rangle \in E(D), \langle w, u_1 \rangle \in E(D)$ 得 $\langle v, u_1 \rangle \in E(D)$,又由 $\langle u_1, u_2 \rangle \in E(D)$ 得 $\langle v, u_2 \rangle \in E(D), \cdots$,由 $\langle v, u_{r-1} \rangle \in E(D), \langle u_{r-1}, u_r \rangle \in E(D)$ 得 $\langle v, u_r \rangle \in E(D)$,又由 $\langle u_r, u \rangle \in E(D)$ 得 $\langle v, u \rangle \in E(D)$,这就导出 $\langle u, v \rangle, \langle v, u \rangle \in E(D)$,这与竞赛图的定义相矛盾. $n \geqslant 4$ 时证明的示意图由图 7.16 中(c)所示.

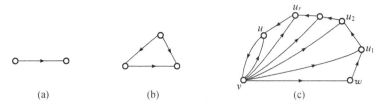

图 7.16

III. 补充习题

1. 如何用表示网络里发送电子邮件的图来找出最近改变了原来电子邮件地址的人?

2. 描述一种表示人际间婚姻的图模型. 这个图有什么特殊性质?

3. 设有 n 个人,每个人对其他的每个人或者喜欢,或者不喜欢. 试用图表示这 n 个人之间的关系.

4. 证明:如果 $2n$ 阶简单图 G 不含子图 K_3,则 G 的边数不超过 n^2.

5. 设 $k \geqslant 2$,证明对于任何包含 $2k$ 个以上顶点的 k-连通图,其中存在一个长度不小于 $2k$ 的圈.

6. 证明任何 n 阶连通图 G 都包含一条长度不小于 $\min\{2\delta(G), n-1\}$ 的路径.

7. 证明每个 2-连通图都包含圈.

8. 假设对于图 G 的任何 3 个顶点 A, B, C,都存在一条 A 到 B 的路径不经过 C,证明对任何两个顶点 A, B,从 A 到 B 都存在两条不相交的路径.

9. 某国有若干个城市,某些城市之间有道路相连,假设两个城市之间至多有一条道路相连,每个城市都恰好连出 3 条道路. 证明存在一个由道路形成的圈,它的长度不能被 3 整除(假设任何两个城市之间的道路长度为 1).

10. 对 $n>3$, 设 $V=\{1,2,\cdots,n\}$, 且 $E=\{(x,y)|x,y\in V, x\neq y, x$ 整除 y 或 y 整除 $x\}$. 问图中哪些顶点度数为 1?

11. 假设某天晚上张先生和太太参加了一个桥牌聚会. 参加的人中还有另外 3 对夫妇, 并且有几次握手. 没有人自己和自己握手, 没有夫妻之间的握手, 且没有两个人握手超过一次. 当其他人告诉张先生, 他或她握了多少次手时, 答案都不相同. 问张先生和太太分别握了几次手?

12. 设图 G 中有 12 条边, 6 个度数为 3 的顶点, 其余顶点的度数均小于 3, 则 G 中至少有几个顶点?

13. 图 G 的围长 $g(G)$ 等于 G 中最短圈的长度, 图 G 的直径 $\mathrm{diam}(G)$ (为《教程》中定义 7.24 中的 $d(G)$) 等于 G 中最长路径的长度. 证明如果 G 含有圈, 则 $g(G)\leqslant 2\mathrm{diam}(G)+1$.

14. 证明每个平均度数为 $4k$ 的简单图都包含一个 k 连通子图.

15. 证明每个非连通图 G 的补图 $\overline{G}$ 都是连通的.

16. 证明如果顶点 v 是图 G 的割点, 则 v 不是补图 $\overline{G}$ 的割点.

17. 证明彼得森图中没有长度为 7 的圈.

18. 对于图 $G=(V,E)$ 中任何顶点 v, 定义 v 的离心率 $e(v)=\max_{u\in V}d_G(u,v)$, 其中 $d_G(u,v)$ 表示 u 和 v 在 G 中的距离 (最短路径的长度). 定义 G 的半径 $\mathrm{rad}(G)=\min_{v\in V}e(v)$, 直径 $\mathrm{diam}(G)=\max_{v\in V}e(v)$, 即图的半径等于图中顶点的最小离心率, 图的直径等于图中顶点的最大离心率. 满足 $e(v)=\mathrm{rad}(G)$ 的顶点称为图的中心, 即具有最小离心率的顶点称为图的中心. 证明 $\mathrm{rad}(G)\leqslant\mathrm{diam}(G)\leqslant 2\cdot\mathrm{rad}(G)$.

19. 设 G 是 $2k+1$ 阶的 k-正则图 ($k\geqslant 2$), 证明 k 是偶数.

20. 设 G 是 $2k+1$ 阶的 k-正则图 ($k\geqslant 2$), G 不含 K_3 子图. 证明如果顶点 x 与 y 在 G 中相邻, 则在 G 中存在唯一的顶点 z, 既不与 x 相邻也不与 y 相邻.

21. 设 G 是 $2k+1$ 阶的 k-正则图, 证明若 $k\geqslant 4$, 则 G 一定含 K_3 子图.

22. 列出图 7.17 中的:
(1) 一条最长简单通路;
(2) 一条最长初级回路 (圈);
(3) 一条最长初级通路 (路径);
(4) 所有这样的导出子图, 这些导出子图是长度为 4 的路径.

23. 判断图 7.18 中三个图是否彼此同构, 如果同构, 请给出同构映射; 如果不同构, 请说明理由.

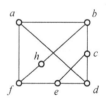

图 7.17

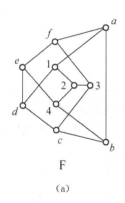

F
(a)

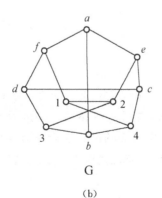

G
(b)

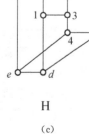

H
(c)

图 7.18

24. (1) 非负整数序列(8,8,7,7,6,6,5,5,4)可简单图化吗？

(2) 非负整数序列(7,6,6,5)可图化吗？

25. 证明如果图 G 没有偶数长度的圈，则 G 的每个圈都是 G 的导出子图。

Ⅳ. 补充习题解答

1. 利用有向图作为模型，就是用电子邮件地址作为顶点，从发送地址到接收地址连一条边。对于每个电子邮件地址，可以建立其发送地址和接收地址表。如果两个电子邮件地址具有几乎相同的模式，就可以得出这些地址可能属于同一个人，而该人最近改变了他或她的电子邮件地址的结论。

2. 利用无向图模型，令顶点集合为人的集合，如果两个人结过婚，则把两个顶点用边连起来。忽略掉同性婚姻，这个图是个二部图（偶图），即有两种类型的顶点（男人和女人），每条边都连接相反类型的顶点。

3. 做有向图 $D=\langle V,E\rangle$，其中 V 为这 n 个人组成的集合，$E=\{\langle u,v\rangle | u,v \in V$ 且 u 喜欢 v $(u\neq v)\}$，则 D 为 n 阶有向图。

4. 证明：简单图 $G=\langle V,E\rangle$ 不含子图 K_3，所以对 G 的任意边 $e=(u,v)\in E$，不存在 $w\in V$ 使得 $(u,w)\in E$ 且 $(v,w)\in E$，即不存在一点同时与 u 和 v 相邻，或者说，u 和 v 的邻域不相交。由于 $|V|=2n$，所以

$$d(u)+d(v)\leqslant 2n \qquad ①$$

这样的不等式一共有 $m=|E|$ 个，把它们加起来得到

$$\sum_{(u,v)\in E}(d(u)+d(v))\leqslant 2n\cdot m \qquad ②$$

每个顶点 u 与 $d(u)$ 条边关联，所以上式左端每个 $d(u)$ 出现 $d(u)$ 次，于是左端为

$$\sum_{(u,v)\in E}(d(u)+d(v))=\sum_{u\in V}d(u)^2 \qquad ③$$

由幂不等式

$$(\sum a_i^\alpha/n)^{1/\alpha} \geqslant (\sum a_i^\beta/n)^{1/\beta} \quad (\alpha\geqslant\beta)$$

得

$$\sum_{u\in V}d(u)^2 \geqslant (\sum_{u\in V}d(u))^2/2n = (2m)^2/2n = 2m^2/n. \qquad ④$$

由②，③，④可得

$$2m^2/n \leqslant 2n\cdot m,$$

即

$$m\leqslant n^2.$$

5. 证明：考虑图中最长的圈 C，假设其长度小于 $2k$，对于圈外的一个顶点 v，假设 v 与圈上的顶点 $v_1, v_2, \cdots, v_l$ 有路径相连，并且这些路径不经过圈上的其它顶点，那么 $v_1, v_2, \cdots, v_l$ 这些顶点必定在 C 上互不相邻，否则与圈的最长性质矛盾。由于圈的长度小于 $2k$，所以 $l<k$，将 $v_1, v_2, \cdots, v_l$ 去掉以后的图不连通，与连通度为 k 矛盾，故命题得证。

6. 证明：考虑 n 阶图 G 的一条最长路径 $v_0v_1\cdots v_l$，假设 $l<\min\{2\delta(G),n-1\}$，v_0 和 v_l 的相邻顶点必定都属于该路径，由于 $d(v_0)+d(v_l)\geqslant 2\delta(G)$，故必然存在顶点 v_i 使得 v_0 与 v_i 相邻，v_l 与 v_{i-1} 相邻，这样就构成一个圈 $v_0v_1\cdots v_{i-1}v_lv_{l-1}\cdots v_iv_0$。由于 $l<n-1$，故 G 中存在不属

于该路径(圈)的顶点 w,由连通性的条件,w 可以连到圈上,从而构成一个长度不小于 $l+1$ 的路径,与最长路径的假设矛盾,故命题得证.

7. 证明:不包含圈的连通图是树,选取树中一个度数大于 1 的顶点,即非叶子的顶点,删除之后图变为不连通,与连通度为 2 矛盾.

8. 对 A 与 B 之间的最短距离进行归纳,如果 A 与 B 的距离为 1,即 A 与 B 相邻,由于存在从 A 到 C 的不经过 B 的路径与从 C 到 B 的不经过 A 的路径,合并起来就是一条从 A 到 B 的路径,且不含边(A,B),这里应当将路径上的重复顶点去除.假设对距离小于 k 的顶点对都存在两条不相交的路径,那么对于距离为 k 的 A,B 两个顶点,考虑从 A 到 B 的最短路径上与 A 相邻的 C,C 与 B 的距离为 $k-1$,根据归纳假设存在两条不相交的路径 l_1,l_2,又因为从 A 到 B 有一条不经过 C 的路径 l,考虑 l 与 l_1,l_2 的第一个交点(如果不存在交点,则命题已经成立),容易构造出 A 到 B 的两条不相交路径.

9. 这个问题可以表示为如下图论问题:证明 3-正则简单图中有圈长度不能被 3 整除.考虑图中一条极大路径的一个端点.这个端点的度为 3,因此必然与该路径上的另外两个顶点相邻(注意这个端点不能与该路径外的顶点相邻,否则该路径就不是极大路径).设这两个顶点之间距离为 s,其中与端点较近的顶点到端点距离为 t,则端点和这两个顶点之间一共组成长度为 $t+1,s+2,s+t+1$ 的三个圈.下面证明这三个长度不能都被 3 整除,这又只需证明这三个数的最大公约数不是 3 的倍数即可.

根据最大公约数的性质$(a,b)=(a-b,b)=(a+b,b)$,有$(t+1,s+2,s+t+1)=(t+1,s+2,s)=(t+1,2,s)=1$ 或 2.所以这三个数的最大公约数不是 3 的倍数,即其中至少有一个不能被 3 整除,相应的圈就是长度不能被 3 整除的圈.

10. 由于每个正整数都能被 1 整除,所以顶点 1 的度数为 $n-1$,顶点 $2,3,4,\cdots,n$ 的度数至少为 1.顶点 x 的度数为 1 当且仅当 x 是素数并且在不超过 n 的范围内没有别的数是其倍数.满足这个条件的数只有从 $\lceil n/2 \rceil$ 到 n 之间的素数.根据数论中的定理,在 k 到 $2k$ 之间必有素数.所以度数为 1 的顶点一定是存在的.例如,当 $n=10$ 时,7 就是度数为 1 的顶点.

11. 考虑 8 个顶点的一个简单图,每个顶点表示一个人,两个人之间如果握手就连一条边.由于没有人自己和自己握手,并且都不和自己的配偶握手,所以每个顶点的度数都不超过 6.除张先生外的 7 个人的握手次数都不相同,所以这 7 个人的握手次数(或者说这些顶点的度数)只能分别为 0,1,2,3,4,5,6.由于图中奇数度顶点个数必须是偶数,所以张先生握手次数只能是 1,3,5 其中之一.但是张先生握手次数不可能是 1 或 5,因为这样会破坏其他顶点的度数条件(详细讨论留给读者自己完成).张先生的握手次数只能是 3,而且与握手次数为 4,5,6 的顶点相邻(所对应的图是唯一的,请读者自己画出来).因此,张太太的握手次数只可能是 0,1,2,3 其中之一,而且都是可能的.

12. 用握手定理解本题.设 G 至少有 n 个顶点,则 G 至少有 $n-6$ 个顶点的度数至多为 2,由握手定理可得
$$2m=24 \leqslant 3\times 6 + 2(n-6),$$
从此式解出 $n \geqslant 9$,即 G 中至少有 9 个顶点.

13. 用反证法.设 C 是 G 中最短圈.如果 $g(G) \geqslant 2\mathrm{diam}(G)+2$,则 C 上有两个顶点 x 和 y 在 C 上距离至少为 $\mathrm{diam}(G)+1$.但是这两个顶点在 G 中距离不应超过 $\mathrm{diam}(G)$,设这两点之间在 G 中最短路径为 P,则 P 上必有不在 C 中的边.因此在路径 P 上必然存在

两点 u 和 v，u 和 v 都在 C 上，u 和 v 之间在路径 P 上的一段都不属于 C，而且 u 和 v 在 C 上距离大于 u 和 v 之间在路径 P 上的距离（否则 x 和 y 在 C 上距离不会大于在 P 上距离）．于是 u 和 v 之间在 P 上的一段，以及 u 和 v 之间在 C 上较短的一段，就组成比 C 还短的圈，与 C 是最短圈矛盾．

14. 若 $k=0,1$，结论显然成立．下面考虑 $k \geq 2$ 的情形．设该图为 $G=(V,E)$，$|V|=n$，$|E|=m$，G 的平均度数为 $d(G) \geq 4k$. 下面先证明两个命题：

(1) $n \geq 2k-1$.

证：反证法，如果 $2k > n+1$，则 $m = d(G) * n/2 \geq 2kn > n(n+1)$，与 G 是简单图矛盾，证毕．

(2) $m \geq (2k-3)(n-k+1)+1$.

证：直接证，$m = d(G) * n/2 \geq 2kn \geq (2k-3)(n-k+1)+1$，证毕．

然后用归纳法证明一个比原题更强的结论：只要 G 满足

(1) $n \geq 2k-1$，

(2) $m \geq (2k-3)(n-k+1)+1$，

G 就有 k 连通子图．

对 n 进行归纳证明．基础情形：$n=2k-1$. 此时 $k=(n+1)/2$，因此根据条件 (2) 有 $m \geq n(n-1)/2$，因此 $G = K_n \supseteq K_{k+1}$，而 K_{k+1} 是 k 连通子图．归纳步骤：假设 $n \geq 2k$. 如果有顶点 v 满足 $d(v) \leq 2k-3$，则可以对 $G-v$ 应用归纳假设．因此假设 $\delta(G) \geq 2k-2$. 如果 G 是 k 连通的，则大功告成．因此假设 G 可以写成 $G = G_1 \cup G_2$，$|G_1 \cap G_2| = k-1$ 并且 $|G_1|,|G_2| < n$. 根据假设，$G_1 - G_2$ 或 $G_2 - G_1$ 中每个顶点 v 满足 $d(v) \geq 2k-2$，所以 $|G_1|,|G_2| \geq 2k-1$. 但是这样一来，G_1, G_2 中至少有一个图满足归纳假设，因为否则就有 $|E(G_i)| \leq (2k-3)(|V(G_i)|-k+1)$，$k=1,2$. 因此

$m \leq |E(G_1)| + |E(G_2)|$

$\leq (2k-3)(|V(G_1)| + |V(G_2)| - 2k+2)$

$= (2k-3)(n-k+1)$ （根据容斥原理和 $|G_1 \cap G_2| = k-1$）

这与条件 (2) 矛盾！证毕．

15. 只需证明任意两个顶点 x 和 y 在 $\overline{G}$ 中都是连通的．下面分两种情况讨论．

(1) 如果 x 和 y 在 G 中是不连通的，则 x 和 y 在 G 中也是不相邻的，所以 x 和 y 在 $\overline{G}$ 中有边直接相连，因此 x 和 y 在 $\overline{G}$ 中是连通的．

(2) 如果 x 和 y 在 G 中是连通的，则 x 和 y 属于 G 的同一个连通分支．由于 G 是不连通的，所以存在别的连通分支．设 z 是别的连通分支中的一个顶点，则 z 与 x（或 y）在 G 中分处不同连通分支，因此是不连通的．根据 (1) 的讨论，z 与 x（或 y）在 $\overline{G}$ 中是连通的，因此 x 和 y（经过 z）在 $\overline{G}$ 中是连通的．

讨论：通过上述证明可以看出，如果 G 不连通，则对于任意两个顶点 x 和 y，要么 x 和 y 在 $\overline{G}$ 中直接相邻，要么 x 和 y 在 $\overline{G}$ 中都与顶点 z 相邻，即 x 和 y 之间的距离不超过 2．

16. 设 $G-v$ 的连通分支是 $G_1, G_2, \cdots, G_k$，则在 $G-G$ 中 $G_1, G_2, \cdots, G_k$ 彼此之间没有边，于是在 $\overline{G}-G$ 中 $G_1, G_2, \cdots, G_k$ 彼此之间都有边（实际上它们构成一个完全 k 部图），即 $\overline{G}-v$ 中 $G_1, G_2, \cdots, G_k$ 彼此之间是连通的，由于 $G_1, G_2, \cdots, G_k$ 包含了 $\overline{G}-v$ 中所有的顶点，所以 $\overline{G}-v$ 是连通的，因此 v 不是 $\overline{G}$ 的割点．

17. 用反证法. 假设彼得森图有长度为 7 的圈. 彼得森图每个顶点的度都是 3, 所以圈上每个点都还关联一条圈外的边, 圈上的任意两个点之间不能关联同一条圈外的边, 否则这条边就会把圈分成长度为 3 和 6 或长度为 4 和 5 的两个圈, 但是彼得森图的围长为 5, 没有长度为 3 和 4 的圈. 所以圈上 7 个点每点都各自关联一条边, 这条边的另外一端不在圈上. 圈以外还剩下 3 个顶点, 所以其中至少有一个顶点 v 与圈上的 3 个顶点相邻(根据鸽巢原理, 7 条边分配给 3 个顶点, 至少一个顶点分到 3 条以上的边). 但是在长度为 7 的圈上安排 3 个不同顶点, 无论如何安排, 都会有两个顶点在圈上距离不超过 2, 这两个顶点与 v 构成长度不超过 4 的圈, 这与彼得森图没有长度为 3 和 4 的圈相矛盾, 证毕.

讨论: 请读者自己证明彼得森图没有长度为 6 和 8 的圈. 实际上, 彼得森图中只有长度为 5 和 9 的圈.

18. 以下分别证明原题中的两个不等式.

(1) 由题中半径和直径的定义有
$$\text{rad}(G) = \min_{v \in V} e(v), \text{diam}(G) = \max_{v \in V} e(v),$$
所以 $\text{rad}(G) \leqslant \text{diam}(G)$.

(2) 设顶点 u 和 v 使得
$$\text{diam}(G) = \max_{x \in V} e(x) = e(v) = \max_{y \in V} d_G(y, v) = d_G(u, v).$$
设 z 是图的一个中心, 由距离的三角形不等式和图半径的定义, 有
$$d_G(u, v) \leqslant d_G(u, z) + d_G(z, v) \leqslant 2 \cdot \text{rad}(G),$$
所以 $\text{diam}(G) \leqslant 2 \cdot \text{rad}(G)$, 证毕.

19. 根据握手定理, G 中有 $k(2k+1)/2$ 条边, 所以 k 一定是偶数.

20. 设 x 和 y 的邻域分别是 $N(x) = \{v \mid (x, v) \in E(G)\}$ 和 $N(y) = \{v \mid (y, v) \in E(G)\}$. 由于 G 是 k 正则的, 所以 $|N(x)| = |N(y)| = k$. 如果存在 $z \in N(x) \cap N(y)$, 则 x, y, z 三点组成 K_3 子图, 但是已知 G 不含 K_3 子图, 所以 $N(x) \cap N(y) = \varnothing$, 因此
$$|N(x) \cup N(y)| = |N(x)| + |N(y)| = 2k.$$

由于 G 是 $2k+1$ 阶的, 所以存在唯一的 $z \notin N(x) \cup (N(y))$, 即 z 既不与 x 相邻也不与 y 相邻.

21. 用反证法. 将任意顶点 x 的邻域记为 $N(x) = \{v \mid (x, v) \in E(G)\}$. 如果 G 不含有 K_3 子图, 那么对于 G 中任意两个相邻的顶点 x 和 y, 有 $N(x) \cap N(y) = \varnothing$. 令 $X = N(x) - \{y\}, Y = N(y) - \{x\}$. 根据上题(补充题 20)的结论, 存在唯一的 $z \notin N(x) \cup N(y)$. 因此 $N(z) \subseteq X \cup Y$. 由于 $|X| = |Y| = k - 1$, 而 $|N(z)| = k$, 所以 $N(z) \cap X \neq \varnothing, N(z) \cap Y \neq \varnothing$. 设 $a \in N(z) \cap X, b \in N(z) \cap Y$, 则 a 与 b 不相邻, 否则 a, b, z 构成 K_3 子图. 显然 a 不能与 X 中任何其他顶点 u 相邻, 否则 a, u, x 构成 K_3 子图. 现在 a 已经与 x 和 z 相邻, 但是 a 的度为 k, a 还需要与另外 $k-2$ 个顶点相邻, 这些点不能是 y, z 和 $X - \{a\}$ 中的点, 所以只能是 $Y - \{b\}$ 中的所有点. 同理, b 与 $X - \{a\}$ 中每个点相邻. 由于 $k \geqslant 4$, 所以 $X - \{a\} \neq \varnothing, Y - \{b\} \neq \varnothing$, 如图 7.19 所示.

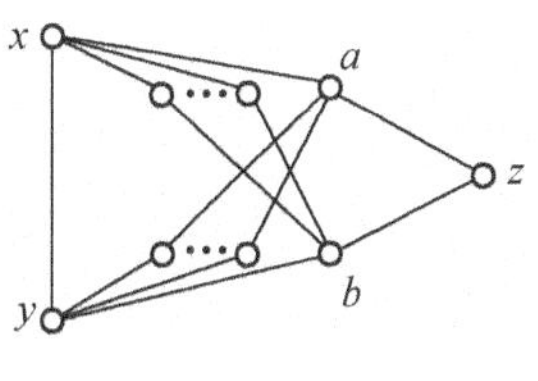

图 7.19

现在 z 也需要 $k - 2$ 个另外的相邻顶点. 但是如果 z 与 $X - \{a\}$ 中某个顶点 u 相邻, 则 z, b, u 构成 K_3 子图, 所以 $N(z) \cap (X - \{a\}) = \varnothing$, 同理 $N(z) \cap (Y - \{b\}) = \varnothing$, 而且 z 不与 x 和 y 相邻, 所以只能是 $N(z) = \{a, b\}$, 这与 G 是 k 正则图($k \geqslant 4$)相矛盾. 证毕.

22. (1) $abhfadecb$;

(2) $abhfecda$;

(3) $abhfecd$;

(4) $bhfed, fhbcd, hfadc, edabh$.

说明：第(4)问要正确理解题意. 例如, $abcde$ 是长度为 4 的路径, 但是这个路径并不是一个导出子图, 因为这 5 个顶点的导出子图中含有圈 cde. 题目中所要求的导出子图本身是路径.

23. $F \cong G \not\cong H$.

(1) $F \cong G$: 令 $\varphi: V(F) \to V(G), \varphi(a)=a, \varphi(b)=b, \varphi(c)=4, \varphi(d)=c, \varphi(e)=d, \varphi(f)=f, \varphi(1)=e, \varphi(2)=2, \varphi(3)=1, \varphi(4)=3$.

(2) $G \not\cong H$: H 有两个长度为 4 的圈, 而 G 一个也没有.

24. (1) 非负整数序列 $(8,8,7,7,6,6,5,5,4)$ 可简单图化. 用定理 7.5 来判断:

$(8,8,7,7,6,6,5,5,4) \Leftrightarrow (7,6,6,5,5,4,4,3) \Leftrightarrow (5,5,4,3,3,2) \Leftrightarrow (4,3,2,2,2) \Leftrightarrow (2,2,1,1,2) \Leftrightarrow (2,2,2,1,1) \Leftrightarrow (1,1,1,1) \Leftrightarrow (0,1,1) \Leftrightarrow (1,1,0) \Leftrightarrow (0,0)$, 最后显然是可简单图化的.

(2) 非负整数序列 $(7,6,6,5)$ 可图化, 如图 7.20 所示. 其中 $d(a)=7, d(b)=d(c)=6, d(d)=5$.

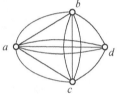

图 7.20

25. 用反证法. 假设 C 是 G 的圈, 而且 C 不是 G 的导出子图. 由于 G 不含偶数长度的圈, 所以 C 的长度是奇数. 由于 C 不是导出子图, 所以存在 C 上顶点 u 和 v, 使得 $(u,v) \in E(G) - E(C)$. 设 u 和 v 把 C 分为两个路径 P 和 Q, 由于 C 的长度是 P 和 Q 长度之和, 所以 P 和 Q 中必有一条长度为奇数, 不妨设 P 长度为奇数. 于是 $P+(u,v)$ 是 G 中偶数长度的圈, 与 G 不含偶数长度的圈相矛盾, 证毕.

第八章 欧拉图与哈密顿图

Ⅰ．习题八

1. 设 G 为 $n(n\geq 2)$ 阶欧拉图，证明 G 是 2-边连通图．

2. 设 G 为无向连通图，证明：G 为欧拉图当且仅当 G 的每个块是欧拉图．

3. 设 G 是恰有 $2k(k\geq 1)$ 个奇度顶点的连通图，证明 G 中存在 k 条边不重的简单通路 P_1，$P_2,\cdots,P_k$，使得

$$E(G) = \bigcup_{i=1}^{k} E(P_i).$$

4. 设 G 为欧拉图，$v_0 \in V(G)$，若从 v_0 开始行遍，无论行遍到那个顶点，只要未行遍过的边就可以行遍，最后行遍所有边回到 v_0，即得 G 中一条欧拉回路，则称 v_0 是可以任意行遍的，证明：v_0 是可以任意行遍的当且仅当 $G-v_0$ 中无圈．

5. 如何将 16 个二进制数字（8 个 0，8 个 1）排成一个圆形，使得 16 个长为 4 的二进制数在其中各出现且仅出现一次？

6. 如何将 9 个 α，9 个 β，9 个 γ 排成圆形，使得由 α,β,γ 产生的 27 个长为 3 的符号串在其中均出现且仅出现一次？

7. 证明图 8.1 中所示的两个图均不是哈密顿图．

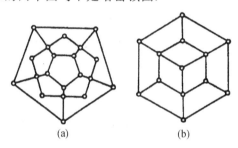

图 8.1

8. 证明彼得森图不是哈密顿图．

9. 设 G_1 为 n 阶无向简单图，边数 $m=\frac{1}{2}(n-1)(n-2)+2$，证明 G 为哈密顿图．再举例说明，当 $m=\frac{1}{2}(n-1)(n-2)+1$ 时，G 不一定为哈密顿图．

10. 设 G 为无向连通图，C 为 G 中一条初级回路（圈），若删除 C 上任何一条边后，C 上剩下边的导出子图均为 G 中最长的路径，证明 C 为 G 中哈密顿回路，从而 G 为哈密顿图．

11. 已知 a,b,c,d,e,f,g 7 个人中，a 会讲英语；b 会讲英语和汉语．c 会讲英语、意大利语和俄语；d 会讲汉语和日语；e 会讲意大利语和德语；f 会讲俄语、日语和法语；g 会讲德语和法语，能否将他们的座位安排在圆桌旁，使得每个人都能与他身边的人交谈？

12. 今有 $2k(k\geqslant 2)$ 个人去完成 k 项任务,已知每个人均能与另外 $(2k-1)$ 个人中的 k 个人中的任何一个人组成小组(每组两个人)去完成他们共同熟悉的任务. 问这 $2k$ 个人能否分成 k 组(每组两个人),每组完成一项他们共同熟悉的任务?

13. 今有 n 个人,已知他们中的任何二人合起来认识其余的 $n-2$ 人,试证明:当 $n\geqslant 3$ 时,这 n 个人能排成一列,使得中间任何人都认识两旁的人,而两头的人认识左边(或右边)的人. 而当 $n\geqslant 4$ 时,这 n 个人能排成一个圆圈,使得每个人都认识两旁的人.

14. 在四分之一国际象棋棋盘(4×4 黑白格棋盘)上跳马,使马经过每个格一次且仅一次,最后回到出发点能否办到? 为什么?

15. 在国际象棋棋盘上跳马,要求同第 14 题,能办到吗?

16. 完成定理 8.8 的证明.

17. 在定理 8.11 的证明中,试证明 C_i 均为 K_{2k+1} 中的哈密顿回路,且 $E(C_i)\bigcap E(C_j)=\emptyset(i\neq j)$.

Ⅱ. 习题八解答

1. 根据在图中任何初级或简单回路上删除任何一条边不影响原来图的连通性,以及 k-边连通的定义证明本题.

设 G 为 2-边连通,只需证明 G 中无桥(割边). 因为 G 为欧拉图,因而 G 中存在欧拉回路,设 C 为 G 中欧拉回路,G 中任何边都在 C 上,所以,$\forall e\in E(G)=E(C)$,$G-e$ 仍连通,故 e 不是桥,这说明 G 中无桥,所以 G 是 2-边连通图.

本题也可以用反证法证明.

否则,若 G 中有桥,设 $e=(v_1,v_2)$ 为 G 中一桥,$G-e$ 产生两个连通分支,设其为 G_1 与 G_2,不妨设 v_1 在 G_1 中,v_2 在 G_2 中. 因为 G 为欧拉图,所以 $\forall v\in V(G)$,$d(v)$ 为偶数,于是 $d_{G_1}(v_1)$,$d_{G_2}(v_2)$ 均为奇数,而 G_1 中(或 G_2 中)其余的顶点度数仍为偶数,对 G_1 与 G_2 来说,它们各有一个奇度顶点,这与握手定理推论相矛盾.

2. 当 G 中无割点,即 G 为块时,结论显然为真. 当 G 中有割点,即 G 含子图块时,用定理 8.1 证明.

"⇒"由定理 8.1 可知,要证明 G 的每个块都是欧拉图,只需证明 G 的每个块都是若干条边不重圈的并.

因为 G 为欧拉图,由定理 8.1 可知 G 为若干条边不重圈的并,即 $G=\bigcup_{i=1}^{d}C_i$,$E(C_i)\bigcap E(C_j)=\emptyset$,$i\neq j$. 其中 $C_i(i=1,2,\cdots,d)$ 为圈. 下面证明 G 中任意一个圈,都只能处于 G 的同一个块中,否则 $\exists$ 圈 C_i 至少位于两个块中,不妨设 C_i 的边 e_1 在 G 的块 G_1 中,边 e_2 在 G 的块 G_2 中,于是当从 e_1 出发经过 e_2 行遍完 C_i 时,中间至少经过 G 的一个割点,使 C_i 成为非圈的简单回路,这与 C_i 为圈相矛盾.

由以上证明可知,G 中的每个块都是 $\bigcup_{i=1}^{d}C_i$ 中的若干个圈之并,再由定理 8.1 可知 G 的每个块都是欧拉图.

"⇐"由于已知 G 连通,所以只需证明 G 中无奇度顶点.

$\forall v\in V(G)$,若 v 只处于 G 的一个块 G_k 中,由于 G_k 为欧拉图,所以 $d_G(v)=d_{G_k}(v)$ 为偶数. 当 v 处于多个块 $G_{k_1},G_{k_2},\cdots,G_{k_s}(s\geqslant 2)$ 中,此时 v 为割点,则 $d_G(v)=d_{G_{K_1}}(v)+d_{G_{K_2}}(v)$

$+\cdots+d_{G_{K_s}}(v)$ 为偶数,所以 G 为欧拉图.

3. 证明此题的方法很多,这里只给出归纳法.

对其中的 k 做归纳法.

(1) $k=1$,则 G 中恰有 2 个奇度顶点,且 G 为连通图,由定理 8.2 可知,G 为半欧拉图,因而 G 中存在欧拉通路 Γ,则 Γ 满足要求,所以 $k=1$ 时结论为真.

(2) 设 $k=r$ 时结论为真,要证明 $k=r+1$ 时结论也为真.

设 $2r+2$ 个奇度顶点分别为 $v_1, v_2, \cdots, v_r, v_{r+1}; v_1', v_2', \cdots, v_r', v_{r+1}'$. 在 G 中加边 (v_{r+1}, v_{r+1}'),设所得图 $G' = G \cup (v_{r+1}, v_{r+1}')$,则 G' 中含 $2r$ 个奇度顶点,由归纳假设可知,G' 中存在 r 条边不重的简单通路 $P_1, P_2, \cdots, P_r$,使得

$$E(G') = \bigcup_{i=1}^{r} E(P_i).$$

因为同一条简单通路中至多只能含 2 个奇度顶点(当然不能含一个奇度顶点),又图 G' 中有 $2r$ 个奇度顶点,所以 $P_1, P_2, \cdots, P_r$ 中均恰含 2 个奇度顶点,且均为通路的始点和终点. 又 $\exists i (1 \leqslant i \leqslant r)$,$P_i$ 中含新加的边 $e_{r+1} = (v_{r+1}, v'_{r+1})$,不妨设 P_i 的始点和终点分别为 v_i 和 v'_i,则 $P_i - e_{r+1}$ 产生两条边不重的简单通路,P_{i1} 与 P_{i2},它们的始点和终点分别为 v_i, v_{r+1} 和 v_i', v'_{r+1},或者分别为 v_i, v'_{r+1} 和 v'_i, v_{r+1}. 将 $P_1, P_2, \cdots, P_{i-1}, P_{i1}, P_{i2}, P_{i+1}, \cdots, P_r$ 重新排序,得

$$P_1, P_2, \cdots, P_r, P_{r+1}$$

为 $r+1$ 条边不重的简单通路,且

$$E(G) = \bigcup_{i=1}^{r+1} E(P_i).$$

4. "⇒"用反证法证明必要性.

否则,$G - v_0$ 中含圈,设 C' 为 $G - v_0$ 中的圈,则 v_0 不在 C' 上. 设 $G' = G - E(C')$,由于在图中删除某个圈上的所有边,不影响图中顶点的奇偶性,所以 G' 中仍无奇度顶点,因而,若 G' 连通,G' 仍为欧拉图.

由于 v_0 是可以任意行遍的,在从 v_0 出发行遍 G 中欧拉回路时,只要 G' 中的边未行遍完就行遍 G' 中的边,由于 G' 也是欧拉图,当行遍出 G' 的欧拉回路时,必回到 v_0. 但因 v_0 不在 C' 上,所以无法从 v_0 出发再行遍 C' 上的边,这与 v_0 是可以任意行遍的相矛盾.

若 G' 不连通,共有 $k(k \geqslant 2)$ 个连通分支,设为 $G_1, G_2, \cdots, G_k$,易知 $G_i (i=1, 2, \cdots, k)$ 都是欧拉图. 不妨设 v_0 在 G_1 中,在从 v_0 开始行遍 G 的欧拉回路时,先行遍 G_1 中的欧拉回路,由于不连通性,以及 v_0 不在 G' 上,所以 $G_2, G_3, \cdots, G_k$ 以及 C' 都无法行遍,这又矛盾于 v_0 是可以任意行遍的.

"⇐"用定理 8.1 中(3)证明充分性,由于 G 为欧拉图,由定理 8.1 可知 G 为若干个边不重的圈的并,即 $G = \bigcup_{i=1}^{d} C_i$,因为 $G - v_0$ 中无圈,所以 G 中每个圈都过 v_0,即 v_0 是 G 中所有圈的公共顶点,于是 $C_1, C_2, \cdots, C_d$ 都过 v_0. 在走 G 中欧拉回路时,从 v_0 开始行遍,随意地行遍完 $C_1, C_2, \cdots, C_d$(可不按标定顺序),最后回到 v_0,走一条欧拉回路,所以 v_0 是可任意行遍的.

5. 借助有向欧拉图寻找答案.

做有向图 $D = \langle V, E \rangle$,其中,

$$V = \{\alpha_1 \alpha_2 \alpha_3 \mid \alpha_i = 0 \lor 1, i = 1, 2, 3\} = \{000, 001, \cdots, 110, 111\}.$$

V 中顶点的关联关系规定如下:V 中任意顶点 $\alpha_1 \alpha_2 \alpha_3$ 引出两条边 $\alpha_1 \alpha_2 \alpha_3 0$ 和 $\alpha_1 \alpha_2 \alpha_3 1$,

$\alpha_1\alpha_2\alpha_3 0$ 关联顶点 $\alpha_2\alpha_3 0$, $\alpha_1\alpha_2\alpha_3 1$ 关联顶点 $\alpha_2\alpha_3 1$, 则
$$E=\{\alpha_1\alpha_2\alpha_3\alpha_4 | \alpha_i=0 \vee 1, i=1,2,3,4\}=\{0000,0001\cdots,1110,1111\}.$$
D 中每个顶点的入度与出度均为 2, 且 D 是连通的, 所以 D 是有向欧拉图, 如图 8.2 所示.

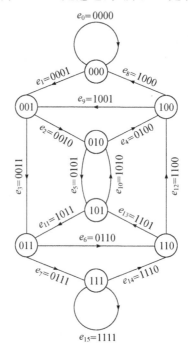

图 8.2

在 D 中随意地走出一条欧拉回路, 例如,
$$C=e_0 e_1 e_3 e_7 e_{15} e_{14} e_{13} e_{11} e_6 e_{12} e_9 e_2 e_5 e_{10} e_4 e_8$$
就是其中的一条. 在 C 上, 若 e_i 邻接 e_j, 则 e_i 的后 3 位与 e_j 的前 3 位相同, 因而依次取 C 中各边的末位排成圆形就能译出 16 个各不相同的 4 位二进制数, C 对应的圆形排列为

┌─ 0111101100101000 ◀─
└──────────────────────┘

译出的 16 个 4 位二进制数转化成十进制数分别为 7, 15, 14, 13, 11, 6, 12, 9, 2, 5, 10, 4, 8, 0, 1, 3.

6. 类似于第 5 题, 做有向图 $D=\langle V,E \rangle$, 其中,
$$V=\{a_1 a_2 | a_i=\alpha \vee \beta \vee \gamma, i=1,2\}, 则 |V|=9.$$
V 中顶点 $a_1 a_2$ 引出 3 条边: $a_1 a_2 \alpha$, 引入顶点 $a_2 \alpha$; $a_1 a_2 \beta$, 引入顶点 $a_2 \beta$; $a_1 a_2 \gamma$, 引入顶点 $a_2 \gamma$. 设边集
$$E=\{a_1 a_2 a_3 | a_i=\alpha \vee \beta \vee \gamma, i=1,2,3\}, 则 |E|=27.$$
D 如图 8.3 所示.

由边的形成规则可知:

$e_1=\alpha\alpha\alpha$,	$e_2=\alpha\alpha\beta$,	$e_3=\alpha\beta\beta$,	$e_4=\beta\beta\beta$,
$e_5=\beta\beta\gamma$,	$e_6=\beta\gamma\beta$,	$e_7=\gamma\beta\gamma$,	$e_8=\beta\gamma\gamma$,
$e_9=\gamma\gamma\gamma$,	$e_{10}=\gamma\gamma\beta$,	$e_{11}=\gamma\beta\beta$,	$e_{12}=\beta\beta\alpha$,

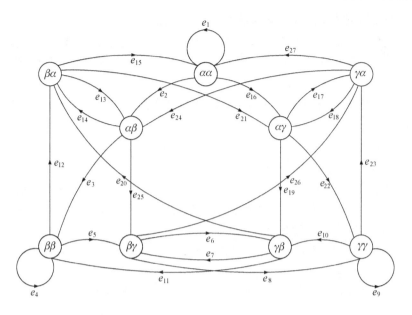

图 8.3

$e_{13}=\beta\alpha\beta,$ $\quad\quad e_{14}=\alpha\beta\alpha,$ $\quad\quad e_{15}=\beta\alpha\alpha,$ $\quad\quad e_{16}=\alpha\alpha\gamma,$

$e_{17}=\alpha\gamma\alpha,$ $\quad\quad e_{18}=\gamma\alpha\gamma,$ $\quad\quad e_{19}=\alpha\gamma\beta,$ $\quad\quad e_{20}=\gamma\beta\alpha,$

$e_{21}=\beta\alpha\gamma,$ $\quad\quad e_{22}=\alpha\gamma\gamma,$ $\quad\quad e_{23}=\gamma\gamma\alpha,$ $\quad\quad e_{24}=\gamma\alpha\beta,$

$e_{25}=\alpha\beta\gamma,$ $\quad\quad e_{26}=\beta\gamma\alpha,$ $\quad\quad e_{27}=\gamma\alpha\alpha.$

在 D 中,每个顶点的入度与出度相等,都等于3,并且 D 连通,所以 D 是欧拉图. 按边的自然序 $e_1 e_2 e_3 \cdots e_{25} e_{26} e_{27}$ 为一条欧拉回路,设其为 C. 将 C 中各边按顺序取末位排成圆形:

$$\alpha\beta\beta\beta\gamma\beta\gamma\gamma\gamma\beta\beta\alpha\alpha\gamma\alpha\gamma\beta\alpha\gamma\gamma\alpha\beta\gamma\alpha\alpha$$

由此能译出 27 个长为 3 的各不相同的符号串:

$\alpha\beta\beta, \beta\beta\beta, \beta\beta\gamma, \beta\gamma\beta, \gamma\beta\gamma, \beta\gamma\gamma, \gamma\gamma\gamma, \gamma\gamma\beta, \gamma\beta\beta,$

$\beta\beta\alpha, \beta\alpha\beta, \alpha\beta\alpha, \beta\alpha\alpha, \alpha\alpha\gamma, \alpha\gamma\alpha, \gamma\alpha\gamma, \alpha\gamma\beta, \gamma\beta\alpha,$

$\beta\alpha\gamma, \alpha\gamma\gamma, \gamma\gamma\alpha, \gamma\alpha\beta, \alpha\beta\gamma, \beta\gamma\alpha, \gamma\alpha\alpha, \alpha\alpha\alpha, \alpha\alpha\beta.$

7. 图 8.4(a) 为图 8.1(a),图 8.4(b) 为图 8.1(b).

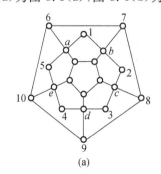
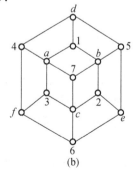

图 8.4

先证(a)图不是哈密顿图,这里可以给出多种方法证明.

方法一　利用定理 8.6,即证明此图破坏哈密顿图应满足的必要条件.取顶点集的子集 $V_1=\{a,b,c,d,e\}$,则 $p(G-V_1)=7>|V_1|=5$,由定理 8.6 可知,(a)图不是哈密顿图.

方法二　利用下面命题证明.

命题　设 G 为简单无向图,G 为哈密顿图,则 G 中任何 2 度顶点关联的两条边必在任何哈密顿回路上.

此命题的证明太平凡.

若(a)图为哈密顿图,图中标号为 1,2,3,4,5 的顶点均为 2 度顶点,由上面命题可知,它们关联的 10 条边在任何哈密顿回路上,可是这 10 条边构成了长为 10 的圈,迫使 a,b,c,d,e 关联的圈外的边不能扩进这个圈中,其他顶点更不能扩进这个圈中,所以(a)图不是哈密顿图.

方法三　可用边数不足阶数证明.

(a)图是阶数 $n=20$,边数 $m=30$ 的简单无向图,若(a)图为哈密顿图,则哈密顿回路上准确地含 20 条边,但可提供能用的边不足 20 条.图中 a,b,c,d,e 均为 4 度顶点,且它们关联的边互不相同,因而能用的至多为 10 条,即有 10 条不能用.又外圈 $C=6\ 7\ 8\ 9\ 10\ 6$ 上的边不能全用上,否则图不连通,于是可用边不足 20 条,所以(a)图不是哈密顿图.

再证(b)图不是哈密顿图.

方法一　利用定理 8.6.

取 $V_1=\{a,b,c,d,e,f\}$.$p(G-V_1)=7>|V_1|=6$,由定理 8.6 可知,(b)图不是哈密顿图.

方法二　利用下面命题证明.

命题　二部图 $G=\langle V_1,V_2,E\rangle$ 为哈密顿图,则 $|V_1|=|V_2|\geqslant 2$.

由于(b)图中无长度为奇数的回路,所以(b)图为二部图,$V_1=\{a,b,c,d,e,f\}$,$V_2=\{1,2,3,4,5,6,7\}$.由于 $|V_1|\neq|V_2|$,所以(b)图不是哈密顿图.

方法三　可用边数不足阶数证明.

此图阶数 $n=13$,边数 $m=21$,a,b,c 处共有 6 条边不能用在同一圈上,d,e,f 处有 3 条边不能用上,所以可用边至多为 12 条,因而(b)图不是哈密顿图.

8. 此题中,设彼得森图为 G,如图 8.5(a)所示.并设 G 的 3 个特殊子图 G_1,G_2,G_3 分别为图 8.5(b),(c),(d)所示,不难验证,$\forall V_1\neq\varnothing$,$V_1\subset V(G)$,均有 $p(G-V_1)\leqslant|V_1|$,即 G 满足定理 8.6 中条件,因而不能用定理 8.6 来证明 G 不是哈密顿图.下面给出一种证明方法.

证明方法　分情况讨论法.

由 G 的特殊构造,设 $E_1=\{e_1,e_2,e_3,e_4,e_5\}$,如图 8.5(a)所示,若 G 为哈密顿图,则 E_1 中的边不可都不出现(若都不出现,图就不连通了),又不可能出现奇数次,因而只能出现 2 次或 4 次.下面证明出现 2 次或 4 次也不可能存在哈密顿回路.

(1) 出现 2 次,由图的对称性可知,只有图 8.5(b),(c)两种情况,但这两种情况下都不可能存在哈密顿回路.在图(b)中,取 $V_1=\{a,b\}$,则 $p(G_1-V_1)=3>|V_1|=2$,这与定理 8.6 矛盾.

在图(c)中,a,b,c 3 个顶点均为 2 度顶点,它们关联的 5 条边应在 G_2 的任何哈密顿回路上,这与 e_1,e_3 在哈密顿回路上相矛盾.

(2) 出现 4 次,如图 8.5(d)所示.此时 G_3 中有两个 2 度顶点,它们关联的 4 条边及 e_1,e_3,

e_4, e_5 均要在任何哈密顿回路上,见图中实线边所示,无法得到哈密顿回路.

由以上讨论可知 G 不会存在哈密顿回路,因而 G 不是哈密顿图.

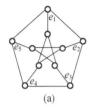 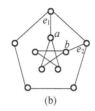 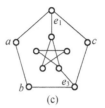 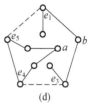

图 8.5

9. 用握手定理、简单图的性质及本题中给的条件,证明 G 满足定理 8.7 推论 1 的条件:$\forall u, v \in V(G), u$ 与 v 不相邻,则
$$d(u)+d(v) \geqslant n, \qquad ①$$
用反证法证明①成立. 否则,$\exists u, v \in V(G)$,不相邻,有
$$d(u)+d(v) \leqslant n-1, \qquad ②$$
由握手定理及题中给的条件可知
$$\sum d(v_i) = 2m = (n-1)(n-2) + 4 \qquad ③$$
令 $G' = G - \{u, v\}$,则 G' 为 $n-2$ 阶无向简单图,由握平定理可知
$$\sum d_{G'}(v_i) = 2m' \geqslant 2m - (n-1) \quad (由 ②)$$
$$\geqslant 2m - 2(n-1) \qquad ④$$
由③与④可得
$$m' \geqslant \frac{1}{2}(n-1)(n-2) + 2 - (n-1)$$
$$= \frac{1}{2}(n-1)(n-2) - (n-2) + 1$$
$$= \frac{1}{2}(n-2)(n-3) + 1,$$
这与 G' 为 $(n-2)$ 阶简单图相矛盾,所以不会有②为真,即①为真,由定理 8.7 推论 1 可知 G 为哈密顿图.

在无向完全图 $K_{n-1}(n \geqslant 4)$ 之外放置一个顶点,使其与 K_{n-1} 中某一个顶点相邻,记所得图为 G,则 G 的边数 $m = \frac{1}{2}(n-1)(n-2) + 1$,但 G 不是哈密顿图. $n=4,5,6$ 的情况分别由图 8.6(a),(b),(c)所示.

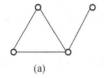

图 8.6

10. 用反证法证明之. 若 C 不是 G 中哈密顿回路,说明 G 中还存在不在圈 C 上的顶点,设 $v_x \notin V(C)$,即 $v_x \in V(G)-V(C)$,因为 G 为连通图,因而 $\exists v_y \in V(C)$,使得 v_x 与 v_y 连通,即 v_y 到 v_x 有路径,设在 C 上 v_y 与 v_z 相邻,根据题中条件,$C-(v_y,v_z)$ 应为 G 中最长路径,可是 G 中 $v_x \cdots v_y \cdots v_z$ 比 $v_y \cdots v_z$ 至少多一条边,这是个矛盾. 示意图如图 8.7 所示.

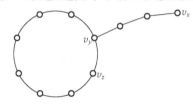

图 8.7

11. 根据已知条件做无向简单图,然后判断该图是否为哈密顿图.

做无向图 $G=\langle V,E \rangle$,其中,

$V=\{a,b,c,d,e,f,g\}$,

$E=\{(u,v) \mid u,v \in V \wedge u \text{ 与 } v \text{ 有共同语言} \wedge u \neq v\}$,

则 G 为 7 阶无向简单图,而且能根据已知条件画出 G 的图形,如图 8.8 所示. G 为哈密顿图,其中 $acegfdba$ 为一条哈密顿回路 C. $\forall u,v \in V(C)$,u 与 v 能交谈当且仅当他们在 C 上相邻,按回路上顺序安排座次即可.

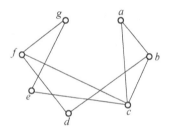

图 8.8

12. 用定理 8.7 的推论 1 证明本题.

根据已知条件做无向简单图 $G=\langle V,E \rangle$,其中,

$V=\{v \mid v \text{ 为去完成任务的人}\}$,则 $|V|=2k$,

$E=\{(u,v) \mid u,v \in V \wedge u \neq v \wedge u \text{ 与 } v \text{ 能合作}\}$.

易知,$\forall v \in V,d(v) \geq k$,于是 $\forall u,v \in V(G)$,则

$$d(u)+d(v) \geq k+k=2k=n,$$

由定理 8.7 的推论 1 可知,G 为哈密顿图,因而存在哈密顿回路 C,在 C 上任何相邻的两个顶点代表的人都能合作. 若设哈密顿回路 $C=v_1v_2\cdots v_{2k}v_1$,则 v_1 与 v_2 在一组,v_3 与 v_4 在一组,$\cdots$,v_{2k-1} 与 v_{2k} 在一组,就是其中的一组分配方案. 另外,v_2 与 v_3 在一组,v_4 与 v_5 在一组,$\cdots$,v_{2k-2} 与 v_{2k-1} 在一组,v_1 与 v_{2k} 在一组,也是一种分配方案.

13. 本题与 12 题的不同之处是要经过讨论后,才能用定理 8.7 或定理 8.7 的推论 1.

做无向简单图 $G=\langle V,E \rangle$,其中,

$V=\{v \mid v \text{ 为 } n \text{ 人之一}\}$,

$$E=\{(u,v)\,|\,u,v\in V \wedge u\neq v \wedge u \text{ 与 } v \text{ 相互认识}\},$$

则 G 为 n 阶简单图,且 $\forall u,v\in V$,

$$d(u)+d(v)\geqslant n-2, \qquad ①$$

讨论如下:

$$\forall v_i,v_j\in V, i\neq j,$$

(1) 若 v_i 与 v_j 认识,由①可知

$$d(v_i)+d(v_j)\geqslant n-2+2=n.$$

(2) 若 v_i 与 v_j 不认识,则 $\forall v_k\in V, k\neq i \wedge k\neq j$,则 v_i 与 v_j 必都认识 v_k. 否则必出现以下三种情况:

第一种情况:只有 v_i 认识 v_k,v_j 不认识 v_k,又由于 v_i 与 v_j 也不认识,则 v_i 与 v_k 合起来至多只认识其余 $n-3$ 个人,这与已知条件矛盾.

第二种情况:只有 v_j 认识 v_k,而 v_i 不认识 v_k,这样 v_j 与 v_k 合起来至多认识其余的 $n-3$ 个人,这又与已知条件矛盾.

第三种情况:v_i 与 v_j 都不认识 v_k,同样得出矛盾.

于是,除 v_i,v_j 不认识外,v_i 与 v_j 都认识其余的 $n-2$ 个人,因而,

$$d(v_i)+d(v_{j})\geqslant (n-2)+(n-2)=2(n-2), \qquad ②$$

对②进行讨论:

当 $n\geqslant 3$ 时,$2(n-2)\geqslant n-1$,由定理 8.7 可知,G 中存在哈密顿通路,因而这 n 个人能排成一列,达到要求.

当 $n\geqslant 4$ 时,$2(n-2)\geqslant n$,由定理 8.7 的推论 1 可知,G 为哈密顿图,因而存在哈密顿回路,达到要求.

14. 结论:办不到. 证明如下:

在棋盘黑格中放黑点,白格中放白点,按马走"日"字连边,得二部图 $G=\langle V,E\rangle$,如图 8.9(a)所示.

方法一 用定理 8.6,取 $V_1=\{a,b,c,d\}$,$G-V_1$ 如图 8.9(b)所示,共有 6 个连通分支,于是

$$p(G-V_1)=6>|V_1|=4,$$

由定理 8.6 可知,G 不是哈密顿图,即不存在哈密顿回路,因而所要求的跳马方案无法完成.

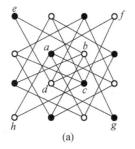
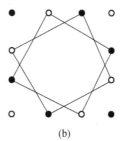

图 8.9

方法二 利用 2 度顶点关联的边都在哈密顿回路上.

图中 e,f,g,h 均为 2 度顶点,若 G 为哈密顿图,则它们关联的 8 条边应在任何哈密顿回路上,但这 8 条边构成 2 个长度为 4 的圈,当然不可能存在哈密顿回路,所以 G 不是哈密顿图,所要求的跳马方案无法完成.

15. 能办到. 在国际象棋棋盘上黑格内放黑点,白格内放白点,按马走"日"字连边,得无向图 $G=\langle V_1,V_2,E\rangle$,$V_1$ 中顶点为黑点,V_2 中顶点为白点,其实 G 为二部图,如图 8.10 所示. 只要证明 G 中存在哈密顿回路即可. 其实,在图中能行遍出哈密顿回路,按图中标定的顶点顺序走出的回路 $C=(1)(2)(3)\cdots(63)(64)(1)$ 就是其中的一条哈密顿回路,如图 8.10 中所示.

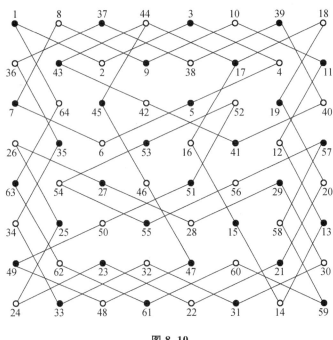

图 8.10

16. 必要性显然,下面只证充性:若 $G\cup(u,v)$ 为哈密顿图,则 G 也为哈密顿图. 为此,记
$$d(u)+d(v)\geqslant n \qquad (*)$$
设 C 为 $G\cup(u,v)$ 中的哈密顿回路,若边 $e=(u,v)\notin E(C)$,则 C 也在 G 中,即 C 也是 G 中哈密顿回路,所以 G 为哈密顿图;否则 $e=(u,v)\in E(C)$ 而 $e=(u,v)$ 不在 G 中,所以 C 不是 G 中哈密顿回路. 设 $C=v_1v_2\cdots v_{n-1}v_nv_1$,不妨设 e 的两个端点分别为 $v_1=u,v_n=v$,即 $e=(v_1,v_n)\in E(C)$,但 $e\notin E(G)$,则 $\Gamma=v_1v_2\cdots v_{n-1}v_n$ 为 G 中一条哈密顿通路. 此时,设 $u=v_1$ 与 Γ 上 k 个顶点相邻,则 $k\geqslant 2$,否则,若 $k=1$,则 $d(u)+d(v)=d(v_1)+d(v_n)\leqslant 1+(n-2)=n-1$,这与 $(*)$ 矛盾,所以 $k\geqslant 2$,不妨设 v_1 与 Γ 上 $v_{i_1},v_{i_2},\cdots,v_{i_k}$ 相邻.

又 v_n 至少与 $v_{i_2-1},v_{i_3-1},\cdots,v_{i_k-1}$ 之一相邻,否则
$$d(u)+d(v)=d(v_1)+d(v_n)\leqslant k+(n-2)-(k-1)=n-1,$$
这又与 $(*)$ 相矛盾. 不妨设 v_n 与 v_{i_r-1} 相邻,$2\leqslant r\leqslant k$,则 v_1 与 v_{i_r} 相邻,v_n 与 v_{i_r-1} 相邻,于是 $v_1v_2\cdots v_{i_r-1}v_nv_{n-1}\cdots v_{i_r}v_1$ 为 G 中一条哈密顿回路,如图 8.11 所示. 所以 G 是哈密顿图.

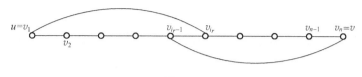

图 8.11

17. 分 3 步证明本题.

(1) $\forall i, i=1,2,\cdots,k$,证明
$$P_i = v_i v_{i-1} v_{i+1} v_{i-2} v_{i+2} \cdots v_{i-(k-1)} v_{i+(k-1)} v_{i-k}$$
为 K_{2k+1} 中顶点 $v_1,v_2,\cdots,v_{2k}$ 上长度为 $2k-1$ 的路径.

事实上,将 P_i 中顶点的下标按从小到大顺序排列,得
$$v_{i-k}, v_{i-(k-1)}, \cdots, v_{i-1}, v_i, v_{i+1}, \cdots, v_{i+(k-1)},$$
显见顶点的下标是连续的 $2k$ 个整数,对 $2k$ 取模(0 换成 $2k$)后,得到 1 到 $2k$ 之间的 $2k$ 个正整数.这说明 P_i 为路径,并且是 K_{2k+1} 中顶点集 $\{v_1,v_2,\cdots,v_{2k}\}$ 的长度为 $2k-1$ 的路径.

(2) 由(1)可知,$C_i = v_{2k+1} P_i V_{2k+1}$ $(i=1,2,\cdots,k)$ 为 K_{2k+1} 中长度为 $2k+1$ 的圈,故 C_i 为 K_{2k+1} 中的哈密顿回路.

(3) 证明 k 条哈密顿回路 $C_1,C_2,\cdots,C_k$ 彼此之间边均不重,也即证
$\forall t,s,\ t\neq s,\ 1\leqslant t,s\leqslant k$,均有
$$E(C_t) \bigcap E(C_s) = \varnothing.$$
其中,$C_t = v_{2k+1} v_t v_{t-1} v_{t+1} \cdots v_{t-k} v_{2k+1}$,$C_s = v_{2k+1} v_s v_{s-1} v_{s+1} \cdots v_{s-k} v_{2k+1}$.

当 $k=1$ 时,$k_{2k+1}=k_3$,其中只有 1 条哈密顿回路.结论自然为真.下面就 $k\geqslant 2$ 进行讨论.

① 先证明边 (v_{2k+1}, v_t) 与边 (v_{2k+1}, v_s) 和边 (v_{2k+1}, v_{s-k}) 都不同,并且 (v_{2k+1}, v_{t-k}) 与 (v_{2k+1}, v_s) 和边 (v_{2k+1}, v_{s-k}) 也都不同.

由于 $t\neq s$,所以 v_t 与 v_s 不同,又由于 $t-(s-k)\not\equiv 0 (\bmod 2k)$,因而 v_t 与 v_{s-k} 也不同.于是,
$$(v_{2k+1}, v_t) \neq (v_{2k+1}, v_s) \text{ 且 } (v_{2k+1}, v_t) \neq (v_{2k+1}, v_{s-k}).$$
类似讨论可知,
$$(v_{2k+1}, v_{t-k}) \neq (v_{2k+1}, v_s) \text{ 且 } (v_{2k+1}, v_{t-k}) \neq (v_{2k+1}, v_{s-k}).$$

② 再证 P_t 与 P_s 上的边不重.

记 $\alpha(i,j) = i + (-1)^{j+1} \lfloor \frac{j}{2} \rfloor$,$i=1,2,\cdots,k$.

$\forall i, i=1,2,\cdots,k$,$P_i$ 上的边 $(v_{\alpha(i,j)}, v_{\alpha(i,j+1)})$ 的端点的下标之差的绝对值为
$$|\alpha(i,j) - \alpha(i,j+1)| = \lfloor \frac{j}{2} \rfloor + \lfloor \frac{j+1}{2} \rfloor = j. \tag{$*$}$$

下面用反证法证明 P_t 与 P_s 无公共边.否则,存在 $(v_{\alpha(t,j)}, v_{\alpha(t,j+1)}) = (v_{\alpha(s,j')}, v_{\alpha(s,j'+1)})$,必有 $|\alpha(t,j)-\alpha(t,j+1)| = |\alpha(s,j'), \alpha(s,j'+1)|$,由($*$)可知,必有 $j=j'$.

又因为 $t\neq s$,因而必有
$$\alpha(t,j) - \alpha(s,j) = t-s \not\equiv 0 (\bmod 2k),$$
$$\alpha(t,j+1) - \alpha(s,j+1) = t-s \not\equiv 0 (\bmod 2k),$$
即必有 $v_{\alpha(t,j)} \neq v_{\alpha(s,j)}$ 且 $v_{\alpha(t,j+1)} \neq v_{\alpha(s,j+1)}$,于是必有
$$v_{\alpha(t,j)} = v_{\alpha(s,j+1)} \text{ 且 } v_{\alpha(t,j+1)} = v_{\alpha(s,j)},$$

这蕴涵着
$$\alpha(t,j) - \alpha(s,j+1) = t-s-1 \equiv 0 \pmod{2k},$$
且
$$\alpha_{(t,j+1)} - \alpha(s,j) = t-s+1 \equiv 0 \pmod{2k},$$
也即,$t-s \equiv 1 \pmod{2k}$ 且 $t-s \equiv -1 \pmod{2k}$.

因为 $k \geq 2$,所以 $t-s \equiv 1 \pmod{2k}$ 与 $t-s \equiv -1 \pmod{2k}$ 是矛盾的.

综合所述,K_{2k+1} 中存在 k 条边不重的哈密顿回路为真,且 $\sum_{i=1}^{k} E(C_i) = E(K_{2k+1})$.

Ⅲ. 补充习题

1. 设 k 是给定正整数,由 k 个圈组成的(有向或无向)图,要添加最少的边以成为欧拉图,问最多要添加几条边? 为什么?

2. 在一次许多男女青年人参加的聚会上,其中有些男青年与女青年相互认识,令 $V_1 = \{u \mid u$ 为与会的男青年$\}$,$V_2 = \{v \mid v$ 为与会的女青年$\}$,$E = \{(u,v) \mid u \in V_1, v \in V_2, u$ 与 v 相互认识$\}$,已知所得二部图 $G = \langle V_1, V_2, E \rangle$ 中存在哈密顿回路,证明与会的男青年与女青年人数相等.

3. 假设一个无向连通多重图中恰好有 4 个度为奇数的顶点. 证明存在两条通路,一条在其中的两个奇数度的顶点之间,另一条在剩下的两个奇数度的顶点之间,使得图中的每条边恰好在其中的一条通路上出现一次.

4. 下列图中哪些既是欧拉图又是哈密顿图?(1)K_4;(2)K_5;(3)$K_{2,3}$;(4)$K_{3,3}$.

5. 在"哥尼斯堡七桥"问题中,至少要再架几座桥,游人就可以不重复地走完七桥,最后又回到出发点?

6. 如果 G 是一个无向图,则 G 的线图 $L(G)$ 是这样的图:$L(G)$ 中的每个顶点对应于 G 中的一条边;$L(G)$ 中两个顶点之间有一条边,当且仅当 G 中的两条对应边是相邻的(即在 G 中有一个公共端点).

(1) 证明如果 G 有欧拉回路,则 $L(G)$ 有哈密顿回路;

(2) 当 $n \neq m$ 时,完全二部图 $K_{n,m}$ 不是正则图,但是线图 $L(K_{n,m})$ 是正则图.

7. 彼得森图(见图 8.12)不是哈密顿图,也不是欧拉图.

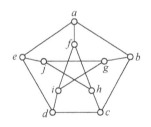

图 8.12

(1) 为了让彼得森图成为哈密顿图,至少需要增加几条边? 又至少需要减少几条边?

(2) 为了让彼得森图成为欧拉图,至少需要增加几条边? 又至少需要减少几条边?

8. 图 8.13 表示一开发商所设计房屋的平面图,缺口处表示门的位置. 如果希望从户外进入该房屋,穿过每个门一次并且恰好一次,再回到户外,目前的设计能实现这个愿望吗? 如果不能,应当如何修改设计,通过增加最少的门来实现这个愿望?

图 8.13

9. 证明对于任何 $n(n\geqslant 4)$ 阶无向简单图 G,只要 $\delta(G)\geqslant \lceil n/2\rceil+1$,$G$ 中就有两条不同的哈密顿回路(所谓不同的哈密顿回路是指至少有一条边不同).

10. 判断下列命题是否正确,如果正确,请给出证明;如果错误,请给出反例:竞赛图至多改变一条边的方向就可成为强连通图.

IV. 补充习题解答

1. 分两种情况:

(1) $k=1$ 时,不需要添加边. 因为一个圈本身就是欧拉图.

(2) $k>1$ 时,最多需要添加 k 条边. 因为假设这 k 个圈形成 s 个连通分支($s\leqslant k$),在每个连通分支上任取一个代表点,用 s 条边把这些代表点连成一个圈. 这样得到的图是若干个圈之并,并且是连通的,根据判定欧拉图的充分必要条件,可知其为欧拉图. s 最大可为 k. 只添加 $k-1$ 条边在最坏情况下是不够的,比如两个不相交的有向圈,只添加 1 条边是不够的.

2. 这里,即要证明 $|V_1|=|V_2|$. 否则,不妨设 $|V_1|<|V_2|$. 由于 G 为二部图,因而 $p(G-V_1)=|V_2|>|V_1|$,这与 G 为哈密顿图相矛盾(见《教程》定理 8.6).

3. 在这 4 个奇数度顶点之间任意两两相连加入 2 条边,这个图就变成了欧拉图. 在欧拉回路上去掉所加入的 2 条边之后,剩余的两条通路就具有所要求的性质.

4. 只有(2) K_5 既是欧拉图又是哈密顿图. 这是因为(1) K_4 和(4) $K_{3,3}$ 中每个顶点度都为 3,所以都不是欧拉图,但是都是哈密顿图. 而(3) $K_{2,3}$ 中互补顶点子集中顶点数不一样多,所以不是哈密顿图;有 3 度顶点,所以不是欧拉图.

5. 只需再架两座桥就可以达到要求. 请读者画出图来.

6. (1) G 中欧拉回路上相邻的边对应于 $L(G)$ 中相邻的顶点,由于 G 中每条边在欧拉回路上恰好出现一次,所以 $L(G)$ 中每个顶点恰好在一个回路上出现一次,因此 $L(G)$ 有哈密顿回路.

(2) $L(K_{n,m})$ 中一个顶点的度数等于 $K_{n,m}$ 中与这个顶点对应的边的相邻边数. $K_{n,m}$ 中每条边都有一个 n 度的端点和一个 m 度的端点,所以一个给定边的相邻边数等于 $n-1+m-1=n+m-2$. 由于这个值不依赖于所选择的边,所以 $L(K_{n,m})$ 的每个顶点都有相同的度数,即 $L(K_{n,m})$ 是正则图.

7. (1) 为了让彼得森图成为哈密顿图,至少增加一条边即可,因为彼得森图已经有哈密顿通路,只需要在哈密顿通路两端的顶点之间加一条边即可. 实际上由于彼得森图的对称性,这条边可加在任意两个不相邻的顶点之间,比如加在图 8.14 的 ag 之间.

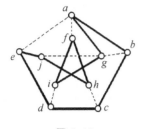

图 8.14

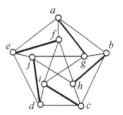

图 8.15

由于减少边不可能让非哈密顿图变成哈密顿图,所以无论减少多少条边也不行.

(2) 由于彼得森图是连通3-正则图,每个顶点的度都是3,为了让其成为欧拉图,就需要把每个顶点的度都变成偶数.显然最少要加5条边,因为每加入一条边只能改变两个顶点的度数,一共有10个顶点需要改变度数.可以把10个顶点分成不相邻的5组,在每组的两个顶点之间加入一条边,让彼得森图成为欧拉图,如图 8.15 所示.

如果试图通过减少边来把彼得森图变成欧拉图,为了保持连通性,每个顶点处只能删除一条边.这样一来得到的欧拉回路其实也是哈密顿回路了,由(1)已经知道这是不可能的,所以无论减少多少条边也不行.

8. 设每个房间对应一个顶点(户外也是一个顶点),每个门对应两个顶点(即该门所连接的两个房间)之间的一条边,于是得到一个连通图,所希望的走法就是这个图的一条欧拉回路.这个愿望能够实现当且仅当每个顶点的度数都是偶数.由于房间 B,C,D 和户外都是奇数度的,所以目前的设计还不能实现上述愿望.至少需要在 B,C,D 和户外这四个顶点之间增加两条边(即增加两个门).由于 C 和 D 之间没有公共的墙,不能在 C 和 D 之间加边,所以只能在 C 和 B 之间、D 和户外之间加边.因此至多增加两个门就能实现所希望的走法,即在房间 C 和 B 之间加开第二个门,并且在房间 D 和户外之间加开第二个门.

9. 证明一 首先由定理 8.7 可知 G 是连通的.设 $x_0 \cdots x_k$ 是 G 中一条极大路径,$k \leqslant n-1$.令

$$A = \{i \mid 0 \leqslant i \leqslant k-1, (x_i, x_k) \in E(G)\},$$
$$B = \{i \mid 0 \leqslant i \leqslant k-1, (x_0, x_{i+1}) \in E(G)\},$$

与定理 8.7 证明过程类似,如果 $i \in A \cap B$,则 $C_i = x_0 x_{i+1} x_{i+2} \cdots x_k x_i x_{i-1} \cdots x_1 x_0$ 是一条哈密顿回路.在 C_0 中,x_0 与 x_1 和 x_k 相邻;当 $i > 0$ 时,在 C_i 中,x_0 与 x_1 和 x_{i+1} 相邻.因此,除非 $i=0$ 和 $j=k-1$,否则只要 $i \neq j$,就有 $C_i \neq C_j$.但是 $0, k-1 \in A \cap B$ 蕴涵着 $(x_0, x_k) \in E(G)$.下面分两种情形讨论:

(1) $(x_0, x_k) \notin E(G)$.此时只需证明 $|A \cap B| \geqslant 2$.由于 $|A \cup B| \leqslant n-1$,而 $|A| + |B| \geqslant 2\delta(G) \geqslant n+2$,由容斥原理可知 $|A \cap B| \geqslant 3$.任选 $i, j \in A \cap B$,就给出不同的哈密顿回路 C_i 和 C_j.

(2) $(x_0, x_k) \in E(G)$.此时 $0 \in A \cap B$,只需证明存在 $j \notin \{0, k\}, j \in A \cap B$,则 C_0 和 C_j 是不同的哈密顿回路.令 $A_1 = A \cap \{1, 2, \cdots, k-2\}, B_1 = B \cap \{1, 2, \cdots, k-2\}$.由于 $|A_1 \cup B_1| \leqslant n-3$,而 $|A_1| + |B_1| \geqslant 2(\delta(G)-1) \geqslant n-2$,由容斥原理可知 $|A_1 \cap B_1| \geqslant 1$.因此存在所需要的 j. 证毕.

讨论：在情形(1)中，当$(x_0,x_k)\notin E(G)$时，其实能找出 3 条不同的哈密顿回路. 如果只保证找出 2 条不同的哈密顿回路，题目中的条件取$\delta(G)\geqslant\lceil n/2\rceil$就足够了.

但是在情形(2)中，当$(x_0,x_k)\in E(G)$时，为了保证找出 2 条不同的哈密顿路径，题目中的条件必须取$\delta(G)\geqslant\lceil n/2\rceil+1$，请读者自己构造反例说明题目中的条件取$\delta(G)\geqslant\lceil n/2\rceil$是不够的.

证明二 由于$\delta(G)\geqslant\lceil n/2\rceil+1\geqslant n/2$，根据定理 8.7 的推论 2，$G$有哈密顿回路$H$. 设$(x,y)\in E(H)$，令$G'=G-(x,y)$，则$\delta(G')\geqslant\delta(G)-1\geqslant\lceil n/2\rceil\geqslant n/2$，同样根据定理 8.7 的推论 2，$G'$有哈密顿回路$H'$. 但是$(x,y)\in E(H)$且$(x,y)\notin E(H')$，所以$H\neq H'$. 因此$G$有两条不同的哈密顿回路. 证毕.

说明：证明一比证明二繁琐，但是证明一的好处是可以区分情况(1)和情况(2)，从而对问题的实质有更深入的理解.

10. 按照定义，竞赛图是给无向完全图K_n的每条边加上方向后所得到的图. 下面对不同的n进行讨论.

(1) 当$n=1$时，竞赛图就是平凡图，本身就是强连通的，原命题正确.

(2) 当$n=2$时，竞赛图中只有一条有向边，无论如何改变方向，仍然只有一条有向边，因此不是强连通的，原命题不正确.

(3) 当$n\geqslant 3$时，根据定理 8.9，竞赛图中含有哈密顿通路. 因此至多只需要改变哈密顿通路起点和终点之间的有向边的方向，就可以得到哈密顿回路. 根据定理 7.21，有哈密顿回路的图就是强连通的，原命题正确.

所以，当$n\neq 2$时，原命题是正确的. 当$n=2$时，原命题不正确.

讨论：对于上述情形(3)，还可以采用归纳法证明. 当$n\geqslant 3$时，任意删除一个顶点，得到$n-1$阶的竞赛图，根据归纳假设，这个图最多改变一条边的方向就成为哈密顿图. 考虑所删除的那个顶点到其余顶点之间的边的方向，设法证明最多改变一条边的方向，就能得到原图的哈密顿回路，具体细节留给读者完成，可参考定理 8.10 的证明过程.

第九章 树

I. 习题九

1. 画出所有 7 阶非同构的无向树.

2. 无向树 T 有 9 片树叶,3 个 3 度顶点,其余顶点的度数均为 4,问 T 中有几个 4 度顶点? 根据 T 的度数列,你能画出多少棵非同构的无向树?

3. 一棵无向树 T,有 n_i 个 i 度顶点,$i=2,3,\cdots,k$,其余顶点都是树叶,问 T 有几片树叶?

4. 设 T 是 $k+1$ 阶无向树,G 为无向简单图,且 $\delta(G) \geqslant k$,证明 G 中存在与 T 同构的子图.

5. 设 T_1,T_2 是无向树 T 的子图并且都是树,令 $T_3 = G[E(T_1) \cap E(T_2)]$,$E(T_1) \cap E(T_2) \neq \varnothing$,证明 T_3 也是 T 的树.

6. 设 G 为 $n(n \geqslant 5)$ 阶简单图,证明 G 或 $\overline{G}$ 中必含圈.

7. 已知 n 阶 m 条边的无向图 G 为 $k(k \geqslant 2)$ 个连通分支的森林,证明 $m = n - k$.

8. 设 $d_1, d_2, \cdots, d_n$ 是 $n(n \geqslant 2)$ 个正整数,已知 $\sum_{i=1}^{n} d_i = 2n - 2$,证明存在一棵顶点度数分别为 $d_1, d_2, \cdots, d_n$ 的无向树.

9. 无向连通标定图 G 如图 9.1 所示,求 $\tau(G)$,并画出全体不同的生成树.

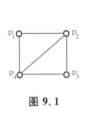

图 9.1

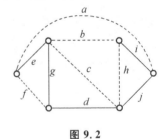

图 9.2

10. 实边所示的子图为图 9.2 所示图的一棵生成树 T,求 T 对应的基本回路系统和基本割集系统.

11. 设 T 为非平凡的无向树,$\Delta(T) \geqslant k$,证明 T 至少有 k 片树叶.

12. 设 C 为无向图 G 中一个圈,e_1, e_2 为 C 中的两条边,证明 G 中存在割集 S,使得 $e_1, e_2 \in S$.

13. 设 T_1, T_2 是无向连通图 G 的两棵生成树. 已知 $e_1 \in E(T_1)$ 但 $e_1 \notin E(T_2)$,证明存在 $e_2 \notin E(T_1)$ 但 $e_2 \in E(T_2)$,使得 $(T_1 - e_1) \cup \{e_2\}$,$(T_2 - e_2) \cup \{e_1\}$ 都是 G 的生成树.

14. 设 K_n 是 n 阶标定无向完全图,e 为 K_n 中的一条边,证明 $\tau(K_n - e) = (n-2)n^{n-3}$.

15. 证明定理 9.8.

16. 求如图 9.3 所示的环路空间 $C_环$ 和断集空间 $S_断$.

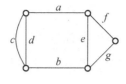

图 9.3

17. 证明：一棵有向树 T 是根树，当且仅当 T 中有且仅有一个顶点的入度为 0.

18. 画出 6 阶所有非同构的根树.

19. 设 T 是 2 叉正则树，i 是分支点数，I 是各分支点的层数之和，L 是各树叶的层数之和，证明 $L = I + 2i$.

20. 设 T 是 2 叉正则树，有 t 片树叶，i 个分支点，证明 T 的边数 $m = 2t - 2$.

21. 求算式 $((a + (b * c) * d) - e) \div (f + g) + (h * i) * j$ 的波兰符号法和逆波兰符号法表示.

Ⅱ. 习题解答

1. 根据握手定理和无向树的性质画非同构的无向树，分两步进行. 首先找出不同的度数列，其次根据各度数列画出非同构的树，就得到所有非同构的树.

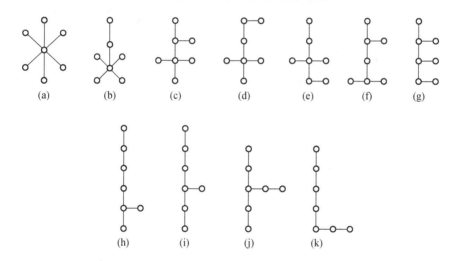

图 9.4

本题中，$n = 7$，边数 $m = 6$，各顶点的度数之和为 $2m = 12$.

(1) 度数不同分配方案. 将 12 划分成 7 份，每份应 ≥ 1，共有 7 种方案：

① 1,1,1,1,1,1,6；

② 1,1,1,1,1,2,5；

③ 1,1,1,1,1,3,4；

④ 1,1,1,1,2,2,4；

⑤ 1,1,1,1,2,3,3；

⑥ 1,1,1,2,2,2,3；

⑦ 1,1,2,2,2,2,2.

(2) 对每种方案画出所有非同构的无向树.

①,②,③,⑦各有1棵树,④,⑤各有两棵非同构的树,⑥有3棵非同构的树,总共有11棵非同构的无向树,图9.4中给出了它们的图形,其中图(a)对应方案①,图(b)对应方案②,图(c)对应方案③,图(d)与图(e)对应方案④,图(f)与图(g)对应方案⑤,图(h)、图(i)、图(j)对应方案⑥,图(k)对应方案⑦.

所画出的7阶非同构的无向树,在同构意义下都是K_7的子图,所以K_7有11棵非同构的生成树.

2. 本题属于求解无向树问题. 应用握手定理和树的性质,求解无向树.

设有x个4度顶点,则阶数$n=x+9+3=12+x, m=n-1=11+x$,由握手定理可得
$$2m=22+2x=9+3\times 3+4x \Rightarrow x=2,$$
即有2个4度顶点. 于是所求树均为14阶树,度数列应为
$$1,1,1,1,1,1,1,1,1,3,3,3,4,4, \qquad (*)$$

求出以($*$)为度数列的所有非同构无向树,不是一件容易的事情. 非树叶的顶点的不同排列可得不同构的树.

(1) 直径为6的非树叶顶点的排列可有下面6种不同方案,从而得6棵非同构的树,如图9.5(a),(b),(c),(d),(e),(f)所示.

① 3,3,3,4,4,如图9.5(a)所示；

② 3,3,4,3,4,如图9.5(b)所示；

③ 3,4,3,3,4,如图9.5(c)所示；

④ 4,3,3,3,4,如图9.5(d)所示；

⑤ 3,4,4,3,3,如图9.5(e)所示；

⑥ 3,4,3,4,3,如图9.5(f)所示.

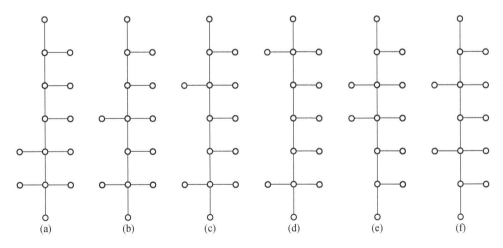

图 9.5

(2) 直径为 5 的可画出 7 棵非同构的树,如图 9.6(a),(b),(c),(d),(e),(f),(g)所示,直径为 4 的如图 9.6(h)所示.

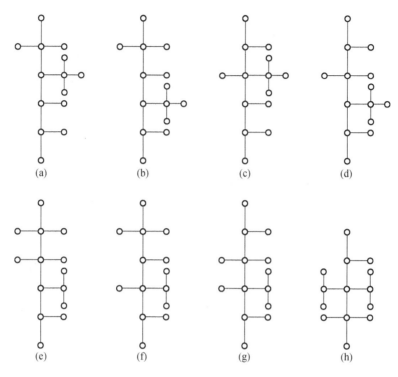

图 9.6

对于度数列(*),除以上 14 棵非同构的树外,还有与它们非同构的树吗?

3. 用握手定理及树的性质解本题.

设有 x 片树叶,则阶数 $n = x + \sum_{i=2}^{x} n_i$,边数 $m = \sum_{i=2}^{x} n_i + (x-1)$,由握手定理可知

$$2m = \sum_{i=2}^{x} 2n_i + 2(x-1) = x + \sum_{i=2}^{x} i n_i,$$

解得

$$x = \sum_{i=2}^{x} (i-2) n_i + 2 = \sum_{i=3}^{x} (i-2) n_i + 2.$$

4. 解本题,首先将命题归结为对无向简单连通图的讨论,然后对 k 做归纳法. 证明中用到定理 9.2,证明如下:

不妨设 G 是连通图. 否则,由于 $\delta(G) \geq k$,使得 G 的每个连通分支的最小度都大于等于 k,因而可对它的某连通分支进行讨论. 于是下面证明中,认为 G 是连通图,并对 k 做归纳法.

(1) $k=1$ 时,则 G 为 2 阶树,即为 K_2. 此时因为 G 为 $\delta(G) \geq 1$ 的连通图,且为简单图,因而 G 中每一条边的导出子图都与 T 同构.

(2) 设 $k = r (r \geq 1)$ 时结论为真,下面证明 $k = r+1$ 时结论也为真.

当 $k = r+1$ 时,T 为 $r+2$ 阶树,由定理 9.2 可知,T 至少有两片树叶. 设 v_0 为 T 的一片树叶,令 $T_1 = T - v_0$,则 T_1 是 $r+1$ 阶树,此时 $\delta(G) \geq r+2 \geq r+1$,由归纳假设,$G$ 中存在子图 G_1

与 T_1 同构,即 $G_1 \cong T_1$. 在 T 中,设 v_0 与分支点 v_1 相邻,在 G_1 中 u_1 与 v_1 对应,由于在 G 中, $d_G(u_1) \geqslant \delta(G) \geqslant r+1$,又由于 T 是 $r+2$ 阶树,因而 $d_T(v_1) \leqslant r+1$,于是 G 中存在顶点 u_0,使得边 $(u_0, u_1) \in E(G)$,而 $(u_0, u_1) \notin E(G_1)$,令 $G' = G_1 \cup (u_0, u_1)$,则 $G' \cong T$.

5. 利用无向树的定义及无向树的性质证明本题. 又只需证明 $T_3 \subseteq T$,且 T_3 连通无回路.

由于 $T_1 \subseteq T \wedge T_2 \subseteq T$,所以 $T_3 \subseteq T$ 是显然的. 又由于 T_1 与 T_2 都是树,因而无回路,这迫使 T_3 中也不会有回路(初级或简单的). 所以只需证明 T_3 是连通的,这又只需证明 $\forall u, v \in V(T_3), u \sim v$,即 u 与 v 之间有通路. 可是

$$u, v \in V(T_3) \Rightarrow u, v \in V(T_1) \wedge u, v \in V(T_2) \wedge u, v \in V(T).$$

由定理 9.1 可知,在 T_1 中存在 u 到 v 的唯一路径 P_1,在 T_2 中存在 u 到 v 的唯一路径 P_2,而 P_1, P_2, P 全在 T 中,所以 $P_1 = P_2 = P$,于是 P 也在 T_3 中,故在 T_3 中 $u \sim v$. 由 u, v 的任意性可知,T_3 是连通的,故 T_3 为树,并且为 G 的树.

6. 本题的证明方法很多,有的简单些,有的复杂些. 最容易想到的是利用树或森林的性质证,见下面的方法一与方法二.

方法一 设 G 与 $\overline{G}$ 的边数分别为 m 与 m',连通分支数分别为 s 与 $s'(s \geqslant 1, s' \geqslant 1)$.

若 G 与 $\overline{G}$ 中都无圈,则它们的各连通分支都是树. 设 G 的第 i 个连通分支的阶数和边数分别为 n_i 与 $m_i (1 \leqslant i \leqslant s)$,$\overline{G}$ 的第 i 个连通分支的阶数和边数分别为 n_j' 与 $m_j' (1 \leqslant j \leqslant s')$,由定理 9.1 可知

$$\frac{n(n-1)}{2} = m + m' = \sum_{i=1}^{s} m_i + \sum_{i=1}^{s'} m_i' = \sum_{i=1}^{s} n_i + \sum_{i=1}^{s'} n_i' - (s + s')$$
$$= 2n - (s + s') \leqslant 2n - 2,$$

整理后得

$$n^2 - 5n + 4 \leqslant 0.$$

解此不等式,得 $1 \leqslant n \leqslant 4$,这与 $n \geqslant 5$ 相矛盾,所以 G 或 $\overline{G}$ 必含圈.

其实,对 G 与 $\overline{G}$ 中边数多的进行讨论,得比方法一稍加简单的方法.

方法二 不妨设 G 的边数不比 $\overline{G}$ 的边数少,下面证明 G 中必含圈. 方法还是反证法.

否则,设 G 有 $s(s \geqslant 1)$ 个连通分支,它们都是树,于是 G 的边数 m 满足

$$\frac{n(n-1)}{4} \leqslant m = \sum_{i=1}^{s} m_i = \sum_{i=1}^{s} n_i - s = n - s \leqslant n - 1,$$

照样得不等式

$$n^2 - 5n + 4 \leqslant 0,$$

解出 $1 \leqslant n \leqslant 4$,这与 $n \geqslant 5$ 相矛盾,所以 G 中必含圈.

方法三 直接利用 $n \geqslant 5$ 的条件.

不妨设 G 的边数不小于 $\overline{G}$ 的边数,即 $m \geqslant \frac{n(n-1)}{4}$,因为 $n \geqslant 5$,故得 $m \geqslant \frac{n(n-1)}{4} \geqslant n$,由于 $m \geqslant n$,则 G 中必含圈,否则,G 为含 $s(s \geqslant 1)$ 个连通分支的树$(s=1)$或森林$(s \geqslant 2)$,于是应有 $m \leqslant n - s \leqslant n - 1$,这与 $m \geqslant n$ 相矛盾.

方法四 从 $n \geqslant 5$ 出发证明.

由于 $n \geqslant 5$,所以 $\forall v \in V(G) = V(\overline{G})$,有

$$d_G(v) + d_{\overline{G}}(v) = d_{K_n}(v) \geqslant 4, \qquad (*)$$

(1) 若 $\exists v_0 \in V(G), d_G(v_0) \neq 2$, 由(*)可知, $d_G(v_0) \geq 3$ 或 $d_{\overline{G}}(v_0) \geq 3$.

若 $d_G(v_0) \geq 3$, 则在 G 中存在 3 个顶点 v_1, v_2, v_3 与 v_0 相邻. 若还有 v_1 与 v_2, v_1 与 v_3, v_2 与 v_3 之一相邻, 则在 G 中存在 K_3, 故 G 中含圈. 若 $d_{\overline{G}}(v_0) \geq 3$, 可类似讨论.

(2) 若 $\forall v \in V(G)$, 均有 $d_G(v) = 2$, 则 G 的各连通分支都是欧拉图, 因而 G 中有简单回路, 所以必有初级回路, 即圈.

7. 本题太简单, 这里就不证了.

8. 首先对题中给的带着约束条件的正整数给出下面两个命题:

命题 1 $d_1, d_2, \cdots, d_n$ 中至少有两个 1(否则, $\sum_{i=1}^{s} d_i \geq 2n-1 \geq 2n-2$).

命题 2 $n \geq 3$ 时, $d_1, d_2, \cdots, d_n$ 中至少有 1 个大于等于 2(否则, $\sum_{i=1}^{s} d_i = n < 2n-2(n \geq 3$ 时)).

方法一 对 n 做归纳法.

(1) $n=2$ 时, $d_1+d_2=2$, 得 $d_1=d_2=1$, K_2 为所求的树.

(2) 设 $n=k(k \geq 2)$ 时为真, 证 $n=k+1$ 时也为真.

由命题 1 可知, $d_1, d_2, \cdots, d_k, d_{k+1}$ 中存在 1, 不妨设 d_{k+1} 为 1. 又由命题 2 可知, $d_1, d_2, \cdots, d_k, d_{k+1}$ 中存在大于 2 的, 不妨设 $d_k \geq 2$, 于是 $d_k - 1 \geq 1$. 先考虑 $d_1, d_2, \cdots, d_{k-1}, d_k - 1$ 这 k 个数, 则

$$\sum_{i=1}^{k-1} d_i + (d_k - 1) = 2(k+1) - 2 - 1 - 1 = 2k - 2.$$

由归纳假设可知, 存在树 T' 以 $d_1, d_2, \cdots, d_{k-1}, d_k - 1$ 为度数列. 在 T' 中, 设度数为 $(d_k - 1)$ 的顶点为 v_k, 在 v_k 处引出一条边关联另一新顶点, 设为 v_{k+1}, 设所得新树为 T, 在 T 中, $d_T(v_k) = (d_k - 1) + 1 = d_k, d_T(v_{k+1}) = 1$, 则 T 为所求, $\sum_{i=1}^{k+1} d(v_i) = 2k - 2 + 1 + 1 = 2(k+1) - 2$, 所以新树 T 为所求.

方法二 构造法.

$n=2$ 时, 构造的 2 阶树为 K_2, 下面就 $n \geq 3$ 时进行构造.

设 $d_1, d_2, \cdots, d_n$ 中有 r 个大于 1 的, 由命题 1 可知, $r \leq n-2$. 设其中 r 个大于 1 的分别编号为 $d_1', d_2', \cdots, d_r'$. 构造分下面两步:

(1) 以 $d_1', d_2', \cdots, d_r'$ 为最大度做星形图 $G_1, G_2, \cdots, G_r$, 其星心分别为 $v_1, v_2, \cdots, v_r$, 即 $d_{G_i}(v_i) = d_i'$, 然后将它们从左到右依次排列, 如图 9.7(a)所示的示意图.

(2) 在最左边的 G_1 与最右边的 G_r 中各删除一个 1 度顶点, 在 $G_2, G_3, \cdots, G_{r-1}$ 中各删除两个 1 度顶点, 然后加新边 $(v_1, v_2), (v_2, v_3), \cdots, (v_{r-1}, v_r)$, 所得新图为所求的满足条件的一棵树 T, 如图 9.7(b)所示. 其中虚线边为新加的边, 虚实线结合的边为删除的边.

T 中顶点数为

$$r + \sum_{i=1}^{r} d_i' - 2 - 2(r-2)$$
$$= r + \left(\sum_{i=1}^{r} d_i' + (n-r) - (n-r)\right) - 2(r-1)$$
$$= r + 2n - 2 - n + r - 2r + 2 = n.$$

注意,式中, $\sum_{i=1}^{r} d_i' + (n-r) = \sum_{i=1}^{n} d_i = 2n-2$.

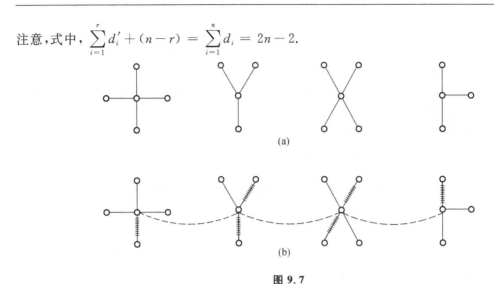

图 9.7

图(b)中,虚线边为新加的边,虚实线边为删除的边.

由握手定理和树的性质可知,n 个正整数 $d_1, d_2, \cdots, d_n$ 之和 $\sum_{i=1}^{n} d_i = 2n-2$,是 $d_1, d_2, \cdots, d_n$ 能成为树的度数列的充分必要条件.

9. 由定理 9.6 容易算出 $\tau(G) = 8$.这 8 棵树分别由图 9.8(a),(b),$\cdots$,(g),(h)给出.

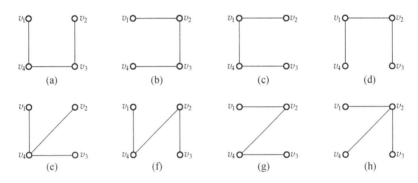

图 9.8

10. (1) T 有 5 条弦:a, b, c, f, h,它们对应的基本回路分别为:$C_a = aegdj$,$C_b = bgdji$,$C_c = cgd$,$C_f = fge$,$C_h = hji$;基本回路系统为
$$C_{\text{基}} = \{C_a, C_b, C_c, C_f, C_h\}.$$

(2) T 有 5 条树枝:e, d, g, i, j,它们对应的基本割集分别为 $S_e = \{e, a, f\}$,$S_d = \{d, a, b, c\}$,$S_g = \{g, a, b, c, f\}$,$S_i = \{i, b, h\}$,$S_j = \{j, b, h, a\}$;基本割集系统为
$$S_{\text{基}} = \{S_e, S_d, S_g, S_i, S_j\}.$$

11. 有多种方法证明本题,下面给出两种方法.

方法一 反证法.否则,T 至多有 $s(s<k)$ 片树叶,至少有 $(n-s)$ 个顶点度数大于等于 2.又因为 $\Delta(T) \geq k$,因而 $\exists v_0, d(v_0) \geq k$.除 v_0 和树叶外,还有 $(n-s-1)$ 个顶点度数也大于等于 2.由握手定理及树的性质可知

$$2m = 2n - 2 = \sum d(v_i) \geq 2(n-s-1) + k + s$$
$$= (2n-2) + (k-s)$$
$$\Rightarrow k - s \leq 0 \Rightarrow k \leq s,$$

这与 $k > s$ 相矛盾.

方法二 直接证明.

若 $\Delta(T) = 0$ 或 1,结论显然为真,下面就 $\Delta(T) \geq 2$ 进行讨论.

由于 $\Delta(T) \geq k \geq 2$,所以 $\exists v \in V(T), d(v) = \Delta(T) \geq k$,由 v 为割点及树的其他性质可知,$T-v$ 至少产生 k 个连通分支 $T_1, T_2, \cdots, T_k, \cdots$. 若有 T_i 为平凡树,则它是 T 的一片树叶,若 T_i 不是平凡树,则它至少有两片树叶,其中至少有一片是 T 的树叶,所以 T 至少有 k 片树叶.

12. 利用《教程》例 9.1 及基本割集证明.

不妨设 G 是连通的,否则对 C 所在的连通分支讨论.

从圈 C 上删除边 e_1,则 $C-e_1$ 为 G 的无圈子图,由例 9.1 可知,G 中存在含 $C-e_1$ 的生成树,设 T 为其中的一棵,则 e_1 为 T 的弦,$e_2 = (v_i, v_j)$ 为 T 的树枝,并且 e_2 对应的基本割集必含弦 e_1. 否则,在 $G-S_{e_2}$ 中,e_2 的端点 v_i 到 v_j 还有通路,此通路经过圈 C 上除 e_2 的所有边(因为基本割集只有一条树枝),这与 S_{e_2} 为 G 的割集相矛盾. 所以 S_{e_2} 既含 e_2,又含 e_1.

13. 利用已知条件以及基本割集与基本回路的性质证明.

由于 e_1 是 T_1 的树枝,且 $e_1 \notin E(T_2)$,所以 e_1 是 T_2 的弦,这说明 e_1 不是环(环不在任何生成树中),也不是桥(桥应在任何生成树中). 设 $e_1 = (u, v)$.

设 S_{e_1} 为 T_1 的树枝 e_1 对应的基本割集,由于 e_1 不是桥,所以 S_{e_1} 中除树枝 e_1 外,还有 T_1 的弦,因而 $|S_{e_1}| \geq 2$. 又设 C_{e_1} 为 T_2 的弦 e_1 对应的基本回路,由于 e_1 不是环,所以 C_{e_1} 中除 T_2 的弦 e_1 外,还有 T_2 的树枝,因而 $|C_{e_1}| \geq 2$. 设 $e_2 \in$ 为 T_2 的树枝,则 $e_2 \in S_{e_1}$,否则,C_{e_1} 上任意的树枝都不在 S_{e_1} 中,则 $G - S_{e_1}$ 中,e_1 的两个端点 u 到 v 沿着 $C-e_1$ 有通路,这与 S_{e_1} 为 G 的割集矛盾,所以 $e_2 \in S_{e_1}$. 于是,e_2 是 T_2 的树枝,又是 T_1 的弦.

由以上分析可知,$(T_1 - e_1) \cup \{e_2\}$ 连通无回路,且为 G 的生成树,同样,$(T_2 - e_2) \cup \{e_1\}$ 也是 G 的生成树.

14. 用定理 9.7 和完全图的性质证明本题.

由定理 9.7 可知,对于 $n(n \geq 2)$ 阶标定的完全图 $K_n, \tau(K_n) = n^{n-2}$. 下面计算 K_n 中删除任何一条边后的生成树的棵数.

K_n 的每棵生成树中含 $n-1$ 条边,于是 n^{n-2} 棵生成树共含 $(n-1)n^{n-2}$ 条边. 而 K_n 中共有 $C_n^2 = \frac{1}{2}n(n-1)$ 条边,于是每条边出现在 $(n-1)n^{n-2} / \frac{1}{2}n(n-1) = 2n^{n-3}$ 棵生成树中. 因而 $\tau(K_n - e) = \tau(K_n) - 2n^{n-3} = (n-2)n^{n-3}$.

由定理 9.6 还可知道,$\tau(K_n \backslash e) = n^{n-2} - (n-2)n^{n-3} = 2n^{n-3}$.

15. 用代数中线性空间的定义证明本题.

$G = \langle V, E \rangle$ 中无孤立顶点,$V = \{v_1, v_2, \cdots, v_n\}, E = \{e_1, e_2, \cdots, e_m\}$,设 G 中边导出子图的个数为 N,则 $N = C_m^0 + C_m^1 + \cdots + C_m^m = 2^m$.

其中 $C_m^0 = 1, C_m^m = 1$,分别对应 $\varnothing$ 与 G 的个数. 令
$\Omega = \{G_1, G_2, \cdots, G_N\}$,则 $|\Omega| = N = 2^m$.

$M = \{g_1, g_2, \cdots, g_N\}$,其中 $g_i = G[e_i], i = 1, 2, \cdots, m$.

下面证明 Ω 对图的环和运算 $\oplus$ 及数乘运算:$0 \cdot G_i = \varnothing, 1 \cdot G_i = G_i$ 构成 $F = \{0, 1\}$ 上的 m

维线性空间.

(1) 证 Ω 是 F 上的线性空间.

根据线性空间的定义,只需证明下面 5 点:

① Ω 对图的环和运算是封闭的.

$\forall G_i, G_j \in \Omega, G_i \oplus G_j \in \Omega$ 是显然的.

② 环和运算 $\oplus$ 有交换律和结合律.

③ 环和运算 $\oplus$ 的零元为 $\varnothing$.

$\forall G_i \in \Omega, \varnothing \oplus G_i = G_i \oplus \varnothing = G_i$,所以 $\varnothing$ 为零元.

④ $\forall G_i \in \Omega, G_i \oplus G_i = \varnothing$,所以 G_i 的负元(逆元)为本身.

⑤ $\forall a, b \in F = \{0, 1\}, \forall G_i, G_j \in \Omega$,

$(a \cdot b) \cdot G_i = a \cdot (b \cdot G_i)$,其中 $\cdot$ 为数乘.

$(a \odot b) \cdot G_i = (a \cdot G_i) \oplus (b \cdot G_i)$,其中 $\cdot$ 为数乘;$\odot$ 为数之间的异或($0 \odot 0 = 0$, $1 \odot 0 = 0 \odot 1 = 1$, $1 \odot 1 = 0$);$\oplus$ 为图之间的环和.

$a \cdot (G_i \oplus G_j) = (a \cdot G_i) \oplus (a \cdot G_j)$,其中 $\cdot$ 为数乘;$\oplus$ 为图的环和.

由以上 5 点可知,Ω 是 F 上的线性空间.

(2) 证 Ω 是 m 维线性空间.

只需证明下面两点:

① $M = \{g_1, g_2, \cdots, g_m\}$ 是 Ω 上的生成元集.

易知,$\forall G_i \in \Omega$,若 $E(G_i) = \{e_{i_1}, e_{i_2}, \cdots, e_{i_r}\}$,则 $G_i = g_{i_1} \oplus g_{i_2} \oplus \cdots \oplus g_{i_r}$.

所以,M 是生成元集.

② 证 $g_1, g_2, \cdots, g_m$ 线性无关.

否则,存在一组不全为 0 的 $a_1, a_2, \cdots, a_m \in F$,使得
$$(a_1 \cdot g_1) \oplus (a_2 \cdot g_2) \oplus \cdots \oplus (a_m \cdot g_m) = \varnothing.$$

不妨设 $a_1 = 1$,因而 $a_1 \cdot g_1 = g_1$,而 $(a_2 \cdot g_2) \oplus (a_3 \cdot g_3) \oplus \cdots \oplus (a_m \cdot g_m)$ 中不含 g_1,这与上式矛盾.

综上所述,Ω 是 m 维线性空间.

16. 解本题应该分以下几步进行:

(1) 求 G 的一棵生成树,并求基本回路系统 $C_{基}$ 和基本割集系统 $S_{基}$. 注意 $C_{环}$、$S_{断}$ 与生成树的选择无关.

(2) 对 $C_{基}$ 中回路进行图之间的环和运算,得 $C_{环}$.

(3) 对 $C_{基}$ 中割集进行对称差运算,得 $S_{断}$.

下面进行计算.

(1) 图 9.9 中实线边为 G 的一棵生成树 T.

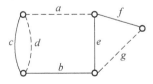

图 9.9

图中,实线边的导出子图为 T;b,c,e,f 为树枝;a,d,g 为 T 的弦.易知

$C_{基} = \{C_a, C_d, C_g\}$,其中,$C_a = acbe, C_d = dc, C_g = gfe$.

$S_{基} = \{S_b, S_c, S_e, S_f\}$,其中,$S_b = \{b,a\}, S_c = \{c,a,d\}, S_e = \{e,a,g\}, S_f = \{f,g\}$.

(2) 求环路空间 $C_{环}$.

经过对 $C_{基}$ 中基本回路做环和运算,得

$C_{环} = \{C_0, C_1, C_2, C_3, C_4, C_5, C_6, C_7, C_8\}, C_0 = \varnothing, C_1 = dc, C_2 = acbe, C_3 = gfe, C_4 = C_1 \oplus C_2$
$= adbe, C_5 = C_1 \oplus C_3 = C_1 \cup C_3$ (为非回路的环路),$C_6 = C_2 \oplus C_3 = acbgf, C_7 = C_1 \oplus C_2 \oplus C_3 =$
$adbgf$.其中,C_0, C_5 不是回路,C_1, C_2, C_3 是基本回路.

(3) 求断集空间 $S_{断}$.

经过对 $S_{基}$ 中各元素之间的对称差运算,得 $S_{断} = \{S_0, S_1, S_2, \cdots, S_{15}\}$,其中,

$S_0 = \varnothing, S_1 = \{c,a,d\}, S_2 = \{b,d\}, S_3 = \{e,a,g\}$,

$S_4 = \{f,g\}, S_5 = S_1 \oplus S_2 = \{b,c,d\}, S_6 = S_1 \oplus S_3 = \{c,d,e,g\}$,

$S_7 = S_1 \oplus S_4 = \{a,c,d,f,g\}, S_8 = S_2 \oplus S_3 = \{b,d,g\}$,

$S_9 = S_2 \oplus S_4 = \{a,b,f,g\}, S_{10} = S_3 \oplus S_4 = \{a,e,f\}$,

$S_{11} = S_1 \oplus S_2 \oplus S_3 = \{a,b,c,d,e,g\}$,

$S_{12} = S_1 \oplus S_2 \oplus S_4 = \{b,c,d,f,g\}$,

$S_{13} = S_1 \oplus S_3 \oplus S_4 = \{c,d,e,f\}$,

$S_{14} = S_2 \oplus S_3 \oplus S_4 = \{b,e,f\}$,

$S_{15} = S_1 \oplus S_2 \oplus S_3 \oplus S_4 = \{a,b,c,d,e,f\}$.

在 $S_{断}$ 中,有 6 个不是 G 的割集,它们是 $S_7, S_9, S_{11}, S_{12}, S_{15}, S_0$.

注意,在 $C_{环}$ 中的运算 $\oplus$ 是图之间的环和运算,在 $S_{断}$ 中的运算 $\oplus$ 是集合之间的对称差运算.

17. 必要性显然.下面证明充分性,即证:若 T 中有且仅有一个顶点入度为 0,则 T 为根树,即 T 为平凡树,或 T 中有一个顶点入度为 0,其余顶点入度全为 1.

若 T 为平凡有向树,结论为真,下面就 T 为非平凡树进行讨论,并对 T 的阶数 n 做归纳法.

(1) $n=2$ 时,T 中有一个顶点入度为 0,一个顶点入度为 1,所以结论为真.

(2) 设 $n=k$ 时,结论为真,$n=k+1$ 时证明如下:

设 T' 为 T 的基图,则 T' 是 $k+1$ 阶无向树,由定理 9.2 可知,T' 至少有两片树叶,因而在 T 中至少存在一个顶点 $v_0, d^+(v_0)=0, d^-(v_0)=1$.设 $T_1 = T - v_0$,则 T_1 是 k 阶树,且 T 中入度为 0 的顶点仍在 T_1 中,由归纳假设可知,T_1 中有一个顶点入度为 0,其余顶点入度都是 1,即 T_1 为 k 阶根树.设 T 中 v_0 的父亲为 v_1,则 $T = T_1 \cup \langle v_1, v_0 \rangle$,于是 T 中除一个顶点入度为 0 外,其余顶点入度均为 1,所以 T 为根树.

18. 解此类问题应分两步:首先画出 6 阶非同构的无向树,然后求出每棵无向树派生出的非同构的根树.

(1) 已知 6 阶非同构的无向树共有 6 棵,如图 9.10(a),(b),(c),(d),(e),(f)所示.

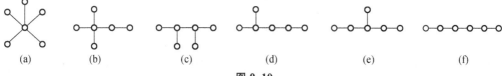

图 9.10

(2) 图 9.10(a)所示无向树派生 2 棵非同构的根树如图 9.11(a),(b)所示;图(b)所示无向树派生 4 棵非同构的根树如图 9.11(c),(d),(e),(f)所示;图(c)派生 2 棵非同构无向树如图 9.11(g),(h)所示;图(d)派生 5 棵非同构的根树;如图 9.11(i),(j),(k),(l),(m)所示;图(e)派生 4 棵非同构的根树如图 9.11(n),(o),(p),(q)所示;图(f)派生三棵非同构的根树如图 9.11(r),(s),(t)所示.

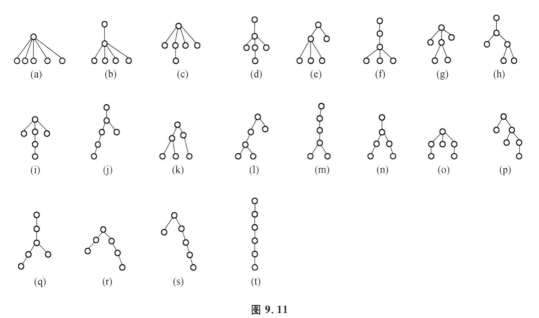

图 9.11

19. 本题可对分支点数 i 做归纳法.

(1) $i=1$ 时, T 是树根带两片树叶的 2 叉正则树,此时, $I=0, L=2$,满足 $L=I+2i$.

(2) 设 T 有 i 个分支点时, $L=I+2i$ 为真,要证明 T 有 $i+1$ 个分支点时,
$$L=I+2(i+1).$$

在具有 $i+1$ 个分支点的正则 2 叉树中,存在两片为兄弟的树叶 v_{a_1} 和 v_{a_2},它们的父亲是 v_a,如示意图 9.12 所示,设 v_a 的层数为 l.

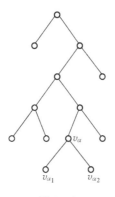

图 9.12

令 $T_1 = T - \{v_{a_1}, v_{a_2}\}$,则 T_1 是具有 i 个分支点的正则 2 叉树,由归纳假设可得

$$L_1 = I_1 + 2i, \qquad \text{①}$$

其中，L_1 是 T_1 树叶层数之和，I_1 是分支点层数之和，而

$$I_1 = I - l, \qquad \text{②}$$
$$L_1 = L - 2(l+1) + l, \qquad \text{③}$$

将②，③代入①，得

$$L - 2(l+1) + l = I - l + 2i$$
$$\Rightarrow L = I + 2i + 2 = I + 2(i+1).$$

20. 可用多种方法证明本题．

方法一 利用树的性质及 2 叉正则树的定义证．

由于 T 是 2 叉正则树，所以 $m=2i$．由根树定义有阶数 $n=i+t$，又由树的性质得 $n=m+1$，由以上 3 个等式得

$$m = 2i = 2(n-t) = 2(m+1-t)$$
$$\Rightarrow m = 2t - 2.$$

方法二 用对分支点数 i 做归纳法证明．

(1) $i=1$ 时，T 有一个分支点，2 片树叶，$m=2$，$m=2t-2$ 成立．

(2) 设 $i=k$ 时结论为真，即 $m=2t-2$，证 $i=k+1$ 时仍有 $m=2t-2$．

T 中存在两个儿子都是树叶的分支点，设分支点 v_0 的 2 个儿子 v_1, v_2 均为树叶，设 $T' = T - \{v_1, v_2\}$，则 T' 的分支点数为 k，由归纳假设有 T' 的边数 m' 与叶数 t' 满足 $m' = 2t' - 2$．而 $m' = m-2, t' = t-1$，从而得

$$m - 2 = 2(t-1) - 2 \Rightarrow m = 2(t-1).$$

方法三 利用 2 叉树及树的性质及握手定理求解．

$n = m+1 = i+i$ 及 $m = \sum d(v_i) = 2 + 3 \cdot (i-1) + t$，解出 $m = 2t-2$．

21. (1) 用 2 叉正则树 T 存放算式，如图 9.13 所示．

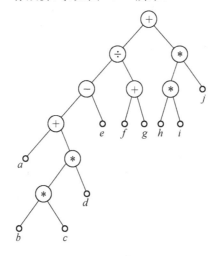

图 9.13

(2) 用前序行遍法访问 T，得波兰符号法算式为：$+ \div - + a * * bcde + fg * * hij$．

(3) 用后序行遍法访问 T，得逆波兰符号法算式为：$abc*d*+e-fg+\div hi*j*+$．

Ⅲ. 补充习题

1. 11阶无向树 T 有 6 片树叶,2 度与 3 度顶点各 2 个,其余顶点的度数均为 4.求 T 中 4 度顶点的个数.若将 T 派生成根树,可产生几元树?

2. 证明无向树 T 中任何两条最长路径都有公共顶点.

3. 能形成 5 棵非同构 8 阶无向树的度数列是什么?

4. 如果树中没有度数为 2 的顶点,是否树叶一定比分支点多?

5. 对于树 T,设 K 是 T 的一些子树的集合,假设 K 中任两棵子树有公共顶点,证明 K 中所有子树有公共顶点.

6. 证明带有 i 个分支点的正则 m 元树含有 $n=mi+1$ 个顶点.

7. 证明一个正则 m 元树若带有

(1) n 个顶点,则带有 $i=(n-1)/m$ 个分支点和 $l=((m-1)n+1)/m$ 个树叶;

(2) i 个分支点,则带有 $n=mi+1$ 个顶点和 $l=(m-1)i+1$ 个树叶;

(3) l 个树叶,则带有 $n=(ml-1)/(m-1)$ 个顶点和 $i=(l-1)/(m-1)$ 个分支点.

8. 能否画出带有 84 个树叶而且高度为 3 的正则 m 元树,其中 m 是正整数?

9. 下面这个使用数学归纳法的"证明"错在什么地方?命题:有 n 个顶点的每棵树都有长度为 $n-1$ 的路径.基础步骤:有 1 个顶点的每个树显然有长度为 0 的路径.归纳步骤:假设有 n 个顶点的树有长度为 $n-1$ 的路径,这个路径以 u 作为终点.加入顶点 v 和从 u 到 v 的边.所得出的树有 $n+1$ 个顶点并且有长度为 n 的路径.这样就完成了归纳步骤.

10. 证明可以根据有序根树的后序行遍法所生成的顶点列表以及每个顶点的儿子数来唯一确定这个有序根树.

11. 存在树叶数 $t=76$ 的 3 元正则树吗?为什么?

12. 证明如果一个图 G 的生成树是唯一的,则这个图就是树.

以下五题要使用下列定义(这些定义出现在习题 7 补充题 18 中).对于图 $G=(V,E)$ 中任何顶点 v,定义 v 的离心率 $e(v)=\max_{u\in V} d_G(u,v)$,其中 $d_G(u,v)$ 表示 u 和 v 在 G 中的距离(最短路径的长度).具有最小离心率的顶点称为图的中心.

13. 证明当一个连通图 G 含有 3 个以上顶点时,任何悬挂点都不是中心.

14. 证明当一个树 T 含有 3 个以上顶点时,对于任何分支点 v,都存在树叶 u,使得 v 的离心率 $e(v)=d_T(v,u)$.

15. 当一个树 T 含有 3 个以上顶点时,证明删除所有树叶后中心不变(即设删除所有树叶后所得到的树为 T',则 T' 与 T 的中心是相同的顶点).

16. 证明一棵树 T 的中心要么是一个顶点,要么是两个相邻的顶点.

17. 证明无向树 T 的任何自同构都把一个顶点或一条边映射到自身.

Ⅳ. 补充习题解答

1. 设 T 有 x 个 4 度顶点.由树的性质和握手定理可知

$$20=6+2\times(2+3)+4x,$$

解出 $x=1$,即 T 有 1 个 4 度顶点.易知,T 派生的根树可能为 4 元或 3 元树,以 4 度顶点为根时,生成 4 元树,其他顶点为根时,生成 3 元树.

2. 反证法. 假设无向树中有两条最长路径没有公共顶点. 由树的连通性,这两条路径上的顶点彼此之间都是连通的. 考虑两个端点分别在这两条最长路径上的各种通路,其中最短的一条通路,除了两个端点外,不会经过这两条最长路径上任何点(否则这个通路就不是最短的). 这两个端点分别把两条最长路径分为两段,分别取其中较长的两段,与这条最短路径合成一条路径,这条路径比原来两条最长路径更长,这是矛盾.

3. 度数列是 $(1,1,1,1,2,2,3,3)$,五种非同构的树如下(只给出分支点之间的关系,请读者加入相应的树叶):$2-2-3-3, 2-3-2-3, 2-3-3-2, 3-2-2-3, 3-3<\genfrac{}{}{0pt}{}{2}{2}$.

4. 如果树是平凡图,只有一个顶点而没有边,显然树叶与分支点个数相等(都为0). 如果树是非平凡图,设顶点数为 n,顶点度数为 $1,2,3,\cdots$ 的顶点数分别是 $n_1, n_2, n_3, \cdots$,那么有如下两个等式:$n_1+n_2+n_3+\cdots=n, n_1+2\cdot n_2+3\cdot n_3+\cdots=2(n-1)$. 用第一个等式乘2减去第二个等式,得到 $n_1-(n_3+2\cdot n_4+\cdots)=2>0$,从而有 $n_1>n_3+2\cdot n_4+\cdots$,因为 $n_2\geq 0$,所以 $n_1>n_2+n_3+n_4+\cdots$,也就是说树叶的个数大于分支点的个数.

讨论:从上述证明过程可以看出,如果非平凡树中没有度数为2的顶点,则树叶至少比分支点多2个. 证明如下:设顶点数为 $n(n>1)$,顶点度数为 $1,2,3,\cdots$ 的顶点数分别是 $n_1, n_2, n_3, \cdots$,那么有如下两个等式:$n_1+n_2+n_3+\cdots=n, n_1+2\cdot n_2+3\cdot n_3+\cdots=2(n-1)$. 用第一个等式乘2减去第二个等式,得到 $n_1-(n_3+2\cdot n_4+\cdots)=2$. 因为 $n_2=0$,所以 $n_3+2\cdot n_4+\cdots\geq n_2+n_3+n_4+\cdots$,从而有 $n_1-(n_2+n_3+n_4+\cdots)\geq 2$,也就是说树叶至少比分支点多2个.

5. 对 T 的顶点数归纳,当顶点数为2时很容易验证,现在设 v 是 T 的一个叶子,w 是与 v 相邻的唯一顶点,考虑去掉 v 以后的树 T',现在证明子树集合在去掉 v 以后(设为 K')仍然满足条件,即任何两棵都有公共顶点. 如果 K 中有一棵子树仅包含 v,所有子树都必须包含 v,故公共顶点就是 v,所以现在假设没有一棵子树仅包含 v. 设 t_1, t_2 是 K 中任两棵子树,那么去掉 v 以后的 $t_{1'}, t_{2'}$ 有两种情况:① t_1 与 t_2 不都包含 v,那么 t_1 与 t_2 的公共顶点也是 $t_{1'}$ 与 $t_{2'}$ 的公共顶点;② t_1 与 t_2 都包含 v,那么 t_1 与 t_2 必然也包含 w,这样 $t_{1'}$ 与 $t_{2'}$ 至少有一个公共顶点 w,于是由归纳假设可知 K' 中所有子树有公共顶点,当然 K 中所有子树也有公共顶点.

6. 除根之外的每个顶点都是分支点的儿子. 因为每个分支点有 m 个儿子,所以在树中除根之外还有 mi 个顶点. 因此,该树含有 $n=mi+1$ 个顶点.

7. 分析:设 n 表示顶点数,i 表示分支点数,l 表示树叶数. 利用上题(补充题6)中的等式,即 $n=mi+1$,以及等式 $n=l+i$(因为每一个顶点要么是树叶、要么是分支点),就可以证明本题的所有三个部分.

解答:(1) 在 $n=mi+1$ 里求解 i 得出 $i=(n-1)/m$. 然后把 i 的这个表达式代入等式 $n=l+i$,就证明 $l=n-i=n-(n-1)/m=[(m-1)n+1]/m$.

(2) 上题(补充题6)已证出 $n=mi+1$. 把 $n=mi+1$ 代入(1)中等式 $l=[(m-1)n+1]/m$,整理就得到 $l=(m-1)i+1$.

(3) 利用(1)中等式 $l=[(m-1)n+1]/m$,重新整理就得出 $n=(ml-1)/(m-1)$. 利用(2)中等式 $l=(m-1)i+1$,重新整理就得出 $i=(l-1)/(m-1)$.

8. 根据上一题(补充题7),不存在这样的树,因为 $m=2$ 或 $m=84$ 是不可能的.

9. 在一般情况下,新加入的顶点 v 不一定非要与 u 相邻.

10. 用数学归纳法. 对一个元素的表来说结果是平凡的. 假定对 n 个元素的表来说结果为

真. 对于归纳步骤, 从后面开始. 找出表后面的顶点序列, 从最后一个树叶开始, 到根结束, 每个顶点都是它后面那个顶点的最后一个儿子. 删除这个树叶并且应用归纳假设.

11. 不存在带 76 片树叶的 3 元正则树. 用反证法证明. 否则, 存在满足条件的根树 T, 由补充习题 7 中(3)可知, 此时 T 的阶数 $n=\dfrac{227}{2}$, 这是个矛盾.

12. 用反证法. 如果 G 不是树, 则分两种情况:

(1) G 不连通. 这时 G 没有生成树, 与 G 具有唯一生成树矛盾.

(2) G 连通但有回路. 这时考虑 G 的唯一生成树和任何一个回路, 这个回路上的边不可能都在这个生成树上. 把不在生成树上的回路上的边加入生成树, 就产生唯一一个回路, 在这个回路上删除任何一条边, 就得到与原来生成树不同的另外一个生成树, 与 G 具有唯一生成树矛盾. 证毕.

13. 考虑任何一个悬挂点 u, 设与 u 相邻的唯一顶点是 w. 于是对于任何顶点 x, 从 x 到 u 的路径必经过 w, 所以有
$$d_G(u,x)=d_G(w,x)+1,$$
从而 $e(u)>e(w)$, 所以 $e(u)$ 一定不是最小的离心率 (离心率的定义请参见习题 7 补充题 18), u 一定不是中心.

讨论: 由本题可知, 在任何含有 3 个以上顶点的树中, 树叶都不是中心.

14. 用反证法, 假设存在分支点 w 使得 $e(v)=d_T(v,w)$, 设 P 是从 v 到 w 的唯一路径, 由于 w 是分支点, 一定还存在顶点 z 与 w 相邻, 而且 z 不在路径 P 上. 于是 $d_T(v,z)=d_T(v,w)+1>d_T(v,w)=e(v)$, 这与 $e(v)=\max_{x\in T} d_T(v,x) \geqslant d_T(v,z)$ 相矛盾, 证毕.

15. 由前两题(补充题 13 和 14)的结论可知, 对于 T 中任意分支点 v, 有
$$e_{T'}(v)=e_T(v)-1.$$

下面分两种情况证明原命题.

(1) 若 v 是 T 的中心, 则 v 不是树叶, 所以 v 还在 T' 中. 对于 T' 中任意顶点 w, 有
$$e_{T'}(v)=e_T(v)-1\leqslant e_T(w)-1=e_{T'}(w),$$
所以 v 在 T' 中也是中心.

(2) 反之, 若 v 是 T' 的中心, 则对于任意分支点 w, 有
$$e_T(v)=e_{T'}(v)+1\leqslant e_{T'}(w)+1=e_T(w).$$
对于任意树叶 u, 通过考虑 u 的唯一相邻点 w, 就有 $e_T(v) \leqslant e_T(u)$, 所以 v 在 T 中也是中心.

由(1)和(2)可知, T 与 T' 的中心是相同的顶点.

16. 分析: 考虑删除 T 所有树叶时, 离心率如何变化.

证: 当 T 是 K_1 时, T 只有一个顶点, 这个顶点就是 T 的中心. 当 T 是 K_2 时, T 只有两个树叶, 没有分支点, 这两个树叶就是 T 的中心, 而且它们是相邻的. 下面考虑当 T 含有 3 个以上顶点的情形, 此时 T 除了树叶外, 必含有分支点. 设删除 T 的所有树叶后得到树 T'. 由上题(补充题 15)可知, T' 与 T 中心相同. 不断删除树叶, 直到得到不含分支点的树 T^* 为止, T^* 与 T 中心相同. T^* 只可能是 K_1 或 K_2, 所以 T 要么是一个顶点, 要么是两个相邻的顶点.

17. 证明一 利用中心的概念.

任何自同构都保持顶点之间的距离, 因此保持顶点的离心率, 因此保持中心不变. 由上题(补充题 16)可知, 树的中心是一个顶点或两个相邻顶点(一条边), 因此任何自同构都保持这

个点或这条边不动(注意,可以把边的一个端点映射为另一个).

证明二 直接证.

分析:可以先通过观察一些简单的实例来获得一些解题的直观.例如,当 T 是长度为 1 的路径 uw 时,T 的自同构有两个,$f_1(u)=u \wedge f_1(w)=w$ 和 $f_2(u)=w \wedge f_2(w)=u$.f_1 和 f_2 都把边 (u,w) 映射到自身.当 T 是长度为 2 的路径 uvw 时,T 的自同构有两个,$f_1(u)=u \wedge f_1(v)=v \wedge f_1(w)=w$ 和 $f_2(u)=w \wedge f_2(v)=v \wedge f_2(w)=u$.$f_1$ 和 f_2 都把顶点 v 映射到自身.

证:考虑无向树 T 中的一条最长路径 Γ.分两种情形讨论.

(1) 若 Γ 的长度为偶数,则 Γ 上有一个唯一的中点 v,于是,树 T 的任何自同构 f 都把顶点 v 映射到 v 自身.可用反证法证明之.

否则,不妨假设 $f(v)=v'\neq v$.由于同构保持图的性质,v' 也是一条最长路径 Γ' 的中间顶点.v 和 v' 都是 T 的顶点,根据树的性质,v 与 v' 之间有唯一路径 P 相连.由于 v 是路径 Γ 的中点,v 把 Γ 分成等长的两条路径 Γ_1 和 Γ_2.同样的道理,v' 把 Γ' 分成等长的两条路径 Γ'_1 和 Γ'_2.由于路径 P 与路径 Γ_1 和 Γ_2 都以 v 为一个端点,所以 P 不能同时与 Γ_1 和 Γ_2 都有除 v 外的交点,这是因为如果 P 与 Γ_1 有除 v 外的交点 v_1 且 P 与 Γ_2 有除 v 外的交点 v_2,则由于树上任何两点之间的路径是唯一的,所以 v 到 v_1 之间的路径是 P 的一部分,v 到 v_2 之间的路径也是 P 的一部分,这与 v 是 P 的端点相矛盾.不妨假设 P 与 Γ_1 没有有除 v 外的交点.同样的道理,不妨假设 P 与 Γ'_1 没有有除 v' 外的交点.则 $\Gamma_1 P \Gamma'_1$ 是比 Γ 更长的路径,这与 Γ 是最长路径相矛盾.

(2) 若 Γ 的长度为奇数,则 Γ 上有一个唯一的中间边 $e=(u,w)$,树 T 的任何自同构 f 都把边 e 映射到 e 自身,即 $f(u)=u \wedge f(w)=w$ 或 $f(u)=w \wedge f(w)=u$.可用反证法证明,与(1)类似,这里留给读者完成.

第十章 图的矩阵表示

I. 习题十

1. 求图 10.1 所示二图的关联矩阵.

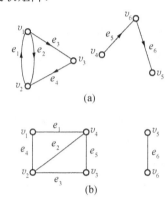

图 10.1

2. 利用基本关联矩阵法求图 10.2 所示图中的所有生成树.

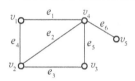

图 10.2

3. 求标定的完全图 K_4 中的所有生成树.

4. 有向图如图 10.3 所示.

(1) D 中 v_1 到 v_4 长度为 $1,2,3,4$ 的通路各为多少条?

(2) v_1 到 v_4 长度小于等于 3 的通路为多少条?

(3) v_1 到 v_1 长度为 $1,2,3,4$ 的回路各为多少条?

(4) v_4 到 v_4 长度小于等于 3 的回路为多少条?

(5) D 中长度为 4 的通路(不含回路)有多少条?

(6) D 中长度为 4 的回路有多少条?

(7) D 中长度小于等于 4 的通路为多少条? 其中有多少条为回路?

(8) 写出 D 的可达矩阵.

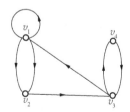

图 10.3

5. 已知标定的无向图如图 10.4 所示,A 是它的相邻矩阵,求 A^k 中的元素 $a_{22}^{(k)}$,$k=1,2,\cdots$.

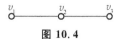

图 10.4

Ⅱ. 习题解答

1. (1) 图 10.1(a) 中有向图 D 的关联矩阵为

$$
\begin{array}{c} \\ v_1 \\ v_2 \\ v_3 \\ v_4 \\ v_5 \\ v_6 \end{array}
\begin{array}{c} \begin{matrix} e_1 & e_2 & e_3 & e_4 & e_5 & e_6 \end{matrix} \\ \begin{bmatrix} -1 & 1 & 1 & 0 & 0 & 0 \\ 1 & -1 & 0 & -1 & 0 & 0 \\ 0 & 0 & -1 & 1 & 0 & 0 \\ 0 & 0 & 0 & 0 & 1 & 0 \\ 0 & 0 & 0 & 0 & 0 & -1 \\ 0 & 0 & 0 & 0 & -1 & 1 \end{bmatrix} \end{array}.
$$

(2) 图 10.1(b) 中无向图 G 的关联矩阵为

$$
\begin{array}{c} \\ v_1 \\ v_2 \\ v_3 \\ v_4 \\ v_5 \\ v_6 \end{array}
\begin{array}{c} \begin{matrix} e_1 & e_2 & e_3 & e_4 & e_5 & e_6 \end{matrix} \\ \begin{bmatrix} 1 & 0 & 0 & 1 & 0 & 0 \\ 0 & 1 & 1 & 1 & 0 & 0 \\ 0 & 0 & 1 & 0 & 1 & 0 \\ 1 & 1 & 0 & 0 & 1 & 0 \\ 0 & 0 & 0 & 0 & 0 & 1 \\ 0 & 0 & 0 & 0 & 0 & 1 \end{bmatrix} \end{array}.
$$

2. 利用定理 10.3 求解本题,分以下几步进行.

(1) 写出图 G 的关联矩阵

$$
M(G) = \begin{array}{c} v_1 \\ v_2 \\ v_3 \\ v_4 \\ v_5 \end{array}
\begin{array}{c} \begin{matrix} e_1 & e_2 & e_3 & e_4 & e_5 & e_6 \end{matrix} \\ \begin{bmatrix} 1 & 0 & 0 & 1 & 0 & 0 \\ 0 & 1 & 1 & 1 & 0 & 0 \\ 0 & 0 & 1 & 0 & 1 & 0 \\ 1 & 1 & 0 & 0 & 1 & 1 \\ 0 & 0 & 0 & 0 & 0 & 1 \end{bmatrix} \end{array}.
$$

(2) 找 v_5 为参考点,写出基本关联矩阵

$$
M_f = \begin{array}{c} v_1 \\ v_2 \\ v_3 \\ v_4 \end{array}
\begin{array}{c} \begin{matrix} e_1 & e_2 & e_3 & e_4 & e_5 & e_6 \end{matrix} \\ \begin{bmatrix} 1 & 0 & 0 & 1 & 0 & 0 \\ 0 & 1 & 1 & 1 & 0 & 0 \\ 0 & 0 & 1 & 0 & 1 & 0 \\ 1 & 1 & 0 & 0 & 1 & 1 \end{bmatrix} \end{array}.
$$

(3) 计算 M_f 的所有 4 阶子阵的行列式,寻找不等于 0 的,计算的行列式的个数应为 $C_6^4 = 15$. 但因为图中 e_6 为桥,它必须在任何生成树中,因而只需计算带 e_6 的 4 阶子矩阵的行列式,共有 $C_5^3 = 10$ 个.

① $\begin{array}{cccc}e_1&e_2&e_3&e_6\end{array}$
$\begin{vmatrix}1&0&0&0\\0&1&1&0\\0&0&1&0\\1&1&0&1\end{vmatrix}=\begin{vmatrix}1&0&0\\0&1&1\\0&0&1\end{vmatrix}=1;$

② $\begin{array}{cccc}e_1&e_2&e_4&e_6\end{array}$
$\begin{vmatrix}1&0&1&0\\0&1&1&0\\0&0&0&0\\1&1&0&1\end{vmatrix}=\begin{vmatrix}1&0&1\\0&1&1\\0&0&0\end{vmatrix}=0;$

③ $\begin{array}{cccc}e_1&e_2&e_5&e_6\end{array}$
$\begin{vmatrix}1&0&0&0\\0&1&0&0\\0&0&1&0\\1&1&1&1\end{vmatrix}=\begin{vmatrix}1&0&0\\0&1&0\\0&0&1\end{vmatrix}=1;$

④ $\begin{array}{cccc}e_1&e_3&e_4&e_6\end{array}$
$\begin{vmatrix}1&0&1&0\\0&1&1&0\\0&1&0&0\\1&0&0&1\end{vmatrix}=\begin{vmatrix}1&0&1\\0&1&1\\0&1&0\end{vmatrix}=-1=1(\mathrm{mod}2);$

⑤ $\begin{array}{cccc}e_1&e_3&e_5&e_6\end{array}$
$\begin{vmatrix}1&0&0&0\\0&1&0&0\\0&1&1&0\\1&0&1&1\end{vmatrix}=\begin{vmatrix}1&0&0\\0&1&0\\0&1&1\end{vmatrix}=1;$

⑥ $\begin{array}{cccc}e_1&e_4&e_5&e_6\end{array}$
$\begin{vmatrix}1&1&0&0\\0&1&0&0\\0&0&1&0\\1&0&1&1\end{vmatrix}=\begin{vmatrix}1&1&0\\0&1&0\\0&0&1\end{vmatrix}=1;$

⑦ $\begin{array}{cccc}e_2&e_3&e_4&e_6\end{array}$
$\begin{vmatrix}0&0&1&0\\1&1&1&0\\0&1&0&0\\1&0&0&1\end{vmatrix}=\begin{vmatrix}0&0&1\\1&1&1\\0&1&0\end{vmatrix}=1;$

⑧ $\begin{array}{cccc}e_2&e_4&e_5&e_6\end{array}$
$\begin{vmatrix}0&0&0&0\\1&1&0&0\\0&1&1&0\\1&0&1&1\end{vmatrix}=\begin{vmatrix}0&0&0\\1&1&0\\0&1&1\end{vmatrix}=0;$

⑨ $\begin{array}{cccc}e_2&e_4&e_5&e_6\end{array}$
$\begin{vmatrix}0&1&0&0\\1&1&0&0\\0&0&0&0\\1&0&1&1\end{vmatrix}=\begin{vmatrix}0&1&0\\1&1&0\\0&0&1\end{vmatrix}=-1=1(\mathrm{mod}2);$

⑩ $\begin{array}{cccc}e_3&e_4&e_5&e_6\end{array}$
$\begin{vmatrix}0&1&0&0\\1&1&0&0\\1&0&1&0\\0&0&1&1\end{vmatrix}=\begin{vmatrix}0&1&0\\1&1&0\\1&0&1\end{vmatrix}=-1=1(\mathrm{mod}2).$

(4) 画出 G 的所有生成树.

由(3)中计算可知,行列式为 0 的只有②和⑧两种情况,其余 8 种情况行列式均非 0,各对应 G 的一棵生成树,即①,③,④,⑤,⑥,⑦,⑨,⑩分别对应图 10.5(a),(b),(c),(d),(e),(f),(g),(h).

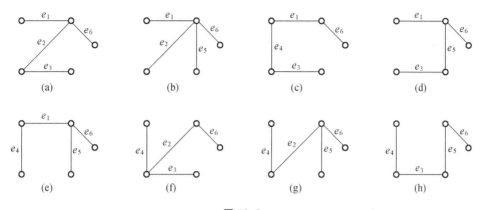

图 10.5

从图 10.5 可看出,图(a),(d),(e),(f),(g)均同构,图(c)与(h)同构,也就是说本题图(g)中有 3 棵非同构的生成树(其实,5 阶无向树只有 3 棵非同构).

3. 解本题,首先将 K_4 的各边标定,然后用定理 10.3 求解,其过程类似于第 2 题.

(1) 画出标定的 K_4,见图 10.6 所示.

(2) 写出关联矩阵

$$M = \begin{array}{c} \\ v_1 \\ v_2 \\ v_3 \\ v_4 \end{array} \begin{array}{c} e_1 \; e_2 \; e_3 \; e_4 \; e_5 \; e_6 \\ \begin{bmatrix} 1 & 0 & 0 & 1 & 0 & 1 \\ 1 & 1 & 0 & 0 & 1 & 0 \\ 0 & 0 & 1 & 1 & 1 & 0 \\ 0 & 1 & 1 & 0 & 0 & 1 \end{bmatrix} \end{array}.$$

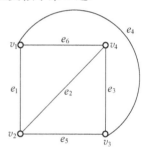

图 10.6

(3) 取 v_4 为参考点,写基本关联矩阵

$$M_f = \begin{array}{c} e_1 \; e_2 \; e_3 \; e_4 \; e_5 \; e_6 \\ \begin{bmatrix} 1 & 0 & 0 & 1 & 0 & 1 \\ 1 & 1 & 0 & 0 & 1 & 0 \\ 0 & 0 & 1 & 1 & 1 & 0 \end{bmatrix} \end{array}.$$

(4) 计算 $C_6^3 = 20$ 个 3 阶子阵的行列式,从中找出其值不为 0 的来.

① $\begin{vmatrix} e_1 & e_2 & e_3 \\ 1 & 0 & 0 \\ 1 & 1 & 0 \\ 0 & 0 & 1 \end{vmatrix} = 1;$
② $\begin{vmatrix} e_1 & e_2 & e_4 \\ 1 & 0 & 1 \\ 1 & 1 & 0 \\ 0 & 0 & 1 \end{vmatrix} = 1;$
③ $\begin{vmatrix} e_1 & e_2 & e_5 \\ 1 & 0 & 0 \\ 1 & 1 & 1 \\ 0 & 0 & 1 \end{vmatrix} = 1;$

④ $\begin{vmatrix} e_1 & e_2 & e_6 \\ 1 & 0 & 1 \\ 1 & 1 & 0 \\ 0 & 0 & 0 \end{vmatrix} = 0;$
⑤ $\begin{vmatrix} e_1 & e_3 & e_4 \\ 1 & 0 & 1 \\ 1 & 0 & 0 \\ 0 & 1 & 1 \end{vmatrix} = 1;$
⑥ $\begin{vmatrix} e_1 & e_3 & e_5 \\ 1 & 0 & 0 \\ 1 & 0 & 1 \\ 0 & 1 & 1 \end{vmatrix} = -1 = 1 \pmod 2;$

⑦ $\begin{vmatrix} e_1 & e_3 & e_6 \\ 1 & 0 & 1 \\ 1 & 0 & 0 \\ 0 & 1 & 0 \end{vmatrix} = 1;$
⑧ $\begin{vmatrix} e_1 & e_4 & e_5 \\ 1 & 1 & 0 \\ 1 & 0 & 1 \\ 0 & 1 & 1 \end{vmatrix} = -1 - 1 = -2 = 0 \pmod 2;$

⑨ $\begin{vmatrix} e_1 & e_4 & e_6 \\ 1 & 1 & 1 \\ 1 & 0 & 0 \\ 0 & 1 & 0 \end{vmatrix} = 1;$ ⑩ $\begin{vmatrix} e_1 & e_5 & e_6 \\ 1 & 0 & 1 \\ 1 & 1 & 0 \\ 0 & 1 & 0 \end{vmatrix} = 1;$ ⑪ $\begin{vmatrix} e_2 & e_3 & e_4 \\ 0 & 0 & 1 \\ 1 & 0 & 0 \\ 0 & 1 & 1 \end{vmatrix} = 1;$

⑫ $\begin{vmatrix} e_2 & e_3 & e_5 \\ 0 & 0 & 0 \\ 1 & 0 & 1 \\ 0 & 1 & 1 \end{vmatrix} = 0;$ ⑬ $\begin{vmatrix} e_2 & e_3 & e_6 \\ 0 & 0 & 1 \\ 1 & 0 & 0 \\ 0 & 1 & 0 \end{vmatrix} = 1;$ ⑭ $\begin{vmatrix} e_2 & e_4 & e_5 \\ 0 & 1 & 0 \\ 1 & 0 & 1 \\ 0 & 1 & 1 \end{vmatrix} = -1 = 1 \pmod 2;$

⑮ $\begin{vmatrix} e_2 & e_4 & e_6 \\ 0 & 1 & 1 \\ 1 & 0 & 0 \\ 0 & 1 & 0 \end{vmatrix} = 1;$ ⑯ $\begin{vmatrix} e_2 & e_5 & e_6 \\ 0 & 0 & 1 \\ 1 & 1 & 0 \\ 0 & 1 & 0 \end{vmatrix} = 1;$ ⑰ $\begin{vmatrix} e_3 & e_4 & e_5 \\ 0 & 1 & 0 \\ 0 & 0 & 1 \\ 1 & 1 & 1 \end{vmatrix} = 1;$

⑱ $\begin{vmatrix} e_3 & e_4 & e_6 \\ 0 & 1 & 1 \\ 0 & 0 & 0 \\ 1 & 1 & 0 \end{vmatrix} = 0;$ ⑲ $\begin{vmatrix} e_3 & e_5 & e_6 \\ 0 & 0 & 1 \\ 0 & 1 & 0 \\ 1 & 1 & 0 \end{vmatrix} = -1 = 1 \pmod 2;$

⑳ $\begin{vmatrix} e_4 & e_5 & e_6 \\ 1 & 0 & 1 \\ 0 & 1 & 0 \\ 1 & 1 & 0 \end{vmatrix} = -1 = 1 \pmod 2.$

除④,⑧,⑫,⑱外,其他 16 个全不为 0,所以共有 16 棵生成树. 图 10.7 给出了这 16 棵生成树,其对应关系为: ①-(a),②-(b),③-(c),⑤-(d),⑥-(e),⑦-(f),⑨-(g),⑩-(h),⑪-(i),⑬-(j),⑭-(k),⑮-(l),⑯-(m),⑰-(n),⑲-(o),⑳-(p).

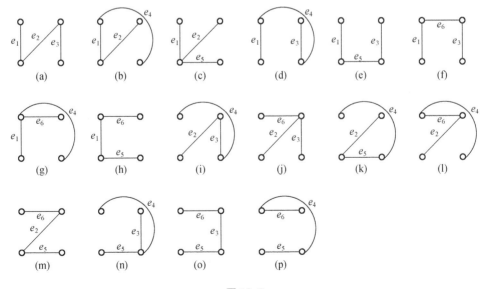

图 10.7

由定理 9.7 知道 $\tau(K_4) = 4^2 = 16$,所以本例是对此定理的验证.

图(c)≌图(g)≌图(j)≌图(n),其余 12 棵树均同构,这也符合 4 阶无向树只有两种非同构的.

4. 只需计算有向图 D 的邻接矩阵 A 及 A^2, A^3, A^4 就可以回答所有问题.

$$A=\begin{bmatrix}1&2&0&0\\0&0&1&0\\1&0&0&1\\0&0&1&0\end{bmatrix}, A^2=\begin{bmatrix}1&2&2&0\\1&0&0&1\\1&2&1&0\\1&0&0&1\end{bmatrix}, A^3=\begin{bmatrix}3&2&2&2\\1&2&1&0\\2&2&2&1\\1&2&1&0\end{bmatrix}, A^4=\begin{bmatrix}5&6&4&2\\2&2&2&1\\4&4&3&2\\2&2&2&1\end{bmatrix}.$$

为计算方便,还可以计算出 B_1, B_2, B_3, B_4.

$$B_1=A=\begin{bmatrix}1&2&0&0\\0&0&1&0\\1&0&0&1\\0&0&1&0\end{bmatrix}, B_2=\begin{bmatrix}2&4&2&0\\1&0&1&1\\2&2&1&1\\1&0&1&1\end{bmatrix}, B_3=\begin{bmatrix}5&6&4&2\\2&2&2&1\\4&4&3&2\\2&2&2&1\end{bmatrix}, B_4=\begin{bmatrix}10&12&8&4\\4&4&4&2\\8&8&6&4\\4&4&4&2\end{bmatrix}.$$

根据以上计算回答各问题:

(1) v_1 到 v_4 长度为 1,2,3,4 的通路分别为 0,0,2,2 条;

(2) v_1 到 v_4 长度小于等于 3 的通路为 2 条;

(3) v_1 到 v_1 长度为 1,2,3,4 的回路分别为 1,1,3,5 条;

(4) v_4 到 v_4 长度小于等于 3 的回路为 1 条;

(5) D 中长度为 4 的通路(不含回路)为 33 条;

(6) D 中长度为 4 的回路为 11 条;

(7) D 中长度小于等于 4 的通路为 88 条,其中有 22 条回路;

(8) 可达矩阵

$$P=\begin{bmatrix}1&1&1&1\\1&1&1&1\\1&1&1&1\\1&1&1&1\end{bmatrix}.$$

可见 D 是强连通图.

5. 解本题首先写出图 G 的相邻矩阵 A,然后求 A 的前几次幂,寻找规律性.

$$A=\begin{bmatrix}0&1&0\\1&0&1\\0&1&0\end{bmatrix}.$$

$$A^k=\begin{cases}\begin{bmatrix}0&2^{\frac{k-1}{2}}&0\\2^{\frac{k-1}{2}}&0&2^{\frac{k-1}{2}}\\0&2^{\frac{k-1}{2}}&0\end{bmatrix},k\text{ 为奇数;}\\\begin{bmatrix}2^{\frac{k-1}{2}}&0&2^{\frac{k-1}{2}}\\0&2^{\frac{k-1}{2}}&0\\2^{\frac{k-1}{2}}&0&2^{\frac{k-1}{2}}\end{bmatrix},k\text{ 为偶数.}\end{cases}$$

可见得

$$a_{22}^{(k)}=\begin{cases}0,k\text{ 为奇数;}\\2^{\frac{k-1}{2}},k\text{ 为偶数.}\end{cases}$$

Ⅲ．补充习题

1． 用邻接矩阵求图 10.8 中长度为 7 的通路(含回路)总数.

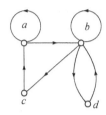

图 10.8

2． n 阶无环无向图的关联矩阵与其转置之积是个 n 阶方阵,解释其中各个元素的含义.

3． 判断具有下列相邻矩阵的每对简单图是否同构？

(1) $\begin{bmatrix} 0 & 0 & 1 \\ 0 & 0 & 1 \\ 1 & 1 & 0 \end{bmatrix}, \begin{bmatrix} 0 & 1 & 1 \\ 1 & 0 & 0 \\ 1 & 0 & 0 \end{bmatrix}$;

(2) $\begin{bmatrix} 0 & 1 & 0 & 1 \\ 1 & 0 & 0 & 1 \\ 0 & 0 & 0 & 1 \\ 1 & 1 & 1 & 0 \end{bmatrix}, \begin{bmatrix} 0 & 1 & 1 & 1 \\ 1 & 0 & 0 & 1 \\ 1 & 0 & 0 & 1 \\ 1 & 1 & 1 & 0 \end{bmatrix}$;

(3) $\begin{bmatrix} 0 & 1 & 1 & 0 \\ 1 & 0 & 0 & 1 \\ 1 & 0 & 0 & 1 \\ 0 & 1 & 1 & 0 \end{bmatrix}, \begin{bmatrix} 0 & 1 & 0 & 1 \\ 1 & 0 & 0 & 0 \\ 0 & 0 & 0 & 1 \\ 1 & 0 & 1 & 0 \end{bmatrix}$.

4． 证明二阶以上二部图的顶点可以排序,使得相邻矩阵形如 $\begin{bmatrix} 0 & A \\ B & 0 \end{bmatrix}$,其中所示的四项都是矩形块.

5． 每一个对称的和对角线全为 0 的 0－1 方阵是否都是无向简单图的相邻矩阵？

6． 设 n 阶无向连通简单图 G 的相邻矩阵是 A,证明 A 的每个特征值 μ 都满足 $\mu \leqslant \Delta(G)$.

7． 设 n 阶无向连通简单图的相邻矩阵是 A,证明 $\Delta(G)$ 是 A 的一个特征值当且仅当 A 是 $\Delta(G)$-正则图.

8． 设 n 阶无向连通简单图 G 的相邻矩阵是 A,证明若 $-\Delta(G)$ 是 A 的一个特征值,则 G 是 $\Delta(G)$-正则二部图.

Ⅳ．补充习题解答

1． 图 10.8 的邻接矩阵为 $A = \begin{bmatrix} 1 & 1 & 0 & 0 \\ 0 & 1 & 1 & 1 \\ 1 & 0 & 0 & 0 \\ 0 & 1 & 0 & 0 \end{bmatrix}$,经过如下计算：

$A^2 = \begin{bmatrix} 1 & 2 & 1 & 1 \\ 1 & 2 & 1 & 1 \\ 1 & 1 & 0 & 0 \\ 0 & 1 & 1 & 1 \end{bmatrix}, A^3 = \begin{bmatrix} 2 & 4 & 2 & 2 \\ 2 & 4 & 2 & 2 \\ 1 & 2 & 1 & 1 \\ 1 & 2 & 1 & 1 \end{bmatrix}, A^4 = \begin{bmatrix} 4 & 8 & 4 & 4 \\ 4 & 8 & 4 & 4 \\ 2 & 4 & 2 & 2 \\ 2 & 4 & 2 & 2 \end{bmatrix}, A^7 = \begin{bmatrix} 32 & 64 & 32 & 32 \\ 32 & 64 & 32 & 32 \\ 16 & 32 & 16 & 16 \\ 16 & 32 & 16 & 16 \end{bmatrix}$,

所以长度为 7 的通路(含回路)总数为 $32\times 8+64\times 2+16\times 6=480$ 条.

2. 设乘积矩阵是 $[a_{ij}]$,则当 $i\neq j$ 时, a_{ij} 是从 v_i 到 v_j 的边数, a_{ii} 是与 v_i 关联的边数.

3. 分析:判断用相邻矩阵表示的图是否同构,有两种不同的方法,下面分别解释.

方法一 先画出对应的图,然后设法建立同构映射,如果能够建立同构映射,则是同构的;如果不能建立同构映射,则是非同构的.证明不能建立同构映射的方法是,或者穷举所有可能的顶点映射,然后逐个排除其为同构映射的可能;或者找出两个图不同的性质,而这个性质应该是同构映射保持不变的.

方法二 通过直接调整相邻矩阵相应的行和列(注意如果互换两行,则要互换相应的两列),如果一个相邻矩阵能变成另外一个,则两个图是同构的;否则就不是同构的.

解答:采用上述方法二.

(1) 同构;将一三行和一三列互换,两个相邻矩阵就是相同的.

(2) 非同构;第一个相邻矩阵的第三行只有一个 1,第二个相邻矩阵的每行都至少有两个 1,所以不可能通过互换行和列,把其中一个相邻矩阵变成另一个.

(3) 非同构;第一个相邻矩阵不同的行只有两种,第二个相邻矩阵的每行都不同;另外,第一个相邻矩阵的每行都至少有两个 1,第二个相邻矩阵的第二行和第三行都只有一个 1.所以不可能通过互换行和列,把其中一个相邻矩阵变成另一个.

4. 设二部图 $G=\langle V_1,V_2;E\rangle$,这样给顶点排序:把 V_1 中所有顶点都排在 V_2 中所有顶点前面(或者把 V_2 中所有顶点都排在 V_1 中所有顶点前面),在相邻矩阵中,把 V_1 中所有顶点对应的行和列划分为一个对角块,把 V_2 中所有顶点对应的行和列划分为另一个对角块.由于没有边连接 V_1 中的两个顶点,也没有边连接 V_2 中的两个顶点,因此这两个对角块都由 0 元素组成.

5. 是.因为简单图不含环,所以相邻矩阵对角线上都是 0.因为简单图不含平行边,所以相邻矩阵每个元素都是 0 或 1(两个不同顶点之间最多有一条边).无向图的相邻矩阵一定是对称的.对于每一个满足题目中条件的矩阵,都能画出相应的简单图来.

6. 设 $x=(x_1,x_2,\cdots,x_n)^T$ 是与特征值 μ 对应的 A 的特征向量.设 x_k 是其中绝对值最大的分量,即 $|x_k|\geq |x_i|, i=1,2,\cdots,n$.注意 $x_k\neq 0$(否则 x 是零向量).于是

$$|\mu|=|(\mu\cdot x_k)/x_k|=\left|\sum_{i=1}^n (a_{ki}\cdot x_i)/x_k\right|=\sum_{i=1}^n a_{ki}\cdot (|x_i/x_k|)\leq \sum_{i=1}^n a_{ki}=d(v_k)\leq \Delta(G).$$

7. "⇒"如果 $\Delta(G)$ 是 A 的一个特征值,设相应的特征向量是 $x=(x_1,x_2,\cdots,x_n)^T$,设 x_k 是其中绝对值最大的分量,即 $|x_k|\geq |x_i|,i=1,2,\cdots,n$.注意 $x_k\neq 0$(否则 x 是零向量).于是

$$\Delta(G)=(\Delta(G)\cdot x_k)/x_k=\sum_{i=1}^n(a_{ki}\cdot x_i)/x_k=\sum_{i=1}^n a_{ki}\cdot(x_i/x_k)\leq \sum_{i=1}^n a_{ki}=d(v_k)\leq \Delta(G),$$

这说明 $d(v_k)=\Delta(G)$,并且对于所有与 v_k 相邻的顶点 v_i 有 $x_i=x_k$.于是这些与 v_k 相邻的顶点 v_i 所对应的 x_i 也是绝对值最大的分量,因此同理可得对于与 v_i 相邻的顶点 v_j 有 $d(v_j)=\Delta(G)$ 并且 $x_j=x_k$.由于 G 是连通的,所以对于所有 x_i 有 $d(v_i)=\Delta(G)$ 并且 $x_i=x_k,i=1,2,\cdots,n$.因此 G 是 $\Delta(G)$-正则图.

"⇐"如果 G 是 $\Delta(G)$-正则图,则 $[A\cdot(1,1,\cdots,1)^T]_k=\sum_{i=1}^n a_{ki}=d(v_k)=\Delta(G),k=1,2,\cdots,n$.所以 $A\cdot (1,1,\cdots,1)^T=\Delta(G)\cdot (1,1,\cdots,1)^T$,即 $\Delta(G)$ 是 A 的特征值.

8. 如果 $-\Delta(G)$ 是 A 的一个特征值，设相应的特征向量是 $x=(x_1,x_2,\cdots,x_n)^T$，设 x_k 是其中绝对值最大的分量，即 $|x_k|\geqslant|x_i|$，$i=1,2,\cdots,n$. 注意 $x_k\neq 0$（否则 x 是零向量）. 于是

$$-\Delta(G) = (-\Delta(G)\cdot x_k)/x_k = \sum_{i=1}^n (a_{ki}\cdot x_i)/x_k$$

$$= \sum_{i=1}^n a_{ki}\cdot(x_i/x_k) \geqslant -\sum_{i=1}^n a_{ki} = -d(v_k) \geqslant -\Delta(G),$$

这说明 $d(v_k)=\Delta(G)$，并且对于与 v_k 相邻的顶点 v_i 有 $x_i=-x_k$. 于是这些与 v_k 相邻的顶点 v_i 所对应的 x_i 也是绝对值最大的分量，因此同理可得对于与 v_i 相邻的顶点 v_j 有 $x_j=-x_i=x_k$，对于与 v_j 相邻的顶点 v_l 有 $x_l=-x_j=x_i=-x_k$，等等. 一般来说，对于与 v_k 距离为奇数的顶点 v_i 有 $x_i=-x_k$，对于与 v_k 距离为偶数的顶点 v_j 有 $x_j=x_k$. 令 $V_1=\{v_i|x_i=x_k\}$，$V_2=\{v_i|x_i=-x_k\}$，则每条边都连接 V_1 与 V_2 中的两个不同顶点，所以 G 是二部图.

第十一章 平 面 图

I．习题十一

1. 证明图 11.1 所示二图均为平面图．

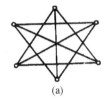
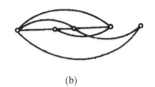

图 11.1

2. 用约当定理证明 $K_{3,3}$ 不是平面图．

3. 证明正多面体图（柏拉图图）有且仅有 5 种．

4. 设 G 是简单平面图，面数 $r<12,\delta(G)\geqslant 3$．
(1) 证明 G 中存在次数小于等于 4 的面；
(2) 举例说明，若 $r=12$，其他条件不变，则(1)中结论不真．

5. 设 G 是 n 阶 m 条边的简单平面图，已知 $m<30$，证明存在 $v\in V(G)$ 使得 $d(v)\leqslant 4$．

6. 设 G 为 n 阶 m 条边的简单连通平面图，证明：当 $n=7,m=15$ 时 G 为极大平面图．

7. 设 G 是 $n(n\geqslant 11)$ 阶无向简单图，证明 G 或 $\overline{G}$ 必为非平面图．

8. 利用欧拉公式证明定理 11.4 的充分性．

9. 证明图 11.2 所示各图均为非平面图．

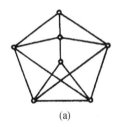
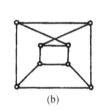
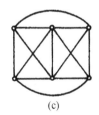

图 11.2

10. 画出所有 6 阶连通的简单非同构的非平面图．

11. 设 n 阶 m 条边的平面图是自对偶图，证明 $m=2n-2$．

12. 设 G 为 $n(n\geqslant 4)$ 阶极大的平面图，证明 G 的对偶图 G^* 是 2-边连通的 3-正则图．

13. 设 G 是 2-边连通的简单平面图，且每两个面的边界至多有一条公共边，证明 G 中至少有两个面的次数相同．

14. 证明：平面图 G 的对偶图 G^* 是欧拉图当且仅当 G 中每个面的次数均为偶数．

15. 证明:不存在具有 5 个面,且每两个面的边界都共享一条公共边的平面图.

16. 设 G 是连通的 3-正则平面图,r_i 是 G 中次数为 i 的面的个数,证明
$$12 = 3r_3 + 2r_4 + r_5 - r_7 - 2r_8 - 3r_9 - \cdots.$$

17. 设 G 是 $n(n \geqslant 7)$ 阶外平面图,证明 $\overline{G}$ 不是外平面图.

18. 证明《教程》中图 11.17(b) 是哈密顿图,但不存在既含边 e_1 又含边 e_2 的哈密顿回路.

19. 证明《教程》中图 11.15 所示的托特图不是哈密顿图.

II. 习题解答

1. 解此类问题,只需我们给定图的一个平面嵌入,在寻找平面嵌入过程中,有时只移动边的位置,有时也要移动顶点的位置,为此有时需要将给定图标定. 在图 11.3 中,图(a)为图 11.1(a)的标定图,图(b)为图(a)的平面嵌入,所以图(a)为平面图. 在图 11.3 中图(c)为图 11.1(b)的标定图,图(d)为图(c)的平面嵌入,所以图(c)为平面图.

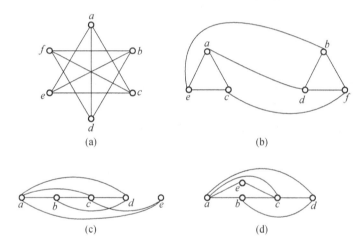

图 11.3

2. 图 11.4(a)为标定顶点的 $K_{3,3}$,顶点 1,2,3 均与顶点 a,b,c 相邻,反之亦然. 它的围长 $g=4$. 取其中一个最短的圈 $C_1=1a2b1$,如图 11.4(b)所示.

下面证明,没在 C_1 上的顶点 3 与 c 无论如何定位,都会产生边相交.

情况 1 3 与 c 中一个在 C_1 内,另一个在 C_1 外,如图 11.4(c)所示,由约当定理可知,要使 3 与 c 相邻必产生边的相交.

情况 2 3 与 c 都在 C_1 的内部,如图 11.4(d)所示,此时,c 在圈 $C_2=3a2b3$ 的内部,1 在 C_2 的外部,由约当定理可知,要使 1 与 c 相邻必产生边的相交.

情况 3 3 与 c 都在 C_1 的外部,如图 11.4(e)所示,此时,c 在圈 $C_3=b2a3b$ 的内部,而 1 在 C_3 的外部,由约当定理可知,要使 1 与 c 相邻必产生边的相交.

由以上讨论可知,$K_{3,3}$ 不是平面图.

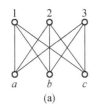 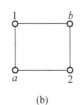 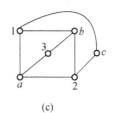

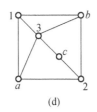 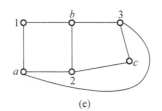

图 11.4

3. 正多面体图的平面嵌入的共同特征如下:

(1) 都是连通简单平面图,都满足欧拉公式($n-m+r=2$),又各面次数 $s \geqslant 3$.

(2) 都是 k-正则图,由握手定理有 $2m=kn$,又由定理 11.2 有 $3 \leqslant k \leqslant 5$.

(3) 各面次数相同,因而满足 $2m=sr$.

上面各公式中,n,m,r,s 分别表示阶数、边数、面数和面的次数.

为方便起见,记欧拉公式及相关公式分别为

$$n-m+r=2 \qquad ①$$
$$2m=kn \qquad ②$$
$$3 \leqslant k \leqslant 5 \qquad ③$$
$$2m=sr \qquad ④$$

下面就③中提供的 $k=3,4,5$ 进行讨论.

(1) $k=3$. 由②与④得 $2m=3n=sr \Rightarrow m=\dfrac{3n}{2}, r=\dfrac{3n}{s}$,代入欧拉公式①,得

$$n-\frac{3}{2}n+\frac{3}{s}n=2 \Rightarrow s=\frac{6n}{4+n}, \qquad ⑤$$

在⑤中,若 $s=\dfrac{6n}{4+n} \geqslant 6$,会得出 $6n \geqslant 24+6n$ 的矛盾. 又因为讨论的是简单平面图,所以

$$3 \leqslant s \leqslant 5, \qquad ⑥$$

下面再就 $k=3$,对 $s=3,4,5$ 进行讨论.

$s=3$. 由⑤解出 $n=4, m=\dfrac{3n}{2}=6, r=\dfrac{3n}{s}=4$,这正是四面体的参数,如图 11.5(a)所示.

$s=4$. 类似解出 $n=8, m=12, r=6$,这正是六面体的参数,如图 11.5(b)所示.

$s=5$. 解出 $n=20, m=30, r=12$,这正是十二面体的参数,如图 11.5(d)所示.

(2) $k=4$. 由②与④得 $2m=4n=sr \Rightarrow m=2n, r=\dfrac{4}{s}n$,代入欧拉公式得 $n-2n+\dfrac{4}{s}n=2$,解出 $s=\dfrac{4n}{2+n}$,此时只有 $s=3$. 解出 $n=6, m=12, r=8$,这正是八面体图的参数,如图 11.5(c)所示.

(3) $k=5$. 类似讨论得 $2m=5n=sr \Rightarrow n-\dfrac{5}{2}n+\dfrac{5n}{s}=2 \Rightarrow n-\dfrac{5}{2}n+\dfrac{5}{s}n=2$,解出 $s=\dfrac{10n}{4+3n}$ $\leqslant 3$,但是 s 不能为 $1,2$,所以 $s=3$. 解出 $n=12, m=30, r=20$,这正是二十面体的参数,如图 11.5(e)所示.

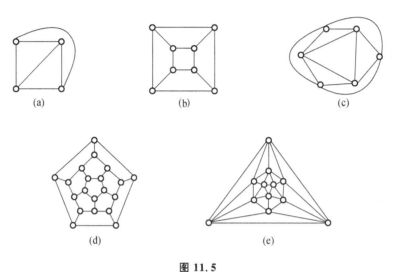

图 11.5

4. (1) 使用反证法证明,证明中用到欧拉公式、握手定理、最小度等.

不妨设 G 是连通的,否则可对 G 的某个连通分支讨论,以下设 n, m, r 分别为 G 的阶数、边数与面数.

若 G 中不存在次数小于等于 4 的面,则 $\forall R_i$,均有 $\deg(R_i) \geqslant 5$,由定理 11.2、$\delta(G) \geqslant 3$、欧拉公式,得

$$\begin{cases} 2m \geqslant 5r = 5(2+m-n), \\ 2m \geqslant 3n \end{cases}$$

$$\Rightarrow \begin{cases} 2m \geqslant 10 + 5m - 5n, \\ n \leqslant \dfrac{2}{3}m \end{cases}$$

$$\Rightarrow 2m \geqslant 10 + 5m - \dfrac{10}{3}m$$

$$\Rightarrow m \geqslant 30.$$

又因 $r<12, \delta(G) \geqslant 3$,可得

$$r = 2 + m - n < 12,$$
$$2m \geqslant 3n$$

$$\Rightarrow \begin{cases} 12 > 2+m-n, \\ n \leqslant \dfrac{2}{3}m \end{cases}$$

$$\Rightarrow 12 > 2 + m - \dfrac{2}{3}m \Rightarrow m < 30.$$

这与 $m \geqslant 30$ 相矛盾.

(2) 在正十二面体中，$r=12$，$\delta(G)=3$，$\deg(R_i)=5$，$i=1,2,\cdots,12$，并无次数小于等于 4 的面. 正十二面体图如图 11.5(d)所示.

5. 用反证法证明，证明中使用握手定理、定理 11.10. 当 $n\leq 5$ 时，结论显然为真. 下面就 $n\geq 6$ 进行讨论.

否则，$\forall v\in V(G)$，均有 $d(v)\geq 5$，由握手定理及定理 11.10，得
$$\begin{cases} 2m\geq 5n, \\ m\leq 3n-6 \end{cases}$$
$$\Rightarrow m\leq \frac{6}{5}m-6 \Rightarrow m\geq 30.$$

这与已知 $m<30$ 相矛盾.

6. 方法一 由 G 为简单连通平面图及 $n=7$，$m=15$，直接证明满足定理 11.4 的条件.

将 $n=7$，$m=15$ 直接代入欧拉公式 $n-m+r=2$，得 $7-15+r=2$，解出 $r=10$，显然 G 不可能为树，因而 G 中必含圈，又因 G 为简单图，所以 $\forall R_i$，均有 $\deg(R_i)\geq 3$. 由定理 11.2 可知 $2m=30=\sum\deg(R_i)$，因为 $r=10$，迫使每个面的次数均为 3，由定理 11.4 可知，G 为极大平面图.

方法二 用极大平面图的定义证.

由于 $n=7$，$m=15$，G 不可能为完全图，因而存在不相邻的顶点 u,v，设 $G'=G\cup(u,v)$，则 G' 是 $n'=7$，$m'=16$ 的无向简单图，但 G' 已不是平面图了. 如果 G' 为平面图，根据定理 11.10，应有 $m'\leq 3n'-6\Rightarrow 16\leq 21-6=15$，这是个矛盾. 所以 G' 不是平面图，根据定义，G 为极大平面图.

方法三 证明满足定理 11.4.

由 $n=7$，$m=15$ 可知，G 不是树，因而含圈，且圈长大于等于 3. 所以 $\forall R_i$ 均有 $\deg(R_i)\geq 3$. 下面只需证 $\forall R_i$，无有 $\deg(R_i)\leq 3$.

否则，存在 R_i，$\deg(R_i)\geq 4$，于是由定理 11.2 及欧接公式有
$$2m>3r=3(2+m-n)\Rightarrow m<3n-6\Rightarrow 15<15,$$
这是个矛盾，因而 $\forall R_i$，$\deg(R_i)=3$，由定理 11.4 可知，G 为极大平面图.

7. 方法一 用解二次不等式的方法证明，证明中用定理 11.10.

不妨设 G 的边数 m 不小于 $\overline{G}$ 的边数，即 $m\geq\frac{n(n-1)}{4}$，下面用反证法证明 G 不可能为平面图，否则 G 应为简单平面图，由定理 11.10 应有
$$\frac{n(n-1)}{4}\leq m\leq 3n-6,$$
得不等式
$$n^2-13n+24\leq 0.$$

解此不等式得 $2.22<n<10.78$，这与 $n\geq 11$ 相矛盾，所以 G 不是平面图.

方法二 只需证 $n=11$ 时结论为真即可(为什么?)

又设 G 的边数 m 不小于 $\overline{G}$ 的边数，则 $m\geq 28$，若 G 为平面图，由定理 11.10，应有
$$28\leq m\leq 3n-6=27,$$
这是矛盾的，所以 G 为非平面图.

8. 本题证明定理 11.4 的充分性，即证：若 $n(n\geq 3)$ 阶简单连通平面图 G 的每个面的次数

均为 3,则 G 为极大平面图.

若 G 中不存在不相邻的顶点,显然 G 为极大平面图.下面就 G 中存在不相邻顶点,证明加新边后破坏平面性来证明 G 为极大平面图.设 n,m,r 分别为 G 的阶数、边数和面数.

因为每个面的次数均为 3,根据定理 11.2,有

$$2m = 3r, \qquad ①$$

又由 G 连通,所以满足欧拉公式

$$n - m + r = 2. \qquad ②$$

将①中 $r = \frac{2}{3}m$ 代入②得

$$n - m + \frac{2}{3}m = 2$$

$$\Rightarrow m = 3n - 6. \qquad ③$$

设 u,v 为 G 中不相邻的两个顶点,在 G 中加新边 (u,v),设所得图为 G',则 G' 中,阶数 $n' = n$,边数 $m' = m+1$,若 G' 仍为平面图,则由③可知

$$m' = m + 1 > 3n - 6 = 3n' - 6, \qquad ④$$

这与定理 11.10 相矛盾,所以 G' 不可能为平面图,由极大平面图的定义可知,G 为极大平面图.

9. (1) 证明图 11.2(a)图不是平面图. 为方便起见,将图 11.2(a)图标定顶点,如图 11.6(a)所示. 图 11.6(b)为(a)的子图,此图为 $K_{3,3}$,互补顶点子集为 $V_1 = \{b, g, e\}$,$V_2 = \{c, d, f\}$,由定理 11.13 可知,图(a)不是平面图.

还可以找到另外子图,如图 11.6(c)所示,在(c)中,由收缩边 e_1 与 e_2 得 K_5,由定理 11.14 可知,图(a)不是平面图.

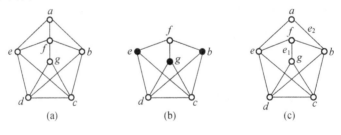

图 11.6

(2) 证明图 11.2(b)图不是平面图. 先将图(b)中顶点标定,如图 11.7(a)所示. 图 11.7(b)为(a)的子图,(b)与 $K_{3,3}$ 同胚,互补顶点子集为 $V_1 = \{b, f, d\}$,$V_2 = \{a, c, e\}$,h, g 为 2 度顶点,所以图(a)不是平面图.

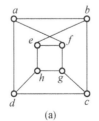 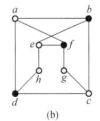

图 11.7

(3) 证明图 11.2(c)不是平面图. 此图的标定图如图 11.8(a)所示,图 11.8(b)为(a)的子图,它是 $K_{3,3}$,互补顶点子集为 $V_1=\{a,b,f\}$,$V_2=\{c,d,e\}$,所以图(a)不是平面图.

又收缩图 11.8(a)的边 e_1,所得图如图 11.8(c)所示,该图含子图 K_5,这同样可证图(a)不是平面图.

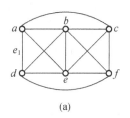
(a)

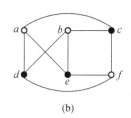
(b)

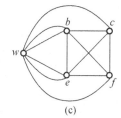
(c)

图 11.8

10. 解本题应该注意以下几点:

(1) 本题要求画的图在同构意义下都是 K_6 的子图,$K_{3,3}$ 与 K_5 都是非平面图,它们都是 K_6 的子图;

(2) 若 G 是非平面图,则 G 的母图(包含 G 的图)也是非平面图;

(3) $K_{3,3}$ 与 K_5 的任何真子图都是平面图.

根据以上 3 点,应从两方面着手画所要求的 6 阶平面图.

首先,画出 $K_{3,3}$ 及由 $K_{3,3}$ 加 $i(i=1,2,\cdots,6)$ 条边所产生的所有非同构的 K_6 的子图. 不加边、加 1 条边、加 5 条边、加 6 条边都产生 1 个所要求的图,如图 11.9(a),(b),(i),(j)所示. 加 2 条边、加 3 条边、加 4 条边各产生两个所要的图,如图 11.9(c)~(h)所示.

另外,在 K_5 上增加 1 个悬挂顶点及悬挂边产生 1 个所要求的图,如图 11.9(k)所示,在一条边上插入 1 个 2 度顶点又产生一个所要求的图,如图 11.9(l)所示,在 K_5 外放一个顶点,使其与 K_5 上任意两个顶点相邻,又得一个所要求的图,如图 11.9(m)所示.

以上产生的 13 个图都是非同构的.

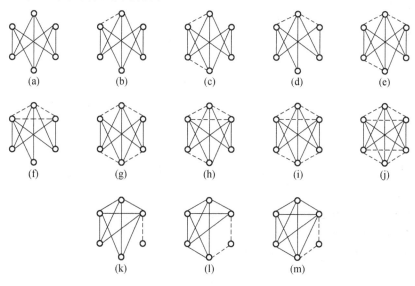

图 11.9

11. 由自对偶图的定义、定理 11.15 及欧拉公式解本题.

设 G^* 为 G 的对偶图,由于 G 为自对偶图,即 $G^* \cong G$,所以,$n^* = n$,并且 G 是连通图(因为对偶图都是连通的). 根据定理 11.15,有 $n^* = r$ 且 $r^* = n$,由 $n^* = n$,得 $n = r$.

又因为 G 是连通平面图,所以满足欧拉公式 $n - m + r = 2$,由 $r = n$ 得
$$n - m + n = 2 \Rightarrow m = 2n - 2.$$

12. (1) 用极大平面图的定义及定理 11.4 证 G^* 是 2 边-连通的.

因为 $n \geq 4$,根据定理 11.4 可知,G 中各面次数均为 3,所以 G 中不可能含环,故 G^* 中不可能含桥. 又 G^* 是连通的,所以 G^* 为 2 边-连通的.

(2) 先证 G^* 为简单图,再用定理 11.15 即可证明 G^* 是 3-正则图.

根据极大平面图的定义,又因为 $n \geq 4$,所以 G 中不可能有桥,又因为 G 的每个面的次数均为 3,所以 G^* 中不可能有平行边,于是 G^* 为简单图. 又由定理 11.15 可知 G^* 中每个顶点的度数均为 3,所以 G^* 为 3-正则图.

13. 方法一 用鸽巢原理直接证明.

设 G 有 r 个面,因为 G 为 2 边-连通图,所以 G 中无桥,因而任何边不可能只在一个面边界上出现. 又因为 G 为简单图,因而对于任意面 R_i,$\deg(R_i) \geq 3$,且每个面的边界上的边全为公共边,于是,$\deg(R_i) \leq r - 1$,因而,$\forall R_i$,均有
$$3 \leq \deg(R_i) \leq r - 1.$$

这样,r 个面,每个面次数的可能取值至多有 $r - 1 - (3 - 1) = r - 3$ 种,由鸽巢原理可知,至少有两个面次数相同.

方法二 对对偶图用鸽巢原理.

设 G^* 为 G 的对偶图. 由方法一的证明可知,对于 $\forall R_i$,$3 \leq \deg(R_i) \leq r - 1$,$r$ 为 G 的面数. 由定理 11.15 可知,$\forall v_i^* \in V(G^*)$,有
$$3 \leq d(v_i^*) \leq r - 1.$$

由鸽巢原理可知,$\exists v_i^*, v_j^* \in V(G^*)$,使得 $d(v_i^*) = d(v_j^*)$,又因为 $n^* = r$,因而存在 G 的两个面 R_i 与 R_j 使得 $\deg(R_i) = \deg(R_j)$.

14. "$\Rightarrow$" 因为 G^* 连通且为欧拉图,所以,$\forall v_i^* \in V(G^*), d(v_i^*)$ 为偶数. 而对于 G 的任意的面 R_i,$\exists G^*$ 的顶点 v_i^* 在 R_i 中,由定理 11.15 可知,$\deg(R_i) = d(v_i^*)$,于是 $\deg(R_i)$ 为偶数.

"$\Leftarrow$" 由于任何平面图的对偶图均连通,所以只需证明 $\forall v_i^* \in V(G^*), d(v_i^*)$ 为偶数,类似于必要性的证明,$d(v_i^*)$ 为偶数,所以 G^* 为欧拉图.

15. 用反证法证. 若存在平面图 G 具有 5 个面,且每两个面的边界都共享一条公共边,则 $\deg(R_i) = 4, i = 1, 2, \cdots, 5$,且 G 不可能有环和平行边,于是 G 的对偶图 G^* 是 5 阶连通简单图,且 $\forall v_i^* \in V(G^*), d(v_i^*) = 4$,因而 G^* 为 5 阶完全图 K_5,但 K_5 不是平面图,这与对偶图为平面图相矛盾.

16. 方法一 由诸多定义及欧拉公式直接证明.

设 G 的阶数及边数分别为 n 与 m.

由于 G 为 3-正则平面图,由握手定理得
$$3n = 2m \Rightarrow m = \frac{3}{2}n;$$ ①

又由定理 11.2 得

$$2m = \sum_{i=3} ir_i = 3n \Rightarrow n = \frac{1}{3}\sum_{i=3} ir_i;\qquad ②$$

G 的面数

$$r = \sum_{i=3} r_i.\qquad ③$$

由欧拉公式及①,②,③得

$$n - m + r = 2$$
$$\Rightarrow \frac{1}{3}\sum_{i=3} ir_i - \frac{1}{2}\sum_{i\geqslant 3} ir_i + \sum_{i=3} r_i = 2$$
$$\Rightarrow 2\sum_{i=3} ir_i - 3\sum_{i\geqslant 3} ir_i + \sum_{i=3} 6r_i = 12$$
$$\Rightarrow -\sum_{i=3} ir_i + \sum_{i\geqslant 3} 6r_i = 12$$
$$\Rightarrow \sum_{i=3}(6-i)r_i = 12$$
$$\Rightarrow 3r_3 + 2r_4 + r_5 - r_7 - 2r_8 - 3r_9 - \cdots = 12.$$

方法二 借助 G 的对偶图 G^* 与 G 的关系证明.

设 G^* 为 G 的对偶图,n^*,m^* 分别为 G^* 的阶数与边数. 由于 G 为 3-正则平面图,再由定理 11.15 与定理 11.4 可知 G^* 为极大平面图. 由定理 11.11 可知

$$m^* = 3n^* - 6;\qquad ①$$

再由定理 11.15 可知

$$n^* = \sum_{i\geqslant 3} r_i;\qquad ②$$

$$2m = \sum d(v_i^*) = \sum_{i\geqslant 3} ir_i;\qquad ③$$

由①,②,③可得

$$2m^* = 2(3n^* - 6)$$
$$= 2\left(3\sum_{i\geqslant 3} r_i - 6\right)$$
$$= \sum_{i\geqslant 3} ir_i.\qquad ④$$

由④可得

$$6\sum_{i\geqslant 3} r_i - \sum_{i\geqslant 3} ir_i = 12$$
$$\Rightarrow 3r_3 + 2r_4 + r_5 - r_7 - 2r_8 - 3r_9 - \cdots = 12.$$

17. 在这里,只需验证 $n=7$ 的极大外平面图 G 的补图 $\overline{G}$ 不是外平面图即可.

7 阶极大外平面图的平面嵌入为 5 个 K_3 和一个长为 7 的圈围成,在同构意义下只有图 11.10(a),(b),(c),(d) 4 种情况. 图(e),(f),(g),(h)分别为它们的补图,这 4 个补图都是平面图,由定义就可判定它们都不是外平面图. 图(i),(j),(k),(l)分别为图(e),(f),(g),(h)的平面嵌入,易知它们都不是外平面图.

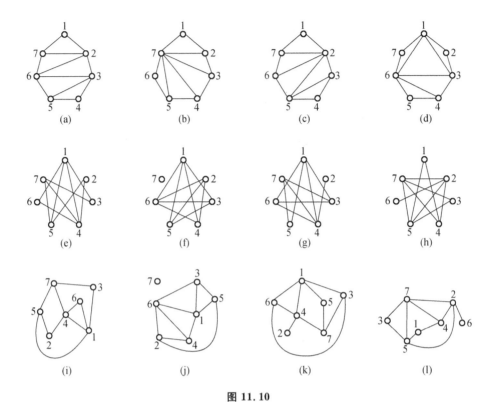

图 11.10

18. 为方便起见,对所给图的边标定,如图 11.11 所示.

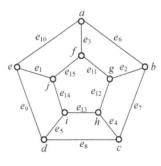

图 11.11

易知图中 $e_3 e_{15} e_{14} e_{13} e_{12} e_2 e_7 e_8 e_9 e_{10}$ 为一条哈密顿回路,所以该图为哈密顿图.

下面采用反证法证明图中不存在同时过 e_1 与 e_2 的哈密顿回路.

否则若存在既含 e_1 又含 e_2 的哈密顿回路 C,则 e_3 必在 C 中,否则 $e_{10}, e_{15}, e_6, e_{11}$ 均在 C 上,可是 $e_{10} e_6 e_2 e_{11} e_{15} e_1$ 形成 6 阶圈,这与 C 为哈密顿回路相矛盾. 于是 C 中必含边 e_3,由于 e_3 在 C 上,e_{10} 与 e_{15} 不能同在 C 上,否则形成 $e_{10} e_3 e_{15} e_2$ 为 4 阶圈,同样地,e_6 与 e_{11} 不能同在 C 上. 可是为保证 a, f 顶点在 C 上为 2 度顶点,必有 e_{10} 和 e_{11} 或 e_6 和 e_{15} 在 C 上,不妨设 e_{10} 与 e_{11} 在 C 上,此时,顶点 e 和 g 在 C 上已为 2 度顶点,所以边 e_9 和 e_{12} 不在 C 上,必有 e_{14} 和 e_7 在 C 上,又由于 e_{12} 不在 C 上,必有 e_4 和 e_{13} 在 C 上,此时顶点 d 不可能在 C 上,这是因为 $e_3 e_{10} e_1 e_{14} e_{13}$

$e_4e_7e_2e_{11}$ 已成为圈,这显然与 C 为图中哈密顿回路相矛盾.

19. 借助于《教程》中例 11.5 解本题.

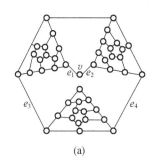
(a)

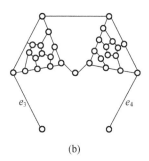
(b)

图 11.12

假设托特图是哈密顿图,则必存在哈密顿回路.设 C 为其中的一条哈密顿回路,则中间顶点 v 关联的 3 条边只能有 2 条,比如 e_1,e_2 在 C 上,又易知 e_3,e_4 在 C 上,如图 11.12(a)所示.将(a)的子图(见图 11.12(b))抽象成例 11.5 中图的边 (a,b),由例 11.5 可知,图(a)中不存在边 (a,b) 的哈密顿回路,故图(a)中不存在哈密顿回路 C,故它不是哈密顿图.

Ⅲ. 补充习题

1. 证明任何简单图都可以嵌入三维欧氏空间(R^3),使得所有边都是直线段.

2. 证明任何简单平面图都可以嵌入平面,使得所有边都是直线段.

3. 设 G 是 n 阶连通简单平面图$(n\geqslant 4)$,已知 G 中不含长度为 3 的初级回路,证明 G 中一定存在顶点 v 满足 $d(v)\leqslant 3$.

4. 判断彼得森图是否具有下列性质并说明理由:(1)二部图;(2)平面图;(3)哈密顿图;(4)欧拉图.

5. 判断图 11.13 是否可平面图?如果是,请给出平面表示;如果不是,请给出证明.

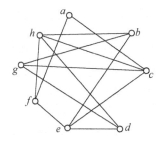

图 11.13

6. 试构造一个 8 阶自补简单平面图.

7. 用四色定理证明每个外平面图都是可 3 着色的.

8. 用四色定理证明每个平面图都能分解为两个二部图之并.

9. 证明简单平面二部图中顶点的最小度不超过 3.

10. 求 n 阶简单外平面图的最大边数.

Ⅳ. 补充习题解答

1. 这样放置顶点,使得任意三点不共线,并且任意四点不共面,这样就可以让所有边都是直线段而不在非顶点处相交. 用归纳法证明之. 顶点数 $n=1,2,3$ 时命题显然成立. 假设 $n=k$ 时命题成立,下面证明 $n=k+1$ 时命题也成立. 由归纳假设,任意 k 个顶点可以嵌入 R^3,使得任意三点不共线,并且任意四点不共面. 这些顶点中,任意两个顶点确定一条直线,这样的直线一共有 C_k^2 条;任意三个顶点确定一个平面,这样的平面一共有 C_k^3 个. 这些直线和平面是有穷多个,加在一起也不能完全覆盖三维欧氏空间(R^3). 于是只要在这些直线和平面外任意选择一个位置放置第 $k+1$ 个顶点,就可以让这 $k+1$ 个顶点中任意三点不共线,并且任意四点不共面.

2. 用归纳法证明,对顶点数进行归纳. $n=1,2,3$ 时显然,因为 K_1, K_2, $K_{1,2}$, K_3 都可以嵌入平面,使得所有边都是直线段. 设 $n=k$ 时 ($k\geq 4$),n 阶简单平面图都可以嵌入平面,使得所有边都是直线段. 当 $n=k+1$ 时,由于简单平面图必有一个顶点的度数不超过 5,把这个点及其关联的边删除,剩余的图根据归纳假设可以嵌入平面,使得所有边都是直线段. 如果删除的这个顶点位于剩余图的外部面内,则任意选择剩余图的一个凸的内部面,使得剩余图的所有边都位于这个内部面边界和外部面边界的两个圈之间(这两个圈可能有公共边). 可以沿着内部面边界"翻转"得到新的平面嵌入,使得内部面边界成为新的外部面的边界,原来的外部面成为一个内部面,同时保持所有边都是直线. 现在删除的顶点是位于剩余图的一个凸的内部面内,很容易把这个点加入进去,使得这个点关联的边都是直线. 于是归纳步骤完成,证毕.

3. 证一 (反证)假设 $\forall v, d(v)\geq 4$,由握手定理 $\sum d(v)=2m\geq 4n$. 由于 G 中不含长度为 3 的初级回路,$\forall R, \deg(R)\geq 4$,所以 $\sum \deg(R)=2m\geq 4r$. 两式相加 $4m\geq 4n+4r$,即 $n-m+r\leq 0$. 但是由欧拉公式 $n-m+r=2$,矛盾! 所以 $\exists v, d(v)\leq 3$. 证毕.

证二 (反证)假设 $\forall v, d(v)\geq 4$,由握手定理 $\sum d(v)=2m\geq 4n$,即 $m\geq 2n$. 由于 G 是连通平面图,所以 $m\leq \dfrac{l}{l-2}(n-2)$,$l$ 是面的最小次数. 由于 G 中不含长度为 3 的初级回路,所以 $l=4$,代入得 $m\leq 2(n-2)$. 于是 $2n\leq m\leq 2(n-2)$,矛盾! 所以 $\exists v, d(v)\leq 3$. 证毕.

4. (1) 非二部图;因为有奇数长度回路. (2) 非平面图;因为可初等收缩为 K_5. (3) 非哈密顿图;因为是 3-正则图,内圈、外圈和中间各有 5 条边,还需要删除 5 条边才能得出哈密顿回路,但是无论如何删除都不行(详细讨论请读者自己完成). (4) 非欧拉图;因为有奇数度顶点.

5. 不是可平面图. 该图含有 $K_{3,3}$,如图 11.14 所示,根据库拉图斯基定理,它不是平面图.

6. 如图 11.15 所示. 请读者自己验证这是自补图(与补图同构).

7. 在外平面图的外部面内增加一个顶点,让这个顶点与外平面图的所有顶点相邻. 由于外平面图的所有顶点都排列在外部面的边界上,所得到的图还是平面图,根据四色定理,这个图可 4 着色. 但是新增加的顶点与原来每个顶点都相邻,因此与原来每个顶点所用颜色都不同. 换句话说,原来的顶点只用 3 种颜色就可以着色. 因此每个外平面图都是可 3 着色的.

8. 根据四色定理,每个平面图可 4 着色,设这四种颜色为 0,1,2,3. 定义二部图 H 中的边为连接两个颜色奇偶性不同的顶点,定义二部图 G-H 中的边为连接两个颜色奇偶性相同的顶

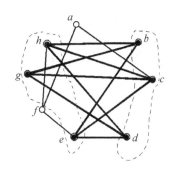

图 11.14

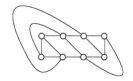

图 11.15

点. H 和 $G\text{-}H$ 都是二部图,实际上 H 中颜色为 $0,2$ 的顶点作为一侧,颜色为 $1,3$ 的顶点作为另一侧;$G\text{-}H$ 中颜色为 $0,1$ 的顶点作为一侧,颜色为 $2,3$ 的顶点作为另一侧.

9. 用反证法. 假设简单平面二部图中顶点的最小度至少为 4. 根据欧拉公式的推论(定理 11.8)可知,该图的边数 m 和顶点数 n 之间满足 $m \leqslant 2n-4$. 再根据握手定理,该图的边数 $m = \sum d(v)/2 \geqslant 4n/2 = 2n > 2n-4$,,这与 $m \leqslant 2n-4$ 矛盾.

10. 最大边数为 $2n-3$. 下面分两步证明这个结论.

(1) 考虑一个凸 n 边形,把其中一个顶点向所有 $(n-3)$ 个不相邻顶点都连边,这样得到一个简单外平面图,具有 $2n-3$ 条边.

(2) 假如有一个 n 阶外平面图 G 边数大于 $2n-3$. 在 G 的外部面内加入一个顶点,把这个顶点与 G 的原来 n 个顶点都相连,得到一个平面图 G'. G' 的边数 $m' = n + |E(G)| > 3n-3$, G' 的顶点数 $n' = n+1$. 根据定理 11.10,有 $m' \leqslant 3n'-6$,所以 $3n-3 < m' \leqslant 3n'-6 = 3n-3$,矛盾.

第十二章 图的着色

I. 习题十二

1. 无向图 G 如图 12.1 所示.
(1) 求 G 的色多项式 $f(G,k)$；
(2) 求 $\chi(G)$；
(3) 计算 $f(G,\chi(G)), f(G,4)$.

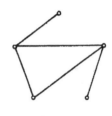

图 12.1

2. 用定理 12.10 求图 12.1 中的 G 的色多项式 $f(G,k)$.

3. 设 G 是由一棵 $n(n\geq 2)$ 阶树和一个 $m(m\geq 3)$ 阶圈组成的图，求 $f(G,k)$.

4. 证明色多项式 $f(G,k)$ 的系数的符号是正负相间的.

5. 设 G 是 n 阶 k-正则图，证明 $\chi(G)\geq \dfrac{n}{n-k}$.

6. 设 G 是不含 K_3 的连通的简单的平面图.
(1) 证明 $\delta(G)\leq 3$；
(2) 证明 G 是 4-可着色的.

7. 设 G 是连通的简单的平面图，围长 $g(G)=l\geq 4$.
(1) 证明 $\delta(G)\leq l-1$；
(2) 证明 G 是 l-可着色的.

8. 设 G 是简单图，$\chi(G)=k$，$\forall v\in V(G)$，有 $\chi(G-v)<\chi(G)$，则称 G 是 k-临界的.
(1) 给出所有 2-临界图和 3-临界图；
(2) 给出一些 4-临界图的例子；
(3) 若 G 是 k-临界图，证明：$\forall v\in V(G)$，均有 $d(v)\geq k-1$.

9. 证明：一个地图 G 是 2-面可着色的当且仅当 G 是欧拉图.

10. 设 G 是连通的简单的平面图，已知 G 中每个面的次数均小于等于 4，证明 G 是 4-面可着色的.

11. 设 G 是 3-正则哈密顿图，则 G 的边色数 $\chi'(G)=3$.

12. 设 G 为彼得森图.
(1) 证明 $\chi'(G)=4$；

(2) 证明 G 不是哈密顿图.

13. 设 G 是连通的简单的平面图,证明: G 既是 2-面可着色的又是 2-顶点可着色的当且仅当 G 是不含奇圈的欧拉图.

14. 某年级学生共选修 6 门课程. 期末考试前,必须提前将这 6 门课程考完,每人每天只在下午至多考一门课程. 设 6 门课程分别为 c_1,c_2,c_3,c_4,c_5,c_6, $S(c_i)$ 为学习 c_i 的学生集合,已知 $S(c_i) \cap S(c_6) \neq \varnothing, i=1,2,\cdots,5, S(c_i) \cap S(c_{i+1}) \neq \varnothing, i=1,2,3,4, S(c_5) \cap S(c_1) \neq \varnothing$. 问至少安排几天才能考完这 6 门课程?在天数不增加的条件下至多有几种安排方案?

Ⅱ. 习题十二解答

1. 用定理 12.9 解本题,过程图如图 12.2 所示.

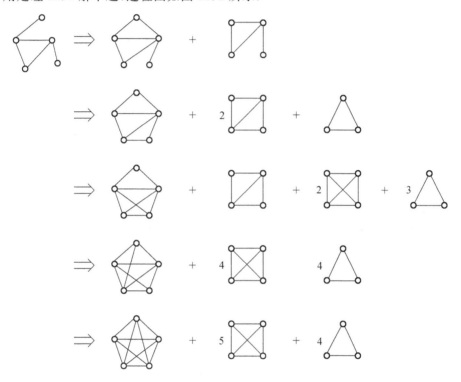

图 12.2

用定理 12.8 计算.

(1) $f(G,k) = k(k-1)(k-2)(k-3)(k-4) + 5k(k-1)(k-2)(k-3) + 4k(k-1)(k-2)$
$= k^5 - 5k^4 + 9k^3 - 7k^2 + 2k.$

(2) $\chi(G) = 3$.

(3) 由(2)得 $\chi(G) = 3$, $f(G, \chi(G)) = f(G,3) = 4 \times 3 \times 2 = 24$;
$f(G,4) = 216$.

2. 用定理 12.10 求图 12.1 中 G 的色多项式,首先要找好 G 的一个割集(或断集),然后,求出 $G_1, G_2, \cdots, G_p$ 和 $H_1, H_2, \cdots, H_p$,再使用定理 12.10 中给出的公式计算即可.

先将给定的图 G 标定顶点,如图 12.3(a)所示,取割集 $V_1 = \{v_5\}$,则 $G[V_1]$ 为平凡图,所以

$$f(G[V_1], k) = k. \qquad ①$$

$G-V_1$ 得两个分支，G_1 为长度为 2 的路径 $v_1 v_2 v_3$，而 $H_1 = G[V_1 \bigcup V(G_1)]$，如图 12.3(b)所示，根据定理 12.9 容易算出

$$f(H_1, k) = k(k-1)(k-2)(k-3) + 2k(k-1)(k-2). \qquad ②$$

G_2 为 K_1，$H_2 = G[V_1 \bigcup V(G_2)]$ 为 K_2，如图 12.3(c)所示．

$$f(H_2, k) = k(k-1). \qquad ③$$

由①,②,③得

$$f(G, k) = \frac{f(H_1, k) \cdot f(H_2, k)}{f(G[V_1], k)}$$
$$= \frac{k^2 (k-1)^3 (k-2)}{k}$$
$$= k(k-1)^3 (k-2)$$
$$= k^5 - 5k^4 + 9k^3 - 7k^2 + 2k.$$

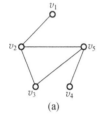 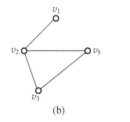

(a) (b) (c)

图 12.3

还可以选择另外的割集或断集进行计算，例如，取 $V_2 = \{v_2, v_3, v_5\}$，则 V_2 为断集，$G[V_2]$ 为完全图 K_3，所以

$$f(G[V_2], k) = k(k-1)(k-2). \qquad ④$$

此时 $H_1 \cong H_2$，同构于图 12.3(b)，易知

$$f(H_1, k) = f(H_2, k) = k(k-1)^2(k-2). \qquad ⑤$$

所以，

$$f(G, k) = \frac{f(H_1, k) \cdot f(H_2, k)}{f(G[V_2], k)}$$
$$= \frac{k^2 (k-1)^4 (k-2)^2}{k(k-1)(k-2)}$$
$$= k^5 - 5k^4 + 9k^3 - 7k^2 + 2k.$$

两种解法计算结果相同，并且都与上题的结果相同，但显然本题解法好些．

3. 用定理 12.11 与定理 12.12 计算．
$$f(G, k) = f(T_n, k) \cdot f(C_m, k)$$
$$= k(k-1)^{n-1}((k-1)^m + (-1)^m(k-1)).$$

4. 用定理 12.9 的推论及定理 12.8 证本题．

由定理 12.9 的推论可知

$$f(G, k) = f(K_{n_1}, k) + f(K_{n_2}, k) + \cdots + f(K_{n_r}, k), n_1 > n_2 > \cdots > n_r.$$

又由定理 12.8 可知

$$f(K_n,k) = k(k-1)(k-2)\cdots(k-n+1)$$
$$= k^n - a_1 k^{n-1} + a_2 k^{n-2} - \cdots + (-1)^{n-1} a_{n-1} k,$$

其中,$a_i > 0$ 且 $a_i \neq 1, i=1,2,\cdots,n-1$.

由以上两个等式可知 $f(G,k)$ 的系数是正、负相间的.

5. 用 k-正则图及点着色的定义证明本题.

$\forall v \in V(G), d(v)=k$,因而有 k 个顶点不能与 v 涂同样一种颜色,于是 G 中至多有 $n-k$ 个顶点可以与 v 涂相同的颜色,因而至少需要 $\left\lceil \dfrac{n}{n-k} \right\rceil$ 种颜色给 G 涂色,可是 $\left\lceil \dfrac{n}{n-k} \right\rceil \geqslant \dfrac{n}{n-k}$,所以 $\chi(G) \geqslant \dfrac{n}{n-k}$.

6. (1) 使用反证法.

方法一 用握手定理、定理 11.2 及欧拉公式证.

阶数 $n \leqslant 3$,结论显然. 下面就 $n \geqslant 4$ 进行讨论,否则 $\delta(G) \geqslant 4$,则由握手定理可知
$$4n \geqslant 2m, \text{得 } n \geqslant \frac{m}{2}. \qquad ①$$

由于 G 为不含 K_3 的简单平面图,所以各面的次数 $\geqslant 4$,由定理 11.2 得
$$4r \geqslant 2m, \text{得 } r \geqslant \frac{m}{2}. \qquad ②$$

又因为 G 是连通平面图,因而满足欧拉公式,将①,②代入欧拉公式,得
$$2 = n - m + r \leqslant \frac{m}{2} - m + \frac{m}{2} = 0,$$

显然矛盾,所以 $\delta(G) \leqslant 3$.

方法二 利用定理 11.10 及握手定理证.

只就 $n \geqslant 4$ 时进行讨论. 由已知条件可知,各面次数至少为 $l \geqslant 4$,由定理 11.10 可知
$$m \leqslant \frac{l}{l-2}(n-2) \leqslant 2n-4. \qquad ①$$

若 $\delta(G) \geqslant 4$,由握手定理得
$$2m \geqslant 4n, \text{即 } m \geqslant 2n. \qquad ②$$

①与②是矛盾的.

(2) 用归纳法证明之.

阶数 $n \leqslant 3$ 时,结论显然为真. $n \geqslant 4$ 时,用归纳法证.

$n=4$ 时,G 显然是 4-可着色的.

设 $n=k(k \geqslant 4)$ 时,结论为真,证 $n=k+1$ 时结论也为真. 由(1)可知,$\exists v \in V(G), d(v) \leqslant 3$,令 $G'=G-v$,则 G' 的阶数 $n'=k$,且 G' 还不含 K_3,由归纳假设可知,G' 是 4-可着色的. 当将 G' 还原为 G 时,与 v 相邻的 3 个顶点在 G' 的着色中至多用了 3 种颜色,因而 4 种颜色中至少还有一种颜色给 v 着色,所以 $n=k+1$ 时,G 也是 4-可着色的.

7. 本题的证明类似于第 6 题.

(1) 反证法. 否则 $\delta(G) \leqslant l$,则
$$nl \leqslant 2m \Rightarrow n \leqslant \frac{2m}{l}; \qquad ①$$

又因为围长 $g(G)=l \geqslant 4$,于是

$$rl \leqslant 2m \Rightarrow r \leqslant \frac{2m}{l}. \qquad ②$$

由于 G 是连通平面图,因而满足欧拉公式:

$$2 = n - m + r \leqslant \frac{2m}{l} - m + \frac{2m}{l} = \frac{(4-l)m}{l} \leqslant 0,$$

这是个矛盾,所以,$\delta(G) \leqslant l-1$.

(2) 当 $n < l$ 时,G 显然是 l-可着色的,$n \geqslant l$ 时,对 n 做归纳法.

① $n = l$ 时,用 l 种颜色给 l 个顶点涂色,使相邻顶点涂不同颜色当然是办得到的.

② 设 $n = k(k \geqslant l)$ 时,G 是 l-可着色的. 当 $n = k+1$ 时,由①可知,存在 $v_0 \in V(G)$,使得 $d(v_0) \leqslant l-1$,令 $G_1 = G - v_0$,则 G_1 的阶数 $n_1 = n-1 = k$,且 G_1 的围长 $g(G_1) \geqslant l \geqslant 4$. 由归纳假设可知,$G_1$ 是 l-可着色的. 在 G_1 中,原来与 v_0 相邻的顶点在 G_1 的 l-着色中,至多用了 $l-1$ 种颜色,因而将 G_1 还原成 G 时,l 种颜色中至少存在一种颜色给 v_0 着色,即,G 是 l-可着色的.

注 其实,本题中,只需证明当 $g(G) = l = 4$ 时,G 是 4-可着色的即可. 由 5 色定理(见定理 12.16)可知,任何平面图(当然指无环的平面图)都是 5-可着色的,所以当 $g(G) = l \geqslant 5$ 时,自然有 G 是 l-可着色的.

由以上注释可知,证第 7 题,只需证第 6 题即可.

8. 根据定义解本题.

(1) 首先找出 $\chi(G) = 2$ 的无向简单图,根据定理 12.4 的推论 1 可知,$\chi(G) = 2$ 当且仅当 G 为非零图的二部图.

在所有的非零图的二部图中,只有 K_2 满足要求:$\forall v \in V(K_2)$,$\chi(K_2 - v) = 1 < \chi(K_2) = 2$,所以只有 K_2 是 2-临界图.

(2) 已知所有的奇圈 $C_{2k+1}(k \geqslant 1)$ 都是 3-色图,即 $\chi(C_{2k+1}) = 3$,$\forall v \in V(C_{2k+1})$,$\chi(C_{2k+1} - v) = 2 < \chi(C_{2k+1}) = 3$,所以,奇圈 $C_{2k+1}(k \geqslant 1)$ 都是 3-临界图.

已知所有的偶阶轮图 $W_{2k}(k \geqslant 1)$ 都是 4-色图,即 $\chi(W_{2k}) = 4$,而 $\forall v \in V(W_{2k})$,$\chi(W_{2k-v}) = 3 < \chi(W_{2k})$,所以 W_{2k} 是 4-临界图.

另外,不难验证,$K_n(n \geqslant 2)$ 都是 n-临界图.

(3) 用反证法证明. 否则,存在 G 是 k-临界图,但 $\delta(G) \leqslant k-2$,并设 $v \in V(G)$ 且 $d(v) = \delta(G) \leqslant k-2$,设 v 的邻域 $N(v) = \{v_1, v_2, \cdots, v_l\}(l \leqslant k-2)$. 设 $G_1 = G - v$,给 G_1 着色,易知,在 G_1 的着色中,$N(v)$ 中的顶点至多用了 $l(l \leqslant k-2)$ 种颜色,也就是说,至少还有两种颜色,比如 α 与 β 没用上,但可以证明,在 G_1 的着色中,α 与 β 都用上了,否则会得如下结果:

① α 与 β 在 G_1 的着色中都未用上,当将 G_1 还原成 G 时,可用 α 或 β 给 v 着色,就是说 G 是 $(k-1)$-可着色,这与 $\chi(G) = k$ 相矛盾.

② 在 G_1 的着色中 α 与 β 只用上一个,类似可推出矛盾.

9. 若 G 为平凡地图,结论为真,下面就 G 为非平凡地图进行讨论,在证明中用上定理 11.17.

"⇒"由于 G 为非平凡的地图,由地图的定义可知,G 为非平凡的无桥连通平面图,又因为 G 是 2-面可着色的,此时 G 不可 1-面可着色,所以 G 的面色数 $\chi^*(G) = 2$,这说明 G 的对偶图 G^* 的点色数 $\chi(G^*) = 2$,所以 G^* 中无奇长回路,这又迫使 G^* 的对偶图 G^{**} 无奇度顶点,由定理 11.17 可知,$G \cong G^{**}$,所以 G 连通无奇度顶点,因而 G 为欧拉图.

"⇐" G 为非平凡的欧拉图且为平面地图,所以 G 是非平凡的无桥连通图并且无奇度顶点,因而 G 的对偶图 G^* 的各面次数为偶数,这说明 G^* 为非平凡的二部图,因而 $\chi(G^*)=2$,这又使得 G^* 的对偶图 G^{**} 的面色数 $\chi^*(G^{**})=2$,由定理 11.17 可知,$G \cong G^{**}$,所以 $\chi^*(G)=2$,因而 G 是 2-面可着色的.

10. 利用定理 11.15 之(4),将证明平面地图 G 的面着色问题,转化为 G 的对偶图的点着色问题. 证明方法类似于 5 色定理的证明,使用归纳法.

为了证明 G 是 4-面可着色的,只需证明它的对偶图 G^* 是 4-可着色的. 为方便起见,将 G^* 的阶数记为 n,下面对 n 做归纳法.

$n=1$ 时,结论显然为真.

设 $n=k(k \geq 1)$ 时结论为真,下面证明 $n=k+1$ 时结论也为真. $\forall v \in V(G^*)$,由已知条件可知,$d(v) \leq 4$,令 $G_1^* = G^* - v$,则 G_1^* 的阶数为 k,且 G_1^* 中每个顶点的度数都小于等于 4,于是由归纳假设可知,G_1^* 是 4-可着色的,并给 G_1^* 一种 4 着色,设所使用的颜色为 1,2,3,4,下面证明将 G_1^* 还原为 G^* 时,不用新加颜色即可,讨论如下:

(1) 若被删除的顶点 v 的邻域 $N(v)$ 满足 $|N(v)| \leq 3$,显然可用 4 种颜色的一种给 v 着色,因而用 4 种颜色完成了 G 的着色.

(2) 若 $|N(v)|=4$,不妨设 $N(v)=\{v_1,v_2,v_3,v_4\}$.

① 若在 G_1^* 的着色中,v_1,v_2,v_3,v_4 只用了 3 种或少于 3 种颜色,显然至少有一种颜色可用来给 v 着色,这又完成了 G 的 4 种色的着色.

② 若在 G_1^* 的着色中,1,2,3,4 都被用上了,在 G_1^* 的着色中,令

$V_{1,3}=\{v | v$ 在 G_1^* 着色中涂颜色 1 或 3$\}$, $V_{2,4}=\{v | v$ 在 G_1^* 着色中涂颜色 2 或 4$\}$,

显然,$v_1,v_3 \in V_{1,3}, v_2,v_4 \in V_{2,4}$,并设 $G_{1,3}^* = G[V_{1,3}]$,分下面两种情况进行讨论:

情况 1 在 G_1^* 中,v_1 和 v_3 处于 $G_{1,3}^*$ 的不同连通分支中,示意图如图 12.4(a)所示. 在 v_1 所处的连通分支中,将颜色 1 与 3 对调,所得图如图 12.4(b)所示,于是可用颜色 1 给顶点 v 着色,使 v 与 $N(v)$ 中各顶点均涂不同颜色,因而完成了 G^* 的 4 着色.

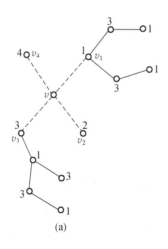
(a)

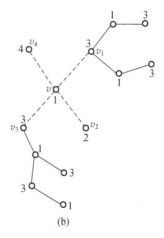
(b)

图 12.4

情况 2 在着好色的 G_1^* 中 v_1 与 v_3 处于 $G_{1,3}^*$ 的同一个连通分支中,因而存在 v_1 到 v_3 的通路 $\Gamma_{1,3}$,示意图为图 12.5 所示. 由于 $\Gamma_{1,3}$ 的隔离,此时,v_2 与 v_4 必处于 $V_{2,4}$ 的导出子图 $G_{2,4}^* = G[V_{2,4}]$ 的不同连通分支中,因而可在 v_2 所在的连通分支中,将顶点颜色 2 与 4 对调,使 v_2 也涂 4,于是可用颜色 2 给 v 着色,使 G^* 完成 4 着色.

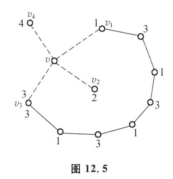

图 12.5

11. 证明中用定理 12.17 及握手定理等. 由定理 12.17 可知,$\chi'(G) \geqslant \Delta(G) = 3$,下面只需证明 $\chi'(G) \leqslant 3$.

因为 G 为 3-正则图,由握手定理可知,$3n = 2m$(n,m 分别为 G 的阶数与边数),易知 n 为偶数. 设 C 为 G 中的一条哈密顿回路,则 C 是一个 n 阶偶圈,因而可用两种颜色给 C 的边着色. 不妨设这两种颜色分别为 α 与 β. G 中不在 C 上的边彼此不相邻(因为 G 为 3-正则图),因而可用第 3 种颜色,比如 γ 给不在 C 上的边着色,这就完成了 G 的边着色,因而 $\chi'(G) \leqslant 3$,所以,$\chi'(G) = 3$.

12. (1) 彼得森图是 3-正则图,由它的特殊结构,可以从不同角度讨论 $\chi' = 4$. 下面给出一种方法.

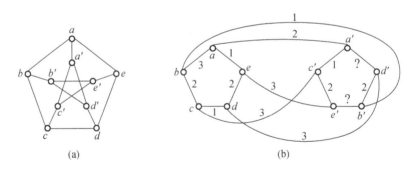

图 12.6

首先将彼得森图的顶点标定顺序,如图 12.6(a) 所示. 在同构意义下,将图(a)画成图(b). 由定理 12.17 可知,彼得森图的边色数 $3 \leqslant \chi' \leqslant 4$. 下面证明 3 种颜色不可能给边着色.

由对称性先将外圈 5 边形的边用 3 种颜色 1、2、3 着色(奇圈的 $\chi' = 3$),如图 12.6(b)所示. 这完全确定了图中 5 个 K_2 的边的颜色,即 (a,a') 必着 2,(b,b') 必着 1,而 (c,c'),(d,d'),(e,e') 必着 3,最后给内部 5 边形着色,(a',c') 必着 1,(c',e') 必着 2,(b',d') 必着 2,此时,$(a',$

d')与(e',b')着1,2,3都不行,因而3种颜色不能给彼得森图边着色,所以$\chi'=4$,其实将$(e',b'),(a',d')$着颜色4即可,即将"?"处标4.

13. 由于G是连通简单平面图,因而G中不含桥,所以G为地图. 由本习题的第9题可知,G是2-面可着色的当且仅当G是欧拉图(当然是平面图). 所以本题只需证明G是2-可着色的当且仅当G中不含奇圈. 但这是显然的,因为G是2-可着色的当且仅当G是二部图,而G是二部图当且仅当G中不含奇圈.

14. 解此题类似于《教程》中例12.3.

做无向简单图$G=\langle V,E\rangle$,$V=\{c_1,c_2,\cdots,c_6\}$为课程集合. $\forall c_i,c_j\in V$,若$S(c_i)\cap S(c_j)\neq\varnothing$,则$(c_i,c_j)\in E$,所做无向图如图12.7(a)所示.

(1) 不难看出所做无向图为6阶轮图W_6. 由定理12.3可知,$\chi(G)=4$. 因而至少用4天就可以考完给定的6门课程.

(2) 求在考试天数不增加(4天)的情况下的考试方案数.

方法一 求出G的色多项式$f(G,k)$.

用定理12.9(1)求$f(G,k)$,图的变化过程的最后一步如图12.7(b)所示(中间过程略).
$$f(G,k)=f(K_6,k)+5f(K_5,k)+5f(K_4,k).$$

应用定理12.8,可得
$$f(G,4)=5\times4\times3\times2\times1=5!=120,$$

即有120种安排方案.

方法二 利用定理12.12求解,比方法一简单多了.

用4种颜色给W_6着色时,若轮心点c_6用颜色1着色,则用颜色2,3,4给5阶圈$c_1c_2c_3c_4c_5c_1$着色,由定理12.12可知,5阶圈用3种颜色着色共有$(3-1)^5-(3-1)=30$种方案. 类似地,对c_6用2或3或4着色时,又各产生30种方案,所以合起来共有$C_4^1\cdot30=120$种方案.

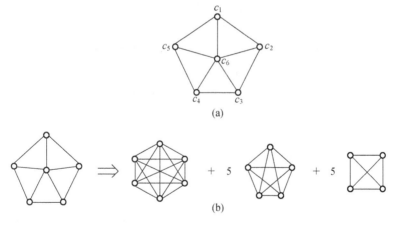

图12.7

Ⅲ. 补充习题

1. 对无向图 $G=\langle V,E\rangle$，用 $\chi(G)=k$ 给 G 的顶点着色，设二元关系
$$R=\{(u,v)\mid u,v\in V,\text{且 }u\text{ 与 }v\text{ 着同色}\},$$
证明 R 是 V 上的等价关系，并求 V 关于 R 的商集.

2. 给极小非平面图顶点着色，(1) 至少需要几种颜色？为什么？(2) 至多需要几种颜色？为什么？

3. 证明存在给 K_5 的每条边指定红色或蓝色的方法，使图中没有 3 条边的颜色都相同的长度为 3 的回路.

4. 证明存在给 K_{2k+1} 的每条边指定 $\{1,2,\cdots,k\}$ 种颜色之一的方法，使图中没有同色的长度不超过 $2k$ 的回路.

5. 证明存在给 K_{2k} 的每条边指定 $\{1,2,\cdots,k\}$ 种颜色之一的方法，使图中每个顶点处都有 k 种不同颜色的边出现.

6. 将完全图 K_n 的边染成 k 种颜色，要求不存在同色的圈，那么对于固定的 k，最大的 n 是多少？

7. 假设无向图 G 中删除任何一个顶点后，所得到的图就会有较小的色数. 证明如果 G 的色数是 k，那么 G 的每个顶点的度数都至少为 $k-1$.

8. 如果无向图 G 中删除任何一个顶点后，所得到的图就会有较小的色数，这样的图称为是临界的. 证明：

(1) 对于任意 $n>1$，完全图 K_n 是临界的；

(2) 对于任意 $n>1$，圈图 C_n (n 个顶点构成的初级回路) 是临界的当且仅当 n 是奇数.

9. 已知 5-正则无向图 G 有 20 个顶点，求这样的顶点 3 元组的个数，其中 3 个顶点之间两两相邻或两两不相邻.

10. 对任何正整数 k，都存在正整数 n，使得对于将 $\{1,2,\cdots,n\}$ 划分为 k 个子集的每个划分，都存在一个子集包含 x,y,z (不必互不相同)，使得 $x+y=z$.

11. 证明对于任意正整数 $m\geqslant 3$，存在正整数 $N(m)$，使得当 $n\geqslant N(m)$ 时，若平面的 n 个点没有三点共线，其中总有 m 个点构成一个凸 m 边形的顶点.

12. 某中学在安排期末考试时发现，有 7 个学生要参加 6 门课程的考试. 下表列出了哪些学生参加哪些考试 (用 √ 表示要参加相应考试).

考试	学生1	学生2	学生3	学生4	学生5	学生6	学生7
数学	√		√		√		√
美术		√		√		√	
物理	√	√					√
历史			√			√	
英语					√	√	
语文	√	√		√	√		√

(1) 用一个图来表示哪些学生要参加同一门课的考试；

(2) 确定至少要安排多少个不同的考试时间段以避免冲突.

13. 给定非空有穷集合 $S_1, S_2, \cdots, S_m$, 令 $U = S_1 \times S_2 \times \cdots \times S_m$. 定义图 $G = (U, E)$, 其中 $(u,v) \in E \Leftrightarrow u$ 和 v 在所有坐标上都不同. 试确定 G 的色数 $\chi(G)$.

14. 证明在用颜色 $\{1, 2, \cdots, \chi(G)\}$ 给图 G 着色时, 对于每种颜色 i, 都有一个着颜色 i 的顶点与着其余 $\chi(G) - 1$ 种颜色的顶点相邻.

15. 求图 12.8 的色数.

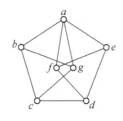

图 12.8

Ⅳ. 补充习题解答

1. 设 k 种颜色分别为 $1, 2, \cdots, k$, $k = \chi(G)$, 任何顶点与自己涂同色, 所以 R 是自反的; 若 u 与 v 涂同色, 则 v 与 u 涂同色, 所以 R 是对称的; 若 u 与 v 涂同色, v 与 w 涂同色, 则 u 与 w 涂同色, 所以 R 是传递的, 因而 R 是 V 上的等价关系. 设等价类为 $[i]$, $i = 1, 2, \cdots, k$, 则 V 关于 R 的商集为 $V/R = \{[1], [2], \cdots, [k]\}$.

2. (1) 最少需要 2 种颜色. 因为极小非平面图不是零图, 所以 1 种颜色不够; 极小非平面图 $K_{3,3}$ 是偶图, 可以 2 着色.

(2) 最多需要 5 种颜色. 极小非平面图去掉 1 条边就是平面图, 根据四色定理, 它可以 4 着色. 加入原来的那条边, 至多会引起 2 个顶点的颜色冲突, 至多再增加 1 种颜色就能解决冲突, 所以至多需要 5 种颜色. 极小非平面图 K_5 恰好需要 5 种颜色.

3. K_5 可以分解为两个边不重的哈密顿回路之并, 让这两个哈密顿回路上的边分别取红色和蓝色, 则没有长度为 3 的同色回路, 因为同色边都在哈密顿回路上, 不可能构成长度为 3 的回路.

4. K_{2k+1} 可以分解为 k 个边不重的哈密顿回路之并, 让这 k 个哈密顿回路上的边分别取 $\{1, 2, \cdots, k\}$ 种颜色之一, 则没有长度不超过 $2k$ 的同色回路, 因为同色边都在哈密顿回路上, 不可能构成长度小于 $2k+1$ 的回路.

5. 给 K_{2k} 增加一个顶点和一些边以得到 K_{2k+1}, K_{2k+1} 可以分解为 k 个边不重的哈密顿回路之并, 让这 k 个哈密顿回路上的边分别取 $\{1, 2, \cdots, k\}$ 种颜色之一. 然后删除所增加的顶点和边, 剩下来的图着色就满足题目中的要求. 这是因为原来的 k 个哈密顿回路都要经过每个顶点, 因此每个顶点周围都有这 k 条哈密顿回路的边, 因此 k 种颜色都出现.

6. 最大的 n 是 $2k$. 对于完全图 K_{2k}, 可以构造一种 k 染色方案使得同色边不产生圈, 方法如下: 对于某 k 条平行边, 可以补充 $k-1$ 条边扩展成 Z 字形的哈密顿路径, 将该路径绕中心旋转, 一共可以产生 k 条这样哈密顿路径, 它们的并集就是 K_{2k} 的边集. 将每条路径染成同一种颜色, 其中便不存在同色圈. 如果 $n > 2k$, 即 $n - 1 \geq 2k$, 总边数为 $n(n-1)/2 > kn$, 如果染成 k

种颜色,至少有一种颜色的边不少于 n 条,那么这种颜色的边在 K_n 中的子图必定包含一个圈,所以最大的 n 就是 $2k$.

7. 假设满足题设条件的图 G 色数为 k,用反证法证明 G 中每个顶点的度都至少为 $k-1$. 如果 G 中有一个顶点的度小于 $k-1$,删除该顶点及其关联的边后,根据题设条件,所得到的图 G' 的色数小于 k,因此可以用至多 $k-1$ 种颜色为这个图 G' 着色. 所删除的顶点的度小于 $k-1$,因此在这 $k-1$ 种颜色中,至少有一种颜色没有在与这个被删除顶点相邻的顶点上出现,可以把这个颜色安排给这个被删除的顶点,从而得出 G 的不超过 $k-1$ 种颜色的一种着色,与 G 的色数为 k 的假设相矛盾,因此 G 中每个顶点的度都不小于 $k-1$.

8. (1) 根据定义,K_n 的色数是 n,而 K_{n-1} 的色数是 $n-1$,所以 K_n 是临界的.

(2) 当 n 是奇数时,圈图 C_n 的色数是 3;当 n 是偶数时,圈图 C_n 的色数是 2. 而 C_n 删除一个顶点后得到一条路径,其色数为 2. 因此当且仅当 n 是奇数时,圈图 C_n 是临界的.

9. 所有 3 元组个数为 $C(20,3)=1140$,先计算不满足要求的 3 元组的个数. 在完全图 K_{20} 中,将 G 的边染成红色,G 的补图的边染成蓝色. 一个不满足要求的 3 元组构成的三角形必定包含恰好两个异色角,每个异色角由一条红边和一条蓝边构成. 在 20 个顶点处,每个顶点有 5 条红边,14 条蓝边,所有异色角的总数为 $20\times 5\times 14=1400$. 每个异色三角形恰好包含两个异色角,所以有 700 个不满足要求的 3 元组. 因此题目中所求之数为 $1140-700=440$.

10. 设完全图 K_n 的顶点集是 $\{1,2,\cdots,n\}$,将这些顶点任意划分成 k 个不同的非空子集合. 按照下列方法将完全图 K_n 的边染成 k 种颜色:对于顶点 i 和 j 之间的边,如果 $|i-j|$ 属于第 t 个子集,就将该边染成第 t 种颜色. 根据 Ramsey 定理(参看《教程》第 20.1 节),对于任何正整数 k,都存在 n,使得 K_n 的 k 染色中存在同色三角形. 不妨设同色三角形的顶点是 i,j,k 并且 $i<j<k$,那么三条边代表的数分别是 $|i-j|=j-i$,$|j-k|=k-j$,$|i-k|=k-i$,这三个数一定满足其中两个之和等于第三个的关系($k-i=(k-j)+(j-i)$). 因为这三条边是同色的,所以这三个数同属原划分中的某一个子集,令 $z=k-i$,$x=k-j$,$y=j-i$,因此原划分中存在一个子集包含 x,y,z,使得 $x+y=z$.

11. 首先证明两个引理.

引理 1 平面 5 点若没有三点共线,必存在 4 点构成凸 4 边形.

证:4 点构成凸 4 边形的充分必要条件是,这 4 点组成的 4 边形中两条对角线在 4 边形内部相交. 因此只需要证明在这 5 点的两两连线中,必存在两条相交的线段,则这两条线段的 4 个端点就构成凸 4 边形.

固定 1 个点 o,考虑这个点向其余 4 个点所连的线段,按照顺时针(或逆时针)顺序把这 4 个点称为 a,b,c,d. 考虑线段 ac 和 bd,如果它们相交,则这 4 点构成凸 4 边形;如果它们不相交,则它们一个是在另一个的同侧,不妨设 ac 是在 bd 的同侧,并且 a 和 c 中有一个落在 obd 三角形内,另一个落在 obd 三角形外. 于是 ac 必然与 ob 或 od 之一相交,从而 $aocb$ 或 $aocd$ 构成凸 4 边形,证毕.

引理 2 平面 m 点若没有三点共线,并且任何 4 点都构成凸 4 边形,则 m 点构成凸 m 边形.

证:如果这 m 个点不构成凸 m 边形,则必有 1 点落在其余 $m-1$ 点组成的 $m-1$ 边形之内. 由此不难找出 1 点落在其余 3 点组成的 3 边形之内(详细讨论留给读者自己完成),这与任何 4 点都构成凸 4 边形矛盾,证毕.

下面证明原命题(其中用到 Ramsey 数和 Ramsey 定理,请读者参看《教程》20.1 节).

取 $N(m)=R(5,m;4)$,当 $n\geqslant N(m)$ 时,设 n 个点的集合为 S,将 S 的所有 4 元子集染色,如果 4 个点构成凸 4 边形则染成红色,否则染成蓝色,根据 Ramsey 定理,必存在蓝色的 K_5 或者红色的 K_m. 如果存在蓝色的 K_5,说明 5 个点中任何 4 个都不构成图 4 边形,与引理 1 矛盾. 如果存在红色的 K_m,根据引理 2,这 m 个点构成凸 m 边形.

12. (1) 用顶点表示课程,如果有同一个学生要参加两门不同课程的考试,就在两门课程之间连一条边,如图 12.9 所示.

图 12.9

(2) 有边相连的两门课程不能同时进行考试. 最少不同的考试时间段等于图 12.9 的色数. 由于图 12.9 含有三角形,所以色数至少是 3. 实际上 3 种颜色是足够的,如图 12.9 所示. 因此最少要安排 3 个不同的考试时间段. 例如,可以在 3 个不同的时间段内,分别同时进行数学和美术、语文和历史、英语和物理的考试.

13. 不妨设 $S_i=\{1,2,\cdots,k_i\}$,即 $|S_i|=k_i$. 考虑一组顶点 $P=\{(i,i,\cdots,i)\mid 1\leqslant i\leqslant \min(k_i)\}$,由于 P 中不同顶点在每个坐标上都不同,因此两两之间都有边相连,P 是个团,所以 $\chi(G)\geqslant|C|=\min(k_i)$. 设 j 是下标,使得 $k_j=\min(k_i)$. 考虑一组顶点 $Q_i=\{(v_1,\cdots,v_j,\cdots,v_m)\mid 1\leqslant i=v_j\leqslant\min(k_i)\}$,由于 Q_i 中不同顶点在第 j 个坐标上都相同,因此两两之间都无边相连,Q_i 是个独立集. 用颜色 i 给 Q_i 中所有顶点着色,一共用了 $k_j=\min(k_i)$ 种不同颜色,不同 Q_i 之间的顶点用的是不同颜色,所以这是合法的着色. 因此 $\chi(G)\leqslant\min(k_i)$. 所以 $\chi(G)=\min(k_i)$.

14. 用反证法,如果对于某个颜色 i,所有着颜色 i 的顶点都至多与着其余 $\chi(G)-2$ 种颜色的顶点相邻,则分别用剩余的那种颜色代替颜色 i 给这些顶点着色,这样就得出了只用 $\chi(G)-1$ 种颜色的着色,这与图 G 的色数是 $\chi(G)$ 矛盾.

15. 色数为 4. 该图含有奇数长度的回路,因此色数至少为 3. 用 3 种颜色为该图着色是不够的,因为假如只用三种颜色给该图着色,由于三角形 abg 和 cbg 的存在,就得出 a 和 c 颜色一样的结论,同样可以得出 a 和 d 颜色一样的结论,于是 c 和 d 颜色一样,但是 c 和 d 相邻,这是矛盾. 用 3 种颜色为该图着色是足够的,因为可以给 $abcde$ 奇圈用 3 种颜色着色,用第 4 种颜色给 f 和 g 着色.

第十三章 支配集、覆盖集、独立集与匹配

Ⅰ. 习题十三

本习题中的图均为无向简单图.

1. 无向图 G 为图 13.1 所示,求：

(1) G 中所有极小支配集及支配数 γ_0；
(2) G 中所有极小点覆盖集及点覆盖数 α_0；
(3) G 中所有极大点独立集及点独立数 β_0；
(4) G 中所有极大匹配及匹配数 β_1；
(5) G 中所有极小边覆盖及边覆盖数 α_1.

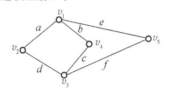

图 13.1

2. 证明：完全图 $K_{2k}(k \geq 1)$ 中存在 $(2k-1)$ 个边不重的完美匹配.

3. 证明：对于任意无向图 G,有 $\alpha_0(G) \geq \delta(G)$.

4. 证明：在 8×8 的国际象棋棋盘的一条主对角线上移去两端 1×1 的方格后,所得棋盘不能用 1×2 的长方形恰好填满.

5. 两个人在无向图 G 上做游戏,方法是交替地选择不同的顶点 $v_0, v_1, v_2, \cdots$,使得对于每个 $i > 0, v_i$ 相邻于 v_{i-1}. 最后一个取点者得胜(不一定选完 G 中所有顶点,选到不能选择为止). 证明：第一个人有得胜策略当且仅当 G 中无完美匹配.

6. 设二部图 $G = \langle V_1, V_2, E \rangle$ 满足相异性条件,且 $\forall v \in V_1, |N(v)| \geq t$,又已知 $|V_1| = r$,证明：

(1) 若 $t \leq r$,则至少存在 $t!$ 个 V_1 到 V_2 的完备匹配；
(2) 若 $t > r$,则至少存在 $t!/(t-r)!$ 个 V_1 到 V_2 的完备匹配.

7. 一次舞会,共有 n 个小伙子和 n 个姑娘参加,已知每个小伙子至少认识两个姑娘,而每个姑娘至多认识两个小伙子,问能否将他们分成 n 对舞伴,使得每对中的姑娘与小伙子相互认识？

8. 现有 3 个课外小组：物理组、化学组和生物组,今有张、王、李、赵、陈 5 名同学,已知：

(1) 张、王为物理组成员,张、李、赵为化学组成员,李、赵、陈为生物组成员.
(2) 张为物理组成员,王、李、赵为化学组成员,王、李、赵、陈为生物组成员.
(3) 张为物理组和化学组成员,王、李、赵、陈为生物组成员.

问在(1),(2),(3) 3 种情况下能否各选出 3 名不兼职的组长？为什么？若能选出,各有多

少种不同的选择方案?

Ⅱ．习题解答

1. 本题可用《教程》中例 13.1 中给出的方法求解,又因为本题的阶数 $n=5$,边数 $m=6$ 都比较小,所以也可以用观察的方法求解,这里只给出答案,而不给求解过程.

(1) 极小支配集有:$\{v_1,v_3\}$,$\{v_1,v_4\}$,$\{v_1,v_2\}$,$\{v_1,v_5\}$,$\{v_2,v_3\}$,$\{v_3,v_4\}$,$\{v_3,v_5\}$,$\{v_2,v_4,v_5\}$,共 8 个,只有 $\{v_2,v_4,v_5\}$ 不是最小支配集,其余 7 个都是最小支配集,支配数 $\gamma_0=2$.

(2) 极小点覆盖集共有两个:$\{v_1,v_3\}$,$\{v_2,v_4,v_5\}$,其中 $\{v_1,v_3\}$ 是最小的点覆盖,点覆盖数 $\alpha_0=2$.

(3) 由观察法或用《教程》中定理 13.3,由(2)可知,极大点独立集有两个:$\{v_2,v_4,v_5\}$,$\{v_1,v_3\}$,其中 $\{v_2,v_4,v_5\}$ 为最大点独立集,点独立数 $\beta_0=3$.

(4) 由观察法可知,极大匹配有 6 个:$\{a,c\}$,$\{a,f\}$,$\{d,b\}$,$\{d,e\}$,$\{c,e\}$,$\{b,f\}$,它们都是最大匹配,匹配数 $\beta_1=2$.

(5) 用观察法或用定理《教程》中 13.5 求极小边覆盖集,共有 6 个极小边覆盖集:$\{a,c,e\}$,$\{a,c,f\}$,$\{d,b,e\}$,$\{d,b,f\}$,$\{d,e,c\}$,$\{a,f,b\}$,它们都是最小边覆盖集,边覆盖数 $\alpha_1=3$.

2. 解本题可以有不同的方法,下面给出两种方法.

方法一 用《教程》中定理 8.11 的推论证明.

对于 $k=1$,$K_{2k}=K_2$,结论显然为真,对于 $k\geqslant 2$ 时,由定理 8.11 的推论可知 K_{2k} 中存在 $k-1$ 条边不重的哈密顿回路,每条哈密顿回路上存在两个完美匹配,于是,由 $(k-1)$ 条边不重的哈密顿回路,共产生 $2(k-1)$ 个完美匹配,K_{2k} 中除以上完美匹配占去的 $2k(k-1)$ 条边外,还剩下 k 条边,这些边是彼此不相邻的,因而也构成一个完美匹配,所以共有 $2(k-1)+1=2k-1$ 条边不重的完美匹配.

方法二 利用《教程》中例 12.6 的结论证明.

由例 12.6 可知,$\chi'(K_{2k})=2k-1(k\geqslant 1)$,将完全图 K_{2k} 用 χ' 种颜色着色,设同色边集合分别为 $E_1,E_2,\cdots,E_{2k-1}$,显然它们都是图的匹配,且是边不重的,只需证明 $|E_i|=k$,$i=1,2,\cdots,2k-1$,即证它们都是完美匹配.

其实,由于 K_{2k} 中有 $2k$ 个顶点,因而 $|E_i|\leqslant k$,$i=1,2,\cdots,2k-1$,但若存在 E_s,$|E_s|<k$,则

$$\sum_{i=1}^{2k-1}|E_i|<k(2k-1)=m=\frac{2k(2k-1)}{2}(m\text{ 为 }K_{2k}\text{ 的边数}),$$

这与 $\chi'=2k-1$ 相矛盾.

3. 方法一 用《教程》中定理 13.3 的推论证.

设 V^* 为 G 的最大点独立集,由定理 13.3 的推论可知,$N^*=\overline{V^*}=V(G)-V^*$ 为 G 的一个最小点覆盖集.因为 V^* 中顶点互不相邻,因而 $\forall v\in V^*$,$d(v)\geqslant\delta(G)$ 且 v 的领域 $N(v)\subseteq N^*$,由此可知,$\alpha_0=|N^*|\geqslant\delta(G)$.

方法二 也可用反证法证明,但还得用定理 13.3 的推论.

否则,$\alpha_0<\delta$,取 N^* 为 G 的最小点覆盖集,则 $|N^*|=\alpha_0<\delta$,由定理 13.3 的推论可知,$V^*=V-N^*$ 为 G 的最大点独立集,因为 V^* 中顶点彼此不相邻,因而 $\forall v\in V^*$,V 的邻域 $N(v)\subseteq N^*$,且 $|N^*|=\alpha_0<\delta$,这与 $d_G(v)=|N(v)|\geqslant\delta$ 矛盾.

4. 方法一 用二部图中存在完美匹配的一个必要条件证明.

做无向图 $G=\langle V_1,V_2,E\rangle$,其中,

$$V_1=\{v|v \text{ 位于棋盘的黑格中},v \text{ 为黑点}\},$$
$$V_2=\{v|v \text{ 位于棋盘的白格中},v \text{ 为白点}\},$$
$$E=\{(u,v)|u\in V_1\wedge v\in V_2\wedge u \text{ 与 } v \text{ 所在方格相邻}\}.$$

所得二部图为图 13.2 所示,而 $|V_1|=32,|V_2|=30$,由二部图中存在完美匹配的必要条件 $|V_1|=|V_2|$ 可知,G 中不存在完美匹配,因而 G 所对应的棋盘不能用 1×2 的长方形恰好填满.

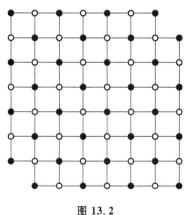

图 13.2

方法二 利用《教程》中定理 13.10 证明.

做无向图 $G=\langle V,E\rangle$,其中,

$$V_1=\{v|v \text{ 位于棋盘的 } 1\times 1 \text{ 方格中}\},$$
$$E=\{(u,v) \mid u,v\in V\wedge u \text{ 与 } v \text{ 所在方格相邻}\}.$$

所得图为图 13.2 所示,取 $V'=\{v \mid v\in V\wedge v \text{ 在白格中}\}$,则

$$p_{奇}(G-V')=32>|V'|=30.$$

由定理 13.10 可知,G 中不存在完美匹配,所以对应的棋盘不能用 1×2 的长方形填满.

5. 解本题,首先应该认为参加游戏的人都是智者.

"⇒"用反证法证. 否则,第一人有得胜策略,而 G 中存在完美匹配 M,设第一取点人为甲,另一人为乙,设甲先选了 v_0,则 v_0 必为 M-饱和点(因为 M 为完美匹配),因而乙总能选到 v_1,使得 $(v_0,v_1)\in M$. 此时甲再选点时,无论如何选 v_2,总有 $(v_1,v_2)\in (E(G)-M)$,v_2 仍为 M-饱和点,乙依然能选到 v_3,使得 $(v_2,v_3)\in M$. 如此继续下去,乙总能取到点,因而乙将成为最后取点人,即乙胜,这与甲是胜者相矛盾.

"⇐"由于 G 中不存在完美匹配,设 M 为 G 中的一个最大匹配,则 M 一定存在 M-非饱和点. 甲先取 M-非饱和点 v_0,乙无论怎样选 v_1,总有 $(v_0,v_1)\in (E(G)-M)$,由于 M 是最大匹配,甲再选点一定是 M-饱和点 v_2,使得 $(v_1,v_2)\in M$,乙再选的 v_3,一定有 $(v_2,v_3)\in (E(G)-M)$,如此继续下去,注意到 M 无可增广路径,决定最后选点者是甲,而不是乙,所以甲必胜.

6. 采用直接证明法证明

设 G 中 $V_1=\{v_1,v_2,\cdots,v_r\}$,由于 G 满足相异性条件,所以 $|V_2|\geqslant r$.

(1) $t\leqslant r$. 由于 $N(v_1)\geqslant t$,所以 v_1 至少有 t 种方案选匹配,当 v_1 选定匹配后,v_2 至少有 $t-1$ 种方案选匹配,类似地,v_{t-1} 至少有 2 种方案选匹配,v_t 至少有 1 种方案选匹配. 若 v_{t+1} 选不到

匹配,说明 $v_1,v_2,\cdots,v_t,v_{t+1}$ 至多与 V_2 中 t 个顶点相邻,这与 G 满足相异性条件相矛盾,所以 v_{t+1} 也能选到匹配,类似地,$v_{t+2},\cdots,v_r$ 都能选到匹配,所以 G 中至少存在 $t!$ 个完备匹配.

(2) $t>r$. 同(1)中讨论类似,v_1 至少有 t 种方案选匹配,v_2 至少有 $t-1$ 种方案选匹配,$\cdots$,v_r 至少有 $t-r+1$ 种方案选匹配,所以,G 中至少存在 $t(t-1)\cdots(t-r+1)=\dfrac{t!}{(t-r)!}$ 个完备匹配.

7. 用定理 13.12 证明.

做二部图 $G=\langle V_1,V_2,E\rangle$,其中,
$$V_1=\{v\mid v \text{ 为小伙子}\}, \text{则 } |V_1|=n,$$
$$V_2=\{u\mid u \text{ 为姑娘}\}, \text{则 } |V_2|=n,$$
$$E=\{(v,u)\mid v\in V_1\wedge u\in V_2\wedge v \text{ 与 } u \text{ 认识}\}.$$

由已知条件可知,$\forall v\in V_1, d(v)\geqslant 2$,而 $\forall u\in V_2, d(u)\leqslant 2$,所以 G 满足 $t=2$ 的 t 条件,由《教程》中定理 13.12 可知,G 存在完备匹配 M,由于 $|V_1|=|V_2|=n$,所以 M 也是完美匹配,按 M 中边关联的顶点配对即可.

其实,也可以用 Hall 定理证明.

8. (1) 做二部图 $G=\langle V_1,V_2,E\rangle$,其中,
$$V_1=\{u_1,u_2,u_3\}, u_1: \text{物理组}, u_2: \text{化学组}, u_3 \text{ 生物组},$$
$$V_2=\{v_1,v_2,v_3,v_4,v_5\}, v_1: \text{张}, v_2: \text{王}, v_3: \text{李}, v_4: \text{赵}, v_5: \text{陈},$$
$$E=\{(u,v)\mid u\in V_1\wedge v\in V_2\wedge v \text{ 是 } u \text{ 的成员}\}.$$

所做二部图为图 13.3 中(a)所示,此图满足 $t=2$ 的 t 条件,所以存在 V_1 到 V_2 的完备匹配,因而可选出 3 名不兼职的组长,共可有 11 种供选方案,例如张为物理组长,李为化学组长,赵为生物组长,就是其中的一种方案,请写出其余 10 种方案.

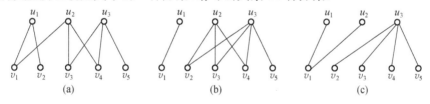

图 13.3

(2) 类似地,做二部图如图 13.3 中(b)所示,此图满足相异性条件,因而存在 V_1 到 V_2 的完备匹配,所以也能选出 3 名不兼职的组长,共有 9 种方案.

(3) 所做二部图为图 13.3 中(c)所示,此图不满足相异性条件,因而不存在完备匹配,所以不能选出 3 名不兼职的组长.

Ⅲ. 补充习题

1. 教室里有 4 列课桌,每列前后有 6 张,每张课桌坐有 2 名同学.为了让同学之间有充分交流的机会,考虑到高矮和视力等因素,在前后位置不动的情况下,每一名同学最多能与同一行(4 张课桌)的另外 7 名同学坐同桌(不重复).请给出一个调动位置的方案,使得每人都与另外 7 名同学先后同桌.

2. k 是正整数，I 是 kn 个元素的集合，证明对于将集合 I 划分为 k 等份的任何两种划分，一定可以找到一组公共的代表元素．

3. 图 13.4 中带标记的边构成一组匹配，这个匹配是最大匹配吗？如果是，请给出证明；如果不是，请找出一个最大匹配．

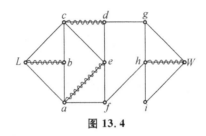

图 13.4

4. 证明无孤立点图 G 的最小边覆盖一定是一些不相交的星形图（即完全二部图 $K_{1,r}$）之并．

5. 证明无孤立点图 G 中没有被最大匹配覆盖的顶点一定构成独立集．

6. 求图 13.5 中三图的最大匹配，通过求最小点覆盖来证明所求的匹配是最大的，并解释为什么可以这样做．

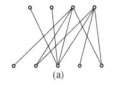 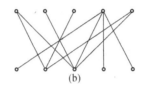 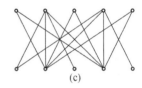

图 13.5

7. 判断图 13.6 是否具有完美匹配，并求出一个最大匹配．

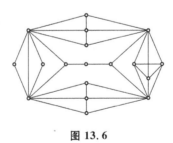

图 13.6

8. 试构造一个无完美匹配的连通 3-正则简单图．

9. 试构造一个有完美匹配和割点的连通 3-正则简单图．

10. 证明如果一个图可以分解为一些边不重的完美匹配之并，则这个图无割点．

Ⅳ．补充习题解答

1. 只需考虑同一行的情况，因为前后不同的行道理是一样的．每一行有 8 个人，因此考虑 8 个顶点的完全图，这个图有 28 条边，可以分成 7 组边不重的匹配，实际上是先分成 3 个边不重的哈密顿回路和1组匹配,每个哈密顿回路再分成2组边不重的匹配.每一组匹配就代表一种位置安排方案,即让匹配中一条边连接的两个顶点同桌.通过这7组匹配,就可以实现每个人与同一行7人分别同桌,因为每个顶点关联7条边,分别连接另外7个顶点,这7条边被分到7组不同的匹配中,分别对应着每次与另外7人中的1人同桌.因此一共需要调动7次位置,每次选择根据上述7组边不重的匹配之一来安排位置,就能使得每人都与另外7名同学先后同桌.

2. 设两种划分为 $\{A_1, A_2, \cdots, A_k\}$ 与 $\{B_1, B_2, \cdots, B_k\}$. 构造以这些子集为顶点的二部图,如果某元素同时属于 A_i 与 B_j, 则在它们之间连一条边. 这样构造的二部图每个顶点度数都相同, 由 Hall 定理可知存在完美匹配, 也就是一组公共的代表元素.

3. 这个匹配不是最大匹配,因为还存在可增广路径(两端都是非饱和点的由匹配边和非匹配边构成的路径). 如图 13.7 所示, 把可增广路径上的匹配边和非匹配边互换, 就得到更大的匹配. 这个新的匹配是最大匹配, 因为它有 5 条边和 10 个饱和点, 而原图只有 11 个顶点, 因此最多只能有 10 个饱和点.

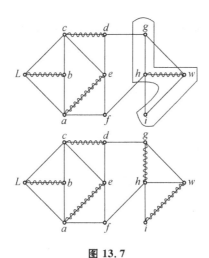

图 13.7

4. 反证法. 如果最小边覆盖不是一些不相交星形图(即完全二部图 $K_{1,r}$)之并, 则存在边覆盖中的边 (a,b), 使得 a 和 b 在边覆盖中都是 2 度以上顶点, 即 a 和 b 都还关联着边覆盖中的其他边, 于是从边覆盖中删除 (a,b) 后, 仍然覆盖所有的顶点, 这与最小边覆盖的定义矛盾.

5. 反证法. 如果没有被覆盖的顶点不是独立集, 则其中有两个顶点之间有边. 这两个顶点没有被最大匹配覆盖, 说明这两个顶点不关联最大匹配中的边. 因此可以把这两点之间的边加入最大匹配, 得到的还是匹配, 这与最大匹配的定义矛盾.

6. 最大匹配和最小点覆盖分别如图 13.8 所示(圆圈表示点覆盖).

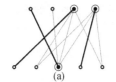
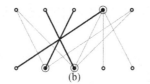
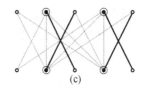

图 13.8

根据定理 13.14,对于无孤立点的二部图来说,有 $\alpha_0 = \beta_1$,其中 α_0 是点覆盖数(最小点覆盖中的顶点数),β_1 是边独立数(最大匹配中的边数).另外可根据定理 13.6 及其推论来证明.

7. 如图 13.9 所示,取圆圈顶点组成的集合为 S,则
$$p_{奇}(G-S) = 9 > 7 = |S|.$$

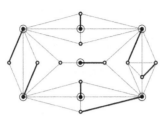

图 13.9

根据定理 13.10,该图无完美匹配.最大匹配如粗线边所示,由于不存在完美匹配,这个匹配显然是最大匹配.

8. 如图 13.10 所示,该图显然是连通 3-正则的.取圆圈顶点组成的集合为 S,则
$$p_{奇}(G-S) = 3 > 1 = |S|.$$

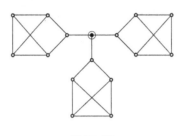

图 13.10

根据定理 13.10,该图无完美匹配.

9. 如图 13.11 所示.

图 13.11

10. 用反证法.假设该图可以分解为一些边不重的完美匹配 $M_1, M_2, \cdots, M_k$ 之并,并且这个图有割点 v.则 $G-v$ 至少有两个连通分支 X 和 Y.设 $x \in V(X)$ 和 $y \in V(Y)$ 分别与 v 相邻.则存在整数 $i \neq j$ 使得 $(v,x) \in M_i$ 和 $(v,y) \in M_j$,这意味着 M_i 给出 $X-x$ 中的完美匹配,所以 $X-x$ 中有偶数个顶点.但是另一方面,M_j 给出 X 中的完美匹配,所以 X 中有偶数个顶点.这是矛盾,所以该图中无割点,证毕.

第十四章 带权图及其应用

I. 习题十四

1. 求图 14.1 所示带权图中 v_1 到 v_9 的最短路径.

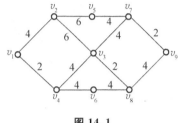

图 14.1

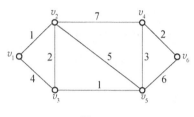

图 14.2

2. 求图 14.2 所示带权图中 v_1 到其余各顶点的最短路径.

3. 求图 14.3 所示的有向带权图中 v_1 到 v_7 的最短路径.

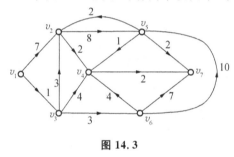

图 14.3

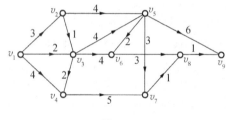

图 14.4

4. 求图 14.4 所示 PERT 图中各顶点的最早完成时间、最晚完成时间、缓冲时间,并求关键路径.

5. 求图 14.5 所示 PERT 图中的关键路径.

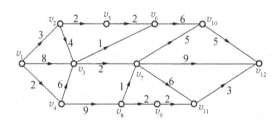

图 14.5

6. 证明《教程》中定理 14.1.

7. 证明《教程》中定理 14.2.

8. 求图 14.6 所示带权图中的最优投递路线.

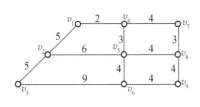

图 14.6

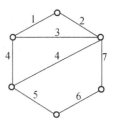

图 14.7

9. 分别用避圈法、破圈法、断集法和逐步短接法求图 14.7 所示带权图中的最小生成树.

10. 证明《教程》中定理 14.13.

11. (1) $1,1,1,2,2,3,4,5,6$;

(2) $1,1,1,2,2,3,4,5,6,7$;

(3) $2,2,3,3,4,4,5,5,6$.

求以(1)中数为权的最优树(即最优二叉树)及以(2),(3)中数为权的最优三叉树.

12. 在通信中,$a,b,\cdots,h$ 出现的频率为

$a:25\%$ $b:20\%$ $c:15\%$ $d:15\%$
$e:10\%$ $f:5\%$ $g:5\%$ $h:5\%$

求传输它们的最佳前缀码.

13. 5 阶完全带权图如图 14.8 所示.

(1) 用最邻近法求始于 v_1 的各哈密顿回路;

(2) 用最小生成树法求始于 v_1,v_2 的哈密顿回路;

(3) 用最小权匹配法求始于 v_1 的哈密顿回路;

(4) 求货郎担问题的最优解.

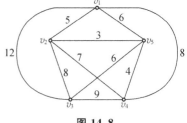

图 14.8

Ⅱ. 习题解答

1. 用标号法算法求图 14.1 所示带权图从 v_1 到 v_9 最短路径的计算过程为表 14.1 所示.

表 14.1

	v_1	v_2	v_3	v_4	v_5	v_6	v_7	v_8	v_9
0	$\boxed{0}$	4	∞	2	∞	∞	∞	∞	∞
1		4	∞	$\boxed{2}/v_1$	∞	∞	∞	∞	∞
2		$\boxed{4}/v_1$	6		∞	6	∞	∞	∞
3			$\boxed{6}/v_4$		10	6	∞	∞	∞
4					10	$\boxed{6}/v_4$	10	8	∞
5					10		10	$\boxed{8}/v_3$	∞
6					$\boxed{10}/v_2$		10		12
7							$\boxed{10}/v_3$		12
8									$\boxed{12}/v_7$ 或 v_8
	0	4	6	2	10	6	10	8	12

表 14.1 最后一列为 v_1 到 $v_i(i=1,2,\cdots,9)$ 的最短路径的权.

从表 14.1 可知,v_1 到 v_9 最短路径有两条：
$$P_1 = v_1 v_4 v_3 v_7 v_9, \qquad W(P_1) = 12,$$
$$P_2 = v_1 v_4 v_3 v_8 v_9, \qquad W(P_2) = W(P_1) = 12.$$

2. 用标号法算法求图 14.2 所示带权图从 v_1 到其余各顶点的最短路径的计算过程如表 14.2 所示.

表 14.2

	v_1	v_2	v_3	v_4	v_5	v_6
0	⬚0	1	4	∞	∞	∞
1		⬚1/v_1	3	8	6	∞
2			⬚3/v_2	8	4	∞
3				7	⬚4/v_3	10
4				⬚7/v_5		9
5						⬚9/v_4
	0	1	3	7	4	9

表 14.2 最后一列为 v_1 到 $v_i(i=1,2,\cdots,6)$ 的最短路径的权.

从表 14.2 可知：

v_1 到 v_2 的最短路径为 $P_2 = v_1 v_2, W(P_2) = 1$；

v_1 到 v_3 的最短路径为 $P_3 = v_1 v_2 v_3, W(P_3) = 3$；

v_1 到 v_4 的最短路径为 $P_4 = v_1 v_2 v_3 v_5 v_4, W(P_4) = 7$；

v_1 到 v_5 的最短路径为 $P_5 = v_1 v_2 v_3 v_5, W(P_5) = 4$；

v_1 到 v_6 的最短路径为 $P_6 = v_1 v_2 v_3 v_5 v_4 v_6, W(P_6) = 9$.

3. 用标号法算法求图 14.3 所示有向图从 v_1 到 v_7 的最短路径的计算过程如表 14.3 所示.

表 14.3

	v_1	v_2	v_3	v_4	v_5	v_6	v_7
0	⬚0	7	1	∞	∞	∞	∞
1		4	⬚1/v_1	5	∞	4	∞
2		⬚4/v_3		5	12	4	∞
3				5	12	⬚4/v_3	11
4				⬚5/v_3	12		7
5					9		⬚7/v_4
6					⬚9/v_7		
	0	4	1	5	9	4	7

从表 14.3 可知,v_1 到 v_7 的最短路径为 $P = v_1 v_3 v_4 v_7, W(P) = 7$.

4. 表 14.4 给出了图 14.4 所示 PERT 图的最早完成时间(TE)、最晚完成时间(TL)、缓冲时间(TS).

表 14.4

	v_1	v_2	v_3	v_4	v_5	v_6	v_7	v_8	v_9
TE	0	3	4	6	8	10	11	12	14
TL	0	3	4	7	8	10	12	13	14
TS	0	0	0	1	0	0	1	1	0

关键路径有两条: $v_1 v_2 v_3 v_5 v_9$ 与 $v_1 v_2 v_3 v_5 v_6 v_8 v_9$.

5. 表 14.5 给出了图 14.5 所示 PERT 图的最早完成时间(TE)、最晚完成时间(TL)、缓冲时间(TS).

表 14.5

	v_1	v_2	v_3	v_4	v_5	v_6	v_7	v_8	v_9	v_{10}	v_{11}	v_{12}
TE	0	3	8	2	5	9	12	11	13	17	18	22
TL	0	6	10	2	9	11	12	11	17	17	19	22
TS	0	3	2	0	4	2	0	0	4	0	1	0

关键路径为 $v_1 v_4 v_8 v_7 v_{10} v_{12}$.

6. 用 PERT 图的定义证明.

设 PERT 图的顶点集为 $V=\{v_1,v_2,\cdots,v_n\}$,且 v_1 是发点,v_n 是收点,分以下几种情况讨论.

(1) 只有发点 v_1 的 $TE(v_1)$ 已算出,即 $P_E=\{v_1\}$,$T_E=\{v_2,v_3,\cdots,v_n\}$. 由于 $d^-(v_1)=0$ 和图的连通性,必 $\exists v_i \in T_E(i \neq 1)$,使得 $\langle v_1,v_i \rangle \in E(\text{PERT})$,即 $\Gamma^-(v_i) \subseteq P_E$ 为真.

(2) 只有收点 v_n 的 $TE(v_n)$ 没算出,即 $P_E=\{v_1,v_2,\cdots,v_{n-1}\}$,$T_E=\{v_n\}$,由于 $d^+(v_n)=0$ 和图的连通性,必 $\exists v_j (P_E(j \neq n)$,使得 $\langle v_j,v_n \rangle \in E(\text{PERT})$,同样有 $\Gamma^-(v_j) \subseteq P_E$ 为真.

(3) $P_E=\{v_1,v_2,\cdots,v_i\}$,$1<i<n$,此时 $T_E \neq \varnothing$. 若 $\exists u \subseteq T_E$,使得 $\Gamma^-(u) \subseteq P_E$,必 $\forall u \in T_E$,均有 $\Gamma^-(u) \cap P_E = \varnothing$,由图的连通性,必 $\exists u_r \in T_E$,$\exists v_s \in P_E$,使得 $\langle u_r,v_s \rangle \in E(\text{PERT})$,即 $\Gamma^+(u_r) \subseteq P_E$,这样一来顶点 v_s 不可能处于某条从 v_1 到 v_n 的通路上,这与 PERT 图的定义中(3)相矛盾.

7. 本题的证明类似于第 6 题的证明.

8. 按《教程》中所给求最优投递路线的算法求解(其中包含 Dijkstra 的求最短路径的算法). 分下面儿步给出答案:

(1) 图 14.9 中奇度顶点集 $V'=\{v_2,v_4,v_6,v_8\}$. 用 Dijkstra 标号法求 V' 中任何两点之间的最短路径并计算权(注意有的最短路径不唯一,这里只给出一条).

v_2 到 v_4 的最短路径为 $v_2 v_1 v_4$,权为 7;

v_2 到 v_6 的最短路径为 $v_2 v_5 v_6$,权为 10;

v_2 到 v_8 的最短路径为 $v_2 v_5 v_8$,权为 10;

v_4 到 v_6 的最短路径为 $v_4 v_5 v_6$,权为 7;

v_4 到 v_8 的最短路径为 $v_4v_5v_8$,权为 7；

v_6 到 v_8 的最短路径为 $v_6v_5v_8$,权为 8.

(2) 所对应的完全图 K_4 如图 14.9(a)所示. 最小权匹配为 $M=\{(v_2,v_4),(v_6,v_8)\}$. 在图 14.6 所对应的图 G 中,将 v_2v_4,v_6v_8 对应的最短路径上的边重复一次,得欧拉图 G^* 如图 14.9 (b)所示.

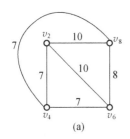
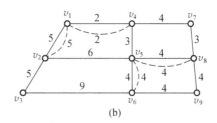

图 14.9

无论从哪点出发走完一个欧拉回路都是最优投递路线,其权都是 $W(G^*)=68$. 例如从 v_1 出发走一条欧拉回路为

$$v_1v_4v_7v_8v_5v_8v_9v_6v_5v_6v_3v_2v_5v_4v_1v_2v_1.$$

9. 请自己完成,无论何种算法,所得最小生成树的权均为 18.

10. 证明本题,只需注意到,$r(r \geqslant 2)$ 叉正则树的定义,分支点数 i 与树叶数 t 与树的阶数 n 的关系,以及树的性质 $m=n-1$(其中 m 与 n 分别为边数与阶数). 下面给出一种证法.

(1) 边数 $m=ir$；

(2) $i+t=n$；

(3) $m=n-1$.

由(1),(2),(3)易得 $(r-1)i=t-1$.

11. (1) 所求最优树 T_1 如图 14.10(a)所示,$W(T_1)=73$.

(2) 因为 $(10-1)/2=1(\mod 2)$,所以所求三叉树不是正则的,设所求三叉最优树为 T_2,如图 14.10(b)所示,$W(T_2)=64$.

(3) 由于 $(9-1)/2=0(\mod 2)$,所以所求三叉树为正则的,设所求三叉正则最优树为 T_3,如图 14.10(c)所示,$W(T_3)=68$.

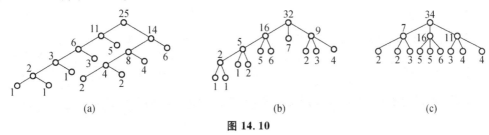

图 14.10

12. 设各字母按它们的顺序出现的频率为 p_i,$i=1,2,\cdots,8$,令 $w_i=100p_i$,$i=1,2,\cdots,8$,则

$$w_1=5\,(h),\quad w_2=5\,(g),\quad w_3=5\,(f),\quad w_4=10\,(e),$$
$$w_5=15\,(d),\ w_6=15\,(c),\ w_7=20\,(b),\ w_8=25\,(a).$$

按 Haffman 算法所求最优树为图 14.11 所示，$W(T)=280$.

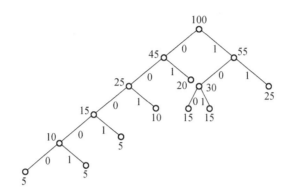

图 14.11

字母们的前缀码分别为：

a—11，b—01，c—101，d—100，e—001，f—0001，g—00001，h—00000.

13. 解本题前应注意两点：

第一点：给出的带权图 K_5，满足三角不等式；

第二点：(1),(2),(3),(4)中给出的解都可能不唯一.

(1) 始于 v_1 用最邻近法得到的哈密顿回路 H 如图 14.12 所示，$W(H)=33$. 注意，这里给出的 H 不是 K_5 中最短的哈密顿回路.

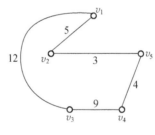

图 14.12

(2) 这里只给出始于 v_1 的用最小生成树法得到的两条哈密顿回路，始于 v_2 的请读者自己完成.

① 求图中最小生成树，见图 14.13 中(a)中实线边所示的生成树 T.

② 在 T 中，将每条边加一条与该边等权的平行边，如图 14.13(a)所示，所得图为欧拉图 G^*.

③ 在 G^* 中起始于 v_1 的欧拉回路有两条，分别设为 $E_{v_1}^{(1)}$ 和 $E_{v_1}^{(2)}$，这里

$$E_{v_1}^{(1)}=v_1 v_2 v_5 v_4 v_5 v_3 v_5 v_2 v_1,$$

然后，在 K_5 中，从 v_1 出发按"抄近路法"走一条哈密顿回路

$$H_{v_1}^{(1)}=v_1 v_2 v_5 v_4 v_3 v_1,$$

所得图如图 14.13(b)所示，$W(H_{v_1}^{(1)})=33$.

$$E_{v_1}^{(2)}=v_1 v_2 v_5 v_3 v_5 v_4 v_5 v_2 v_1,$$

在 K_5 中从 v_1 出发按"抄近路法"走的哈密顿回路为
$$H_{v_1}^{(2)} = v_1 v_2 v_5 v_3 v_4 v_1,$$
所得图如图 14.13(c)所示，$W(H_{v_1}^{(2)}) = 31$.

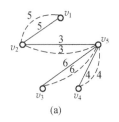
(a)

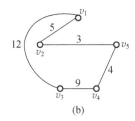
(b)

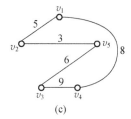
(c)

图 14.13

(3) 按最小权匹配算法，求给定图中的始于 v_1 的哈密顿回路，按下面步骤进行：

① 求最小生成树 T，如图 14.14(a)所示.

② T 中奇度顶点集合 $v' = \{v_1, v_3, v_4, v_5\}$，$V'$ 在 K_5 中的导出子图为 K_4，如图 14.14(b)所示，K_4 最小权匹配为 $M = \{(v_1, v_4), (v_3, v_5)\}$，将 M 中的边加到 T 上(加上的边为虚线边)，所得图 G^* 如图 14.14(c)所示，则 G^* 为欧拉图.

③ 在 G^* 中从 v_1 出发走欧拉回路：
$$E_{v_1}^{(1)} = v_1 v_2 v_5 v_3 v_5 v_4 v_1, \quad E_{v_1}^{(2)} = v_1 v_4 v_5 v_3 v_5 v_2 v_1.$$

④ 在 K_5 中从 v_1 出发按"抄近路法"走哈密顿回路：
$$H_{v_1}^{(1)} = v_1 v_2 v_5 v_3 v_4 v_1 (见图 14.14(d)),$$
$$H_{v_1}^{(2)} = v_1 v_4 v_5 v_3 v_2 v_1 (见图 14.14(e)),$$
其中，$W(H_{v_1}^{(1)}) = 31, W(H_{v_1}^{(2)}) = 31$.

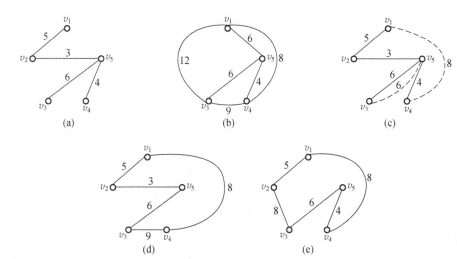

图 14.14

(4) 求最短哈密顿回路，只能使用穷举法．这里 $n=5$，K_5 中共有 $4!/2=12$ 条不同的哈密顿回路，将它们全求出并计算权，就可求解．

$H_1 = v_1 v_2 v_3 v_4 v_5 v_1, W(H_1) = 32;$ $H_2 = v_1 v_2 v_3 v_5 v_4 v_1, W(H_2) = 31;$

$H_3 = v_1 v_2 v_4 v_3 v_5 v_1, W(H_3) = 33;$ $H_4 = v_1 v_2 v_4 v_5 v_3 v_1, W(H_4) = 34;$

$H_5 = v_1 v_2 v_5 v_3 v_4 v_1, W(H_5) = 31;$ $H_6 = v_1 v_2 v_5 v_4 v_3 v_1, W(H_6) = 33;$

$H_7 = v_1 v_3 v_2 v_4 v_5 v_1, W(H_7) = 37;$ $H_8 = v_1 v_3 v_2 v_5 v_4 v_1, W(H_8) = 35;$

$H_9 = v_1 v_3 v_4 v_2 v_5 v_1, W(H_9) = 37;$ $H_{10} = v_1 v_3 v_5 v_2 v_4 v_1, W(H_{10}) = 36;$

$H_{11} = v_1 v_4 v_2 v_3 v_5 v_1, W(H_{11}) = 35;$ $H_{12} = v_1 v_4 v_3 v_2 v_5 v_1, W(H_{12}) = 34.$

由以上计算可知，最短的哈密顿回路为 H_2 与 H_5，它们的权为 31，另外，最长的也有两条，它们是 H_7 与 H_9，它们的权为 37．

Ⅲ．补充习题

1. 设 $G=(V,E,W)$ 是有向带权图，G 中没有权为负的回路．设 $s \in V$，T 是 G 中以 s 为根连接所有在 G 中从 s 可达顶点的树．如果对于所有 $v \in V$，有 $d_G(s,v) = d_T(s,v)$，则称 T 是 G 的最短路径树．证明 T 是最短路径树的充分必要条件是对于所有的边 $\langle a,b \rangle \in E(G)$，有 $d_T(s,a) + w(\langle a,b \rangle) \geqslant d_T(s,b)$．

2. 用避圈法求图图 14.15 的最小生成树．

3. 用断集法从顶点 1 和顶点 4 开始求图 14.15 的最小生成树各一棵．

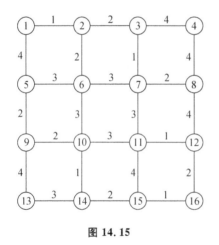

图 14.15

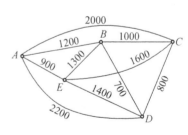

图 14.16

4. 一家公司计划在它的 5 个计算中心 A,B,C,D,E 之间建立通信网络．可以用租用电话线的方式连接这 5 个计算中心．5 个计算中心以及租用电话费的费用（单位：元/月）如图 14.16 所示．问该公司应建立哪些计算中心之间的连接，就可以保证任何公司之间都有通路，使得网络的总费用达到最小？

5. 图 14.17 所示的图是 11 个城市之间没有铺设路面的道路图．边上的权表示城市之间的距离（单位：公里）．试讨论哪些道路应当铺设路面，使得城市之间都有铺设路面的道路，并且使铺设路面的道路的总距离最短？

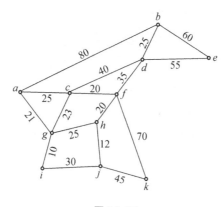

图 14.17

6. 某工厂使用一台设备,每年年初工厂都要作出决定,如果继续使用旧设备,要付维修费,而若买一台新设备,要付购买费,若已知设备在各年的购买费,及不同机器役龄时的残值和维修费如表 14.6 所示,试确定一个 5 年的更新计划,使总的支出最少.

表 14.6

项目	第 1 年	第 2 年	第 3 年	第 4 年	第 5 年
购买费	11	12	13	14	14
机器役龄	0—1	1—2	2—3	3—4	4—5
维修费	5	6	8	11	18
残值	4	3	2	1	0

7. 已知某地区的交通网络图为图 14.18 所示,其中顶点 v_i 代表第 i 个居民小区,边 (v_i, v_j) 表示小区 v_i 与 v_j 之间的公路,边 (v_i, v_j) 上的权 w_{ij} 表示相应公路的距离.若在该地区设立一个中心医院,该医院应该设在哪个小区,才能使离医院最远的小区居民就诊时走的路程最近?

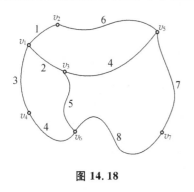

图 14.18

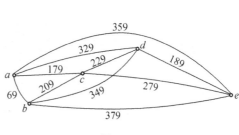

图 14.19

8. 5 个城市 a, b, c, d, e 之间的机票票价(单位:元)如图 14.19 所示.求一个旅游者到各城市玩一次的最低票价.

9. 在上题(8 题)中,若旅游者住在城市 a(或 e),他不想进行繁琐的计算求最短哈密顿回路,他按"最邻近法"去旅游,他要花多少机票钱?

10. 在第 8 题中,若旅游者住在城市 b(或 d),他想用"最小生成树法"求他的旅游路线,他要花多少机票钱?(注意图 14.19 满足三角不等式).

Ⅳ. 补充习题解答

1. 必要性:用反证法. 假设 T 是以 s 为根的最短路径树,并且对于某条边 $\langle a,b\rangle\in E$,有 $d_T(s,a)+w(\langle a,b\rangle)<d_T(s,b)$. 则根据最短路径树的定义,有 $d_G(s,a)+w(\langle a,b\rangle)<d_G(s,b)$. 但这是矛盾,因为当 $b=s$ 时,有 $d_G(s,b)=0$,从 s 到 a 的最短路径和边 $\langle a,b\rangle$ 构成 G 中负回路. 当 $b\neq s$ 时,$d_G(s,b)=\min_{\langle v,b\rangle\in E(G)}(d_G(s,v)+w(\langle v,b\rangle))\leqslant d_G(s,a)+w(\langle a,b\rangle)$.

充分性:假设对于 G 中所有边 $\langle a,b\rangle$,有 $d_T(s,a)+w(\langle a,b\rangle)\geqslant d_T(s,b)$. 设 P_{sb} 是 G 中从 s 到顶点 b 的路径. 下面先证明 $w(P_{sb})\geqslant d_T(s,b)$,对 P_{sb} 上边数进行归纳.

基础步骤:如果 P_{sb} 包含零条边,则 $b=s$,于是 $d_T(s,b)=0\leqslant w(P_{sb})$,因为 G 中没有负回路.

归纳步骤:假设对于所有少于 k 条边的路径 P_{sa},都有 $w(P_{sa})\geqslant d_T(s,a)$. 现在考虑有 k 条边并且最后一条边是 $\langle a,b\rangle$ 的路径 P_{sb},就有 $w(P_{sb})=w(P_{sa})+w(\langle a,b\rangle)\leqslant d_T(s,a)+w(\langle a,b\rangle)\geqslant d_T(s,b)$,这就完成了归纳步骤.

现在继续完成充分性证明. 选择 P_{sv} 是从 s 到 v 的最短路径,则对于所有 s 可达的顶点 v,有 $w(P_{sv})=d_G(s,v)\geqslant d_T(s,v)$. 由于 T 是 G 的子图,所以 $d_G(s,v)\leqslant d_T(s,v)$,因此对于所有 $v\in V(G)$,有 $d_G(s,v)=d_T(s,v)$,即 T 是 G 的最短路径树.

2. 起初的生成子图只有 16 个顶点而没有边,所有的边都是剩余边,每次选择剩余边中权最小的边,如果该边加入已经构造出来的子图上不产生回路,则加入该边到子图上,否则跳过该边,无论哪种情况,都从剩余边中删除该边,直到没有剩余边为止. 加入边的顺序是:$(1,2)$,$(3,7)$,$(10,14)$,$(11,12)$,$(15,16)$,$(2,3)$,$(2,6)$,$(5,9)$,$(7,8)$,$(9,10)$,$(12,16)$,$(14,15)$,$(5,6)$,$(13,14)$,$(3,4)$. 这样求出的最小生成树的权 $w(T)=29$,最小生成树 T 如图 14.20 所示.

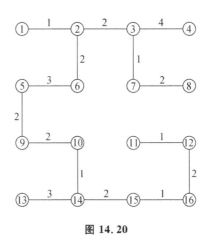

图 14.20

3. 从顶点 4 开始加入边的顺序是:$(4,8)$,$(7,8)$,$(3,7)$,$(2,3)$,$(1,2)$,$(2,6)$,$(7,11)$,$(11,12)$,$(12,16)$,$(15,16)$,$(14,15)$,$(10,14)$,$(9,10)$,$(5,9)$,$(13,14)$. 所求出的最小生成树如图 14.21 所示. 所得最小生成树的权仍然为 29. 这说明用断集法求带权图的最小生成树与

始点的选择无关.

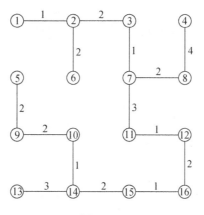

图 14.21

4. 图 14.16 可看作无向带权图 $G=\langle V,E,W\rangle$，这里，$V=\{A,B,C,D,E\}$，$E=\{(u,v)\,|\,u,v\in V$，且 u 与 v 之间有电话线连接$\}$，W 是各边上标定的费用集合. 根据本题的要求，只需求出 G 中的任何一棵最小生成 T，按 T 中各边连接的计算中心租用电话线，就可以使网络的总费用达到最小. 对于图 G 来说，无论用破圈法、避圈法，还是断集法等，求出的最小生成都是唯一的，如图 14.22 所示，$W(T)=3600$.

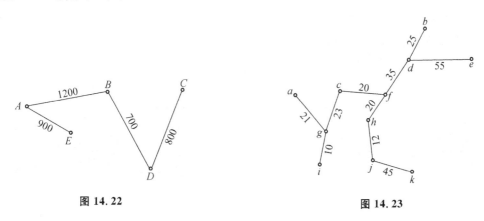

图 14.22　　　　　　　　　　图 14.23

5. 设 $G=\langle V,E,W\rangle$，城市集合 $V=\{a,b,\cdots,k\}$，E 为道路集合，W 为各边距离集合. 此题是求 G 的最小生成树问题. 可用多种方法求出图 14.17 中的最小生成树，图 14.23 给出一棵最小生成树 T，每条树枝表示一条铺设路面的道路，总的铺设路面的道路学距离为 $W(T)=266$.

6. 将此问题化成最短路径问题. 设有向图 $D=\langle V,E,W\rangle$，设 V_i 为第 i 年年初买进一台新设备，$i=1,2,3,4,5$，并设 v_6 表示第 5 年年底. 令 $V=\{v_1,v_2,\cdots v_6\}$. 有向边 $\langle v_i,v_j\rangle\in E$ 当且仅当第 i 年年初购买的设备一直使用到第 j 年年初$(i<j)$(即第 $j-1$ 年年底). 边 $\langle v_i,v_j\rangle$ 上的权 w_{ij} 为第 i 年年初购买的设备一直使用到第 j 年年初所支付的购买与维修的全部费用. 由表 14.6 所提供的数据计算出各边的权 w_{ij}：

$$w_{12}=11+5-4=12,\qquad w_{13}=11+5+6-3=19,$$
$$w_{14}=11+5+6+8-2=28,\qquad w_{15}=11+5+6+8+11-1=40,$$

$w_{16} = 11+5+6+8+11+18 = 59$, $\quad w_{23} = 12+5-4 = 13$,

$w_{24} = 12+5+6-3 = 20$, $\quad w_{25} = 12+5+6+8-2 = 29$,

$w_{26} = 12+5+6+8+11-1 = 41$, $\quad w_{34} = 13+5-4 = 14$,

$w_{35} = 13+5+6-3 = 21$, $\quad w_{36} = 13+5+6+8-2 = 30$,

$w_{45} = 14+5-4 = 15$, $\quad w_{46} = 14+5+6-3 = 22$,

$w_{56} = 14+5-4 = 15$.

画出的有向图 D 如图 14.24 所示.

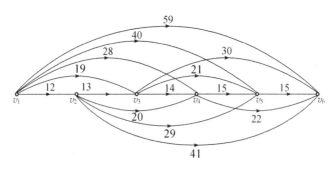

图 14.24

用标号法求图 14.24 所示的有向图 D 的从 v_1 到 v_6 的最短路径. 计算过程由表 14.7 给出. 计算结果说明所求最短路径为 $v_1v_3v_6$, 其权为 49, 这说明工厂在第一年初和第三年初各买一台新设备为最优决策, 其总费用为 49.

表 14.7

	v_1	v_2	v_3	v_4	v_5	v_6
0	⎡0⎤	12	19	28	40	59
1		⎡12⎤$/v_1$	19	28	40	53
2			⎡19⎤$/v_1$	28	40	49
3				⎡28⎤$/v_1$	40	49
4					⎡40⎤$/v_1$	49
5						⎡49⎤$/v_3$
	0	12	19	28	40	49

7. 本题要求所选择的小区应该有这样的性质: 若在该小区设立中心医院, 使得离中心医院最远的小区来医院就医所走的路程最近. 为达到此目的, 就要求求出从图中所有顶点 $v_i (i=1,2,\cdots,7)$ 出发到其他各顶点 $v_j (j \neq i)$ 的最短路径. 设顶点 v_i 到顶点 v_j 最短路径的权为 d_{ij}, 对固定的 v_i, 记 $d_i = \max\limits_{j}\{d_{ij}\}$, 再令 $d = \min\{d_i\}$, 则满足 d 要求的顶点代表的小区应为被选小区, 在这样的小区设立中心医院, 就能达到离医院最远的小区居民来医院就诊所走路程最近. 此类问题称为选址问题, 在很多领域都有应用.

用标号法求出的顶点 v_i 到各顶点的最短路径的权及 $d_i = \max\limits_{j}\{d_{ij}\}$ 列在表 14.8 中.

表 14.8

小区	v_1	v_2	v_3	v_4	v_5	v_6	v_7	d_i
v_1	0	1	2	3	6	7	13	13
v_2	1	0	3	4	6	8	13	13
v_3	2	3	0	5	4	5	11	11
v_4	3	4	5	0	9	4	12	12
v_5	6	6	4	9	0	9	7	9
v_6	7	8	5	4	9	0	8	9
v_7	13	13	11	12	7	8	0	13

从表 14.8 可以看出，从 v_5 和 v_6 出发的各最短路径的权的最大值 ($d_6 = d_5 = 9$) 达到最小，因而取 $d = 9$，即中心医院可设在 v_5 或 v_6 代表的小区中，如图 14.25(a), (b) 所示，这样一来，各小区的居民来医院就诊至多走 9 (单位根据具体情况而定)。

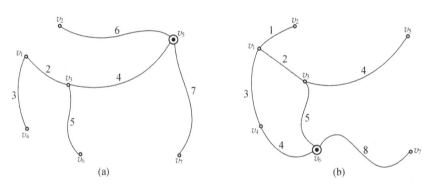

图 14.25

8. 本题是求完全带权图 K_5 中的最短哈密顿回路问题. 图中有 12 条不同的哈密顿回路, 只需求出 12 条不同的哈密顿回路 $H_i (i=1, 2, \cdots, 12)$ 以及它们的权 $W(H_i)$ 即可.

$H_1 = abcdea$, $\quad W(H_1) = 1055$; $\quad H_2 = abceda$, $\quad W(H_2) = 1075$;
$H_3 = abdcea$, $\quad W(H_3) = 1285$; $\quad H_4 = abdeca$, $\quad W(H_4) = 1065$;
$H_5 = abedca$, $\quad W(H_5) = 1045$; $\quad H_6 = abecda$, $\quad W(H_6) = 1056$;
$H_7 = acbdea$, $\quad W(H_7) = 1285$; $\quad H_8 = acbeda$, $\quad W(H_8) = 1315$;
$H_9 = acdbea$, $\quad W(H_9) = 1495$; $\quad H_{10} = acebda$, $\quad W(H_{10}) = 1545$;
$H_{11} = adbcea$, $\quad W(H_{11}) = 1525$; $\quad H_{12} = adcbea$, $\quad W(H_{12}) = 1555$.

由计算结果可知，H_5 是图中的最短哈密顿回路, $W(H_5) = 1045$, 即，最优的旅行路线为 $abedca$, 如图 14.26 所示.

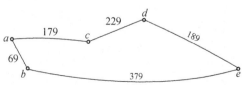

图 14.26

9. (1) 若旅游者住在城市 a，按"最邻近法"去旅游，他走的哈密顿回路应为 $abcdea$，如图 14.27 所示，机票钱应为 1055 元.

(2) 若旅游者住在城市 e，按"最邻近法"旅游，他走的路线应为 $edcabe$，如图 14.28 所示，总的机票钱应为 1045 元. 由第 8 题可知，他此次走的正好是最短哈密顿回路，可见他运气好，不经过繁琐计算，就花了最少的钱.

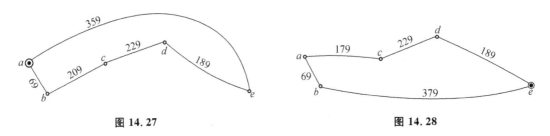

图 14.27　　　　　　　　　　图 14.28

10. (1) 旅游者住在城市 b，用"最小生成树法"求从 b 出发的哈密顿回路.
首先求图 14.19 所示图的最小生成树 T，如图 14.29 所示.

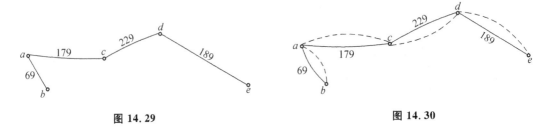

图 14.29　　　　　　　　　　图 14.30

再将 T 加重复边（虚线边），如图 14.30 所示，所得图为欧拉图.
设从 b 出发的欧拉图（只一个）为 E_b，由 E_b 按"抄近路法"走出的哈密顿图为 H_b，则
$$E_b = bacdedcab, \quad H_b = bacdeb,$$
H_b 的图如图 14.28 所示，这又是图中最短哈密顿回路，他又走运，总共花机票钱 1045 元.
设从 d 出发的欧拉回路为 $E_{d,1}$ 与 $E_{d,2}$（共有两个），相应的哈密顿回路为 $H_{d,2}$ 和 $H_{d,2}$，则
$$E_{d,1} = dcabacded, \quad H_{d,1} = dcabed;$$
$$E_{d,2} = dedcabacd, \quad H_{d,2} = decabd.$$
其中 $H_{d,1}$ 又是最短哈密顿回路（见图 14.28），故总共的机票钱还是 1045 元.
$H_{d,2}$ 如图 14.31 所示，走这条回路总的机票钱为 1065 元.

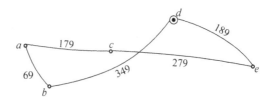

图 14.31

第十五章 代 数 系 统

Ⅰ．习题十五

1. 设 $\oplus,\otimes$ 分别为 Z_4 上的模 4 加法和乘法，给出 $\oplus$ 和 $\otimes$ 的运算表．

2. 设 $A=\{0,1\}$，$\circ$ 为函数的合成运算，试给出 A 上所有的函数关于 $\circ$ 运算的运算表．

3. 设 $A=\{1,2,\cdots,n\}$，τ 为 A 上的一元运算，$\forall i\in A$ 有 $\tau(i)=(i) \bmod n +1$. 称代数系统 $\langle A,\tau\rangle$ 为时钟代数. 当 $n=5$ 时给出 τ 的运算表．

4. 判断下列集合对所给的代数运算是否封闭．如果封闭，则指明该集合上的二元运算是否满足交换律、结合律、幂等律、消去律、分配律和吸收律，并找出该运算的单位元和零元．

(1) 整数集合 Z 和普通的减法运算；

(2) 非零整数集合 Z^* 和普通的乘法运算；

(3) 集合 $A=\{x|x\in N \land x$ 为奇数$\}$ 和普通的加法及乘法运算；

(4) n 阶实矩阵集合 $M_n(R)$ 关于矩阵加法和矩阵乘法运算；

(5) n 阶实可逆矩阵的集合关于矩阵加法和矩阵乘法运算；

(6) 集合 $nZ=\{nk|k\in Z\}$，$n\in Z^+$，关于普通加法和乘法运算；

(7) 正实数集合 R^+ 和 $\circ$ 运算，其中 $\circ$ 运算定义为 $a\circ b=ab-a-b$，$\forall a,b\in R^+$；

(8) 集合 $A=\{a_1,a_2,\cdots,a_n\}$，$n\geqslant 1$. $\circ$ 运算为 $a\circ b=b$，$\forall a,b\in A$；

(9) 集合 A 上的所有二元关系的集合 $R(A)$ 和关系的合成运算；

(10) 正整数集合 Z^+ 和求两个数的最大公约数及最小公倍数的运算．

5. 设 $A=\{a,b,c\}$，$a,b,c\in R$. 能否确定 a,b,c 的值使得

(1) A 对普通加法封闭； (2) A 对普通乘法封闭．

6. $S=\{f|f$ 是 $[a,b]$ 上的连续函数，$a,b\in R,a<b\}$，问 S 关于下面的每个运算是否构成代数系统？如果能构成代数系统，说明该运算是否适合交换律和结合律，并求出单位元和零元．

(1) 函数加法，即 $(f+g)(x)=f(x)+g(x)$，$\forall x\in[a,b]$；

(2) 函数减法，即 $(f-g)(x)=f(x)-g(x)$，$\forall x\in[a,b]$；

(3) 函数乘法，即 $(f\cdot g)(x)=f(x)\cdot g(x)$，$\forall x\in[a,b]$；

(4) 函数除法，即 $(f/g)(x)=f(x)/g(x)$，$\forall x\in[a,b]$．

7. 判断正整数集 Z^+ 和下面每个二元运算 $\circ$ 是否构成代数系统．如果是，则说明这个运算是否适合交换律、结合律和幂等律，并求出单位元和零元．

(1) $a\circ b=\max\{a,b\}$； (2) $a\circ b=\min\{a,b\}$；

(3) $a\circ b=a^b$； (4) $a\circ b=(a/b)+(b/a)$．

8. 设 p,q,r 是实数，$\circ$ 为 R 上的二元运算，$\forall a,b\in R$，$a\circ b=pa+qb+r$. 问 $\circ$ 运算是否适合交换律、结合律和幂等律，是否有单位元和零元，并证明你的结论．

9. 设 $*$ 为有理数集 Q 上的二元运算，$\forall x,y\in Q$ 有 $x*y=x+y-xy$，说明 $*$ 运算是否适合交换律、结合律和幂等律，并求出 Q 中关于 $*$ 运算的单位元、零元及所有可逆元素的逆元．

10. 设 $A=\{a,b\}$,试给出 A 上所有的二元运算和一元运算,并找出一个既不可交换也不可结合的二元运算.

11. 设 $A=Q\times Q$,Q 为有理数集,∘为 A 上的二元运算,$\forall\langle a,b\rangle,\langle c,d\rangle\in A$ 有
$$\langle a,b\rangle\circ\langle c,d\rangle=\langle ac,ad+b\rangle,$$
说明∘运算是否适合交换律和结合律,并求出 A 中关于∘运算的单位元、零元和所有可逆元素的逆元.

12. 设代数系统 $V=\langle A,\circ\rangle$,其中∘运算由运算表(见表 15.1)给出. 说明∘运算是否满足交换律、结合律和幂等律,并确定 A 中关于∘运算的单位元和零元.

表 15.1

(1)

∘	a	b	c
a	a	b	c
b	b	c	a
c	c	a	b

(2)

∘	a	b	c
a	a	b	c
b	a	b	c
c	a	b	c

(3)

∘	a	b	c
a	a	b	c
b	b	a	c
c	c	c	c

(4)

∘	a	b	c
a	a	b	c
b	b	b	c
c	c	c	b

13. 证明定理 15.3:设∘为集合 A 上的二元运算,若存在 $\theta_l\in A$ 和 $\theta_r\in A$ 使得 $\forall x\in A$ 有 $\theta_l\circ x=\theta_l$ 和 $x\circ\theta_r=\theta_r$,则 $\theta_l=\theta_r=\theta$,且 θ 是 A 中关于∘运算的唯一的零元.

14. $V=\langle Z_6,\oplus\rangle$,$\oplus$ 为模 6 加法. 指出 V 的所有子代数,并说明哪些子代数是平凡的子代数,哪些是真子代数.

15. 设 $V_1=\langle\{1,2,3\},\circ,1\rangle$,$\forall x,y\in\{1,2,3\}$,$x\circ y=\max\{x,y\}$,$V_2=\langle\{5,6\},*,6\rangle$,$\forall a,b\in\{5,6\}$,$x*y=\min\{a,b\}$.

(1) 给出积代数 $V_1\times V_2$ 的运算表和特异元素;　　(2) 给出 V_1 的所有子代数.

16. 代数系统 $V_1=\langle Z_3,\oplus_3\rangle$,$V_2=\langle Z_2,\oplus_2\rangle$,其中 $\oplus_3$ 和 $\oplus_2$ 分别为模 3 和模 2 加法.

(1) 给出积代数 $V_1\times V_2$ 的运算表;　　(2) 求出积代数的单位元和每个可逆元素的逆元.

17. 证明定理 15.6:设代数系统 $V_1=\langle A,o_{11},o_{12},\cdots,o_{1r}\rangle$,$V_2=\langle B,o_{21},o_{22},\cdots,o_{2r}\rangle$ 是同类型的,V 是 V_1 与 V_2 的积代数,对任意的二元运算 $o_{1i},o_{1j},o_{2i},o_{2j}$,

(1) 若 o_{1i},o_{2i} 在 V_1 和 V_2 中是可交换的(或可结合的,幂等的),则 o_i 在 V 上也是可交换的(或可结合的,幂等的);

(2) 若 o_{1i} 对 o_{1j} 在 V_1 上是可分配的,o_{2i} 对 o_{2j} 在 V_2 上也是可分配的,则 o_i 对 o_j 在 V 上也是可分配的;

(3) 若 o_{1i},o_{1j} 在 V_1 上是吸收的,o_{2i},o_{2j} 在 V_2 上也是吸收的,则 o_i,o_j 在 V 上也是吸收的;

(4) 若 e_1(或 θ_1)为 V_1 中关于 o_{1i} 运算的单位元(或零元),e_2(或 θ_2)为 V_2 中关于 o_{2i} 运算的单位元(或零元),则 $\langle e_1,e_2\rangle$(或 $\langle\theta_1,\theta_2\rangle$)为 V 中关于 o_i 运算的单位元(或零元);

(5) 若 o_{1i},o_{2i} 为含有单位元的二元运算,且 $a\in A,b\in B$ 关于 o_{1i} 和 o_{2i} 运算的逆元分别为 a^{-1},b^{-1},则 $\langle a^{-1},b^{-1}\rangle$ 是 $\langle a,b\rangle$ 在 V 中关于 o_i 运算的逆元.

18. 设 V_1 是复数集 C 关于复数加法和复数乘法构成的代数系统,$V_2=\langle B,+,\cdot\rangle$,其中
$$B=\left\{\begin{pmatrix}a & b \\ -b & a\end{pmatrix}\bigg| a,b\in R\right\},$$

+和·分别为矩阵加法和乘法. 证明 V_1 同构于 V_2.

19. 设 $V_1=\langle A,o_1,o_2\rangle$ 和 $V_2=\langle B,\overline{o_1},\overline{o_2}\rangle$ 是含有两个二元运算的代数系统. 证明积代数 $V_1\times V_2$ 和 $V_2\times V_1$ 同构.

20. 设 $V_1=\langle P(\{a,b\}),\cup,\cap,\sim,\varnothing,\{a,b\}\rangle$, $V_2=\langle\{0,1\},+,\cdot,-,0,1\rangle$, 其中 +, ·, — 分别为布尔加、乘和补运算. 令 $\varphi:P(\{a,b\})\to\{0,1\}$, 且 $\forall x\in P(\{a,b\})$, φ 定义如下:
$$\varphi(x)=\begin{cases}1, & a\in x;\\ 0, & a\notin x.\end{cases}$$
证明 φ 为 V_1 到 V_2 的满同态.

21. 证明定理 15.8: 设 $V_1=\langle A,o_1,o_2,\cdots,o_r\rangle$, $V_2=\langle B,\overline{o_1},\overline{o_2},\cdots,\overline{o_r}\rangle$ 是同类型的代数系统, $\varphi:A\to B$ 是 V_1 到 V_2 的满同态, o_i 和 o_j 是 V_1 中的两个二元运算.

(1) 若 o_i 是可交换的(或可结合的, 幂等的), 则 $\overline{o_i}$ 也是可交换的(或可结合的, 幂等的);

(2) 若 o_i 对 o_j 是可分配的, 则 $\overline{o_i}$ 对 $\overline{o_j}$ 也是可分配的;

(3) 若 o_i,o_j 是可吸收的, 则 $\overline{o_i},\overline{o_j}$ 也是可吸收的;

(4) 若 e(或 θ) 为 V_1 中关于 o_i 运算的单位元(或零元), 则 $\varphi(e)$(或 $\varphi(\theta)$) 为 V_2 中关于 $\overline{o_i}$ 运算的单位元(或零元);

(5) 若 o_i 是含有单位元的运算, $x^{-1}\in A$ 是 x 关于 o_i 运算的逆元, 则 $\varphi(x^{-1})$ 是 $\varphi(x)$ 关于 $\overline{o_i}$ 运算的逆元.

22. 设 $V_1=\langle A,\circ\rangle$, $V_2=\langle B,*\rangle$, $V_3=\langle C,\cdot\rangle$ 是含有一个二元运算的代数系统. $\varphi_1:A\to B$ 是 V_1 到 V_2 的同态, $\varphi_2:B\to C$ 是 V_2 到 V_3 的同态. 证明 $\varphi_2\circ\varphi_1$ 是 V_1 到 V_3 的同态.

23. 证明对任意的代数系统 V_1,V_2,V_3 有

(1) $V_1\cong V_1$;

(2) 若 $V_1\cong V_2$, 则 $V_2\cong V_1$;

(3) 若 $V_1\cong V_2$, $V_2\cong V_3$, 则 $V_1\cong V_3$.

24. 设 $V_1=\langle C,\cdot\rangle$, $V_2=\langle R,\cdot\rangle$ 是代数系统, · 为普通乘法. 下面哪个函数 φ 是 V_1 到 V_2 的同态? 如果 φ 是同态, 求出 V_1 在 φ 下的同态像.

(1) $\varphi:C\to R,\varphi(z)=|z|+1,\forall z\in C$;   (2) $\varphi:C\to R,\varphi(z)=|z|,\forall z\in C$;

(3) $\varphi:C\to R,\varphi(z)=0,\forall z\in C$;   (4) $\varphi:C\to R,\varphi(z)=2,\forall z\in C$.

25. 设 $V=\langle A,\cdot\rangle$, 其中 $A=\{5^n|n\in Z^+\}$, · 为普通乘法. 试求出所有 V 上的自同构.

26. 设代数系统 $V_1=\langle Z^+,\cdot\rangle$, $V_2=\langle Z_2,\cdot\rangle$, 其中 · 为普通乘法. 定义 $\varphi:Z^+\to Z_2$, $\forall x\in Z^+$ 有
$$\varphi(x)=\begin{cases}1, & x=1;\\ 0, & x>1.\end{cases}$$
证明 φ 是 V_1 到 V_2 的满同态.

27. 设 $V=\langle Z,+\rangle$, 判断下面给出的二元关系 R 是否为 V 上的同余关系, 并说明理由.

(1) $\forall x,y\in Z,xRy\Leftrightarrow x$ 与 y 同号或 $x=y=0$;   (2) $\forall x,y\in Z,xRy\Leftrightarrow|x-y|<5$;

(3) $\forall x,y\in Z,xRy\Leftrightarrow x=y=0$ 或 $x\neq 0,y\neq 0$;   (4) $\forall x,y\in Z,xRy\Leftrightarrow x\geqslant y$.

28. 证明定理 15.9: 设 $V=\langle A,o_1,o_2,\cdots,o_r\rangle$ 是代数系统, 对于 $i=1,2,\cdots,r$, o_i 是 k_i 元运算. ~ 是 V 上的同余关系, V 关于~的商代数 $V/\sim=\langle A/\sim,\overline{o_1},\overline{o_2},\cdots\overline{o_r}\rangle$. 令 o_i,o_j 是 V 中任意的二元运算.

(1) 若 o_i 是可交换的(或可结合的,幂等的),则 $\overline{o_i}$ 在 $V/\sim$ 中也是可交换的(或可结合的、幂等的);

(2) 若 o_i 对 o_j 是可分配的,则 $\overline{o_i}$ 对 $\overline{o_j}$ 在 $V/\sim$ 中也是可分配的;

(3) 若 o_i,o_j 满足吸收律,则 $\overline{o_i},\overline{o_j}$ 在 $V/\sim$ 中也满足吸收律;

(4) 若 e(或 θ)为 V 中关于 o_i 运算的单位元(或零元),则 $[e]$(或 $[\theta]$)是 $V/\sim$ 中关于 $\overline{o_i}$ 运算的单位元(或零元);

(5) 若 o_i 为 V 中含有单位元的运算,且 $x\in A$ 关于 o_i 运算的逆元为 x^{-1},则在 $V/\sim$ 中 $[x]$ 关于 $\overline{o_i}$ 的逆元是 $[x^{-1}]$.

29. 设 $V_1=\langle Z,\Delta\rangle, V_2=\langle Z_2,\overline{\Delta}\rangle$ 是含有一元运算的代数系统,其中 Δ 和 $\overline{\Delta}$ 分别定义如下:
$$\Delta x=x+1, \forall x\in Z, \quad \overline{\Delta}y=(y+1)\bmod 2, \forall y\in Z_2.$$
令
$$\varphi: Z\to Z_2, \varphi(a)=(a)\bmod 2, \forall a\in Z.$$

(1) 证明 φ 是 V_1 到 V_2 的同态;   (2) 给出 φ 在 V_1 上导出的划分.

30. 设 $V_1=\langle A_k,+\rangle, V_2=\langle A_m,+\rangle$,其中
$$A_j=\{x|x\in Z\text{ 且 }x\geq j\}, \quad j,k,m,n\in N, nk\geq m,$$
$+$ 为普通加法. 令 $\varphi: A_k\to A_m, \varphi(x)=nx, \forall x\in A_k$.

(1) 证明 φ 是 V_1 到 V_2 的同态;

(2) 令 $\sim$ 表示由 φ 导出的 V_1 上的同余关系,试描述商代数 $V_1/\sim$(给出集合和运算).

31. 设代数系统 $V=\langle A,\circ\rangle$,其中 $A=\{a,b,c,d\}$,$\circ$ 由运算表(见表 15.2)给出.

表 15.2

$\circ$	a	b	c	d
a	b	a	b	b
b	b	b	b	b
c	b	b	b	b
d	b	b	b	b

(1) 试给出 V 的所有的自同态;

(2) 试给出 V 上所有的同余关系.

32. 设 $V_1=\langle A,*,\Delta,k\rangle, V_2=\langle B,\circ,\overline{\Delta},\overline{k}\rangle$ 是代数系统,其中 $*$ 和 $\circ$ 为二元运算,Δ 和 $\overline{\Delta}$ 为一元运算,k 和 $\overline{k}$ 为零元运算. 在积代数 $V_1\times V_2$ 上定义二元关系 $R, \forall\langle a,b\rangle,\langle c,d\rangle\in A\times B$ 有 $\langle a,b\rangle R\langle c,d\rangle\Leftrightarrow a=c$.

(1) 证明 R 为 $V_1\times V_2$ 上的同余关系;   (2) 证明 $V_1\times V_2/R\cong V_1$.

Ⅱ. 习题解答

1. 解: $\oplus$ 和 $\otimes$ 的运算表分别如表 15.3 和 15.4 所示.

表 15.3

$\oplus$	0	1	2	3
0	0	1	2	3
1	1	2	3	0
2	2	3	0	1
3	3	0	1	2

表 15.4

$\otimes$	0	1	2	3
0	0	0	0	0
1	0	1	2	3
2	0	2	0	2
3	0	3	2	1

2. 解:A 上有 4 个函数,分别记为 f_1,f_2,f_3,f_4. 其定义如下:
$f_1=\{\langle 0,0\rangle,\langle 1,0\rangle\}, f_2=\{\langle 0,0\rangle,\langle 1,1\rangle\}, f_3=\{\langle 0,1\rangle,\langle 1,0\rangle\}, f_4=\{\langle 0,1\rangle,\langle 1,1\rangle\}$.
运算表如表 15.5 所示.

3. 解:运算表如表 15.6 所示.

表 15.5

∘	f_1	f_2	f_3	f_4
f_1	f_1	f_1	f_1	f_1
f_2	f_1	f_2	f_3	f_4
f_3	f_4	f_3	f_2	f_1
f_4	f_4	f_4	f_4	f_4

表 15.6

i	$\tau(i)$
1	2
2	3
3	4
4	5
5	1

4. 解：(1) 封闭. 不具有任何指定的算律, 也不具有单位元和零元.

(2) 封闭. 该运算只具有交换律、结合律和消去律. 单位元是 1, 没有零元.

(3) 加法不封闭, 乘法封闭. 乘法只具有交换律、结合律和消去律. 乘法单位元是 1, 没有零元.

(4) 矩阵加法和乘法都封闭. 矩阵加法满足交换律、结合律和消去律; 矩阵乘法满足结合律. 矩阵乘法对矩阵加法满足分配律. 仅当 $n=1$ 时 (平凡的情况), 矩阵乘法还满足交换律和消去律.

矩阵加法的单位元为 n 阶全 0 矩阵, 没有零元; 矩阵乘法的单位元为 n 阶单位矩阵, 零元为 n 阶全 0 矩阵.

(5) 实可逆矩阵的加法不封闭, 而乘法封闭. 乘法满足结合律, 单位元为 n 阶单位矩阵, 没有零元. 仅当 $n=1$ 时 (平凡的情况), 矩阵乘法满足交换律和消去律.

(6) 加法和乘法都封闭. 加法和乘法都满足交换律、结合律与消去律; 此外, 乘法对加法满足分配律. 加法的单位元是 0, 没有零元. 乘法的零元为 0. 仅当 $n=1$ 时, 乘法单位元是 1.

(7) 不封闭.

(8) 封闭. 运算满足结合律和幂等律. 仅当 $n=1$ 时, 运算满足交换律和消去律, 并且单位元和零元都是 a_1.

(9) 封闭. 对于一般集合 A, 合成运算满足结合律. 单位元为 I_A, 零元为 $\varnothing$. 当 $|A|=0$, $R(A)=\{\varnothing\}$, 合成运算还满足交换律和幂等律; 此时单位元和零元都是 $\varnothing$. 当 $|A|=1$ 时, $R(A)=\{\varnothing, I_A\}$, 合成运算也满足交换律和幂等律.

(10) 两个运算都封闭. 两个运算都满足交换律、结合律和幂等律. 它们互相可分配, 也满足吸收律. 1 是求最小公倍数运算的单位元, 也是求最大公约数运算的零元.

注：有的问题对所给定的参数没有具体值, 如 (4)、(5)、(6) 和 (8) 中的 n. 只知道 n 是一个给定的正整数. 在 $n=1$ 与 $n>1$ 两种情况下, 运算往往呈现不同的性质, 如是否具有交换律和幂等律, 是否具有单位元, 是否具有可逆元素等. 通常要对 n 的不同取值进行讨论.

有的问题对集合中的元素没有规定, 如 (9) 中的 A 集合, 由于 A 可以是空集、单元集或者含有 2 个以上元素的集合. 在这些不同的情况下, A 上的关系集合关于合成运算也可能呈现不同的性质 (包括算律、单位元、零元及其可逆元素等), 因此要针对不同的集合进行分析.

5. 解：(1) 不能.

(2) 能, $\{0,1,-1\}$ 即可.

6. 解：(1) 构成代数系统. 该运算满足交换律与结合律, 单位元为零函数 f_0, 其中 $f_0(x)=0, \forall x \in [a,b]$. 没有零元.

(2) 构成代数系统. 该运算不满足交换律和结合律, 也没有单位元与零元.

(3) 构成代数系统. 该运算满足交换与结合律,单位元为 f_1,其中 $f_1(x)=1$, $\forall x\in[a,b]$. 零元为 f_0,其中 $f_0(x)=0$, $\forall x\in[a,b]$.

(4) 不构成代数系统.

7. 解:(1) 构成代数系统. 运算满足交换律、结合律与幂等律. 单位元是 1,没有零元.

(2) 构成代数系统. 运算满足交换律、结合律与幂等律. 零元是 1,没有单位元.

(3) 构成代数系统. 不满足指定的算律,也没有单位元和零元.

(4) 不构成代数系统.

8. 解:(1) 考虑交换律. 因为
$$a\circ b=b\circ a \Leftrightarrow pa+qb+r=pb+qa+r \Leftrightarrow (p-q)a=(p-q)b,$$
要使得上述等式对一切 a,b 成立,只有 $p=q$ 时有交换律.

(2) 考虑结合律.
$$(a\circ b)\circ c=a\circ(b\circ c) \Leftrightarrow p(pa+qb+r)+qc+r=pa+q(pb+qc+r)+r$$
$$\Leftrightarrow p^2a+pqb+pr+qc+r=pa+pqb+q^2c+qr+r$$
$$\Leftrightarrow (p^2-p)a+(q-q^2)c+(p-q)r=0,$$
由 a,b,c 的任意性,必有
$$P^2-p=0, q^2-q=0, (p-q)r=0$$
$$\Leftrightarrow (p=0 \lor p=1)\land(q=0 \lor q=1)\land(p=q \lor r=0),$$

于是,当 $\begin{cases}p=0,\\q=1,\\r=0;\end{cases}$ $\begin{cases}p=0,\\q=0,\\r\text{ 任意};\end{cases}$ $\begin{cases}p=1,\\q=0,\\r=0;\end{cases}$ $\begin{cases}p=1,\\q=1,\\r\text{ 任意}\end{cases}$ 时有结合律.

(3) 考虑幂等律.
$$a\circ a=a \Leftrightarrow pa+qa+r=a \Leftrightarrow (p+q-1)a+r=0,$$
由 a 的任意性可知当 $p+q=1, r=0$ 时有幂等律.

(4) 考虑单位元. 设 e 为单位元,那么有
$$a\circ e=a \Leftrightarrow pa+qe+r=a \Leftrightarrow (p-1)a+qe+r=0,$$
$$e\circ a=a \Leftrightarrow pe+qa+r=a \Leftrightarrow (q-1)a+pe+r=0,$$
由 a 的任意性可知仅当 $p=1, q=1$,单位元 $e=-r$.

(5) 考虑零元. 设 θ 为零元,那么有
$$a\circ\theta=\theta \Leftrightarrow pa+q\theta+r=\theta \Leftrightarrow pa+(q-1)\theta+r=0,$$
$$\theta\circ a=\theta \Leftrightarrow p\theta+qa+r=\theta \Leftrightarrow qa+(p-1)\theta+r=0,$$
由 a 的任意性可知仅当 $p=0, q=0$,零元 $\theta=r$.

注:本题与第 4 题类似,需要对给定常数 p,q,r 的取值进行讨论.

9. 解:$*$ 运算适合交换律,因为 $\forall x,y\in Q$ 有
$$x*y=x+y-xy=y+x-yx=y*x.$$

$*$ 运算适合结合律,因为 $\forall x,y,z\in Q$ 有
$$(x*y)*z=(x+y-xy)+z-(x+y-xy)z=x+y+z-xy-xz-yz+xyz,$$
$$x*(y*z)=x+(y+z-yz)-x(y+z-yz)=x+y+z-xy-xz-yz+xyz.$$

*运算没有幂等律,举反例如下：$2*2=2+2-2\cdot2=0$.

单位元是0,因为$\forall x\in Q$有$x*0=x+0-x\cdot0=x$,由交换律也有$0*x=x$. 零元是1,因为$\forall x\in Q$有$x*1=x+1-x\cdot1=1$,由交换律也有$1*x=1$. $\forall x\in Q, x\neq1$有$x^{-1}=\dfrac{x}{x-1}$. 因为

$$x*\dfrac{x}{x-1}=x+\dfrac{x}{x-1}-x\dfrac{x}{x-1}=\dfrac{x^2-x+x-x^2}{x-1}=0,$$

由交换律也有 $\dfrac{x}{x-1}*x=0$.

10. 解：

有16个二元运算：$f_1, f_2, \cdots, f_{16}$,如表15.7所示；4个一元运算：g_1, g_2, g_3, g_4. 其中,
$$g_1=\{\langle a,a\rangle,\langle b,a\rangle\}, \quad g_2=\{\langle a,a\rangle,\langle b,b\rangle\},$$
$$g_3=\{\langle a,b\rangle,\langle b,a\rangle\}, \quad g_4=\{\langle a,b\rangle,\langle b,b\rangle\}.$$

由于$bf_3a=b, af_3b=a, f_3$不可以交换. 又由于
$$(bf_3a)f_3b=bf_3b=a,$$
$$bf_3(af_3b)=bf_3a=b,$$

f_3不可以结合.

表 15.7

f_1	a	b		f_2	a	b		f_3	a	b		f_4	a	b
a	a	a		a	a	a		a	a	a		a	a	a
b	a	a		b	a	b		b	b	a		b	b	b

f_5	a	b		f_6	a	b		f_7	a	b		f_8	a	b
a	a	b		a	a	b		a	a	b		a	a	b
b	a	a		b	a	b		b	b	a		b	b	b

f_9	a	b		f_{10}	a	b		f_{11}	a	b		f_{12}	a	b
a	b	a		a	b	a		a	b	a		a	b	a
b	a	a		b	a	b		b	b	a		b	b	b

f_{13}	a	b		f_{14}	a	b		f_{15}	a	b		f_{16}	a	b
a	b	b		a	b	b		a	b	b		a	b	b
b	a	a		b	a	b		b	b	a		b	b	b

11. 解：只适合结合律,单位元$\langle1,0\rangle$,没有零元,$\langle a,b\rangle^{-1}=\langle1/a,-b/a\rangle$ $(a\neq0)$.

12. (1) 可交换、可结合,单位元a;

(2) 可结合、幂等;

(3) 可交换、可结合,单位元a,零元c;

(4) 可交换、可结合,单位元a.

13. 证：由已知条件有$\theta_l=\theta_l\circ\theta_r=\theta_r$.

假设θ'为零元,那么有$\theta=\theta\circ\theta'=\theta'$,因此$\theta$是唯一的零元.

14. 解：$Z_6, \{0,2,4\}, \{0,3\}, \{0\}$. 平凡的子代数是$Z_6$和$\{0\}$. 除了$Z_6$之外,都是真子代数.

15. 解：(1) 运算表如表15.8所示.

表 15.8

	⟨1,5⟩	⟨1,6⟩	⟨2,5⟩	⟨2,6⟩	⟨3,5⟩	⟨3,6⟩
⟨1,5⟩	⟨1,5⟩	⟨1,5⟩	⟨2,5⟩	⟨2,5⟩	⟨3,5⟩	⟨3,5⟩
⟨1,6⟩	⟨1,5⟩	⟨1,6⟩	⟨2,5⟩	⟨2,6⟩	⟨3,5⟩	⟨3,6⟩
⟨2,5⟩	⟨2,5⟩	⟨2,5⟩	⟨2,5⟩	⟨2,5⟩	⟨3,5⟩	⟨3,5⟩
⟨2,6⟩	⟨2,5⟩	⟨2,6⟩	⟨2,5⟩	⟨2,6⟩	⟨3,5⟩	⟨3,6⟩
⟨3,5⟩	⟨3,5⟩	⟨3,5⟩	⟨3,5⟩	⟨3,5⟩	⟨3,5⟩	⟨3,5⟩
⟨3,6⟩	⟨3,5⟩	⟨3,6⟩	⟨3,5⟩	⟨3,6⟩	⟨3,5⟩	⟨3,6⟩

特异元素为⟨1,6⟩.

(2) $\{1,2,3\},\{1,2\},\{1,3\},\{1\}$.

16. 解：(1) 运算表如表 15.9 所示.

表 15.9

	⟨0,0⟩	⟨0,1⟩	⟨1,0⟩	⟨1,1⟩	⟨2,0⟩	⟨2,1⟩
⟨0,0⟩	⟨0,0⟩	⟨0,1⟩	⟨1,0⟩	⟨1,1⟩	⟨2,0⟩	⟨2,1⟩
⟨0,1⟩	⟨0,1⟩	⟨0,0⟩	⟨1,1⟩	⟨1,0⟩	⟨2,1⟩	⟨2,0⟩
⟨1,0⟩	⟨1,0⟩	⟨1,1⟩	⟨2,0⟩	⟨2,1⟩	⟨0,0⟩	⟨0,1⟩
⟨1,1⟩	⟨1,1⟩	⟨1,0⟩	⟨2,1⟩	⟨2,0⟩	⟨0,1⟩	⟨0,0⟩
⟨2,0⟩	⟨2,0⟩	⟨2,1⟩	⟨0,0⟩	⟨0,1⟩	⟨1,0⟩	⟨1,1⟩
⟨2,1⟩	⟨2,1⟩	⟨2,0⟩	⟨0,1⟩	⟨0,0⟩	⟨1,1⟩	⟨1,0⟩

(2) 单位元为⟨0,0⟩.

$$\langle 0,0\rangle^{-1}=\langle 0,0\rangle, \langle 0,1\rangle^{-1}=\langle 0,1\rangle, \langle 1,0\rangle^{-1}=\langle 2,0\rangle,$$
$$\langle 2,0\rangle^{-1}=\langle 1,0\rangle, \langle 1,1\rangle^{-1}=\langle 2,1\rangle, \langle 2,1\rangle^{-1}=\langle 1,1\rangle.$$

17. 证：(1) 只证交换律. 结合律与幂等律类似可证. 任取 $\langle a,b\rangle,\langle c,d\rangle\in A\times B$,
$$\langle a,b\rangle o_i\langle c,d\rangle=\langle ao_{1i}c,bo_{2i}d\rangle=\langle co_{1i}a,do_{2i}b\rangle=\langle c,d\rangle o_i\langle a,b\rangle.$$

(2) 任取 $\langle a,b\rangle,\langle c,d\rangle,\langle e,f\rangle\in A\times B$,
$$(\langle a,b\rangle o_j\langle c,d\rangle)o_i\langle e,f\rangle=\langle ao_{1j}c,bo_{2j}d\rangle o_i\langle e,f\rangle=\langle (ao_{1j}c)o_{1i}e,(bo_{2j}d)o_{2i}f\rangle$$
$$=\langle (ao_{1i}e)o_{1j}(co_{1i}e),(bo_{2i}f)o_{2j}(do_{2i}f)\rangle=\langle ao_{1i}e,bo_{2i}f\rangle o_j\langle co_{1i}e,do_{2i}f\rangle$$
$$=(\langle a,b\rangle o_i\langle e,f\rangle)o_j(\langle c,d\rangle o_i\langle e,f\rangle);$$

左分配律同理可证.

(3) 任取 $\langle a,b\rangle,\langle c,d\rangle\in A\times B$,
$$\langle c,d\rangle o_i(\langle c,d\rangle o_j\langle a,b\rangle)=\langle c,d\rangle o_i\langle co_{1j}a,do_{2j}b\rangle$$
$$=\langle co_{1i}(co_{1j}a),do_{2i}(do_{2j}b)\rangle=\langle c,d\rangle;$$

同理可证 $\langle c,d\rangle o_j(\langle c,d\rangle o_i\langle a,b\rangle)=\langle c,d\rangle$.

(4) 只证单位元, 零元类似可证. 任取 $\langle a,b\rangle\in A\times B$,
$$\langle a,b\rangle o_i\langle e_1,e_2\rangle=\langle ao_{1i}e_1,bo_{2i}e_2\rangle=\langle a,b\rangle;$$

同理可证 $\langle e_1,e_2\rangle o_i\langle a,b\rangle=\langle a,b\rangle$.

(5) $\langle a,b\rangle o_i\langle a^{-1},b^{-1}\rangle=\langle ao_{1i}a^{-1},bo_{2i}b^{-1}\rangle=\langle e_1,e_2\rangle;$

同理可证 $\langle a^{-1},b^{-1}\rangle o_i\langle a,b\rangle=\langle e_1,e_2\rangle$.

18. 证：令 $f: C\to B, f(a+bi)=\begin{pmatrix} a & b \\ -b & a \end{pmatrix}$.

容易看出 f 是满射的，此外若 $f(a+bi)=f(c+di)$，则 $a=c$ 且 $b=d$，从而得到 $a+bi=c+di$，因此 f 是单射的. 下面证明 f 是同态映射. 对于任意复数 $a+bi, c+di$ 有

$$f((a+bi)+(c+di))=f((a+c)+(b+d)i)$$
$$=\begin{pmatrix} a+c & b+d \\ -(b+d) & a+c \end{pmatrix}=\begin{pmatrix} a & b \\ -b & a \end{pmatrix}+\begin{pmatrix} c & d \\ -d & c \end{pmatrix}$$
$$=f(a+bi)+f(c+di);$$
$$f((a+bi)\cdot(c+di))=f((ac-bd)+(bc+ad)i)$$
$$=\begin{pmatrix} ac-bd & bc+ad \\ -(bc+ad) & ac-bd \end{pmatrix}=\begin{pmatrix} a & b \\ -b & a \end{pmatrix}\cdot\begin{pmatrix} c & d \\ -d & c \end{pmatrix}$$
$$=f(a+bi)\cdot f(c+di).$$

19. 证：令 $f: A\times B\to B\times A, f(\langle a,b\rangle)=\langle b,a\rangle, \forall \langle a,b\rangle\in A\times B$. 则易证 f 是双射函数. 下面证明 f 为同态映射. 设 $V_1\times V_2=\langle A\times B,\circ,*\rangle, V_2\times V_1=\langle B\times A,\circ',*'\rangle, \forall \langle a,b\rangle, \langle c,d\rangle \in A\times B$ 有

$$f(\langle a,b\rangle\circ\langle c,d\rangle)=f(\langle ao_1c, b\overline{o_1}d\rangle)=\langle b\overline{o_1}d, ao_1c\rangle$$
$$=\langle b,a\rangle\circ'\langle d,c\rangle=f(\langle a,b\rangle)\circ'f(\langle c,d\rangle);$$

同理可证 $f(\langle a,b\rangle*\langle c,d\rangle)=f(\langle a,b\rangle)*'f(\langle c,d\rangle)$.

20. 证：$\forall x,y\in P(\{a,b\})$，

$$\varphi(x\cup y)=\begin{cases} 1, & a\in x \vee a\in y, \\ 0, & a\notin x \wedge a\notin y; \end{cases} \quad \varphi(x)+\varphi(y)=\begin{cases} 1, & a\in x \vee a\in y, \\ 0, & a\notin x \wedge a\notin y; \end{cases}$$

$$\varphi(x\cap y)=\begin{cases} 1, & a\in x \wedge a\in y, \\ 0, & a\notin x \vee a\notin y; \end{cases} \quad \varphi(x)\cdot\varphi(y)=\begin{cases} 1, & a\in x \wedge a\in y, \\ 0, & a\notin x \vee a\notin y; \end{cases}$$

$$\varphi(\sim x)=\begin{cases} 1, & a\notin x, \\ 0, & a\in x; \end{cases} \quad -\varphi(x)=\begin{cases} 1, & a\notin x, \\ 0, & a\in x; \end{cases}$$

$$\varphi(\varnothing)=0, \varphi(\{a,b\})=1.$$

21. 证：(1) 只证交换律，对于结合律与幂等律类似可证. 任取 $u,v\in B$, $\exists x,y\in A$ 使得 $\varphi(x)=u, \varphi(y)=v$.

$$u\overline{o_i}v=\varphi(x)\overline{o_i}\varphi(y)=\varphi(xo_iy)=\varphi(yo_ix)=\varphi(y)\overline{o_i}\varphi(x)=v\overline{o_i}u.$$

(2) 任取 $u,v,w\in B$, $\exists x,y,z\in A$ 使得 $\varphi(x)=u, \varphi(y)=v, \varphi(z)=w$.

$$u\overline{o_i}(v\overline{o_j}w)=\varphi(x)\overline{o_i}(\varphi(y)\overline{o_j}\varphi(z))=\varphi(x)\overline{o_i}(\varphi(yo_jz))=\varphi(xo_i(yo_jz))$$
$$=\varphi((xo_iy)o_j(xo_iz))=\varphi(xo_iy)\overline{o_j}\varphi(xo_iz)=(\varphi(x)\overline{o_i}\varphi(y))\overline{o_j}(\varphi(x)\overline{o_i}\varphi(z))$$
$$=(u\overline{o_i}v)\overline{o_j}(u\overline{o_i}w).$$

同理可证右分配律成立.

(3) 任取 $u,v\in B$, $\exists x,y\in A$ 使得 $\varphi(x)=u, \varphi(y)=v$.

$$u\overline{o_i}(u\overline{o_j}v)=\varphi(x)\overline{o_i}(\varphi(x)\overline{o_j}\varphi(y))$$
$$=\varphi(x)\overline{o_i}(\varphi(xo_jy))=\varphi(xo_i(xo_jy))=\varphi(x)=u.$$

同理可证 $u\overline{o_j}(u\overline{o_i}v)=u$.

(4) 只证单位元，对于零元类似可证. 任取 $u\in B$, $\exists x\in A$ 使得 $\varphi(x)=u$.

$$u\overline{o_i}\varphi(e)=\varphi(x)\overline{o_i}\varphi(e)=\varphi(xo_ie)=\varphi(x)=u.$$

同理可证 $\varphi(e)o_iu=u$.

(5) $\varphi(x^{-1})\overline{o_i}\varphi(x)=\varphi(x^{-1}o_i x)=\varphi(e)$.

同理可证 $\varphi(x)\overline{o_i}\varphi(x^{-1})=\varphi(e)$.

22. 证：$\varphi_2 \circ \varphi_1$ 是 V_1 到 V_3 的映射．任取 $x,y \in A$,
$$\varphi_2 \circ \varphi_1(x \circ y) = \varphi_2(\varphi_1(x \circ y)) = \varphi_2(\varphi_1(x) * \varphi_1(y))$$
$$= \varphi_2(\varphi_1(x)) \cdot \varphi_2(\varphi_1(y)) = \varphi_2 \circ \varphi_1(x) \cdot \varphi_2 \circ \varphi_1(y).$$

23. 证：(1) 取 V_1 上的恒等函数 $I:V_1 \to V_1, I(x)=x, \forall x \in V_1$. 下面证明 I 为同态．考虑 V_1 上的第 i 个运算 o_{1i}，设其为 k_i 元运算，任取 k_i 个元素 $x_1, x_2, \cdots, x_{k_i} \in V_1$,
$$I(o_{1i}(x_1, x_2, \cdots, x_{k_i})) = o_{1i}(x_1, x_2, \cdots, x_{k_i}) = o_{1i}(I(x_1), I(x_2), \cdots I(x_{k_i})).$$

(2) $V_1 \cong V_2$，则存在同构映射 $f:V_1 \to V_2$，那么 $f^{-1}:V_2 \to V_1$ 为双射．下面证明 f^{-1} 为同态．设 V_1 与 V_2 的第 i 个运算分别是 o_{1i}, o_{2i}，且都是 k_i 元的．任取 k_i 个元素 $y_1, y_2, \cdots, y_{k_i} \in V_2$，存在 $x_1, x_2, \cdots, x_{k_i} \in V_1$ 使得 $f(x_j)=y_j, j=1,2,\cdots,k_i$.
$$f^{-1}(o_{2i}(y_1, y_2, \cdots, y_{k_i})) = f^{-1}(o_{2i}(f(x_1), f(x_2), \cdots, f(x_{k_i})))$$
$$= f^{-1}(f(o_{1i}(x_1, x_2, \cdots, x_{k_i}))) = o_{1i}(x_1, x_2, \cdots, x_{k_i})$$
$$= o_{1i}(f^{-1}(y_1), f^{-1}(y_2), \cdots, f^{-1}(y_{k_i})).$$

(3) 由已知存在同构映射 $f:V_1 \to V_2, g:V_2 \to V_3$，易见 $g \circ f$ 是 V_1 到 V_3 的双射．下面证明它也是同态．设 V_1,V_2,V_3 的第 i 个运算分别是 o_{1i}, o_{2i}, o_{3i}，它们都是 k_i 元的．任取 k_i 个元素 $x_1, x_2, \cdots, x_{k_i} \in V_1$，则有
$$g \circ f(o_{1i}(x_1, x_2, \cdots, x_{k_i})) = g(f(o_{1i}(x_1, x_2, \cdots, x_{k_i})))$$
$$= g(o_{2i}(f(x_1), f(x_2), \cdots, f(x_{k_i})))$$
$$= o_{3i}(g(f(x_1)), g(f(x_2)), \cdots, g(f(x_{k_i})))$$
$$= o_{3i}(g \circ f(x_1), g \circ f(x_2), \cdots, g \circ f(x_{k_i})).$$

24. 解：(1) 不是同态； (2) 是同态，$\varphi(V_1)=R^+ \cup \{0\}$;
(3) 是同态，$\varphi(V_1)=\{0\}$; (4) 不是同态.

25. 解：若 $f:A \to A$ 为 V 上的同态，且 $f(5)=5^j$. 那么 $f(5^i)=f(5)^i=5^{ij}$. 若 $j>1$，则不存在 5^i 使得 $f(5^i)=5^{ij}=5$. 这说明，只有当 $j=1$，f 才是同构映射．因此 V 的自同构只有 A 上的恒等映射．

26. 证：显然 φ 为满射．$\forall x,y \in Z^+$,

若 $x>1, y>1$，则 $xy>1$，那么 $\varphi(xy)=0=0 \cdot 0=\varphi(x)\varphi(y)$；

若 $x>1, y=1$，则 $xy>1$，那么 $\varphi(xy)=0=0 \cdot 1=\varphi(x)\varphi(y)$；

若 $x=1, y>1$，则 $xy>1$，那么 $\varphi(xy)=0=1 \cdot 0=\varphi(x)\varphi(y)$；

若 $x=1, y=1$，则 $xy=1$，那么 $\varphi(xy)=1=1 \cdot 1=\varphi(x)\varphi(y)$．

27. 解：(1) 不是同余关系．因为 $\langle 2,3 \rangle \in R \wedge \langle -5,-1 \rangle \in R$，但是 $\langle 2+(-5), 3+(-1) \rangle = \langle -3,2 \rangle \notin R$.

(2) 不是同余关系．因为 $\langle 8,4 \rangle \in R \wedge \langle 1,-3 \rangle \in R$，但是 $\langle 8+1, 4+(-3) \rangle = \langle 9,1 \rangle \notin R$. 此外，这个关系也不具有传递性，不是等价关系．

(3) 不是同余关系．因为 $\langle 3,4 \rangle \in R \wedge \langle 4,-4 \rangle \in R$，但是 $\langle 3+4, 4+(-4) \rangle = \langle 7,0 \rangle \notin R$.

(4) 不是同余关系，因为这个关系不具有对称性，不是等价关系．

28. 证：(1) 只证交换律，对于结合律与幂等律类似可证．任取 $[a],[b] \in V/\sim$，则
$$[a]\overline{o_i}[b]=[ao_i b]=[bo_i a]=[b]\overline{o_i}[a].$$

(2) 任取 $[a],[b],[c] \in V/\sim$,则
$$[a]\overline{o_i}([b]\overline{o_j}[c])=[a]\overline{o_i}[bo_jc]=[ao_i(bo_jc)]=[(ao_ib)o_j(ao_ic)]$$
$$=[ao_ib]\overline{o_j}[ao_ic]=([a]\overline{o_i}[b])\overline{o_j}([a]\overline{o_i}[c]).$$

类似可证右分配律也成立.

(3) 任取 $[a],[b] \in V/\sim$,则
$$[a]\overline{o_i}([a]\overline{o_j}[b])=[a]\overline{o_i}[ao_jb]=[ao_i(ao_jb)]=[a].$$

同理可证 $[a]\overline{o_j}([a]\overline{o_i}[b])=[a]$.

(4) 只证单位元,对于零元类似可证. 任取 $[a] \in V/\sim$,
$$[a]\overline{o_i}[e]=[ao_ie]=[a].$$

同理可证 $[e]\overline{o_i}[a]=[a]$.

(5) $[x]\overline{o_i}[x^{-1}]=[xo_ix^{-1}]=[e]$.

同理可证 $[x^{-1}]\overline{o_i}[x]=[e]$.

29. 解:(1) 任取 $x \in Z$,
$$\varphi(\Delta x)=\varphi(x+1)=(x+1) \bmod 2 = (x) \bmod 2 \oplus 1$$
$$=((x) \bmod 2 + 1) \bmod 2 = \overline{\Delta}((x) \bmod 2)=\overline{\Delta}(\varphi(x)).$$

(2) $\forall x,y \in Z$,
$$x \sim y \Leftrightarrow \varphi(x)=\varphi(y) \Leftrightarrow (x) \bmod 2 = (y) \bmod 2$$
$$\Leftrightarrow \exists i \exists j \in Z(x=2i \wedge y=2j) \vee \exists i \exists j \in Z(x=2i+1 \wedge y=2j+1)$$
$$\Leftrightarrow x,y \in 2Z \vee x,y \in 2Z+1.$$

划分为 $\{2Z, 2Z+1\}$.

30. 解:(1) 任取 $x,y \in A_k$,
$$\varphi(x+y)=n(x+y)=nx+ny=\varphi(x)+\varphi(y).$$

(2) 任取 $x,y \in A_k$,
$$\varphi(x)=\varphi(y) \Leftrightarrow nx=ny.$$

若 $n=0, x \sim y \Leftrightarrow x,y \in A_k$,因此 $V_1/\sim = \langle \{A_k\}, \oplus \rangle$,且 $A_k \oplus A_k = A_k$.

若 $n \neq 0, x \sim y \Leftrightarrow x=y$,因此 $V_1/\sim = \langle \{\{x\} \mid x \in A_k\}, \oplus \rangle$,且 $\forall \{x\},\{y\} \in V_1/\sim, \{x\} \oplus \{y\} = \{x+y\}$.

31. 解:(1) 设 f 为自同态,由
$$f(b)=f(b \circ b)=f(b) \circ f(b)$$
得 $f(b)$ 是幂等元. 而幂等元只有 b,因此 $f(b)=b$. 易见 $f(c) \neq a$,否则
$$f(c \circ b)=f(b)=b, f(c) \circ f(b)=a \circ b = a.$$

再分析 $f(a)$ 可能的取值. 由
$$f(a) \circ b = f(a) \circ f(b) = f(a \circ b) = f(a)$$
得 $f(a)=a$ 或 $f(a)=b$. 注意到当 $f(a)=a$ 时不能有 $f(c)=b$,否则有
$$f(a \circ c)=f(b)=b, f(a) \circ f(c) = a \circ b = a.$$

又由于 c 与 d 在运算表中的结果完全一样,因此 $f(d)=c$ 或 $f(d)=d$. 于是得到以下可能的赋值:
$$f(a)=a; f(b)=b; f(c)=c,d; f(d)=c,d;$$
$$f(a)=b; f(b)=b; f(c)=b,c,d; f(d)=b,c,d.$$

最终得到如下 13 个函数,容易验证它们都是同态.
$$f_1=\{\langle a,a\rangle,\langle b,b\rangle,\langle c,c\rangle,\langle d,c\rangle\}, \quad f_2=\{\langle a,a\rangle,\langle b,b\rangle,\langle c,c\rangle,\langle d,d\rangle\},$$
$$f_3=\{\langle a,a\rangle,\langle b,b\rangle,\langle c,d\rangle,\langle d,c\rangle\}, \quad f_4=\{\langle a,a\rangle,\langle b,b\rangle,\langle c,d\rangle,\langle d,d\rangle\},$$
$$f_5=\{\langle a,b\rangle,\langle b,b\rangle,\langle c,b\rangle,\langle d,b\rangle\}, \quad f_6=\{\langle a,b\rangle,\langle b,b\rangle,\langle c,b\rangle,\langle d,c\rangle\},$$
$$f_7=\{\langle a,b\rangle,\langle b,b\rangle,\langle c,b\rangle,\langle d,d\rangle\}, \quad f_8=\{\langle a,b\rangle,\langle b,b\rangle,\langle c,c\rangle,\langle d,b\rangle\},$$
$$f_9=\{\langle a,b\rangle,\langle b,b\rangle,\langle c,c\rangle,\langle d,c\rangle\}, \quad f_{10}=\{\langle a,b\rangle,\langle b,b\rangle,\langle c,c\rangle,\langle d,d\rangle\},$$
$$f_{11}=\{\langle a,b\rangle,\langle b,b\rangle,\langle c,d\rangle,\langle d,b\rangle\}, \quad f_{12}=\{\langle a,b\rangle,\langle b,b\rangle,\langle c,d\rangle,\langle d,c\rangle\},$$
$$f_{13}=\{\langle a,b\rangle,\langle b,b\rangle,\langle c,d\rangle,\langle d,d\rangle\}.$$

(2) **方法一** 上述同态诱导出以下 7 个同余关系:

f_2 和 f_3 是同构,诱导出恒等关系 I_A.

f_5 诱导出同余关系是全域关系 E_A.

f_1 和 f_4 诱导出的同余关系是 $R_1=\{\langle c,d\rangle,\langle d,c\rangle\}\cup I_A$.

f_{10} 和 f_{12} 诱导出的同余关系是 $R_2=\{\langle a,b\rangle\langle b,a\rangle\}\cup I_A$.

f_9 和 f_{13} 诱导出的同余关系是 $R_3=\{\langle a,b\rangle\langle b,a\rangle,\langle c,d\rangle,\langle d,c\rangle\}\cup I_A$.

f_6 和 f_7 诱导出的同余关系是 $R_4=\{\langle a,b\rangle\langle b,a\rangle,\langle a,c\rangle,\langle c,a\rangle,\langle b,c\rangle,\langle c,b\rangle\}\cup I_A$.

f_8 和 f_{11} 诱导出的同余关系是 $R_5=\{\langle a,b\rangle\langle b,a\rangle,\langle a,d\rangle,\langle d,a\rangle,\langle b,d\rangle,\langle d,b\rangle\}\cup I_A$.

方法二 4 元集合上的划分有 15 种,除对应恒等关系和全域关系的划分外,其余的可分成 2 类. 划分成 2 个划分块的有 7 种:
$$\pi_1=\{\{a,c\},\{b,d\}\}, \quad \pi_2=\{\{a,d\},\{b,c\}\}, \quad \pi_3=\{\{a,b\},\{c,d\}\},$$
$$\pi_4=\{\{a,b,c\},\{d\}\}, \quad \pi_5=\{\{a,b,d\},\{c\}\}, \quad \pi_6=\{\{a,c,d\},\{b\}\},$$
$$\pi_7=\{\{b,c,d\},\{a\}\}.$$

划分成 3 个划分块的有 6 种:
$$\pi_8=\{\{a,b\},\{c\},\{d\}\}, \quad \pi_9=\{\{a,c\},\{b\},\{d\}\}, \quad \pi_{10}=\{\{a,d\},\{b\},\{c\}\},$$
$$\pi_{11}=\{\{b,c\},\{a\},\{d\}\}, \quad \pi_{12}=\{\{b,d\},\{a\},\{c\}\}, \quad \pi_{13}=\{\{c,d\},\{a\},\{b\}\}.$$

不难验证 $\pi_1,\pi_2,\pi_6,\pi_7,\pi_9,\pi_{10},\pi_{11},\pi_{12}$ 对应的等价关系不具有置换性质,因此不是同余关系. 例如 π_1 对应的等价关系是 $a\sim c$,那么 $a\circ b=a, c\circ b=b$,由于 a 与 b 不等价,因此 $a\circ b$ 与 $c\circ b$ 不等价. 经过验证其中有 5 种是同余关系. 加上恒等关系与全域关系,总共可以得到 7 种同余关系.

32. 证:(1)令 $V_1\times V_2=\langle A\times B,*',\Delta',k'\rangle$,容易证明 R 是自反的、对称的、传递的,因此是等价关系. 下面证明 R 对于 $*'$ 和 Δ' 运算具有置换性质.

任取 $\langle a,b\rangle,\langle c,d\rangle,\langle a',b'\rangle,\langle c',d'\rangle\in A\times B$,
$$\langle a,b\rangle R\langle c,d\rangle\wedge\langle a',b'\rangle R\langle c',d'\rangle\Rightarrow a=c\wedge a'=c'\Rightarrow a*a'=c*c'$$
$$\Rightarrow\langle a*a',b\circ b'\rangle R\langle c*c',d\circ d'\rangle$$
$$\Rightarrow\langle a,b\rangle *'\langle a',b'\rangle R\langle c,d\rangle *'\langle c',d'\rangle,$$
$$\langle a,b\rangle R\langle c,d\rangle$$
$$\Rightarrow a=c\Rightarrow\Delta a=\Delta c$$
$$\Rightarrow\langle\Delta a,\overline{\Delta}b\rangle R\langle\Delta c,\overline{\Delta}d\rangle\Rightarrow\Delta'\langle a,b\rangle R\Delta'\langle c,d\rangle.$$

(2) 令 $f:V_1\times V_2\to V_1, f(\langle a,b\rangle)=a$,则 f 为满射. 下面证明 f 为同态. 任取 $\langle a,b\rangle,\langle c,d\rangle\in A\times B$,
$$f(\langle a,b\rangle *'\langle c,d\rangle)=f(\langle a*c,b\circ d\rangle)=a*c=f(\langle a,b\rangle)*f(\langle c,d\rangle);$$

$$f(\Delta'\langle a,b\rangle)=f(\langle\Delta a,\overline{b}\rangle)=\Delta a=\Delta f(\langle a,b\rangle);$$
$$f(\langle k,k'\rangle)=k.$$

任取 $\langle a,b\rangle,\langle c,d\rangle\in A\times B$,
$$f(\langle a,b\rangle)=f(\langle c,d\rangle)\Leftrightarrow a=c\Leftrightarrow\langle a,b\rangle R\langle c,d\rangle,$$

R 为 f 导出的同余关系,由同态基本定理, $V_1\times V_2/R\cong V_1$.

Ⅲ. 补充习题

1. 以下集合和运算是否构成代数系统？如果构成,说明该系统是否满足交换律、结合律？求出该运算的单位元、零元和所有可逆元素的逆元.

(1) $P(B)$ 关于对称差运算 $\oplus$,其中 $P(B)$ 为幂集；

(2) 设 n 为给定正整数, nZ 关于普通乘法运算；

(3) $A=\{1,-2,3,2,-4\}$, $a\circ b=|b|$；

(4) $A=Z$, $x\circ y=x+y-2xy$；

(5) $A=N$, $x\circ y=(x+y)/2$；

(6) $A=Q$, $x\circ y=2^{xy}$；

(7) $A=Z^+$, $x\circ y=gcd(x,y)$,即求 x 与 y 的最大公约数.

2. $A=\{a,b,c\}$,构造 A 上的二元运算 $\circ$ 使得 $a\circ b=c$, $c\circ b=b$,且 $\circ$ 运算是幂等的、可交换的,给出关于 $\circ$ 运算的一个运算表,说明它是否可结合,为什么？

3. 设集合 $A=\{a,b,c,d\}$, $\circ$ 为 A 上二元运算,其运算表如表 15.10 所示.

(1) 说明运算是否可结合；

(2) 求单位元与零元；

(3) 设 R 为 A 上的等价关系, R 导出的划分是 $\{\{a\},\{b,c\},\{d\}\}$, R 是否为 $\langle A,\circ\rangle$ 上的同余关系？说明理由.

表 15.10

$\circ$	a	b	c	d
a	a	b	c	d
b	b	a	d	d
c	c	d	a	d
d	d	d	d	d

4. $A=\{a,b,c\}$, $\circ$ 是 A 上的二元运算,在 $V=\langle A,\circ\rangle$ 的运算表中,除了 $a\circ b=a$ 以外,其余运算结果都等于 b.

(1) 试给出 $V=\langle A,\circ\rangle$ 的两个非恒等映射的自同态；

(2) 给出这两个自同态导出的关于 V 的商代数.

5. 设 $A=\{a,b,c\}$, $\circ$ 为 A 上的二元运算,且 $\forall x,y\in A$, $x\circ y=c$.

(1) 找出 A 上所有的一一变换；

(2) 说明这些变换是否为 $\langle A,*\rangle$ 的自同构.

6. 设 $V_1=\langle Z,\Delta\rangle$, $V_2=\langle Z_3,\Diamond\rangle$ 是代数系统,其中 $Z_3=\{0,1,2\}$,一元运算定义如下：
$$\Delta(x)=x+1,\quad \Diamond(x)=(x+1)\bmod 3.$$
令 $f:Z\to Z_3$, $f(x)=(x)\bmod 3$,证明 f 是 V_1 到 V_2 的同态映射,并说明是否为单同态、满同态和同构.

7. 设 $A=\{1,2,3\}$, $V=\langle A,\circ\rangle$ 为代数系统, $\forall x,y\in A$, $x\circ y=\max\{x,y\}$. 试给出 V 上所有的同余关系及对应的商代数.

8. 设 V 是自然数集合 N 关于普通乘法构成的代数系统,在 N 上定义同余关系 $\sim$ 如下：
$$x\sim y\Leftrightarrow x \text{ 与 } y \text{ 都是偶数} \quad \text{或者} \quad x=y.$$
求出商代数 $V/\sim$.

Ⅳ. 补充习题解答

1. 解：(1) 构成代数系统，满足交换律与结合律．单位元为 $\emptyset$，没有零元，$\forall x \in P(B), x^{-1} = x$．

(2) 构成代数系统，满足交换律与结合律．0 为零元，仅当 $n=1$ 时存在单位元 1，这时存在两个可逆元 $1^{-1}=1, (-1)^{-1}=-1$．

(3) 不构成代数系统．

(4) 构成代数系统，满足交换律与结合律，单位元为 0，没有零元，只有两个可逆元素，$0^{-1}=0, 1^{-1}=1$．

(5) 不构成代数系统．

(6) 构成代数系统，有交换律，没有结合律，没有单位元和零元，没有可逆元素．

(7) 构成代数系统，满足交换律与结合律，没有单位元，零元是 1，没有可逆元素．

2. 解：运算表如表 15.11 所示，其中 & 可以从 a,b,c 中任选一个．
该运算不是可结合的，因为
$$(a \circ b) \circ b = c \circ b = b, \quad a \circ (b \circ b) = a \circ b = c.$$

表 15.11

$\circ$	a	b	c
a	a	c	&
b	c	b	b
c	&	b	c

3. 解：(1) 考虑 b 和 c，由于 $(b \circ b) \circ c = a \circ c = c, b \circ (b \circ c) = b \circ d = d$，因此该运算不是可结合的；

(2) 单位元为 a，零元为 d；

(3) R 不是 $\langle A, \circ \rangle$ 上的同余关系．因为 b 与 c 等价，但 $b \circ b = a, b \circ c = d, a$ 与 d 不等价．

4. 解：(1) 用求解题 31 的方法进行类似的分析，得到同态映射 f 必满足 $f(b)=b, f(c) \neq a, f(a) \neq c$．因此，可能的赋值是：
$$f(a) = a, b; \quad f(b) = b; \quad f(c) = b, c.$$
于是得到 4 个函数：
$$f_1 = \{\langle a,a \rangle, \langle b,b \rangle, \langle c,b \rangle\}, \quad f_2 = \{\langle a,a \rangle, \langle b,b \rangle, \langle c,c \rangle\},$$
$$f_3 = \{\langle a,b \rangle, \langle b,b \rangle, \langle c,b \rangle\}, \quad f_4 = \{\langle a,b \rangle, \langle b,b \rangle, \langle c,c \rangle\}.$$
但是，由于
$$f_1(ac) = f_1(b) = b, \quad f_1(a) f_1(c) = ab = a,$$
于是，只有 f_3 和 f_4 满足要求．

(2) f_3 导出的商代数为 $\langle \{\{a,b,c\}\}, \circ \rangle$，其运算为 $\{a,b,c\} \circ \{a,b,c\} = \{a,b,c\}$；$f_4$ 导出的商代数为
$$\langle \{\{a,b\}, \{c\}\}, \circ \rangle, \text{且} \forall x, y \in \{\{a,b\}, \{c\}\}, x \circ y = \{a,b\}.$$

5. 解：(1) A 上有如下 6 个一一变换：
$$f_1 = I_A, f_2 = \{\langle a,a \rangle, \langle b,c \rangle, \langle c,b \rangle\}, \quad f_3 = \{\langle a,c \rangle, \langle b,b \rangle, \langle c,a \rangle\},$$
$$f_4 = \{\langle a,b \rangle, \langle b,a \rangle, \langle c,c \rangle\}, \quad f_5 = \{\langle a,b \rangle, \langle b,c \rangle, \langle c,a \rangle\},$$
$$f_6 = \{\langle a,c \rangle, \langle b,a \rangle, \langle c,b \rangle\};$$

(2) 上述一一变换中只有 f_1 和 f_4 能够将零元 c 映到 c，不难验证它们都是自同构．

6. 证：$f(\Delta(x)) = f(x+1) = (x+1) \bmod 3 = (x) \bmod 3 \oplus 1$，
$$\Diamond(f(x)) = \Diamond((x) \bmod 3) = ((x) \bmod 3 + 1) \bmod 3 = (x) \bmod 3 \oplus 1,$$
其中 $\oplus$ 表示模 3 加法．于是得到 $f(\Delta(x)) = \Diamond(f(x))$，从而证明了 f 为同态．容易看出 f 为满

同态,不是单同态和同构.

7. 解：3 元集合上有以下 5 个等价关系：
$$R_1 = I_A; \quad R_2 = E_A; \quad R_3 = \{\langle 1,2 \rangle, \langle 2,1 \rangle\} \cup I_A;$$
$$R_4 = \{\langle 2,3 \rangle, \langle 3,2 \rangle\} \cup I_A; \quad R_5 = \{\langle 1,3 \rangle, \langle 3,1 \rangle\} \cup I_A.$$

经验证,除了 R_5 之外其他都是同余关系. 它们对应的商代数为

$V/R_1 = \langle \{\{1\},\{2\},\{3\}\}, \circ \rangle, \{x\} \circ \{x\} = \{x\}, x=1,2,3, \{1\}$ 是单位元,$\{2\} \circ \{3\} = \{3\} \circ \{2\} = \{3\}$；

$V/R_2 = \langle \{\{1,2,3\}\}, \circ \rangle, \{1,2,3\} \circ \{1,2,3\} = \{1,2,3\}$；

$V/R_3 = \langle \{\{1,2\},\{3\}\}, \circ \rangle, \{1,2\} \circ \{1,2\} = \{1,2\}, \{1,2\} \circ \{3\} = \{3\} \circ \{1,2\} = \{3\} \circ \{3\} = \{3\}$；

$V/R_4 = \langle \{\{1\},\{2,3\}\}, \circ \rangle, \{1\} \circ \{1\} = \{1\}, \{1\} \circ \{2,3\} = \{2,3\} \circ \{1\} = \{2,3\} \circ \{2,3\} = \{2,3\}$.

8. 解：商代数为
$$V/\sim = \langle \{2N, \{1\}, \{3\}, \{5\}, \cdots, \{2n+1\}, \cdots\}, \circ \rangle,$$
其中 $2N = \{2k \mid k \in N\}$. 运算 $\circ$ 定义如下：
$$2N \circ 2N = 2N, \quad 2N \circ \{i\} = \{i\} \circ 2N = 2N, \quad \{i\} \circ \{j\} = \{ij\} \ (i,j \text{ 为奇数}).$$

第十六章 半群与独异点

I. 习题十六

1. 在 R 中定义二元运算 $\circ$，$a \circ b = a + b + ab$，$\forall a, b \in R$. 证明
(1) $\langle R, \circ \rangle$ 是半群；　　　　　　(2) $\langle R, \circ \rangle$ 是独异点.

2. 设 $V = \langle S, * \rangle$ 是半群，若存在 $a \in S$ 使得对任意的 $x \in S$ 有 $u, v \in S$ 满足
$$a * u = v * a = x,$$
证明 V 是独异点.

3. $S = \{a, b, c\}$，$\circ$ 是 S 上的二元运算且 $x \circ y = x$，$\forall x, y \in S$.
(1) 证明 $\langle S, \circ \rangle$ 是半群；　　　　　(2) 将 $\langle S, \circ \rangle$ 扩充为一个独异点.

4. $V = \langle S, \circ \rangle$ 是半群，$a, b, c \in S$. 若 a 和 c 是可交换的，b 和 c 也是可交换的，证明 $a \circ b$ 与 c 也是可交换的.

5. 设 $V = \langle \{a, b\}, * \rangle$ 是半群，且 $a * a = b$，证明
(1) $a * b = b * a$；　　　　　　　　(2) $b * b = b$.

6. 设 $V = \langle S, \circ \rangle$ 是半群，任取 $a, b \in S$，$a \neq b$，则有 $a \circ b \neq b \circ a$. 证明
(1) $\forall a \in S$ 有 $a \circ a = a$；　　　　(2) $\forall a, b \in S$ 有 $a \circ b \circ a = a$；
(3) $\forall a, b, c \in S$ 有 $a \circ b \circ c = a \circ c$.

7. 设 $V = \langle S, * \rangle$ 是可交换半群，若 $a, b \in S$ 是 V 中的幂等元，证明 $a * b$ 也是 V 中的幂等元.

8. 设 $V = \langle S, \circ \rangle$ 是半群，$\theta_l \in S$ 是一个左零元，证明 $\forall x \in S$，$x \circ \theta_l$ 也是一个左零元.

9. 证明每个有限半群都存在幂等元.

10. $V = \langle Z_4, \otimes \rangle$，其中 $\otimes$ 表示模 4 乘法. 找出 V 的所有子半群. 并说明哪些子半群是 V 的子独异点.

11. $V = \langle A, * \rangle$ 是半群，其中 $A = \{a, b, c, d\}$，$*$ 运算由表 16.1 给定，$\sim$ 为 A 上的同余关系，且同余类是
$$[a] = [c], \quad [b] = [d].$$
试给出商代数 $V/\sim$ 的运算表.

表 16.1

*	a	b	c	d
a	a	b	c	d
b	b	c	d	a
c	c	d	a	b
d	d	a	b	c

12. $V = \langle S, \circ \rangle$ 是半群，I 是 S 的非空子集，且满足 $IS \subseteq I$ 和 $SI \subseteq I$，其中 $IS = \{a \circ x \mid a \in I \wedge x \in S\}$，$SI = \{x \circ a \mid x \in S \wedge a \in I\}$. 称 I 是 V 的理想. 在 S 上定义二元关系 R，
$$xRy \Leftrightarrow x = y \vee (x \in I \wedge y \in I).$$
(1) 证明 R 是 V 上的同余关系；　　(2) 描述商代数 $\langle S/R, \bar{\circ} \rangle$.

13. IR 触发器有两个状态：0 和 1. 当输入"0"时，不管触发器原有状态是什么，触发器状态都要置 0，并将触发器的原状态输出. 当输入为"1"时，不管触发器的原状态而将触发器置 1，并将触发器的原状态输出. 当输入为"e"时，触发器状态不变，只是将触发器状态输出. 试用

有穷自动机 $M=\langle Q,\Sigma,\Gamma,\delta,\lambda\rangle$ 来描述 IR 触发器. 确定 $Q,\Sigma,\Gamma,\delta,\lambda$,并画出图.

14. 设有穷自动机 $M=\langle Q,\Sigma,\Gamma,\delta,\lambda\rangle$ 如图 16.1 所示,每条有向边上的括号内的字符是输出字符,试确定 Q,Σ,Γ,并给出 δ,λ 的函数表.

15. $Q=\{0,1,\cdots,4\},\Sigma=Q,\delta:Q\times\Sigma\to Q$ 定义如下:
$$\forall q\in Q,a\in\Sigma,\delta(q,a)=q\oplus a,\oplus\text{为模 5 加}.$$
给出半自动机 $M=\langle Q,\Sigma,\delta\rangle$ 的转移函数表和图.

16. 设 $M=\langle Q,\Sigma,\Gamma,\delta,\lambda\rangle$ 是有穷自动机,其中 $Q=\{q_0,q_1,\cdots,q_6\}$,$\Sigma=\{0,1\},\Gamma=\{0,1\},\delta,\lambda$ 如表 16.2 所示. 试确定 M 的商自动机 $\overline{M}=\langle Q/\sim,\Sigma,\Gamma,\overline{\delta},\overline{\lambda}\rangle$.

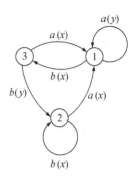

图 16.1

表 16.2

δ	0	1	λ	0	1
q_0	q_1	q_6	q_0	0	0
q_1	q_1	q_6	q_1	0	0
q_2	q_4	q_0	q_2	0	0
q_3	q_5	q_1	q_3	0	0
q_4	q_4	q_2	q_4	1	0
q_5	q_5	q_3	q_5	1	0
q_6	q_0	q_5	q_6	0	1

Ⅱ. 习题解答

1. 证:(1) 运算显然封闭,并且结合律成立,因为 $\forall a,b,c\in R$,
$(a\circ b)\circ c=(a+b+ab)\circ c=a+b+ab+c+(a+b+ab)c=a+b+c+ab+ac+bc+abc$;
$a\circ(b\circ c)=a\circ(b+c+bc)=a+b+c+bc+a(b+c+bc)=a+b+c+ab+ac+bc+abc$.
(2) $a\circ 0=a+0+a\cdot 0=a,0\circ a=0+a+0\cdot a=a,0$ 为单位元,因此构成独异点.

2. 证:对于 a 存在 $u_0,v_0\in S$ 使得
$$a*u_0=v_0*a=a.$$
下面证明 u_0 为右单位元,v_0 为左单位元. $\forall x\in S,\exists u,v\in S$ 使得
$$a*u=v*a=x,$$
因此有
$$x*u_0=(v*a)*u_0=v*(a*u_0)=v*a=x;$$
$$v_0*x=v_0*(a*u)=(v_0*a)*u=a*u=x.$$
根据定理,$u_0=v_0=e$ 是 V 中唯一的单位元.

3. 解:(1) 易见 $\circ$ 运算是封闭的;结合律成立,因为 $\forall x,y,z\in R$,
$$(x\circ y)\circ z=x\circ z=x=x\circ(y\circ z).$$
(2) 取 $e\notin S$,令 $S'=\{a,b,c,e\}$,定义 S' 上的二元运算 $\circ'$,
$$\forall x,y\in S,\quad x\circ'y=x,\quad x\circ'e=x,\quad e\circ'x=x,\quad e\circ'e=e,$$
则 e 为 S' 中单位元,S' 关于 $\circ'$ 运算构成独异点.

4. 证:$(a\circ b)\circ c=a\circ(b\circ c)=a\circ(c\circ b)=(a\circ c)\circ b=(c\circ a)\circ b=c\circ(a\circ b)$.

5. 证:(1) 若 $a*b=a,b*a=b$,则
$$(a*b)*a=a*a=b,\quad a*(b*a)=a*b=a$$

与结合律矛盾;同理可证,若 $a*b=b,b*a=a$,也与结合律矛盾. 从而得到 $a*b=b*a$.

(2) 假若 $b*b=a$,如果 $a*b=a$,那么
$$(a*b)*b=a*b=a, \quad a*(b*b)=a*a=b$$
与结合律矛盾;如果 $a*b=b$,那么
$$(a*a)*b=b*b=a, \quad a*(a*b)=a*b=b$$
也与结合律矛盾.

6. 证:(1) 假设 $a\circ a\neq a$,那么 $(a\circ a)\circ a \neq a\circ(a\circ a)$,与结合律矛盾;

(2) 假设 $a\circ b\circ a\neq a$,那么有
$$(a\circ b\circ a)\circ a\neq a\circ(a\circ b\circ a)\Rightarrow a\circ b\circ(a\circ a)\neq(a\circ a)\circ b\circ a$$
$$\Rightarrow a\circ b\circ a\neq a\circ b\circ a,$$
产生矛盾;

(3) 假设 $a\circ b\circ c\neq a\circ c$,那么有
$$(a\circ b\circ c)\circ(a\circ c)\neq(a\circ c)\circ(a\circ b\circ c)$$
$$\Rightarrow(a\circ b)\circ(c\circ a\circ c)\neq(a\circ c\circ a)\circ(b\circ c)\Rightarrow a\circ b\circ c\neq a\circ b\circ c,$$
产生矛盾.

7. 证:$(a*b)*(a*b)=a*b*a*b=a*a*b*b=(a*a)*(b*b)=a*b.$

8. 证:任意给定 $x\in S,\forall y\in S$,
$$(x\circ\theta_l)\circ y=x\circ(\theta_l\circ y)=x\circ\theta_l,$$
因此 $x\circ\theta_l$ 是一个左零元.

9. 证:设 S 为任意有限半群. 任取 $b\in S$,由于 S 有限,必有正整数 $i,j,i>j$,使得 $b^i=b^j$. 令 $p=i-j\geq 1$,则 $b^i=b^jb^p=b^ib^p$,从而当 $t\geq i$ 时恒有 $b^t=b^tb^p$. 由于 $p\geq 1$,存在正整数 k 使得 $kp\geq i$,于是
$$b^{kp}=b^{kp}b^p=(b^{kp}b^p)b^p=b^{kp}b^{2p}=\cdots=b^{kp}b^{kp}.$$
令 $b^{kp}=a$,则 $a^2=a$.

10. 解:子半群为:$\{0\},\{1\},\{0,1\},\{0,2\},\{1,3\},\{0,1,2\},\{0,1,3\}$, $\{0,1,2,3\}$.

表 16.3

$*'$	$[a]$	$[b]$
$[a]$	$[a]$	$[b]$
$[b]$	$[b]$	$[a]$

11. 解:设 $V/\sim=\langle A/\sim,*'\rangle$,运算表如表 16.3 所示.

12. 解:(1) $\forall x\in S,x=x\Leftrightarrow xRx$,因此 R 是自反的.

$\forall x,y\in S,xRy\Leftrightarrow x=y\vee(x\in I\wedge y\in I)\Leftrightarrow y=x\vee(y\in I\wedge x\in I)\Leftrightarrow yRx,$
因此 R 是对称的.

$\forall x,y,z\in S,xRy\wedge yRz$
$\Leftrightarrow(x=y\vee x,y\in I)\wedge(y=z\vee y,z\in I)$
$\Leftrightarrow(x=y\wedge y=z)\vee(x=y\wedge y,z\in I)\vee(x,y\in I\wedge y=z)\vee(x,y\in I\wedge y,z\in I)$
$\Rightarrow x=z\vee(x,z\in I)\vee(x,z\in I)\vee(x,z\in I)\Leftrightarrow x=z\vee(x,z\in I)$
$\Leftrightarrow xRz,$

因此 R 是传递的. 下面证明置换性质.

任取 $x,y,u,v\in S$,若 xRy 且 uRv,则
$xRy\wedge uRv\Leftrightarrow(x=y\vee x,y\in I)\wedge(u=v\vee u,v\in I)$
$\Rightarrow(x=y\wedge u=v)\vee(x=y\wedge u,v\in I)\vee(x,y\in I\wedge u=v)\vee(x,y\in I\wedge u,v\in I).$

若 $x=y,u=v$,那么 $x\circ u=y\circ v$;若 $x=y,u,v\in I$,或者 $x,y\in I,u=v$,都有 $x\circ u,y\circ v\in$

I;若 $x,y\in I, u,v\in I$,也有 $x\circ u, y\circ v\in I$. 综合上述情况,都有 $x\circ uRy\circ v$. 从而证明了 R 为同余关系.

(2) $S/R=\{\{x\}|x\in S-I\}\cup\{I\}, \forall\{x\},\{y\}\in S/R, x,y\notin I$,
$$\{x\}\bar{\circ}\{y\}=[x\circ y], \quad \{x\}\bar{\circ}I=I\bar{\circ}\{x\}=I, \quad I\bar{\circ}I=I.$$

13. 解:设触发器是一个有穷自动机 $M=\langle Q,\Sigma,\Gamma,\delta,\lambda\rangle$,其中,触发器状态集:$Q=\{0,1\}$,触发器输入集:$\Sigma=\{0,1,e\}$,触发器输出集:$\Gamma=\{0,1\}, \delta:Q\times\Sigma\to Q, \lambda:Q\times\Sigma\to\Gamma$,如表 16.4 所示. 触发器的图形表示如图 16.2 所示.

表 16.4

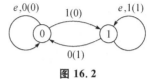

图 16.2

14. 解:$Q=\{1,2,3\}, \Sigma=\{a,b\}, \Gamma=\{x,y\}. \delta:Q\times\Sigma\to Q, \lambda:Q\times\Sigma\to\Gamma$,如表 16.5 所示.

表 16.5

σ	a	b	λ	a	b
1	1	3	1	y	x
2	1	2	2	x	x
3	1	2	3	x	y

15. 解:转移函数如表 16.6 所示,状态图如图 16.3 所示.

表 16.6

δ	0	1	2	3	4
0	0	1	2	3	4
1	1	2	3	4	0
2	2	3	4	0	1
3	3	4	0	1	2
4	4	0	1	2	3

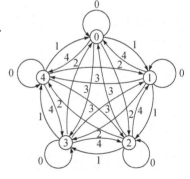

图 16.3

16. 解:等价类为 $[q_0]=[q_1]=[q_2]=[q_3]=\{q_0,q_1,q_2,q_3\}$,
$$[q_4]=[q_5]=\{q_4,q_5\}, \quad [q_6]=\{q_6\}.$$
商自动机 $\overline{M}=\langle Q/\sim,\Sigma,\Gamma,\bar{\delta},\bar{\lambda}\rangle$,其中
$$Q/\sim=\{[q_0],[q_4],[q_6]\}.$$
转移函数和输出函数如表 16.7 和图 16.4 所示.

表 16.7

$\bar{\delta}$	0	1	$\bar{\lambda}$	0	1
$[q_0]$	$[q_0]$	$[q_6]$	$[q_0]$	0	0
$[q_4]$	$[q_4]$	$[q_0]$	$[q_4]$	1	0
$[q_6]$	$[q_0]$	$[q_4]$	$[q_6]$	0	1

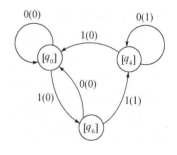

图 16.4

第十七章 群

Ⅰ. 习题十七

1. 设 $G=\left\{\begin{pmatrix}1&0\\0&1\end{pmatrix},\begin{pmatrix}1&0\\0&-1\end{pmatrix},\begin{pmatrix}-1&0\\0&1\end{pmatrix},\begin{pmatrix}-1&0\\0&-1\end{pmatrix}\right\}$，证明 G 关于矩阵乘法构成一个群.

2. 设 G 是群，$u\in G$，在 G 内定义 $\circ$ 运算如下：$\forall a,b\in G, a\circ b=au^{-1}b$，证明 G 关于 $\circ$ 运算构成群.

3. 设 G 是整数加群 $\langle Z,+\rangle$，在 G 内定义 $\circ$ 运算如下：$\forall a,b\in G, a\circ b=a+b-2$. 证明 G 关于 $\circ$ 运算构成群.

4. 设 G 是群，定义 G 内的 $*$ 运算如下：$\forall a,b\in G, a*b=ba$. 证明 $\langle G,*\rangle$ 是群.

5. 证明矩阵
$$\begin{pmatrix}1&0\\0&1\end{pmatrix},\begin{pmatrix}\omega&0\\0&\omega^2\end{pmatrix},\begin{pmatrix}\omega^2&0\\0&\omega\end{pmatrix},\begin{pmatrix}0&1\\1&0\end{pmatrix},\begin{pmatrix}0&\omega^2\\\omega&0\end{pmatrix},\begin{pmatrix}0&\omega\\\omega^2&0\end{pmatrix}$$
组成的集合关于矩阵乘法构成群，其中 $\omega^3=1,\omega\neq 1$.

6. 设 G 是群，$a,b\in G$，且 $(ab)^2=a^2b^2$，证明 $ab=ba$.

7. 设 G 是群，$x,y\in G, k\in Z^+$，证明
$$(x^{-1}yx)^k=x^{-1}yx \text{ 的充要条件是 } y^k=y.$$

8. 证明定理 17.2 的 (2)，(4) 和 (5)：设 G 为群，$\forall a,b\in G$ 有

(2) $(ab)^{-1}=b^{-1}a^{-1}$；

(4) $(a^n)^m=a^{mn}, m,n\in Z$；

(5) 若 G 为 Abel 群，$(ab)^n=a^nb^n, n\in Z$.

9. 设 G 是群，$a,b,c\in G$，证明

(1) $|b^{-1}ab|=|a|$；

(2) $|ab|=|ba|$；

(3) $|abc|=|bca|=|cab|$；

(4) 若 $ba=a^mb^n$，则 $|a^mb^{n-2}|=|ab^{-1}|,|a^{m-2}b^n|=|a^{-1}b|$.

10. 设 G 是偶数阶群，证明 G 中必存在 2 阶元.

11. 设 G 是非交换群，则 G 中存在着非单位元 a 和 b，$a\neq b$ 且 $ab=ba$.

12. G 是群，$u_1,v_1,u_2,v_2\in G$ 且
$$u_1v_1=v_1u_1=u_2v_2=v_2u_2,$$
$$u_1^p=u_2^p=v_1^q=v_2^q=e.$$
若 $(p,q)=1$，证明 $u_1=u_2,v_1=v_2$.

13. 设 G 是 $M_n(R)$ 上的加法群，$n\geq 2$，判断下列子集是否构成子群.

(1) 全体对称矩阵；

(2) 全体对角矩阵；

(3) 全体行列式 $\geqslant 0$ 的矩阵；

(4) 全体上（下）三角矩阵.

14. 设 G 是群，$a \in G$ 且 $a^2 = e$，令
$$H = \{x \mid x \in G \wedge xa = ax\},$$
证明 H 是 G 的子群.

15. 找出满足以下条件的群 G：

(1) 只有一个子群；

(2) 只有两个子群；

(3) 只有三个子群.

16. 设 H_1, H_2 是 G 的子群，证明 $H_1 H_2$ 是 G 的子群的充分必要条件是 $H_1 H_2 = H_2 H_1$，其中，
$$H_1 H_2 = \{h_1 h_2 \mid h_1 \in H_1 \wedge h_2 \in H_2\},$$
$$H_2 H_1 = \{h_2 h_1 \mid h_2 \in H_2 \wedge h_1 \in H_1\}.$$

17. H_1, H_1', H_2, H_2' 是 G 的子群，$H_1 \subseteq H_1', H_2 \subseteq H_2'$，证明
$$H_1 H_2 \cap H_1' \cap H_2' = (H_1 \cap H_2')(H_1' \cap H_2).$$

18. (1) 找出题 1 中群 G 的全部子群并画出 G 的子群格；

(2) 找出题 5 中群 G 的全部子群并画出 G 的子群格并画出 G 的子群格.

19. 设 $G = \langle a \rangle$ 是 15 阶循环群.

(1) 求出 G 的全部生成元；

(2) 求出 G 的全部子群并画出 G 的子群格.

20. 设 G 是群，$a, b \in G$，$|a| = p$，p 为素数，若 $a \notin \langle b \rangle$，证明 $\langle a \rangle \cap \langle b \rangle = \{e\}$.

21. 设 G 是 rs 阶循环群，$(r, s) = 1$，H_1 和 H_2 分别为 G 的 r, s 阶子群. 证明 $G = H_1 H_2$.

22. 设 $G = \langle a \rangle$ 是循环群，$H_1 = \langle a^r \rangle$，$H_2 = \langle a^s \rangle$，$r, s$ 是非负整数，证明
$$H_1 \cap H_2 = \langle a^d \rangle, \text{其中 } d = [r, s].$$

23. 证明任何无限群有无穷多个子群.

24. 在 S_5 中设
$$\sigma = \begin{pmatrix} 1 & 2 & 3 & 4 & 5 \\ 5 & 1 & 4 & 3 & 2 \end{pmatrix}, \quad \tau = \begin{pmatrix} 1 & 2 & 3 & 4 & 5 \\ 4 & 3 & 1 & 5 & 2 \end{pmatrix},$$
计算：(1) $\sigma\tau, \tau\sigma, \sigma^{-1}, \tau^{-1}$；

(2) 将 σ 和 τ 表成不相交的轮换之积和对换之积.

25. 证明 S_n 可由 $\{(1\ 2), (1\ 3), \cdots, (1\ n)\}$ 生成，也可由 $\{(1\ 2), (2\ 3), \cdots, (n-1\ n)\}$ 生成.

26. 在 S_5 中设
$$\sigma = \begin{pmatrix} 1 & 2 & 3 & 4 & 5 \\ 2 & 3 & 5 & 1 & 4 \end{pmatrix}, \quad \tau = \begin{pmatrix} 1 & 2 & 3 & 4 & 5 \\ 5 & 3 & 1 & 2 & 4 \end{pmatrix},$$

(1) 求解群方程 $\sigma x = \tau$ 和 $y\sigma = \tau$；

(2) 求 $|\sigma|$ 和 $|\tau|$.

27. 在 S_4 中取子群 $H = \langle (1\ 2\ 3\ 4) \rangle$，写出 H 在 S_4 中的全部右陪集.

28. 设 $G = \left\{ \begin{pmatrix} r & s \\ 0 & 1 \end{pmatrix} \middle| r, s \in Q, r \neq 0 \right\}$，$G$ 关于矩阵乘法构成一个群. $H = \left\{ \begin{pmatrix} 1 & t \\ 0 & 1 \end{pmatrix} \middle| t \in Q \right\}$ 是 G 的子群. 求 H 在 G 中的全部左陪集.

29. 证明定理 17.25：设 G 是群，H 是 G 的子群，则

(1) $eH = H$；

(2) $\forall a \in G, aH \approx H$；

(3) $\forall a, b \in G, a \in bH \Leftrightarrow aH = bH \Leftrightarrow a^{-1}b \in H$；

(4) 在 G 上定义二元关系 R，$\forall a, b \in G, aRb \Leftrightarrow a^{-1}b \in H$，则 R 为 G 上的等价关系，且
$$[a]_R = aH;$$

(5) $\forall a, b \in H, aH \cap bH = \varnothing$ 或 $aH = bH$，且 $\bigcup_{a \in G} aH = G$.

30. 设 H_1 和 H_2 分别是 G 的 r, s 阶子群，若 $(r, s) = 1$，证明 $H_1 \cap H_2 = \{e\}$.

31. 设 p 是素数，m 是正整数. 证明 p^m 阶群必有 p 阶子群.

32. 设 G 是有限群，K 是 G 的子群，H 是 K 的子群. 证明
$$[G:H] = [G:K][K:H].$$

33. 设 A, B 是群 G 的有限子群，则

(1) $|AB| = \dfrac{|A||B|}{|A \cap B|}$；

(2) 若 $(|A|, |B|) = 1$，则 $|AB| = |A||B|$.

34. 证明 S_n 中同一共轭类的元素都具有相同的轮换指数.

35. 求题 26 中的 σ 和 τ 的轮换指数.

36. 证明定理 17.29：设 G 是群，则 $\forall a \in G, N(a)$ 是 G 的子群.

37. 若把群看作具有一个二元运算、一个一元运算和一个零元运算的代数系统，说明共轭关系是否为群上的同余关系.

38. 设 G 是 4 阶群，

(1) 若 G 为循环群 $\langle a \rangle$，求 G 的所有共轭类；

(2) 若 G 为 Klein 四元群，求 G 的所有共轭类.

39. 设 G 为群，$a \in G, N(a)$ 是 a 的正规化子. 证明 $\forall x \in G, x^{-1}ax$ 的正规化子
$$N(x^{-1}ax) = x^{-1}N(a)x.$$

40. 设 G 为有限群，$a \in G$，若 $|\overline{a}| = k, |\overline{a^n}| = k'$，证明 k' 整除 k.

41. 设 G 为 n 阶群，$a \in G$，若 $|\overline{a}| = k, C$ 是 G 的中心，且 $|C| = c$. 证明 k 整除 $\dfrac{n}{c}$.

42. 证明循环群的任何子群都是正规子群.

43. 对于题 28 中的 G 和 H 证明 H 是 G 的正规子群.

44. 设 N, K 是 G 的子群，$H = \langle N \cup K \rangle$ 是由 $N \cup K$ 生成的子群，若 N 是 H 的正规子群，则 $H = KN$.

45. 设 N 是 G 的正规子群，且 $|N| = 2$. 证明 $N \subseteq C$，其中 C 是 G 的中心.

46. 设 G 是全体 $n \times n$ 实可逆矩阵关于矩阵乘法构成的群，H 是 G 中全体行列式大于 0 的矩阵的集合.

(1) 证明 $H \trianglelefteq G$；

(2) 计算 $[G:H]$.

47. 设
$$G_1 = \{A \mid A \in M_n(Q) \land |A| \neq 0\},$$
其中 $M_n(Q)$ 是有理数域上的 n 阶矩阵集合 $(n \geq 2)$. G_1 关于矩阵乘法构成群. φ 是 G_1 到 $G_2 = \langle R^*, \cdot \rangle$ 的映射, $\varphi(A) = |A|$, $\forall A \in M_n(Q)$, 其中 $\cdot$ 为普通乘法.

(1) 证明 φ 是 G_1 到 G_2 的同态映射;

(2) 求出 $\varphi(G_1)$ 和 $\ker\varphi$.

48. 证明除零同态以外,不存在 $\langle Q, + \rangle$ 到 $\langle Z, + \rangle$ 的同态映射.

49. 设 φ_1 是群 G_1 到 G_2 的同构, φ_2 是群 G_2 到 G_3 的同构, 证明 $\varphi_2 \circ \varphi_1$ 是群 G_1 到 G_3 的同构.

50. 设 φ 是群 G_1 到 G_2 的同构, 证明 φ^{-1} 是 G_2 到 G_1 的同构.

51. 设 φ 是群 G_1 到 G_2 的同态映射, 证明

(1) 若 H 是 G_2 的子群, 则 $\varphi^{-1}(H)$ 是 G_1 的子群;

(2) 若 H 是 G_2 的正规子群, 则 $\varphi^{-1}(H)$ 是 G_1 的正规子群.

52. 设 $G_1 = \langle a \rangle$, $G_2 = \langle b \rangle$ 分别为 m, n 阶循环群. $\varphi: G_1 \to G_2$, $\varphi(a^t) = b^{kt}$, $t = 0, 1, \cdots, m-1$. 证明 φ 为 G_1 到 G_2 的同态映射当且仅当 $n \mid mk$.

53. 设 φ 是群 G_1 到 G_2 的满同态映射, H 是 G_1 的子群. 若 $|H|$ 与 $|G_2|$ 互素, 证明
$$H \subseteq \ker\varphi.$$

54. 设 H 是 G 的子群, N 是 G 的正规子群. 如果 $|H|$ 与 $[G:N]$ 互素, 证明 H 是 N 的子群.

55. 设 φ 是群 G_1 到 G_2 的满同态, N 是 G_1 的正规子群且 $\ker\varphi \subseteq N$. 证明
$$G_1/N \cong G_2/\varphi(N).$$

56. 设 H, K 是群 G 的正规子群, 证明
$$G/HK \cong (G/H)/(HK/H).$$

57. 证明阶为 p^2 的群必是交换群, 其中 p 是素数.

58. 设 G 是 pq 阶交换群, p, q 为不相等的素数. 对于 G 的任一子群 H, 证明 G/H 是循环群.

59. 证明在同构的意义上 Klein 四元群是 S_4 的正规子群.

60. 设 φ 是群 G 的满自同态, 若 G 只有有限个子群, 证明 φ 是 G 的自同构.

61. 在群 G 中定义 $\varphi: x \mapsto x^{-1}$, $\forall x \in G$. 证明 φ 是 G 的自同构的充分必要条件是 G 为交换群.

62. 设 $G = \langle a \rangle$ 是 n 阶循环群, t 是正整数. 定义
$$\varphi_t: a^i \mapsto (a^t)^i, \quad i = 0, 1, \cdots, n-1.$$
证明:

(1) φ_t 是 G 的自同态;

(2) φ_t 是 G 的自同构当且仅当 $(n, t) = 1$.

63. 设 G 是群, C 是 G 的中心, 证明 $G/C \cong \mathrm{Inn}G$.

64. 证明在同构的意义上只有两个 10 阶群.

65. 对什么样的群 G, $\mathrm{Inn}G$ 只含一个恒等映射?

66. 设 G_1, G_2 是群,证明 $G_1 \times G_2 \cong G_2 \times G_1$.

67. 设 H_1 是 G_1 的子群,H_2 是 G_2 的子群,证明 $H_1 \times H_2$ 是 $G_1 \times G_2$ 的子群.

68. 设 H 和 K 是 G 的正规子群,且 $H \cap K = \{e\}$. 证明 G 与 $G/H \times G/K$ 的一个子群同构.

69. 找出 $G_1 \times G_2$ 的两个商群 $G_1 \times G_2/N_1, G_1 \times G_2/N_2$,使得
$$G_1 \cong G_1 \times G_2/N_1, \quad G_2 \cong G_1 \times G_2/N_2.$$

Ⅱ. 习题解答

1. 解:令 $A = \begin{pmatrix} 1 & 0 \\ 0 & 1 \end{pmatrix}$, $B = \begin{pmatrix} 1 & 0 \\ 0 & -1 \end{pmatrix}$, $\begin{pmatrix} -1 & 0 \\ 0 & 1 \end{pmatrix} = -B$, $\begin{pmatrix} -1 & 0 \\ 0 & -1 \end{pmatrix} = -A$,

则 G 的运算如表 17.1 所示. G 关于矩阵乘法是封闭的且乘法结合律成立. A 为单位元.

$A^{-1} = A$, $B^{-1} = B$, $(-B)^{-1} = -B$, $(-A)^{-1} = -A$.

表 17.1

	A	B	−B	−A
A	A	B	−B	−A
B	B	A	−A	−B
−B	−B	−A	A	B
−A	−A	−B	B	A

2. 证:显然 ∘ 运算在 G 上封闭. $\forall a, b, c \in G$,
$$(a \circ b) \circ c = au^{-1}b \circ c = (au^{-1}b)u^{-1}c = au^{-1}bu^{-1}c$$
$$= au^{-1}(bu^{-1}c) = au^{-1}(b \circ c) = a \circ (b \circ c),$$

结合律成立. 单位元为 u,因为 $\forall a \in G$,
$$a \circ u = au^{-1}u = a, \quad u \circ a = uu^{-1}a = a.$$

$ua^{-1}u$ 是 a 的逆元,因为
$$ua^{-1}u \circ a = ua^{-1}uu^{-1}a = u, \quad a \circ ua^{-1}u = au^{-1}ua^{-1}u = u,$$

因此 G 关于 ∘ 运算构成群.

3. 解:显然 ∘ 运算封闭,$\forall a, b, c \in Z$,
$$(a \circ b) \circ c = (a+b-2) \circ c = (a+b-2) + c - 2 = a+b+c-4,$$
$$a \circ (b \circ c) = a \circ (b+c-2) = a + (b+c-2) - 2 = a+b+c-4,$$

结合律成立. $\forall a \in G$,
$$a \circ 2 = a+2-2 = a, \quad 2 \circ a = 2+a-2 = a,$$
$$a \circ (4-a) = a+4-a-2 = 2, \quad (4-a) \circ a = (4-a)+a-2 = 2,$$

单位元是 2,a 的逆元是 $4-a$,因此 G 关于 ∘ 运算构成群.

4. 证:显然 G 关于 $*$ 运算封闭. 任取 $a, b, c \in G$,
$$(a*b)*c = ba*c = c(ba) = (cb)a = (b*c)a = a*(b*c),$$

$*$ 运算有结合律.
$$a*e = ea = a, \quad e*a = ae = a,$$

e 是单位元.
$$a*a^{-1} = a^{-1}a = e, \quad a^{-1}*a = aa^{-1} = e,$$

因此 a^{-1} 也是 a 的逆元. G 关于 $*$ 运算构成群.

5. 证:令
$$A = \begin{pmatrix} 1 & 0 \\ 0 & 1 \end{pmatrix}, \quad B = \begin{pmatrix} \omega & 0 \\ 0 & \omega^2 \end{pmatrix}, \quad C = \begin{pmatrix} \omega^2 & 0 \\ 0 & \omega \end{pmatrix}, \quad D = \begin{pmatrix} 0 & 1 \\ 1 & 0 \end{pmatrix}, \quad E = \begin{pmatrix} 0 & \omega^2 \\ \omega & 0 \end{pmatrix}, \quad F = \begin{pmatrix} 0 & \omega \\ \omega^2 & 0 \end{pmatrix},$$

则它们关于矩阵乘法的运算表如表 17.2 所示. 运算的封闭性得证. 矩阵乘法是可结合的. A 是单位矩阵. 且

$A^{-1}=A$, $B^{-1}=C$, $C^{-1}=B$, $D^{-1}=D$, $E^{-1}=E$, $F^{-1}=F$.

因此上述集合关于矩阵乘法构成群.

表 17.2

	A	B	C	D	E	F
A	A	B	C	D	E	F
B	B	C	A	F	D	E
C	C	A	B	E	F	D
D	D	E	F	A	B	C
E	E	F	D	C	A	B
F	F	D	E	B	C	A

6. 证: $(ab)^2=a^2b^2 \Rightarrow abab=aabb$,

由消去律得 $ba=ab$.

7. 证: 首先由归纳法证明对于任意正整数 k 有

$$(x^{-1}yx)^k = x^{-1}y^kx,$$

$k=1$ 该命题显然为真. 假设对于任意正整数 k 命题为真, 则

$$(x^{-1}yx)^{k+1} = (x^{-1}yx)^k(x^{-1}yx) = x^{-1}y^kxx^{-1}yx = x^{-1}y^{k+1}x,$$

因此利用消去律有

$$(x^{-1}yx)^k = x^{-1}yx \Leftrightarrow x^{-1}y^kx = x^{-1}yx \Leftrightarrow y^k = y.$$

8. 证: (2) 只需证明 $b^{-1}a^{-1}$ 是 ab 的逆元,

$$(b^{-1}a^{-1})(ab) = b^{-1}(a^{-1}a)b = b^{-1}b = e;$$

同理, $(ab)(b^{-1}a^{-1})=e$, 根据逆元的唯一性, 命题得证.

(4) 若 m 为自然数, 使用归纳法. 任意给定整数 n, 对 m 进行归纳.

当 $m=0$, $(a^n)^0 = e = a^0 = a^{n0}$.

假设 $(a^n)^m = a^{nm}$, 那么

$$(a^n)^{m+1} = (a^n)^m a^n = a^{nm} a^n = a^{nm+n} = a^{n(m+1)},$$

根据归纳法, 对自然数 m, 命题成立. 当 $m<0$ 的时候, 令 $m=-t, t>0$, 那么有

$$(a^n)^m = (a^n)^{-t} = ((a^n)^{-1})^t = ((a^{-1})^n)^t = (a^{-1})^{nt} = a^{-nt} = a^{nm}.$$

(5) 考虑 n 为自然数的情况. 容易看出, 若 a 与 b 可交换, 则 a 与 b^k (k 为正整数) 可交换. 此外 a^{-1} 与 b^{-1} 也可交换, 因为

$$ab = ba \Rightarrow (ab)^{-1} = (ba)^{-1} \Rightarrow b^{-1}a^{-1} = a^{-1}b^{-1}.$$

下面用归纳法证明 $(ab)^n = a^n b^n$, $n \in N$. 当 $n=0$ 有

$$(ab)^0 = e = ee = a^0 b^0.$$

假设 $(ab)^n = a^n b^n$, 那么

$$(ab)^{n+1} = (ab)^n(ab) = (a^n b^n)(ab) = a^n(b^n a)b = a^n(ab^n)b = (a^n a)(b^n b) = a^{n+1}b^{n+1}.$$

若 $n<0, n=-t, t>0$, 那么

$$(ab)^n = (ab)^{-t} = ((ab)^{-1})^t = (b^{-1}a^{-1})^t = (a^{-1}b^{-1})^t = (a^{-1})^t(b^{-1})^t = a^{-t}b^{-t} = a^n b^n.$$

9. 证: (1) 设 $|a|=r, |b^{-1}ab|=s$, 只需证明 $r=s$. 由

$$(b^{-1}ab)^r = b^{-1}a^r b = b^{-1}b = e$$

得 $s \mid r$. 又由于 $a = (b^{-1})^{-1}(b^{-1}ab)b^{-1}$, 同理可得 $r \mid s$, 从而有 $r=s$.

(2) 设 $|ab|=r, |ba|=s$, 只需证明 $r=s$.

$$(ab)^{s+1} = a(ba)^s b = aeb = ab,$$

由消去律得 $(ab)^s = e$, 从而有 $r \mid s$. 同理可证 $s \mid r$, 因此 $r=s$.

(3) **证法一** 令 $|abc|=r, |bca|=s, |cab|=t$, 只需证明 $r=s=t$.

$$(abc)^{s+1} = a(bca)^s bc = aebc = abc,$$

由消去律得到 $(abc)^s = e$, 从而有 $r \mid s$; 同理可证 $s \mid t, t \mid r$. 由 $s \mid t$ 且 $t \mid r$ 得到 $s \mid r$, 这就证明了

$r=s$；同理得到 $s=t$.

证法二 由(2)知对任意元素 x,y 有 $|xy|=|yx|$，因此
$$|abc|=|a(bc)|=|(bc)a|=|bca|=|b(ca)|=|(ca)b|=|cab|.$$

(4) **证法一** 令 $|a^mb^{n-2}|=r$，$|ab^{-1}|=s$. 只需证明 $r=s$. 由
$$(a^mb^{n-2})^s=(a^mb^nb^{-2})^s=(bab^{-2})^s=(b(ab^{-1})b^{-1})^s=b(ab^{-1})^sb^{-1}=beb^{-1}=e$$
得到 $r|s$. 由
$$(ab^{-1})^r=(b^{-1}(ba)b^{-1})^r=(b^{-1}a^mb^n)^r=(b^{-1}a^mb^{n-2}b)^r=b^{-1}(a^mb^{n-2})^rb=e$$
得到 $s|r$. 于是有 $r=s$.

令 $|a^{m-2}b^n|=r$，$|a^{-1}b|=s$，由
$$(a^{m-2}b^n)^s=(a^{-2}a^mb^n)^s=(a^{-2}ba)^s=(a^{-1}(a^{-1}b)a)^s=a^{-1}(a^{-1}b)^sa=e$$
得到 $r|s$. 由
$$(a^{-1}b)^r=(a(a^{-2}ba)a^{-1})^r=a(a^{-2}ba)^ra^{-1}=a(a^{m-2}b^n)^ra^{-1}=e$$
又得到 $s|r$，从而有 $r=s$.

证法二 利用前面的结果得
$$|a^mb^{n-2}|=|a^mb^nb^{-2}|=|bab^{-1}b^{-1}|=|(b^{-1})^{-1}(ab^{-1})b^{-1}|=|ab^{-1}|,$$
$$|a^{m-2}b^n|=|a^{-2}a^mb^n|=|a^{-2}(ba)|=|a^{-1}(a^{-1}b)a|=|a^{-1}b|.$$

10. 证 由 $x^2=e\Leftrightarrow|x|=1$ 或 2. 换句话说，对于 G 中元素 x，如果 $|x|>2$，必有 $x^{-1}\neq x$. 由于 $|x|=|x^{-1}|$，阶大于 2 的元素成对出现，共有偶数个. 那么剩下的 1 阶和 2 阶元总共应该是偶数个. 1 阶元只有 1 个，就是单位元，因此 2 阶元有奇数个. 于是，G 中必有 2 阶元.

11. 证：假如 $\forall x\in G$，都有 $x^2=e$，那么 $\forall x,y\in G$，
$$xy=(xy)^{-1}=y^{-1}x^{-1}=yx$$
与 G 是非交换群矛盾. 因此 G 中存在非单位元 a，$a^2\neq e$，即 $a\neq a^{-1}$，令 $b=a^{-1}$ 即可.

12. 证：由 $(p,q)=1$，$\exists r,s\in Z$，使得 $rp+sq=1$.
$$(u_1v_1)^q=(u_2v_2)^q\Rightarrow u_1^qv_1^q=u_2^qv_2^q\Rightarrow u_1^q=u_2^q\Rightarrow u_1^{qs}=u_2^{qs},$$
$$u_1^p=u_2^p=e\Rightarrow u_1^{pr}=u_2^{pr},$$
因此得到
$$u_1^{pr+qs}=u_2^{pr+qs}\Rightarrow u_1=u_2;$$
同理可证 $v_1=v_2$.

13. 解：(1)构成；(2)构成；(3)不构成；(4)构成.

14. 证：因为 $ea=ae$，$e\in H$，H 非空. 任取 $x,y\in H$，
$$(xy^{-1})a=x(y^{-1}a)=x(a^{-1}y)^{-1}=x(ay)^{-1}=x(ya)^{-1}=xa^{-1}y^{-1}=(xa)y^{-1}=a(xy^{-1}).$$
根据判定定理二，H 是 G 的子群.

15. 解：(1) $G=\{e\}$；
(2) $G=\{e,a\}$，其中 $a^2=e$；
(3) $G=\{e,a,a^2,a^3\}$，其中 $a^4=e$.

16. 证：充分性. $e\in H_1H_2$，H_1H_2 非空. 任取 $x_1y_1,x_2y_2\in H_1H_2$，
$$(x_1y_1)(x_2y_2)^{-1}=x_1y_1y_2^{-1}x_2^{-1},$$
$$y_1y_2^{-1}x_2^{-1}=yx_2^{-1}\in H_2H_1=H_1H_2,$$
即存在 $x'y'=yx_2^{-1}$，其中 $x'\in H_1$，$y'\in H_2$. 从而得到 $(x_1y_1)(x_2y_2)^{-1}=x_1x'y'\in H_1H_2$. 根据

判定定理二，H_1H_2 是 G 的子群.

必要性. 任取 $xy \in H_1H_2$，由于 H_1H_2 是子群，$(xy)^{-1} \in H_1H_2$. 即 $(xy)^{-1} = x'y'$，$x' \in H_1, y' \in H_2$. 从而得到 $xy = (x'y')^{-1} = y'^{-1}x'^{-1} \in H_2H_1$. 这就证明了 $H_1H_2 \subseteq H_2H_1$. 反之，任取 $yx \in H_2H_1$，则 $y \in H_2, x \in H_1$，于是 $y^{-1} \in H_2, x^{-1} \in H_1$. 由此得到 $x^{-1}y^{-1} \in H_1H_2$. 由于 H_1H_2 是子群，因此 $(x^{-1}y^{-1})^{-1} \in H_1H_2$，即 $yx \in H_1H_2$. 从而有 $H_2H_1 \subseteq H_1H_2$.

17. 证：任取 $x \in H_1H_2 \cap H_1'\cap H_2'$，$x = h_1h_2 = h_1' = h_2'$，其中 $h_1 \in H_1 \subseteq H_1'$，$h_1' \in H_1'$，$h_2 \in H_2 \subseteq H_2'$，$h_2' \in H_2'$. 于是 $h_1 = h_2'h_2^{-1} \in H_2'$，因此 $h_1 \in H_1 \cap H_2'$. 同理，$h_2 = h_1^{-1}h_1' \in H_1'$，因此 $h_2 \in H_1' \cap H_2$. 从而得到 $x = h_1h_2 \in (H_1 \cap H_2')(H_1' \cap H_2)$.

反之，任取 $xy \in (H_1 \cap H_2')(H_1' \cap H_2)$，则 $x \in H_1 \cap H_2'$，$y \in H_1' \cap H_2$. 即 $x \in H_1, x \in H_2'$，$y \in H_1', y \in H_2$. 因此 $xy \in H_1H_2$. 同时 $x \in H_1' \cap H_2'$，$y \in H_1' \cap H_2'$. 又由于 $H_1' \cap H_2'$ 是 G 的子群，于是 $xy \in H_1' \cap H_2'$. 综合上述得到 $xy \in H_1H_2 \cap H_1' \cap H_2'$.

18. 解：(1) 子群为 G 以及下述 4 个子群. 子群格如图 17.1 所示.

$$H_1 = \left\{\begin{pmatrix}1 & 0 \\ 0 & 1\end{pmatrix}\right\}, \quad H_2 = \left\{\begin{pmatrix}1 & 0 \\ 0 & 1\end{pmatrix}, \begin{pmatrix}-1 & 0 \\ 0 & -1\end{pmatrix}\right\},$$

$$H_3 = \left\{\begin{pmatrix}1 & 0 \\ 0 & 1\end{pmatrix}, \begin{pmatrix}-1 & 0 \\ 0 & 1\end{pmatrix}\right\}, \quad H_4 = \left\{\begin{pmatrix}1 & 0 \\ 0 & 1\end{pmatrix}, \begin{pmatrix}1 & 0 \\ 0 & -1\end{pmatrix}\right\}.$$

(2) 子群为 $G, H_1, H_2, H_3, H_4, H_5$，其中，

$$H_1 = \left\{\begin{pmatrix}1 & 0 \\ 0 & 1\end{pmatrix}\right\}, \quad H_2 = \left\{\begin{pmatrix}1 & 0 \\ 0 & 1\end{pmatrix}, \begin{pmatrix}0 & 1 \\ 1 & 0\end{pmatrix}\right\}, \quad H_3 = \left\{\begin{pmatrix}1 & 0 \\ 0 & 1\end{pmatrix}, \begin{pmatrix}0 & \omega^2 \\ \omega & 0\end{pmatrix}\right\},$$

$$H_4 = \left\{\begin{pmatrix}1 & 0 \\ 0 & 1\end{pmatrix}, \begin{pmatrix}0 & \omega \\ \omega^2 & 0\end{pmatrix}\right\}, \quad H_5 = \left\{\begin{pmatrix}1 & 0 \\ 0 & 1\end{pmatrix}, \begin{pmatrix}\omega & 0 \\ 0 & \omega^2\end{pmatrix}, \begin{pmatrix}\omega^2 & 0 \\ 0 & \omega\end{pmatrix}\right\}.$$

子群格如图 17.2 所示.

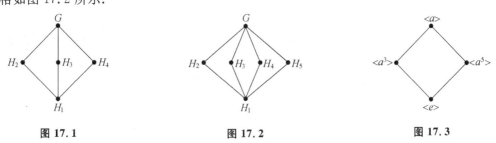

图 17.1　　　　　　　图 17.2　　　　　　　图 17.3

19. 解：(1) 生成元为 $a^1, a^2, a^4, a^7, a^8, a^{11}, a^{13}, a^{14}$.

(2) 子群为 $\langle e \rangle = \{e\}$；$\langle a \rangle = G$；$\langle a^3 \rangle = \{e, a^3, a^6, a^9, a^{12}\}$；$\langle a^5 \rangle = \{e, a^5, a^{10}\}$. 子群格如图 17.3 所示.

20. 证：**证法一** 假设 $\exists x \in \langle a \rangle \cap \langle b \rangle, x \neq e$. 因为 $|\langle a \rangle| = p$ 是素数，因此 x 是 $\langle a \rangle$ 的生成元，从而有 $a = x^t$，由于 $x \in \langle b \rangle$，$\langle b \rangle$ 是群，$a = x^t \in \langle b \rangle$. 与已知条件矛盾.

证法二 假设 $\exists x \in \langle a \rangle \cap \langle b \rangle, x \neq e$. 存在 $k, l \in \mathbb{Z}$，使得 $x = a^k = b^l$，由于 p 是素数，存在整数 m, n 使得 $mk + np = 1$，因此

$$a = a^{mk+np} = a^{mk}a^{np} = a^{mk} = b^{ml},$$

从而得到 $a \in \langle b \rangle$. 与已知条件矛盾.

21. 证：**证法一** 设 $G=\langle a \rangle$，H_1 是 r 阶群，且 $(r,s)=1$，所以 $H_1=\langle a^s \rangle$，同理 $H_2=\langle a^r \rangle$. 由于 $|a^s|=r, |a^r|=s, (r,s)=1$，且 $a^r a^s = a^s a^r$，由《教程》中例 17.6 知 $|a^s a^r|=rs$，所以子群 $\langle a^s a^r \rangle$ 恰含有 rs 个元素. 根据习题 16 的结果，$H_1 H_2$ 是 G 的子群，并且满足 $\langle a^s a^r \rangle \subseteq H_1 H_2 \subseteq G$，于是不难得到
$$rs=|\langle a^s a^r\rangle| \leqslant |H_1 H_2| \leqslant |G|=rs,$$
从而证明了 $G=H_1 H_2$.

证法二 设 $G=\langle a\rangle$ 是 rs 阶循环群. $H_1=\langle a^s\rangle$ 与 $H_2=\langle a^r\rangle$ 分别为 G 的 r 阶和 s 阶子群. 显然 $H_1 H_2 \subseteq G$，下面证明 $G \subseteq H_1 H_2$. 由于 $(r,s)=1$，因此存在 $u,v \in Z$，使得 $ru+sv=1$. $\forall a^k \in G$，有
$$a^k = a^{(ru+sv)k}=(a^s)^{vk}(a^r)^{uk} \in H_1 H_2,$$
于是得到 $G=H_1 H_2$.

22. 证：因为 $d=ru=sv$，其中 u,v 为整数. 于是
$$a^d=(a^r)^u=(a^s)^v \in H_1 \cap H_2,$$
从而得到 $\langle a^d\rangle \subseteq H_1 \cap H_2$.

任取 $x\in H_1 \cap H_2$，则
$$x=a^{rt}=a^{sl}, \quad t,l \text{ 为整数}.$$
令 $(r,s)=m$，则存在整数 p,q 使得
$$r=mp, \quad s=mq, \quad (p,q)=1, \quad d=[r,s]=mpq.$$
由于 p,q 互素，因此存在整数 i,j 使得 $pi+qj=1$. 于是
$$x^{pi}=(a^{sl})^{pi}=a^{slpi}=a^{mqlpi}=a^{dli},$$
$$x^{qj}=(a^{rt})^{qj}=a^{rtqj}=a^{mptqj}=a^{dtj},$$
$$x=x^{pi+qj}=x^{pi} x^{qj}=a^{dli}a^{dtj}=a^{d(li+tj)}\in \langle a^d\rangle,$$
从而得到 $H_1 \cap H_2 \subseteq \langle a^d\rangle$.

23. 证：若 G 中含有无限阶元 a，则 $\langle a^0\rangle, \langle a\rangle, \langle a^2\rangle, \cdots$ 中任何两个子群都不相等，否则由 $\langle a^i\rangle = \langle a^j\rangle$ 可推出 $a^i=a^j$，与 a 是无限阶元矛盾. 因此 G 有无穷多个子群.

若 G 中每个元素的阶都有限. 任取 $a_1 \in G$，则 $\langle a_1\rangle$ 是 G 的子群. 令 $G_1 = G - \langle a_1\rangle$，则 G_1 是无穷集，任取 $a_2 \in G_1$，则 $\langle a_2\rangle$ 也是 G 的子群，且 $\langle a_2\rangle \neq \langle a_1\rangle$. 令 $G_2 = G_1 - \langle a_2\rangle$，则 G_2 仍是无穷集，任取 $a_3 \in G_2$，则 $\langle a_3\rangle$ 还是 G 的子群，且 $\langle a_1\rangle, \langle a_2\rangle, \langle a_3\rangle$ 两两不等. 照此做下去，可以得到无数多个不同的子群.

24. 解：(1)
$$\sigma\tau=\begin{pmatrix}1&2&3&4&5\\3&4&5&2&1\end{pmatrix}, \quad \tau\sigma=\begin{pmatrix}1&2&3&4&5\\2&4&5&1&3\end{pmatrix},$$
$$\sigma^{-1}=\begin{pmatrix}1&2&3&4&5\\2&5&4&3&1\end{pmatrix}, \quad \tau^{-1}=\begin{pmatrix}1&2&3&4&5\\3&5&2&1&4\end{pmatrix};$$

(2) $\sigma=(1\ 5\ 2)(3\ 4)=(1\ 2)(1\ 5)(3\ 4),$
$\tau=(1\ 4\ 5\ 2\ 3)=(1\ 3)(1\ 2)(1\ 5)(1\ 4).$

25. 证：任给对换 $(i\ j)$，不妨设 $i\neq 1, j\neq 1$，则 $(i\ j)$ 可以由 $(1\ i), (1\ j)$ 生成，即
$$(i\ j)=(1\ i)(1\ j)(1\ i).$$
对于任何 n 元置换 σ，σ 都可表示成对换的乘积，而每个对换都可由 $\{(1\ 2),(1\ 3),\cdots,(1\ n)\}$ 中

的对换表示,因此 σ 可由 $\{(1\ 2),(1\ 3),\cdots,(1\ n)\}$ 生成.

任给对换 $(i\ j)$,不妨设 $i<j, j\neq i+1$,则
$$(i\ j)=(i\ i+1)(i+1\ i+2)\cdots(j-1\ j)(j-2\ j-1)\cdots(i\ i+1).$$
由于每个对换都可以用 $\{(1\ 2),(2\ 3),\cdots,(n-1\ n)\}$ 中的对换表示,σ 可以由 $\{(1\ 2),(2\ 3),\cdots,(n-1\ n)\}$ 生成.

26. 解：(1) $x=\sigma^{-1}\tau=\begin{pmatrix}1&2&3&4&5\\4&1&2&5&3\end{pmatrix}\begin{pmatrix}1&2&3&4&5\\5&3&1&2&4\end{pmatrix}=\begin{pmatrix}1&2&3&4&5\\3&2&4&1&5\end{pmatrix},$

$y=\tau\sigma^{-1}=\begin{pmatrix}1&2&3&4&5\\5&3&1&2&4\end{pmatrix}\begin{pmatrix}1&2&3&4&5\\4&1&2&5&3\end{pmatrix}=\begin{pmatrix}1&2&3&4&5\\2&5&3&4&1\end{pmatrix};$

(2) $|\sigma|=5, |\tau|=5.$

27. 解： $H=\{(1),(1\ 2\ 3\ 4),(1\ 3)(2\ 4),(1\ 4\ 3\ 2)\};$

$H(1)=H;$

$H(1\ 2)=\{(1\ 2),(1\ 3\ 4),(1\ 4\ 2\ 3),(2\ 4\ 3)\};$

$H(1\ 3)=\{(1\ 3),(1\ 4)(2\ 3),(2\ 4),(1\ 2)(3\ 4)\};$

$H(1\ 4)=\{(1\ 4),(2\ 3\ 4),(1\ 2\ 4\ 3),(1\ 3\ 2)\};$

$H(2\ 3)=\{(2\ 3),(1\ 2\ 4),(1\ 3\ 4\ 2),(1\ 4\ 3)\};$

$H(3\ 4)=\{(3\ 4),(1\ 2\ 3),(1\ 3\ 2\ 4),(1\ 4\ 2)\}.$

28. 解： $\begin{pmatrix}a&b\\0&1\end{pmatrix}^{-1}\begin{pmatrix}a'&b'\\0&1\end{pmatrix}\in H \Leftrightarrow \begin{pmatrix}1/a&-b/a\\0&1\end{pmatrix}\begin{pmatrix}a'&b'\\0&1\end{pmatrix}\in H \Leftrightarrow a=a',$

因此 $\begin{pmatrix}a&b\\0&1\end{pmatrix}H=\begin{pmatrix}a'&b'\\0&1\end{pmatrix}H \Leftrightarrow a=a',$ 从而得到
$$\begin{pmatrix}a&b\\0&1\end{pmatrix}H=\left\{\begin{pmatrix}a&at+b\\0&1\end{pmatrix}\bigg|t\in \mathbf{Q}\right\}=\left\{\begin{pmatrix}a&t\\0&1\end{pmatrix}\bigg|t\in \mathbf{Q}\right\}.$$

不同的左陪集为
$$\begin{pmatrix}a&0\\0&1\end{pmatrix}H=\left\{\begin{pmatrix}a&t\\0&1\end{pmatrix}\bigg|t\in \mathbf{Q}\right\}, \quad a\in \mathbf{Q}, a\neq 0.$$

29. 证明：(1) $eH=\{eh|h\in H\}=\{h|\in H\}=H.$

(2) $\forall a\in G,$ 定义函数 $f:H\to aH, f(h)=ah,$ 不难证明 f 为双射.

(3) $\forall a,b\in G, a\in bH \Leftrightarrow \exists h\in H(a=bh) \Leftrightarrow \exists h\in H\ (a^{-1}b=h^{-1}) \Leftrightarrow a^{-1}b\in H,$
$$aH=bH\Rightarrow a\in aH=bH;$$
反之,$a\in bH \Leftrightarrow \exists h\in H(a=bh)\Rightarrow a=bh$ 且 $b=ah^{-1}.$ 于是,任取 $ah',$ 则有
$$ah'\in aH\Rightarrow ah'=bhh'\in bH,$$
即 $aH\subseteq bH.$ 类似地,由
$$bh'\in bH\Rightarrow bh'=ah^{-1}h'\in aH$$
得到 $bH\subseteq aH.$ 从而证明了 $aH=bH.$ 综合上述得到 $a\in bH \Leftrightarrow aH=bH.$

(4) 不难证明 R 是自反、对称、传递的,任取 $x,$
$$x\in [a]_R \Leftrightarrow aRx \Leftrightarrow a^{-1}x\in H \Leftrightarrow x\in aH.$$

(5) 由等价类的定理得证.

30. 证：易见 $H_1\cap H_2$ 是 H_1 的子群,也是 H_2 的子群. 由 Lagrange 定理,子群的阶是群

的阶的因子,因此$|H_1 \cap H_2|$整除r,也整除s. 从而,$|H_1 \cap H_2|$整除r与s的最大公因子. 由已知r与s的最大公因子$(r,s)=1$,这就得到$|H_1 \cap H_2|=1$,即$H_1 \cap H_2=\{e\}$.

31. 证:任取$x \in G, x \neq e$,则$|x|$整除p^m, $|x| \neq 1$. 故$|x|=p^k, 1 \leq k \leq m$.

若$k=1$,则$\langle x \rangle$为p阶子群. 若$k>1$,令$y=x^{p^{k-1}}$,则
$$y^p = (x^{p^{k-1}})^p = x^{p^k} = e.$$
易见$|y|=p$, $\langle y \rangle$为p阶子群.

32. 证:
$$|G|=[G:K]|K|. \quad \text{①}$$
$$|G|=[G:H]|H|. \quad \text{②}$$
$$|K|=[K:H]|H|. \quad \text{③}$$

将②,③代入①得
$$[G:H]|H|=[G:K][K:H]|H|,$$
故$[G:H]=[G:K][K:H]$.

33. 证:(1) **证法一** 在$A \times B$上定义二元关系R, $\langle x,y \rangle R \langle u,v \rangle \Leftrightarrow xy=uv$,容易验证$R$为$A \times B$上的等价关系. 令与$\langle a,b \rangle$等价的元素的集合为$X$,即
$$X=[\langle a,b \rangle]=\{\langle x,y \rangle | x \in A \wedge y \in B \wedge \langle x,y \rangle R \langle a,b \rangle\}.$$
对于任意$\langle x,y \rangle \in X$,令$f(\langle x,y \rangle)=a^{-1}x$. 由于
$$\langle x,y \rangle R \langle a,b \rangle \Rightarrow xy=ab \Rightarrow a^{-1}x=by^{-1},$$
因为a,x属于子群A; b,y属于子群B,因此$a^{-1}x=by^{-1} \in A \cap B$, f是X到$A \cap B$的函数. 下面证明f的双射性. 由
$$f(\langle x,y \rangle)=f(\langle u,v \rangle) \Rightarrow a^{-1}x=a^{-1}u \Rightarrow x=u,$$
$$\langle x,y \rangle R \langle u,v \rangle \Rightarrow xy=uv$$
可得到$x=u$和$y=v$,因此有$\langle x,y \rangle=\langle u,v \rangle$, f是单射的.

对任意$c \in A \cap B$, $\exists \langle ac, c^{-1}b \rangle \in A \times B$,且
$$(ac)(c^{-1}b)=ab \Rightarrow \langle ac, c^{-1}b \rangle R \langle a,b \rangle \Rightarrow \langle ac, c^{-1}b \rangle \in X,$$
$$f(\langle ac, c^{-1}b \rangle)=a^{-1}ac=c,$$
因此f是满射的. 从而得到$|X|=|A \cap B|$,即对于任意给定的$ab \in AB$,在$A \times B$中有$|A \cap B|$个有序对$\langle x,y \rangle$满足$xy=ab$. 由于$|A \times B|=|A||B|$,从而得到$|AB|=\dfrac{|A||B|}{|A \cap B|}$.

证法二 由于$A \cap B \leq A$,于是$|A \cap B|$整除$|A|$,设$|A|=k|A \cap B|$,则
$$A=a_1(A \cap B) \cup a_2(A \cap B) \cup \cdots \cup a_k(A \cap B)$$
为A的陪集分解. 由于$(A \cap B)B=B$,所以
$$AB=a_1B \cup a_2B \cup \cdots \cup a_kB, \text{其中} a_i^{-1}a_j \notin B, i \neq j, i,j=1,2,\cdots,k. \quad \text{①}$$
假若$x \in a_iB \cap a_jB, i \neq j$,则存在$b_t, b_s \in B$使得$x=a_ib_t=a_jb_s$,即$a_i^{-1}a_j=b_tb_s^{-1} \in B$,与①的结果矛盾. 于是①式中的左陪集两两不交,从而得到
$$|AB|=k|B|=\dfrac{|A||B|}{|A \cap B|}.$$

(2) 由$(|A|,|B|)=1$,根据Lagrange定理$|A \cap B|=1$,根据(1)的结果有$|AB|=|A||B|$.

34. 证:设$\sigma=(i_1 i_2 \cdots i_k)$是任意$k$阶轮换,对于任意对换$(s\ t)$, $\tau=(s\ t)\sigma(s\ t)$与σ具有相同的轮换指数. 分情况讨论.

如果 s 和 t 都是 σ 中的文字,不妨设 $s=i_1, t=i_j$. 若 $j=2$,则 $\tau(s)=i_3, \tau(i_j)=i_{j+1}, j=3, 4,\cdots,k-1; \tau(i_k)=t, \tau(t)=s$. 因此 $\tau=(i_1\ i_3\ i_4\ \cdots\ i_k\ i_2)$,仍旧是 k 阶轮换. 若 $j>2$,则由类似的分析可知,$\tau=(i_1\ i_{j+1}\ i_{j+2}\cdots\ i_k\ i_j\ i_2\ i_3\cdots i_{j-1})$ 也是 k 阶轮换.

如果 s 是 σ 中的文字,不妨设 $s=i_1$,而 t 不是 σ 中的文字,那么 $\tau(s)=(s), \tau(i_2)=i_3, \tau(i_3)=i_4,\cdots,\tau(i_{k-1})=i_k, \tau(i_k)=t, \tau(t)=i_2$,因此 $\tau=(i_2\ i_3\ \cdots\ i_k\ t)$ 是 k 阶轮换. 同理若 t 是 σ 中的文字,而 τ 不是 σ 中的文字,也有同样的结果.

如果 s,t 都不是 σ 中的文字,那么 $\sigma=\tau$. 它们都是 k 阶轮换.

考虑任意置换 σ, σ 可以分解成不相交的轮换之积,即 $\sigma=\sigma_1\sigma_2\cdots\sigma_r$,那么对于任意对换 $(i\ j)$,
$$(i\ j)\sigma(i\ j)=(i\ j)\sigma_1\sigma_2\cdots\sigma_r(i\ j)=(i\ j)\sigma_1(i\ j)(i\ j)\sigma_2(i\ j)(i\ j)\cdots(i\ j)\sigma_r(i\ j).$$

由于 $(i\ j)\sigma_l(i\ j)$ 与 σ_l 具有相同的阶,$l=1,2,\cdots,r$. 从而得到 $(i\ j)\sigma(i\ j)$ 与 σ 具有相同的轮换指数. 对于任意的 n 元置换 σ,τ,将 τ 分解成对换之积 $\tau=\tau_1\tau_2\cdots\tau_q$ 那么
$$\tau^{-1}\sigma\tau=(\tau_1\tau_2\cdots\tau_q)^{-1}\sigma(\tau_1\tau_2\cdots\tau_q)$$
$$=(\tau_q\tau_{q-1}\cdots\tau_1)\sigma(\tau_1\tau_2\cdots\tau_q)=\tau_q\tau_{q-1}\cdots(\tau_1\sigma\tau_1)\tau_2\cdots\tau_q.$$

根据前面的证明,$(\tau_1\sigma\tau_1)$ 与 σ 具有相同的轮换指数,根据对 q 的归纳不难得到 $\tau^{-1}\sigma\tau$ 也与 σ 具有相同的轮换指数.

35. 解:$1^0 2^0 3^0 4^0 5^1 = 5^1$.

36. 证:$a\in N(a), N(a)\neq\emptyset$. 任取 $x,y\in N(a)$,
$$ay=ya\Rightarrow a^{-1}(ay)a^{-1}=a^{-1}(ya)a^{-1}\Rightarrow ya^{-1}=a^{-1}y.$$
$$(xy^{-1})a=x(y^{-1}a)=x(a^{-1}y)^{-1}=x(ya^{-1})^{-1}$$
$$=x(ay^{-1})=(xa)y^{-1}=a(xy^{-1}).$$

根据判定定理,$N(a)$ 为 G 的子群.

37. 解:容易证明共轭关系为 G 上的等价关系,但不一定是同余关系. 反例如下:在 S_4 中 (2 3) 与 (1 2) 是共轭的 4 元置换,因为它们有相同的轮换指数. 如果共轭关系是同余关系,那么它们与同一个置换相乘后得到的置换还是共轭的置换. 但是 (2 3)(1 4) 的轮换指数为 2^2,而 (1 2)(1 4)=(1 4 2) 的轮换指数为 3^1. 因此 (2 3)(1 4) 与 (1 2)(1 4) 不是共轭的置换. 从而证明了共轭关系不是同余关系.

38. 解:(1) 设 $G=\langle a\rangle, G$ 是 Abel 群,$\forall a^i\in G, \overline{a^i}=\{a^i\}, i=0,1,2,3$.

(2) 设 $G=\{e,a,b,c\}, \overline{a}=\{a\}, \overline{b}=\{b\}, \overline{c}=\{c\}, \overline{e}=\{e\}$.

39. 证:任取 $y\in N(x^{-1}ax)$,则 $y(x^{-1}ax)=(x^{-1}ax)y$,因此
$$y=(x^{-1}ax)y(x^{-1}ax)^{-1}=x^{-1}(axyx^{-1}a^{-1})x.$$

下面证明 $axyx^{-1}a^{-1}$ 属于 $N(a)$.
$$y(x^{-1}ax)=(x^{-1}ax)y\Rightarrow(xyx^{-1})a=a(xyx^{-1})$$
$$\Rightarrow xyx^{-1}\in N(a)\Rightarrow axyx^{-1}a^{-1}\in N(a),$$

从而得到 $y\in x^{-1}N(a)x$. 这就证明了 $N(x^{-1}ax)\subseteq x^{-1}N(a)x$.

反之,任取 $x^{-1}yx\in x^{-1}N(a)x$,则 $y\in N(a)$,从而有
$$x^{-1}(ya)x=x^{-1}(ay)x\Rightarrow(x^{-1}yx)(x^{-1}ax)=(x^{-1}ax)(x^{-1}yx),$$

即 $x^{-1}yx\in N(x^{-1}ax)$,从而得到 $x^{-1}N(a)x\subseteq N(x^{-1}ax)$.

40. 证:任取 $y\in G$ 有
$$ya=ay\Rightarrow ya^n=a^n y,$$

因此 $N(a) \subseteq N(a^n)$. 由 Lagrange 定理得到 $|N(a)| \mid |N(a^n)|$.

由于 $|\bar{a}| = [G:N(a)]$, 因此

$$k = |\bar{a}| = [G:N(a)] = \frac{|G|}{|N(a)|},$$

$$k' = |\overline{a^n}| = [G:N(a^n)] = \frac{|G|}{|N(a^n)|},$$

因此有 $k|N(a)| = k'|N(a^n)|$. 由于 $|N(a)| \mid |N(a^n)|$, 于是 $k' \mid k$.

41. 证: 由 $k = |\bar{a}| = \frac{|G|}{|N(a)|}$ 得到 $k|N(a)| = |G| = n$. 由于 $C \leqslant N(a)$, 因此 $c \mid |N(a)|$, 即存在整数 j 使得 $|N(a)| = cj$. 于是得到

$$k = \frac{n}{|N(a)|} = \frac{n}{cj} \Rightarrow kj = \frac{n}{c} \Rightarrow k \left| \frac{n}{c} \right..$$

42. **证法一** 令 $G = \langle a \rangle$ 是循环群, H 是 G 的子群. $\forall a^i \in G, \forall a^j \in H$, 则

$$a^i a^j (a^i)^{-1} = a^{i+j-i} = a^j \in H,$$

因此 H 是正规的.

证法二 $\forall a^i \in G$, 由于循环群是交换群, 于是

$$a^i H = \{a^i h \mid h \in H\} = \{h a^i \mid h \in H\} = H a^i,$$

因此 H 是正规的.

43. 证: $\forall \begin{pmatrix} r & s \\ 0 & 1 \end{pmatrix} \in G$, $\begin{pmatrix} r & s \\ 0 & 1 \end{pmatrix}^{-1} = \begin{pmatrix} 1/r & -s/r \\ 0 & 1 \end{pmatrix}$.

$\forall \begin{pmatrix} r & s \\ 0 & 1 \end{pmatrix} \in G, \forall \begin{pmatrix} 1 & t \\ 0 & 1 \end{pmatrix} \in H$,

$$\begin{pmatrix} r & s \\ 0 & 1 \end{pmatrix} \begin{pmatrix} 1 & t \\ 0 & 1 \end{pmatrix} \begin{pmatrix} r & s \\ 0 & 1 \end{pmatrix}^{-1} = \begin{pmatrix} r & rt+s \\ 0 & 1 \end{pmatrix} \begin{pmatrix} 1/r & -s/r \\ 0 & 1 \end{pmatrix} = \begin{pmatrix} 1 & rt \\ 0 & 1 \end{pmatrix} \in H.$$

由判定定理 H 是 G 的正规子群.

44. 证: 任取 $h \in H = \langle N \cup K \rangle$, 则

$$h = a_1^{e_1} a_2^{e_2} \cdots a_n^{e_n}, \quad a_i \in N \cup K, e_i = \pm 1, i = 1, 2, \cdots, n, \quad n \in Z^+.$$

任取 $a_i \in N, a_j \in K \subseteq H$, 由于 N 是 H 的正规子群, 存在 $a_i' \in N$, 使得 $a_i a_j = a_j a_i'$. 经过有限次这样的交换, 可以将 h 的表达式中所有 K 中的元素交换到 N 中元素的前边. 又由于 N, K 都是 G 的子群, 于是 $h = kn$, 其中 $k \in K, n \in N$. 即 $h \in KN$. 从而得到 $H \subseteq KN$.

反之, 任取 $kn \in KN$, 那么 $k \in K \subseteq H, n \in N \subseteq H$. H 是子群, 所以 $kn \in H$. 从而得到 $KN \subseteq H$.

45. 证: 任取 $n \in N$, 对于任意的 $a \in G$, 若 $n = e$, 有 $an = na$. 若 $n \neq e$, 因为 N 是正规子群, 所以 $ana^{-1} \in N$, 由于 n 不是单位元, $ana^{-1} \neq e$. 根据 $|N| = 2$, 必有 $ana^{-1} = n$, 即 $an = na$. 综合上述有 $n \in C$.

46. 解: (1) 证: 容易验证 H 是 G 的子群. 下面证明正规性. $\forall X \in G, \forall M \in H$,

$$|XMX^{-1}| = |X||M||X^{-1}| = |M| > 0,$$

所以 $XMX^{-1} \in H$. 由判定定理 $H \lhd G$.

(2) $\forall X \in G$, 若 $X \in H$, 则 $XH = H$; 若 $X \notin H$, 则 $|X| < 0$, 那么 $|XM| < 0$, 即 $XM \in G - H$, 这里的 $M \in H$. 所以 $[G:H] = 2$.

47. 解：(1) 证：$\forall X, Y \in M_n(Q), |X| \neq 0, |Y| \neq 0$.
$$\varphi(XY) = |XY| = |X||Y| = \varphi(X)\varphi(Y).$$

(2) $\varphi(G_1) = Q^*$.
$$\ker\varphi = \{A \mid A \in G_1 \land |A| = 1\}.$$

48. 证法一 假设 $f: Q \to Z$ 是同态，但不是零同态．必存在 $x \in Q$，使得 $y = f(x) \neq 0$．若 y 为正整数，令 $t = f\left(\dfrac{x}{2y}\right)$，则 $t \in Z$，且
$$y = f(x) = \underbrace{f\left(\dfrac{x}{2y}\right) + f\left(\dfrac{x}{2y}\right) + \cdots f\left(\dfrac{x}{2y}\right)}_{2y\text{个}} = 2yt,$$

从而得到 $t = \dfrac{1}{2}$.

若 y 为负整数，那么 $y = -m, m \in Z^+$．于是 $-y = f(-x)$，即 $m = f(-x)$．令 $t = f\left(\dfrac{-x}{2m}\right)$，则同样得到 $t = \dfrac{1}{2}$.

证法二 假设 $f: Q \to Z$ 是同态，但不是零同态．必存在 $x \in Q$，使得 $y = f(x) \neq 0, y \in Z$．取 $m \in Z^+$，且 $m \nmid y$，于是
$$mf\left(\dfrac{x}{m}\right) = \underbrace{f\left(\dfrac{x}{m}\right) + f\left(\dfrac{x}{m}\right) + \cdots + f\left(\dfrac{x}{m}\right)}_{m\text{个}} = f\left(m \cdot \dfrac{x}{m}\right) = f(x) = y,$$

$$f\left(\dfrac{x}{m}\right) = \dfrac{y}{m} \notin Z$$

与 f 的定义矛盾．

49. 证：由 φ_1 和 φ_2 的双射性知 $\varphi_2 \circ \varphi_1$ 是 G_1 到 G_3 的双射．$\forall x, y \in G_1$,
$$\varphi_2 \circ \varphi_1(xy) = \varphi_2(\varphi_1(xy)) = \varphi_2(\varphi_1(x)\varphi_1(y))$$
$$= \varphi_2(\varphi_1(x))\varphi_2(\varphi_1(y)) = \varphi_2 \circ \varphi_1(x) \cdot \varphi_2 \circ \varphi_1(y).$$

50. 证：由 φ 的双射性知 φ^{-1} 是 G_2 到 G_1 的双射．$\forall x, y \in G_2, \exists a, b \in G_1$ 使得 $\varphi(a) = x$, $\varphi(b) = y$.
$$\varphi^{-1}(xy) = \varphi^{-1}(\varphi(a)\varphi(b)) = \varphi^{-1}(\varphi(ab)) = ab = \varphi^{-1}(x)\varphi^{-1}(y).$$

51. 证：(1) $e \in \varphi^{-1}(H), \varphi^{-1}(H)$ 非空．$\forall x, y \in \varphi^{-1}(H), \varphi(x), \varphi(y) \in H$.
$$\varphi(xy^{-1}) = \varphi(x)\varphi(y^{-1}) = \varphi(x)\varphi(y)^{-1} \in H,$$

因此 $xy^{-1} \in \varphi^{-1}(H)$，从而证明了 $\varphi^{-1}(H)$ 是 G_1 的子群．

(2) 只需证明正规性．$\forall x \in G_1, y \in \varphi^{-1}(H)$,
$$\varphi(xyx^{-1}) = \varphi(x)\varphi(y)\varphi(x^{-1}) = \varphi(x)\varphi(y)\varphi(x)^{-1}.$$

由于 $\varphi(y) \in H, H$ 是正规的，因此 $\varphi(x)\varphi(y)\varphi(x)^{-1} \in H$，从而证明了 $xyx^{-1} \in \varphi^{-1}(H)$. 由判定定理命题得证．

52. 证：必要性．设 $\varphi: G_1 \to G_2$ 为同态，$\varphi(a) = b^k$，则
$$e_2 = \varphi(a^m) = b^{mk}.$$

因此 $n \mid mk$．反之，已知 $n \mid mk$，先验证 φ 的良定义性．
$$a^i = a^j \Leftrightarrow m \mid (j-i) \Leftrightarrow mk \mid (jk-ik) \Rightarrow n \mid (jk-ik) \Leftrightarrow b^{ik} = b^{jk}.$$

下面验证 φ 为同态映射. $\forall a^i, a^j \in G_1$,
$$\varphi(a^i a^j) = \varphi(a^{i+j}) = b^{k(i+j)} = b^{ki} b^{kj} = \varphi(a^i)\varphi(a^j).$$

53. **证法一** H 是 G_1 的子群,因此 $\varphi(H)$ 是 G_2 的子群. 根据 Lagrange 定理有 $|\varphi(H)| \mid |G_2|$.

根据同态基本定理有
$$\varphi(H) \cong H/\ker(\varphi \upharpoonright H) \Rightarrow |\varphi(H)| = [H : \ker(\varphi \upharpoonright H)] = |H|/|\ker(\varphi \upharpoonright H)|,$$
所以 $|\varphi(H)| \mid |H|$. 又由于 $(|H|, |G_2|) = 1$,于是 $|\varphi(H)| = 1$,即 $\varphi(H) = \{e\}$,从而得到 $H \subseteq \ker\varphi$.

证法二 由于 $(|H|, |G_2|) = 1, \exists u, v \in Z$,使得 $u|H| + v|G_2| = 1$. $\forall h \in H$,
$$h = h^{u|H|+v|G_2|} = (h^{|H|})^u h^{|G_2|v} = h^{|G_2|v},$$
$$\varphi(h) = \varphi(h^{|G_2|v}) = ((\varphi(h))^{|G_2|})^v = e_2^v = e_2,$$
因此 $h \in \ker\varphi$,从而证明了 $H \subseteq \ker\varphi$.

54. **证法一** 令 $g: G \to G/N$ 为自然同态,则
$$g(H) = \{Nx \mid x \in H\}.$$
因为 $g(H)$ 是 G/N 的子群,根据 Lagrange 定理,$|g(H)| \mid [G:N]$.

又根据同态基本定理,$g(H)$ 同构于 H 的商群,因此 $|g(H)| \mid |H|$. 由于 $(|H|, [G:N]) = 1$,因此 $|g(H)| = 1$,于是得到 $g(H) = \{N\}$,即对于任意 x,
$$x \in H \Rightarrow xN = N \Rightarrow x \in N.$$
从而证明了 $H \subseteq N$.

证法二 令 $g: G \to G/N$ 为自然同态,则 $|G/N| = [G:N]$,根据已知有 $(|H|, |G/N|) = 1$. 利用 53 题的结果有 $H \subseteq \ker g$. 且
$$\ker g = \{x \mid x \in G, g(x) = N\} = \{x \mid x \in G, xN = N\} = \{x \mid x \in G, x \in N\} = N.$$

55. **证法一** 令 $f: G_1/N \to G_2/\varphi(N), f(Nx) = \varphi(N)\varphi(x)$,
由于 N 是 G_1 的正规子群,φ 是满同态,因此 $\varphi(N)$ 是 G_2 的正规子群.

下面验证 f 是良定义的,并且是双射.
$$f(Nx) = f(Ny) \Leftrightarrow \varphi(N)\varphi(x) = \varphi(N)\varphi(y) \Leftrightarrow \varphi(x)\varphi(y)^{-1} \in \varphi(N)$$
$$\Leftrightarrow \varphi(xy^{-1}) \in \varphi(N) \Leftrightarrow xy^{-1} \in N \Leftrightarrow Nx = Ny.$$
这就证明了 f 既是良定义的,也是单射的.

下面证明满射性. 任取 $\varphi(N)y \in G_2/\varphi(N)$,则 $y \in G_2$. 由于 φ 的满射性,$\exists x \in G_1$ 使得 $\varphi(x) = y$,于是
$$f(Nx) = \varphi(N)\varphi(x) = \varphi(N)y.$$

最后验证 f 为同态. $\forall Nx, Ny \in G_1/N$,
$$f(NxNy) = f(Nxy) = \varphi(N)\varphi(xy) = \varphi(N)\varphi(x)\varphi(y)$$
$$= \varphi(N)\varphi(x) \varphi(N)\varphi(y) = f(Nx)f(Ny).$$

证法二 令 $f: G_1 \to G_2/\varphi(N), f(x) = \varphi(N)\varphi(x)$. 易证 f 为满射函数. 下面验证 f 为同态. $\forall x, y \in G_1$,
$$f(xy) = \varphi(N)\varphi(xy) = \varphi(N)\varphi(x)\varphi(y) = \varphi(N)\varphi(x)\varphi(N)\varphi(y) = f(x)f(y).$$
$$\ker f = \{x \mid x \in G_1, f(x) = \varphi(N)\} = \{x \mid x \in G_1, \varphi(N)\varphi(x) = \varphi(N)\}$$
$$= \{x \mid x \in G_1, \varphi(x) \in \varphi(N)\} = \{x \mid x \in G_1, x \in N\} = N.$$

根据同态基本定理 $G_1/N \cong G_2/\varphi(N)$.

56. 证：H, K 是 G 的正规子群，易证 HK 也是 G 的正规子群.

令 $f: G/H \to G/HK, f(Hx) = HKx$，那么有
$$Hx = Hy \Leftrightarrow xy^{-1} \in H \Rightarrow xy^{-1} \in HK \Leftrightarrow HKx = HKy.$$

因此 f 是良定义的，易见 f 为满射. 下面证明 f 为同态映射. $\forall Hx, Hy \in G/H$,
$$f(HxHy) = f(Hxy) = HKxy = HKx \, HKy = f(Hx)f(Hy).$$

此外，
$$\ker f = \{Hx \mid f(x) = HK\} = \{Hx \mid HKx = HK\}$$
$$= \{Hx \mid x \in HK\} = HK/H.$$

由同态基本定理有
$$(G/H)/(HK/H) \cong G/HK.$$

57. 证：设 C 为 G 的中心，由《教程》中的例 17.32 知 $|C| > 1$，即存在 $a \in C, a \neq e$. 由于 C 是 G 的子群，根据 Lagrange 定理可知 $|C| = p$ 或 $|C| = p^2$.

若 $|C| = p^2$，则 $G = C, G$ 为 Abel 群. 若 $|C| = p$，则 $|G/C| = p$，因此 G/C 是循环群. 从而得到 $G/C = \langle Cb \rangle$，其中 $b \notin C$.

$\forall x, y \in G$，下面证明 x 与 y 可交换.
$$xC \in G/C \Rightarrow xC = Cx = Cb^i \Rightarrow xb^{-i} \in C \Rightarrow \exists c_1 \in C(x = c_1 b^i)，其中 i 为整数.$$

同理存在 $c_2 \in C(y = c_2 b^j)$，其中 j 是整数. 于是
$$xy = (c_1 b^i)(c_2 b^j) = c_1 c_2 b^{i+j} = c_2 c_1 b^{j+i} = (c_2 b^j)(c_1 b^i) = yx.$$

58. 证：由《教程》中的例 17.38 可知 G 中存在 p 阶元 a, q 阶元 b. 由于 $(p, q) = 1$，且 $ab = ba$，所以 $|ab| = pq$. 令 $t = ab$，于是 $G = \langle t \rangle$. 设 H 是 G 的子群，对于任意 $Hx \in G/H$，有 $x \in G$，$x = t^i, i$ 为整数. 那么
$$Hx = Ht^i = (Ht)^i \in \langle Ht \rangle,$$

因此 $G/H \subseteq \langle Ht \rangle$. 显然有 $\langle Ht \rangle \subseteq G/H$. 从而证明了 $G/H = \langle Ht \rangle = \langle Hab \rangle$.

59. 证：令 $G = \{(1), (1\,2)(3\,4), (1\,3)(2\,4), (1\,4)(2\,3)\}$，则 G 是 Klein 四元群. 下面证明 G 是 S_4 的正规子群. 任取 $\sigma \in S_4$，根据 25 题的结果，σ 可以表成一系列 $(1\,i)$ 形式的对换之积，即
$$\sigma = (1\,i_1)(1\,i_2) \cdots (1\,i_k).$$

下面证明 $\forall \tau \in G$，有 $\sigma \tau \sigma^{-1} \in G$. 而
$$\sigma \tau \sigma^{-1} = (1\,i_1)(1\,i_2) \cdots (1\,i_{k-1})(1\,i_k) \tau (1\,i_k)(1\,i_{k-1}) \cdots (1\,i_2)(1\,i_1),$$

为此只需证明 $\forall \tau \in G$，有 $(1\,i)\tau(1\,i) \in G$. 不妨设 $\tau = (1\,2)(3\,4)$，验证过程如下：
$$(1\,2)\tau(1\,2) = (1\,2)(1\,2)(3\,4)(1\,2) = (1\,2)(3\,4);$$
$$(1\,3)\tau(1\,3) = (1\,3)(1\,2)(3\,4)(1\,3) = (1\,4)(2\,3);$$
$$(1\,4)\tau(1\,4) = (1\,4)(1\,2)(3\,4)(1\,4) = (1\,3)(2\,4).$$

根据对称性，当 $\tau = (1\,3)(2\,4)$ 或 $(1\,4)(2\,3)$ 时也有 $(1\,i)\tau(1\,i) \in G$，其中 $i = 2, 3, 4$.

60. 证：由同态基本定理有 $G/\ker\varphi \cong G$，所以 $G/\ker\varphi$ 的子群与 G 的子群一一对应. $G/\ker\varphi$ 的子群为 $H/\ker\varphi$，其中 $\ker\varphi \subseteq H \subseteq G$. 由于 G 只有有限个子群，因此 $\ker\varphi = \{e\}$. 即 φ 为单同态，从而证明了 φ 为自同构.

61. 证：充分性. 设 G 为交换群. 易见 φ 是双射，且 $\forall x, y \in G$,

$$\varphi(xy)=(xy)^{-1}=y^{-1}x^{-1}=x^{-1}y^{-1}=\varphi(x)\varphi(y),$$

因此 φ 为自同构.

必要性. $\forall x,y\in G$,

$$xy=\varphi((xy)^{-1})=\varphi(y^{-1}x^{-1})=\varphi(y^{-1})\varphi(x^{-1})=yx,$$

因此 G 为交换群.

62. 证：(1) 易见 φ_t 是 G 到 G 的映射. $\forall a^i,a^j\in G$,

$$\varphi_t(a^ia^j)=\varphi_t(a^{i+j})=(a^t)^{i+j}=a^{ti}a^{tj}=\varphi_t(a^i)\varphi_t(a^j),$$

所以 φ_t 为自同态.

(2) $\varphi_t(a^i)=\varphi_t(a^j)\Leftrightarrow\varphi_t(a^i)\varphi_t(a^j)^{-1}=e$
$\Leftrightarrow\varphi_t(a^{i-j})=e\Leftrightarrow a^{t(i-j)}=e\Leftrightarrow n\mid(i-j)t.$

若 $(n,t)=1$,那么 $n\mid(i-j)$,从而得到 $a^{i-j}=e$,即 $a^i=a^j$,这就证明了 φ_t 为单射. 有穷集上的单射必是双射. 因此 φ_t 为自同构.

若 φ_t 为自同构,令 $(t,n)=d$,

$$\varphi_t(a^{\frac{n}{d}})=a^{\frac{n}{d}t}=(a^n)^{\frac{t}{d}}=e.$$

由于 $\varphi_t(e)=e$,且 φ_t 具有单射性,因此 $a^{\frac{n}{d}}=e$,从而得到 $n\mid\frac{n}{d}$. 这就证明了 $d=1$,即 $(n,t)=1$.

63. 证：令 $f:G\to\mathrm{Inn}G,f(x)=\varphi_x$,其中 $\varphi_x:G\to G,\varphi_x(a)=xax^{-1}$. $\forall x,y\in G$,

$$f(xy)=\varphi_{xy},\quad f(x)f(y)=\varphi_x\varphi_y,$$

为证 $f(xy)=f(x)f(y)$,只需证明 $\forall a\in G,\varphi_{xy}(a)=\varphi_x\varphi_y(a)$. 由于

$$\varphi_{xy}(a)=xya\ (xy)^{-1}=x(yay^{-1})\ x^{-1}=x\varphi_y(a)x^{-1}=\varphi_x\varphi_y(a),$$

因此 $f(xy)=f(x)f(y)$. 从而 f 为同态,易见 f 为满同态.

$$\ker f=\{x\mid f(x)=I_G\}=\{x\mid\varphi_x=I_G\}=\{x\mid\forall a\in G(xax^{-1}=a)\}$$
$$=\{x\mid\forall a\in G(xa=ax)\}=C.$$

由同态基本定理,$G/C\cong\mathrm{Inn}G$.

64. 证：设 G 为 10 阶群,则 G 中元素只能为 1,2,5 和 10 阶. 若 G 中含 10 阶元 a,则 $G=\langle a\rangle$ 为循环群. 若 G 中不含 10 阶元,则 G 中必含有 5 阶元,否则 $\forall a\in G$,有 $a^2=e$. 取 G 中非单位元 a,b,则 $\{e,a,b,ab\}$ 构成 G 的子群,与 Lagrange 定理矛盾.

令 G 中的 5 阶元为 b,则 $b,b^2,b^3,b^4,b^5=e$ 均为不同的元素. 取 $a\neq e,a\in G$,且 a 与上述 b 的各次幂都不相等. 构造集合

$$\{e,b,b^2,b^3,b^4,a,ab,ab^2,ab^3,ab^4\},$$

容易证明以上元素两两不等.

考虑 a^2,易见 $a^2\neq a,ab,ab^2,ab^3,ab^4$. 若 $a^2=b^4$,则 $|a|\neq 2$,于是 $|a|=5$. 从而有

$$e=a^5=aa^2a^2=ab^4b^4=ab^8=ab^3,$$

产生矛盾. 因此 $a^2\neq b^4$. 类似可证 $a^2\neq b^3,a^2\neq b^2,a^2\neq b$. 于是得到 $a^2=e$,即 $|a|=2$.

考虑 ba,易见 $ba\neq b,b^2,b^3,b^4,a,e$. 若 $ba=ab$,则 $|ab|=10$,与 G 中不存在 10 阶元矛盾. 若 $ba=ab^2$,则

$$(aba)^2=ab^2a=ab(ab^2)=a(ab^2)b^2=b^4,$$
$$ab^2a=b^4\Rightarrow ab^2=b^4a\Rightarrow ba=b^4a\Rightarrow b^3=e.$$

矛盾. 若 $ba=ab^3$,类似可证必有 $b=e$. 也产生矛盾. 从而证明了 $ba=ab^4$. 于是

$$(ba)^2=baba=baab^4=b^5=e,$$

因此 ba 是 2 阶元. 根据上述分析得到 $b^2a=ab^3, b^3a=ab^2, b^4a=ab$, 从而得到运算表 17.3. 故 10 阶群只有以上两种.

表 17.3

	e	b	b^2	b^3	b^4	a	ab	ab^2	ab^3	ab^4
e	e	b	b^2	b^3	b^4	a	ab	ab^2	ab^3	ab^4
b	b	b^2	b^3	b^4	e	ab^4	a	ab	ab^2	ab^3
b^2	b^2	b^3	b^4	e	b	ab^3	ab^4	a	ab	ab^2
b^3	b^3	b^4	e	b	b^2	ab^2	ab^3	ab^4	a	ab
b^4	b^4	e	b	b^2	b^3	ab	ab^2	ab^3	ab^4	a
a	a	ab	ab^2	ab^3	ab^4	e	b	b^2	b^3	b^4
ab	ab	ab^2	ab^3	ab^4	a	b^4	e	b	b^2	b^3
ab^2	ab^2	ab^3	ab^4	a	ab	b^3	b^4	e	b	b^2
ab^3	ab^3	ab^4	a	ab	ab^2	b^2	b^3	b^4	e	b
ab^4	ab^4	a	ab	ab^2	ab^3	b	b^2	b^3	b^4	e

65. 解：当 G 为 Abel 群时，对任意 $f_x \in \text{Inn}G$，有
$$f_x(a)=xax^{-1}=a,$$
即 $\forall a\in G, f_x(a)=a$，从而 $f_x=I_G$.

反之，若对任意 $x\in G, f_x\in \text{Inn}G$，都有 $f_x=I_G$，即 $\forall a\in G$，有 $f_x(a)=a$，则有 $xax^{-1}=a$，因此证明了 $x\in C$，于是 $G=C$，从而证明了 G 为 Abel 群.

66. 证：令 $f: G_1\times G_2\to G_2\times G_1, f(\langle a,b\rangle)=\langle b,a\rangle$，易见 f 为双射. 下面证明 f 为同态. $\forall \langle a_1,b_1\rangle, \langle a_2,b_2\rangle \in G_1\times G_2$，
$$f(\langle a_1,b_1\rangle\langle a_2,b_2\rangle)=f(\langle a_1a_2,b_1b_2\rangle)=\langle b_1b_2,a_1a_2\rangle$$
$$=\langle b_1,a_1\rangle\langle b_2,a_2\rangle=f(\langle a_1,b_1\rangle)f(\langle a_2,b_2\rangle),$$
从而证明了 $G_1\times G_2\cong G_2\times G_1$.

67. 证：$\langle e_1,e_2\rangle$ 属于 $H_1\times H_2$，因此 $H_1\times H_2$ 非空. 任取 $\langle a,b\rangle, \langle c,d\rangle$ 属于 $H_1\times H_2$，
$$\langle a,b\rangle\langle c,d\rangle^{-1}=\langle a,b\rangle\langle c^{-1},d^{-1}\rangle=\langle ac^{-1},bd^{-1}\rangle\in H_1\times H_2,$$
根据子群判定定理，命题得证.

68. 证：令 $f: G\to G/H\times G/K, f(x)=\langle Hx,Kx\rangle$，则
$$f(x)=f(y)\Rightarrow \langle Hx,Kx\rangle=\langle Hy,Ky\rangle\Rightarrow Hx=Hy,Kx=Ky$$
$$\Rightarrow xy^{-1}\in H, xy^{-1}\in K\Rightarrow xy^{-1}\in H\cap K\Rightarrow xy^{-1}=e\Rightarrow x=y,$$
从而证明了 f 的单射性. 下面证明 f 为同态. $\forall x,y\in G$，
$$f(xy)=\langle Hxy,Kxy\rangle=\langle HxHy,KxKy\rangle=\langle Hx,Kx\rangle\langle Hy,Ky\rangle=f(x)f(y).$$
令 $f(G)$ 为同态像，则 $f(G)$ 是 $G/H\times G/K$ 的子群，且 $G\cong f(G)$.

69. 证：令 $f: G_1\times G_2\to G_1, f(\langle x,y\rangle)=x$，则容易证明 f 为满同态，且 $\text{ker}f=\{e_1\}\times G_2$. 取 $N_1=\text{ker}f$，则
$$G_1\times G_2/N_1\cong G_1;$$

同理取 $N_2 = G_1 \times \{e_2\}$，则 $G_1 \times G_2 / N_2 \cong G_2$.

Ⅲ．补充习题

1. 设 G 为群，x, y 属于 G，且 $yxy^{-1} = x^2$，其中 x 不是单位元，y 是 2 阶元．求 x 的阶．

2. 设 G 为群，$H \leqslant G$，证明如果 $x \in G$ 且 xH 是 G 的子群，则 $x \in H$.

3. 设 G 为有限 Abel 群，且 $|G|$ 为奇数，证明 G 中全体元素之积等于单位元．

4. 设 G 为群，A, B 是 G 的子群，若存在 $g, h \in G$ 使得 $Ag = Bh$，证明 $A = B$.

5. 设 m 为正整数，且 m 整除 n，证明 n 阶循环群 $G = \langle a \rangle$ 中的方程 $x^m = e$ 恰有 m 个解．

6. 设多项式 $f = (x_1 + x_2)(x_3 + x_4)$，找出使得 f 保持不变的所有下标的置换，说明这些置换是否构成 S_4 的子群．

7. 设 A, B 是 G 的正规子群，且 $A \cap B = \{e\}$，证明任取 x 属于 A，y 属于 B，$xy = yx$.

8. G 为群，N 是 G 的正规子群，且 G/N 为 Abel 群，证明 $\forall a, b \in G$，$aba^{-1}b^{-1} \in N$.

9. G 为 n 阶群，C 为 G 的中心，证明 $[G:C]$ 不是素数．

10. 设 G 为群，$a \in G$，$|a| = 2$，$a \notin C$，其中 C 为 G 的中心．证明 $\langle a \rangle$ 不是 G 的正规子群．

11. 设 N 是群 G 的一个正规子群，且 $[G:N] = m$，证明 $\forall a \in G$ 都有 $a^m \in N$.

12. 设 G 为有限群，p, q 为互异的素数，$p < q$，且 $|G| = pq$．证明 G 的 q 阶子群为正规子群．

13. 设 $G = \langle M_n(Z), + \rangle$ 是整数集 Z 上的全体 2 阶方阵关于矩阵加法构成的群．

(1) 证明 $M = \left\{ \begin{pmatrix} a & b \\ c & d \end{pmatrix} \middle| a, b, c, d \text{ 均为偶数} \right\}$ 是 G 的正规子群；

(2) 写出 G/M 中的全体元素．

14. 设群 $G = \langle M_2(R), + \rangle$，$H = \{A | A \in M_2(R),$ 且 $A = A'\}$，$N = \{B | B \in M_2(R)$ 且 $B = -B'\}$，其中 X' 表示 X 的转置，证明

(1) H 是 G 的正规子群；

(2) $G/H \cong N$.

15. 设 $G = \langle Z, + \rangle$ 为整数加群．

(1) 求 $Z/12Z$；(2) 求 $3Z/12Z$；(3) 求 $G = \dfrac{Z/12Z}{3Z/12Z}$.

16. 设 G 为群，C 为 G 的中心，若 G/C 是循环群，证明 $G = C$.

17. 证明 G 为非 Abel 群，则 G 的自同构群 AutG 至少含有 2 个元素．

18. 设 f 是群 G_1 到 G_2 的同态映射，$H \leqslant G_1$，$|H| = n$.

(1) 证明 $|f(H)|$ 整除 n；

(2) 当 f 为单同态时，求出 $|f(H)|$.

19. 设 G 与 G' 都是群，φ 是群 G 到 G' 的一个同态，$a \in G$.

(1) 证明若 a 的阶是有限的，则 $\varphi(a)$ 的阶也是有限的，且 $|\varphi(a)|$ 整除 $|a|$；

(2) 如果 $\varphi(a)$ 的阶是有限的，那么 a 的阶一定是有限的吗？若是，则给出证明；若不是，则举例说明之．

20. 设 G 为群，证明 G/N 的任何子群都有形式 H/N，其中 $H \leqslant G$ 且 $N \subseteq H$.

21. G, H 为有限群，其阶互素，证明只存在一个 G 到 H 的同态映射．

22. 确定代数系统 $\langle Z_2, \oplus \rangle$ 到 $\langle Z_6, \oplus \rangle$ 的所有同态映射.

23. 设 G, H 为群, f 是 G 到 H 的满同态, H_1 是 H 的正规子群, G_1 是 H_1 的逆像, 证明 $G/G_1 \cong H/H_1$.

24. 设 G 是群, $N \triangleleft G, K \leqslant G, g: G \to G/N$ 是自然映射, 证明

(1) $g^{-1}(g(K)) \leqslant G$;

(2) $\ker g \upharpoonright K = N \cap K$.

Ⅳ. 补充习题解答

1. 解: 由已知得 $x^2 y = yx$, 于是
$$(yxy^{-1})(yxy^{-1}) = x^4 \Rightarrow yx^2y^{-1} = x^4.$$
由于 y 是 2 阶元, 因此 $y = y^{-1}$, 再利用 $x^2 y = yx$ 代入上式得
$$x^4 = yx^2y^{-1} = yx^2 y = yyx = x.$$
由消去律得 $x^3 = e$, 即 $|x| = 1$ 或者 3. 由于 $x \neq e$, 因此 $|x| = 3$.

2. 证: xH 是 G 的子群, 故 $e \in xH$. 从而存在 $h \in H$ 使得 $xh = e$. 于是得到 $x = h^{-1}$. 由于 H 是群, 因此 $x \in H$.

3. 证: 因为 $|G|$ 为奇数, 故 G 中没有 2 阶元. 对于 G 中任意非单位元 a, 必有 $|a| > 2$, 且都存在 $a^{-1} \neq a$, 且 $|a^{-1}| = |a|$. 由于 G 是 Abel 群, 在 G 的全体元素乘积中交换元素的顺序, 使得每个元素与其逆元相乘得到单位元 e, 有限多个单位元相乘还等于单位元.

4. 证: 任取 $a \in A, ag \in Ag = Bh$, 即存在 $b \in B$ 使得 $ag = bh$, 从而得到 $a = bhg^{-1}$. 由于 $g = eg \in Ag = Bh$, 即存在 $b' \in B$, 使得 $g = b'h$. 从而得到 $b'^{-1} = hg^{-1}$. 于是有 $a = bb'^{-1} \in B$. 因此得到 $A \subseteq B$. 同理可证 $B \subseteq A$.

5. 证: 设 $x = a^t$ 是解, $0 \leqslant t < n$, 则
$$x^m = e \Leftrightarrow a^{tm} = e \Leftrightarrow n \mid tm.$$
由于 m 整除 n, 即存在整数 $k, k > 0$, 使得 $n = km$. 于是 k 整除 t.
$$k \mid t \Leftrightarrow t = sk, \quad s \text{ 为整数}.$$
t 是 k 的倍数, 又由于 $t < n$, 因此 $t = 0, 1, \cdots, (m-1)k$. 从而得到 $x = a^0, a^k, a^{2k}, \cdots, a^{(m-1)k}$. 容易验证以上 a 的幂都是方程的解, 且两两不等.

6. 解: 置换为
$$(1), (12), (34), (12)(34), (13)(24), (14)(23), (1324), (1423),$$
这些置换构成 S_4 的子群.

7. 证: 由于 $x \in A, A$ 是子群, 因此 $x^{-1} \in A$. 由于 A 的正规性, 必有 $y^{-1}xy \in A$, 从而得到 $x^{-1}y^{-1}xy \in A$. 同理可证 $x^{-1}y^{-1}xy \in B$. 于是, $x^{-1}y^{-1}xy \in A \cap B$. 因为 $A \cap B = \{e\}$, 从而有 $x^{-1}y^{-1}xy = e$, 因此得到 $xy = yx$.

8. 证: G/N 为 Abel 群, 所以 $\forall a, b \in G$ 有 $NaNb = NbNa$, 即 $Nab = Nba$. 根据陪集性质有 $ab(ba)^{-1} \in N$, 从而得到 $aba^{-1}b^{-1} \in N$.

9. 证法一 若 G 为 Abel 群, 命题显然成立, 因为 $[G : C] = 1$.

若 G 不是 Abel 群, 则 $C \subsetneq G$, 存在 $a \in G - C$. 假若 $[G : C]$ 为素数 p, 令 $N(a) = \{x \mid x \in G, xa = ax\}$, 则 $C \subseteq N(a) \subseteq G$. 根据 Lagrange 定理有
$$|G| = [G : C] |C|,$$

$$|G|=[G:N(a)]|N(a)|.$$

因为$|C|$整除$|N(a)|$,因此$[G:N(a)]$整除$[G:C]$,从而得到$[G:N(a)]=1$或p.

由于$a\in N(a)$且$a\notin C$,所以$C\subset N(a)$,从而有$[G:N(a)]<[G:C]$. 因此$[G:N(a)]=1$. 从而推出$G=N(a)$,即所有的元素都与a交换,因此$a\in C$. 矛盾.

证法二 若$[G:C]$为素数,则$|G/C|=p$,p为素数. 故G/C为循环群,即存在$a\in G$,使得$G/C=\langle Ca\rangle$. 因此$\forall x\in G$有
$$Cx=(Ca)^k=Ca^k.$$
这说明存在$c_1,c_2\in C$,使得$c_1x=c_2a^k$,从而得到$x=c_1^{-1}c_2a^k$. 于是
$$xa=c_1^{-1}c_2a^{k+1}=a(c_1^{-1}c_2a^k)=ax,$$
因此$a\in C$,$G/C=\{C\}$,与$|G/C|=p$矛盾.

10. 证:假设$\langle a\rangle$是G的正规子群,那么$\forall x\in G,a\in\langle a\rangle$,有$xax^{-1}\in\langle a\rangle$. 由于$|a|=2$,所以$\langle a\rangle=\{e,a\}$,因此$xax^{-1}=e$,或者$xax^{-1}=a$.

如果$xax^{-1}=e$,那么$xa=x$,从而有$a=e$,与$|a|=2$矛盾. 因此只能是$xax^{-1}=a$,这就证明了$xa=ax$,因此$a\in C$,这又与已知条件矛盾.

11. 证:根据商群定义$|G/N|=[G:N]$,因此$|G/N|=m$. 从而得到
$$\forall a\in G,\quad Na\in G/N,\quad (Na)^m=N.$$
根据商群运算有,$(Na)^m=Na^m$,于是$Na^m=N$. 由陪集相等的充要条件得$a^m\in N$.

12. 证:设H为G的q阶子群,下面证明H是G的唯一的q阶子群. 若不然,存在q阶子群K,那么$H\cap K$是G的子群,其阶为1或者q. 若$|H\cap K|=1$,则根据33题的结论,$|HK|=|H||K|=q^2>pq=|G|$,矛盾. 若$|H\cap K|=q$,则$H=K$. 根据《教程》中的例17.34可知H是正规的.

13. (1) 证:因为全0矩阵属于M,M非空. 由于偶数减偶数还是偶数,因此
$$\forall\begin{pmatrix}a&b\\c&d\end{pmatrix},\begin{pmatrix}e&g\\f&h\end{pmatrix}\in M,\quad\begin{pmatrix}a&b\\c&d\end{pmatrix}-\begin{pmatrix}e&g\\f&h\end{pmatrix}\in M,$$
M是G的子群. 由于矩阵加法可交换,因此M是正规的.

(2) $G/M=\left\{\overline{\begin{pmatrix}a&b\\c&d\end{pmatrix}}\bigg|a,b,c,d\in\{0,1\}\right\}$,根据$a,b,c,d$的取值为$0$和$1$,共有$16$个陪集.

14. (1) 证:显然H非空. $\forall\begin{pmatrix}a&b\\b&c\end{pmatrix},\begin{pmatrix}d&e\\e&f\end{pmatrix}\in H$,
$$\begin{pmatrix}a&b\\b&c\end{pmatrix}-\begin{pmatrix}d&e\\e&f\end{pmatrix}=\begin{pmatrix}a-d&b-e\\b-e&c-f\end{pmatrix}\in H,$$
H为G的子群. $\forall\begin{pmatrix}a&b\\b&c\end{pmatrix}\in H,\begin{pmatrix}m&p\\n&q\end{pmatrix}\in G$,
$$\left(\begin{pmatrix}m&p\\n&q\end{pmatrix}+\begin{pmatrix}a&b\\b&c\end{pmatrix}-\begin{pmatrix}m&p\\n&q\end{pmatrix}\right)'=\begin{pmatrix}a&b\\b&c\end{pmatrix}'=\begin{pmatrix}a&b\\b&c\end{pmatrix}=\begin{pmatrix}m&p\\n&q\end{pmatrix}+\begin{pmatrix}a&b\\b&c\end{pmatrix}-\begin{pmatrix}m&p\\n&q\end{pmatrix},$$
H为正规的.

(2) 易见N非空,且N中矩阵有如下形式:$\begin{pmatrix}0&-a\\a&0\end{pmatrix}$,容易证明$N$为$G$的子群. 令$f:G\to N,f(X)=X-X'$,易见$f$为映射.

$$f\left(\begin{pmatrix}a & c\\ b & d\end{pmatrix}+f\begin{pmatrix}e & g\\ f & h\end{pmatrix}\right)=f\left(\begin{pmatrix}a+e & c+g\\ b+f & d+h\end{pmatrix}\right)=\begin{pmatrix}0 & (c+g)-(b+f)\\ (b+f)-(c+g) & 0\end{pmatrix},$$

$$f\left(\begin{pmatrix}a & c\\ b & d\end{pmatrix}\right)+f\left(\begin{pmatrix}e & g\\ f & h\end{pmatrix}\right)=\begin{pmatrix}0 & c-b\\ b-c & 0\end{pmatrix}+\begin{pmatrix}0 & g-f\\ f-g & 0\end{pmatrix},$$

这两个式子右边相等,f 为同态映射.

任取 $\begin{pmatrix}0 & -a\\ a & 0\end{pmatrix}\in N$,存在 $\begin{pmatrix}1 & 0\\ a & 1\end{pmatrix}\in G$,使得 $f\left(\begin{pmatrix}1 & 0\\ a & 1\end{pmatrix}\right)=\begin{pmatrix}0 & -a\\ a & 0\end{pmatrix}$,$f$ 是满射的,且

$$\ker f=\left\{\begin{pmatrix}a & b\\ b & d\end{pmatrix}\bigg|a,b,d\in R\right\}=H,$$

由同态基本定理得 $G/\ker f\cong N$,即 $G/H\cong N$.

15. 解:(1) $Z/12Z=\{[0],[1],\cdots,[11]\}$;

(2) $3Z/12Z=\{[0],[3],[6],[9]\}$;

(3) $G=\dfrac{Z/12Z}{3Z/12Z}=\{\{[0],[3],[6],[9]\},\{[1],[4],[7],[10]\},\{[2],[5],[8],[11]\}\}$.

16. 证:由于 G/C 是循环群,所以任取 $x\in G$,必 $\exists a\in G$ 使得 $xC=(aC)^t,t\in Z$. 其中 aC 为 G/C 的生成元. 于是 $xC=a^tC$,根据陪集相等的充要条件有 $x^{-1}a^t\in C$.

$$(x^{-1}a^t)x=x(x^{-1}a^t)=a^t\Rightarrow a^tx=xa^t,$$

于是 $a^t\in C$,从而得到 $xC=a^tC=C$,这就推出了 $x\in C$. 由于 x 的任意性,必有 $G=C$.

17. 证:G 为非 Abel 群,必存在 $a,b\in G$,满足 $ab\neq ba$. 令 f:$G\to G,f(x)=a^{-1}xa$,则 $\forall x,y\in G$ 有

$$f(xy)=a^{-1}(xy)a=(a^{-1}xa)(a^{-1}ya)=f(x)f(y),$$

这就证明了 f 为同态映射. 由

$$f(x)=f(y)\Rightarrow a^{-1}xa=a^{-1}ya\Rightarrow x=y$$

证明了 f 为单射. 且对任意 $c\in G$,有 $f(aca^{-1})=c$,于是 f 为满射. 从而证明了 f 为同构.

如果 $\text{Aut}G$ 只含有 1 个元素,即恒等映射. 那么对于所有的 $x\in G,f(x)=a^{-1}xa=x$,即 $xa=ax$,从而得到 $ab=ba$,与 $ab\neq ba$ 矛盾.

18. 证:(1) f 的限制 $f\upharpoonright H$:$H\to f(H)$ 是满同态,由同态基本定理有 $H/\ker(f\upharpoonright H)\cong f(H)$. 由 Lagrange 定理的结果有 $|H|=|\ker(f\upharpoonright H)||f(H)|$. 又已知 $|H|=n$,所以 $|f(H)|$ 整除 n.

(2) 当 f 为单射时,$f\upharpoonright H$:$H\to f(H)$ 为同构,因此 $|f(H)|=n$.

19. (1) 证:设 $|a|=r$,则

$$(\varphi(a))^r=\varphi(a^r)=\varphi(e)=e',$$

其中 e' 为 G' 的单位元. 这就证明了 $|\varphi(a)|$ 整除 $|a|$.

(2) 若 $\varphi(a)$ 的阶有限,a 的阶不一定有限. 考虑整数加群 $G=\langle Z,+\rangle$,模 3 加群 $G'=\langle Z_3,\oplus\rangle$. 令 φ:$Z\to Z_3$,且 $\varphi(a)=(a)\bmod 3$,那么 φ 是同态映射,在整数加群中 1 的阶不存在,但是在模 3 加群中,$|\varphi(1)|=3$.

20. 证:设 A 为 G/N 的任意子群,则 $N\in A$. 取自然同态 g:$G\to G/N$,则 $\ker g=N$. 下面证 $g^{-1}(A)$ 是 G 的子群. $e\in g^{-1}(A),g^{-1}(A)$ 非空. 任取 x,y,

$$x,y\in g^{-1}(A)\Rightarrow g(x),g(y)\in A\Rightarrow g(x)g(y)^{-1}\in A\Rightarrow g(xy^{-1})\in A\Rightarrow xy^{-1}\in g^{-1}(A),$$

因此 $g^{-1}(A)$ 是 G 的子群. $\forall x \in N$,
$$N = \ker g \Rightarrow g(x) = N \in A \Rightarrow x \in g^{-1}(A),$$
从而证明了 $N \subseteq g^{-1}(A)$. 令 $H = g^{-1}(A)$, 则 $N \subseteq H$, 且 N 是 H 的正规子群, $g(H) = H/N = A$.

21. 证：令 $f: G \to H$ 为同态, 由同态基本定理有
$$G/\ker f \cong f(G) \Rightarrow [G : \ker f] = |f(G)|,$$
从而得到 $|f(G)|$ 整除 $|G|$. 由于 $f(G) \leqslant H$, 因此 $|f(G)|$ 整除 $|H|$. 于是 $|f(G)|$ 整除 $(|G|, |H|)$. 由于 $(|G|, |H|) = 1$, 因此 $|f(G)| = 1$, 从而得到 $f(G) = \{e'\}$, 其中 e' 为 H 的单位元. 这就证明了 $\forall x \in G$ 有 $f(x) = e'$, 从而证明了 f 为零同态.

22. 解：根据补充习题 19 题, 对于同态映射 f, 必有 $|f(a)|$ 整除 $|a|$. $Z_2 = \{0, 1\}$, 其中 0 为 1 阶元, 必有 $f(0) = 0$; 1 是 2 阶元, 只能映到 1 阶元或者 2 阶元. 于是, 只有两个同态映射, 即
$$\{\langle 0, 0 \rangle, \langle 1, 0 \rangle\} \text{ 和 } \{\langle 0, 0 \rangle, \langle 1, 3 \rangle\}.$$

23. 证：$e \in G_1$, G_1 非空. 任取 $a, b \in G_1$, 存在 $x, y \in H_1$, 使得 $f(a) = x, f(b) = y$.
$$f(ab^{-1}) = f(a)f(b)^{-1} = xy^{-1} \in H_1,$$
$ab^{-1} \in G_1$. G_1 是 G 的子群. 任取 $a \in G_1, b \in G$, 存在 $f(a) = x, f(b) = y, x \in H_1, y \in H$.
$$f(bab^{-1}) = f(b)f(a)f(b^{-1}) = f(b)f(a)f(b)^{-1} = yxy^{-1} \in H_1,$$
于是 $bab^{-1} \in G_1$. G_1 是正规的.

定义 $\varphi: G/G_1 \to H/H_1$, $\varphi(G_1 x) = H_1 f(x)$, 那么
$$G_1 x = G_1 y \Leftrightarrow xy^{-1} \in G_1 \Leftrightarrow f(xy^{-1}) \in H_1 \Leftrightarrow f(x)f(y^{-1}) \in H_1 \Leftrightarrow H_1 f(x) = H_1 f(y),$$
易见 φ 是良定义的也是单射的、满射的.
$$\varphi(G_1 a G_1 b) = \varphi(G_1 ab) = H_1 f(ab) = H_1 f(a) f(b) = H_1 f(a) H_1 f(b) = \varphi(G_1) \varphi(G_2),$$
从而证明了 $G/G_1 \cong H/H_1$.

24. 证：(1) $e \in g^{-1}(g(K))$, $g^{-1}(g(K))$ 非空. 任取 $x, y \in g^{-1}(g(K))$, 存在 $x', y' \in K$ 使得 $g(x) = g(x'), g(y) = g(y')$, 于是
$$g(xy^{-1}) = g(x)g(y)^{-1} = g(x')g(y')^{-1} = g(x'y'^{-1}) \in g(K) \Rightarrow xy^{-1} \in g^{-1}(g(K)),$$
从而证明了 $g^{-1}(g(K)) \leqslant G$.

(2) $a \in \ker g \upharpoonright K \Leftrightarrow g \upharpoonright K(a) = N \Leftrightarrow g(a) = N, a \in K \Leftrightarrow Na = N, a \in K \Leftrightarrow a \in N, a \in K \Leftrightarrow a \in N \cap K$.

第十八章 环 与 域

I. 习题十八

1. 设 ∘ 和 ∗ 是 A 上的两个二元运算,且 ∘ 是可结合的,∗ 和 ∘ 是互相可分配的,证明对任意 $a_1,a_2,b_1,b_2 \in A$ 有
$$(a_1 * b_1) \circ (a_1 * b_2) \circ (a_2 * b_1) \circ (a_2 * b_2) = (a_1 * b_1) \circ (a_2 * b_1) \circ (a_1 * b_2) \circ (a_2 * b_2).$$

2. 设 $Z[i] = \{a+bi \mid a,b \in Z, i=\sqrt{-1}\}$,证明 $Z[i]$ 关于复数的加法和乘法构成一个环(高斯整数环).

3. 证明 $P(B)$ 关于 $\oplus$ 和 $\cap$ 构成一个可交换的环,其中 $\oplus$ 为集合的对称差运算.

4. 在整数环中定义 ∗ 和 ∘ 两个二元运算,对于任意的 $a,b \in Z$ 有
$$a * b = a+b-1,\quad a \circ b = a+b-ab.$$
证明 $\langle Z, *, \circ \rangle$ 是一个含幺环.

5. 设 R 是环,若 $\forall a \in R$ 都有 $a^2 = a$,则称 R 为布尔环. 证明:
(1) R 是可交换的;
(2) $\forall a \in R$ 有 $a+a=0$;
(3) 如果 $|R|>2$,则 R 不是整环.

6. 设 R_1,R_2 是环,在 $R_1 \times R_2$ 中定义两个二元运算 ∗ 和 ∘,对任意 $\langle a_1,b_1 \rangle, \langle a_2,b_2 \rangle \in R_1 \times R_2$,
$$\langle a_1,b_1 \rangle * \langle a_2,b_2 \rangle = \langle a_1+a_2, b_1+b_2 \rangle,\quad \langle a_1,b_1 \rangle \circ \langle a_2,b_2 \rangle = \langle a_1 a_2, b_1 b_2 \rangle.$$
证明:(1) $R_1 \times R_2$ 关于 ∗ 和 ∘ 运算构成一个环;
(2) 若 R_1 和 R_2 是交换环(或含幺环),则 $R_1 \times R_2$ 中也是交换环(或含幺环);
(3) 若 R_1 和 R_2 是整环,$R_1 \times R_2$ 也是整环吗?证明你的结论.

7. 设正整数 n 不是素数且 $n>1$,证明
(1) Z_n 中含有零因子;
(2) $\forall r \in Z_n, r \neq 0$,则 r 不是 Z_n 中零因子当且仅当 $(r,n)=1$;
(3) 找出 Z_{18} 中的全部零因子.

8. 设 R 为含幺环,a 是 R 中的可逆元,若 $|R|>1$,则 a 不是零因子.

9. 若 p,q 是不同的素数,证明无 pq 阶元的整环.

10. 设 $\langle R,+,\cdot \rangle$ 是环,S 是 R 中所有非零因子组成的集合. 证明 $\langle S,\cdot \rangle$ 是 $\langle R,\cdot \rangle$ 的子半群. 又问 $\langle S,+,\cdot \rangle$ 是 $\langle R,+,\cdot \rangle$ 的子环吗?为什么?

11. 证明有限整环必是域.

12. 设域 F 的特征 $n \neq 0, a,b \in F$,证明
$$(a+b)^n = a^n + b^n.$$

13. 设 T 是域 F 的子环,且 $|T| \geq 2$. 令
$$S = \{ab^{-1} \mid a,b \in T, b \neq 0\},$$

证明 S 是 F 中包含 T 的最小子域.

14. 设 R 是一个环,若 R 只有一个右单位元,试证 R 是含幺环.

15. 设 R 是含幺环,$u \in R$,u 有右逆元. 证明关于 u 的下述条件是等价的:
(1) u 有多于一个的右逆元; (2) u 不是可逆的; (3) u 是左零因子.

16. 设 R 是环,$a \in R$,若存在正整数 n 使得 $a^n = 0$,则称 a 是幂零元. 试证明 0 是整环中唯一的幂零元.

17. 设 R 是交换环,则 R 中的全体幂零元的集合(见题 16)构成 R 的子环.

18. 设 R 为交换环,证明 R 的所有幂零元的集合是 R 的一个理想.

19. 证明环 R 的两个理想的交仍是 R 的理想.

20. 设 R 是环,$A, B \subseteq R$. 令
$$A + B = \{a + b \mid a \in A \wedge b \in B\},$$
(1) 证明当 A, B 是理想时,$A + B$ 也是理想;
(2) 举例说明当 A, B 是子环时,$A + B$ 未必是子环.

21. 设 F 是数域,证明 F 上的矩阵环 $M_n(F)$ 无非平凡理想.

22. 给出 Z_5 及 Z_6 的所有理想.

23. 设 A 是偶数环,$D = \{4x \mid x \in Z\}$. 证明 D 是 A 的一个理想,求 A/D.

24. 设 R 是交换环,D 是 R 的理想. 令
$$N(D) = \{x \mid x \in R, 存在正整数 n 使得 x^n \in D\},$$
证明 $N(D)$ 是 R 的理想.

25. 设 A 是环 R 的理想,若存在正整数 n 使得
$$A^n = \{a_1 a_2 \cdots a_n \mid a_i \in A, i = 1, 2, \cdots, n\} = \{0\},$$
则称 A 是幂零的. 证明如果环 R 有幂零理想 A,且 R/A 为幂零环,则 R 是幂零环.

26. 设 H 是环 R 的理想,且 $H \neq R$,如果除 H 和 R 以外,R 不存在包含 H 的理想,则称 H 是 R 的极大理想. 设 R 是可交换的含幺环,证明 R/H 是域当且仅当 H 是 R 的极大理想.

27. 设 R 是交换环,$x_1, x_2, \cdots, x_m \in R$,令
$$S = \{r_1 x_1 + r_2 x_2 + \cdots + r_m x_m \mid r_i \in R, i = 1, 2, \cdots, m\},$$
证明 S 是 R 的理想.

28. 给出 Z_2 到 Z 的一切环同态.

29. 设 $A = \left\{ \begin{pmatrix} a & b \\ 0 & c \end{pmatrix} \middle| a, b, c \in Z \right\}$,关于矩阵加法和乘法构成环. 证明
$$B = \left\{ \begin{pmatrix} 0 & 0 \\ 0 & x \end{pmatrix} \middle| x \in Z \right\}$$
是 A 的子环. 给出 A 到 B 的一个同态映射 φ,并求 $\ker \varphi$.

30. 设 $F[x]$ 是域 F 上的多项式环,令 $\varphi: f(x) \mapsto f(0)$,$\forall f(x) \in F[x]$. 证明 φ 是 $F[x]$ 到 F 的满同态. 求 $\ker \varphi$ 和 $F[x]/\ker \varphi$.

31. 设 R 是环,A, B 是 R 的两个理想,且 $B \subseteq A$. 证明 A/B 是 R/B 的理想,且
$$R/B \big/ (A/B) \cong R/A.$$

32. 设 φ 是环 R_1 到 R_2 的同态映射,$S \subseteq R_1$. 证明 $\varphi^{-1}(\varphi(S)) = \ker \varphi + S$.

33. 设 φ 是从域 F_1 到 F_2 的同态,且 $\varphi(F_1) \neq \{0\}$. 证明 φ 是单同态.

34. 设 G 为 Abel 群,在 End$G$ 上定义两个运算. $\forall f,g \in \text{End}G$,
$$(f+g)(x)=f(x)+g(x), \quad \forall x \in G,$$
$$f \circ g(x)=f(g(x)), \quad \forall x \in G,$$
证明 $\langle \text{End}G,+,\circ \rangle$ 是一个环,称为 G 的自同态环. 设 $G=\langle a \rangle$ 是 n 阶循环群,求 G 的自同态环.

35. 证明有理数加法群的自同态环与有理数域同构.

36. 列出 $F_2[x]/(x+x^2)$ 的乘法表,$F_2[x]/(x+x^2)$ 是域吗?为什么?

37. 证明在 $F_2[x]$ 上次数大于 1 的任何不可约多项式的非零系数为奇数个.

38. 列出 $F_2[x]$ 中所有的次数从 1 到 4 的不可约多项式.

39. 在 $F_2[x]$ 中找出一个适当的不可约多项式 $f(x)$,并构造一个阶为 8 的有限域 $F_2[x]/f(x)$.

40. 将 x^5-1 在 $F_2[x]$ 上分解为不可约多项式.

II. 习题解答

1. 证:对任意 $a_1,a_2,b_1,b_2 \in A$ 有
$$(a_1 * b_1) \circ (a_1 * b_2) \circ (a_2 * b_1) \circ (a_2 * b_2)$$
$$=(a_1 * (b_1 \circ b_2)) \circ (a_2 * (b_1 \circ b_2))=(a_1 \circ a_2) * (b_1 \circ b_2);$$
$$(a_1 * b_1) \circ (a_2 * b_1) \circ (a_1 * b_2) \circ (a_2 * b_2)$$
$$=((a_1 \circ a_2) * b_1) \circ ((a_1 \circ a_2) * b_2)=(a_1 \circ a_2) * (b_1 \circ b_2).$$

2. 证:易见 $Z[i]$ 关于复数加法和乘法是封闭的. 复数加法和乘法满足交换律和结合律. 加法单位元为 $0,a+bi$ 的负元是 $-a-bi$,因此 $Z[i]$ 关于复数加法构成 Abel 群,关于复数乘法构成半群. 复数乘法关于复数加法满足分配律. 综合上述,$Z[i]$ 关于复数加法和乘法构成环.

3. 证:$P(B)$ 关于 $\oplus$ 运算满足交换、结合律,单位元为 $\varnothing$,每个集合的逆元就是自身. 因此 $P(B)$ 关于对称差运算构成 Abel 群. $\cap$ 运算有结合律,$P(B)$ 关于 $\cap$ 运算构成半群,下面证明 $\cap$ 对 $\oplus$ 运算满足分配律. 对于任意 $X,Y,Z \in P(B)$,
$$X \cap Y \cap \sim Z = (X \cap Y \cap \sim Z) \cup (X \cap Y \cap \sim X) = (X \cap Y) \cap (\sim Z \cup \sim X)$$
$$=(X \cap Y) \sim (X \cap Z)=(X \cap Y)-(X \cap Z).$$
利用这个结果得到
$$X \cap (Y \oplus Z) = X \cap ((Y-Z) \cup (Z-Y)) = (X \cap (Y-Z)) \cup (X \cap ((Z-Y))$$
$$=((X \cap Y)-(X \cap Z)) \cup ((X \cap Z)-(X \cap Y))=(X \cap Y) \oplus (X \cap Z).$$
由于 $\cap$ 运算的交换性,右分配律也成立.

4. 证:易见 $*$ 和 $\circ$ 运算在 Z 上是封闭的,且它们都可交换. $\forall a,b,c \in Z$ 有
$$(a * b) * c = a+b+c-2 = a * (b * c);$$
$$(a \circ b) \circ c = a+b+c-ab-ac-bc+abc = a \circ (b \circ c).$$
结合律成立. 1 为 $*$ 运算的单位元,$2-a$ 为 a 的逆元. $\langle Z, * \rangle$ 构成 Abel 群. 0 是 $\circ$ 运算的单位元,且
$$a \circ (b * c) = 2a+b+c-1-ab-ac = (a \circ b) * (a \circ c),$$
由于 $\circ$ 运算可交换,故 $\circ$ 对 $*$ 运算满足左、右分配律. 综合上述,$\langle Z, *, \circ \rangle$ 是一个含幺环.

5. 证:先证(2). $\forall a \in R$,
$$a+a=(a+a)(a+a)=a^2+a^2+a^2+a^2=a+a+a+a \Rightarrow a+a=0.$$
(1) $\forall a,b \in R$,

$$(a+b)^2 = a+b \Rightarrow a^2+ab+ba+b^2 = a+b \Rightarrow a+b+ab+ba = a+b \Rightarrow ab+ba = 0.$$

由上面的结果，$ab+ab=0$，由负元的唯一性知 $ab=ba$.

(3) **证法一** $|R|>2$，R 中存在两个不等的非 0 元素 a,b. 若 $ab=0$，则 a,b 为零因子，R 不是整环. 若 $ab\neq 0$，则

$$ab(b-a) = ab^2 - a^2b = ab - ab = 0,$$

ab 与 $b-a$ 为零因子. R 也不是整环.

证法二 假设 R 是整环，则 $1\in R$，由于 $|R|>2$，存在 $a\in R, a\neq 0,1$. 那么

$$(a-1)a = a^2 - a = a - a = 0.$$

从而推出 $a-1$ 和 a 是零因子，与 R 是整环矛盾.

6. 证：(1) $\langle R_1 \times R_2, *, \circ \rangle$ 是环 R_1 与 R_2 的直积. 根据积代数的性质，$R_1 \times R_2$ 中的 $*$ 运算保持交换律，结合律，单位元是 $\langle 0,0 \rangle$，$\langle a,b \rangle$ 的负元是 $\langle -a,-b \rangle$. $R_1 \times R_2$ 中的 $\circ$ 运算保持结合律，$\circ$ 对 $*$ 运算满足分配律，因此 $\langle R_1 \times R_2, *, \circ \rangle$ 构成环.

(2) 若 R_1 和 R_2 是交换环，则根据积代数性质，$R_1 \times R_2$ 也是可交换的；若 R_1 和 R_2 是含幺环，则 $\langle 1,1 \rangle$ 是 $R_1 \times R_2$ 中的单位元，$R_1 \times R_2$ 也是含幺环.

(3) R_1 和 R_2 是整环，$R_1 \times R_2$ 不一定是整环，反例如下：$\langle Z_2, \oplus, \otimes \rangle$，$\langle Z_3, \oplus, \otimes \rangle$ 都是整环，但是 $Z_2 \times Z_3$ 不是整环，$\langle 1,0 \rangle \otimes \langle 0,1 \rangle = \langle 0,0 \rangle$，$\langle 1,0 \rangle$ 和 $\langle 0,1 \rangle$ 是零因子.

7. 证：(1) n 不是素数，因此存在正整数 p,q 使得 $n=pq$，其中 $p>1, q>1$. 于是 $p\otimes q = 0$. p,q 为零因子.

(2) 先证充分性. 假若存在整数 $t, 0\leq t \leq n-1$，使得 $r \otimes t = 0$，则有 $n | rt$. 由于 $(r,n)=1$，必有 $n|t$，于是 $t=0$. 从而证明了 r 不是零因子.

再证必要性. 令 $(n,r)=d$，则

$$r \otimes \frac{n}{d} = \frac{r}{d} n \pmod{n} = 0.$$

由于 r 不是零因子，所以 $n/d \pmod{n} = 0$，即 $d=1$，从而得到 $(r,n)=1$.

(3) $1,5,7,11,13,17$ 为与 18 互素的数，因此 Z_{18} 的零因子是 $2,3,4,6,8,9,10,12,14,15,16$.

8. 证：若 $|R|>1$，故 $a\neq 0$，假如 $ab=0$，那么

$$b = a^{-1}(ab) = a^{-1}0 = 0,$$

因此 a 不是零因子.

9. 证：假设 R 为 pq 阶的整环，则 $\langle R, + \rangle$ 为 pq 阶的 Abel 群. 由《教程》中例 17.38 知道，群 R 中存在 p,q 阶元. 设 a 为 p 阶元，b 为 q 阶元，则 $a+b$ 为 pq 阶元，$\langle R, + \rangle$ 为 pq 阶的循环群. 设 R 的生成元为 c，则

$$R = \{0, c, 2c, \cdots, (pq-1)c\}.$$

取 R 中的两个非零元素 x 和 y，其中 $x=pc, y=qc$，则

$$xy = (pc)(qc) = pqc^2 = 0,$$

x,y 为零因子，与 R 是整环矛盾.

10. 解：$0\in S$，S 非空. 任取 $x,y\in S, a\in R$，那么 x,y 不是零因子，因此

$$(xy)a = 0 \Rightarrow x(ya) = 0 \Rightarrow ya = 0 \Rightarrow a = 0,$$

于是 xy 不是零因子，即 $xy\in S$，$\langle S, \cdot \rangle$ 是 $\langle R, \cdot \rangle$ 的子半群. $\langle S, +, \cdot \rangle$ 不一定是 $\langle R, +, \cdot \rangle$ 的

子环,例如$\langle Z_6,\oplus,\otimes\rangle$,$Z_6$中非零因子为$0,1,5$,$\{0,1,5\}$关于$\otimes$运算构成子半群,但不是子环,因为对于$\oplus$运算不封闭.

11. 证:设R为整环,则R中乘法适合消去律,又由于R有限,根据《教程》中的定理17.6,$R*$关于乘法构成群,即除了0之外的每个元素都有乘法逆元. 整环中含有单位元1,$|R|>1$. 从而证明了R为域.

12. 证:设F为域,$\forall x\in F$,有
$$nx=n(1\ x)=(n\ 1)x=0x=0.$$
考虑
$$(a+b)^n=\sum_{i=0}^{n}C_n^i a^i b^{n-i}=a^n+b^n+\sum_{i=1}^{n-1}C_n^i a^i b^{n-i},$$
根据《教程》中的定理18.3知n为素数,因此$n|C_n^i$. $i=1,2,\cdots,n-1$. 于是有$C_n^i a^i b^{n-i}=0$,从而得到$\sum_{i=1}^{n-1}C_n^i a^i b^{n-i}=0$,这就证明了$(a+b)^n=a^n+b^n$.

13. 证:易见$0\in S$. $\forall x\in T,x\neq 0$,由于T为域F的子环,故$x^2\in T$,于是$x=x^2 x^{-1}\in S$,这就证明了$T\subseteq S$. 任取$a_1 b_1^{-1},a_2 b_2^{-1}\in S$,那么$a_1,b_1,a_2,b_2\in T,b_1,b_2\neq 0$. 由于$T$是子环,必有
$$a_1 b_1^{-1}-a_2 b_2^{-1}=(a_1 b_2-a_2 b_1)(b_1 b_2)^{-1}\in S,$$
当$a_2\neq 0$,有
$$a_1 b_1^{-1}(a_2 b_2^{-1})^{-1}=a_1 b_1^{-1}b_2 a_2^{-1}=a_1 b_2 b_1^{-1}a_2^{-1}=(a_1 b_2)(a_2 b_1)^{-1}\in S,$$
故S为子域. 下面证明S的最小性. 假设B是F的子域且$T\subseteq B$,那么$\forall a,b\in T,b\neq 0$有$a,b\in B$. 由于B是F的子域,所以$ab^{-1}\in B$. 从而证明了$S\subseteq B$.

14. 证:设e是R中唯一的右单位元,下面证明$\forall x\in R,ex=x$. 任取$y\in R$,因为
$$y(ex-x+e)=yex-yx+ye=yx-yx+y=y,$$
所以$ex-x+e$也是右单位元,根据题设必有$ex-x+e=e$,从而得到$ex=x$.

15. 证:$(1)\Rightarrow(2)$. 设u有右逆元$v_1,v_2,v_1\neq v_2$,如果u存在逆元u^{-1},则
$$v_1=(u^{-1}u)v_1=u^{-1}(uv_1)=u^{-1};$$
同理可证$v_2=u^{-1}$,与$v_1\neq v_2$矛盾.

$(2)\Rightarrow(3)$. 设v是u的右逆元,即$uv=1$,由于u不是可逆的,所以$vu\neq 1$. 于是
$$u(vu-1)=uvu-u=u-u=0,$$
而$u\neq 0,vu-1\neq 0$,因此u为左零因子.

$(3)\Rightarrow(1)$. 由于u是左零因子,即存在$a\in R,a\neq 0,ua=0$,令v是u的右逆元,那么
$$u(v+a)=uv+ua=1+0=1,$$
因此$v+a$也是u的右逆元,且$v+a\neq v$.

16. 证:对n进行归纳.

$n=1$,结论显然为真. 假设对自然数k,命题为真,即$a^k=0\Rightarrow a=0$. 那么
$$a^{k+1}=0\Rightarrow a^k a=0\Rightarrow a^k=0\text{ 或者 }a=0\Rightarrow a=0.$$
根据归纳法命题得证.

17. 证:设全体幂零元的集合为$S,0\in S,S$非空. 设$a,b\in S$,则存在$m,n\in Z^+,a^m=0,b^n=0$. 于是

$$(a-b)^{m+n} = \sum_{i=0}^{m+n}(-1)^i C_{m+n}^i a^i b^{m+n-i}.$$

当 $i<m$ 时,$m+n-i\geqslant n$,$b^{m+n-i}=0$;当 $i\geqslant m$ 时,$a^i=0$,因此 $(a-b)^{m+n}=0$,从而存在正整数 t,使得 $(a-b)^t=0$,$a-b\in S$. 此外,由交换性必有

$$(ab)^m = a^m b^m = 0,$$

因此存在正整数 l,使得 $(ab)^l=0$,$ab\in S$. 从而证明了 S 为 R 的子环.

18. 证:由 17 题知 R 的全体幂零元的集合 S 构成 R 的子环. 任取 $a\in S$,$x\in R$,存在正整数 n 使得 $a^n=0$,于是

$$(ax)^n = a^n x^n = 0,$$

因此 $ax\in S$. 同理可证 $xa\in S$. 于是 S 是 R 的理想.

19. 证:设 D_1 和 D_2 是 R 的理想,那么 D_1 和 D_2 是 R 的子加群. 因此 $D_1\cap D_2$ 也是 R 的子加群. 任取 $d\in D_1\cap D_2$,$x\in R$,则 $d\in D_1$,$d\in D_2$,因此 $dx\in D_1$,$dx\in D_2$,从而 $dx\in D_1\cap D_2$. 同理可证 $xd\in D_1\cap D_2$. 因此 $D_1\cap D_2$ 是 R 的理想.

20. 解:(1) $A\subseteq A+B$,$A+B$ 非空. $\forall a+b,c+d\in A+B$,有 $a,c\in A$,$b,d\in B$,于是

$$(a+b)-(c+d) = (a-c)+(b-d).$$

由于 A,B 是理想,$a-c\in A$,$b-d\in B$,因此 $(a-c)+(b-d)\in A+B$,故 $A+B$ 是 R 的子加群. $\forall a+b\in A+B$,$r\in R$,$ar\in A$,$br\in B$,因此有

$$(a+b)r = ar+br \in A+B;$$

同理 $r(a+b)\in A+B$,因此 $A+B$ 是 R 的理想.

(2) 令

$$R = \left\{\begin{pmatrix} a & b \\ c & d \end{pmatrix} \Big| a,b,c,d\text{ 为实数}\right\}, \quad A = \left\{\begin{pmatrix} a & b \\ 0 & 0 \end{pmatrix} \Big| a,b\text{ 为实数}\right\}, \quad B = \left\{\begin{pmatrix} x & 0 \\ y & 0 \end{pmatrix} \Big| x,y\text{ 为实数}\right\},$$

则 A,B 都是 R 的子环,但是

$$A+B = \left\{\begin{pmatrix} a & b \\ c & 0 \end{pmatrix} \Big| a,b,c\text{ 为实数}\right\},$$

不是 R 的子环,因为它关于乘法运算不封闭. 例如 $\begin{pmatrix} 1 & 1 \\ 1 & 0 \end{pmatrix}\in A+B$,但是

$$\begin{pmatrix} 1 & 1 \\ 1 & 0 \end{pmatrix}\begin{pmatrix} 1 & 1 \\ 1 & 0 \end{pmatrix} = \begin{pmatrix} 2 & 1 \\ 1 & 1 \end{pmatrix}\notin A+B.$$

21. 证:令 D 为 $M_n(F)$ 的理想,且 $D\neq\{0\}$,则存在 $A=(a_{ij})\in D$,a_{ij} 不全为 0,其中 $1\leqslant i,j\leqslant n$. 不妨设 $a_{kl}\neq 0$. 令 E_{ij} 为第 i 行 j 列元素为 1,其余为 0 的 n 阶矩阵,则

$$E_{ij} = a_{kl}^{-1} E_{ik} A E_{lj}.$$

由于 $A\in D$,D 是 $M_n(F)$ 的理想,因此 $E_{ij}\in D$,$1\leqslant i,j\leqslant n$. 而 $M_n(F)$ 的任意元素 $M=(b_{ij})$ 可以表为

$$M = \sum_{i,j=1}^{n} b_{ij} E_{ij},$$

因此 M 属于 D,从而证明了 $D=M_n(F)$.

22. 解:Z_5 的理想为 $\{0\}$,Z_5;Z_6 的理想为 $\{0\}$,$\{0,2,4\}$,$\{0,3\}$,Z_6.

23. 解:$A=2Z$,$D=4Z$,易见 D 是 A 的子加群. $\forall 4x\in D$,$2y\in A$,$(4x)(2y)\in D$,因此 D

是 A 的理想.
$$A/D = \{4Z, 4Z+2\}.$$

24. 证:$\forall x, y \in N(D)$,存在正整数 n, m 使得 $x^m \in D, y^n \in D$.
$$(x-y)^{m+n} = \sum_{i=0}^{m+n}(-1)^i C_{m+n}^i x^i y^{m+n-i},$$
当 $i \geqslant m$ 时,$x^m \in D$,故 $x^i y^{m+n-i} \in D$;当 $i < m$ 时,$y^n \in D$,故 $x^i y^{m+n-i} \in D$;于是 $(x-y)^{m+n} \in D$,从而证明了 $x-y \in N(D)$. 故 $N(D)$ 是 R 的子加群.

$\forall x \in N(D), r \in R$,存在正整数 n 使得 $x^n \in D$,于是 $(xr)^n = x^n r^n \in D$,从而证明了 $xr \in N(D)$. 同理可证 $rx \in N(D)$,因此 $N(D)$ 是 R 的理想.

25. 证:设 $A^n = \{0\}$,则 $\forall a_1, a_2, \cdots, a_n \in A$,有 $a_1 a_2 \cdots a_n = 0$,又设 $(R/A)^m = \{\overline{0}\}$,$m$ 为正整数,那么 $\forall \overline{r_1}, \overline{r_2}, \cdots, \overline{r_m} \in R/A$,有 $\overline{r_1 r_2} \cdots \overline{r_m} = \overline{0}$. 即 $\forall r_1, r_2, \cdots, r_m \in R$,有 $r_1 r_2 \cdots r_m \in A$. 因此 $\forall r_{11}, r_{12}, \cdots, r_{1m}, r_{21}, r_{22}, \cdots, r_{2m}, \cdots, r_{n1}, r_{n2}, \cdots, r_{nm} \in R$,有
$$r_{11} r_{12} \cdots r_{1m} r_{21} r_{22} \cdots r_{2m} \cdots r_{n1} r_{n2} \cdots r_{nm} = 0,$$
从而得到 $R^{mn} = \{0\}$.

26. 证:必要性. 设 R/H 是域,$H \neq R$. 设 M 是 R 的理想,且 $H \subset M$,那么 $\exists a (a \in M, a \notin H)$,因此 $H + a \neq H$. 因为 R/H 是域,因此存在 $b \in R$ 使得
$$(H+a)(H+b) = H+1 \Rightarrow H+ab = H+1,$$
由于 $a \in M, M$ 是理想,所以 $ab \in M$,于是 $H+1 = H+ab \subseteq M$. 从而得到 $1 \in M$. 这就证明了 $M = R$,H 为极大理想.

充分性. 任取 R/H 中的非零元 $H+a, a \notin H$. 令
$$M = \{h + ax \mid h \in H, x \in R\},$$
则 $\forall h_1 + ax_1, h_2 + ax_2 \in M, r \in R$ 有
$$(h_1 + ax_1) - (h_2 + ax_2) = (h_1 - h_2) + a(x_1 - x_2) \in M,$$
$$(h_1 + ax_1)r = h_1 r + ax_1 r \in M,$$
$$r(h_1 + ax_1) = rh_1 + rax_1 \in M,$$
因此 M 是 R 的理想,且 $H \subset M$,根据已知条件,$M = R$. 故存在 $h \in H, b \in R$ 使得 $h + ab = 1$,从而
$$(H+a)(H+b) = H + ab = H + 1,$$
$H+b$ 是 $H+a$ 的逆元.

27. 证:S 非空. $\forall r_{11} x_1 + r_{21} x_2 + \cdots + r_{m1} x_m, r_{12} x_1 + r_{22} x_2 + \cdots + r_{m2} x_m \in S$,
$$(r_{11} x_1 + r_{21} x_2 + \cdots + r_{m1} x_m) - (r_{12} x_1 + r_{22} x_2 + \cdots + r_{m2} x_m)$$
$$= (r_{11} - r_{12}) x_1 + (r_{21} - r_{22}) x_2 + \cdots + (r_{m1} - r_{m2}) x_m \in S;$$
$\forall r_1 x_1 + r_2 x_2 + \cdots + r_m x_m \in S, \forall r \in R$,
$$r(r_1 x_1 + r_2 x_2 + \cdots + r_m x_m) = rr_1 x_1 + rr_2 x_2 + \cdots + rr_m x_m \in S,$$
$$(r_1 x_1 + r_2 x_2 + \cdots + r_m x_m)r = r_1 rx_1 + r_2 rx_2 + \cdots + r_m rx_m \in S,$$
故 S 为 R 的理想.

28. 解:设 $f: Z_2 \to Z$ 为环同态,那么 $f(0) = 0$. 假设 $f(1) = t, t$ 为整数,则
$$0 = f(0) = f(1 \oplus 1) = f(1) + f(1) = 2t,$$
从而得到 $t = 0$,于是 $\forall x \in Z_2, f(x) = 0$.

29. 解：显然 B 非空，任取 $\begin{pmatrix} 0 & 0 \\ 0 & x \end{pmatrix}, \begin{pmatrix} 0 & 0 \\ 0 & y \end{pmatrix} \in B, x, y$ 是整数，则

$$\begin{pmatrix} 0 & 0 \\ 0 & x \end{pmatrix} - \begin{pmatrix} 0 & 0 \\ 0 & y \end{pmatrix} = \begin{pmatrix} 0 & 0 \\ 0 & x-y \end{pmatrix} \in B, \quad \begin{pmatrix} 0 & 0 \\ 0 & x \end{pmatrix}\begin{pmatrix} 0 & 0 \\ 0 & y \end{pmatrix} = \begin{pmatrix} 0 & 0 \\ 0 & xy \end{pmatrix} \in B,$$

故 B 是 A 的子环. 令 $\varphi: A \to B, \varphi\left(\begin{pmatrix} a & b \\ 0 & c \end{pmatrix}\right) = \begin{pmatrix} 0 & 0 \\ 0 & c \end{pmatrix}$，则 $\forall \begin{bmatrix} a_1 & b_1 \\ 0 & c_1 \end{bmatrix}, \begin{bmatrix} a_2 & b_2 \\ 0 & c_2 \end{bmatrix} \in A$,

$$\varphi\left[\begin{bmatrix} a_1 & b_1 \\ 0 & c_1 \end{bmatrix} + \begin{bmatrix} a_2 & b_2 \\ 0 & c_2 \end{bmatrix}\right] = \begin{pmatrix} 0 & 0 \\ 0 & c_1+c_2 \end{pmatrix}$$
$$= \begin{pmatrix} 0 & 0 \\ 0 & c_1 \end{pmatrix} + \begin{pmatrix} 0 & 0 \\ 0 & c_2 \end{pmatrix} = \varphi\left[\begin{bmatrix} a_1 & b_1 \\ 0 & c_1 \end{bmatrix}\right] + \varphi\left[\begin{bmatrix} a_2 & b_2 \\ 0 & c_2 \end{bmatrix}\right],$$
$$\varphi\left[\begin{bmatrix} a_1 & b_1 \\ 0 & c_1 \end{bmatrix} \cdot \begin{bmatrix} a_2 & b_2 \\ 0 & c_2 \end{bmatrix}\right] = \begin{pmatrix} 0 & 0 \\ 0 & c_1 c_2 \end{pmatrix}$$
$$= \begin{pmatrix} 0 & 0 \\ 0 & c_1 \end{pmatrix} \cdot \begin{pmatrix} 0 & 0 \\ 0 & c_2 \end{pmatrix} = \varphi\left[\begin{bmatrix} a_1 & b_1 \\ 0 & c_1 \end{bmatrix}\right] \cdot \varphi\left[\begin{bmatrix} a_2 & b_2 \\ 0 & c_2 \end{bmatrix}\right],$$
$$\ker\varphi = \left\{\begin{pmatrix} a & b \\ 0 & 0 \end{pmatrix} \mid a, b \in Z\right\}.$$

30. 解：$\forall f(x), g(x) \in F[x]$,
$$\varphi(f(x)+g(x)) = f(0)+g(0) = \varphi(f(x))+\varphi(g(x)),$$
$$\varphi(f(x)g(x)) = f(0)g(0) = \varphi(f(x))\varphi(g(x)),$$
于是 φ 是 $F[x]$ 到 F 的同态. $\forall a \in F, \varphi(x+a)=a$，因此 φ 为满同态.
$$\ker\varphi = \{xf(x) \mid f(x) \in F[x]\}.$$
$$F[x]/\ker\varphi = \{a+\ker\varphi \mid a \in F\}.$$

31. 证：$\forall B+a_1, B+a_2 \in A/B$,
$$(B+a_1)-(B+a_2) = B+(a_1-a_2) \in A/B,$$
于是 $\langle A/B, +\rangle$ 构成 Abel 群. $\forall B+a \in A/B, B+r \in R/B$,
$$(B+a)(B+r) = B+ar \in A/B,$$
$$(B+r)(B+a) = B+ra \in A/B,$$
于是 A/B 是 R/B 的理想. 令 $\varphi: R/B \to R/A, \varphi(B+r)=A+r$，那么
$$B+r_1 = B+r_2 \Leftrightarrow r_1-r_2 \in B \Rightarrow r_1-r_2 \in A \Rightarrow A+r_1 = A+r_2,$$
因此 φ 是良定义的. 易见 φ 也是满射的. $\forall B+r_1, B+r_2 \in R/B$,
$$\varphi((B+r_1)+(B+r_2)) = \varphi(B+r_1+r_2) = A+r_1+r_2$$
$$= (A+r_1)+(A+r_2) = \varphi(B+r_1)+\varphi(B+r_2);$$
$$\varphi((B+r_1)(B+r_2)) = \varphi(B+r_1 r_2) = A+r_1 r_2$$
$$= (A+r_1)(A+r_2) = \varphi(B+r_1)\varphi(B+r_2).$$
于是 φ 为满同态.
$$\ker\varphi = \{B+r \mid r \in A\} = A/B.$$
由同态基本定理得 $R/B/(A/B) \cong R/A$.

32. 证：任取 x,

$x \in \varphi^{-1}(\varphi(S)) \Leftrightarrow \varphi(x) \in \varphi(S) \Leftrightarrow \exists a \in S(\varphi(x) = \varphi(a)) \Leftrightarrow \exists a \in S(\varphi(x-a) = 0)$
$\Leftrightarrow \exists a \in S(x-a \in \ker\varphi) \Leftrightarrow \exists a \in S(x \in \ker\varphi + a) \Leftrightarrow x \in \ker\varphi + S.$

33. 证：假若 φ 不是单同态，那么存在 $a \in \ker\varphi, a \neq 0$. 由于 F_1 为域，$a^{-1} \in F_1$. 因为 $\ker\varphi$ 是 F_1 的理想，故 $1 = a^{-1}a \in \ker\varphi$, $\forall a \in F_1, a = a \cdot 1 \in \ker\varphi$, 从而得到 $F_1 = \ker\varphi$. 于是 $\varphi(F_1) = \{0\}$, 与已知矛盾.

34. 解：$\forall x, y \in G$,
$$(f+g)(x+y) = f(x+y) + g(x+y) = f(x) + g(x) + f(y) + g(y)$$
$$= (f+g)(x) + (f+g)(y);$$
$$f \circ g(x+y) = f(g(x+y)) = f(g(x)+g(y)) = f(g(x)) + f(g(y))$$
$$= f \circ g(x) + f \circ g(y).$$

$f+g$ 与 $f \circ g$ 都是同态，因此 $\mathrm{End}G$ 关于 + 和 ∘ 运算封闭. 显然 + 在 $\mathrm{End}G$ 满足交换律. 下面验证结合律. $\forall f, g, h \in \mathrm{End}G$, $\forall x \in G$,
$$((f+g)+h)(x) = (f+g)(x) + h(x) = (f(x)+g(x)) + h(x)$$
$$= f(x) + (g(x)+h(x)) = (f+(g+h))(x);$$
$$(f+f_0)(x) = f(x) + f_0(x) = f(x) + 0 = f(x),$$
其中 $f_0: G \to G, f_0(x) = 0$ 为零同态. 于是 $f+f_0 = f$, 同理可证 $f_0+f = f$. 令 $g: G \to G, g(x) = -f(x)$, 那么
$$(f+g)(x) = f(x) - f(x) = 0, (g+f)(x) = -f(x) + f(x) = 0,$$
因此 g 是 f 的负元. 综合上述，$\mathrm{End}G$ 关于 + 运算构成 Abel 群. 由于函数复合运算满足结合律，$\mathrm{End}G$ 关于 ∘ 运算构成半群. $\forall f, g, h \in \mathrm{End}G, \forall x \in G$,
$$f \circ (g+h)(x) = f(g(x)+h(x)) = f(g(x)) + f(h(x))$$
$$= f \circ g(x) + f \circ h(x) = (f \circ g + f \circ h)(x),$$
因此 $f \circ (g+h) = f \circ g + f \circ h$. 同理可证右分配律也成立. 于是 $\langle \mathrm{End}G, +, \circ \rangle$ 构成环.

设 $G = \langle a \rangle = \{e, a, \cdots, a^{n-1}\}$, 令 $f_p: G \to G, f_p(a^i) = a^{ip}, p = 0, 1, \cdots, n-1$, 那么
$$a^i = a^j \Leftrightarrow n \mid (j-i) \Leftrightarrow n \mid (jp - ip) \Leftrightarrow a^{ip} = a^{jp}.$$
$\forall a^i, a^j \in G$,
$$f_p(a^i a^j) = f_p(a^{i+j}) = a^{(i+j)p} = a^{ip} a^{jp} = f_p(a^i) f_p(a^j),$$
f_p 是 G 的自同态. 反之，任给 G 的自同态，$f: G \to G, f(a) = a^t, t \in \{0, 1, \cdots, n-1\}$, 则容易证明 $f(a^i) = a^{it}$, 即 $f = f_t$. 于是 $\mathrm{End}G = \{f_0, f_1, \cdots, f_{n-1}\}$. $\forall f_i, f_j \in \mathrm{End}G$,
$$f_i + f_j = f_{(i+j) \bmod n}, f_i \circ f_j = f_{(ij) \bmod n}.$$

35. 证：设 $G = \langle Q, + \rangle$ 的自同态环为 $\mathrm{End}G$, $\forall f \in \mathrm{End}G$, $\forall \frac{m}{n} \in Q$,
$$f\left(\frac{m}{n}\right) = mf\left(\frac{1}{n}\right) \Rightarrow f(1) = f\left(n \cdot \frac{1}{n}\right) = nf\left(\frac{1}{n}\right),$$
$$f\left(\frac{m}{n}\right) = \frac{m}{n} f(1).$$
反之，给定 $f(1)$, 令 $f\left(\frac{m}{n}\right) = \frac{m}{n} f(1)$, 不难验证 f 是 G 的自同态.

令 $\varphi: \mathrm{End}G \to Q, \varphi(f) = f(1)$, 则 φ 为双射. 因为 $\forall \frac{p}{q} \in Q$, 令 $f\left(\frac{m}{n}\right) = \frac{m}{n}\frac{p}{q}$, 则 $\varphi(f) = \frac{p}{q}$. 从而证明了 φ 为满射. 下面证明 φ 为单射.

$$\varphi(f) = \varphi(g) \Rightarrow f(1) = g(1)$$
$$\Rightarrow \forall \frac{m}{n} \in Q\left(f\left(\frac{m}{n}\right) = \frac{m}{n}f(1) = \frac{m}{n}g(1) = g\left(\frac{m}{n}\right)\right) \Rightarrow f = g.$$

最后证明 φ 为同态映射. $\forall f, g \in \mathrm{End}G$, 设 $g(1) = \frac{a}{b} \in Q$,

$$\varphi(f+g) = (f+g)(1) = f(1) + g(1) = \varphi(f) + \varphi(g);$$
$$\varphi(f \circ g) = f \circ g(1) = f(g(1)) = f\left(\frac{a}{b}\right) = \frac{a}{b}f(1)$$
$$= g(1)f(1) = f(1)g(1) = \varphi(f)\varphi(g).$$

36．解：乘法表如表 18.1 所示. $F_2[x]/(x+x^2)$ 不是域，因为 x 没有乘法逆元.

表 18.1

·	0	1	x	$1+x$
0	0	0	0	0
1	0	1	x	$1+x$
x	0	x	x	0
$1+x$	0	$1+x$	0	$1+x$

37．证：设 $F_2[x]$ 中的 $n(n>1)$ 次不可约多项式 $f(x)$ 含有偶数个非零系数，且

$$f(x) = a_0 x^n + a_1 x^{n-1} + \cdots + a_n.$$

若 $a_n = 0$, 则 $x | f(x)$, 与 $f(x)$ 不可约矛盾. 因此 $a_n \neq 0$. 由于

$$1 + x^k = (1+x)(1 + x + x^2 + \cdots + x^{k-1}), k = 2, \cdots,$$

因此 $1 + x^k (k>1)$ 形式的多项式含有因式 $1+x$. 将 $f(x)$ 的展开式中从右到左，每相邻两个非零项分成一组，那么每组都可以表示成下述形式: $x^s + x^t$, 其中 s, t 为正整数，$s > t \geq 0$. 由于 $n > 1$, 至少存在两组. 而 $x^s + x^t = x^t(x^{s-t}+1)$, 根据前面的分析，$1+x$ 整除 $x^{s-t}+1$. 因此

$$f(x) = (1+x)g(x),$$

其中 $g(x) \neq 1$. 从而与 $f(x)$ 的不可约性矛盾.

38．解：$1, x, 1+x, 1+x+x^2, 1+x+x^3, 1+x^2+x^3, 1+x+x^4, 1+x^2+x^4, 1+x^3+x^4, 1+x+x^2+x^3+x^4$.

39．解：设 $f(x) = 1 + x + x^3$,

$$F_2[x]/f(x) = \{0, 1, x, 1+x, x^2, 1+x^2, x+x^2, 1+x+x^2\}.$$

加法与乘法运算表如表 18.2 及 18.3 所示.

表 18.2

+	0	1	x	$1+x$	x^2	$1+x^2$	$x+x^2$	$1+x+x^2$
0	0	1	x	$1+x$	x^2	$1+x^2$	$x+x^2$	$1+x+x^2$
1	1	0	$1+x$	x	$1+x^2$	x^2	$1+x+x^2$	$x+x^2$
x	x	$1+x$	0	1	$x+x^2$	$1+x+x^2$	x^2	$1+x^2$
$1+x$	$1+x$	x	1	0	$1+x+x^2$	$x+x^2$	$1+x^2$	x^2
x^2	x^2	$1+x^2$	$x+x^2$	$1+x+x^2$	0	1	x	$1+x$
$1+x^2$	$1+x^2$	x^2	$1+x+x^2$	$x+x^2$	1	0	$1+x$	x
$x+x^2$	$x+x^2$	$1+x+x^2$	x^2	$1+x^2$	x	$1+x$	0	1
$1+x+x^2$	$1+x+x^2$	$x+x^2$	$1+x^2$	x^2	$1+x$	x	1	0

表 18.3

·	0	1	x	$1+x$	x^2	$1+x^2$	$x+x^2$	$1+x+x^2$
0	0	0	0	0	0	0	0	0
1	0	1	x	$1+x$	x^2	$1+x^2$	$x+x^2$	$1+x+x^2$
x	0	x	x^2	$x+x^2$	$1+x$	1	$1+x+x^2$	$1+x^2$
$1+x$	0	$1+x$	$x+x^2$	$1+x^2$	$1+x+x^2$	x^2	1	x
x^2	0	x^2	$1+x$	$1+x+x^2$	$x+x^2$	x	$1+x^2$	1
$1+x^2$	0	$1+x^2$	1	x^2	x	$1+x+x^2$	$1+x$	$x+x^2$
$x+x^2$	0	$x+x^2$	$1+x+x^2$	1	$1+x^2$	$1+x$	x	x^2
$1+x+x^2$	0	$1+x+x^2$	$1+x^2$	x	1	$x+x^2$	x^2	$1+x$

40. 解：$x^5-1=(1+x+x^2+x^3+x^4)(1+x)$.

Ⅲ．补充习题

1. R 为环，$a\in R$，$R_1=\{x\mid x\in R, xa=0\}$，证明 R_1 是 R 的子环．

2. 设 R 是含有乘法单位元的环，$a\in R$，$a\neq 0,1$，且 a 是幂等元，即 $a^2=a$，证明：

(1) $1-a$ 也是幂等元；

(2) a 是零因子．

3. 设 R 是一个环，$a\in R$，$a^2=a$，且对 R 中任意非零元素 x 都有 $x^2\neq 0$，证明 a 属于 R 的中心 C．

4. 证明有理数域的自同构只有恒等自同构．

Ⅳ．补充习题解答

1. 证：$0\in R_1$，R_1 非空．$\forall x,y\in R_1$，
$$(x-y)a=xa-ya=0-0=0,$$
因此 $x-y\in R_1$．$\forall x,y\in R_1$，
$$(xy)a=x(ya)=x0=0,$$
因此 $xy\in R_1$．于是，R_1 是 R 的子环．

2. 证：(1) 根据已知得 $-a\neq 0,1$．于是
$$(1-a)^2=(1-a)(1-a)=1-a-a+a^2=1-a-a+a=1-a,$$
因此 $1-a$ 也是幂等元．

(2) 由于 $a\neq 0,1$，必有 $1-a\neq 0$，且满足
$$(1-a)a=a-a^2=a-a=0, \quad a(1-a)=a-a^2=a-a=0,$$
因此 a 是零因子．

3. 证：$\forall r\in R$，有
$$arar-arar-arara+arara=0$$
$$\Rightarrow (ar-ara)(ar-ara)=(ar-ara)^2=0$$
$$\Rightarrow ar-ara=0$$
$$\Rightarrow ar=ara,$$

$$rara - arara - rara + arara = 0$$
$$\Rightarrow (ra - ara)(ra - ara) = (ra - ara)^2 = 0$$
$$\Rightarrow ra - ara = 0$$
$$\Rightarrow ra = ara,$$

因此 $ar=ra$. 由于 r 的任意性,可知 $a \in C$.

4. 证:任何有理数都可以表示为 p/q,其中 p,q 为整数,$q>0$,且 p 与 q 互素. 设 $f: Q \to Q$ 为自同构,那么 f 满足 $f(0)=0, f(1)=1$. $\forall x \in Z^+$,
$$f(x) = f(1+1+1+\cdots+1) = f(1) + f(1) + \cdots + f(1) = x;$$
$\forall x \in Z^-$,令 $x=-y$,则
$$f(x) = f(-y) = -f(y) = -y = x;$$
$\forall x \in Q^+$,由于 $x=p/q$,必有
$$f(x) = f(p/q) = f(pq^{-1}) = f(p)f(q^{-1}) = p(f(q))^{-1} = pq^{-1} = p/q = x;$$
$\forall x \in Q^-$,$x=-p/q$,因此有
$$f(x) = f(-p)f(q^{-1}) = -f(p)f(q^{-1}) = -p/q = x;$$
于是 $\forall x \in Q$ 都有 $f(x)=x$,f 为恒等映射.

第十九章 格与布尔代数

I. 习题十九

1. 图 19.1 中给出了一些偏序集的哈斯图,其中哪些不是格? 说明理由.

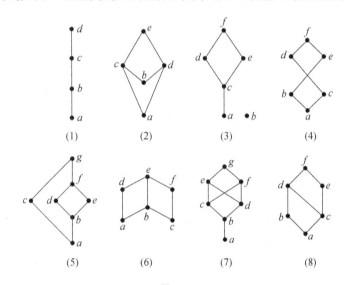

图 19.1

2. 下列各整数集合关于整除关系都构成偏序集,判断哪些偏序集是格并说明理由.
(1) $\{1,2,3,4,6\}$;
(2) $\{1,2,3,4,6,12\}$;
(3) $\{1,2,3,4,6,9,12,18,36\}$;
(4) $\{1,5,5^2,5^3,\cdots\}$.

3. 设 L 为格,$\forall a,b,c \in L, a \leqslant b \leqslant c$,证明
(1) $a \vee b = b \wedge c$;
(2) $(a \wedge b) \vee (b \wedge c) = (a \vee b) \wedge (a \vee c)$.

4. 设 L 为格,证明 $\forall a,b,c,d \in L$ 有
(1) $(a \wedge b) \vee (c \wedge d) \leqslant (a \vee c) \wedge (b \vee d)$;
(2) $(a \wedge b) \vee (b \wedge c) \vee (c \wedge a) \leqslant (a \vee b) \wedge (b \vee c) \wedge (c \vee a)$.

5. 设 L 为格,$\forall a_1, a_2, \cdots, a_n \in L$,证明
$$a_1 \wedge a_2 \wedge \cdots \wedge a_n = a_1 \vee a_2 \vee \cdots \vee a_n$$
当且仅当 $a_1 = a_2 = \cdots = a_n$.

6. 设 L 为格,$a,b \in L$. 证明 $a \wedge b < a$ 且 $a \wedge b < b$ 当且仅当 a 与 b 不可比.

7. 下面是一些关于格的命题 P,求 P 的对偶命题 P^*.
(1) $a \wedge (b \vee c) = (a \wedge b) \vee (a \wedge c)$;
(2) $(a \wedge b) \vee (b \wedge c) = (a \vee b) \wedge (a \vee c)$;
(3) $(a \wedge b) \vee (c \wedge d) \leqslant (a \vee c) \wedge (b \vee d)$;

(4) $(a \wedge b) \vee (b \wedge c) \vee (c \wedge a) \leqslant (a \vee b) \wedge (b \vee c) \wedge (c \vee a)$.

若 $P^* = P$，则称 P 是自对偶的. 以上命题中哪些是自对偶的？

8. 对图 19.2 中的两个格 L_1 和 L_2，找出它们的所有 3 元子格、4 元子格及 5 元子格.

9. 设 L 是格，任取 $a, b \in L, a < b$，令
$$L_1 = \{x \mid x \in L \text{ 且 } x \leqslant a\},$$
$$L_2 = \{x \mid x \in L \text{ 且 } a \leqslant x\},$$
$$L_3 = \{x \mid x \in L \text{ 且 } a \leqslant x \leqslant b\}.$$

说明 L_1, L_2, L_3 都是 L 的子格.

10. 对图 19.3 中的格，判断它们是否为模格和分配格，并说明理由.

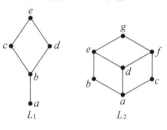

图 19.2

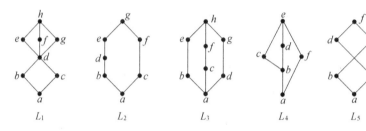

图 19.3

11. 试给出三个 6 元格，使得其中一个是分配格，一个是模格但不是分配格，一个不是模格.

12. 设 L 是格，证明 L 是模格的充分必要条件是对任意 $a, b, c \in L$ 有
$$a \vee (b \wedge (a \vee c)) = (a \vee b) \wedge (a \vee c).$$

13. 设 L 是分配格，$a, b, c \in L$. 证明
$$a \wedge b \leqslant c \leqslant a \vee b \Leftrightarrow c = (a \wedge c) \vee (b \wedge c) \vee (a \wedge b).$$

14. 设 L 是模格，$a, b, c \in L$. 若有
$$a \wedge (b \vee c) = (a \wedge b) \vee (a \wedge c)$$

成立，证明

(1) $b \wedge (a \vee c) = (b \wedge a) \vee (b \wedge c)$;   (2) $a \vee (b \wedge c) = (a \vee b) \wedge (a \vee c)$.

15. 设 L 是有界格，$a, b \in L$，证明

(1) 若 $a \vee b = 0$，则 $a = b = 0$;   (2) 若 $a \wedge b = 1$，则 $a = b = 1$.

16. 设 L 为有限格，证明

(1) 若 $|L| \geqslant 2$，则 L 中不存在以自身为补元的元素；

(2) 若 $|L| \geqslant 3$ 且 L 是一条链，则 L 不是有补格.

17. 设 L 是有界分配格，L_1 是 L 中所有具有补元的元素构成的集合，证明 L_1 是 L 的子格.

18. 给出所有不同构的 5 元格，并说明哪些是模格，哪些是分配格，哪些是有补格.

19. 设 L 是长为 n 的链，$G = \langle a \rangle$ 是 p^t 阶循环群，p 是素数，若 $n = t + 1$，证明 L 与 G 的子群格同构.

20. 设 L 是分配格，$a \in L$. 令

$$f(x)=x\vee a,\quad g(x)=x\wedge a,\quad \forall x\in L.$$
证明 f 和 g 都是格 L 的自同态映射并求出这两个自同态的同态像.

21. 设 L 是分配格, $a,b\in L$, 令
$$X=\{x\mid x\in L \text{ 且 } a\wedge b\leqslant x\leqslant a\},$$
$$Y=\{y\mid y\in L \text{ 且 } b\leqslant y\leqslant a\vee b\}.$$
定义 $f(x)=x\vee b, \forall x\in X, g(y)=y\wedge a, \forall y\in Y$. 证明 f 和 g 是 X 与 Y 之间一对互逆的格同构映射.

22. 设 L 是格, A 是 L 的所有自同态映射构成的集合. 证明 A 关于映射的合成运算。构成一个独异点.

23. 设 $L=\{0,a,b,c,1\}$ 是钻石格, 找出 L 所有的理想, 并给出 L 的理想格 $I(L)$ 的哈斯图.

24. 证明对有限格 L 有 $I(L)\cong L$.

25. 设 $L_1=\{0,a,1\}, L_2=\{0,1\}$, 做出格的直积 $L_1\times L_2$ 和 $L_1\times L_2\times L_2$ 的哈斯图.

26. 设 $\langle B,\wedge,\vee,-,0,1\rangle$ 是布尔代数, 证明 $\forall a,b\in B$ 有
(1) $a\vee(\bar{a}\wedge b)=a\vee b$;   (2) $a\wedge(\bar{a}\vee b)=a\wedge b$.

27. 设 $\langle B,\wedge,\vee,-,0,1\rangle$ 是布尔代数, 在 B 上定义二元运算 $\oplus$ 如下: $\forall a,b\in B$,
$$a\oplus b=(a\wedge \bar{b})\vee(\bar{a}\wedge b).$$
证明 $\langle B,\oplus\rangle$ 构成 Abel 群.

28. 设 $\langle B,\wedge,\vee,-,0,1\rangle$ 是布尔代数, 在 B 上定义二元运算 $\oplus$ 和 $\otimes$. $\forall a,b\in B$ 有
$$a\oplus b=(a\wedge \bar{b})\vee(\bar{a}\wedge b),$$
$$a\otimes b=a\wedge b.$$
证明 $\langle B,\oplus,\otimes\rangle$ 是一个布尔环(布尔环定义见习题十八题 5).

29. 设 B 是布尔代数, $A=\{a_1,a_2,\cdots,a_n\}$ 是 B 的全体原子的集合. 证明 $\forall x\in B, x=0$ 当且仅当对每个 $i, i=1,2,\cdots,n$ 有 $x\wedge a_i=0$.

30. 设 B 是布尔代数, $a_1,a_2,\cdots,a_n\in B$. 证明
(1) $\overline{a_1\wedge a_2\wedge\cdots\wedge a_n}=\bar{a_1}\vee\bar{a_2}\vee\cdots\vee\bar{a_n}$;   (2) $\overline{a_1\vee a_2\vee\cdots\vee a_n}=\bar{a_1}\wedge\bar{a_2}\wedge\cdots\wedge\bar{a_n}$.

31. 设 B 是布尔代数, $a,b,c\in B$. 在 B 中化简以下表达式:
(1) $(a\wedge b)\vee(a\wedge \bar{b})\wedge(\bar{a}\vee b)$;   (2) $(a\wedge b)\vee(a\wedge\overline{b\wedge c})\vee c$.

32. 设 B_1,B_2 是两个布尔代数, $\varphi: B_1\to B_2$. 若对任意 $a,b\in B_1$ 有
$$\varphi(a\wedge b)=\varphi(a)\wedge\varphi(b),\quad \varphi(\bar{a})=\overline{\varphi(a)},$$
证明 φ 是 B_1 到 B_2 的同态.

33. 设 B 是布尔代数, $a,b\in B$ 且 $a<b$. 令
$$[a,b]=\{x\mid x\in B \text{ 且 } a\leqslant x\leqslant b\}.$$
证明 $[a,b]$ 也是一个布尔代数. 问 $[a,b]$ 是否为 B 的子布尔代数?

34. 设 φ 是有限布尔代数 B_1 到 B_2 的同构, 证明
(1) 若 a 是 B_1 中的原子, 则 $\varphi(a)$ 是 B_2 中的原子;
(2) 2^n 个元素的布尔代数有且仅有 n 个原子.

35. 设 φ 是布尔代数 B_1 到 B_2 的同态映射, 令
$$J=\varphi^{-1}(0)=\{x\mid x\in B_1 \text{ 且 } \varphi(x)=0\}.$$

试证明(1) $0 \in J$；

(2) 若 $a \in J$，则对任意的 $x \in B_1$，只要 $x \leqslant a$，就有 $x \in J$；

(3) 对任意 $a, b \in J$ 有 $a \vee b \in J$.

36. 设 $B_1 = \{0, a, b, 1\}$ 是 4 元布尔代数，其中 $a = \bar{b}$. $B_2 = \{0, 1\}$ 也是布尔代数.

(1) 给出 B_1 到 B_2 的所有布尔代数同态，并求出每个同态的同态像；

(2) 令 $\varphi: B_1 \rightarrow B_2$ 是布尔代数同态，设 φ 在 B_1 上导出的同余关系为 $\sim$. 试描述由(1)中的布尔代数同态所确定的商布尔代数 $B_1/\sim$，说明 $B_1/\sim$ 的集合和运算.

37. 设 A, B 是两个不交的集合，试证明：集合代数 $\langle P(A \cup B), \cap, \cup, \sim, \varnothing, A \cup B \rangle$ 同构于 $\langle P(A) \times P(B), \wedge, \vee, -, \langle \varnothing, \varnothing \rangle, \langle A, B \rangle \rangle$，其中 $\forall X_1, X_2, X \subseteq A, Y_1, Y_2, Y \subseteq B$ 有

$$\langle X_1, Y_1 \rangle \wedge \langle X_2, Y_2 \rangle = \langle X_1 \cap X_2, Y_1 \cap Y_2 \rangle,$$
$$\langle X_1, Y_1 \rangle \vee \langle X_2, Y_2 \rangle = \langle X_1 \cup X_2, Y_1 \cup Y_2 \rangle,$$
$$-\langle X, Y \rangle = \langle A - X, B - Y \rangle.$$

38. 设 φ 是布尔代数 B_1 到 B_2 的满同态映射，$\sim$ 是 φ 导出的 B_1 上的同余关系. $g: B_1 \rightarrow B_1/\sim$ 是自然映射，$\forall x \in B_1, g(x) = [x] = \{y \mid y \in B_1$ 且 $\varphi(y) = \varphi(x)\}$. 证明存在唯一的同构映射 $f: B_1/\sim \rightarrow B_2$ 使得 $f \circ g = \varphi$.

39. 找出 8 元布尔代数的所有的子代数.

40. 设 B 是有限布尔代数，且 $|B| > 2$. 任取 $x \in B$，证明 $\{0, x, \bar{x}, 1\}$ 是 B 的子布尔代数.

II. 习题解答

1. 解：(2) 不是格，$\{a, b\}$ 没有最大下界，也没有最小上界；(3) 不是格，$\{a, b\}$ 没有最大下界，也没有最小上界；(6) 不是格，$\{a, c\}$ 没有最大下界；(7) 不是格，$\{e, f\}$ 没有最大下界.

2. 解：(1) 不是格，$\{4, 6\}$ 没有最小上界；

(2)、(3)、(4) 都是格，因为任何两个元素都有最大下界和最小上界.

3. 证：(1) 由于 $a \leqslant b \leqslant c$，因此 $a \vee b = b = b \wedge c$；

(2) $(a \wedge b) \vee (b \wedge c) = b \vee b = b, (a \vee b) \wedge (a \vee c) = b \wedge c = b$，故等式成立.

4. 证：(1) $a \wedge b \leqslant a, c \wedge d \leqslant c$，因此 $(a \wedge b) \vee (c \wedge d) \leqslant a \vee c$；同理 $(a \wedge b) \vee (c \wedge d) \leqslant b \vee d$；综合上述得到 $(a \wedge b) \vee (c \wedge d) \leqslant (a \vee c) \wedge (b \vee d)$.

(2) 由于 $a \wedge b \leqslant a \leqslant a \vee b, a \wedge b \leqslant b \leqslant b \vee c, a \wedge b \leqslant a \leqslant c \vee a$，因此有 $a \wedge b \leqslant (a \vee b) \wedge (b \vee c) \wedge (c \vee a)$. 同理得到 $b \wedge c \leqslant (a \vee b) \wedge (b \vee c) \wedge (c \vee a)$. 根据这两个不等式得到

$$(a \wedge b) \vee (b \wedge c) \leqslant (a \vee b) \wedge (b \vee c) \wedge (c \vee a).$$

根据类似地分析可得 $c \wedge a \leqslant (a \vee b) \wedge (b \vee c) \wedge (c \vee a)$. 将这两个结果综合可得到

$$(a \wedge b) \vee (b \wedge c) \vee (c \wedge a) \leqslant (a \vee b) \wedge (b \vee c) \wedge (c \vee a).$$

5. 证：充分性显然，下面证明必要性.

$$a_1 \wedge a_2 \wedge \cdots \wedge a_n \leqslant a_i \leqslant a_1 \vee a_2 \vee \cdots \vee a_n, \quad i = 1, 2, \cdots, n.$$

已知 $a_1 \wedge a_2 \wedge \cdots \wedge a_n = a_1 \vee a_2 \vee \cdots \vee a_n$，因此

$$a_i = a_1 \wedge a_2 \wedge \cdots \wedge a_n = a_1 \vee a_2 \vee \cdots \vee a_n, \quad i = 1, 2, \cdots, n.$$

从而得到 $a_1 = a_2 = \cdots = a_n$.

6. 证：必要性. 假若 a 与 b 可比，那么有 $a \leqslant b$ 或者 $b \leqslant a$. 若 $a \leqslant b$，则 $a \wedge b = a$，与 $a \wedge b < a$ 矛盾. 同理，若 $b \leqslant a$ 则与 $a \wedge b < b$ 矛盾.

充分性. 假若 $a\wedge b<a$ 或者 $a\wedge b<b$ 不成立. 不妨设 $a\wedge b<a$ 不成立. 由于 $a\wedge b\leqslant a$, 那么必有 $a\wedge b=a$, 从而得到 $a=a\wedge b\leqslant b$, a 与 b 可比. 对于 $a\wedge b<b$ 不成立的情况同理可证.

7. 解:(1) $a\vee(b\wedge c)=(a\vee b)\wedge(a\vee c)$;

(2) $(a\vee b)\wedge(b\vee c)=(a\wedge b)\vee(a\wedge c)$;

(3) $(a\vee b)\wedge(c\vee d)\geqslant(a\wedge c)\vee(b\wedge d)$;

(4) $(a\vee b)\wedge(b\vee c)\wedge(c\vee a)\geqslant(a\wedge b)\vee(b\wedge c)\vee(c\wedge a)$.

其中(4)式是自对偶的.

8. 解: L_1 的 3 元子格: $\{a,b,c\},\{a,b,d\},\{a,b,e\},\{a,c,e\},\{a,d,e\},\{b,c,e\},\{b,d,e\}$;
四元子格: $\{a,b,c,e\},\{a,b,d,e\},\{b,c,d,e\}$; 5 元子格: $\{a,b,c,d,e\}$.

L_2 的 3 元子格: $\{a,b,e\},\{a,b,g\},\{a,d,e\},\{a,d,f\},\{a,d,g\},\{a,c,f\},\{a,c,g\},\{a,e,g\},\{a,f,g\},\{b,e,g\},\{d,e,g\},\{c,f,g\},\{d,f,g\}$; 4 元子格: $\{a,b,e,g\},\{a,d,e,g\},\{a,d,f,g\},\{a,c,f,g\},\{a,b,d,e\},\{a,c,d,f\},\{d,e,f,g\},\{a,b,f,g\},\{a,c,e,g\}$; 5 元子格: $\{a,b,d,e,g\},\{a,c,d,f,g\},\{a,d,e,f,g\},\{a,b,c,e,g\},\{a,b,c,f,g\}$.

9. 解: $\forall x,y\in L_1, x\leqslant a, y\leqslant a$, 故 $x\wedge y\leqslant a, x\vee y\leqslant a$, 从而 $x\wedge y, x\vee y\in L_1$, L_1 是 L 的子格.

$\forall x,y\in L_2, a\leqslant x, a\leqslant y$, 故 $a\leqslant x\wedge y, a\leqslant x\vee y$, 从而 $x\wedge y, x\vee y\in L_2$, L_2 是 L 的子格.

$\forall x,y\in L_3, a\leqslant x\leqslant b, a\leqslant y\leqslant b$, 故 $a\leqslant x\wedge y\leqslant b, a\leqslant x\vee y\leqslant b$, 从而 $x\wedge y, x\vee y\in L_3$, L_3 是 L 的子格.

10. 解: L_1 为模格,不是分配格,因为子格 $\{d,e,f,g,h\}$ 与钻石格同构. L_2 不是模格,也不是分配格,因为子格 $\{a,b,d,c,g\}$ 与五角格同构. L_3 不是模格,也不是分配格,因为子格 $\{a,b,e,c,h\}$ 与五角格同构. L_4 不是模格,也不是分配格,因为 $\{a,b,d,e,f\}$ 与五角格同构. L_5 不是模格,也不是分配格,因为 $\{a,b,c,d,f\}$ 与五角格同构.

11. 解:6 个元素的链是分配格;在钻石格下方连接 1 个结点得到的是模格,但不是分配格;在五角格下方连接 1 个结点得到的不是模格也不是分配格.

12. 证: 必要性. 由于 $a\leqslant a\vee c$, 根据模格定义有
$$a\vee(b\wedge(a\vee c))=(a\vee b)\wedge(a\vee c).$$
充分性. 对任意 $a,b,c\in L, a\leqslant b$ 有 $a\vee b=b$, 且 $a\vee(c\wedge(a\vee b))=(a\vee c)\wedge(a\vee b)$. 因此
$$(a\vee c)\wedge b=(a\vee c)\wedge(a\vee b)=a\vee(c\wedge(a\vee b))=a\vee(c\wedge b),$$
从而证明了 L 为模格.

13. 证: 先证 $(a\vee c)\wedge(a\vee b)\wedge(b\vee c)=(a\wedge c)\vee(b\wedge c)\vee(a\wedge b)$.
$$(a\vee c)\wedge(a\vee b)\wedge(b\vee c)=(a\vee(b\wedge c))\wedge(b\vee c)$$
$$=(a\wedge b)\vee(a\wedge c)\vee(b\wedge c\wedge b)\vee(b\wedge c\vee c)=(a\wedge c)\vee(b\wedge c)\vee(a\wedge b).$$

必要性. 由于 $c\leqslant a\vee b, c\leqslant a\vee c, c\leqslant b\vee c$, 因此
$$c\leqslant(a\vee c)\wedge(a\vee b)\wedge(b\vee c)=(a\wedge c)\vee(b\wedge c)\vee(a\wedge b);$$
又由于 $a\wedge b\leqslant c, a\wedge c\leqslant c, b\wedge c\leqslant c$, 因此
$$(a\wedge c)\vee(b\wedge c)\vee(a\wedge b)\leqslant c.$$
综合上述有 $c=(a\wedge c)\vee(b\wedge c)\vee(a\wedge b)$.

充分性. 由 $c=(a\wedge c)\vee(b\wedge c)\vee(a\wedge b)$ 知 $a\wedge b\leqslant c$; 又由
$$c=(a\wedge c)\vee(b\wedge c)\vee(a\wedge b)=(a\vee c)\wedge(a\vee b)\wedge(b\vee c)$$

知 $c \leqslant a \vee b$.

14. 证：

(1) $a \wedge (b \vee c) = (a \wedge b) \vee (a \wedge c)$
$\Rightarrow c \vee (a \wedge (b \vee c)) = c \vee (a \wedge b) \vee (a \wedge c)$
$\Rightarrow (c \vee a) \wedge (b \vee c) = c \vee (a \wedge b)$ （因为 L 是模格）
$\Rightarrow b \wedge (c \vee a) \wedge (b \vee c) = ((a \wedge b) \vee c) \wedge b$
$\Rightarrow b \wedge (a \vee c) = (b \wedge a) \vee (b \wedge c)$; （因为 L 是模格）

(2) $(b \wedge a) \vee (b \wedge c) = b \wedge (a \vee c)$
$\Rightarrow a \vee (b \wedge a) \vee (b \wedge c) = a \vee (b \wedge (a \vee c))$
$\Rightarrow a \vee (b \wedge c) = (a \vee b) \wedge (a \vee c)$. （因为 L 是模格）

15. 证：(1) $a \leqslant a \vee b = 0, 0 \leqslant a$，因此 $a=0$；同理可证 $b=0$.

(2) $1 = a \wedge b \leqslant a, a \leqslant 1$，因此 $a=1$；同理可证 $b=1$.

16. 证：(1) 假设 $a' = a$，则
$$1 = a' \vee a = a \vee a = a, \quad 0 = a' \wedge a = a \wedge a = a,$$
从而得到 $1=0$，与 $|L| \geqslant 2$ 矛盾.

(2) $|L| \geqslant 3$，且 L 是一条链，存在 $a \in L$，使得 $0 < a < 1$. 设 a' 是 a 的补元，根据(1)的结果，$a' \neq a$. 又由于 L 是链，必有 $a < a'$，或 $a' < a$. 若 $a < a'$，则 $1 = a \vee a' = a'$，从而有 $a = a \wedge 1 = a \wedge a' = 0$. 与 $0 < a$ 矛盾. 对于 $a' < a$ 的情况同理可证.

17. 证：$0 \in L_1, L_1$ 非空. 由于 L 是分配格，$\forall x \in L_1, x' \in L_1$，且 x' 是 x 的唯一的补元. $\forall x, y \in L_1$，
$$(x \wedge y) \vee (x' \vee y') = (x \vee x' \vee y') \wedge (y \vee x' \vee y') = 1 \wedge 1 = 1,$$
$$(x \wedge y) \wedge (x' \vee y') = (x \wedge y \vee x') \vee (x \wedge y \wedge y') = 0 \vee 0 = 0,$$
因此 $x' \vee y'$ 是 $x \wedge y$ 的补元，于是 $x \wedge y \in L_1$. 同理可证 $x' \wedge y'$ 是 $x \vee y$ 的补元，即 $x \vee y \in L_1$. 因此 L_1 是 L 的子格.

18. 解：不同构的 5 元格有 5 个，如图 19.4 所示. 其中 L_1, L_2, L_3 和 L_4 是模格；L_1, L_2, L_3 是分配格；L_4 和 L_5 是有补格.

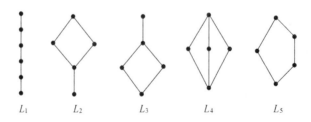

图 19.4

19. 证：令 $L = \{0, 1, \cdots, t\}$ 是长为 n 的链，其偏序关系满足 $0 < 1 < \cdots < t$. 由于 p^t 的正因子为 $1, p, p^2, \cdots, p^t$，故 G 的子群是 $H_0 = \langle a^{p^t} \rangle = \langle e \rangle, H_1 = \langle a^{p^{t-1}} \rangle, \cdots, H_t = \langle a^{p^0} \rangle = \langle a \rangle$. $L(G) = \{H_i \mid i = 0, 1, \cdots, t\}$ 是 G 的子群格. 容易看出 H_i 是 G 的 p^i 阶子群且 $\forall i, j \in \{0, 1, \cdots, t\}, i < j, H_i \subseteq H_j$，设函数 $f(i) = H_i, i = 0, 1, \cdots, t$. 显然 f 为双射. 下面只需证明 f 为 L 到 $L(G)$ 的同态. $\forall i, j \in L$，不妨设 $i < j$，那么有

$$f(i \wedge j) = f(i) = H_i = H_i \cap H_j = f(i) \cap f(j),$$
$$f(i \vee j) = f(j) = H_j = H_i \cup H_j = f(i) \cup f(j).$$

20. 证：显然 $f, g \in L^L$. $\forall x, y \in L$,
$$f(x \vee y) = x \vee y \vee a = (x \vee a) \vee (y \vee a) = f(x) \vee f(y),$$
$$f(x \wedge y) = (x \wedge y) \vee a = (x \vee a) \wedge (y \vee a) = f(x) \wedge f(y),$$
$$g(x \vee y) = (x \vee y) \wedge a = (x \wedge a) \vee (y \wedge a) = g(x) \vee g(y),$$
$$g(x \wedge y) = x \wedge y \wedge a = (x \wedge a) \wedge (y \wedge a) = g(x) \wedge g(y),$$
从而证明了 f, g 为 L 的自同态. 它们的同态像为
$$f(L) = \{x \mid a \leqslant x \text{ 且 } x \in L\},$$
$$g(L) = \{x \mid x \leqslant a \text{ 且 } x \in L\}.$$

21. 证：容易看出 $b = (a \wedge b) \vee b \leqslant x \vee b \leqslant a \vee b, a \wedge b \leqslant y \wedge a \leqslant (a \vee b) \wedge a = a$, 因此 $f(X) = Y$, 且 $g(Y) = X$. 因此 $f: X \to Y, g: Y \to X$ 是满射函数. 根据 20 题的结果 f, g 是同态映射. 下面证明 f, g 为单射. 若存在 $x_1, x_2 \in X$ 且 $f(x_1) = f(x_2)$, 则 $x_1 \vee b = x_2 \vee b$. 再由 $a \wedge b \leqslant x_1 \leqslant a, a \wedge b \leqslant x_2 \leqslant a$ 得到
$$a \wedge b \wedge b \leqslant x_1 \wedge b \leqslant a \wedge b, a \wedge b \wedge b \leqslant x_2 \wedge b \leqslant a \wedge b,$$
于是得到 $x_1 \wedge b = a \wedge b = x_2 \wedge b$. 由于 L 为分配格, 从而得到 $x_1 = x_2$. 故 f 为单射函数. 同理可证 g 也为单射函数. 下面证明 f 与 g 为互逆函数. $\forall x \in X, \forall y \in Y$,
$$f \circ g(y) = f(g(y)) = f(y \wedge a) = (y \wedge a) \vee b = (y \vee b) \wedge (a \vee b) = y \wedge (a \vee b) = y,$$
$$g \circ f(x) = g(f(x)) = g(x \vee b) = (x \vee b) \wedge a = (x \wedge a) \vee (a \wedge b) = x \vee (a \wedge b) = x.$$

22. 证：令 $S = \{f \mid f: L \to L \text{ 为同态}\}, \forall f, g \in S, \forall x, y \in L$,
$$f \circ g(x \vee y) = f(g(x \vee y)) = f(g(x) \vee g(y)) = f(g(x)) \vee f(g(y)) = f \circ g(x) \vee f \circ g(y),$$
$$f \circ g(x \wedge y) = f(g(x \wedge y)) = f(g(x) \wedge g(y)) = f(g(x)) \wedge f(g(y)) = f \circ g(x) \wedge f \circ g(y),$$
所以 $f \circ g \in S$. L 上的恒等函数是 L 的自同态, 是 S 的单位元. 从而证明了 $\langle S, \circ \rangle$ 为独异点.

23. 证：L 的理想为 $\{0\}, \{0, a\}, \{0, b\}, \{0, c\}, \{0, a, b, c, 1\}$. 图 19.5 给出了 $I(L)$ 的哈斯图.

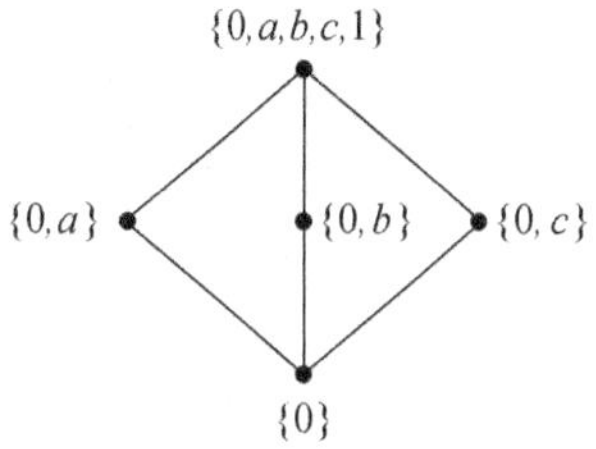

24. 证：任给 L 的两个理想 I_1 和 I_2, $\langle I_1 \cup I_2 \rangle$ 和 $I_1 \cap I_2$ 都是 L 的理想, 其中 $\langle I_1 \cup I_2 \rangle$ 表示包含 $I_1 \cup I_2$ 的最小的理想. 因为 L 为有限格, 若 $I = \{x_1, x_2, \cdots, x_n\}$ 为 L 的理想, 则 $x_1 \vee x_2 \vee \cdots \vee x_n$ 是 I 的最大元, 记作 $\vee I$. $\forall I_1, I_2 \in I(L), I_1 = \{x_1, x_2, \cdots, x_n\}, I_2 = \{y_1, y_2, \cdots, y_m\}$, 不妨设 I_1 和 I_2 的最大元分别为 $\vee I_1 = x_n$ 和 $\vee I_2 = y_m$, 那么
$$\langle I_1 \cup I_2 \rangle = \{z \mid z \in L \text{ 且 } z \leqslant x_n \vee y_m\},$$
$$I_1 \cap I_2 = \{z \mid z \in L \text{ 且 } z \leqslant x_n \wedge y_m\}.$$

图 19.5

$\forall x, y \in \langle I_1 \cup I_2 \rangle$, 由于 $x, y \leqslant x_n \vee y_m$, 因此 $x \vee y \leqslant x_n \vee y_m$, 于是有 $x \vee y \in \langle I_1 \cup I_2 \rangle$. $\forall x \in \langle I_1 \cup I_2 \rangle, \forall y \in L$, 由于 $x \leqslant x_n \vee y_m$, 因此 $x \wedge y \leqslant x \leqslant x_n \vee y_m$, 于是 $x \wedge y \in \langle I_1 \cup I_2 \rangle$. 从而证明了 $\langle I_1 \cup I_2 \rangle$ 是 L 的理想. 下面证明 $\langle I_1 \cup I_2 \rangle$ 的极小性. 设 I 是包含 $I_1 \cup I_2$ 的一个理想. $\forall z \in \langle I_1 \cup I_2 \rangle$, 那么 $z \in L$ 且 $z \leqslant x_n \vee y_m, x_n \in I_1, y_m \in I_2$, 因此 $x_n, y_m \in I$, 从而 $x_n \vee y_m \in I$. 而 $z \leqslant x_n \vee y_m$, 根据理想定义, $z \in I$. 于是 $\langle I_1 \cup I_2 \rangle \subseteq I$. 类似的可以证明 $I_1 \cap I_2$ 是同时被 I_1 和 I_2 包含的极大理想.

$\forall I_1, I_2 \in I(L)$,根据前面的分析不难看出,$\langle I_1 \cup I_2 \rangle$的最大元$\vee \langle I_1 \cup I_2 \rangle = (\vee I_1) \vee (\vee I_2)$,$I_1 \cap I_2$的最大元$\vee (I_1 \cap I_2) = (\vee I_1) \wedge (\vee I_2)$. 令 $f: I(L) \to L, f(I) = \vee I$,则
$$f(\langle I_1 \cup I_2 \rangle) = \vee \langle I_1 \cup I_2 \rangle = (\vee I_1) \vee (\vee I_2) = f(I_1) \vee f(I_2),$$
$$f(I_1 \cap I_2) = \vee (I_1 \cap I_2) = (\vee I_1) \wedge (\vee I_2) = f(I_1) \wedge f(I_2).$$
因此 f 为同态映射. 下面证明 f 为双射.

$\forall I_1, I_2 \in I(L), f(I_1) = f(I_2) \Rightarrow \vee I_1 = \vee I_2$. 令 $\vee I_1 = \vee I_2 = x$,则
$$I_1 = I_2 = \{z | z \in L \text{ 且 } z \leqslant x\},$$
于是 f 为单射. 对于任意 $x \in L$,令 $I = \{z | z \in L \text{ 且 } z \leqslant x\}$,则 $I \in I(L)$,且 $f(I) = x$. 从而证明了 f 为满射. 综合上述有 $I(L) \cong L$.

25. 解:直积如图 19.6 所示.

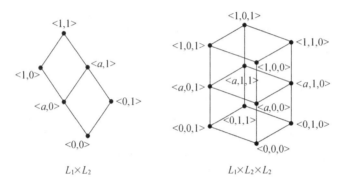

图 19.6

26. 证:(1) $a \vee (\bar{a} \wedge b) = (a \vee \bar{a}) \wedge (a \vee b) = 1 \wedge (a \vee b) = a \vee b$;

(2) $a \wedge (\bar{a} \vee b) = (a \wedge \bar{a}) \vee (a \wedge b) = 0 \vee (a \wedge b) = a \wedge b$.

27. 证:$\forall a, b \in B, a \oplus b \in B$,$\oplus$运算在 B 上封闭且满足交换律. $\forall a, b, c \in B$,
$$(a \oplus b) \oplus c = (((a \wedge \bar{b}) \vee (\bar{a} \wedge b)) \wedge \bar{c}) \vee (\overline{(a \wedge \bar{b}) \vee (\bar{a} \wedge b)} \wedge c)$$
$$= (a \wedge \bar{b} \wedge \bar{c}) \vee (\bar{a} \wedge b \wedge \bar{c}) \vee (\overline{a \wedge \bar{b}} \wedge \overline{\bar{a} \wedge b} \wedge c)$$
$$= (a \wedge \bar{b} \wedge \bar{c}) \vee (\bar{a} \wedge b \wedge \bar{c}) \vee ((\bar{a} \vee b) \wedge (a \vee \bar{b}) \wedge c)$$
$$= (a \wedge \bar{b} \wedge \bar{c}) \vee (\bar{a} \wedge b \wedge \bar{c}) \vee (((a \wedge b) \vee (\bar{a} \wedge \bar{b})) \wedge c)$$
$$= (a \wedge \bar{b} \wedge \bar{c}) \vee (\bar{a} \wedge b \wedge \bar{c}) \vee (a \wedge b \wedge c) \vee (\bar{a} \wedge \bar{b} \wedge c).$$

同理有
$$a \oplus (b \oplus c) = (b \oplus c) \oplus a = (b \wedge \bar{c} \wedge \bar{a}) \vee (\bar{b} \wedge c \wedge \bar{a}) \vee (b \wedge c \wedge a) \vee (\bar{b} \wedge \bar{c} \wedge a).$$
因此有 $(a \oplus b) \oplus c = a \oplus (b \oplus c)$,结合律成立.
$$a \oplus 0 = (a \wedge \bar{0}) \vee (\bar{a} \wedge 0) = (a \wedge 1) \vee 0 = a \vee 0 = a,$$
$$a \oplus a = (a \wedge \bar{a}) \vee (\bar{a} \wedge a) = 0 \vee 0 = 0,$$
单位元为 0,且 a 的逆元就是 a. 于是 $\langle B, \oplus \rangle$ 构成 Abel 群.

28. 证:由 27 题,$\langle B, \oplus \rangle$ 构成 Abel 群. 且由于 $\wedge$ 可结合、可交换,$\langle B, \otimes \rangle$ 构成交换半群. 下面证明 $\otimes$ 对 $\oplus$ 的分配律. $\forall a, b, c \in B$,
$$a \otimes (b \oplus c) = a \wedge ((b \wedge \bar{c}) \vee (\bar{b} \wedge c)) = (a \wedge b \wedge \bar{c}) \vee (a \wedge \bar{b} \wedge c),$$
$$(a \otimes b) \oplus (a \otimes c) = (a \wedge b) \oplus (a \wedge c) = (a \wedge b \wedge \overline{a \wedge c}) \vee (\overline{a \wedge b} \wedge a \wedge c)$$

$$= (a \wedge b \wedge (\overline{a} \vee \overline{c})) \vee ((\overline{a} \vee \overline{b}) \wedge a \wedge c)$$
$$= (a \wedge b \wedge \overline{a}) \vee (a \wedge b \wedge \overline{c}) \vee (\overline{a} \wedge a \wedge c) \vee (\overline{b} \wedge a \wedge c)$$
$$= (a \wedge b \wedge \overline{c}) \vee (\overline{b} \wedge a \wedge c).$$

由于 $\otimes$ 可交换,右分配律也成立. 因此 $\langle B, \oplus, \otimes \rangle$ 是环. $\forall a \in B, a \otimes a = a \wedge a = a$, 于是 $\langle B, \oplus, \otimes \rangle$ 构成布尔环.

29. 证:充分性. 设对每个 $i, i = 1, 2, \cdots, n$ 有 $x \wedge a_i = 0$. 假设 $x \neq 0$, 则存在原子 a_j 使得 $a_j \leqslant x$, 从而得到 $x \wedge a_j = a_j \neq 0$, 与已知矛盾.

必要性. 由于 $x = 0$, 因此对每个 $i, i = 1, 2, \cdots, n$, $x \wedge a_i = 0 \wedge a_i = 0$.

30. 证:(1) 对 n 进行归纳. $n = 2$, 根据 DM 律等式显然成立. 假设对任意正整数 k, 等式成立. 则

$$\overline{a_1 \wedge a_2 \wedge \cdots \wedge a_k \wedge a_{k+1}} = \overline{(a_1 \wedge a_2 \wedge \cdots \wedge a_k) \wedge a_{k+1}}$$
$$= \overline{a_1 \wedge a_2 \wedge \cdots \wedge a_k} \vee \overline{a_{k+1}}$$
$$= (\overline{a_1} \vee \overline{a_2} \vee \cdots \vee \overline{a_k}) \vee \overline{a_{k+1}}$$
$$= \overline{a_1} \vee \overline{a_2} \vee \cdots \vee \overline{a_k} \vee \overline{a_{k+1}}.$$

根据归纳法等式得证.

(2) 与(1)同理可证.

31. 解:(1) $(a \wedge b) \vee (a \wedge \overline{b}) \vee (\overline{a} \vee b) = (a \wedge (b \vee \overline{b})) \vee (\overline{a} \vee b)$,
$$= (a \wedge 1) \vee (\overline{a} \vee b) = a \vee (\overline{a} \vee b) = (a \vee \overline{a}) \vee b = 1 \vee b = 1;$$

(2) $(a \wedge b) \vee (a \wedge \overline{\overline{b} \wedge c}) \vee c = (a \wedge b) \vee (a \wedge (\overline{b} \vee \overline{c})) \vee c$
$$= (a \wedge (b \vee \overline{b} \vee \overline{c})) \vee c = (a \wedge 1) \vee c = a \vee c.$$

32. 证:只需证明对任意 $a, b \in B_1$ 有 $\varphi(a \vee b) = \varphi(a) \vee \varphi(b)$. 根据补元唯一性, 由

$$\overline{\varphi(a \vee b)} = \varphi(\overline{a \vee b}) = \varphi(\overline{a} \wedge \overline{b}) = \varphi(\overline{a}) \wedge \varphi(\overline{b})$$
$$= \overline{\varphi(a)} \wedge \overline{\varphi(b)} = \overline{\varphi(a) \vee \varphi(b)}$$

可得 $\varphi(a \vee b) = \varphi(a) \vee \varphi(b)$.

33. 证:显然 $[a, b]$ 非空. 任取 $x, y \in [a, b], a \leqslant x \leqslant b, a \leqslant y \leqslant b$. 所以 $a \leqslant x \vee y \leqslant b, a \leqslant x \wedge y \leqslant b$. 从而证明了 $x \vee y, x \wedge y \in [a, b]$. $\wedge$ 和 $\vee$ 运算满足交换律,且相互可分配. $\forall x \in [a, b]$ 有 $x \vee a = x, x \wedge b = x$, 同一律成立. 其中 a 为全下界, b 为全上界. 令 $\overline{x}$ 为 x 在布尔代数 B 中的补元,那么

$$x \wedge ((\overline{x} \wedge b) \vee a) = (x \wedge \overline{x} \wedge b) \vee (x \wedge a) = 0 \vee (x \wedge a) = x \wedge a = a,$$
$$x \vee ((\overline{x} \wedge b) \vee a) = x \vee (\overline{x} \wedge b) \vee a = (x \vee a \vee \overline{x}) \wedge (x \vee a \vee b) = 1 \wedge b = b,$$

因此 $(\overline{x} \wedge b) \vee a$ 是 x 在 $[a, b]$ 中的补元. 于是 $[a, b]$ 构成布尔代数. 但是当 $a \neq 0, b \neq 1$ 时, $[a, b]$ 不是 B 的子布尔代数.

34. 证:(1) 若存在 $y \in B_2$, 使得 $0 < y \leqslant \varphi(a)$, 由于 φ 为同构, $\exists x \in B_1$, 使得 $\varphi(x) = y$, 即 $0 < \varphi(x) \leqslant \varphi(a)$. 由于同构具有保序性(《教程》中定理 19.8), 因此有 $0 < x \leqslant a$. 根据已知, a 为原子, 所以 $x = a$, 从而得到 $y = \varphi(x) = \varphi(a)$. 这就证明了 $\varphi(a)$ 是 B_2 中的原子.

(2) 设布尔代数 B 的原子数为 t. B 含有 2^n 个元素, 取 $A = \{a_1, a_2, \cdots, a_n\}$, 则幂集格 $P(A)$ 也是布尔代数. 其中单元集 $\{a_1\}, \{a_2\}, \cdots, \{a_n\}$ 恰好为 $P(A)$ 中的全体原子. 根据《教程》中定理19.26, 在 $P(A)$ 和 B 之间存在同构 $f: P(A) \to B$. 再根据(1)的结果, $f(a_i)$ 都是 B 的原

子，$i=1,2,\cdots,n$. 因此 $t\geqslant n$. 类似的，由于 f^{-1} 也是 B 到 $P(A)$ 的同构（见习题十五中第 23 题 (2) 的证明），因此又有 $n\leqslant t$，综合这两方面的结果就得到 $t=n$.

35. 证：(1) 由于 $\varphi(0)=0$，所以 $0\in\varphi^{-1}(0)=J$；

(2) $a\in J$，有 $\varphi(a)=0$，于是对任意的 $x\in B_1, x\leqslant a$，就有 $\varphi(x)\leqslant\varphi(a)=0$，从而得到 $\varphi(x)=0$，即 $x\in J$；

(3) 对任意 $a,b\in J, \varphi(a\vee b)=\varphi(a)\vee\varphi(b)=0\vee 0=0$，因此 $a\vee b\in\varphi^{-1}(0)=J$.

36. 解：(1) $\varphi_1: B_1\to B_2, \varphi_1(0)=\varphi_1(a)=0, \varphi_1(b)=\varphi_1(1)=1$；
$\varphi_2: B_1\to B_2, \varphi_2(0)=\varphi_2(b)=0, \varphi_2(a)=\varphi_2(1)=1$；
$\varphi_1(B_1)=\varphi_2(B_1)=\{0,1\}=B_2$.

(2) 其中 φ_1 确定的商布尔代数为 $B_1/\sim=\langle\{\{0,a\},\{b,1\}\},\wedge,\vee,-,\{0,a\},\{b,1\}\rangle$；
$\{0,a\}\wedge\{0,a\}=\{0,a\},\{0,a\}\wedge\{b,1\}=\{b,1\}\wedge\{0,a\}=\{0,a\},\{b,1\}\wedge\{b,1\}=\{b,1\}$；
$\{0,a\}\vee\{0,a\}=\{0,a\},\{0,a\}\vee\{b,1\}=\{b,1\}\vee\{0,a\}=\{b,1\},\{b,1\}\vee\{b,1\}=\{b,1\}$；
$\overline{\{0,a\}}=\{b,1\},\overline{\{b,1\}}=\{0,a\}$.

φ_2 确定的商布尔代数为 $B_1/\sim=\langle\{\{0,b\},\{a,1\}\},\wedge,\vee,-,\{0,b\},\{a,1\}\rangle$；
$\{0,b\}\wedge\{0,b\}=\{0,b\}\wedge\{a,1\}=\{a,1\}\wedge\{0,b\}=\{0,b\},\{a,1\}\wedge\{a,1\}=\{a,1\}$；
$\{0,b\}\vee\{0,b\}=\{0,b\},\{0,b\}\vee\{a,1\}=\{a,1\}\vee\{0,b\}=\{a,1\},\{a,1\}\vee\{a,1\}=\{a,1\}$；
$\overline{\{0,b\}}=\{a,1\},\overline{\{a,1\}}=\{0,b\}$.

37. 证：令 $f: P(A\cup B)\to P(A)\times P(B), f(X)=\langle X\cap A, X\cap B\rangle$，则
$f(X)=f(Y)\Rightarrow\langle X\cap A, X\cap B\rangle=\langle Y\cap A, Y\cap B\rangle$
$\Rightarrow X\cap A=Y\cap A$ 且 $X\cap B=Y\cap B\Rightarrow X\cap(A\cup B)=Y\cap(A\cup B)$
$\Rightarrow X=Y$, $(X,Y\subseteq A\cup B)$

于是 f 是单射的.

$\forall C\in P(A), \forall D\in P(B)$，那么 $C\subseteq A, D\subseteq B$，令 $X=C\cup D$，则 $X\in P(A\cup B)$，且
$f(X)=f(C\cup D)=\langle(C\cup D)\cap A, (C\cup D)\cap B\rangle$
$=\langle(C\cap A)\cup\varnothing, (D\cap B)\cup\varnothing\rangle=\langle C,D\rangle$, （$A$ 与 B 不交）

于是 f 是满射的. 下面证明 f 为同态映射.

$\forall X,Y\in A\cup B$，必有 $X=A_1\cup B_1$，其中 $A_1\subseteq A, B_1\subseteq B, A_1\cap B=\varnothing, A\cap B_1=\varnothing$.
$f(X\cap Y)=\langle X\cap Y\cap A, X\cap Y\cap B\rangle=\langle(X\cap A)\cap(Y\cap A), (X\cap B)\cap(Y\cap B)\rangle$
$=\langle X\cap A, X\cap B\rangle\wedge\langle Y\cap A, Y\cap B\rangle=f(X)\wedge f(Y)$,
$f(X\cup Y)=\langle(X\cup Y)\cap A, (X\cup Y)\cap B\rangle=\langle(X\cap A)\cup(Y\cap A), (X\cap B)\cup(Y\cap B)\rangle$
$=\langle X\cap A, X\cap B\rangle\vee\langle Y\cap A, Y\cap B\rangle=f(X)\vee f(Y)$,
$f(\sim X)=f(\sim(A_1\cup B_1))=\langle\sim(A_1\cup B_1)\cap A, \sim(A_1\cup B_1)\cap B\rangle$
$=\langle\sim A_1\cap\sim B_1\cap A, \sim A_1\cap\sim B_1\cap B\rangle=\langle A-A_1, B-B_1\rangle$
$=-\langle A_1, B_1\rangle=-\langle X\cap A, Y\cap B\rangle=-f(X)$.

38. 证：令 $f: B_1/\sim\to B_2, f([x])=\varphi(x)$，则
$$[x]=[y]\Rightarrow x\sim y\Rightarrow\varphi(x)=\varphi(y),$$
于是 f 为良定义的，且为单射. 对于 $y\in B_2$，由于 φ 为满射，$\exists x\in B_1$，使得 $\varphi(x)=y$，从而有 $f([x])=\varphi(x)=y$. 于是 f 为满射. 下面证明 f 为同态映射. $\forall[x],[y]\in B_1/\sim$，
$$f([x]\wedge[y])=f([x\wedge y])=\varphi(x\wedge y)=\varphi(x)\wedge\varphi(y)=f([x])\wedge f([y]),$$

$$f(\overline{[x]}) = f([\overline{x}]) = \varphi(\overline{x}) = \overline{\varphi(x)} = \overline{f([x])}.$$

综合上述有 $B_1/\sim \cong B_2$. 下面证明 $f \circ g = \varphi$. $\forall x \in B_1$,
$$f \circ g(x) = f(g(x)) = f([x]) = \varphi(x),$$

于是 $f \circ g = \varphi$. 再证明满足这一条件的 f 是唯一的. 假设存在 f_1, f_2 使得 $f_1 \circ g = \varphi, f_2 \circ g = \varphi$. 那么 $\forall x \in B_1, f_1 \circ g(x) = f_2 \circ g(x)$. 于是
$$f_1(g(x)) = f_2(g(x)) \Rightarrow f_1([x]) = f_2([x]).$$

由于 x 的任意性, 必有 $f_1 = f_2$.

39. 解: 设 8 元布尔代数的哈斯图如图 19.7 所示. 其中子代数为 $\{0,1\}, \{0,c,d,1\}, \{0,a,f,1\}, \{0,b,e,1\}, \{0,a,b,c,d,e,f,1\}$.

40. 证: $\{0,x,\bar{x},1\}$ 是 B 的非空子集. $0,1$ 属于 $\{0,x,\bar{x},1\}$. 对于任意 $y \in \{0,x,\bar{x},1\}, \bar{y}$ 属于 $\{0,x,\bar{x},1\}$. 对于任意 $x,y \in \{0,x,\bar{x},1\}, x \wedge y$, $x \vee y$ 属于 $\{0,x,\bar{x},1\}$, 因此 $\{0,x,\bar{x},1\}$ 是 B 的子布尔代数.

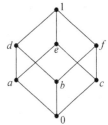

图 19.7

Ⅲ. 补充习题

1. 设 $A = \{1,2\}$, 以 A 中元素作为群的元素, 能够构成多少个不同构的群, 以 A 中元素作为格的元素能构成多少个不同构的格?

2. 设 $G = \langle Z_5, \oplus \rangle$,
(1) 给出 G 的自同构群 $\text{Aut}G$ 的运算表;
(2) 画出 $\text{Aut}G$ 的子群格 L 的哈斯图;
(3) 说明这个格是否为分配格、模格、有补格、布尔格.

3. 设 $G = \langle a \rangle$ 是 12 阶循环群, $L(G)$ 为 G 的所有子群的集合,
(1) 画出 $\langle L(G), \subseteq \rangle$ 的哈斯图;
(2) 判别这个格是否为有补格、分配格、模格和布尔格;
(3) 求出个 $\langle L(G), \subseteq \rangle$ 的不同子格的个数.

4. 设 $G = \langle a \rangle$ 是 18 阶循环群, f 是 G 的一个自同态, 且 $\forall x \in G$ 有 $f(x) = x^3$.
(1) 给出商群 $G/\ker f$ 中的元素;
(2) 画出 $G/\ker f$ 的子群格 L 的哈斯图, 并说明 L 是否为有补格、分配格、模格、布尔格;
(3) 给出格 L 的所有理想.

5. 设 $A = \{1,2,5,10,11,22,55,110\}$, A 关于整除关系构成偏序集. 画出该偏序集的哈斯图。说明该偏序集构成哪一种格?

6. 证明群 G 的正规子群格是模格.

7. 设 L 为分配格, a 为 L 中一个给定的元素. 定义函数 $f_a: L \to L, g_a: L \to L$, 使得对任意 $x \in L, f_a(x) = x \wedge a, g_a(x) = x \vee a$.
(1) 证明 f_a 和 g_a 都是 L 上的自同态;
(2) 设 $B = \{0,1,2\}$, 若 L 为 B 的幂集格 $P(B)$, 求 $f_{\{1\}}$ 和 $g_{\{1\}}$ 的同态像.

8. $A = \{2,3,\cdots,15\}$, $\leqslant$ 为 A 上的偏序, $\phi(n)$ 是欧拉函数, $\forall x,y \in A$,
$$x \leqslant y \Rightarrow \phi(x) < \phi(y) \vee (\phi(x) = \phi(y) \wedge x \leqslant y).$$

(1) 画出 $\langle A, \leqslant \rangle$ 的哈斯图;

(2) 证明⟨A,≤⟩是格,并说明这个格是否为分配格、模格、有补格和布尔格.

Ⅳ. 补充习题解答

1. 解：2是素数,阶为2的群只有循环群.因此 A 中元素只能构成1个群.2个元素的偏序集只有2种结构.不含边的,含有1条边的.不含边的不是格,因此在同构的意义上只有1个2元格.

2. 解：(1) $Z_5 = \{0,1,2,3,4\}$, Z_5 上的同态为
$$f_p : Z_5 \to Z_5, f_p(x) = (px) \bmod 5, p = 0,1,2,3,4.$$
其中当 $p = 1,2,3,4$ 时构成同构 f_1, f_2, f_3, f_4. 它们的轮换表示为
$$f_1 = (1), f_2 = (1243), f_3 = (1342), f_4 = (14)(23),$$
$$\text{Aut}G = \{f_1, f_2, f_3, f_4\}.$$
运算表如表19.1所示.

表 19.1

f_1	f_1	f_2	f_3	f_4
f_1	f_1	f_2	f_3	f_4
f_2	f_2	f_4	f_1	f_3
f_3	f_3	f_1	f_4	f_2
f_4	f_4	f_3	f_2	f_1

(2) G 的子群的集合 $L = \{\text{Aut}G, \langle f_4 \rangle, \langle f_1 \rangle\}$. 哈斯图如图19.8所示.

(3) L 为模格与分配格,不是有补格和布尔格.

图 19.8   图 19.9

3. 解：(1) $L(G) = \{\{e\}, \langle a^2 \rangle, \langle a^3 \rangle, \langle a^4 \rangle, \langle a^6 \rangle, G\}$. 哈斯图如图19.9所示.

(2) 不是有补格,不是布尔格,是分配格和模格.

(3) L 的子格有36个,枚举如下：单元子格有6个；2元子格有12个,其中最小元为 $\{e\}$ 的有5个,最小元为 $\langle a^6 \rangle$ 的有3个,最小元为 $\langle a^4 \rangle$ 的有2个,最小元为 $\langle a^2 \rangle$ 的有1个,最小元为 $\langle a^3 \rangle$ 的有1个；3元子格有10个,其中最小元为 $\{e\}$ 的有7个,最小元为 $\langle a^6 \rangle$ 的有2个,最小元为 $\langle a^4 \rangle$ 的有1个；4元子格有6个,即 $\{\{e\}, \langle a^6 \rangle, \langle a^4 \rangle, \langle a^2 \rangle\}, \{\{e\}, \langle a^6 \rangle, \langle a^2 \rangle, G\}, \{\{e\}, \langle a^6 \rangle, \langle a^3 \rangle, G\}, \{\{e\}, \langle a^4 \rangle, \langle a^2 \rangle, G\}, \{\{e\}, \langle a^4 \rangle, \langle a^3 \rangle, G\}, \{\langle a^6 \rangle, \langle a^3 \rangle, \langle a^2 \rangle, G\}$；5元子格有2个,即 $\{\{e\}, \langle a^4 \rangle, \langle a^6 \rangle, \langle a^2 \rangle, G\}, \{\{e\}, \langle a^6 \rangle, \langle a^2 \rangle, \langle a^3 \rangle, G\}$.

4. 解：(1) $\ker f = \{e, a^6, a^{12}\} = K$,
$$G/K = \{K, aK, a^2K, a^3K, a^4K, a^5K\}.$$

(2) L 的哈斯图如图19.10所示. L 是有补格、分配格、模格、布尔格.

(3) 格 L 的4个理想是：
$$\{\{K\}\},$$
$$\{\{K\}, \{K, a^3K\}\},$$

$$\{\{K\},\{K,a^2K,a^4K\}\},$$
$$\{\{K\},\{K,a^3K\},\{K,a^2K,a^4K\},G/K\}.$$

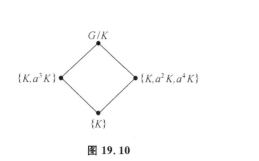
图 19.10

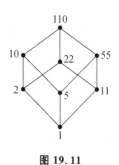
图 19.11

5. 解：如图 19.11 所示，哈斯图同构于 3 元集合的幂集格．这个格是有界格、有补格、分配格、模格和布尔格．

6. 证：任取 G 的正规子群 A 和 B，令
$$AB=\{ab\mid a\in A\wedge b\in B\}.$$
根据习题十七的 44 题，可知 AB 是 G 的子群，且 $AB=\langle A\cup B\rangle$，它恰好是包含 $A\cup B$ 的最小的子群．容易证明 AB 的正规性，因此 $\{A,B\}$ 的最小上界就是 AB．类似地，$A\cap B$ 是被 A 和 B 同时包含的最大正规子群，因此 $\{A,B\}$ 的最大下界就是 $A\cap B$．于是，S 关于包含关系构成格，即 G 的正规子群格．

下面证明它是模格．任取 $A,B,C\in S,A\subseteq B$，下面证明 $A(C\cap B)=AC\cap B$．

任取 ax，
$$ax\in A(C\cap B)\Rightarrow a\in A,x\in C,x\in B\Rightarrow ax\in AC,ax\in B\Rightarrow ax\in AC\cap B.$$
这就证明了 $A(C\cap B)\subseteq AC\cap B$．

反之，任取 ac，
$$ac\in AC\cap B\Rightarrow a\in A,c\in C,ac\in B\Rightarrow a\in A,c\in C.$$
因为 A 是子群，因此 $a^{-1}\in A\subseteq B,c=a^{-1}(ac)\in B$．从而得到
$$a\in A,c\in C\cap B\Rightarrow ac\in A(C\cap B),$$
于是有 $AC\cap B\subseteq A(C\cap B)$．由集合相等的定义，命题得证．

7. 解：(1) 对于任意的 $x,y\in L$，
$$f_a(x\wedge y)=(x\wedge y)\wedge a=(x\wedge a)\wedge(y\wedge a)=f_a(x)\wedge f_a(y),$$
$$f_a(x\vee y)=(x\vee y)\wedge a=(x\wedge a)\vee(y\wedge a)=f_a(x)\vee f_a(y),$$
因此 f 为同态；对于 g 同理可证．

(2) $f_{\{1\}}=\{\varnothing,\{1\}\}$；
$g_{\{1\}}=\{\{1\},\{0,1\},\{1,2\},\{0,1,2\}\}.$

8. (1) $\langle A,\leqslant\rangle$ 的哈斯图如图 19.12 所示；

(2) 是格，因为它是一条链，任何两个元素都有最大下界与最小上界．这个格是分配格与模格，不是有补格和布尔格．

图 19.12

第二十章 组合存在性定理

Ⅰ．习题二十

1．（1）在边长为 1 的等边三角形内任意放 10 个点，证明一定存在两个点，其距离不大于 1/3；

（2）确定正整数 m_n 的值，使得在边长为 1 的等边三角形内任意放 m_n 个点，其中必有两点的距离不大于 $1/n$.

2．一个有理数可以表示成既约分数 p/q，其中 p 为整数，q 为正整数．证明一个有理数的十进制小数展开式自某一位后必是循环的．

3．证明对任意的正整数 N 存在着 N 的一个倍数，使得它仅由数字 0 和 7 组成（例如 $N=3$，我们有 $3\times 259=777$；$N=4$，有 $4\times 1925=7700$；$N=5$，有 $5\times 14=70,\cdots$）．

4．（1）证明在任意选取的 $n+1$ 个正整数中存在着两个正整数，其差能被 n 整除；

（2）证明在任意选取的 $n+2$ 个正整数中存在着两个正整数，其差能被 $2n$ 整除或者其和能被 $2n$ 整除．

5．某学生有 37 天的时间准备考试．根据她过去的经验至多需要复习 60 小时，但每天至少要复习 1 小时．证明无论怎样安排都存在连续的若干天，使得她在这些天内恰好复习了 13 小时．

6．证明任何一组人中都存在两个人，他们在组内认识的人数恰好相等．

7．（1）证明每年中至少有一个 13 日是星期五；

（2）证明每年中至多有三个 13 日是星期五．

8．证明将 m 个球放入 n 个盒子，至少有一个盒子里有 $\left[\dfrac{m-1}{n}\right]+1$ 个球，但可能有一种放法使所有的盒子里不含有多于 $\left[\dfrac{m-1}{n}\right]+1$ 个球．

9．将 m 个球放入 n 个盒子里，证明若 $m<\dfrac{n(n-1)}{2}$，则至少有两个盒子里有相同数目的球．

10．把一个圆盘分成 36 个相等的扇形，然后把 $1,2,\cdots,36$ 这些数任意填入 36 个扇形中，证明存在三个连续的扇形，其中的数字之和至少是 56．

11．证明定理 20.5 的推论 2，即
$$R(p,p)\leqslant \binom{2p-2}{p-1}\leqslant 2^{2p-2}.$$

12．不使用例 20.10（见《离散数学教程》）的结果证明对任意 10 个顶点的图 G 或者在 G 中存在大小为 3 的团，或者在 G 中存在大小为 4 的点独立集．

13．证明：$R(r,r,q;r)=q$.

14．设 $q_1,q_2,\cdots,q_n,r$ 为正整数，$q_i\geqslant r,i=1,2,\cdots,n$. 令 $Q=\max\{q_1,q_2,\cdots,q_n\}$. 证明

$$R(Q,Q,\cdots,Q;r) \geqslant R(q_1,q_2,\cdots,q_n;r).$$

15. 证明 $R(3,5)=14$.

16. 有四个文件 A,B,C,D，每个文件有一个 3 位数的代码如下：

$$A: 123, \quad B: 303, \quad C: 111, \quad D: 222.$$

问能否对每个文件从它的代码中选取一位数字，使得这四个文件用一位代码来识别？

17. 确定下列集合族的所有的相异代表系.

(1) $A_1=\{1,2\}, A_2=\{2,3\}, A_3=\{3,4\}, A_4=\{4,5\}, A_5=\{5,1\}$；

(2) $A_1=\{1,2\}, A_2=\{2,3\}, \cdots, A_n=\{n,1\}$.

18. 有四个码字：$abcd, cde, ab, ce$ 需要存入计算机，我们希望对每个码字从其字母中选择一个字母作为代表存入. 如果要求每个码字存入的字母互不相同，给出所有可能的存入方法.

19. 令 $A_i=\{1,2,\cdots,n\}-\{i\}, i=1,2,\cdots,n, n\geqslant 2$. 证明集合族 $A_1, A_2, \cdots, A_n$ 存在相异代表系.

20. 设 $M\in M_5(N)$，且

$$M=\begin{bmatrix} 2 & 1 & 0 & 1 & 2 \\ 1 & 3 & 1 & 0 & 1 \\ 0 & 0 & 3 & 2 & 1 \\ 1 & 1 & 2 & 2 & 0 \\ 2 & 1 & 0 & 1 & 2 \end{bmatrix},$$

试把 M 表成(0-1)置换矩阵之和.

Ⅱ. 习题解答

1. 解：(1) 如图 20.1 所示，将这个等边三角形划分成 9 个边长为 1/3 的等边三角形. 任意放 10 个点，根据鸽巢原理，至少存在一个小三角形内有两个点，这两个点的距离不大于1/3.

(2) 参照(1)中的方法将边长为 1 的等边三角形划分成 n^2 个边长为 $1/n$ 的小等边三角形. 如果将 n^2+1 个点放到大三角形内，那么必有一个小三角形中含有两个点，这两个点的距离不大于 $1/n$. 因此 $m_n\geqslant n^2+1$.

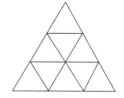

图 20.1

2. 证：设有理数为 $p/q, q>0$. 考虑每一步除法所得的余数. 若余数为 0，则命题为真. 若余数不为 0，则取值可能为 $1,2,\cdots,q-1$. 根据鸽巢原理，至多 q 步除法，必有两步除法的余数相等. 设第 i 步与第 j 步的余数相等. 那么在商中从第 i 步开始必出现长为 $j-i$ 位的循环.

3. 证：考虑数列 $7, 77, \cdots, 77\cdots 7$，最后一项为 N 个 7. 设各项除以 N 的余数为 $r_1, r_2, \cdots, r_N$. 若存在 $r_i=0$，则第 i 项满足要求；否则，根据鸽巢原理存在 $r_i=r_j, i<j$. 那么第 j 项与第 i 项之差是 N 的倍数，且仅由 7 和 0 构成.

4. 证：(1) 考虑这 $n+1$ 个整数除以 n 的余数 $r_1, r_2, \cdots, r_{n+1}$. 根据鸽巢原理必有 $r_i=r_j, i<j$. 那么第 i 个数和第 j 个数之差可以被 n 整除.

(2) 设 $n+2$ 个正整数为 $a_1, a_2, \cdots, a_{n+2}$，除以 $2n$ 的余数分别为 $r_1, r_2, \cdots, r_{n+2}$. 若存在 $r_i=r_j, i<j$，则 a_i-a_j 可以被 $2n$ 整除；否则，将余数可能的取值分为以下 $n+1$ 个组：

$$\{0\}, \{1, 2n-1\}, \{2, 2n-2\}, \cdots, \{n-1, n+1\}, \{n\}.$$

若 $n+2$ 个余数两两不等,根据鸽巢原理必有两个余数取自同一组,则其和被 $2n$ 整除.

5. 证:设 a_i 表示从第 1 天到第 i 天复习的总时数,则
$$1 \leqslant a_1 < a_2 < \cdots < a_{37} \leqslant 60.$$
考虑 $a_1+13, a_2+13, \cdots, a_{37}+13$,这个序列严格单调上升,且 $a_{37}+13 \leqslant 73$. 下述序列
$$a_1, a_2, \cdots, a_{37}, a_1+13, a_2+13, \cdots, a_{37}+13$$
共 74 项,取值范围在 1 到 73 之间,那么必有两项相等,即存在 $a_i+13=a_j$. 因此从第 $i+1$ 天到第 j 天复习了 13 小时.

6. 证:设组内含有 n 个人,每个人认识的人数分别为 $a_1, a_2, \cdots, a_n$. 这些 a_i 取值范围为 $0, 1, \cdots, n-1$. 假若对所有的 i 和 j 都有 $a_i \neq a_j$,必存在 k, l,使得 $a_k=0, a_l=n-1$. 而这是不可能同时成立的.

7. 证:(1) 设 $a_1, a_2, \cdots, a_{12}$ 分别表示 1 月 13 日,2 月 13 日,$\cdots$,12 月 13 日是星期几. 假若其中没有星期五,即 $\forall i, i=1, 2, \cdots, 12, a_i \neq 5$,则 $a_i=1, 2, 3, 4, 6, 7$. 由于 2 月 13 日到 3 月 13 日是 28 天,3 月 13 日到 11 月 13 日是 245 天,都是 7 的倍数,因此 $a_2=a_3=a_{11}$. 同理有 $a_1=a_{10}$(距 273 天),$a_4=a_7$(距 91 天),$a_9=a_{12}$(距 91 天). 以上 4 组中任意 2 组的 a_i 和 a_j 相差天数不是 7 的倍数,故它们不相等. a_5, a_6, a_8 和以上各组的 a_i 相差天数也不是 7 的倍数,因此与上述组内的 a_i 也不相等. 根据鸽巢原理,a_5, a_6, a_8 中必有两个相等,但它们相隔天数不是 7 的倍数,矛盾. 对于闰年的情况,同理可证.

(2) 根据上面分析最多有 3 个月的 13 日的星期数相等,即 $a_2=a_3=a_{11}$.

8. 证:先证明 $\left\lceil \dfrac{m}{n} \right\rceil = \left[\dfrac{m-1}{n} \right] + 1$. 设 $m=nq+r, r<n$,则
$$\left\lceil \frac{m}{n} \right\rceil = \left\lceil \frac{nq+r}{n} \right\rceil = q + \left\lceil \frac{r}{n} \right\rceil = \begin{cases} q, & r=0, \\ q+1, & r>0; \end{cases}$$
$$\left[\frac{m-1}{n} \right] + 1 = \left[\frac{n(q-1)+n+r-1}{n} \right] + 1 = q + \left[\frac{n+r-1}{n} \right] = \begin{cases} q, & r=0, \\ q+1, & r>0. \end{cases}$$
根据鸽巢原理,m 个球放入 n 个盒子,存在一个盒子至少含有 $\left\lceil \dfrac{m}{n} \right\rceil = \left[\dfrac{m-1}{n} \right] + 1$ 个球.

下面证明存在一种方法使所有盒子里不含有多于 $\left[\dfrac{m-1}{n} \right] + 1$ 个球. 设 $m=nq+r, r<n$,则
$$\left[\frac{m-1}{n} \right] + 1 = \left\lceil \frac{m}{n} \right\rceil = q + \left\lceil \frac{r}{n} \right\rceil.$$
若 $r=0$,n 个盒子每个放 q 个球即可. 当 $r>0$ 时,令 r 个盒子每个放 $q+1$ 个球,其余 $n-r$ 个盒子每个放 q 个球,则总球数为 $nq+r=m$,且没有一个盒子的球数多于 $q+1=\left[\dfrac{m-1}{n}\right]+1$.

9. 证:设 n 个盒子的球数依次为 $a_1, a_2, \cdots, a_n$,若 $a_i \neq a_j, i \neq j$,则 $a_1, a_2, \cdots, a_n$ 取值分别为 $0, 1, \cdots, n-1$. 且这种放法的总球数最少,因而总球数 $m \geqslant 0+1+\cdots+n-1=n(n-1)/2$,与已知矛盾.

10. 证:盘上共有 36 个含有 3 个扇形的连续扇形,所有这些连续扇形上的数之和(每个数被计数 3 次)为 $(1+2+\cdots+36) \times 3 = 37 \times 18 \times 3$. 根据鸽巢原理必有一个连续扇形数之和为 $\lceil (37 \times 18 \times 3)/36 \rceil = 56$.

11. 证：使用归纳法. 若 $p=2$, 则
$$R(2,2) \leqslant \binom{2+2-2}{2-1} = 2 \leqslant 2^{4-2} = 4.$$
假设 $R(p,p) \leqslant \binom{2p-2}{p-1} \leqslant 2^{2p-2}$, 则根据《教程》中定理 20.5 的推论 1 有
$$R(p+1,p+1) \leqslant \binom{2p}{p} = \frac{2p(2p-1)}{pp}\binom{2p-2}{p-1}$$
$$\leqslant \frac{2(2p-1)}{p}2^{2p-2} = \frac{4p-2}{4p}2^{2p} \leqslant 2^{2p}.$$

12. 证：任取 10 个顶点的图 G, 将 G 的边涂色为蓝色, 将 $\overline{G}$ 中的边涂色为红色, 那么本题等价于对 K_{10} 的边任意涂色, 则或者存在一个蓝色的三角形, 或者存在一个红色的完全 4 边形. 由于
$$R(3,4) \leqslant R(2,4) + R(3,3) = 4 + 6 = 10,$$
因此在 10 个顶点的图 G 中, 必存在上述涂色方案.

13. 证：令 S 为 q 个元素的集合, 将 S 的所有 r 元子集放到 T_1, T_2, T_3 中. 如果有一个 r 子集落入 T_1, 则 S 中有 r 个元素, 其所有的 r 子集(只有一个)落入 T_1, 命题为真; 如果一个 r 子集落入 T_2, 同样分析, 命题也为真; 如果全部子集都落入 T_3, 那么存在 S 的 q 子集(就是 S 集合自身), 其全部 r 子集都落入 T_3, 命题也为真. 三种情况至少成立其一, 从而得到 $R(r, r, q; r) \leqslant q$.

另一方面, 若 S 只含有 $q-1$ 个元素, 将其所有的 r 子集都放入 T_3, 则三种情况都不满足, 这就证明了 $R(r, r, q; r) \geqslant q$. 综合上述有 $R(r, r, q; r) = q$.

14. 证：令 $m = R(Q, Q, \cdots, Q; r)$, 任取 m 个元素的集合 S. 由 Ramsey 数定义可知, 若将 S 的所有 r 元子集划分成 n 个子集 $T_1, T_2, \cdots, T_n$, 必存在某个 T_i, 使得 S 中有 Q 个元素其所有的 r 子集都属于 T_i. 由于 $Q \geqslant q_i$, 故任取这 Q 个元素中的 q_i 个元素, 这些元素的所有 r 子集也属于 T_i, 故 $R(q_1, q_2, \cdots, q_n; r) \leqslant m$.

15. 证：首先有 $R(3,5) \leqslant R(2,5) + R(3,4) = 5 + 9 = 14$. 图 20.2 中给出一个 13 个顶点的图 G, G 中既不含有大小为 3 的团, 也不含有 4 个顶点的独立集. 从而证明了 $R(3,5) \geqslant 14$. 综合这两个结果得到 $R(3,5) = 14$.

注：本题结果不唯一. 设图 G 的顶点标记为 $1, 2, \cdots, 13$. 对于任意顶点 i 和 j, $\{i,j\}$ 是 G 的边当且仅当 $j - i \equiv r \pmod{13}$, 其中 r 选自集合 $L = \{1, 2, \cdots, \lfloor n/2 \rfloor\}$, 可以看作 G 中的边长. 如果 $r_1, r_2, \cdots, r_t$ 是从集合 L 中选出的 t 个数, 那么序列 $r_1, r_2, \cdots, r_t$ 确定的图 G 称为循环

图 20.2

图, 记作 $C(r_1, r_2, \cdots, r_t)$. 例如图 20.2 中的图就是循环图 $C(2,3)$. 本题证明中的循环图可选择 $C(2,3), C(1,5), C(3,4), C(1,4), C(4,6)$, 它们都满足要求.

16. 解：可以. 取 $A: 3; B: 0; C: 1; D: 2$.

17. 解：(1) $\langle 1,2,3,4,5 \rangle, \langle 2,3,4,5,1 \rangle$； (2) $\langle 1,2,\cdots,n \rangle, \langle 2,3,\cdots,n,1 \rangle$.

18. 解：设对码字 $abcd, cde, ab, ce$ 存入的字母分别为 x_1, x_2, x_3, x_4, 对应的存入方法表示为 $\langle x_1, x_2, x_3, x_4 \rangle$, 那么所有可能的存入方法为

$\langle a,c,b,e\rangle,\langle a,d,b,c\rangle,\langle a,d,b,e\rangle,\langle a,e,b,c\rangle,\langle b,c,a,e\rangle,\langle b,d,a,c\rangle,\langle b,d,a,e\rangle,$
$\langle b,e,a,c\rangle,\langle c,d,a,e\rangle,\langle c,d,b,e\rangle,\langle d,c,a,e\rangle,\langle d,c,b,e\rangle,\langle d,e,a,c\rangle,\langle d,e,b,c\rangle.$

19. 证：任取 k 个子集，$A_{i_1},A_{i_2},\cdots,A_{i_k},k\geqslant 1$. 若 $k=1$，则 $|A_{i_1}|=n-1\geqslant 1$；若 $k>1$，则
$$|A_{i_t}\bigcup A_{i_s}|=|\{1,2,\cdots,n\}|=n.$$
所以 $|A_{i_1}\bigcup A_{i_2}\bigcup\cdots\bigcup A_{i_k}|=n\geqslant k$，因此 $A_1,A_2,\cdots,A_n$ 存在相异代表系.

20. 解：

$$M=\begin{bmatrix}2&1&0&1&2\\1&3&1&0&1\\0&0&3&2&1\\1&1&2&2&0\\2&1&0&1&2\end{bmatrix},\quad X_1=X_2=\langle 1,2,3,4,5\rangle,\quad P_1=P_2=\begin{bmatrix}1&0&0&0&0\\0&1&0&0&0\\0&0&1&0&0\\0&0&0&1&0\\0&0&0&0&1\end{bmatrix};$$

$$M_2=\begin{bmatrix}0&1&0&1&2\\1&1&1&0&1\\0&0&1&2&1\\1&1&2&0&0\\2&1&0&1&0\end{bmatrix},\quad X_3=\langle 2,1,5,3,4\rangle,\quad P_3=\begin{bmatrix}0&1&0&0&0\\1&0&0&0&0\\0&0&0&0&1\\0&0&1&0&0\\0&0&0&1&0\end{bmatrix};$$

$$M_3=\begin{bmatrix}0&0&0&1&2\\0&1&1&0&1\\0&0&1&2&0\\1&1&1&0&0\\2&1&0&0&0\end{bmatrix},\quad X_4=\langle 4,5,3,1,2\rangle,\quad P_4=\begin{bmatrix}0&0&0&1&0\\0&0&0&0&1\\0&0&1&0&0\\1&0&0&0&0\\0&1&0&0&0\end{bmatrix};$$

$$M_4=\begin{bmatrix}0&0&0&0&2\\0&1&1&0&0\\0&0&0&2&0\\0&1&1&0&0\\2&0&0&0&0\end{bmatrix},\quad P_5=\begin{bmatrix}0&0&0&0&1\\0&1&0&0&0\\0&0&0&1&0\\0&0&1&0&0\\1&0&0&0&0\end{bmatrix},\quad P_6=\begin{bmatrix}0&0&0&0&1\\0&0&1&0&0\\0&0&0&1&0\\0&1&0&0&0\\1&0&0&0&0\end{bmatrix};$$

$$M=2\begin{bmatrix}1&0&0&0&0\\0&1&0&0&0\\0&0&1&0&0\\0&0&0&1&0\\0&0&0&0&1\end{bmatrix}+\begin{bmatrix}0&1&0&0&0\\1&0&0&0&0\\0&0&0&0&1\\0&0&1&0&0\\0&0&0&1&0\end{bmatrix}+\begin{bmatrix}0&0&0&1&0\\0&0&0&0&1\\0&0&1&0&0\\1&0&0&0&0\\0&1&0&0&0\end{bmatrix}+\begin{bmatrix}0&0&0&0&1\\0&1&0&0&0\\0&0&0&1&0\\0&0&1&0&0\\1&0&0&0&0\end{bmatrix}$$
$$+\begin{bmatrix}0&0&0&0&1\\0&0&1&0&0\\0&0&0&1&0\\0&1&0&0&0\\1&0&0&0&0\end{bmatrix}.$$

Ⅲ. 补充习题

1. 设三维空间有 9 个格点（各坐标均为整数的点），证明在所有两点间连线的中点之中至

少有一个是格点.

2. 一个 $2k\times 2k$ 的方格棋盘被划分成左上、左下、右上、右下共 4 个 $k\times k$ 的部分棋盘,如果在左上和右下的部分分别放置 k 个棋子,证明必有两个棋子在同一行,或者在同一列,或者在同一条对角线上.

3. 设 n 是大于等于 3 的奇整数,则集合
$$\{2-1,2^2-1,2^3-1,\cdots,2^{n-1}-1\}$$
中存在一个数被 n 除尽.

4. 设 M 是 8×8 的 0-1 矩阵,其元素之和为 51,证明 M 中必存在某一行和某一列,其元素之和至少是 13.

Ⅳ. 补充习题解答

1. 证:考虑三维空间中坐标为 (x_1,y_1,z_1) 与 (x_2,y_2,z_2) 的两个格点,其连线的中点坐标为 $\left(\dfrac{x_1+x_2}{2},\dfrac{y_1+y_2}{2},\dfrac{z_1+z_2}{2}\right)$. 当 x_1 与 x_2,y_1 与 y_2,z_1 与 z_2 的奇偶性相同时,上述中点坐标也为整数. 对于 1 个格点坐标 (x,y,z),每个 x,y,z 可以是奇数,也可以是偶数,有 2 种选择. 3 个坐标的总的选择模式为 8 种. 取 9 个格点,根据鸽巢原理,其中必有 2 个格点的选择模式相同. 根据前面的分析,选择模式相同的 2 个格点的连线的中点必为格点.

2. 证:假如在左上(或者右下)的 $k\times k$ 方格中有两个棋子在同行或同列,则命题为真. 下面假设左上和右下的 $k\times k$ 方格中任两个棋子都不在同一行,也不在同一列,则这 $2k$ 个棋子必分布在 $2k-1$ 条对角线上. 由鸽巢原理必有两个棋子在同一条对角线上.

3. 证:考虑序列 $2^0,2^1,2^2,\cdots,2^{n-1}$,设这 n 个数除以 n 的余数分别为 $r_0,r_1,\cdots,r_{n-1}$. 因为 n 是大于 2 的奇数,所以不存在 $r_j=0,j=0,1,\cdots,n-1$. 根据鸽巢原理,必存在 r_i,r_j,使得 $r_i=r_j,0\leqslant i<j\leqslant n-1$,即
$$2^i-1=nq_i+r_i,$$
$$2^j-1=nq_j+r_j,$$
从而 n 整除 $2^i(2^{j-i}-1)$. 由于 n 是奇数,必有 n 整除 $2^{j-i}-1,1\leqslant j-i\leqslant n-1$.

4. 证:51 个 1 分布在 8 行上,根据鸽巢原理,存在行 i 至少含有 $\lceil 51/8\rceil=7$ 个 1,其中 $i\in\{1,2,\cdots,8\}$. 根据类似的分析,必存在列 j 也至少含有 7 个 1,其中 $j\in\{1,2,\cdots,8\}$. 考虑在 i 行与 j 列的 15 个数中,若 i 行 j 列的公共元素 $a_{ij}=1$,则至少有 13 个 1;若 $a_{ij}=0$,则至少有 14 个 1.

第二十一章　基本的计数公式

Ⅰ．习题二十一

1. 某产品的加工需要 5 道工序，问

(1) 加工工序共有多少种排法？

(2) 其中某工序必须先加工，有多少种排法？

(3) 其中某工序不能放在最后加工，又有多少种排法？

2. 现有 100 件产品，从其中任意抽出 3 件，问

(1) 共有多少种不同的抽法？

(2) 如果 100 件产品中有 2 件次品，抽出的产品中恰好有 1 件次品的抽法有多少种？

(3) 如果 100 件产品中有 2 件次品，抽出的产品中至少有 1 件次品的抽法有多少种？

3. 有纪念章 4 枚，纪念册 6 本，赠给 10 位同学，每人得一件，共有多少种不同的送法？

(1) 如果纪念章是彼此不同的，纪念册也是彼此不同的；

(2) 如果纪念章是相同的，纪念册也是相同的.

4. (1) 从整数 $1,2,\cdots,100$ 中选出两个数，使得它们的差正好是 7，有多少种不同的选法？

(2) 如果选出的两个数之差小于等于 7，又有多少种不同的选法？

5. 从一个 8×8 的棋盘中选出两个相邻的方格，问有多少种选法？在这里规定两个方格在同一行或同一列上相邻才是相邻的方格.

6. (1) 把字母 a,b,c,d,e,f 进行排列，使得字母 b 总是紧跟在字母 e 的左边，问有多少种排法？

(2) 若在排列中使得字母 b 总在字母 e 的左边，又有多少种排法？

7. 一个教室有两排座位，每排 8 个. 有 14 个学生，其中的 5 个人总坐在前一排，另外有 4 个人总坐在后一排，问有多少种排法？

8. 书架上有 9 本不同的书，其中 4 本是红皮的，5 本是黑皮的，问

(1) 9 本书的排列有多少种？

(2) 若黑皮的书都排在一起，这样的排列有多少种？

(3) 若黑皮的书排在一起，红皮的书也排在一起，这样的排列有多少种？

(4) 若黑皮的书与红皮的书必须相间，这样的排列又有多少种？

9. 书架上有 24 卷百科全书，从其中选 5 卷使得任何 2 卷都不相继，这样的选法有多少种？

10. 证明从 $\{1,2,\cdots,n\}$ 中任选 m 个数排成一个圆圈的方法数是 $\dfrac{n!}{m(n-m)!}$.

11. 考虑集合 $\{1,2,\cdots,n+1\}$ 的非空子集.

(1) 证明最大元素恰好是 j 的子集数是 2^{j-1}；

(2) 利用(1)的结论证明 $1+2+2^2+\cdots+2^m=2^{m+1}-1$.

12. (1) 从 200 辆汽车中选取 30 辆做安全试验,同时选取 30 辆做防污染的试验,问有多少种选法?

(2) 有多少种选法使得正好 5 辆汽车同时经受两种试验?

13. (1) 15 名篮球运动员被分配到 A,B,C 三个组,使得每组有 5 名运动员,那么有多少种分法?

(2) 15 名篮球运动员被分成三个组,使得每组有 5 名运动员,那么有多少种分法?

14. 在三年级和四年级各有 50 名学生,其中有 25 名男生和 25 名女生,要选出 8 名代表使得其中有 4 名女生和 3 名低年级学生,这样的选法有多少种?

15. 从整数 $1,2,\cdots,1000$ 中选取三个数使得它们的和正好被 4 整除,问有多少种选法?

16. 从去掉大小王的 52 张扑克牌中选 5 张牌,求

(1) 使得没有 A 但有 2 张 K 的方法数;

(2) 使得其中有红桃 A,其他 4 张牌是顺子的方法数.

17. 设 $S=\{1,2,\cdots,n+1\}$,从 S 中选择 3 个数构成有序三元组 (x,y,z) 使得 $z>x$ 且 $z>y$.

(1) 证明:若 $z=k+1$,则这样的有序三元组恰为 k^2 个;

(2) 将所有的有序三元组按 $x=y,x<y,x>y$ 分成 A,B,C 三组,证明
$$|A|=\binom{n+1}{2},\quad |B|=|C|=\binom{n+1}{3};$$

(3) 由(1)和(2)证明恒等式
$$1^2+2^2+3^2+\cdots+n^2=\binom{n+1}{2}+2\binom{n+1}{3}.$$

18. $S=\{n_1\cdot a_1,n_2\cdot a_2,\cdots,n_k\cdot a_k\}$,求 S 的各种大小的子集总数.

19. $S=\{1\cdot a_1,1\cdot a_2,\cdots,1\cdot a_t,\infty\cdot a_{t+1},\infty\cdot a_{t+2},\cdots,\infty\cdot a_k\}$,求 S 的 r-组合数.

20. 有红球 4 个,黄球 3 个,白球 3 个,把它们排成一条直线,问有多少种排法?

21. 从 $\{\infty\cdot 0,\infty\cdot 1,\infty\cdot 2\}$ 中取 n 个数作排列,若不允许相邻位置的数相同,问有多少种排法?

22. 小于 10^n 且各位数字从左到右具有非降顺序的正整数有多少个?

23. 把 22 本不同的书分给 5 个学生使得其中的 2 名学生各得 5 本,而另外的 3 名学生各得 4 本,这样的分法有多少种?

24. (1) 把 r 只相同的球放到 n 个不同的盒子里 $(n\leqslant r)$,没有空盒,证明放球的方法数是 $C(r-1,n-1)$;

(2) 把 r 只相同的球放到 n 个不同的盒子里 $(r\geqslant nq)$,每个盒子至少包含 q 个球,问有多少种方法?

25. 给出多重集 $\{2\cdot a,1\cdot b,3\cdot c\}$ 所有的 3-排列和 3-组合.

26. 证明由数字 1,1,2,3,3,4 所组成的 4 位数的个数是 102.

27. 用二项式定理展开 $(2x-y)^7$.

28. $(3x-2y)^{18}$ 的展开式中 x^5y^{13} 的系数是什么? x^8y^9 的系数是什么?

29. 证明 $\sum_{k=0}^{n}\binom{n}{k}2^k=3^n$.

30. 证明 $\sum_{k=0}^{n}(-1)^{k}\binom{n}{k}3^{n-k}=2^{n}$.

31. 证明以下组合恒等式：

(1) $\sum_{k=1}^{n+1}\frac{1}{k}\binom{n}{k-1}=\frac{2^{n+1}-1}{n+1}$; (2) $\sum_{k=0}^{n}(k+1)\binom{n}{k}=2^{n-1}(n+2)$;

(3) $\sum_{k=0}^{n}\frac{2^{k+1}}{k+1}\binom{n}{k}=\frac{3^{n+1}-1}{n+1}$; (4) $\sum_{k=1}^{n}(-1)^{k-1}\frac{1}{k}\binom{n}{k}=1+\frac{1}{2}+\cdots+\frac{1}{n}$.

32. 求和：

(1) $\sum_{k=0}^{n}\binom{n}{k}r^{k}$，$r$ 为实数，n 为正整数; (2) $\sum_{k=0}^{n}(-1)^{k}\frac{1}{k+1}\binom{n}{k}$; (3) $\sum_{k=0}^{n}\binom{2n-k}{n-k}$.

33. 证明 $\sum_{k=0}^{n}\frac{(-1)^{k}}{m+k+1}\binom{n}{k}=\frac{n!m!}{(n+m+1)!}$.

34. 证明 $\sum_{k=0}^{n-1}\binom{n}{k}\binom{n}{k+1}=\frac{(2n)!}{(n-1)!(n+1)!}$.

35. 证明 $\sum_{k=1}^{n}\frac{(-1)^{k-1}}{k+1}\binom{n}{k}=\frac{n}{n+1}$.

36. 证明 $\sum_{k=2}^{n-1}(n-k)^{2}\binom{n-1}{n-k}=n(n-1)2^{n-3}-(n-1)^{2}$.

37. 求和：

(1) $\sum_{k=0}^{m}\binom{n-k}{m-k}$; (2) $\sum_{k=0}^{m}\binom{u}{k}\binom{v}{m-k}$.

38. 用多项式定理展开 $(x_{1}+x_{2}+x_{3})^{4}$.

39. 确定在 $(x_{1}-x_{2}+2x_{3}-2x_{4})^{8}$ 的展开式中 $x_{1}^{2}x_{2}^{3}x_{3}x_{4}^{2}$ 项的系数.

40. (1) 给定正整数 n，证明

$$\sum(-1)^{a+b}\binom{n}{a\ b\ c\ d}=0,$$

其中求和是对方程 $a+b+c+d=n$ 的一切非负整数解来求和;

(2) 如何将以上命题一般化？

41. 设 p 是一个素数，$p\neq 2$，则当 $\binom{2p}{p}$ 被 p 整除时余数是 2.

42. 证明把 n 个有区别的球放到 t 个有区别的盒子里，并且要求第一个盒子里含 n_1 个球，第二个盒子里含 n_2 个球，$\cdots$，第 t 个盒子里含 n_t 个球的放球方法数是 $\binom{n}{n_1\ n_2\cdots n_t}$.

43. 证明把 n 元集划分成 t 个有序子集（允许空子集）并且要求第一个子集含 n_1 个元素，第二个子集含 n_2 个元素，$\cdots$，第 t 个子集含 n_t 个元素的划分方案数是 $\binom{n}{n_1\ n_2\cdots n_t}$.

44. (1) 设 p 是素数，且 $\binom{p}{n_1\ n_2\cdots n_t}\neq 1$，则 p 整除 $\binom{p}{n_1\ n_2\cdots n_t}$;

(2) (Fermat 小定理) 通过把 n^p 写成 $(1+1+\cdots+1)^p$ 的形式，证明 p 整除 n^p-n.

45. 用非降路径的方法证明组合恒等式 21.9, 21.11 和 21.12, 即：

$$\sum_{k=0}^{r}\binom{m}{k}\binom{n}{r-k}=\binom{m+n}{r}, \quad m,n,r\in\mathbb{N}, r\leqslant\min\{m,n\}.$$

$$\sum_{l=0}^{n}\binom{l}{k}=\binom{n+1}{k+1}, \quad n,k\in\mathbb{N}.$$

$$\sum_{l=0}^{k}\binom{n+l}{l}=\binom{n+k+1}{k}, \quad n,k\in\mathbb{N}.$$

46. 用非降路径的方法证明

$$\sum_{k=0}^{m}\binom{n-k}{m-k}\binom{r+k}{k}=\binom{n+r+1}{m}.$$

47. 计数从 $(0,0)$ 点到 (n,n) 点的不穿过直线 $y=x$ 的非降路径数.

II. 习题解答

1. (1) $P(5,5)=120$;   (2) $P(4,4)=24$;   (3) $P(5,5)-P(4,4)=96$.

2. 解：(1) $C(100,3)=161700$;

(2) 先取 1 件次品, 有 $C(2,1)$ 种方法, 然后从 98 件正品中取 2 件, 有 $C(98,2)$ 种方法, 根据乘法法则所求方法数为 $C(2,1)C(98,2)=9506$;

(3) 任选 3 件产品有 $C(100,3)$ 种方法, 其中没有次品的方法数是 $C(98,3)$, 因此, 至少有 1 件次品的方法数是 $C(100,3)-C(98,3)=9604$.

3. (1) $P(10,10)=10!$;   (2) $C(10,4)=210$.

4. 解：(1) 设被选的数为 x 和 $x+7$, 其中 $x=1,2,\cdots,93$, 因此选法有 93 种;

(2) 差恰好等于 r 的数有 $100-r$ 个, 对 $r=1,\cdots,7$ 求和得到

$$\sum_{r=1}^{7}(100-r)=672.$$

5. 解：**方法一** 将有序的选取分成如下三类. A: 先选中间的一个格, B: 先选边上的一个格, C: 先选角上的一个格. 在 A 类选法中, 先选中间的格, 有 36 种方法, 对于每个格, 恰好有 4 个格相邻, 因此 A 类选法有 36×4 种. 类似地 B 类选法有 24×3 种, C 类选法有 4×2 种. 又由于所要求的选取是无序的, 因此每类选法要除以 2. 根据加法法则总选法数是

$$\frac{1}{2}(36\times4+24\times3+4\times2)=112.$$

方法二 每行 8 个方格, 从其中选出 2 个相邻方格有 7 种方法, 8 行共有 56 种方法. 类似地从 8 个列中选出 2 个相邻方格的方法数也是 56 种. 总计有 112 种方法.

6. 解：(1) 如果字母 b 紧跟在 e 的左边, 就可以将 e 和 b 看成一个大字母, 因此相当于 5 个字母的排列数, 即 $5!=120$;

(2) b 在 e 左边的排列与 b 在 e 右边的排列之间可以构造一一对应, 满足题设条件的排列恰好是排列总数的一半, 因此结果是 $\frac{1}{2}6!=360$.

7. 解：在第一排先选择 5 个座位, 然后安排指定的 5 个人就座, 有 $C(8,5)\cdot5!$ 种方法. 类似地, 在第二排安排 4 个人的方法数是 $C(8,4)\cdot4!$. 剩下 5 个人可以任意安排在剩下的 7

个座位上,有 $C(7,5) \cdot 5!$ 种方法,因此根据乘法法则方法数是 $C(8,5) \cdot 5! \cdot C(8,4) \cdot 4! \cdot C(7,5) \cdot 5!$.

8. 解:(1) $9!$.

(2) 分步处理. 黑皮的书有 $5!$ 种排法,将排好的黑皮书看成 1 本大书再与红皮书一起排列,又有 $5!$ 种方法. 根据乘法法则所求的方法数是 $5! \cdot 5!$.

(3) 先排黑皮书,有 $5!$ 种方法,再排红皮书,有 $4!$ 种方法,然后将这两种书看成 2 本大书进行排列,有 2 种方法. 根据乘法法则所求的方法数是 $2 \cdot 5! \cdot 4!$.

(4) 先排黑皮书,有 $5!$ 种方法;在黑皮书中间有 4 个空,插入红皮书有 $4!$ 种方法,因此所求的方法数是 $5! \cdot 4!$.

9. 解:使用一一对应的方法. 将所有书的集合记作 $S=\{1,2,\cdots,24\}$,选出的 5 卷不相继的书为 $i_1, i_2, \cdots, i_5$,其中 $i_1 < i_2 < \cdots < i_5$,且 $i_j + 1 \neq i_{j+1}$, $j = 1,2,3,4$. 令 $k_j = i_j - j + 1$, $j = 1,2,3,4,5$. 例如 $i_1, i_2, \cdots, i_5$ 是 2,5,7,13,15,那么 $k_1, k_2, \cdots, k_5$ 是 2,4,5,10,11. 显然,$i_1, i_2, \cdots, i_5$ 与 $k_1, k_2, \cdots, k_5$ 之间是一一对应的. $\{k_1, k_2, \cdots, k_5\}$ 恰好是 $\{1,2,\cdots,20\}$ 的 5 组合,因此所求得选法数是 $C(20,5)$.

10. 证:线排列数为 $n!/(n-m)!$;如果每个排列首尾相接,在这些线排列中有 m 个能够构成相同的环排列,因此不同的环排列数为 $\dfrac{n!}{m(n-m)!}$.

11. 证:(1) 令 $S = \{1,2,\cdots,j-1\}$,任取 S 的子集 A,$A \cup \{j\}$ 得到一个最大元素为 j 的子集;反之,对于最大元素为 j 的任意子集 B,令 $B - \{j\} = A$,则 A 是 S 的子集;S 的子集数是 2^{j-1},因此最大元为 j 的子集数也是 2^{j-1}.

(2) 令 $S = \{1,2,\cdots,m+1\}$,等式右边记数了 S 的非空子集的总数. 将 S 的非空子集按照最大元素 j 分类为 $1,2,\cdots,m+1$. 根据(1)的结果,每类的子集数为 2^{j-1}. 使用加法法则,非空子集总数为

$$2^0 + 2^1 + \cdots + 2^m.$$

而 S 的非空子集数为 $2^{m+1} - 1$. 故等式成立.

12. 解:(1) 先选参加安全试验的车,有 $C(200,30)$ 种方法,再选择参加防污染试验的车,有 $C(200,30)$ 种方法,总共有 $C(200,30)C(200,30)$ 种方法.

(2) 先选做两种试验的 5 辆车,有 $C(200,5)$ 种方法;再从剩下的 195 辆车中选 25 辆做安全试验,有 $C(195,25)$ 种方法;最后从剩下的 170 辆车选择 25 辆做防污染的试验,有 $C(170,25)$ 种方法,因此总的试验方法数是 $C(200,5)C(195,25)C(170,25)$.

13. 解:(1) 分步选取,方法数是 $C(15,5)C(10,5)C(5,5)$;

(2) 因为这 3 个组没有区别,应该用(1)中的方法数除以组的排列数,即除以 6 得到 $\dfrac{1}{6}C(15,5)C(10,5)C(5,5)$.

14. 解:将选法进行如下分类:3 名低年级学生全是女生有 $C(25,3)C(25,1)C(25,4)$ 种方法;3 名低年级学生中含 2 名女生有 $C(25,2)C(25,1)C(25,2)C(25,3)$ 种方法;3 名低年级学生中含 1 名女生有 $C(25,1)C(25,2)C(25,3)C(25,2)$ 种方法;3 名低年级学生中含有 0 名女生有 $C(25,3)C(25,1)C(25,4)$ 种方法,根据加法法则总方法数为

$$N = 2C(25,3)C(25,1)C(25,4) + 2C(25,2)^2 C(25,1)C(25,3)$$

$$= 50C(25,3)[C(25,4)+C(25,2)^2].$$

15．解： 将 $1\sim 1000$ 中的数按照除以 4 的余数分别为 $0,1,2,3$ 划分成集合 A,B,C,D．将选法分成下面几类：3 个数都取自 A，有 $C(250,3)$ 种方法；2 个数取自 B，1 个数取自 C（或 2 个数取自 D，1 个数取自 C，或 2 个数取自 C，1 个数取自 A）有 $C(250,2)C(250,1)$ 种方法；A,B,D 中各取 1 个数，有 $C(250,1)^3$ 种方法．根据加法法则，所求方法数是
$$N = C(250,3)+3C(250,2)C(250,1)+C(250,1)^3 = 41541750.$$

16．解：（1）先选 2 张 K，有 $C(4,2)$ 种方法，再从去掉 A 和 K 的 44 张牌选其他的 3 张牌，有 $C(44,3)$ 种方法，因此所求的方法数是 $C(4,2)C(44,3)$；

（2）顺子按照最小点数分成 11 类 $A,2,\cdots,J$，每种顺子的构成方法数为 4^4，其中包含红桃 A 的有 4^3+4^3 种，故 $N=11\cdot 4^4-4^3-4^3=2688.$

17．证：（1）$z=k+1$，则 x,y 各有 k 种选择，故不同三元组有 k^2 个．

（2）当 $x=y$ 时，不同的三元组数为从 $1,2,\cdots,n+1$ 选择 2 个数的选法数，即 $\binom{n+1}{2}$．当 $x<y$ 时，对于 $z=3,4,\cdots,n+1$，x 与 y 的选法数为 $C(z-1,2)$．使用加法法则，则不同的三元组数为 $C(2,2)+C(3,2)+\cdots+C(n,2)=\binom{n+1}{3}$．类似的分析可以知道，当 $x>y$ 时，不同的三元组数也是 $\binom{n+1}{3}$．

（3）利用（1）和（2）的结果，再使用加法法则就可以得到
$$1^2+2^2+\cdots+n^2 = \binom{n+1}{2}+2\binom{n+1}{3}.$$

18．解： 通过分步选取来构成 S 的子集．先选 a_1，有 (n_1+1) 种选法；再选 a_2，有 (n_2+1) 种选法；$\cdots$；最后选择 a_k，有 (n_k+1) 种选法，根据乘法法则，共有 $N=(n_1+1)(n_2+1)\cdots(n_k+1)$ 种选法．

19．解： 将 S 划分成两个集合 A 与 B，其中 $A=\{1\cdot a_1,1\cdot a_2,\cdots,1\cdot a_t\}$，$B=\{\infty\cdot a_{t+1},\infty\cdot a_{t+2},\cdots,\infty\cdot a_k\}$．为构成 S 的 r-组合，先从 A 中选出 i 个元素，再从 B 中选出剩下的 $r-i$ 个元素，其中 $i=0,1,\cdots,r$．A 中选 i 子集的方法数为 $C(t,i)$；B 是 $k-t$ 类元素的多重集，从中选择 $r-i$ 个元素的方法数是 $C(k-t+r-i-1,r-i)$．根据乘法法则与加法法则，所求的组合数是
$$N = \sum_{i=0}^{r}\binom{t}{i}\binom{k-t+r-i-1}{r-i}.$$

20．解： 相当于多重集 $S=\{4\cdot\text{红球},3\cdot\text{黄球},3\cdot\text{白球}\}$ 的全排列数，根据公式得
$$N = \frac{(4+3+3)!}{4!3!3!} = \frac{10!}{4!3!3!}.$$

21．解： 分步处理，第一个位置有 3 种选法，而后面的 $n-1$ 个位置每个只有 2 种选法，根据乘法法则，共有 $3\cdot 2^{n-1}$ 种方法．

22．解：方法一 从 $\{\infty\cdot 0,\infty\cdot 1,\cdots,\infty\cdot 9\}$ 中任选 n 个元素，排列所得的数小于 10^n，取法为 $C(n+10-1,n)$ 种，对每种取法数字从小到大排列只有 1 种．除去全 0 的排列，因此 $N=C(n+9,9)-1.$

方法二 每个非负整数对应于从$(1,0)$点到$(n+1,9)$的一条非降路径,这种非降路径总共有$C(n+9,9)$条,其中有一条对应于全0的整数,因此所求的正整数个数为$N=C(n+9,9)-1$;

23. 解:先把5个学生分成两组,一组有2个学生,每人得5本书;另一组有3个学生,每人得4本书,分组有$C(5,2)$种方法. 然后从22本书中选出5本给第一组的一个学生,再选出5本给第一组的另一个学生. 有$C(22,5)C(17,5)$种方法. 类似地分析可知第二组也有$C(12,4)C(8,4)C(4,4)$种方法. 根据乘法法则,$N=C(5,2)C(22,5)C(17,5)C(12,4)C(8,4)C(4,4)$.

24. 解:(1) 相当于方程$x_1+x_2+\cdots+x_n=r$的正整数解个数,即$C(r-1,n-1)$;

(2) 相当于方程$x_1+x_2+\cdots+x_n=r, x_i\geq q$的非负整数解个数,即$x'_1+x'_2+\cdots+x'_n=r-nq$的非负整数解个数,即$C(r-nq+n-1, r-nq)=C(r-nq+n-1, n-1)$.

25. 解:所有的3组合是$\{a,a,b\},\{a,a,c\},\{a,b,c\},\{a,c,c\},\{b,c,c\},\{c,c,c\}$. 所有的3排列是$aab,aba,baa,aac,aca,caa,abc,acb,bac,bca,cab,cba,acc,cac,cca,bcc,cbc,ccb,ccc$.

26. 解:所有的4位数个数为多重集$S=\{1,1,2,3,3,4\}$的4-排列数. 先从多重集中选4-组合,有如下8种方法:

$A_1=\{1,1,2,3\}$, $A_2=\{1,1,2,4\}$, $A_3=\{1,1,3,4\}$, $A_4=\{3,3,1,2\}$,

$A_5=\{3,3,1,4\}$, $A_6=\{3,3,2,4\}$, $A_7=\{1,2,3,4\}$, $A_8=\{1,1,3,3\}$,

其中A_1到A_6的全排列数是$\frac{4!}{2!1!1!}$,A_7的全排列数为$\frac{4!}{1!1!1!1!}$,A_8的全排列数是$\frac{4!}{2!2!}$,于是

$$N=6\frac{4!}{2!1!1!}+\frac{4!}{2!2!}+\frac{4!}{1!1!1!1!}=72+6+24=102.$$

27. 解:$(2x-y)^7$

$$=(2x)^7-\binom{7}{1}(2x)^6 y+\binom{7}{2}(2x)^5 y^2-\binom{7}{3}(2x)^4 y^3$$

$$+\binom{7}{4}(2x)^3 y^4-\binom{7}{5}(2x)^2 y^5+\binom{7}{6}(2x)y^6-\binom{7}{7}y^7$$

$$=128x^7-448x^6 y+672x^5 y^2-560x^4 y^3+280x^3 y^4-84x^2 y^5+14xy^6-y^7.$$

28. 解:$x^5 y^{13}$的系数为$-C(18,5)3^5 2^{13}$;$x^8 y^9$的系数为0.

29. 证:由二项式定理有

$$(2x+1)^n=\sum_{k=0}^{n}\binom{n}{k}(2x)^k\cdot 1.$$

在上式中令$x=1$即可.

30. 证:由二项式定理有

$$(-1+3x)^n=\sum_{k=0}^{n}\binom{n}{k}(-1)^k(3x)^{n-k},$$

在上式中令$x=1$即可.

31. 证:(1) **方法一** 由二项式定理 得$(1+x)^n=\sum_{k=0}^{n}\binom{n}{k}x^k$,对两边积分得

$$\int_0^x (1+x)^n \mathrm{d}x = \sum_{k=0}^n \int_0^x \binom{n}{k} x^k \mathrm{d}x,$$

于是得到

$$\frac{(x+1)^{n+1}-1}{n+1} = \sum_{k=0}^n \binom{n}{k} \frac{x^{k+1}}{k+1}.$$

在上式中令 $x=1$ 得到

$$\frac{2^{n+1}-1}{n+1} = \sum_{k=0}^n \binom{n}{k} \frac{1}{k+1} = \sum_{k=1}^{n+1} \frac{1}{k} \binom{n}{k-1}.$$

方法二 利用已知的恒等式.

$$\sum_{k=1}^{n+1} \frac{1}{k} \binom{n}{k-1} = 1 + \sum_{k=2}^{n+1} \frac{1}{k} \binom{n}{k-1} = 1 + \sum_{k=1}^n \frac{1}{k+1} \binom{n}{k} = 1 + \sum_{k=1}^n \frac{1}{n+1} \binom{n+1}{k+1}$$

$$= \sum_{k=0}^n \frac{1}{n+1} \binom{n+1}{k+1} = \frac{1}{n+1} \sum_{k=1}^{n+1} \binom{n+1}{k} = \frac{2^{n+1}-1}{n+1}.$$

(2) 根据《教程》中等式 21.4 与 21.6 得

$$\sum_{k=1}^n k\binom{n}{k} = n2^{n-1}, \qquad \sum_{k=0}^n \binom{n}{k} = 2^n.$$

将上述两式相加得

$$\sum_{k=0}^n (k+1)\binom{n}{k} = 2^{n-1}(n+2).$$

(3) 利用二项式定理和积分得

$$(1+x)^n = \sum_{k=0}^n \binom{n}{k} x^k \Rightarrow \int_0^x (1+x)^n \mathrm{d}x = \sum_{k=0}^n \int_0^x \binom{n}{k} x^k \mathrm{d}x$$

$$\Rightarrow \frac{1}{n+1}(x+1)^{n+1}\Big|_0^x = \sum_{k=0}^n \binom{n}{k} \frac{1}{k+1} x^{k+1}\Big|_0^x$$

$$\Rightarrow \frac{(x+1)^{n+1}-1}{n+1} = \sum_{k=0}^n \binom{n}{k} \frac{x^{k+1}}{k+1}.$$

在上式中令 $x=2$ 得

$$\frac{3^{n+1}-1}{n+1} = \sum_{k=0}^n \frac{2^{k+1}}{k+1} \binom{n}{k}.$$

(4) 使用归纳法. 当 $n=1$ 时左右都得 1.

假设对 n 为真,考虑 $n+1$,

$$\sum_{k=1}^{n+1} (-1)^{k-1} \frac{1}{k} \binom{n+1}{k} = \sum_{k=1}^{n+1} (-1)^{k-1} \frac{1}{k} \left[\binom{n}{k-1} + \binom{n}{k}\right]$$

$$= \sum_{k=1}^{n+1} (-1)^{k-1} \frac{1}{k} \binom{n}{k-1} + \sum_{k=1}^{n+1} (-1)^{k-1} \frac{1}{k} \binom{n}{k}$$

$$= \sum_{k=0}^n (-1)^k \frac{1}{k+1} \binom{n}{k} + \sum_{k=1}^n (-1)^{k-1} \frac{1}{k} \binom{n}{k} + 0.$$

由题 32(2) 有 $\sum_{k=0}^{n}(-1)^{k}\dfrac{1}{k+1}\dbinom{n}{k}=\dfrac{1}{n+1}$，再利用归纳假设，将这些结果代入上式得

$$\sum_{k=1}^{n+1}(-1)^{k-1}\frac{1}{k}\binom{n+1}{k}=\frac{1}{n+1}+\left(1+\frac{1}{2}+\cdots+\frac{1}{n}\right)=1+\frac{1}{2}+\cdots+\frac{1}{n+1}.$$

32. 解：(1) $(1+x)^{n}=\sum_{k=0}^{n}\dbinom{n}{k}x^{k}$，

令 $x=r$ 得

$$\sum_{k=0}^{n}\binom{n}{k}r^{k}=(1+r)^{n}.$$

(2) **方法一** 令 $A(x)=\sum_{k=0}^{n}(-1)^{k}\dfrac{1}{k+1}\dbinom{n}{k}x^{k}$，那么有

$$(xA(x))'=\sum_{k=0}^{n}(-1)^{k}\binom{n}{k}x^{k}=(1-x)^{n}$$

$$\Rightarrow xA(x)=\int_{0}^{x}(1-x)^{n}\mathrm{d}x=\frac{1}{n+1}-\frac{(1-x)^{n+1}}{n+1}$$

$$\Rightarrow A(x)=\left[\frac{1}{n+1}-\frac{(1-x)^{n+1}}{n+1}\right]\frac{1}{x},$$

于是

$$\sum_{k=0}^{n}(-1)^{k}\frac{1}{k+1}\binom{n}{k}x^{k}=\left[\frac{1}{n+1}-\frac{(1-x)^{n+1}}{n+1}\right]\frac{1}{x}.$$

在上式中令 $x=1$ 得

$$\sum_{k=0}^{n}(-1)^{k}\frac{1}{k+1}\binom{n}{k}=\frac{1}{n+1}.$$

方法二
$$\sum_{k=0}^{n}(-1)^{k}\frac{1}{k+1}\binom{n}{k}=\sum_{k=0}^{n}(-1)^{k}\frac{1}{n+1}\binom{n+1}{k+1}$$

$$=\frac{-1}{n+1}\left[\sum_{k=0}^{n}(-1)^{k+1}\binom{n+1}{k+1}+\binom{n+1}{0}-1\right]$$

$$=\frac{-1}{n+1}\sum_{k=0}^{n+1}(-1)^{k}\binom{n+1}{k}+\frac{1}{n+1}=\frac{1}{n+1}.$$

(3) $\sum_{k=0}^{n}\dbinom{2n-k}{n-k}=\sum_{k=0}^{2n}\dbinom{2n-k}{n}=\sum_{k=0}^{2n}\dbinom{k}{n}=\dbinom{2n+1}{n+1}=\dbinom{2n+1}{n}.$

33. 证：对 m 归纳. 若 $m=0$，则

$$\text{左边}=\sum_{k=0}^{n}\frac{(-1)^{k}}{k+1}\binom{n}{k}=\frac{1}{n+1},\quad \text{右边}=\frac{n!}{(n+1)!}=\frac{1}{n+1}.$$

假设对 m 为真，则

$$\sum_{k=0}^{n}\frac{(-1)^{k}}{m+1+k+1}\binom{n}{k}=\sum_{k=0}^{n}\frac{(-1)^{k}}{m+k+2}\left[\binom{n+1}{k+1}-\binom{n}{k+1}\right]$$

$$=\frac{1}{m+1}\left[\binom{n}{0}-\binom{n+1}{0}\right]+\sum_{k=0}^{n}\frac{(-1)^{k}}{m+k+2}\binom{n+1}{k+1}-\sum_{k=0}^{n}\frac{(-1)^{k}}{m+k+2}\binom{n}{k+1}$$

$$=-\frac{1}{m+1}\binom{n+1}{0}-\sum_{k=1}^{n}\frac{(-1)^k}{m+k+1}\binom{n+1}{k}+\frac{1}{m+1}\binom{n}{0}+\sum_{k=1}^{n}\frac{(-1)^k}{m+k+1}\binom{n}{k}$$

$$=-\sum_{k=0}^{n}\frac{(-1)^k}{m+k+1}\binom{n+1}{k}+\sum_{k=0}^{n}\frac{(-1)^k}{m+k+1}\binom{n}{k}$$

$$=\frac{n!m!}{(n+m+1)!}-\frac{(n+1)!m!}{(n+m+2)!}=\frac{n!(m+1)!}{(n+m+2)!}.$$

34. 证：$\sum_{k=0}^{n-1}\binom{n}{k}\binom{n}{k+1}=\sum_{k=0}^{n-1}\binom{n}{k}\binom{n}{n-1-k}$

$$=\binom{n+n}{n-1}=\binom{2n}{n-1}=\frac{(2n)!}{(n-1)!(n+1)!}.$$

35. 证：**方法一** 使用二项式定理.

$$(1+x)^n=\sum_{k=0}^{n}\binom{n}{k}x^k \Rightarrow \int_0^x(1+x)^n\,\mathrm{d}x=\sum_{k=0}^{n}\int_0^x\binom{n}{k}x^k\,\mathrm{d}x$$

$$\Rightarrow \frac{1}{n+1}(x+1)^{n+1}\bigg|_0^x=\sum_{k=0}^{n}\binom{n}{k}\frac{1}{k+1}x^{k+1}\bigg|_0^x$$

$$\Rightarrow \frac{(x+1)^{n+1}-1}{n+1}=\sum_{k=0}^{n}\binom{n}{k}\frac{x^{k+1}}{k+1}.$$

在上式中令 $x=-1$ 得

$$\frac{-1}{n+1}=\sum_{k=0}^{n}\frac{1}{k+1}\binom{n}{k}(-1)^{k+1}$$

$$\Rightarrow \sum_{k=1}^{n}\frac{(-1)^{k+1}}{k+1}\binom{n}{k}=\sum_{k=0}^{n}\frac{(-1)^{k+1}}{k+1}\binom{n}{k}-\binom{n}{0}(-1)=1-\frac{1}{n+1}=\frac{n}{n+1}.$$

方法二 由 32(2)题有 $\sum_{k=0}^{n}(-1)^k\frac{1}{k+1}\binom{n}{k}=\frac{1}{n+1}$，因此，

$$\sum_{k=1}^{n}\frac{(-1)^{k-1}}{k+1}\binom{n}{k}=1+\sum_{k=0}^{n}\frac{(-1)^{k+1}}{k+1}\binom{n}{k}=1-\sum_{k=0}^{n}\frac{(-1)^k}{k+1}\binom{n}{k}=\frac{n}{n+1}.$$

36. 证：$\sum_{k=2}^{n-1}(n-k)^2\binom{n-1}{k-1}=\sum_{k=1}^{n-2}k^2\binom{n-1}{k}$.

利用《教程》中上的等式 21.7,上式等于

$$\sum_{k=1}^{n-1}k^2\binom{n-1}{k}-(n-1)^2=n(n-1)2^{n-3}-(n-1)^2.$$

37. 解：(1) 利用《教程》中的公式 21.11 得

$$\sum_{k=0}^{m}\binom{n-k}{m-k}=\sum_{k=0}^{m}\binom{n-k}{n-m}=\binom{n+1}{n-m+1}=\binom{n+1}{m};$$

(2) 利用《教程》中的公式 21.9 得

$$\sum_{k=0}^{m}\binom{u}{k}\binom{v}{m-k}=\binom{u+v}{m}.$$

38. 解：代入多项式定理得

$$(x_1+x_2+x_3)^4=x_1^4+x_2^4+x_3^4+4(x_1^3x_2+x_1^3x_3+x_1x_2^3+x_1x_3^3+x_2^3x_3+x_3^3x_2)$$

$+12(x_1^2x_2x_3+x_1x_2^2x_3+x_1x_2x_3^2)+6(x_1^2x_2^2+x_1^2x_3^2+x_2^2x_3^2).$

39. 解：所求的系数为

$$\binom{8}{2\ 3\ 1\ 2}(-1)^3 2^1 (-2)^2 = -8 \frac{8!}{2!3!1!2!} = -13440.$$

40. 解：(1) $(-x_1-x_2+x_3+x_4)^n$ 的 $x_1^a x_2^b x_3^c x_4^d$ 的系数为 $(-1)^{a+b}\binom{n}{a\ b\ c\ d}$，$\sum(-1)^{a+b}\binom{n}{a\ b\ c\ d}$ 为多项式的所有项的系数之和，令 $x_1=x_2=x_3=x_4=1$，则

$$\sum(-1)^{a+b}\binom{n}{a\ b\ c\ d} = (-1-1+1+1)^n = 0;$$

(2) 一般形式为

$$\sum(-1)^{r_1+r_2+\cdots+r_k}\binom{n}{r_1\ r_2\cdots r_k r_{k+1}\cdots r_{2k}} = 0,$$

其中求和是对 $r_1+r_2+\cdots+r_{2k}=n$ 的一切非负整数解求和.

41. 证：考虑公式

$$\binom{2p}{p} = \binom{p}{0}^2 + \binom{p}{1}^2 + \cdots + \binom{p}{p}^2,$$

当 p 为素数，且 $0<k<p$ 时，$p\mid\binom{p}{k}$，故 $\binom{2p}{p}$ 除以 p 的余数为 $\binom{p}{0}^2+\binom{p}{p}^2=2$.

42. 证：n 个球中取 n_1 个放盒 1，从 $n-n_1$ 个球中取 n_2 个放盒 2，$\cdots$，从 $n-n_1-n_2-\cdots-n_{t-1}$ 个球中取 n_t 个放盒 t，由乘法法则放球的方法数是

$$C(n,n_1)C(n-n_1,n_2)\cdots C(n-n_1-\cdots-n_{t-1},n_t) = \binom{n}{n_1\ n_2\cdots n_t}.$$

43. 证：同 42.

44. 证：(1) 根据多项式系数的定义可知：

$$\binom{p}{n_1\ n_2\cdots n_t} = 1 \Leftrightarrow \exists\, n_i=p,\ n_j=0, j\neq i.$$

由于 $\binom{p}{n_1\ n_2\cdots n_t}\neq 1$，故 $n_1,n_2,\cdots,n_t<p$. 考虑

$$\binom{p}{n_1\ n_2\cdots n_t} = \frac{p(p-1)!}{n_1!n_2!\cdots n_t!} = p\frac{(p-1)!}{n_1!n_2!\cdots n_t!},$$

因为 p 为素数，$n_1!,n_2!,\cdots,n_t!$ 各个数中不含 p 作为因子，上式中 $\frac{(p-1)!}{n_1!n_2!\cdots n_t!}$ 为整数，从而证明了 p 整除 $\binom{p}{n_1\ n_2\cdots n_t}$.

(2) $$(x_1+x_2+\cdots+x_t)^p = \sum_{\sum n_i=p}\binom{p}{n_1\ n_2\cdots n_t}x_1^{n_1}x_2^{n_2}\cdots x_t^{n_t},$$

根据(1)的结果，以上各项系数除了 $\binom{p}{n_1\ n_2\cdots n_t}=1$ 以外都可以被 p 整除. 令 $x_1=x_2=\cdots=x_t$

=1,则

$$t^p = \sum \binom{p}{n_1 n_2 \cdots n_t}.$$

上面公式的右端有 t 项的值为 1,除去这 t 项之外,其和为 $t^p - t$. 故 $p \mid (t^p - t)$. 令 $t = n$,即得 $p \mid (n^p - n)$.

45. 证明 $\sum_{k=0}^{r} \binom{m}{k}\binom{n}{r-k} = \binom{m+n}{r}$.

证：如图 21.1 所示,$(0,0)$ 点到 $(m-k,k)$ 点的非降路径数为 $\binom{m}{k}$,从 $(m-k,k)$ 点到 $(m+n-r,r)$ 点的非降路径数为 $\binom{n}{r-k}$,因此从 $(0,0)$ 点经过 $(m-k,k)$ 点到 $(m+n-r,r)$ 点的非降路径数为 $\binom{m}{k}\binom{n}{r-k}$. 对 $k=0,1,\cdots,r$ 求和就得到从 $(0,0)$ 点到 $(m+n-r,r)$ 点的非降路径总数 $\binom{m+n}{r}$.

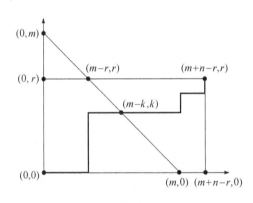

图 21.1

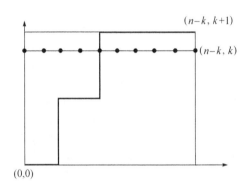

图 21.2

证明 $\sum_{l=0}^{n} \binom{l}{k} = \binom{n+1}{k+1}$.

证：如图 21.2 所示,$\binom{n+1}{k+1}$ 为从 $(0,0)$ 点到 $(n-k,k+1)$ 点的非降路径数,将这些路径按照经过 $(0,k),(1,k),\cdots,(n-k,k)$ 点向上进行分类. 从 $(0,0)$ 点到达 (i,k) 点的非降路径数是 $\binom{i+k}{k}$,对 $i=0,1,\cdots,n-k$ 求和就得到全体路径. 而左边的求和与这个和相等.

证明 $\sum_{l=0}^{k} \binom{n+l}{l} = \binom{n+k+1}{k}$.

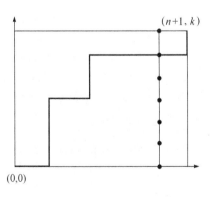

图 21.3

证：如图 21.3 所示，$\binom{n+k+1}{k}$ 为从 $(0,0)$ 点到 $(n+1,k)$ 点的非降路径数，将这些路径按照经过 $(n,0),(n,1),\cdots,(n,k)$ 点向右进行分类．从 $(0,0)$ 点到达 (n,l) 点的非降路径数是 $\binom{n+l}{l}$，对 $l=0,1,\cdots,k$ 求和就得到全体路径．

46． 证：如图 21.4 所示，$\binom{n+r+1}{m}$ 表示从 $(0,0)$ 点到 $(n+r+1-m,m)$ 点的非降路径数，将这些路径分成以下几段：
$$(0,0) \to (r,k) \to (r+1,k) \to (n+r+1-m,m).$$
其中，从 $(0,0)$ 点到 (r,k) 点的非降路径数是 $\binom{r+k}{k}$；从 $(r+1,k)$ 点到 $(n+r+1-m,m)$ 点的非降路径数等于从 $(0,0)$ 点到 $(n-m,m-k)$ 点的非降路径数，即 $\binom{n-k}{m-k}$；最后，对 $k=0,1,\cdots,m$ 求和就得到下面的公式：
$$\sum_{k=0}^{m}\binom{n-k}{m-k}\binom{r+k}{k}=\binom{n+r+1}{m}.$$

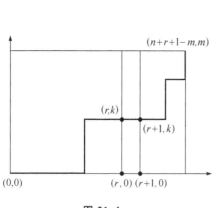

图 21.4

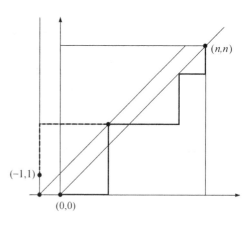

图 21.5

47． 解：如图 21.5 所示，任何一条从 $(0,0)$ 点到 (n,n) 点的穿过对角线的非降路径对应于一条从 $(-1,1)$ 点到 (n,n) 点的非降路径．考虑对角线下方的路径．从 $(0,0)$ 点到 (n,n) 点的非降路径总数为 $C(2n,n)$ 条，从 $(-1,1)$ 点到 (n,n) 点的非降路径数为 $C(2n,n-1)$ 条，因此下方不穿过对角线的非降路径数为 $C(2n,n)-C(2n,n-1)$．于是，从 $(0,0)$ 点到 (n,n) 点不穿过对角线的非降路径数是
$$N=2\left[\binom{2n}{n}-\binom{2n}{n-1}\right]=2\left[\frac{(2n)!}{n!n!}-\frac{(2n)!}{(n-1)!(n+1)!}\right]=\frac{2}{n+1}\binom{2n}{n}.$$

Ⅲ．补充习题

1．填空

(1) 从去掉大小王的 52 张扑克牌中取出 5 张牌，若其中有 4 张点数一样，则有

_____取法；若第一张牌是红桃，第二张牌不是 K，则有_____种取法.

(2) 有_____个十进制三位数的数字恰有一个 8 和一个 9.

(3) 从集合 $\{1,2,\cdots,9\}$ 中选取不同数字构成七位数，如果 5 和 6 不相邻，则有_____种方法.

(4) 在 1 到 1000 之间（包括 1 和 1000 在内）有_____个整数的各位数字之和小于 7.

(5) 由满足不等式 $x_1+x_2+x_3<5$ 的非负整数解 x_1,x_2,x_3 构成的有序 3 元组 $\langle x_1,x_2,x_3\rangle$ 的个数为_____.

(6) 把 10 个不同的球放到 6 个不同的盒子里，允许空盒，且前 2 个盒子球的总数至多是 4，则有_____种方法.

2. 有多少个大于 5400，不含 2 和 7，且各位数字不重复的整数？

3. (1) 设 S 为 3 元集，S 上可以定义多少个不同的 2 元运算和 1 元运算？其中有多少个 2 元运算是可交换的？有多少个 2 元运算是幂等的？有多少个 2 元运算既不是可交换的又不是幂等的？

(2) 如果对于 n 元集合，上述问题的结果又是什么？

4. 设 A 为 3 元集，问：

(1) A 上关系有多少个？其中自反关系有多少个？对称关系有多少个？自反并且对称的关系有多少个？反对称的关系有多少个？既不对称也不是反对称的关系有多少个？

(2) 将这个问题推广到 n 元集，又有什么结果？

5. (1) 设有 k 种明信片，每种张数不限，现在要分别寄给 n 个朋友，$k\geqslant n$. 若给每个朋友寄 1 张明信片，有多少种寄法？若给每个朋友寄 1 张明信片，但每个人得到的明信片都不相同，则有多少种寄法？若给每个朋友寄 2 张不同的明信片（不同的人可以得到相同的明信片），则有多少种寄法？

(2) 设有 k 种明信片，且第 i 类明信片的张数是 A_i，$i=1,2,\cdots,k$. 把它们全部送给 n 个朋友，问有多少种方法？

(3) 设有 k 张不同的明信片，要全部寄给 n 个朋友，$k\geqslant n$. 若每个朋友得到的张数不限，有多少种寄法？

6. 从 $1,2,\cdots,n$ 中选取 m 个不同的数，使得没有两个数是相邻的，有多少种方式？

7. 根据 IPv4 网络协议，每个计算机的地址是 32 位二进制数字构成的串. 其中 A 类地址第一位是 0，接着 7 位是网络标识，再接着 24 位是主机标识. B 类地址前两位是 10，接着 14 位网络标识，再接着 16 位主机标识. C 类地址前三位是 110，接着 21 位网络标识，再接着 8 位主机标识. 此外，A 类地址中全 1 不能做网络标识，在三类地址中全 0 和全 1 都不能作为主机标识. 问按照 IPv4 协议，在 Internet 中有多少个有效的计算机地址？

8. 假设计算机系统的每个用户有一个 4～6 个字符的登录密码，每个字符是大写字母或者数字，且每个密码必须至少包含一个数字. 问有多少个可能的登录密码？

9. 试证一整数是平方数的必要条件是它有奇数个正因子.

10. 由 m 个 A 和 n 个 B 构成序列，其中 m,n 为正整数，$m\leqslant n$. 如果要求每个 A 后面至少跟着 1 个 B，问有多少个不同的序列？

11. 在计算机算法的设计中，栈是一种很重要的数据结构. 下面考虑一个涉及栈输出的计数问题. 设有正整数 $1,2,\cdots,n$, 从小到大排成一个队列. 将这些整数按照排列的次序依次压入一个栈(即后进先出). 当后面的整数进栈的时候, 已经在栈中的整数可以在任何时刻输出. 问可能有多少种不同的输出序列? 例如整数 $1,2,3$ 可能的输出序列有 $1,2,3$;对应的操作是: 1 进栈, 1 出栈, 2 进栈, 2 出栈, 3 进栈, 3 出栈. 也可能输出 $1,3,2$;对应的操作是: 1 进栈, 1 出栈, 2 进栈, 3 进栈, 3 出栈, 2 出栈.

12. 求和 $\sum_{k=0}^{n} C(2n, 2k)$.

13. $A=\{1,2,\cdots,n\}$, $S \subseteq A$, 其中 n 为给定正整数. 如果 S 的每个元素都不小于 S 的基数 $|S|$, 就称 S 是饱满的(这里认为空集是饱满的). 令 $N(n)$ 表示 A 的饱满子集的个数.

(1) 导出关于 $N(n)$ 的公式;

(2) 计算 $N(8)$.

IV. 补充习题解答

1. 解:(1) 先选 4 张一样的牌的点数, 有 13 种选法. 然后再选另一张牌, 有 48 种选法, 因此 5 张牌中有 4 张点数一样的选法数是 $13 \times 48 = 624$.

若第一张牌是红桃 K, 则第二张牌只能从除去所有 K 剩下的 48 张牌选取, 有 48 种选法. 若第一张牌不是红桃 K, 那么第一张牌有 12 种选择, 第二张牌有 47 种可能的选法. 综合上述, 总选法数是 $48+12 \times 47 = 612$.

(2) 先从 $0,1,\cdots,7$ 中选择一个数字, 有 $C(8,1)$ 种方法. 将这个数字与 8 和 9 组成 3 位数, 有 3! 种排列. 其中 089 和 098 不符合题目要求. 因此, 所求的三位数是 $3! \times C(8,1) - 2 = 46$ 个.

(3) 具有不同数字的七位数有 $P(9,7)$ 个, 其中包含相邻的 5 和 6 的数有 $2 \times 6! \times C(7,5)$ 个, 于是所求的七位数有 $P(9,7) - 2 \times 6! \times C(7,5) = 151200$ 个.

(4) 设百位、十位、个位数字分别为 x, y, z, 那么 $x+y+z=r, r=1,2,\cdots,6$. 该方程的非负整数解个数是 $C(r+3-1, r) = C(r+2, 2)$. 除此之外, 1000 本身也满足要求. 于是所求的数的个数是 $C(8,2)+C(7,2)+\cdots+C(3,2)+1=84$.

(5) 考虑方程 $x_1+x_2+x_3=r, r=0,1,\cdots,4$ 的非负整数解的个数, 即 $C(6,2)+\cdots+C(2,2)=35$.

(6) 从 10 个球中先选出放入前两个盒子的 k 个球, $k=0,1,2,3,4$. 然后将这些球放入前两个盒子. 由于每个球有 2 种方法, 根据乘法法则, 总方法是 $C(10,k)2^k$ 种. 剩下的 $10-k$ 个球需要放入后 4 个盒子, 每个球有 4 种选择, 共 4^{10-k} 种方法. 使用乘法法则并对 k 求和最终得到 $\sum_{k=0}^{4} C(10,k) 2^k 4^{10-k} = 47579136$.

2. 解:如果这个数是 $i+1$ 位数, $i=4,5,6,7$, 那么它的最高位可能为 $1,3,4,5,6,8,9$, 有 7 种可能. 设最高位为 j, 其余的位构成集合 $\{0,1,\cdots,9\}-\{2,7,j\}$ 的 i 排列. 根据乘法法则与加法法则, 这些数的个数是

$$\sum_{i=4}^{7} 7P(7,i) = 94080.$$

如果这个数是 4 位数, 那么当最高位为 $6,8,9$ 时, 其他各位为剩下的 7 个数的 3-排列, 有 $3P$

(7,3)种构成方法.如果最高位为 5,次高位只能是 4,6,8,9,其余部分是 6 个数字的 2—排列,因此有 $4P(6,2)$ 种构成方法.根据加法法则这样的 4 位数有 $3P(7,3)+4P(6,2)=750$ 个.从而得到所求的数的个数是

$$N = 94080 + 750 = 94830.$$

3. 解:(1) 3 元集合上有 $3^{3^2}=3^9=19683$ 个二元运算,$3^3=27$ 个一元运算.其中可交换的运算有 $3^6=729$ 个,幂等的运算有 $3^6=729$ 个,交换并且幂等的运算有 $3^3=27$ 个,不可交换、也不不幂等的运算有

$$19683 - (729+729) + 27 = 18252$$

个.

(2) 设 A 为 n 元集,A 上的每个二元运算都对应了一个运算表.运算表中有 $n \times n$ 个位置,每个位置可以有 n 种可能的取值,根据乘法法则,有 n^{n^2} 个不同的二元运算.由类似的分析可知有 n^n 个不同的一元运算.对于可交换的运算,运算表中上、下三角内的元素是对称分布的,因此主对角线上有 n 个位置,上三角中有 $\frac{n^2-n}{2}$ 个位置,总计 $\frac{n^2+n}{2}$ 个位置,每个位置可能有 n 种取值,因此可交换的运算有 $n^{\frac{n^2+n}{2}}$ 个.类似的分析可知幂等的运算有 n^{n^2-n} 个,交换并且幂等的运算有 $n^{\frac{n^2-n}{2}}$ 个,既不交换也不幂等的运算有 $n^{n^2} - (n^{\frac{n^2+n}{2}} + n^{n^2-n}) + n^{\frac{n^2-n}{2}}$ 个.

4. 解:(1) 与题 3 类似,考虑关系矩阵中主对角线及其他位置元素的取值.自反关系有 $2^6=64$ 个;对称关系有 $2^6=64$ 个;自反并且对称的关系有 $2^3=8$ 个;反对称关系有 $2^3 3^3=216$ 个;对称并且反对称的关系有 $2^3=8$ 个;既不对称也不是反对称的关系有 $512-(216+64)+8=240$ 个.

(2) 推广到 n 元集,关系总数有 2^{n^2} 个,其中自反关系有 2^{n^2-n} 个,对称关系有 $2^n 2^{\frac{n^2-n}{2}} = 2^{\frac{n^2+n}{2}}$ 个,自反并且对称的关系有 $2^{\frac{n^2-n}{2}}$ 个,反对称关系有 $2^n 3^{\frac{n^2-n}{2}}$ 个,对称并且反对称的关系有 2^n 个,既不对称也不是反对称的关系有 $2^{n^2} - (2^{\frac{n^2+n}{2}} + 2^n 3^{\frac{n^2-n}{2}}) + 2^n$ 个.

5. 解:(1) 因为每人得到 1 张明信片有 k 种不同的可能,因此 n 个人有 k^n 种可能.如果每个人都得到 1 张不同的明信片,相当于从 k 张明信片中选出 n 张进行排列,有 $P(k,n)$ 种方法.要使每个人得到 2 张不同的明信片,可以先从 k 张明信片中选出 2 张,有 $C(k,2)$ 种选法,每个人得到的 2 张明信片可能属于任何一种选法.于是所求的方法数是 $(C(k,2))^n$.

(2) 第 i 种明信片有 $\begin{bmatrix} A_i+n-1 \\ A_i \end{bmatrix}$ 种送出的方法,因此总方法数为 $N = \prod_{i=1}^{k} \begin{bmatrix} A_i+n-1 \\ A_i \end{bmatrix}$.

(3) 每张明信片都有 n 种不同的寄法,因此所求的方法数是 n^k.

6. 解:设 $a_1, a_2, \cdots, a_m$ 是从 $1, 2, \cdots, n$ 中选取的互不相邻的 m 个数,则 $a_1, a_2-1, a_3-2, \cdots, a_m-m+1$ 彼此不等,且都取自集合 $\{1, 2, \cdots, n-m+1\}$.不同的取法有 $C(n-m+1, m)$ 种.

7. 解:A 类地址的网络标识有 $2^7-1=127$ 种,主机标识有 $2^{24}-2=16777214$ 种;B 类地址的网络标识有 $2^{14}=16384$ 种,主机标识有 $2^{16}-2=65534$ 种;C 类地址的网络标识有 $2^{21}=2097152$ 种,主机标识有 $2^8-2=254$ 种.于是,有效地址总数为

$$N = (2^7-1)(2^{24}-2) + 2^{14}(2^{16}-2) + 2^{21}(2^8-2)$$

$$= 2^{31} - 2^{24} - 2^8 + 2 + 2^{30} - 2^{15} + 2^{29} - 2^{22}$$
$$= 3737091842.$$

8. 解：将密码按照字符个数进行分类，包含 4 个字符的有 $(4^{36}-4^{26})$ 个，包含 5 个字符的有 $(5^{36}-5^{26})$ 个，包含 6 个字符的有 $(6^{36}-6^{26})$ 个. 因此，登录密码总数为
$$N = (4^{36}-4^{26}) + (5^{36}-5^{26}) + (6^{36}-6^{26}).$$

9. 证：设 $n^2 = p_1^{\alpha_1} p_2^{\alpha_2} \cdots p_t^{\alpha_t}$ 其中 $\alpha_1, \alpha_2, \cdots, \alpha_t$ 是偶数. 对于 n^2 的正因子 m，m 具有下述形式：$m = p_1^{s_1} p_2^{s_2} \cdots p_t^{s_t}$，其中 $s_i \in \{0, 1, \cdots, \alpha_i\}$. s_i 有 (α_i+1) 种选择，根据乘法法则，正因子数
$$N = (\alpha_1+1)(\alpha_2+1)\cdots(\alpha_t+1).$$
由于每个 α_i 都是偶数，因此 N 为奇数.

10. 解：**方法一**　先放 m 个 AB，只有一种方法. 然后在由这 m 个 AB 构成的 $m+1$ 个空格中加入 $n-m$ 个 B. 这相当于方程
$$x_1 + x_2 + \cdots + x_{m+1} = n - m$$
的非负整数解的个数，因此
$$N = C(n-m+m+1-1, n-m) = C(n, n-m) = C(n, m).$$

方法二　先放 n 个 B，只有一种方法. 然后，在任两个 B 之间以及第一个 B 之前的 n 个空格中选择 m 个位置放 A，有 $C(n, m)$ 种方法.

11. 将进栈、出栈分别记作 x, y，一个输出对应了 n 个 x，n 个 y 的排列，且排列的任何前缀中的 x 个数不少于 y 的个数. 考虑非降路径的模型，从 $(0,0)$ 点出发，将排列中的 x 看作向右走一步，y 看作向上走一步，就可以得到一条从 $(0,0)$ 点到 (n,n) 点的在下方不穿过对角线的非降路径. 回顾习题 47 的结果，这种路径数是 $\frac{1}{n+1}\binom{2n}{n}$ 条，因此不同的输出序列个数是
$$\frac{1}{n+1}\binom{2n}{n}.$$

12. 解：根据《教程》中的等式 21.4 和 21.5 有
$$n = 0, \quad \sum_{k=0}^{n} C(2n, 2k) = 1;$$
$$n > 0, \quad \sum_{k=0}^{n} C(2n, 2k) = \frac{1}{2}\left(\sum_{k=0}^{2n} \binom{2n}{k} + \sum_{k=0}^{2n}(-1)^k\binom{2n}{k}\right) = \frac{1}{2}(2^{2n}+0) = 2^{2n-1}.$$

13. 解：(1) A 中大于等于 k 的元素个数为 $n-k+1$，因此含 k 个元素的饱满子集有 $C(n-k+1, k)$ 个，于是饱满子集总数为
$$N(n) = \sum_{k=0}^{n} \binom{n-k+1}{k};$$
(2) $N(8) = \sum_{k=0}^{8} \binom{9-k}{k} = 55.$

第二十二章 组合计数方法

I. 习题二十二

1. 设 $f(n)$ 是 Fibonacci 数,计算
$$f(0)-f(1)+f(2)-\cdots+(-1)^n f(n).$$

2. 证明以下关于 Fibonacci 数的恒等式:
(1) $f^2(n-1)+f^2(n)=f(2n)$;
(2) $f(n)\cdot f(n+1)-f(n-1)\cdot f(n-2)=f(2n)$;
(3) $f^3(n)+f^3(n+1)-f^3(n-1)=f(3n+2)$.

3. 设 $f(n)$ 是 Fibonacci 数,
(1) 证明 $f(n)\cdot f(n+2)-f^2(n+1)=\pm 1$;
(2) 当 n 是什么值时,等式右边是 1?当 n 是什么值时,等式右边是 -1?

4. 设级数 $\{H_n\}$ 满足 $H_1=a, H_2=b$,且 $H_{n+2}=H_{n+1}+H_n$,求 H_n.

5. 已知 $a_0=0, a_1=1, a_2=4, a_3=12$ 满足递推方程 $a_n+c_1 a_{n-1}+c_2 a_{n-2}=0$,求 c_1 和 c_2.

6. 求解递推方程:

(1) $\begin{cases} a_n-7a_{n-1}+12a_{n-2}=0, \\ a_0=4, a_1=6; \end{cases}$
(2) $\begin{cases} a_n+a_{n-2}=0, \\ a_0=0, a_1=2; \end{cases}$

(3) $\begin{cases} a_n+6a_{n-1}+9a_{n-2}=3, \\ a_0=0, a_1=1; \end{cases}$
(4) $\begin{cases} a_n-3a_{n-1}+2a_{n-2}=1, \\ a_0=4, a_1=6; \end{cases}$

(5) $\begin{cases} a_n-7a_{n-1}+10a_{n-2}=3^n, \\ a_0=0, a_1=1. \end{cases}$

7. 已知递推方程 $c_0 a_n+c_1 a_{n-1}+c_2 a_{n-2}=f(n)$ 的解是 3^n+4^n+2,若对所有的 n 有 $f(n)=6$,求 c_0, c_1 和 c_2.

8. 求解递推方程:

(1) $\begin{cases} na_n+(n-1)a_{n-1}=2^n, & n\geq 1, \\ a_0=273; \end{cases}$
(2) $\begin{cases} a_n-na_{n-1}=n!, & n\geq 1, \\ a_0=2. \end{cases}$

9. 设 a_n 是 n 个元素的集合的划分个数,证明
$$a_{n+1}=\sum_{i=0}^{\infty}\binom{n}{i}a_i, \quad a_0=1.$$

10. 设 a_n 为一凸 n 边形被其对角线划分为互不重合的区域个数,设该凸 n 边形每三条对角线都不交于一点.
(1) 证明
$$\begin{cases} a_n-a_{n-1}=\dfrac{(n-1)(n-2)(n-3)}{6}+n-2, & n\geq 3, \\ a_0=a_1=a_2=0; \end{cases}$$

(2) 求 a_n.

11. 求下列 n 阶行列式的值 d_n.
$$d_n = \begin{vmatrix} 2 & 1 & 0 & \cdots & 0 & 0 \\ 1 & 2 & 1 & \cdots & 0 & 0 \\ 0 & 1 & 2 & \cdots & 0 & 0 \\ \cdots & \cdots & \cdots & \cdots & \cdots & \cdots \\ 0 & 0 & 0 & \cdots & 1 & 2 \end{vmatrix}.$$

12. 平面上有 n 条直线，它们两两相交且没有三线交于一点，问这 n 条直线把平面分成多少个区域？

13. 一个 $1 \times n$ 的方格图形用红、蓝两色涂色每个方格．如果每个方格只能涂一种颜色，且不允许两个红格相邻，问有多少种涂色方案？

14. 设 $f(n,k)$ 是从集合 $\{1,2,\cdots,n\}$ 中选出的没有两个连续整数的 k-子集个数．
(1) 给出 $f(n,k)$ 满足的递推方程；
(2) 证明 $f(n,k) = \binom{n-k+1}{k}$；
(3) 证明 $\{1,2,\cdots,n\}$ 的不含两个连续整数的所有子集个数是 Fibonacci 数 $f(n+1)$.

15. 在图 22.1 的长方形中，$AC/AB = (1+\sqrt{5})/2$. 作线段 EF，使 $ABFE$ 是一个正方形，证明长方形 $EFDC$ 和 $ACDB$ 相似. 如果重复这个过程，就得到图 22.1 中的图形. 证明每一步得到的长方形都和原来的长方形相似.

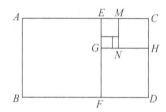

图 22.1

16. 证明生成函数的性质 2,5,8 和 10. 即：
(1) 若 $c_n = a_n + b_n$，则 $C(x) = A(x) + B(x)$；

(2) 若 $b_n = a_{n+l}$，则 $B(x) = \dfrac{A(x) - \sum_{n=0}^{l-1} a_n x^n}{x^l}$；

(3) 若 $b_n = \alpha^n a_n$，α 为常数，则 $B(x) = A(\alpha x)$；

(4) 若 $b_n = \dfrac{a_n}{n+1}$，则 $B(x) = \dfrac{1}{x}\int_0^x A(x)\,\mathrm{d}x$.

17. 确定数列 $\{a_n\}$ 的生成函数．
(1) $a_n = (-1)^n(n+1)$；   (2) $a_n = (-1)^n 2^n$；
(3) $a_n = n+5$；   (4) $a_n = \binom{n}{3}$.

18. 设数列 $\{a_n\}$ 的生成函数为 $A(x)$，试确定 a_n.
(1) $A(x) = \dfrac{x(1+x)}{(1-x)^3}$；   (2) $A(x) = \dfrac{1}{(1-x)(1-x^2)}$.

19. 设多重集 $S = \{\infty \cdot a_1, \infty \cdot a_2, \infty \cdot a_3, \infty \cdot a_4\}$，$c_n$ 是 S 的满足以下条件的 n-组合数，且数列 $\{c_n\}$ 的生成函数为 $C(x)$. 求 $C(x)$.
(1) 每个 a_i 出现奇数次，$i=1,2,3,4$；   (2) 每个 a_i 出现 3 的倍数次，$i=1,2,3,4$；
(3) a_1 不出现，a_2 至多出现 1 次；   (4) a_1 出现 1,3 或 11 次，a_2 出现 2,4 或 5 次；

(5) 每个 a_i 至少出现 10 次.

20. 一个 $1 \times n$ 的方格图形用红、蓝、绿或橙四种颜色涂色. 如果有偶数个方格被涂成红色, 还有偶数个方格被涂成绿色, 问有多少种方案?

21. 证明正整数 N 被无序剖分成允许重复的正整数的方法数等于多重集 $\{N \cdot a\}$ 划分成子多重集的方法数.

22. 证明方程 $x_1 + x_2 + \cdots + x_7 = 13$ 和 $x_1 + x_2 + \cdots + x_{14} = 6$ 有相同数目的非负整数解.

23. 设将 N 无序剖分成正整数之和且使得这些正整数都小于等于 m 的方法数为
$$P(N, m), 证明 \ P(N, m) = P(N, m-1) + P(N-m, m).$$

24. 设 (N, n, m) 表示将 N 有序剖分成 n 个正整数且每个正整数都少于等于 m 的方案数, 证明 (N, n, m) 就是 $(x + x^2 + \cdots + x^m)^n$ 的展开式中 x^N 的系数.

25. 证明 N 的一种剖分 (在这些剖分中仅仅奇数项是可以重复的) 的个数等于 N 的另一种剖分 (在这些剖分中没有一个项出现的次数大于 3) 的个数.

26. 确定下面数列 $\{a_n\}$ 的指数生成函数.
(1) $a_n = n!$;   (2) $a_n = 2^n \cdot n!$;   (3) $a_n = (-1)^n$.

27. 证明下面的等式:
$$\sum_{k=0}^{n} \binom{n}{k} \binom{m+k}{m}^{-1} \frac{(-1)^k}{m+k+1} = \frac{1}{n+m+1}.$$

28. 用三个 1、两个 2、五个 3 可以组成多少个不同的四位数? 如果这个四位数是偶数, 那么又有多少个?

29. 确定由 n 个奇数字组成的, 并且 1 和 3 每个数字出现正偶数次的数的个数.

30. $2n$ 个点均匀分布在一个圆周上, 若用 n 条不相交的弦将这 $2n$ 个点配成 n 对, 证明不同的配对方法数是第 $n+1$ 个 Catalan 数 $\frac{1}{n+1}\binom{2n}{n}$. 例如图 22.2 就给出了 8 个点的一种配对方案.

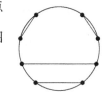

图 22.2

31. 计算 $\begin{bmatrix} 6 \\ n \end{bmatrix}$, 其中 $n = 1, 2, 3, 4, 5, 6$.

32. 计算 $\begin{bmatrix} 7 \\ n \end{bmatrix}$, 其中 $n = 1, 2, 3, 4, 5, 6, 7$.

33. 证明 $n! = \begin{bmatrix} n \\ n \end{bmatrix} n^n - \begin{bmatrix} n \\ n-1 \end{bmatrix} n^{n-1} + \begin{bmatrix} n \\ n-2 \end{bmatrix} n^{n-2} - \cdots$.

34. 用恰好 k 种可能的颜色做旗子, 使得每面旗子由 n 条彩带构成 ($n \geq k$), 且相邻的两条彩带的颜色都不相同, 证明不同的旗子数是 $k! \begin{Bmatrix} n-1 \\ k-1 \end{Bmatrix}$.

35. 设 $T(n, t)$ 表示将 n 元集划分成 t 个非空有序子集的方法数. 证明 $T(n, t) = t! \begin{Bmatrix} n \\ t \end{Bmatrix}$.

36. 设 b_n 表示把 n 元集划分成非空子集的方法数. 我们称 b_n 为 Bell 数. 证明:
(1) $b_n = \binom{n-1}{0} b_0 + \binom{n-1}{1} b_1 + \cdots + \binom{n-1}{n-1} b_{n-1}$;

(2) $b_n = \left\{{n \atop 1}\right\} + \left\{{n \atop 2}\right\} + \cdots + \left\{{n \atop n}\right\}$.

II. 习题解答

1. 解：原式等于 $1+(-1)^n f(n-1)$. 用归纳法证明之.

$n=1$，左边等于 $f(0)-f(1)=0$，右边等于 $1+(-1)f(0)=1-1=0$. 命题为真. 假设对于任意 $n-1$ 命题为真，那么

$$f(0) - f(1) + \cdots + (-1)^n f(n) = f(0) - f(1) + \cdots + (-1)^{n-1} f(n-1) + (-1)^n f(n)$$
$$= 1 + (-1)^{n-1} f(n-2) + (-1)^n f(n)$$
$$= 1 + (-1)^n (f(n) - f(n-2))$$
$$= 1 + (-1)^n f(n-1).$$

2. 证：先对 n 归纳证明下面的等式：

$$f(n+m) = f(m-1)f(n+1) + f(m-2)f(n). \qquad ①$$

当 $n=0$ 时等式左边为 $f(m)$，右边为

$$f(m-1)f(1) + f(m-2)f(0) = f(m-1) + f(m-2),$$

显然等式成立. 假设对于小于 $n+1$ 的任意自然数等式成立，那么

$$f(n+1+m) = f(n+m) + f(n-1+m)$$
$$= f(m-1)f(n+1) + f(m-2)f(n) + f(m-1)f(n) + f(m-2)f(n-1)$$
$$= f(m-1)[f(n+1) + f(n)] + f(m-2)[f(n) + f(n-1)]$$
$$= f(m-1)f(n+2) + f(m-2)f(n+1).$$

由归纳法，等式①对一切自然数成立. 在等式中令 $m=n$，得到

$$f(2n) = f(n-1)f(n+1) + f(n-2)f(n). \qquad ②$$

(1) 根据等式②有

$$f(2n) = f(n-1)[f(n-1) + f(n)] + [f(n) - f(n-1)]f(n)$$
$$= f^2(n-1) + f^2(n);$$

(2) 根据等式②有

$$f(2n) = [f(n) - f(n-2)]f(n+1) + f(n-2)f(n)$$
$$= f(n)f(n+1) - f(n-2)[f(n) + f(n-1)] + f(n-2)f(n)$$
$$= f(n)f(n+1) - f(n-1)f(n-2);$$

(3) 根据等式①有

$$f(3n+2) = f(n+1)f(2n+1) + f(n)f(2n)$$
$$= f(n+1)[f(n)f(n+1) + f(n-1)f(n)] + f(n)[f(n-1)f(n+1) + f(n-2)f(n)]$$
$$= f^2(n+1)f(n) + f(n+1)f(n)f(n-1) + f(n+1)f(n)f(n-1) + f^2(n)f(n-2)$$
$$= f^3(n+1) - f^2(n+1)f(n-1) + f(n+1)f(n)f(n-1) + f(n+1)f(n)f(n-1)$$
$$\quad + f^2(n)[f(n) - f(n-1)]$$
$$= f^3(n) + f^3(n+1) - f(n+1)f(n-1)[f(n+1) - f(n)] + f(n+1)f(n)f(n-1)$$
$$\quad - f^2(n)f(n-1)$$
$$= f^3(n) + f^3(n+1) - f(n+1)f^2(n-1) + f(n)f(n-1)[f(n+1) - f(n)]$$
$$= f^3(n) + f^3(n+1) - f^2(n-1)[f(n+1) - f(n)]$$

$$= f^3(n) + f^3(n+1) - f^3(n-1).$$

3. (1) 先证明递推公式：$f(n)f(n+2) - f^2(n+1) = -[f(n-1)f(n+1) - f^2(n)]$.

$$\begin{aligned} f(n)f(n+2) - f^2(n+1) &= f(n)[f(n) + f(n+1)] - f^2(n+1) \\ &= f^2(n) + f(n+1)f(n) - f(n+1)f(n) - f(n+1)f(n-1) \\ &= f^2(n) - f(n+1)f(n-1) = -[f(n-1)f(n+1) - f^2(n)]. \end{aligned}$$

根据递推公式得

$$f(n)f(n+2) - f^2(n+1) = \cdots = (-1)^n[f(0)f(2) - f^2(1)] = (-1)^n = \pm 1.$$

(2) 根据(1)的结果，容易看出当 n 为奇数时为 -1，n 为偶数时为 $+1$.

4. 解：该递推方程的特征方程为

$$x^2 - x - 1 = 0,$$

因此得到通解为

$$H_n = c_1 \left(\frac{1+\sqrt{5}}{2}\right)^n + c_2 \left(\frac{1-\sqrt{5}}{2}\right)^n.$$

代入初值得

$$\begin{cases} c_1 \dfrac{1+\sqrt{5}}{2} + c_2 \dfrac{1-\sqrt{5}}{2} = a, \\ c_1 \left(\dfrac{1+\sqrt{5}}{2}\right)^2 + c_2 \left(\dfrac{1-\sqrt{5}}{2}\right)^2 = b. \end{cases}$$

解得 $c_1 = \dfrac{2a - (b-a)(1-\sqrt{5})}{2\sqrt{5}}$，$c_2 = \dfrac{-2a + (b-a)(1+\sqrt{5})}{2\sqrt{5}}$. 于是

$$H_n = \frac{2a - (b-a)(1-\sqrt{5})}{2\sqrt{5}} \left(\frac{1+\sqrt{5}}{2}\right)^n + \frac{-2a + (b-a)(1+\sqrt{5})}{2\sqrt{5}} \left(\frac{1-\sqrt{5}}{2}\right)^n.$$

5. 解：根据题设得到

$$\begin{cases} a_3 + c_1 a_2 + c_2 a_1 = 0, \\ a_2 + c_1 a_1 + c_2 a_0 = 0 \end{cases} \Rightarrow \begin{cases} 12 + 4c_1 + c_2 = 0, \\ 4 + c_1 = 0 \end{cases} \Rightarrow \begin{cases} c_1 = -4, \\ c_2 = 4. \end{cases}$$

6. 解：(1) 特征方程为 $x^2 - 7x + 12 = 0$，通解为

$$a_n = c_1 3^n + c_2 4^n,$$

代入初值得

$$\begin{cases} c_1 + c_2 = 4, \\ 3c_1 + 4c_2 = 6. \end{cases}$$

解得 $c_1 = 10, c_2 = -6$，从而得到原递推方程的解为

$$a_n = 10 \cdot 3^n - 6 \cdot 4^n.$$

(2) 特征方程为 $x^2 + 1 = 0$，通解为

$$a_n = c_1 i^n + c_2 (-i)^n,$$

代入初值得

$$\begin{cases} c_1 + c_2 = 0, \\ ic_1 + (-i)c_2 = 2. \end{cases}$$

解得 $c_1 = -i, c_2 = i$，从而得到原递推方程的解为

$$a_n = -i^{n+1} + (-1)^n i^{n+1}.$$

于是原方程的解是
$$a_{2k} = 0, \quad a_{2k+1} = 2(-1)^k, \quad k \in N.$$

(3) 特征方程为 $x^2+6x+9=0$,齐次通解为
$$\overline{a_n} = c_1(-3)^n + c_2 n (-3)^n,$$
设特解为 P,代入方程得
$$P + 6P + 9P = 3.$$
解得 $P=3/16$. 因此原递推方程的通解为
$$a_n = c_1(-3)^n + c_2 n (-3)^n + 3/16.$$
代入初值解得 $c_1=-3/16, c_2=-1/12$. 从而得到原递推方程的解为
$$a_n = \left(-\frac{1}{12}n - \frac{3}{16}\right)(-3)^n + \frac{3}{16}.$$

(4) 特征方程为 $x^2-3x+2=0$,齐次通解为
$$\overline{a_n} = c_1 1^n + c_2 2^n,$$
因为 1 是特征根,设特解为 Pn,代入方程得到 $P=-1$. 因此原递推方程的通解为
$$a_n = c_1 1^n + c_2 2^n - n,$$
代入初值解得 $c_1=3, c_2=1$,从而得到原递推方程的解为
$$a_n = 3 \cdot 2^n - n + 1.$$

(5) 特征方程为 $x^2-7x+10=0$,齐次通解为
$$\overline{a_n} = c_1 2^n + c_2 5^n,$$
设特解为 $P3^n$,代入方程得到 $P=-9/2$. 因此原递推方程的通解为
$$a_n = c_1 2^n + c_2 5^n - 9/2 \cdot 3^n.$$
代入初值解得 $c_1=8/3, c_2=11/6$,从而得到原递推方程的解为
$$a_n = \frac{8}{3} \cdot 2^n + \frac{11}{6} \cdot 5^n - \frac{9}{2} \cdot 3^n.$$

7. 解:方法一 根据题意,递推方程的解为 $a_n=3^n+4^n+2$,令 $n=0,1,2,3$,代入得
$$a_0 = 4, \ a_1 = 9, \ a_2 = 27, \ a_3 = 93, \ a_4 = 339.$$
将上述值代入已知条件得下述方程组
$$\begin{cases} 27c_0 + 9c_1 + 4c_2 = 6, \\ 93c_0 + 27c_1 + 9c_2 = 6, \\ 339c_0 + 93c_1 + 27c_2 = 6. \end{cases}$$
解得 $c_0=1/2, c_1=-7/2, c_2=6$.

方法二 由已知条件递推方程具有下述形式:
$$a_n + \frac{c_1}{c_0}a_{n-1} + \frac{c_2}{c_0}a_{n-2} = \frac{6}{c_0}.$$
由于它的解是 $a_n=3^n+4^n+2$,因此上述递推方程的特征根是 3 和 4,特解是 2. 从而知道这个递推方程也具有形式
$$a_n - 7a_{n-1} + 12a_{n-2} = P.$$
对比这个方程的两种形式,得到 $c_1=-7c_0, c_2=12c_0$.

下面计算 c_0. 由于特解是 2,因此得到

$$\frac{6}{c_0} = P = 2 - 7 \cdot 2 + 12 \cdot 2 = 12,$$

从而得到 $c_0 = 1/2$. 再利用前面的结果得到 $c_1 = -7/2, c_2 = 6$.

8. 解：(1) 令 $b_n = na_n$，代入原递推方程得

$$\begin{cases} b_n + b_{n-1} = 2^n, \\ b_0 = 0. \end{cases}$$

解得 $b_n = -\frac{2}{3}(-1)^n + \frac{2^{n+1}}{3}$，从而得到

$$\begin{cases} a_n = -\frac{2}{3n}(-1)^n + \frac{2^{n+1}}{3n}, & n \geqslant 1, \\ a_0 = 273. \end{cases}$$

(2) 由迭代得到 $a_n = n!(n+2)$，经归纳法验证，它是原递推方程的解.

9. 证：不难看出 $a_0 = 1$. 令 $S = \{x_1, x_2, \cdots, x_{n+1}\}, S' = S - \{x_1\}, S$ 的划分个数是 a_{n+1}. 将 S 的划分分类：$\{x_1\}$ 自己构成一个划分块，划分个数是 $\binom{n}{0}a_n$，取 S' 中 1 个元素与 x_1 构成划分块，划分个数是 $\binom{n}{1}a_{n-1}$，取 S' 中 2 个元素与 x_1 构成划分块，划分个数是 $\binom{n}{2}a_{n-2}, \cdots$，取 S' 中全体元素与 x_1 构成划分块，划分个数是 $\binom{n}{n}a_0$，根据加法法则得到

$$a_{n+1} = \sum_{i=0}^{n} \binom{n}{n-i} a_i = \sum_{i=0}^{n} \binom{n}{i} a_i = \sum_{i=0}^{\infty} \binom{n}{i} a_i.$$

10. 解：(1) 如图 22.3 所示，线段 A_nA_s 和 A_uA_v 交于一点，线段 A_sA_n 上的交点数为

$$|\{A_1, A_2, \cdots, A_{s-1}\}| \cdot |\{A_{s+1}, \cdots, A_{n-1}\}| = (s-1)(n-s-1),$$

这些交点将 A_sA_n 分成的段数等于在 $n-1$ 边形内产生的区域数，对 s 求和就是所有在 $n-1$ 边形内产生的区域数，即

$$\sum_{s=2}^{n-2}(s-1)(n-s-1) = \frac{1}{6}(n-1)(n-2)(n-3).$$

此外，A_sA_n 还将在 $n-1$ 边形外产生新的区域，这样的连线有 $n-1$ 条 $(s=1, \cdots, n-1)$，产生 $n-2$ 个区域，因此，

$$\begin{cases} a_n - a_{n-1} = \frac{(n-1)(n-2)(n-3)}{6} + n - 2, \\ a_0 = a_1 = a_2 = 0. \end{cases}$$

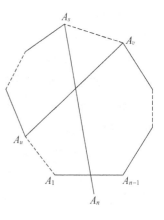

图 22.3

(2) 这是常系数线性非齐次的递推方程，根据公式法解得

$$a_n = \frac{n^4}{24} - \frac{n^3}{4} + \frac{23n^2}{24} - \frac{7n}{4} + 1.$$

上式也可以写作

$$a_n = \binom{n}{4} + \binom{n-1}{2} \quad \text{或者} \quad a_n = \frac{1}{24}(n-1)(n-2)(n^2 - 3n + 12).$$

11. 解：根据题意列出有关 d_n 的递推方程如下：

$$\begin{cases} d_n = 2d_{n-1} - d_{n-2}, \\ d_1 = 2, \quad d_2 = 3. \end{cases}$$

解上述递推方程得 $d_n = n+1$.

12. 解：设平面上已经有 $n-1$ 条直线. 当加入第 n 条直线时,它与平面上的前 $n-1$ 条直线交于 $n-1$ 个点. 这些点将第 n 条直线分割成 n 段,每段都增加一个区域,共增加 n 个区域,因此得到递推方程

$$\begin{cases} a_n = a_{n-1} + n, \\ a_1 = 2. \end{cases}$$

解这个递推方程得到 $a_n = \frac{1}{2}(n^2 + n + 2)$.

13. 解：设 a_n 是 n 个方格的涂色方案数,将这些方案按照最后一个方格是红色和蓝色分成两类. 如果最后一个方格是红色,那么相邻的方格一定是蓝色,这种方案有 a_{n-2} 种;如果最后一个方格是蓝色,这种方案有 a_{n-1} 种,因此得到递推方程

$$\begin{cases} a_n = a_{n-1} + a_{n-2}, \\ a_1 = 2, \quad a_2 = 3. \end{cases}$$

从而解得

$$a_n = \frac{5+3\sqrt{5}}{10}\left(\frac{1+\sqrt{5}}{2}\right)^n + \frac{5-3\sqrt{5}}{10}\left(\frac{1-\sqrt{5}}{2}\right)^n.$$

14. 解：(1) 将这些 k-子集按照其中是否包含 n 分成两类. 如果包含 n,那么剩下的 $k-1$ 数只能选自集合 $\{1, 2, \cdots, n-2\}$,有 $f(n-2, k-1)$ 种方法;如果不包含 n,那么 k 个数全部选自集合 $\{1, 2, \cdots, n-1\}$,有 $f(n-1, k)$ 种方法,因此有

$$f(n, k) = f(n-2, k-1) + f(n-1, k).$$

(2) 显然有 $f(0,0)=1, f(0,k)=0(k\neq 0), f(1,0)=1, f(1,1)=1, f(n,n)=0, n>1$. 这些等式都满足公式. 容易验证,当 $n=2$ 时,$f(2,k) = \binom{2-k+1}{k}, k=0,1$.

假设对于小于 $n(n>2)$ 的自然数,公式为真,则

$$\begin{aligned} f(n,k) &= f(n-2, k-1) + f(n-1, k) \\ &= \binom{n-2-(k-1)+1}{k-1} + \binom{n-1-k+1}{k} = \binom{n-k}{k-1} + \binom{n-k}{k} = \binom{n-k+1}{k}. \end{aligned}$$

(3) 令 $T(n) = \sum_{k=0}^{n} f(n,k)$,则根据(2)中的公式有

$$\begin{aligned} T(n-1) + T(n-2) &= \sum_{k=0}^{n-1} \binom{n-1-k+1}{k} + \sum_{k=0}^{n-2} \binom{n-2-k+1}{k} \\ &= \binom{n-1-0+1}{0} + \sum_{k=1}^{n-1}\left[\binom{n-1-k+1}{k} + \binom{n-1-k+1}{k-1}\right] \\ &= \binom{n-0+1}{0} + \sum_{k=1}^{n-1}\binom{n-k+1}{k} = \sum_{k=0}^{n-1}\binom{n-k+1}{k} + \binom{1}{n} \\ &= \sum_{k=0}^{n}\binom{n-k+1}{k} = T(n), \end{aligned}$$

故 $T(n) = \sum_{k=0}^{n} \binom{n-k+1}{n}$ 的递推公式与 Fibonacci 数 $f(n)$ 一样,且满足下述初值:

$$T(0) = \sum_{k=0}^{0} \binom{0-k+1}{0} = \binom{1}{0} = 1 = f(1),$$

$$T(1) = \sum_{k=0}^{1} \binom{1-k+1}{k} = \binom{2}{0} + \binom{1}{1} = 2 = f(2),$$

所以 $T(n) = \sum_{k=0}^{n} \binom{n-k+1}{k} = f(n+1)$.

15. 证:设矩形的长边的长度为 a_n,短边的长度为 b_n,那么有

$$\begin{cases} a_{n+1} = b_n, \\ b_{n+1} = a_n - b_n \end{cases}$$

且初值满足

$$a_1 = \frac{1}{2}(1+\sqrt{5}), \quad b_1 = 1.$$

将 $a_{n+1} = b_n$ 代入第二个递推方程得

$$\begin{cases} b_{n+1} = -b_n + b_{n-1}, \\ b_1 = 1, \quad b_2 = \dfrac{-1+\sqrt{5}}{2}. \end{cases}$$

解出 b_n,然后代入求得 a_n,即

$$\begin{cases} b_n = \dfrac{1+\sqrt{5}}{2}\left(\dfrac{-1+\sqrt{5}}{2}\right)^n, \\ a_n = \dfrac{1+\sqrt{5}}{2}\left(\dfrac{-1+\sqrt{5}}{2}\right)^{n-1}, \end{cases}$$

从而得到长短边的比值为

$$\frac{a_n}{b_n} = \frac{1}{(-1+\sqrt{5})/2} = \frac{2(\sqrt{5}+1)}{(\sqrt{5}-1)(\sqrt{5}+1)} = \frac{1+\sqrt{5}}{2},$$

任何矩形的长短边的比值都一样,因此这些矩形是相似的.

16. 证:根据生成函数定义有

性质 2 $\quad C(x) = \sum_{n=0}^{\infty} c_n x^n = \sum_{n=0}^{\infty} (a_n + b_n) x^n = \sum_{n=0}^{\infty} a_n x^n + \sum_{n=0}^{\infty} b_n x^n = A(x) + B(x).$

性质 5 $\quad B(x) = \sum_{n=0}^{\infty} b_n x^n = \sum_{n=0}^{\infty} a_{n+l} x^n \Rightarrow B(x) \cdot x^l = \sum_{n=0}^{\infty} a_{n+l} x^{n+l} = A(x) - \sum_{n=0}^{l-1} a_n x^n.$

$$\Rightarrow B(x) = \frac{1}{x^l}\left(A(x) - \sum_{n=0}^{l-1} a_n x^n\right).$$

性质 8 $\quad B(x) = \sum_{n=0}^{\infty} b_n x^n = \sum_{n=0}^{\infty} \alpha^n a_n x^n = \sum_{n=0}^{\infty} a_n (\alpha x)^n = A(\alpha x).$

性质 10 $\quad B(x) = \sum_{n=0}^{\infty} b_n x^n = \sum_{n=0}^{\infty} \dfrac{a_n}{n+1} x^n,$

$$\frac{1}{x}\int_0^x A(x)\,\mathrm{d}x = \frac{1}{x}\int_0^x \sum_{n=0}^{\infty} a_n x^n \,\mathrm{d}x = \frac{1}{x}\sum_{n=0}^{\infty} \frac{1}{n+1} a_n x^{n+1} = \sum_{n=0}^{\infty} \frac{a_n}{n+1} x^n.$$

17. 解：(1) $A(x) = \sum_{n=0}^{\infty}(-1)^n(n+1)x^n \Rightarrow \int_0^x A(x)\mathrm{d}x = \sum_{n=0}^{\infty}(-1)^n\int_0^x(n+1)x^n\mathrm{d}x$

$\Rightarrow \int_0^x A(x)\mathrm{d}x = \sum_{n=0}^{\infty}(-1)^n x^{n+1} = \frac{x}{1+x} \Rightarrow A(x) = \left(\frac{x}{1+x}\right)' = \frac{1}{(1+x)^2}.$

(2) $A(x) = \sum_{n=0}^{\infty}(-1)^n 2^n x^n = \sum_{n=0}^{\infty}(-2x)^n = \frac{1}{1+2x}.$

(3) $A(x) = \sum_{n=0}^{\infty}(n+5)x^n = \sum_{n=0}^{\infty}(n+1)x^n + \sum_{n=0}^{\infty}4x^n.$

令 $B(x) = \sum_{n=0}^{\infty}(n+1)x^n$，则

$$\int_0^x B(x)\mathrm{d}x = \sum_{n=0}^{\infty}x^{n+1} = \frac{x}{1-x} \Rightarrow B(x) = \frac{1}{(1-x)^2},$$

从而得到

$$A(x) = \frac{1}{(1-x)^2} + \frac{4}{1-x} = \frac{5-4x}{(1-x)^2}.$$

(4) 与前面(1)和(3)小题类似，利用级数积分的性质，最终得到生成函数是 $\frac{x^3}{(1-x)^4}$.

18. 解：(1) $A(x) = \frac{x(1+x)}{(1-x)^3} = (x+x^2)\frac{1}{(1-x)^3}$

$= (x+x^2)\sum_{n=0}^{\infty}\binom{n+2}{n}x^n = (x+x^2)\sum_{n=0}^{\infty}\frac{(n+2)(n+1)}{2}x^n.$

上式中 x^n 的系数为 $a_n = \frac{(n+1)n}{2} + \frac{n(n-1)}{2} = n^2.$

(2) $A(x) = \frac{1}{(1-x)(1-x^2)} = \frac{Ax+B}{(1-x)^2} + \frac{C}{1+x}$，其中 A,B,C 为待定系数，且满足如下方程组：

$$\begin{cases} B+C=1, \\ A+C=0, \\ A+B-2C=0. \end{cases}$$

解得 $A=-1/4, B=3/4, C=1/4$，从而得到

$$A(x) = -\frac{1}{4}x\frac{1}{(1-x)^2} + \frac{3}{4}\frac{1}{(1-x)^2} + \frac{1}{4}\frac{1}{1+x}.$$

将上述基本生成函数展开得到

$$a_n = \frac{1}{4}[1+(-1)^n] + \frac{1}{2}(n+1) = \begin{cases} \dfrac{n+1}{2}, & n \text{ 为奇数}, \\ \dfrac{n+2}{2}, & n \text{ 为偶数}. \end{cases}$$

19. 解：(1) $C(x) = (x+x^3+x^5+\cdots)^4 = \frac{x^4}{(1-x^2)^4};$

(2) $C(x) = (1+x^3+x^6+\cdots)^4 = \frac{1}{(1-x^3)^4};$

(3) $C(x)=(1+x)(1+x+x^2+\cdots)^2=\dfrac{1+x}{(1-x)^2}$;

(4) $C(x)=(x+x^3+x^{11})(x^2+x^4+x^5)(1+x+x^2+\cdots)^2$
$=\dfrac{(x+x^3+x^{11})(x^2+x^4+x^5)}{(1-x)^2}$;

(5) $C(x)=(x^{10}+x^{11}+\cdots)^4=\dfrac{x^{40}}{(1-x)^4}$.

20．解：指数生成函数为
$$A_e(x)=\left(1+\dfrac{x^2}{2!}+\dfrac{x^4}{4!}+\cdots\right)^2\left(1+\dfrac{x}{1!}+\dfrac{x^2}{2!}+\cdots\right)^2$$
$$=\dfrac{1}{4}(e^x+e^{-x})^2 e^{2x}=\dfrac{1}{4}e^{4x}+\dfrac{1}{2}e^{2x}+\dfrac{1}{4}.$$

$n=0$ 时，系数为 1；当 $n>0$ 时，x^n 的系数是 $\dfrac{1}{4}\dfrac{(4x)^n}{n!}+\dfrac{1}{2}\dfrac{(2x)^n}{n!}$，于是得到
$$a_n=\begin{cases}4^{n-1}+2^{n-1}, & n\geqslant 1,\\ 1, & n=0.\end{cases}$$

21．证：首先，正整数 N 被无序剖分成允许重复的正整数的方法数与不定方程 $1\cdot x_1+2x_2+\cdots Nx_N=N$ 的非负整数解的个数相等．另外，$\{N\cdot a\}$ 的划分具有下述形式：
$$\{x_1\cdot\{a\},\ x_2\cdot\{a,a\},\ x_3\cdot\{a,a,a\},\cdots,x_N\cdot\{a,a,\cdots,a\}\},$$
即具有 k 个 a 的子多重集有 x_k 个，其中 $k=1,2,\cdots,N$．因此，这些 x_k 也满足上述不定方程．于是，$\{N\cdot a\}$ 划分成子多重集的方法数也是上述不定方程的解的个数．

22．证：方程 $x_1+\cdots+x_7=13$ 的非负整数解个数为 $C(13+7-1,13)=C(19,6)$，方程 $x_1+\cdots+x_{14}=6$ 的非负整数解个数为 $C(6+14-1,6)=C(19,6)$．

23．证：$P(N-m,m)$ 是把 $N-m$ 剖分成小于等于 m 的正整数的方法数．对于任意这样的剖分方案
$$N-m=r_1+r_2+\cdots+r_s,\quad 1\leqslant r_t\leqslant m,\quad t=1,2,\cdots,s.$$
两边加上 m 就得到把 N 剖分成不大于 m 的正整数且至少含一个 m 的方案．因此，$P(N-m,m)$ 是把 N 剖分成不大于 m 的正整数且至少含一个 m 的方案数，而 $P(N,m-1)$ 是把 N 剖分成小于 m 的正整数的方案数．由加法法则，$P(N-m,m)+P(N,m-1)$ 是把 N 剖分成不大于 m 的正整数的方案数 $P(N,m)$．

24．证：设将 N 有序剖分成 n 个正整数且每个正整数不超过 m 的方案数为 (N,n,m)，它恰好为方程
$$\alpha_1+\alpha_2+\cdots+\alpha_n=N,\quad 1\leqslant \alpha_i\leqslant m,\quad i=1,2,\cdots,n$$
的正整数解的个数．考虑 $(x+x^2+\cdots+x^m)^n$ 的展开式中 x^N 的系数．因为有 n 个因式，每个因式分别提供项 $x^{\alpha_1},x^{\alpha_2},\cdots,x^{\alpha_n},1\leqslant \alpha_i\leqslant m$，且 $\alpha_1+\alpha_2+\cdots+\alpha_n=N$．因此 $(x+x^2+\cdots+x^m)^n$ 是 (N,n,m) 的生成函数．

25．证：将 N 剖分成奇数项可重复的方法数的生成函数为
$$\dfrac{1}{(1-x)(1-x^3)(1-x^5)\cdots}(1+x^2)(1+x^4)(1+x^6)\cdots,$$
将 N 剖分成每部分的重复次数不超过 3 的方法数的生成函数为

$$(1+x+x^2+x^3)(1+x^2+x^4+x^6)(1+x^3+x^6+x^9)\cdots$$
$$=\frac{1-x^4}{1-x}\frac{1-x^8}{1-x^2}\frac{1-x^{12}}{1-x^3}\cdots$$
$$=\frac{(1-x^2)(1+x^2)}{1-x}\frac{(1-x^4)(1+x^4)}{1-x^2}\frac{(1-x^6)(1+x^6)}{1-x^3}\cdots$$
$$=\frac{(1+x^2)(1+x^4)(1+x^6)\cdots}{(1-x)(1-x^3)(1-x^5)\cdots}.$$

因为这两个生成函数相等,因此对应的剖分方案数也相等.

26. 解:(1) $A_e(x)=\sum_{n=0}^{\infty}n!\frac{x^n}{n!}=\sum_{n=0}^{\infty}x^n=\frac{1}{1-x}$;

(2) $A_e(x)=\sum_{n=0}^{\infty}2^n n!\frac{x^n}{n!}=\sum_{n=0}^{\infty}(2x)^n=\frac{1}{1-2x}$;

(3) $A_e(x)=\sum_{n=0}^{\infty}(-1)^n\frac{x^n}{n!}=e^{-x}$.

27. 证:令 $\frac{1}{m+n+1}=a_n$, $b_n=\sum_{k=0}^{n}(-1)^k\binom{n}{k}a_k$,则根据习题二十一的33题有

$$b_n=\sum_{k=0}^{n}(-1)^k\binom{n}{k}\frac{1}{m+k+1}=\frac{n!m!}{(n+m+1)!}=\binom{n+m}{m}^{-1}\frac{1}{n+m+1}.$$

由组合互逆变换公式得

$$a_n=\sum_{k=0}^{n}(-1)^k\binom{n}{k}b_k=\sum_{k=0}^{n}(-1)^k\binom{n}{k}\binom{m+k}{m}^{-1}\frac{1}{m+k+1},$$

$$\sum_{k=0}^{n}\binom{n}{k}\binom{m+k}{m}^{-1}\frac{(-1)^k}{m+k+1}=a_n=\frac{1}{m+n+1}=\frac{1}{n+m+1}.$$

28. 解:指数生成函数为

$$A_e(x)=\left(1+x+\frac{x^2}{2!}+\frac{x^3}{3!}\right)\left(1+x+\frac{x^2}{2!}\right)\left(1+x+\frac{x^2}{2!}+\frac{x^3}{3!}+\frac{x^4}{4!}+\frac{x^5}{5!}\right),$$

其中 x^4 的系数为 $71\cdot\frac{x^4}{4!}$,因此 $a_4=71$.

如果这个4位数为偶数,则末位为2,那么对应的指数生成函数为

$$A_e(x)=\left(1+x+\frac{x^2}{2!}+\frac{x^3}{3!}\right)(1+x)\left(1+x+\frac{x^2}{2!}+\frac{x^3}{3!}+\frac{x^4}{4!}+\frac{x^5}{5!}\right),$$

其中 x^3 的系数为 $20\cdot\frac{x^3}{3!}$,因此 $a_3=20$.

29. 解:设所求 n 位数的个数为 a_n,则 $\{a_n\}$ 的指数生成函数为

$$A_e(x)=\left(\frac{x^2}{2!}+\frac{x^4}{4!}+\cdots\right)^2\left(1+x+\frac{x^2}{2!}+\cdots\right)^3$$
$$=\left[\frac{1}{2}(e^x+e^{-x})-1\right]^2 e^{3x}=\left[\frac{1}{4}e^{2x}+\frac{1}{2}+\frac{1}{4}e^{-2x}-e^x-e^{-x}+1\right]e^{3x}$$
$$=\frac{1}{4}e^{5x}-e^{4x}+\frac{3}{2}e^{3x}-e^{2x}+\frac{1}{4}e^x$$
$$=\sum_{n=0}^{\infty}\frac{x^n}{n!}\left(\frac{1}{4}5^n-4^n+\frac{3}{2}3^n-2^n+\frac{1}{4}\right),$$

因此所求的数有 $a_n = \frac{1}{4}5^n - 4^n + \frac{3}{2}3^n - 2^n + \frac{1}{4}$ 个.

30. 解：设配对方法数为 h_n，如图 22.4 所示，取定点 0，另一端取值为 $k=2t-1, t=1,2,\cdots,n$. 弦 $\{0,k\}$ 将圆划分成两个区域. 每个区域内的点的配对方法数分别为 h_k 和 $h_{n-k}, k=0,1,\cdots,n-1$，且 $h_0=1$. 从而得到递推方程 $h_n = \sum_{k=0}^{n-1} h_k h_{n-k}$. 利用生成函数求解这个递推方程如下：

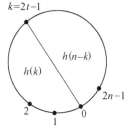

图 22.4

$$H(x) = \sum_{k=0}^{\infty} h_k x^k \Rightarrow xH^2(x) - H(x) + 1 = 0$$
$$\Rightarrow H(x) = \frac{1-\sqrt{1-4x}}{2x} = \sum_{n=1}^{\infty} \frac{1}{n}\binom{2n-2}{n-1}x^{n-1},$$

h_n 恰为第 $n+1$ 个 Catalan 数.

31. 解：计算的第一类 Stirling 数为

$$\begin{bmatrix}6\\1\end{bmatrix} = 5! = 120, \quad \begin{bmatrix}6\\2\end{bmatrix} = 274, \quad \begin{bmatrix}6\\3\end{bmatrix} = 225,$$

$$\begin{bmatrix}6\\4\end{bmatrix} = \begin{bmatrix}5\\3\end{bmatrix} + 5\begin{bmatrix}5\\4\end{bmatrix} = 85, \quad \begin{bmatrix}6\\5\end{bmatrix} = \begin{bmatrix}5\\4\end{bmatrix} + 5\begin{bmatrix}5\\5\end{bmatrix} = 15, \quad \begin{bmatrix}6\\6\end{bmatrix} = 1.$$

32. 解：计算的第一类 Stirling 数为

$$\begin{bmatrix}7\\1\end{bmatrix} = 6!, \quad \begin{bmatrix}7\\2\end{bmatrix} = 1764, \quad \begin{bmatrix}7\\3\end{bmatrix} = 1624,$$

$$\begin{bmatrix}7\\4\end{bmatrix} = 735, \quad \begin{bmatrix}7\\5\end{bmatrix} = 175, \quad \begin{bmatrix}7\\6\end{bmatrix} = 21, \quad \begin{bmatrix}7\\7\end{bmatrix} = 1.$$

33. 证：根据第一类 Stirling 数的定义有

$$x(x-1)\cdots(x-n+1) = \begin{bmatrix}n\\n\end{bmatrix}x^n - \begin{bmatrix}n\\n-1\end{bmatrix}x^{n-1} + \cdots \pm \begin{bmatrix}n\\0\end{bmatrix}x^0.$$

在上式中令 $x=n$ 得

$$\begin{bmatrix}n\\n\end{bmatrix}n^n - \begin{bmatrix}n\\n-1\end{bmatrix}n^{n-1} + \cdots \pm \begin{bmatrix}n\\0\end{bmatrix}n^0 = n!.$$

34. 方法一 组合分析的方法.

先不考虑颜色编号，相当于将 n 个编号的球恰好放入 k 个相同的盒子且不允许两个相邻编号的球放入同一个盒子的放球方法数. 先选定一个球，例如 a_1，对于以上的放球方案进行变换：如果 a_1 自己在一个盒子，则将这个盒子拿走，得到 $n-1$ 个不同的球恰好放入 $k-1$ 个相同的盒子且相邻编号的球不落入同一个盒子的方法. 如果与 a_1 在同一个盒子的球有 $a_{i_1}, a_{i_2}, \cdots, a_{i_l}$，则将 a_{i_1} 放入 a_{i_1-1} 的盒子；a_{i_2} 放入 a_{i_2-1} 的盒子；$\cdots$；a_{i_l} 放入 a_{i_l-1} 的盒子；然后拿走含 a_1 的盒子，从而得到 $n-1$ 个不同的球恰好放到 $k-1$ 个相同的盒子且至少有两个相邻标号的球落入同一盒子的方法. 综合上述，n 个不同的球放入 k 个相同盒子且不允许两个相邻编号的球落入同一盒子的方法数等于 $n-1$ 个不同的球恰好放入 $k-1$ 个相同盒子的方法数，即 $\begin{Bmatrix}n-1\\k-1\end{Bmatrix}$. 再考虑盒子编号,则为 $k!\begin{Bmatrix}n-1\\k-1\end{Bmatrix}$.

方法二 数学归纳法. 当 $n=1$,必有 $k=1$,这时有 $\begin{Bmatrix}1-1\\1-1\end{Bmatrix}1!=1$,命题为真.

假设对一切 n,k 命题为真,考虑 $n+1$ 条,k 色的涂色方案. 用 k 种颜色涂色前 n 条,最后一条为 $k-1$ 种选择,方法数为 $k!\begin{Bmatrix}n-1\\k-1\end{Bmatrix}(k-1)$. 用 $k-1$ 种颜色涂色前 n 条,选择颜色的方式为 k,涂颜色的方法为 $(k-1)!\begin{Bmatrix}n-1\\k-2\end{Bmatrix}$,因此为 $k!\begin{Bmatrix}n-1\\k-2\end{Bmatrix}$. 根据加法法则,总方法数为

$$k!\begin{Bmatrix}n-1\\k-1\end{Bmatrix}(k-1)+k!\begin{Bmatrix}n-1\\k-2\end{Bmatrix}=k!\begin{Bmatrix}n\\k-1\end{Bmatrix}.$$

根据归纳法命题成立.

方法三 使用递推方程. 令 $n+1$ 个球恰好落入 $k+1$ 个相同盒子且球编号不相邻的方法数为 S_n^k,将这些方法分成两类:其中第 $n+1$ 个球独占一个盒子的方法数为 S_{n-1}^{k-1};第 $n+1$ 个球不独占一个盒子的方法数 kS_{n-1}^k 为,因为将前 n 个球放入 $k+1$ 个盒子有 S_{n-1}^k 种方法,再加入第 $n+1$ 个球,恰有 k 种方式(第 $n+1$ 个球与第 n 个球不能在同一个盒子里). 使用加法法则,得到下述递推方程:

$$\begin{cases}S_n^k=S_{n-1}^{k-1}+kS_{n-1}^k,\\S_1^1=1.\end{cases}$$

这个方程恰好与第二类 Stirling 数的递推方程一样,初值也一样,因此 $S_n^k=\begin{Bmatrix}n\\k\end{Bmatrix}$. 考虑盒子的编号,于是得到 $n+1$ 个球恰好落入 $k+1$ 个不同的盒子,且球的编号不相邻的方法数为 $N=(k+1)!S_n^k=(k+1)!\begin{Bmatrix}n\\k\end{Bmatrix}$,那么所求的方法数 $N=k!\begin{Bmatrix}n-1\\k-1\end{Bmatrix}$.

35. 证:根据放球模型,将 n 元集划分为 t 个无序子集方法数为 $\begin{Bmatrix}n\\t\end{Bmatrix}$,对子集排序的方法数为 $t!$,由乘法法则命题得证.

36. 证:(1) 取元素 a_1,考虑 a_1 所在的划分块为 k 元子集的方法数. 先从剩下的 $n-1$ 个元素中选取 $k-1$ 个元素,与 a_1 构成一个划分块. 然后对剩下的 $n-k$ 个元素划分成非空子集,方法数为 b_{n-k}. 因此 a_1 所在的划分块为 k 元子集的方法数为 $b_{n-k}\binom{n-1}{k-1}$,$k=1,2,\cdots,n$. 对 k 求和就得到所有的划分数,即

$$b_n=\sum_{k=1}^n\binom{n-1}{k-1}b_{n-k}=\sum_{k=1}^n\binom{n-1}{k-1}b_{k-1}=\sum_{k=0}^{n-1}\binom{n-1}{k}b_k.$$

(2) 将 b_n 个划分按照所含有非空子集的个数 k 进行分类,恰含有 k 个非空子集的方法数是第二类 Stirling 数 $\begin{Bmatrix}n\\k\end{Bmatrix}$,对 $k=1,2,\cdots,n$ 求和,就是划分的总数 b_n.

Ⅲ. 补充习题

1. 设有递推方程 $L_n=L_{n-1}+L_{n-2}$,$n\geqslant 2$,且 $L_0=2$,$L_1=1$,求 $L_{2n+2}-(L_1+L_3+\cdots+L_{2n+1})$.

2. 一个质点在水平方向运动,每秒钟它走过的距离等于它前一秒走过距离的两倍. 设质点的初始位置为3,并设第一步走了一个单位长的距离. 求第 t 秒钟质点的位置.

3. 求以凸 n 边形的顶点为顶点,以内部对角线为边的三角形有多少个?

4. 如果传送信号 A 要1微秒,传送信号 B 和 C 各需要2微秒. 一个信息是字符 A,B 或 C 构成的有限长度的字符串(不考虑空串),问 n 微秒可以传送的不同信息有多少个?

5. 有 n 条封闭的曲线,两两相交于两点,并且任意三条都不交于一点,求这 n 条封闭曲线把平面化分成的区域个数.

6. 设 a_n 表示不含两个连续 0 的 n 位 0~1 字符串的个数,求 a_n.

7. 某公司有 n 千万元可以用于对 a,b,c 三个项目的投资. 假设每年投资一个项目. 投资的规则是:或者对 a 投资1千万元,或者对 b 投资2千万元,或者对 c 投资2千万元. 问用完 n 千万元有多少种不同的方案?

8. 设 $n=2^k$,k 为正整数,使用二分归并的递归算法对 n 个元素的序列进行排序,具体作法是:先将此排序的序列划分成两个等长的子序列 A 和 B,然后分别对 A 和 B 使用相同的算法递归地进行排序;最后将排好序的 A 和 B 归并成一个序列.

(1) 令 $W(n)$ 表示使用该算法对长度为 n 的序列排序时序列元素最多的比较次数,列出 $W(n)$ 满足的递推方程和初始条件;

(2) 求 $W(n)$.

9. 考虑顺序插入排序算法:

Sort(A,n)

    1.   if $n>1$ then

    2.   for $i \leftarrow 2$ to n do

    3. $j \leftarrow i-1$

    4.   while $A[j]>A[i]$ and $j>0$ do

    5. $A[j] \leftrightarrow A[i]$ //$A[j]$ 与 $A[i]$ 交换

    6. $j \leftarrow j-1$

求该算法在最坏情况下对于规模为 n 的输入所做的比较次数 $W(n)$.

10. 如图 22.5,T 为 $2n$ 个顶点的树,求 T 的所有的点独立集(包含空集)的个数 f_n.

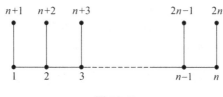

图 22.5

11. 一个编码系统用八进制数字对信息编码,一个码字是有效的当且仅当含有偶数个7,求 n 位长的有效码字有多少个?

12. 设数列 $\{a_n\},\{b_n\},\{c_n\}$ 的生成函数分别为 $A(x),B(x),C(x)$,其中 $a_n=0,(n \geqslant 3)$,$a_0=1,a_1=3,a_2=2$;$c_n=5^n,n \in N$. 如果 $A(x)B(x)=C(x)$,求 b_n.

13. 把 $2n+1$ 个苹果送给 3 个孩子,若使得任意两个孩子得到的苹果总数大于另一个孩子的苹果数,问有多少种分法?

$$N = \binom{2n+1+2}{2} - 3\binom{n+2}{2} = \frac{(n+1)n}{2}.$$

14. 把 n 个苹果(n 为奇数)恰好分给 3 个孩子,如果第一个孩子和第二个孩子分的苹果数不相同,问有多少种分法?

15. 设 n 为自然数,求平面上由直线 $x+2y=n$ 与两个坐标轴所围成的直角三角形内(包括边上)的整点个数,其中整点表示横、纵坐标都是整数的点.

16. 用生成函数方法重新求解 21 章补充习题的第 11 题.

17. 设 Σ 是一个字母表且 $|\Sigma|=n>1$,a 和 b 是 Σ 中两个不同的字母。试求 Σ 上的 a 和 b 均出现的长为 $k>1$ 的字(或称为字符串)的个数.

18. 证明 $\sum_{k=1}^{n} \begin{Bmatrix} n \\ k \end{Bmatrix} x(x-1)\cdots(x-k+1) = x^n$.

19. 把 5 项任务分给 4 个人,如果每个人至少得到 1 项任务,问有多少种方式?

20. 设 A 为 n 元集,对 A 进行划分,令 $S(n,k)_i$ 表示含 k 个划分块,每块至少含 i 个元素的划分个数. 试给出有关 $S(n,k)_i$ 的递推方程.

Ⅳ. 补充习题解答

1. 解:
$$L_{2n+2} - (L_1 + L_3 + \cdots + L_{2n+1})$$
$$= (L_{2n+2} - L_{2n+1}) - (L_1 + L_3 + \cdots + L_{2n-1})$$
$$= (L_{2n} - L_{2n-1}) - (L_1 + L_3 + \cdots + L_{2n-3})$$
$$= \cdots$$
$$= L_2 - L_1 = L_0 = 2.$$

2. 解:设 $f(t)$ 为第 t 秒时质点的位置,则
$$f(t) - f(t-1) = 2(f(t-1) - f(t-2)),$$
化简并给出初值得
$$\begin{cases} f(t) - 3f(t-1) + 2f(t-2) = 0, \\ f(0) = 3, \quad f(1) = 4. \end{cases}$$
该方程为常系数线性齐次递推方程,解得 $f(t) = 2^t + 2$.

3. 解:**方法一** 全部可能的三角形数 $C(n,3)$,其中以 1 条多边形边作为边的三角形数是 $n(n-4)$,以 2 条多边形边作为边的三角形数是 n,于是得到
$$N = C(n,3) - n(n-4) - n = n(n-4)(n-5)/6.$$

方法二 建立递推方程. 设原来的 $n-1$ 边形的顶点是 $1,2,\cdots,n-1$. 加入顶点 n 以后,n 与 $\{2,3,\cdots,n-2\}$ 中的任何两个顶点都能构成一个新的三角形,这样的新三角形有 $C(n-3,2)$ 个. 但是其中 $n-4$ 个三角形含有多边形的 1 条边. 因此仅由对角线构成的三角形有 $C(n-3,2)-(n-4)$ 个. 此外,原来 $n-1$ 边形的边 $\{1,n-1\}$ 在 n 边形中变成了对角线,由这条对角线与 $\{3,4,\cdots,n-3\}$ 中的任何顶点都可以构成一个新三角形,且这个三角形的三条边都是 n 边形的对角线. 因此又增加了 $(n-5)$ 个三角形. 令 A_n 表示所有的三角形数,那么 A_n 满足如下递推方程:
$$\begin{cases} A_n = A_{n-1} + C(n-3,2) - (n-4) + (n-5), \\ A_6 = 2. \end{cases}$$

解得 $A_n = n(n-4)(n-5)/6$.

4. 解：设 a_n 表示 n 微秒传送的不同信息数，那么得到递推方程如下：
$$\begin{cases} a_n = a_{n-1} + 2a_{n-2}, \\ a_1 = 1, \quad a_2 = 3. \end{cases}$$
解得 $a_n = \dfrac{2^{n+1} + (-1)^n}{3}$.

5. 解：设 a_n 为 n 条封闭曲线把平面划分成的区域个数. 假设前 n 条封闭曲线已经存在，当加入第 $n+1$ 条封闭曲线时，这条曲线与前 n 条曲线交于 $2n$ 个点，这些交点将第 $n+1$ 条曲线划分成 $2n$ 段，每段都会增加一个区域，因此得到递推方程如下：
$$\begin{cases} a_{n+1} = a_n + 2n, \\ a_1 = 2. \end{cases}$$
解得 $a_n = n^2 - n + 2$.

6. 解：设 a_n 是不含两个连续 0 的 n 位 0~1 字符串的个数，b_n 是以 0 结尾且不含两个连续 0 的 n 位 0~1 字符串的个数，c_n 是以 1 结尾且不含两个连续 0 的 n 位 0~1 字符串的个数，那么 $a_n = b_n + c_n$. 且满足如下递推方程：
$$b_n = c_{n-1},$$
$$\begin{cases} c_n = b_{n-1} + c_{n-1} = c_{n-1} + c_{n-2}, \\ c_1 = 1, c_2 = 2. \end{cases}$$
解得
$$c_n = \frac{1}{\sqrt{5}} \left(\frac{1+\sqrt{5}}{2} \right)^{n+1} - \frac{1}{\sqrt{5}} \left(\frac{1-\sqrt{5}}{2} \right)^{n+1},$$
$$b_n = \frac{1}{\sqrt{5}} \left(\frac{1+\sqrt{5}}{2} \right)^n - \frac{1}{\sqrt{5}} \left(\frac{1-\sqrt{5}}{2} \right)^n,$$
$$a_n = b_n + c_n = \frac{5+3\sqrt{5}}{10} \left(\frac{1+\sqrt{5}}{2} \right)^n + \frac{5-3\sqrt{5}}{10} \left(\frac{1-\sqrt{5}}{2} \right)^n.$$

7. 解：设 n 千万元的投资方案数为 $f(n)$，那么 $f(n)$ 满足如下递推方程：
$$\begin{cases} f(n) = f(n-1) + 2f(n-2), \\ f(1) = 1, f(2) = 3. \end{cases}$$
解出 $f(n) = \dfrac{2^{n+1} + (-1)^n}{3}$.

8. 解：(1) 假设两个 $n/2$ 长的子序列已经排好，将这两个子序列归并，需要 $n-1$ 次的比较，从而得到递推方程如下：
$$\begin{cases} W(n) = 2W(n/2) + n - 1, \quad n = 2^k, \\ W(1) = 0. \end{cases}$$

(2) **方法一** 将 $n = 2^k$ 代入，该递推方程可以转换成关于变元 k 的常系数线性递推方程. 即
$$\begin{cases} H(k) = 2H(k-1) + 2^k - 1, \\ H(0) = 0. \end{cases}$$
设特解 $H^*(k) = P_1 k 2^k + P_2$，将这个特解代入原方程，解得 $P_1 = P_2 = 1$，从而得到

$$H^*(k) = k2^k + 1.$$

于是得到通解

$$H(k) = c2^k + k2^k + 1,$$

代入初值,得 $c = -1$,因此得到原方程的解

$$H(k) = -2^k + k2^k + 1,$$

将 $k = \log n$ 代入得

$$W(n) = n\log n - n + 1.$$

方法二 迭代归纳法.

$$\begin{aligned}
W(n) &= 2W(2^{k-1}) + 2^k - 1 \\
&= 2[2W(2^{k-2}) + 2^{k-1} - 1] + 2^k - 1 \\
&= 2^2 W(2^{k-2}) + 2^k - 2 + 2^k - 1 \\
&= 2^2[2W(2^{k-3}) + 2^{k-2} - 1] + 2^k - 2 + 2^k - 1 \\
&= 2^3 W(2^{k-3}) + 2^k - 2^2 + 2^k - 2 + 2^k - 1 \\
&= \cdots \\
&= 2^k W(1) + k2^k - (2^{k-1} + 2^{k-2} + \cdots + 2 + 1) \\
&= k2^k - 2^k + 1 \\
&= n\log n - n + 1.
\end{aligned}$$

对结果进行验证. 把 $n = 1$ 代入上述公式得

$$W(1) = 1\log 1 - 1 + 1 = 0,$$

符合初始条件. 将结果代入原递推方程的右边得

$$2W(n/2) + n - 1 = 2[2^{k-1}\log(2^{k-1}) - 2^{k-1} + 1] + 2^k - 1$$
$$= 2^k(k-1) - 2^k + 2 + 2^k - 1 = k2^k - 2^k + 1 = n\log n - n + 1 = W(n).$$

这说明得到的解满足原来的递推方程.

9. 解:关于 $W(n)$ 有如下递推方程:

$$\begin{cases} W(n) = W(n-1) + n - 1, \\ W(1) = 0. \end{cases}$$

设特解为 $W^*(n) = P_1 n^2 + P_2 n$,代入递推方程得 $P_1 = 1/2, P_2 = -1/2$. 通解为

$$W(n) = c \cdot 1^n + n(n-1)/2 = c + n(n-1)/2.$$

代入初值 $W(1) = 0$,解得 $c = 0$,最终得到 $W(n) = n(n-1)/2$.

10. 解:将这个图的点独立集分成两类:含有顶点 n 的和不含有顶点 n 的. 如果含有顶点 n,那么一定不含有顶点 $2n$ 和 $n-1$,但是可以含有或者不含有顶点 $2n-1$. 对其他顶点的取舍有 f_{n-2} 种方法. 如果不含有顶点 n,那么可以含有或者不含有顶点 $2n$,对其他顶点的取舍有 f_{n-1} 种方法. 于是得到递推方程

$$\begin{cases} f_n = 2f_{n-1} + 2f_{n-2}, \\ f_0 = 1, f_1 = 3. \end{cases}$$

解得

$$f_n = \frac{3 + 5\sqrt{3}}{6}\left(\frac{1+\sqrt{3}}{2}\right)^n + \frac{3 - 5\sqrt{3}}{6}\left(\frac{1-\sqrt{3}}{2}\right)^n.$$

11. 解:设所求的 n 位长的有效码字为 a_n 个,可以由长为 $n-1$ 的八进制序列构成码字.

如果长为 $n-1$ 的八进制序列含有偶数个 7,那么在这个序列后面加上除了 7 以外的其它八进制数字,即加上 $0,1,\cdots,$ 或者 6,就得到所要求的码字;这种码字个数是 $7a_{n-1}$. 如果长为 $n-1$ 的八进制序列含有奇数个 7,这种序列有 $8^{n-1}-a_{n-1}$ 个. 对于其中的任何一个序列,在它后面加上 7 就得到所要求的码字,这种码字个数是 $8^{n-1}-a_{n-1}$. 根据加法法则得到递推方程
$$a_n = 7a_{n-1} + 8^{n-1} - a_{n-1},$$
经过整理得
$$a_n = 6a_{n-1} + 8^{n-1}, \quad a_1 = 7.$$
求解得到递推方程的解是
$$a_n = (6^n + 8^n)/2.$$

12. 解:方法一 根据题意给出递推方程
$$a_0 b_0 = c_0 \Rightarrow b_0 = 1,$$
$$a_0 b_1 + a_1 b_0 = c_1 \Rightarrow b_1 = 2,$$
$$a_2 b_{n-2} + a_1 b_{n-1} + a_0 b_n = c_n \Rightarrow b_n + 3b_{n-1} + 2b_{n-2} = 5^n.$$
将已知条件代入得
$$\begin{cases} b_n + 3b_{n-1} + 2b_{n-2} = 5^n, \\ b_0 = 1, b_1 = 2. \end{cases}$$
解得 $b_n = \dfrac{4}{7}(-2)^n - \dfrac{1}{6}(-1)^n + \dfrac{25}{42} \cdot 5^n$.

方法二 根据已知条件得到
$$C(x) = \sum_{n=0}^{\infty} 5^n x^n = \frac{1}{1-5x}, \quad A(x) = \sum_{n=0}^{\infty} a_n x^n = 1 + 3x + 2x^2,$$
于是得到
$$B(x) = \frac{C(x)}{A(x)} = \frac{1}{(1-5x)(1+3x+2x^2)} = \frac{25}{42} \frac{1}{1-5x} + \frac{4}{7} \frac{1}{1+2x} - \frac{1}{6} \frac{1}{1+x}$$
$$= \frac{25}{42} \sum_{n=0}^{\infty} 5^n x^n + \frac{4}{7} \sum_{n=0}^{\infty} (-2)^n x^n - \frac{1}{6} \sum_{n=0}^{\infty} (-1)^n x^n,$$
从而得到
$$b_n = \frac{25}{42} \cdot 5^n + \frac{4}{7}(-2)^n - \frac{1}{6}(-1)^n.$$

13. 解:方法一 设三个孩子得到的苹果数分别为 x_1, x_2, x_3,则
$$x_1 + x_2 + x_3 = 2n+1,$$
$$x_1, x_2, x_3 > 0,$$
$$x_1 + x_2 > x_3, x_1 + x_3 > x_2, x_2 + x_3 > x_1.$$
以上条件等价于 $x_1, x_2, x_3 < n+1$.

设 N_1 是所有可能的方法数,N_2 是一个孩子的苹果数超过 n 的方法数. 考虑不加限制条件的所有正整数解的序列所对应的生成函数 $A(y)$,
$$A(y) = (1 + y + y^2 + \cdots)^3 = \frac{1}{(1-y)^3} = \sum_{k=0}^{\infty} \binom{k+3-1}{k} y^k = \sum_{k=0}^{\infty} \binom{k+2}{2} y^k.$$
展开式中 y^{2n+1} 的系数是 $N_1 = (2n+3)(n+1)$.

如果一个孩子的苹果数超过 n，这种分法数 N_2 相当于方程 $x_1+x_2+x_3=n$ 的非负整数解的个数，这个数是 $N_2=\frac{1}{2}(n+2)(n+1)$. 由于三个孩子的苹果总数等于 $2n+1$，不可能有两个孩子的苹果数同时超过 n. 于是所求的方法数

$$N=N_1-3N_2=(2n+3)(n+1)-\frac{3}{2}(n+2)(n+1)=\frac{1}{2}(n+1)n.$$

方法二 根据题意写出生成函数如下：

$$A(y)=(1+y+y^2+\cdots+y^n)^3=\frac{(1-y^{n+1})^3}{(1-y)^3}$$

$$=(1-3y^{n+1}+3y^{2n+2}-y^{3n+3})\sum_{n=0}^{\infty}\binom{n+2}{2}y^n.$$

上述展开式中 y^{2n+1} 项的系数为

$$N=\binom{2n+1+2}{2}-3\binom{n+2}{2}=\frac{(n+1)n}{2}.$$

14．解： 每个孩子至少得到一个苹果的分法数是方程 $x_1+x_2+x_3=n-3$ 的非负整数解的个数，其生成函数为

$$A(y)=(1+y+y^2+\cdots)^3=\frac{1}{(1-y)^3}.$$

上述展开式中 y^{n-3} 项的系数为 $\frac{(n-1)(n-2)}{2}$.

前两个孩子苹果数相等的分法数为方程 $2x_1+x_3=n-3$ 的非负整数解个数. 当 n 为奇数时，x_3 为偶数，有 $\frac{n-1}{2}$ 种取法，于是

$$N=\frac{(n-1)(n-2)}{2}-\frac{n-1}{2}=\frac{(n-1)(n-3)}{2}.$$

15．解： 整点个数为以下方程非负整数解的个数 a_r,

$$x+2y=r,\quad r=0,1,\cdots,n.$$

设关于 $\{a_r\}$ 的生成函数为

$$A(z)=\frac{1}{(1-z)(1-z^2)}=\frac{1}{4}\frac{1}{1+z}+\left(-\frac{z}{4}+\frac{3}{4}\right)\frac{1}{(1-z)^2}$$

$$=\frac{1}{4}\sum_{r=0}^{\infty}(-1)^r z^r-\frac{z}{4}\sum_{r=0}^{\infty}(1+r)z^r+\frac{3}{4}\sum_{r=0}^{\infty}(1+r)z^r,$$

于是

$$a_r=\frac{r}{2}+\frac{3}{4}+\frac{1}{4}(-1)^r,$$

$$N=\sum_{r=0}^{n}a_r=\sum_{r=0}^{n}\left[\frac{r}{2}+\frac{3}{4}+\frac{1}{4}(-1)^r\right]=\frac{1}{4}(n+1)(n+3)+\frac{1}{8}[1+(-1)^n]$$

$$=\begin{cases}\frac{1}{4}(n+2)^2, & n \text{ 为偶数}, \\ \frac{1}{4}(n+1)(n+3), & n \text{ 为奇数}.\end{cases}$$

16．解： 考虑字符 $1,2,\cdots,n$，当某个字符 X 进栈时记录一个左括号(，当 X 出栈时记录一

个右括号),在这两个括弧中间的括号表示在 X 之后进栈并且在 X 之前出栈的字符. 每个输出序列对应于 n 对括号的合理配对的方法数. 设 n 对括号的配对方法数是 $T(n)$,考虑与最左边的左括号配对的右括号的位置,在这对括号中间有 k 对其它括号,这 k 对括号有 $T(k)$ 种配对方法;而在这对括号的后面有 $n-1-k$ 对括号,这些括号的配对方法数是 $T(n-1-k)$. 因此,对于给定的 k,构成输出序列的方法数是 $T(k)T(n-1-k)$. 由于 k 可能的取值是 $0,1,2,\cdots,n-1$. 根据加法法则,可以得到如下递推方程:

$$\begin{cases} T(n) = \sum_{k=0}^{n-1} T(k)T(n-1-k), \\ T(0) = 1. \end{cases}$$

设序列 $\{T(n)\}$ 的生成函数是 $T(x)$,那么有 $T(x) = \sum_{n=0}^{\infty} T(n)x^n$ 从而得到

$$T^2(x) = \left(\sum_{k=0}^{\infty} T(k)x^k\right)\left(\sum_{l=0}^{\infty} T(l)x^l\right) = \sum_{n=1}^{\infty} x^{n-1} \left(\sum_{k=0}^{n-1} T(k)T(n-1-k)\right)$$

$$= \sum_{n=1}^{\infty} T(n)x^{n-1} = \frac{T(x)-1}{x}.$$

求解关于 $T(x)$ 的一元二次方程,得到 $2xT(x) = -1 \pm \sqrt{1-4x}$. 由于 x 趋于 0 时, $T(x)$ 趋于 1,取根为 $T(x) = \dfrac{-1+\sqrt{1-4x}}{2x}$,展开成幂级数得

$$T(x) = \sum_{n=0}^{\infty} \frac{1}{n+1}\binom{2n}{n}x^n,$$

因此,不同的输出个数为 $\dfrac{1}{n+1}\binom{2n}{n}$.

17. 解:设所求的 k 位字符串的个数为 a_k, $\{a_k\}$ 的指数生成函数为

$$G_e(x) = (e^x - 1)^2 e^{(n-2)x} = (e^{2x} - 2e^x + 1)e^{(n-2)x}$$

$$= e^{nx} - 2e^{(n-1)x} + e^{(n-2)x}$$

$$= \sum_{k=0}^{\infty} \frac{n^k}{k!}x^k - 2\sum_{k=0}^{\infty} \frac{(n-1)^k}{k!}x^k + \sum_{k=0}^{\infty} \frac{(n-2)^k}{k!}x^k.$$

x^k 的系数为

$$\frac{a_k}{k!} = \frac{1}{k!}[n^k - 2(n-1)^k + (n-2)^k],$$

因此所求字符串的个数为 $a_k = n^k - 2(n-1)^k + (n-2)^k$.

18. 证:将 n 个不同的球放到 x 个不同的盒子,允许空盒方法为 x^n 个. 将这些方法按照含有球的盒子数进行分类. 只放入 k 个盒子的方法可以如下构成:先从 x 个盒子中选出 k 个盒子,然后将 n 个不同的球放入这 k 个不同的盒子. 这种方法数是

$$\binom{x}{k}k!\begin{Bmatrix}n\\k\end{Bmatrix} = P(x,k)\begin{Bmatrix}n\\k\end{Bmatrix} = \begin{Bmatrix}n\\k\end{Bmatrix}x(x-1)\cdots(x-k+1), \quad k=1,2,\cdots,n.$$

对 k 求和就计数了所有的方法.

19. 解:把工作分配看作从 5 个工作的集合到 4 个雇员的集合的函数. 每个雇员至少得到 1 项工作的分配方案对应于从工作集合到雇员集合的一个满射函数. 因此,由《教程》中关

于第二类 Stirling 数的计算公式(p.394)得到

$$4!\binom{5}{4} = \binom{4}{4}4^5 - \binom{4}{3}3^5 + \binom{4}{2}2^5 - \binom{4}{1}1^5$$
$$= 4^5 - C(4,1)3^5 + C(4,2)2^5 - C(4,3) \cdot 1^5$$
$$= 1024 - 972 + 192 - 4 = 240.$$

因此存在 240 种方式来分配工作.

20. 解：令 $A = \{1, 2, \cdots, n\}$，且 n 所在的划分块为 B. 将所有含 k 个划分块、每块至少 i 个元素的划分分成两类 P_1, P_2. 满足 $|B| = i$ 的划分放入 P_1，满足 $|B| > i$ 的划分放入 P_2. 根据加法法则

$$S(n,k)_i = |P_1| + |P_2|,$$

P_1 中的划分可以如下构成：从 $\{1,2,\cdots,n-1\}$ 中任取 $i-1$ 个元素，加上 n，构成 n 所在的划分块 B，然后将剩下的 $n-i$ 个元素划分成 $k-1$ 块，每块至少 i 个元素，方法数为

$$|P_1| = C(n-1, i-1)S(n-i, k-1)_i.$$

P_2 中的划分可以如下构成：对 $\{1,2,\cdots,n-1\}$ 的每个满足条件的划分，加入 n 到其中的一个块. 加入 n 的方法有 k 种，方法数为

$$|P_2| = kS(n-1, k)_i.$$

于是得到

$$S(n,k)_i = C(n-1, i-1)S(n-i, k-1)_i + kS(n-1, k)_i.$$

第二十三章 组合计数定理

I. 习题二十三

1. 在 1 和 10000 之间(包括 1 和 10000 在内)不能被 4,5 和 6 整除的数有多少个?

2. 在 1 和 10000 之间(包括 1 和 10000 在内)既不是某个整数的平方,也不是某个整数的立方的数有多少个?

3. 在 1 和 500 之间(包括 1 和 500 在内)不能被 7 整除但能被 3 或 5 整除的数有多少个?

4. 确定 $S=\{\infty \cdot a, 3 \cdot b, 5 \cdot c, 7 \cdot d\}$ 的 10-组合数.

5. (1) 确定方程 $x_1+x_2++x_3=14$ 的不超过 8 的非负整数解的个数;

(2) 确定方程 $x_1+x_2++x_3=14$ 的不超过 8 的正整数解的个数.

6. 有 7 本书放在书架上,先把书拿下来然后重新放回书架,求满足以下条件的方法数:

(1) 没有一本书在原来的位置上;

(2) 至少有一本书在原来的位置上;

(3) 至少有两本书在原来的位置上.

7. 求集合 $\{1,2,\cdots,n\}$ 的排列数,使得在排列中正好有 k 个整数在它们的自然位置上(所谓自然位置就是整数 i 排在第 i 位).

8. 定义 $D_0=1$,用组合分析的方法证明

$$n! = \binom{n}{0}D_n + \binom{n}{1}D_{n-1} + \binom{n}{2}D_{n-2} + \cdots + \binom{n}{n}D_0.$$

9. 证明 D_n 为偶数当且仅当 n 为奇数.

10. 求多重集 $S=\{3 \cdot a, 4 \cdot b, 2 \cdot c\}$ 的排列数,使得在这些排列中间同类字母的全体不能相邻(例如不允许 abbbbccaa,但允许 aabbbacbc).

11. 证明 $Q_n = D_n + D_{n-1}$.

12. 从一个 4×4 的棋盘中选取不在同一行也不在同一列上的两个方格,问有多少种方法?

13. 证明棋盘多项式的性质:

(1) $R(C) = xR(C_i) + R(C_l)$;

(2) $R(C) = R(C_1) \cdot R(C_2)$,其中 C_1 和 C_2 不存在公共的行和列.

14. 计算 $R(\text{棋盘})$.

15. 有 4 个人,分别记作 x_1, x_2, x_3 和 x_4. 有 5 项工作,分别记作 y_1, y_2, y_3, y_4 和 y_5. 已知 x_1 可以承担 y_1 或 y_3,x_2 可以承担 y_2 或 y_5,x_3 可以承担 y_2 或 y_4,x_4 可以承担 y_3. 要使每个人承担一项工作且每个人的工作都不相同,问有多少种分配方案?

16. 排列字母 A,B,C,D,E,F,G,H,如果要求既不出现 BEG,也不出现 CAD,问有多少种不同的方式?

17. 把 15 个人分到 3 个不同的房间,每个房间至少一个人,问有多少种分法?

18. (1) 在 1 和 1 000 000 之间(包括 1 和 1 000 000 在内)有多少个整数包含了数字 1,2,

3 和 4？

(2) 在 1 和 1 000 000 之间（包括 1 和 1 000 000 在内）有多少个整数只由数字 1，2，3 或 4 构成？

19. 写出 S_4 的所有共轭类的轮换指数，并列出相应于每一种轮换指数的共轭类中的置换.

20. 设 $\sigma \in S_n$ 的轮换指数为 $1^{c_1} 2^{c_2} \cdots n^{c_n}$，证明 σ 的奇偶性与 $c_2 + c_4 + c_6 + \cdots$ 一样.

21. 证明在轮换指数为 $1^{c_1} 2^{c_2} \cdots n^{c_n}$ 的共轭类中有

$$N = \frac{n!}{c_1! c_2! \cdots c_n! 1^{c_1} 2^{c_2} \cdots n^{c_n}}$$

个置换.

22. 证明 $N = \sum \dfrac{1}{c_1! c_2! \cdots c_n! 1^{c_1} 2^{c_2} \cdots n^{c_n}} = 1$，其中求和是对方程 $c_1 + 2c_2 + \cdots + nc_n = n$ 的一切非负整数解来求.

23. 写出 S_4 的所有不变置换类.

24. 设 $N = \{1, 2, \cdots, n\}$，G 是 N 上的置换群，对于任意 $k \in N$，证明 k 的不变置换类 Z_k 是 G 的子群.

25. 设 $N = \{1, 2, \cdots, n\}$，G 是 N 上的置换群，如果 $G = \{(1)\}$，那么用 m 种颜色涂色 N 中数字的不同的涂色方案应该有多少种？

26. (1) 设 $N = \{1, 2, \cdots, n\}$，G 是 N 上置换群，如果 $G = S_n$，那么用 m 种颜色涂色 N 中数字的不同的涂色方案应该有多少种？

(2) 试用方程非负整数解的组合计数模型重新求解这一问题，并证明两种求解方法的结果是一样的.

27. 有一个正八面体，每个面都是正三角形，用两种颜色给八个面着色，如果八面体可以在空间任意转动，问有多少种方案？

28. (1) 证明给一个立方体的八个顶点着黑白两色的不同的方案数是 23；

(2) 证明用 m 种颜色给立方体的顶点着色的不同方案数是

$$\frac{1}{24}(m^8 + 17m^4 + 6m^2);$$

(3) 证明如果 n 是正整数，则 24 可以整除 $n^8 + 17n^4 + 6n^2$.

29. 如图 23.1，T 是一棵七个结点的树，我们用黑白两色对 T 的结点着色. 如果交换 T 的某个左子树与右子树以后，一种着色方案 f_1 就变成另一种着色方案 f_2，则认为 f_1 与 f_2 是同样的着色方案. 问不同的着色方案有多少种？

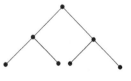

图 23.1

30. 一个立方体可以在空间转动，用黑白两色对它的六个面着色.

(1) 若要求三个面着黑色，三个面着白色，那么不同的方案有多少种？

(2) 若要求四个面着黑色，二个面着白色，那么不同的方案有多少种？

(3) 如果不加任何限制，有多少种着色方案？

(4) 证明用 m 种颜色给立方体的面着色，不加任何限制的着色方案数是

$$\frac{1}{24}(m^6 + 3m^4 + 12m^3 + 8m^2).$$

31. 用 m 种颜色对一根 8 尺长的均匀木根着色，每尺着一种颜色，如果相邻的两尺不能着

同色,问有多少种着色方案?

Ⅱ. 习题解答

1. 解：被 4,5 和 6 整除的数的个数分别为
$$\lfloor 10000/4 \rfloor = 2500, \quad \lfloor 10000/5 \rfloor = 2000, \quad \lfloor 10000/6 \rfloor = 1666;$$
被 4 和 5,被 4 和 6,被 5 和 6 两个数同时整除的数的个数分别为
$$\lfloor 10000/20 \rfloor = 500, \quad \lfloor 10000/12 \rfloor = 833, \quad \lfloor 10000/30 \rfloor = 333;$$
被 4,5,6 三个数整除的数的个数为
$$\lfloor 10000/60 \rfloor = 166;$$
根据包含排斥原理,不能被 4,5 和 6 整除的数的个数为
$$N = 10000 - (2500 + 2000 + 1666) + (500 + 833 + 333) - 166 = 5334.$$

2. 解：在 1 到 10000 之间是某个数的平方的数有 100 个. 由于 $21^3 < 10000 < 22^3$,是某个数的立方的数有 21 个. 同理,由于 $4096 = 4^6 < 10000 < 5^6 = 125^2$,因此既是某个数平方、也是某个数的立方的数有 4 个. 根据包含排斥原理,所求的数的个数是
$$N = 10000 - (100 + 21) + 4 = 9883.$$

3. 解：类似题 1,利用包含排斥原理的推论,知道能被 3,5 或者 7 整除的数的个数是
$$N = 166 + 100 + 71 - (33 + 23 + 14) + 4 = 271,$$
其中能够被 7 整除的数的个数是 71,因此所求的数有 $271 - 71 = 200$ 个.

4. 解：令 $A = \{\infty \cdot a, \infty \cdot b, \infty \cdot c, \infty \cdot d\}$,$A$ 的 10 组合数是 $C(4+10-1,10) = 286$. 其中至少含 4 个 b,至少含 6 个 c,至少含 8 个 d 的 10 组合数分别为
$$C(4+6-1,6) = 84, \quad C(4+4-1,4) = 35, \quad C(2+4-1,2) = 10,$$
同时含 4 个 b 和 6 个 c 的 10 组合有 1 个,满足其余两种以上性质的 10 组合都不存在. 因此根据包含排斥原理得
$$N = 286 - (84 + 35 + 10) + 1 = 158.$$

5. 解：(1) 方程的不加任何限制的非负整数解个数为 $C(3+14-1,14) = 120$,其中三个变量 x_1, x_2, x_3 中不可能有两个变量同时超过 8. 对于给定的 $i = 1, 2, 3$,x_i 超过 8 的解的个数相当于方程 $x_1 + x_2 + x_3 = 5$ 的非负整数解的个数,即 $C(5+3-1,5) = 21$. 从而得到这种不符合题意的解的个数为 63. 因此,所求的解的个数为 $N = 120 - 63 = 57$.

(2) 根据题意,在不超过 8 的非负整数解中,三个变量 x_1, x_2, x_3 中只可能有一个 x_i 取 0. 在一个 x_i 为 0 时,其他的变量只有 6 和 8,7 和 7,8 和 6 三种可能的取值. 因此包含 0 值的解有 9 种,从而得到所求的正整数解的个数为 $N = 57 - 9 = 48$.

6. 解：(1) 相当于错位排列数 $D_7 = 1854$.

(2) 从排列总数中减去错位排列数,即 $7! - D_7 = 5040 - 1854 = 3186$.

(3) 从排列总数中减去 0 本书和 1 本书在原来的位置上的方法数. 0 本书在原来的位置上的方法数就是错位排列数 D_7. 1 本书在原来位置上的方法数可以分步求得：先考虑这本书的选法有 7 种,当选好这本书以后,其它 6 本书的错位排列数为 D_6. 因此,所求的排列数为 $7! - D_7 - 7D_6 = 3186 - 7 \times 265 = 1331$.

7. 解：先选择在自然位置上的 k 个数,有 $\binom{n}{k}$ 种方法,剩下的 $n-k$ 个数构成错位排列,根

据乘法法则,总方法数为 $\binom{n}{k}D_{n-k}$.

8. 证：$\binom{n}{k}D_{n-k}$ 为 k 个元素在其自然位置上的排列数,对 k 求和,$\sum_{k=0}^{n}\binom{n}{k}D_{n-k}$ 为全部排列数 $n!$.

9. 证：对 n 进行归纳. $D_0=1, n=0$ 时命题为真。假设对一切小于 n 的自然数为真,考虑关于 D_n 的递推方程 $D_n=(n-1)(D_{n-2}+D_{n-1})$. 若 n 为偶数,那么 $n-1$ 为奇数,$n-2$ 为偶数. 根据归纳假设,D_{n-1} 为偶数,D_{n-2} 为奇数,他们的和为奇数,从而得到 D_n 为奇数. 反之,设 D_n 为奇数. 假若 n 为奇数,那么 $n-1$ 为偶数. 根据递推方程 D_n 也是偶数. 与 D_n 为奇数矛盾.

10. 设 A 为 S 的全排列构成的集合,如下定义子集：
$$B=\{x\mid x\in S\wedge x\text{ 中包含 }aaa\},$$
$$C=\{x\mid x\in S\wedge x\text{ 中包含 }bbbb\},$$
$$D=\{x\mid x\in S\wedge x\text{ 中包含 }cc\}.$$

因此有

$$|A|=\binom{9}{3\ 4\ 2},\quad |B|=\binom{7}{1\ 4\ 2},\quad |C|=\binom{6}{3\ 1\ 2},\quad |D|=\binom{8}{3\ 4\ 1},$$

$$|B\cap C|=\binom{4}{1\ 1\ 2},\quad |B\cap D|=\binom{6}{1\ 4\ 1},\quad |C\cap D|=\binom{5}{3\ 1\ 1},$$

$$|B\cap C\cap D|=\binom{3}{1\ 1\ 1},$$

$$|\overline{B}\cap\overline{C}\cap\overline{D}|=\binom{9}{3\ 4\ 2}-\left[\binom{7}{1\ 4\ 2}+\binom{6}{3\ 1\ 2}+\binom{8}{3\ 4\ 1}\right]$$
$$+\left[\binom{4}{1\ 1\ 2}+\binom{6}{1\ 4\ 1}+\binom{5}{3\ 1\ 1}\right]-\binom{3}{1\ 1\ 1}=871.$$

11. 证：$D_n+D_{n-1}=n!\left[1-\frac{1}{1!}+\frac{1}{2!}-\cdots+(-1)^n\frac{1}{n!}\right]+(n-1)!-(n-1)!$
$$\left[1-\frac{1}{1!}-\cdots+(-1)^{n-1}\frac{1}{(n-1)!}\right]$$
$$=n!-n!\frac{1}{1!}+n!\frac{1}{2!}+\cdots+(-1)^n n!\frac{1}{n!}+(n-1)!-(n-1)!\frac{1}{1!}$$
$$+(n-1)!\frac{1}{2!}-(n-1)!\frac{1}{3!}+\cdots+(-1)^{n-1}(n-1)!\frac{1}{(n-1)!}$$
$$=n!-\left[n!\frac{1}{1!}-(n-1)!\frac{1}{1!}\right]+\left[n!\frac{1}{2!}-(n-1)!\frac{1}{1!}\right]-\cdots$$
$$+(-1)^{n-1}\left[n!\frac{1}{(n-1)!}-(n-1)!\frac{1}{(n-2)!}\right]+0$$
$$=n!-\binom{n-1}{1}(n-1)!+\binom{n-1}{2}(n-2)!-\binom{n-1}{3}(n-3)!+\cdots$$
$$+(-1)^{n-1}\binom{n-1}{n-1}=Q_n.$$

12. 解：方法一 由棋盘多项式 $1+16x+72x^2+96x^3+24x^4$ 得到 $r_2=72$.

方法二 从 16 个方格任选 2 个方格有 $C(16,2)=120$ 种方法. 其中选出的 2 个方格在同行或者同列的方法数是 $8C(4,2)=48$, 因此所求的方法数是 $120-48=72$.

13. 证： (1) $R(C) = \sum_{k=0}^{\infty} r_k(C)x^k = r_0(C) + \sum_{k=1}^{\infty} r_k(C)x^k$

$= 1 + \sum_{k=1}^{\infty}[r_{k-1}(C_i) + r_k(C_l)]x^k$

$= \sum_{k=1}^{\infty} r_{k-1}(C_i)x^k + 1 + \sum_{k=1}^{\infty} r_k(C_l)x^k = xR(C_i) + R(C_l);$

(2) $R(C_1)R(C_2)$

$= \left(\sum_{i=0}^{\infty} r_i(C_1)x^i\right)\left(\sum_{l=0}^{\infty} r_l(C_1)x^l\right)$

$= \sum_{k=0}^{\infty}\left(\sum_{i=0}^{k} r_i(C_1)r_{k-i}(C_2)\right)x^k = \sum_{k=0}^{\infty} r_k(C)x^k = R(C).$

14. 解： 所求多项式为 $1+6x+7x^2+x^3$.

15. 解： 根据题意得到图 23.2,图中的阴影部分反应 x_i 可以承担工作 y_j 的所有可能的情况. 在阴影部分布 4 个棋子的方案数就是工作分配的方案数. 阴影部分的棋盘多项式是

$$1+7x+16x^2+13x^3+3x^4,$$

因此所求方案数为 $r_4=3$.

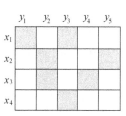

图 23.2

16. 解： 设 S 为所有排列的集合, T 为 S 中含 BEG 的排列的集合, M 为 S 中含 CAD 的排列的集合, 则

$$|S|=8!, \quad |T|=6!, \quad |M|=6!, \quad |T\cap M|=4!,$$

根据包含排斥原理, 方案数是

$$N = 8! - 2\times 6! + 4! = 38904.$$

17. 解：方法一 使用包含排斥原理.

15 个人分到 3 个房间, 每个人都有 3 种选择, 总方法数为 3^{15}. 对于给定的 $i=1,2,3$, 第 i 个房间没有人的方法数为 2^{15}; 对于给定的 i 和 j, 第 i 和第 j 个房间没有人的方法数为 1; 三个房间都没有人的方法数为 0. 于是, 根据包含排斥原理有

$$N = 3^{15} - 3\times 2^{15} + 3 - 0 = 14250606.$$

方法二 利用放球问题的计数模型. 相当于将 15 个不同的球恰好放到 3 个不同的盒子的方法数, 根据放球问题的计数结果有

$$N = 3!\begin{Bmatrix}15\\3\end{Bmatrix} = 14250606.$$

18. 解： (1) 设 A_1, A_2, A_3, A_4 分别表示不包含数字 1,2,3,4 的数构成的集合. 根据题意有

$|S|=10^6, \quad |A_i|=9^6,$ 其中 $i=1,2,3,4;$

$|A_i\cap A_j|=8^6, \quad 1\leqslant i<j\leqslant 4;$

$|A_i\cap A_j\cap A_k|=7^6, \quad i\leqslant j<k\leqslant 4;$

$|A_1\cap A_2\cap A_3\cap A_4|=6^6.$

根据包含排斥原理有
$$N = |\overline{A_1} \cap \overline{A_2} \cap \overline{A_3} \cap \overline{A_4}|$$
$$= 10^6 - 4 \times 9^6 + 6 \times 8^6 - 4 \times 7^6 + 6^6 = 23160.$$

(2) 数 1000000 由数字 1 和 0 构成，不符合要求。考虑 1 到 999999 之间的数，这些数的位数 i 为 $1,2,\cdots,6$。其中只由数字 $1,2,3,4$ 构成的 i 位数的个数为 4^i，对 i 求和得到
$$\sum_{i=1}^{6} 4^i = 5460.$$

19. 解：S_4 中的共轭类的轮换指数和对应的置换是

1^4：(1)；

$1^2 2^1$：$(12),(13),(14),(23),(24),(34)$；

2^2：$(12)(34),(13)(24),(14)(23)$；

$1^1 3^1$：$(123),(124),(134),(234),(132),(142),(143),(243)$；

4^1：$(1234),(1324),(1243),(1342),(1423),(1432)$。

20. 证：任意 k 轮换可以表成 $k-1$ 个对换之积，故 σ 中对换的总数 $N = \sum_{k=2}^{n} c_k(k-1)$。当 k 为奇数时，$c_k(k-1)$ 为偶数，N 的奇偶性与 $c_2 + 3c_4 + 5c_6 + \cdots$ 一致，即与 $c_2 + c_4 + c_6 + \cdots$ 一致。

21. 证：设置换 σ 的轮换指数为 $1^{c_1} 2^{c_2} \cdots n^{c_n}$，则 σ 的轮换表达式具有如下形式：

$$\underbrace{(\cdot)(\cdot)\cdots(\cdot)}_{c_1 \text{ 个}} \quad \underbrace{(\cdot\cdot)(\cdot\cdot)\cdots(\cdot\cdot)}_{c_2 \text{ 个}} \cdots \underbrace{(\cdot\cdot\cdots\cdot)}_{c_n \text{ 个}}.$$

将 n 个文字放入上述 n 个位置，总方法数为 $n!$，其中任意两个轮换交换位置，仍对应了同一个置换。交换的方法数为 $c_1! \, c_2! \cdots c_n!$。此外，在同一个 k 阶轮换的内部，可以用任一文字作为开始元素，故有 k 个排列对应同一轮换。这样的重复度为 $1^{c_1} 2^{c_2} \cdots n^{c_n}$，故
$$N = \frac{n!}{c_1! \, c_2! \cdots c_n! \, 1^{c_1} 2^{c_2} \cdots n^{c_n}}.$$

22. 证：由 21 题，$\sum N = \sum \dfrac{n!}{c_1! \, c_2! \cdots c_n! \, 1^{c_1} 2^{c_2} \cdots n^{c_n}}$ 表示所有的置换总数，故
$$\sum N = \sum \frac{n!}{c_1! \, c_2! \cdots c_n! \, 1^{c_1} 2^{c_2} \cdots n^{c_n}} = n!.$$

两边同时除以 $n!$，命题得证。

23. 解：S_4 中所有的不变置换类是：

$Z_1 = \{(1),(23),(24),(34),(234),(243)\}$；

$Z_2 = \{(1),(13),(14),(34),(134),(143)\}$；

$Z_3 = \{(1),(12),(14),(24),(124),(142)\}$；

$Z_4 = \{(1),(12),(13),(23),(123),(132)\}$。

24. 证：由于 $\forall k \in N$，显然有 $(1) \in Z_k$，$Z_k \neq \varnothing$。$\forall \sigma, \tau \in Z_k$，由于 $\sigma(k) = k, \tau(k) = k$，因此
$$\sigma \tau^{-1}(k) = \sigma(\tau^{-1}(k)) = \sigma(k) = k,$$

从而有 $\sigma \tau^{-1} \in Z_k$，根据子群的判定定理二，有 $Z_k \leqslant G$。

25. 解：如果 $G = \{(1)\}$，任何方案在置换 (1) 的作用下都是不变的方案，这些方案就是用 m 种颜色涂色 n 个物体的所有可能的方案，因此方案数是 m^n。

$$M = \frac{1}{|G|} \sum_{k=1}^{g} m^{c(\sigma_k)} = \frac{1}{1} \cdot m^n = m^n.$$

26. 解：(1) 当 $G=S_n$ 时，由 Polya 定理有

$$N = \frac{1}{n!} \sum_{k=1}^{n} \begin{bmatrix} n \\ k \end{bmatrix} m^k,$$

其中 $\begin{bmatrix} n \\ k \end{bmatrix}$ 是第一类 Stirling 数，代表 S_n 中含有 k 个轮换的置换总数．考虑多项式

$$x(x+1)\cdots(x+n-1) = \begin{bmatrix} n \\ n \end{bmatrix} x^n + \begin{bmatrix} n \\ n-1 \end{bmatrix} x^{n-1} + \cdots + \begin{bmatrix} n \\ 1 \end{bmatrix} x.$$

在上式中令 $x=m$，得

$$m(m+1)\cdots(m+n-1) = \begin{bmatrix} n \\ n \end{bmatrix} m^n + \begin{bmatrix} n \\ n-1 \end{bmatrix} m^{n-1} + \cdots + \begin{bmatrix} n \\ 1 \end{bmatrix} m.$$

将这个等式代入上面关于 N 的公式得

$$N = \frac{1}{n!} \left(\begin{bmatrix} n \\ n \end{bmatrix} m^n + \begin{bmatrix} n \\ n-1 \end{bmatrix} m^{n-1} + \cdots + \begin{bmatrix} n \\ 1 \end{bmatrix} m \right)$$
$$= \frac{1}{n!} m(m+1)\cdots(m+n-1) = \binom{m+n-1}{n}.$$

(2) 如果 $G=S_n$，这说明在 G 中置换作用下，任何两个物体在涂色中的地位都是对称的，相当于用 m 种颜色涂 n 个无区别的物体，不同的方案仅在于涂某种颜色的物体个数不同而已．令 $x_1, x_2, \cdots, x_m$ 分别表示颜色为 $1, 2, \cdots, m$ 的物体数，则方程

$$x_1 + x_2 + \cdots + x_m = n, \quad x_i \in N$$

的解的个数就是方案数，因此所求结果为 $\binom{m+n-1}{n}$．

27. 解：正八面体如图 23.3 所示．作用在面上的置换群 G 含有 24 个置换．其中恒等置换有 1 个．结构为
$$(\cdot)(\cdot)(\cdot)(\cdot)(\cdot)(\cdot)(\cdot)(\cdot).$$

过一对顶点的轴有 3 个．对于每个这样的轴，旋转 90 度和 270 度的置换各 1 个，共有 6 个，其结构为：
$$(\cdot \cdot \cdot \cdot)(\cdot \cdot \cdot \cdot).$$
对于每个轴，旋转 180 度的置换有 1 个，共有 3 个，其结构为
$$(\cdot \cdot)(\cdot \cdot)(\cdot \cdot)(\cdot \cdot).$$

过一对面中心的轴有 4 个．对于每个轴，旋转 120 度或 240 度的置换各 1 个，这类置换共有 8 个，其结构为
$$(\cdot)(\cdot)(\cdot \cdot \cdot)(\cdot \cdot \cdot).$$

过一对棱中点的轴有 6 个．对于每个轴，有 1 个翻转 180 度的置换，总共有 6 个置换．其结构是
$$(\cdot \cdot)(\cdot \cdot)(\cdot \cdot)(\cdot \cdot).$$

于是，根据 Polya 定理有

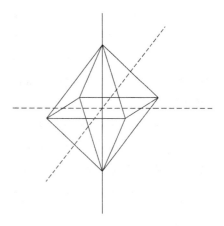

图 23.3

$$M = \frac{1}{24}(6 \times 2^2 + 17 \times 2^4 + 2^8) = 23.$$

28. 证：(1) 参照《教程》中图 23.6，作用在六面体顶点上的置换群 G 含有 24 个置换．其中恒等置换 1 个，其结构为
$$(\bullet)(\bullet)(\bullet)(\bullet)(\bullet)(\bullet)(\bullet)(\bullet).$$
以过一对面中心的直线为轴旋转 90 度或 270 度的置换有 6 个，其结构为
$$(\bullet\bullet\bullet\bullet)(\bullet\bullet\bullet\bullet);$$
以过一对面中心的直线为轴，旋转 180 度的置换有 3 个，其结构为
$$(\bullet\bullet)(\bullet\bullet)(\bullet\bullet)(\bullet\bullet);$$
以过一对棱的中心的直线为轴翻转 180 度的置换有 6 个，其结构为
$$(\bullet\bullet)(\bullet\bullet)(\bullet\bullet)(\bullet\bullet);$$
以过一对顶点的直线为轴翻转 120 或 240 度，共有 8 个置换，其结构为
$$(\bullet)(\bullet)(\bullet\bullet\bullet)(\bullet\bullet\bullet).$$
根据 Polya 定理，不同的方案数是
$$M = \frac{1}{24}(6 \times 2^2 + 17 \times 2^4 + 2^8) = 23.$$

(2) 根据(1)中的分析，$M = \frac{1}{24}(m^8 + 17m^4 + 6m^2)$.

(3) 用 n 种颜色涂色立方体的顶点，方案数 $M = \frac{1}{24}(6n^2 + 17n^4 + n^8)$．因为 M 为整数，故 $24 \mid (n^8 + 17n^4 + 6n^2)$.

29. 解：如图 23.4 所示，置换群 G 含有的 8 个置换的表示如下：

(15)(42)(36)(7)
(12)(3)(4)(5)(6)(7)
(45)(1)(2)(3)(6)(7)
(1524)(36)(7)
(1425)(36)(7)
(12)(45)(3)(6)(7)
(14)(25)(36)(7)
(1)(2)(3)(4)(5)(6)(7)

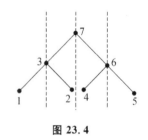

图 23.4

根据 Polya 定理有
$$N = \frac{1}{8}(2^7 + 2 \times 2^6 + 2^5 + 2 \times 2^4 + 2 \times 2^3) = 42.$$

30. 解：置换群 G 的结构如下：

$(\bullet)(\bullet)(\bullet)(\bullet)(\bullet)(\bullet)$ 1 个

$(\bullet\bullet\bullet\bullet)(\bullet)(\bullet)$ 6 个

$(\bullet\bullet)(\bullet\bullet)(\bullet)(\bullet)$ 3 个

$(\bullet\bullet\bullet)(\bullet\bullet\bullet)$ 8 个

$(\bullet\bullet)(\bullet\bullet)(\bullet\bullet)$ 6 个

与带权的 Polya 定理相关的项是

$$W_1 = b+w, \quad W_2 = b^2+w^2, \quad W_3 = b^3+w^3, \quad W_4 = b^4+w^4,$$
其中 b 代表黑色的权，w 代表白色的权．代入定理得
$$S = \frac{1}{24}[W_1^6 + 6W_2^3 + 8W_3^2 + 3W_2^2 W_1^2 + 6W_4^1 W_1^2]$$
$$= \frac{1}{24}[(b+w)^6 + 6(b^2+w^2)^3 + 8(b^3+w^3)^2 + 3(b^2+w^2)^2(b+w)^2$$
$$+ 6(b^4+w^4)(b+w)^2]$$
$$= b^6 + b^5 w + 2b^4 w^2 + 2b^3 w^3 + 2b^2 w^4 + bw^5 + w^6.$$

(1) 上述清单公式中 $b^3 w^3$ 的系数为 2，因此有 2 种方案；

(2) 上述清单公式中 $b^4 w^2$ 的系数为 2，因此有 2 种方案；

(3) 令 $b=w=1$，代入清单公式得 $S=10$，因此有 10 种方案；

(4) 令每种颜色的权为 1，则 $W_1 = W_2 = W_3 = W_4 = m$，代入清单公式得
$$N = \frac{1}{24}(m^6 + 6m^3 + 8m^2 + 3m^4 + 6m^3)$$
$$= \frac{1}{24}(m^6 + 3m^4 + 12m^3 + 8m^2).$$

31．解： 若没有群作用，相邻两段不同色的方案数为 $m(m-1)^7$．将木棍上的 8 段分别记为 $1, 2, \cdots, 8$，那么置换群 G 只含有 2 个置换，即
$$G = \{(1), (18)(27)(36)(45)\},$$
其中只有恒等置换 (1) 使得着色方案不变．代入 Burnside 引理得
$$N = m(m-1)^7/2.$$

Ⅲ．补充习题

1． n 对夫妻围圆桌就座，要求每对夫妻不相邻，问有多少种入座方式？

2． 求不超过 120 的素数个数．

3． 用包含排斥原理重新求解二十二章补充习题的第 17 题．

4． 使用包含排斥原理重新求解二十二章补充习题的第 19 题．

5． 使用包含排斥原理重新求解二十二章习题的第 34 题．

6． 用 m 种颜色涂色正四面体的面，每个面一种颜色．如果允许该四面体在空间任意转动，问有多少种不同的涂色方案？

7． 用 m 种颜色涂色正四面体的棱，每条棱一种颜色．如果允许该四面体在空间任意转动，问有多少种不同的涂色方案？

8． 用 m 种颜色涂色正六边形的顶点，每个顶点一种颜色．如果允许这个六边形在空间任意运动，求不同的涂色方案数．

9． 一个圆盘被分成 5 个相等的扇形，用 m 种颜色对这些扇形涂色，每个扇形一种颜色．如果允许圆盘在空间任意运动，并要求任两个扇形的颜色都不相同，问有多少种方案？

10． 用 3 种颜色涂色 3×3 的方格棋盘，每个方格一种颜色．如果允许棋盘任意旋转或翻转，问有多少种不同的涂色方案？

11． 一个圆环有 n 个珠子，恰好用 n 种不同的颜色对这 n 个珠子着色，问有多少种方案？

(1) 如果只考虑旋转；

(2) 如果考虑旋转和翻转.

12. 用 Polya 定理证明在同构的意义上 3 个顶点的简单无向图只有 4 个.

Ⅳ. 补充习题解答

1. 解：将 n 个丈夫记为 $x_1, x_2, \cdots, x_n$，他们的妻子分别记为 $y_1, y_2, \cdots, y_n$. 设性质 p_i 表示 x_i 与 y_i 相邻，其中 $i=1,2,\cdots,n$. 令 S 为 $2n$ 个人的全体环排列构成的集合，S 的满足性质 p_i 的子集为 $A_i, i=1,2,\cdots,n$. 那么有

$$|S| = (2n-1)!,$$
$$|A_i| = 2(2n-2)!, \qquad i=1,2,\cdots,n,$$
$$|A_i \cap A_j| = 2^2(2n-3)!, \qquad 1 \leqslant i < j \leqslant n,$$
$$\cdots$$
$$|A_1 \cap A_2 \cap \cdots \cap A_n| = 2^n(n-1)!.$$

由包含排斥原理得到

$$N = (2n-1)! - \binom{n}{1}2(2n-2)! + \binom{n}{2}2^2(2n-3)! - \binom{n}{3}2^3(2n-4)! + \cdots$$
$$+ (-1)^n \binom{n}{n}2^n(n-1)!.$$

2. 解：由于 $11^2 = 121$，不超过 120 的合数含有的素因子可能是 $2,3,5,7$，令

$$S = \{x \mid x \in Z, 1 \leqslant x \leqslant 120\}, \quad |S| = 120,$$

被 $2,3,5,7$ 整除的集合分别为 A_1, A_2, A_3, A_4，所求的元素数为

$$N = |\overline{A_1} \cap \overline{A_2} \cap \overline{A_3} \cap \overline{A_4}| + 3.$$

上述公式中加 3 的理由是：$2,3,5,7$ 四个数是能够被 $2,3,5$ 或 7 整除的，但是它们是素数，因此素数的个数应该加上 4；此外，1 是不能被 $2,3,5$ 和 7 整除的，但是 1 不是素数. 因此需要再减去 1. 具体计算过程是

$$|A_1| = 60, \quad |A_2| = 40, \quad |A_3| = 24, \quad |A_4| = 17,$$
$$|A_1 \cap A_2| = 20, \quad |A_1 \cap A_3| = 12, \quad |A_1 \cap A_4| = 8,$$
$$|A_2 \cap A_3| = 8, \quad |A_2 \cap A_4| = 5, \quad |A_3 \cap A_4| = 3,$$
$$|A_1 \cap A_2 \cap A_3| = 4, \quad |A_1 \cap A_2 \cap A_4| = 2, \quad |A_1 \cap A_3 \cap A_4| = 1,$$
$$|A_2 \cap A_3 \cap A_4| = 1, \quad |A_1 \cap A_2 \cap A_3 \cap A_4| = 0,$$
$$|\overline{A_1} \cap \overline{A_2} \cap \overline{A_3} \cap \overline{A_4}|$$
$$= 120 - (60+40+24+17) + (20+12+8+8+5+3) - (4+2+1+1) + 0$$
$$= 120 - 141 + 56 - 8 = 27,$$

于是得到 $N=30$.

3. 解：设 S 表示 Σ 上的长为 k 的字符串的集合，构造子集

$$A = \{x \mid x \in S, x \text{ 不含 } a\}, \quad B = \{x \mid x \in S, x \text{ 不含 } b\},$$

其中，

$$|S| = n^k, \quad |A| = |B| = (n-1)^k, \quad |A \cap B| = (n-2)^k.$$

根据包含排斥原理，所求的字符串的个数为

$$|\overline{A} \cap \overline{B}| = |S| - |A| - |B| + |A \cap B|$$
$$= n^k - 2(n-1)^k + (n-2)^k.$$

4. 解：设所有的分配方案构成集合 S，雇员 i 没有得到工作的分配方案构成子集 $A_i, i = 1,2,3,4$，那么

$$|S| = 4^5,$$
$$|A_i| = 3^5, \quad i = 1,2,3,4,$$
$$|A_i \cap A_j| = 2^5, \quad 1 \leq i < j \leq 4,$$
$$|A_i \cap A_j \cap A_k| = 1^5, \quad 1 \leq i < j < k \leq 4,$$
$$|A_1 \cap A_2 \cap A_3 \cap A_4| = 0.$$

代入包含排斥原理得到

$$|\overline{A_1} \cap \overline{A_2} \cap \overline{A_3} \cap \overline{A_4}| = 4^5 - 4 \times 3^5 + 6 \times 2^5 - 4 \times 1^5 + 0 = 240.$$

5. 证：使用对称筛公式。设 S 为至多用 k 种颜色涂色 n 条彩带但不允许相邻的彩带涂同色的方案的集合。S 的方案中没用到第 i 色的性质为 $P_i, i = 1,2,\cdots,k$。那么有

$$|S| = k(k-1)^{n-1} = \binom{k}{0}(k-0)(k-1)^{n-1},$$
$$N_1 = (k-1)(k-2)^{n-1},$$
$$N_2 = (k-2)(k-3)^{n-1},$$
$$\cdots$$
$$N_i = (k-i)(k-i-1)^{n-1},$$
$$\cdots$$
$$N_k = (k-k)(k-k-1)^{n-1} = 0.$$

代入对称筛公式得

$$N = \sum_{i=0}^{k-1}(-1)^i\binom{k}{i}(k-i)(k-i-1)^{n-1} = k\sum_{i=0}^{k-1}(-1)^i\binom{k-1}{k-1-i}(k-1-i)^{n-1}.$$

再利用《教程》中 P394 的公式，将上述公式化简为

$$N = k(k-1)!\begin{Bmatrix}n-1\\k-1\end{Bmatrix} = k!\begin{Bmatrix}n-1\\k-1\end{Bmatrix}.$$

6. 解：设 G 为作用于正四面体的面上的置换群，则 G 中置换的结构如下：

(·)(·)(·)(·)　　　　恒等置换，1 个

(·)(···)　　　　围绕过顶点和对面中心的轴旋转 120 度或 240 度，8 个

(··)(··)　　　　围绕过一对棱的中点的轴翻转 180 度，3 个

根据 Polya 定理有

$$N = (m^4 + 11m^2)/12.$$

7. 解：与上题类似，群 G 中置换的结构如下：

(·)(·)(·)(·)(·)(·)　　　1 个

(···)(···)　　　　　　 8 个

(·)(·)(··)(··)　　　　 3 个

$$M = (m^6 + 8m^2 + 3m^4)/12.$$

8. 解：设 G 为作用于正六边形的顶点上的置换群，则 G 中置换的结构如下：

(·)(·)(·)(·)(·)(·)　　　　恒等置换，1 个

(•••••)	围绕中心旋转 60 度或 300 度，2 个
(•••)(•••)	围绕中心旋转 120 度或 240 度，2 个
(••)(••)(••)	围绕中心旋转 180 度，1 个
(••)(••)(••)	围绕过一对边的中点的轴翻转 180 度，3 个
(•)(•)(••)(••)	围绕过一对顶点的轴翻转 180 度，3 个

代入 Polya 定理得到
$$M = (m^6 + 2m + 2m^2 + 4m^3 + 3m^4)/12.$$

9. 解：设 G 是作用在涂色方案上的置换群，则 G 中置换的结构如下：

(•)(•)(•)(•)(•)	恒等置换，1 个
(•••••)	围绕中心旋转 72,144,216 或 288 度，4 个
(••)(••)(•)	围绕过顶点和对边中点的轴翻转 180 度，5 个

除了恒等置换以外，任何涂色方案在其他置换作用下都要发生改变. 所有两个扇形颜色都不相同的涂色方案有 $P(m,5)$ 种，这些方案在恒等置换作用下是不变的方案. 代入 Burnside 引理得到
$$M = P(m,5)/10.$$

10. 解：设 G 为作用于方格的置换群，G 中置换的结构如下：

(•)(•)(•)(•)(•)(•)(•)(•)(•)	1 个
(••••)(••••)(•)	2 个
(••)(••)(••)(••)(•)	1 个
(••)(••)(••)(•)(•)(•)	4 个

代入 Polya 定理得到
$$M = \frac{1}{8}(3^9 + 2 \times 3^3 + 3^5 + 4 \times 3^6) = 2862.$$

11. 解：(1) 只考虑旋转为环排列数 $(n-1)!$；

(2) 考虑作用于涂色方案上的置换群 G，旋转与翻转共有 $2n$ 个置换，考虑使用 n 种不同的颜色涂色珠子，涂色方案数 $n!$，这些方案只在恒等置换下是不变的方案，根据 Burnside 引理，得到方案数为
$$n!/2n = (n-1)!/2.$$

12. 证：将 3 个顶点的简单无向图看作正三角形，用黑、白两种颜色涂色三角形的边，如果涂黑色，表示边存在；如果涂白色，表示边不存在. 于是一个 3 顶点的简单无向图与一个涂色方案建立了一一对应. 所计数的简单无向图个数就是在置换群 S_3 作用下的涂色方案数. $S_3 = \{(1),(12),(13),(23),(123),(132)\}$，由 Polya 定理，不同的涂色方案数是
$$N = \frac{1}{6}(2^3 + 2 \times 2^1 + 3 \times 2^2) = 4.$$

第二十四章 组合设计与编码

I. 习题二十四

1. 构造一个 5 阶的拉丁方.

2. 证明《教程》中定理 24.1 的(1)和(2),即设 F 为有限域,证明:

(1) 过 F 上任意两点可确定一条线;

(2) 任给 F 上的点 P 和线 l,若 P 不在 l 上,则存在 F 上的线 l',l' 过 P 且平行于 l.

3. 在仿射平面 $AP(Z_7)$ 中确定过点 $(2,5)$ 且平行于线 $y=4x+6$ 的线方程.

4. 构造四个两两正交的 5 阶拉丁方.

5. 构造两个 15 阶的正交拉丁方.

6. 设 $X=\{1,2,3,4,5\}$,$B=\{\{1,2,3,4\},\{1,2,3,5\},\{1,2,4,5\},\{1,3,4,5\},\{2,3,4,5\}\}$.

(1) X 与 B 是否构成 2-(v,k,λ) 设计?如果是,确定 v,k,λ 的值,并给出相交矩阵;

(2) X 与 B 是否构成 3-(v,k,λ) 设计?如果是,确定 v,k,λ 的值;

(3) X 与 B 是否构成 Steiner 系统 t-$(v,k,1)$?如果是,确定 v,k 和 t 的值.

7. 证明不存在 Steiner 系统 3-$(11,6,1)$.

8. 证明不存在 2-(v,k,λ) 设计满足 $v=5,k=3,\lambda=2,b=7,r=4$.

9. 设 X,B 构成一个 Steiner 三元系统,确定当 $v=9$ 时的 b 和 r.

10. 试构造一个 21 个点的 Steiner 三元系统.

11. 证明存在着 2-$(v,v-1,v-2)$ 设计.

12. 对下面给定的 n,k,d,能否构成二进制的 (n,k,d) 纠错码?如果能,请给出这个码;如果不能,说明理由.

(1) $n=6,k=2,d=6$; (2) $n=8,k=30,d=3$.

13. 设 C 是码字 11010000,11100100,10101010 循环移位加上 $00\cdots0$ 和 $11\cdots1$ 构成. 证明 C 是 $(8,20,3)$ 纠错码,且 $d(C)=3$.

14. 设 C 为线性码,其生成矩阵 G 给定如下,将 G 化成标准形. 求出 C 中所有的码字以及 C 的校验矩阵 H.

(1) $G=\begin{bmatrix} 1 & 0 & 1 & 1 & 0 \\ 0 & 1 & 0 & 1 & 1 \end{bmatrix}$; (2) $G=\begin{bmatrix} 1 & 0 & 0 & 1 & 1 & 0 & 1 \\ 0 & 1 & 0 & 1 & 0 & 1 & 1 \\ 0 & 0 & 1 & 0 & 1 & 1 & 1 \end{bmatrix}$.

15. 设 C 是二进制线性码,对任意的 $x=x_1x_2\cdots x_n\in C$,令 $x'=x_1x_2\cdots x_nx_{n+1}$,其中 $x_1+x_2+\cdots+x_n+x_{n+1}=0$. 证明 $C'=\{x' \mid x\in C\}$ 也是线性码.

16. 设 C_1,C_2 是长为 n 的二进制线性码,证明 $X=\{x+y \mid x\in C_1,y\in C_2\}$ 也是长为 n 的二进制线性码.

17. 证明陪集译码法符合最近距离译码原则.

18. 设二进制线性码 C 的生成矩阵

$$G = \begin{bmatrix} 1 & 0 & 1 & 1 & 0 \\ 0 & 1 & 0 & 1 & 1 \end{bmatrix}.$$

求关于 C 的 Slepian 译码表. 若接收到的字是 11111 和 01011,则分别将它们译为哪些码字?

19. 求二进制的 Hamming 码 $H(4,2)$ 的校验矩阵 H 及生成矩阵 G,并确定码字长和码的维数.

20. 设 $f(x)$ 是 F_2 上的多项式,且
$$f(x) = x^7 - 1 = (x+1)(x^3+x+1)(x^3+x^2+1),$$
(1) 确定所有长为 7 的循环码;
(2) 求出这些码的生成矩阵及维数.

Ⅱ. 习题解答

1. 解:
$$\begin{bmatrix} 1 & 2 & 3 & 4 & 5 \\ 5 & 1 & 2 & 3 & 4 \\ 4 & 5 & 1 & 2 & 3 \\ 3 & 4 & 5 & 1 & 2 \\ 2 & 3 & 4 & 5 & 1 \end{bmatrix}.$$

2. 证:(1) 设 $(x_1, y_1), (x_2, y_2)$ 是有限域 F 上的两个点,且它们确定的线为 $y=mx+b$,那么

$$\begin{cases} y_1 = mx_1 + b, & \text{①} \\ y_2 = mx_2 + b. & \text{②} \end{cases}$$

由方程②得到 $b = y_2 - mx_2$,代入方程①得到
$$y_1 = mx_1 + y_2 - mx_2.$$
在 F 上求解得
$$m = (y_1 - y_2)(x_1 - x_2)^{-1},$$
$$b = y_2 - mx_2 = y_2 - x_2(y_1 - y_2)(x_1 - x_2)^{-1},$$
从而得到线
$$y = (y_1 - y_2)(x_1 - x_2)^{-1}x + y_2 - x_2(y_1 - y_2)(x_1 - x_2)^{-1}.$$

(2) 给定点 P 为 (x_1, y_1),线 l 为 $y=mx+b$,其中 x_1, y_1, m, b 为域 F 中的元素. 设过 P 点且平行于 l 的线 l' 为 $y=mx+c$,因为 P 在 l' 上,因此 $y_1 = mx_1 + c$. 于是解得 $c = y_1 - mx_1$,从而得到线 l' 的方程
$$y = mx + y_1 - mx_1,$$
由于 P 不在 l 上,因此 $y_1 \neq mx_1 + b$,即 $c \neq b$,从而证明了 l' 与 l 平行.

3. 解:设线方程为 $y=4x+b$,代入点的坐标得 $5 = 4 \cdot 2 + b$,在 Z_7 中解得 $b=4$. 从而得到 $y = 4x + 4$.

4. 解:考虑有限域 $F=\{0,1,2,3,4\}$,设斜率为 $1,2,3,4$ 的的平行类分别为 A_1, A_2, A_3, A_4.

$A_1 = \{y = x, y = x+1, y = x+2, y = x+3, y = x+4\};$
$A_2 = \{y = 2x, y = 2x+1, y = 2x+2, y = 2x+3, y = 2x+4\};$
$A_3 = \{y = 3x, y = 3x+1, y = 3x+2, y = 3x+3, y = 3x+4\};$
$A_4 = \{y = 4x, y = 4x+1, y = 4x+2, y = 4x+3, y = 4x+4\}.$

它们确定的拉丁方是

$$\begin{bmatrix} 5 & 4 & 3 & 2 & 1 \\ 4 & 3 & 2 & 1 & 5 \\ 3 & 2 & 1 & 5 & 4 \\ 2 & 1 & 5 & 4 & 3 \\ 1 & 5 & 4 & 3 & 2 \end{bmatrix}, \begin{bmatrix} 5 & 3 & 1 & 4 & 2 \\ 4 & 2 & 5 & 3 & 1 \\ 3 & 1 & 4 & 2 & 5 \\ 2 & 5 & 3 & 1 & 4 \\ 1 & 4 & 2 & 5 & 3 \end{bmatrix}, \begin{bmatrix} 5 & 2 & 4 & 1 & 3 \\ 4 & 1 & 3 & 5 & 2 \\ 3 & 5 & 2 & 4 & 1 \\ 2 & 4 & 1 & 3 & 5 \\ 1 & 3 & 5 & 2 & 4 \end{bmatrix}, \begin{bmatrix} 5 & 1 & 2 & 3 & 4 \\ 4 & 5 & 1 & 2 & 3 \\ 3 & 4 & 5 & 1 & 2 \\ 2 & 3 & 4 & 5 & 1 \\ 1 & 2 & 3 & 4 & 5 \end{bmatrix}.$$

以上四个拉丁方中任意两个都是正交的.

5. 解:先给定两个 3 阶正交拉丁方 A_1 和 A_2,两个 5 阶正交拉丁方 B_1 和 B_2 如下:

$$A_1 = \begin{bmatrix} 3 & 2 & 1 \\ 2 & 1 & 3 \\ 1 & 3 & 2 \end{bmatrix}, \quad A_2 = \begin{bmatrix} 3 & 1 & 2 \\ 2 & 3 & 1 \\ 1 & 2 & 3 \end{bmatrix}, \quad B_1 = \begin{bmatrix} 5 & 4 & 3 & 2 & 1 \\ 4 & 3 & 2 & 1 & 5 \\ 3 & 2 & 1 & 5 & 4 \\ 2 & 1 & 5 & 4 & 3 \\ 1 & 5 & 4 & 3 & 2 \end{bmatrix}, \quad B_2 = \begin{bmatrix} 5 & 3 & 1 & 4 & 2 \\ 4 & 2 & 5 & 3 & 1 \\ 3 & 1 & 4 & 2 & 5 \\ 2 & 5 & 3 & 1 & 4 \\ 1 & 4 & 2 & 5 & 3 \end{bmatrix}.$$

下面利用 A_1, A_2, B_1, B_2 构造两个 15 阶正交拉丁方. 将有序对 $\langle 1,1 \rangle, \langle 1,2 \rangle, \langle 1,3 \rangle, \langle 1,4 \rangle, \langle 1,5 \rangle, \langle 2,1 \rangle, \langle 2,2 \rangle, \langle 2,3 \rangle, \langle 2,4 \rangle, \langle 2,5 \rangle, \langle 3,1 \rangle, \langle 3,2 \rangle, \langle 3,3 \rangle, \langle 3,4 \rangle, \langle 3,5 \rangle$ 顺序记为 $1, 2, \cdots, 15$,那么构造的两个 15 阶正交拉丁方如下:

$$\begin{bmatrix} 15 & 14 & 13 & 12 & 11 & 10 & 9 & 8 & 7 & 6 & 5 & 4 & 3 & 2 & 1 \\ 14 & 13 & 12 & 11 & 15 & 9 & 8 & 7 & 6 & 10 & 4 & 3 & 2 & 1 & 5 \\ 13 & 12 & 11 & 15 & 14 & 8 & 7 & 6 & 10 & 9 & 3 & 2 & 1 & 5 & 4 \\ 12 & 11 & 15 & 14 & 13 & 7 & 6 & 10 & 9 & 8 & 2 & 1 & 5 & 4 & 3 \\ 11 & 15 & 14 & 13 & 12 & 6 & 10 & 9 & 8 & 7 & 1 & 5 & 4 & 3 & 2 \\ 10 & 9 & 8 & 7 & 6 & 5 & 4 & 3 & 2 & 1 & 15 & 14 & 13 & 12 & 11 \\ 9 & 8 & 7 & 6 & 10 & 4 & 3 & 2 & 1 & 5 & 14 & 13 & 12 & 11 & 15 \\ 8 & 7 & 6 & 10 & 9 & 3 & 2 & 1 & 5 & 4 & 13 & 12 & 11 & 15 & 14 \\ 7 & 6 & 10 & 9 & 8 & 2 & 1 & 5 & 4 & 3 & 12 & 11 & 15 & 14 & 13 \\ 6 & 10 & 9 & 8 & 7 & 1 & 5 & 4 & 3 & 2 & 11 & 15 & 14 & 13 & 12 \\ 5 & 4 & 3 & 2 & 1 & 15 & 14 & 13 & 12 & 11 & 10 & 9 & 8 & 7 & 6 \\ 4 & 3 & 2 & 1 & 5 & 14 & 13 & 12 & 11 & 15 & 9 & 8 & 7 & 6 & 10 \\ 3 & 2 & 1 & 5 & 4 & 13 & 12 & 11 & 15 & 14 & 8 & 7 & 6 & 10 & 9 \\ 2 & 1 & 5 & 4 & 3 & 12 & 11 & 15 & 14 & 13 & 7 & 6 & 10 & 9 & 8 \\ 1 & 5 & 4 & 3 & 2 & 11 & 15 & 14 & 13 & 12 & 6 & 10 & 9 & 8 & 7 \end{bmatrix},$$

$$\begin{bmatrix} 15 & 11 & 12 & 13 & 14 & 5 & 1 & 2 & 3 & 4 & 10 & 6 & 7 & 8 & 9 \\ 14 & 15 & 11 & 12 & 13 & 4 & 5 & 1 & 2 & 3 & 9 & 10 & 6 & 7 & 8 \\ 13 & 14 & 15 & 11 & 12 & 3 & 4 & 5 & 1 & 2 & 8 & 9 & 10 & 6 & 7 \\ 12 & 13 & 14 & 15 & 11 & 2 & 3 & 4 & 5 & 1 & 7 & 8 & 9 & 10 & 6 \\ 11 & 15 & 13 & 14 & 15 & 1 & 2 & 3 & 4 & 5 & 6 & 7 & 8 & 9 & 10 \\ 10 & 6 & 7 & 8 & 9 & 15 & 11 & 12 & 13 & 14 & 5 & 1 & 2 & 3 & 4 \\ 9 & 10 & 6 & 7 & 8 & 14 & 15 & 11 & 12 & 13 & 4 & 5 & 1 & 2 & 3 \\ 8 & 9 & 10 & 6 & 7 & 13 & 14 & 15 & 11 & 12 & 3 & 4 & 5 & 1 & 2 \\ 7 & 8 & 9 & 10 & 6 & 12 & 13 & 14 & 15 & 11 & 2 & 3 & 4 & 5 & 1 \\ 6 & 7 & 8 & 9 & 10 & 11 & 12 & 13 & 14 & 15 & 1 & 2 & 3 & 4 & 5 \\ 5 & 1 & 2 & 3 & 4 & 10 & 6 & 7 & 8 & 9 & 15 & 11 & 12 & 13 & 14 \\ 4 & 5 & 1 & 2 & 3 & 9 & 10 & 6 & 7 & 8 & 14 & 15 & 11 & 12 & 13 \\ 3 & 4 & 5 & 1 & 2 & 8 & 9 & 10 & 6 & 7 & 13 & 14 & 15 & 11 & 12 \\ 2 & 3 & 4 & 5 & 1 & 7 & 8 & 9 & 10 & 6 & 12 & 13 & 14 & 15 & 11 \\ 1 & 2 & 3 & 4 & 5 & 6 & 7 & 8 & 9 & 10 & 11 & 12 & 13 & 14 & 15 \end{bmatrix}.$$

6. 解：(1) 是，$v=5, k=4, \lambda=3$；相交矩阵如下面所示.

(2) 是，$v=5, k=4, \lambda=2$.

(3) 是，$v=5, k=4, t=4$.

$$\begin{bmatrix} 1 & 1 & 1 & 1 & 0 \\ 1 & 1 & 1 & 0 & 1 \\ 1 & 1 & 0 & 1 & 1 \\ 1 & 0 & 1 & 1 & 1 \\ 0 & 1 & 1 & 1 & 1 \end{bmatrix}.$$

7. 证：假设存在 Steiner 系统 3-(11,6,1)，那么 $t=3, v=11, k=6, \lambda=1$. 因此这个 Steiner 系统满足

$$b\binom{k}{t} = \lambda\binom{v}{t} \Rightarrow b\frac{6\times 5\times 4}{3!} = \frac{11\times 10\times 9}{3!} \Rightarrow b = \frac{11\times 10\times 9}{6\times 5\times 4} = 8.25,$$

与 b 为整数矛盾.

8. 证：假设存在 2-(v,k,λ) 设计，必满足下述条件：

$$\lambda(v-1) = r(k-1), \quad bk = vr.$$

将给定的 $v=5, k=3, \lambda=2, b=7, r=4$ 代入第二个等式，等式左边 $bk=21$，但是等式右边 $vr=20$，与条件矛盾.

9. 解：Steiner 三元系统满足

$$r = (v-1)/2, \quad b = v(v-1)/6,$$

将 $v=9$ 代入，求得 $r=4, b=9\times 8/6=12$.

10. 解：7 个点的 Steiner 三元系统 2-(7,3,1) 为

$X_1 = \{0,1,2,3,4,5,6\};$

$B_1 = \{\{0,1,3\},\{1,2,4\},\{2,3,5\},\{3,4,6\},\{4,5,0\},\{5,6,1\},\{6,0,2\}\}.$

3 个点的 Steiner 三元系统 2-(3,3,1) 为

$$X_2 = \{x,y,z\}; \quad B_2 = \{\{x,y,z\}\}.$$

构造 21 个点的 Steiner 系统 $\langle X, B \rangle$，其中，

$X = \{ab \mid a \in X_1 \wedge b \in X_2\}$
$ = \{0x,1x,2x,3x,4x,5x,6x,0y,1y,2y,3y,4y,5y,6y,0z,1z,2z,3z,4z,5z,6z\};$
$B = \{\{ab,cd,ef\} \mid ab,cd,ef \in X, 且(\{a,c,e\} \in B_1 \wedge b = d = f)$
$\phantom{B = \{} \vee (a = c = e \wedge \{b,d,f\} \in B_2) \vee (\{a,c,e\} \in B_1 \wedge \{b,d,f\} \in B_2)\}$
$ = \{\{0x,1x,3x\},\{0y,1y,3y\},\{0z,1z,3z\},\{1x,2x,4x\},\{1y,2y,4y\},\{1z,2z,4z\},$
$\phantom{B = \{}\{2x,3x,5x\},\{2y,3y,5y\},\{2z,3z,5z\},\{3x,4x,6x\},\{3y,4y,6y\},\{3z,4z,6z\},$
$\phantom{B = \{}\{4x,5x,0x\},\{4y,5y,0y\},\{4z,5z,0z\},\{5x,6x,1x\},\{5y,6y,1y\},\{5z,6z,1z\},$
$\phantom{B = \{}\{6x,0x,2x\},\{6y,0y,2y\},\{6z,0z,2z\},$
$\phantom{B = \{}\{0x,0y,0z\},\{1x,1y,1z\},\{2x,2y,2z\},$
$\phantom{B = \{}\{3x,3y,3z\},\{4x,4y,4z\},\{5x,5y,5z\},\{6x,6y,6z\},$
$\phantom{B = \{}\{0x,1y,3z\},\{0x,1z,3y\},\{0y,1x,3z\},\{0y,1z,3x\},\{0z,1x,3y\},\{0z,1y,3x\},$
$\phantom{B = \{}\{1x,2y,4z\},\{1x,2z,4y\},\{1y,2x,4z\},\{1y,2z,4x\},\{1z,2x,4y\},\{1z,2y,4x\},$
$\phantom{B = \{}\{2x,3y,5z\},\{2x,3z,5y\},\{2y,3x,5z\},\{2y,3z,5x\},\{2z,3x,5y\},\{2z,3y,5x\},$
$\phantom{B = \{}\{3x,4y,6z\},\{3x,4z,6y\},\{3y,4x,6z\},\{3y,4z,6x\},\{3z,4x,6y\},\{3z,4y,6x\},$
$\phantom{B = \{}\{4x,5y,0z\},\{4x,5z,0y\},\{4y,5x,0z\},\{4y,5z,0x\},\{4z,5x,0y\},\{4z,5y,0x\},$
$\phantom{B = \{}\{5x,6y,1z\},\{5x,6z,1y\},\{5y,6x,1z\},\{5y,6z,1x\},\{5z,6x,1y\},\{5z,6y,1x\},$
$\phantom{B = \{}\{6x,0y,2z\},\{6x,0z,2y\},\{6y,0x,2z\},\{6y,0z,2x\},\{6z,0x,2y\},\{6z,0y,2x\}\}.$

11. 证： 令
$$X = \{x_1, x_2, \cdots, x_v\}, \quad B = \{X - \{x_i\} \mid i = 1, 2, \cdots, v\},$$

则 $|X| = v$, $|B_i| = v - 1$. $i = 1, 2, \cdots, v$. 对于 X 的任意 2-子集 $T = \{x_i, x_j\}$, $1 \leqslant i < j \leqslant v$, 在所有 B_i 中含有 T 的子集个数为从 $X - \{x_i, x_j\}$ 中选出不同的 $v-3$ 子集的个数，即 $C(v-2, v-3) = C(v-2, 1) = v-2$. 于是 X,B 构成了 $2-(v, v-1, v-2)$ 设计.

12. 解：(1) 这个码只有两个码字 111111 和 000000, 可以纠正 2 位错.

(2) 不能.

$$|C| \sum_{i=0}^{r} \binom{n}{i}(q-1)^i \leqslant q^n \Rightarrow |C|\left(\binom{8}{0}+\binom{8}{1}\right) \leqslant 2^8 \Rightarrow |C| \leqslant \frac{256}{9} \Rightarrow |C| \leqslant 28$$

与 $k = 30$ 矛盾.

13. 解： $C = \{11010000, 01101000, 00110100, 00011010, 00001101, 10000110,$
$\phantom{C = \{}01000011, 10100001, 11100100, 01110010, 00111001, 10011100,$
$\phantom{C = \{}01001110, 00100111, 10010011, 11001001, 10101010, 01010101,$
$\phantom{C = \{}00000000, 11111111\}.$

容易验证 $d(C) = 3$.

14. 解：(1) 码 $C = \{10110, 01011, 11101, 00000\}$.

$$G = \begin{bmatrix} 1 & 0 & 1 & 1 & 0 \\ 0 & 1 & 0 & 1 & 1 \end{bmatrix} \rightarrow H = \begin{bmatrix} 1 & 0 & 1 & 0 & 0 \\ 1 & 1 & 0 & 1 & 0 \\ 0 & 1 & 0 & 0 & 1 \end{bmatrix}, \quad H \text{ 为校验矩阵.}$$

(2) 码 $C = \{1001101, 0101011, 0010111, 1100110, 1011010, 0111100, 1110001, 0000000\}$.

$$G = \begin{bmatrix} 1 & 0 & 0 & 1 & 1 & 0 & 1 \\ 0 & 1 & 0 & 1 & 0 & 1 & 1 \\ 0 & 0 & 1 & 0 & 1 & 1 & 1 \end{bmatrix} \rightarrow H = \begin{bmatrix} 1 & 1 & 0 & 1 & 0 & 0 & 0 \\ 1 & 0 & 1 & 0 & 1 & 0 & 0 \\ 0 & 1 & 1 & 0 & 0 & 1 & 0 \\ 1 & 1 & 1 & 0 & 0 & 0 & 1 \end{bmatrix}, \quad H \text{ 为校验矩阵}.$$

15. 证：任取 $x', y' \in C'$，$x' = x_1 x_2 \cdots x_n x_{n+1}$，$y' = y_1 y_2 \cdots y_n y_{n+1}$，其中 $x_1 x_2 \cdots x_n$，$y_1 y_2 \cdots y_n$ $\in C$. $x' + y' = z_1 z_2 \cdots z_n z_{n+1}$，其中 $z_i = x_i + y_i$，$i = 1, 2, \cdots, n+1$. 由于 C 为线性码，$z_1 z_2 \cdots z_n$ 属于 C，且

$$\begin{aligned} z_{n+1} &= x_{n+1} + y_{n+1} = (x_1 + x_2 + \cdots + x_n) + (y_1 + y_2 + \cdots + y_n) \\ &= (x_1 + y_1) + (x_2 + y_2) + \cdots + (x_n + y_n) \\ &= z_1 + z_2 + \cdots + z_n, \end{aligned}$$

因此 $z_1 + z_2 + \cdots + z_n + z_{n+1} = 0$，于是 $x' + y' \in C'$. 从而证明 C' 也是线性码.

16. 证：容易看出 X 中码字的长度为 n. 任取 $z_1, z_2 \in X$，$z_1 = x_1 + y_1$，$z_2 = x_2 + y_2$，其中 $x_1, x_2 \in C_1$，$y_1, y_2 \in C_2$，因此

$$z_1 + z_2 = x_1 + y_1 + x_2 + y_2 = (x_1 + x_2) + (y_1 + y_2).$$

由于 C_1 和 C_2 为线性码，所以 $x_1 + x_2 \in C_1$，$y_1 + y_2 \in C_2$，于是 $z_1 + z_2 \in X$. 从而证明了 X 为线性码.

17. 证：设线性码 C 是 $[n, k]$ 码，根据陪集译码法构造的 Slepian 译码表满足以下性质：第一行为码 C，即 $C + 00 \cdots 0$；第二行为 $C + a_1$，其中 a_1 为 $F_2^n - C$ 中具有最少个 1 的向量；$\cdots$，第 i 行为 $C + a_{i-1}$，其中 a_{i-1} 是 $F_2^n - C - \cdots - (C + a_{i-2})$ 中具有最少个 1 的向量，这里 $i = 3, \cdots, 2^{n-k}$. 这就说明 a_i 是在陪集 $C + a_i$ 的 2^k 个向量中具有最小权的向量. 设接收到的字为 x，根据陪集的性质，$x \in C + a_i \Leftrightarrow x - a_i \in C$，按照陪集译码法，将 x 译为 $x - a_i$. 下面说明它是距 x 最近的码字. 假设存在码字 y，使得 y 到 x 的距离比 $x - a_i$ 到 x 的距离更近，那么向量 $b = x - y$ 比 a_i 的权更小，因此必 $\exists a_j, j < i$，使得 $X \in C + b = C + a_j$，从而与 $X \in C + a_i$ 矛盾.

18. 解：$\quad C = \{10110, 01011, 00000, 11101\}$.

Slepian 译码表如下：

00000	01011	10110	11101
00001	01010	10111	11100
00010	01001	10100	11111
00100	01111	10010	11001
01000	00011	11110	10101
10000	11011	00110	01101
01100	00111	11010	10001
11000	10011	01110	00101

若接收到 11111 则译为 11101；若接收到 01011，则它就是 C 中的码字，译为自身 01011.

19. 解：

$$H = \begin{bmatrix} 0 & 0 & 0 & 0 & 0 & 0 & 0 & 1 & 1 & 1 & 1 & 1 & 1 & 1 & 1 \\ 0 & 0 & 0 & 1 & 1 & 1 & 1 & 0 & 0 & 0 & 0 & 1 & 1 & 1 & 1 \\ 0 & 1 & 1 & 0 & 0 & 1 & 1 & 0 & 0 & 1 & 1 & 0 & 0 & 1 & 1 \\ 1 & 0 & 1 & 0 & 1 & 0 & 1 & 0 & 1 & 0 & 1 & 0 & 1 & 0 & 1 \end{bmatrix}.$$

码字长为 15，维数为 11. 生成矩阵为 G, G 的求解方法如《教程》例 24.25 的逆过程. 具体求解如下：首先交换 H 的列，使得它的后 4 列恰好构成单位矩阵. 然后按照下述过程进行变换.

$$H = \begin{bmatrix} 1 & 1 & 1 & 1 & 1 & 1 & 1 & 0 & 0 & 0 & 0 & 1 & 0 & 0 & 0 \\ 1 & 1 & 1 & 1 & 0 & 0 & 0 & 1 & 1 & 1 & 0 & 0 & 1 & 0 & 0 \\ 1 & 1 & 0 & 0 & 1 & 1 & 0 & 1 & 1 & 0 & 1 & 0 & 0 & 1 & 0 \\ 1 & 0 & 1 & 0 & 1 & 0 & 1 & 1 & 0 & 1 & 1 & 0 & 0 & 0 & 1 \end{bmatrix},$$
$$ \underbrace{\phantom{\begin{matrix}1&1&1&1&1&1&1&0&0&0&0\end{matrix}}}_{-A^T} \quad \underbrace{\phantom{\begin{matrix}1&0&0&0\end{matrix}}}_{I_4}$$

$$G = \begin{bmatrix} 1 & 0 & 0 & 0 & 0 & 0 & 0 & 0 & 0 & 0 & 0 & 1 & 1 & 1 & 1 \\ 0 & 1 & 0 & 0 & 0 & 0 & 0 & 0 & 0 & 0 & 0 & 1 & 1 & 1 & 0 \\ 0 & 0 & 1 & 0 & 0 & 0 & 0 & 0 & 0 & 0 & 0 & 1 & 1 & 0 & 1 \\ 0 & 0 & 0 & 1 & 0 & 0 & 0 & 0 & 0 & 0 & 0 & 1 & 1 & 0 & 0 \\ 0 & 0 & 0 & 0 & 1 & 0 & 0 & 0 & 0 & 0 & 0 & 1 & 0 & 1 & 1 \\ 0 & 0 & 0 & 0 & 0 & 1 & 0 & 0 & 0 & 0 & 0 & 1 & 0 & 1 & 0 \\ 0 & 0 & 0 & 0 & 0 & 0 & 1 & 0 & 0 & 0 & 0 & 1 & 0 & 0 & 1 \\ 0 & 0 & 0 & 0 & 0 & 0 & 0 & 1 & 0 & 0 & 0 & 0 & 1 & 1 & 1 \\ 0 & 0 & 0 & 0 & 0 & 0 & 0 & 0 & 1 & 0 & 0 & 0 & 1 & 1 & 0 \\ 0 & 0 & 0 & 0 & 0 & 0 & 0 & 0 & 0 & 1 & 0 & 0 & 1 & 0 & 1 \\ 0 & 0 & 0 & 0 & 0 & 0 & 0 & 0 & 0 & 0 & 1 & 0 & 0 & 1 & 1 \end{bmatrix}.$$
$$\underbrace{\phantom{\begin{matrix}1&0&0&0&0&0&0&0&0&0&0\end{matrix}}}_{I_{11}} \quad \underbrace{\phantom{\begin{matrix}1&1&1&1\end{matrix}}}_{A^T}$$

20. 解：(1) 生成多项式 1, 对应的循环码 $C = F_2^7$.
生成多项式 $1+x$, 对应的循环码
$C_1 = \{0000000, 1111111,$
$1100000, 0110000, 0011000, 0001100, 0000110, 0000011, 1000001,$
$1010000, 0101000, 0010100, 0001010, 0000101, 1000010, 0100001,$
$1001000, 0100100, 0010010, 0001001, 1000100, 0100010, 0010001,$
$1111000, 0111100, 0011110, 0001111, 1000111, 1100011, 1110001,$
$0011011, 1001101, 1100110, 0110011, 1011001, 1101100, 0110110,$
$1011100, 0101110, 0010111, 1001011, 1100101, 1110010, 0111001,$
$0111010, 0011101, 1001110, 0100111, 1010011, 1101001, 1110100,$
$1101010, 0110101, 1011010, 0101101, 1010110, 0101011, 1010101,$
$0111111, 1011111, 1101111, 1110111, 1111011, 1111101, 1111110\}.$

生成多项式 $1+x+x^3$, 对应的循环码
$C_2 = \{0000000, 1101000, 0110100, 0011010, 0001101, 1000110,$
$\phantom{C_2 = \{}0100011, 1010001, 1011100, 0101110, 0010111, 1001011,$
$\phantom{C_2 = \{}1100101, 1110010, 0111001, 1111111\}.$

生成多项式 $1+x^2+x^3$, 对应的循环码
$C_3 = \{0000000, 1011000, 0101100, 0010110, 0001011, 1000101,$
$\phantom{C_3 = \{}1100010, 0110001, 1110100, 0111010, 0011101, 1001110,$

0100111,1010011,1101001,1111111}.

生成多项式$(1+x)(1+x+x^3)$，对应的循环码
$$C_4 = \{0000000, 1111111, 1011100, 0101110, 1110010, 0010111,$$
$$1001011, 0111001, 1100101\}.$$

生成多项式$(1+x)(1+x^2+x^3)$，对应的循环码
$$C_5 = \{0000000, 1111111, 1110100, 0111010, 0011101, 1001110,$$
$$0100111, 1010011, 1101001\}.$$

生成多项式$(1+x+x^3)(1+x^2+x^3)$，对应的循环码 $C_6 = \{0000000, 1111111\}$.

生成多项式 x^7-1，对应的循环码 $C_7 = \{0000000\}$.

(2) 各个循环码的生成矩阵是

$$G = \begin{bmatrix} 1 & 0 & 0 & 0 & 0 & 0 & 0 \\ 0 & 1 & 0 & 0 & 0 & 0 & 0 \\ 0 & 0 & 1 & 0 & 0 & 0 & 0 \\ 0 & 0 & 0 & 1 & 0 & 0 & 0 \\ 0 & 0 & 0 & 0 & 1 & 0 & 0 \\ 0 & 0 & 0 & 0 & 0 & 1 & 0 \\ 0 & 0 & 0 & 0 & 0 & 0 & 1 \end{bmatrix}, \quad G_1 = \begin{bmatrix} 1 & 1 & 0 & 0 & 0 & 0 & 0 \\ 0 & 1 & 1 & 0 & 0 & 0 & 0 \\ 0 & 0 & 1 & 1 & 0 & 0 & 0 \\ 0 & 0 & 0 & 1 & 1 & 0 & 0 \\ 0 & 0 & 0 & 0 & 1 & 1 & 0 \\ 0 & 0 & 0 & 0 & 0 & 1 & 1 \end{bmatrix},$$

$$G_2 = \begin{bmatrix} 1 & 1 & 0 & 1 & 0 & 0 & 0 \\ 0 & 1 & 1 & 0 & 1 & 0 & 0 \\ 0 & 0 & 1 & 1 & 0 & 1 & 0 \\ 0 & 0 & 0 & 1 & 1 & 0 & 1 \end{bmatrix}, \quad G_3 = \begin{bmatrix} 1 & 0 & 1 & 1 & 0 & 0 & 0 \\ 0 & 1 & 0 & 1 & 1 & 0 & 0 \\ 0 & 0 & 1 & 0 & 1 & 1 & 0 \\ 0 & 0 & 0 & 1 & 0 & 1 & 1 \end{bmatrix},$$

$$G_4 = \begin{bmatrix} 1 & 0 & 1 & 1 & 1 & 0 & 0 \\ 0 & 1 & 0 & 1 & 1 & 1 & 0 \\ 0 & 0 & 1 & 0 & 1 & 1 & 1 \end{bmatrix}, \quad G_5 = \begin{bmatrix} 1 & 1 & 1 & 0 & 1 & 0 & 0 \\ 0 & 1 & 1 & 1 & 0 & 1 & 0 \\ 0 & 0 & 1 & 1 & 1 & 0 & 1 \end{bmatrix},$$

$$G_6 = \begin{bmatrix} 1 & 1 & 1 & 1 & 1 & 1 & 1 \end{bmatrix}, \quad G_7 = \begin{bmatrix} 0 & 0 & 0 & 0 & 0 & 0 & 0 \end{bmatrix}.$$

第二十五章 组合最优化问题

I. 习题二十五

1. 用标号法求出图 25.1 中每个网络的最大流.

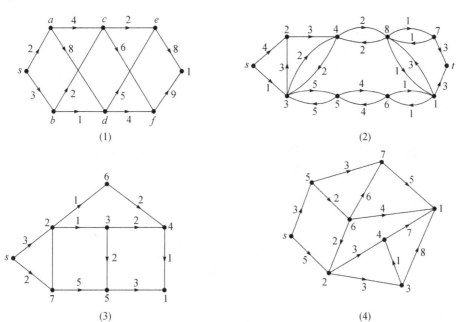

图 25.1

2. 求出图 25.1 中每个网络的最小切割.

3. 求出图 25.2 中每个网络的最大流.

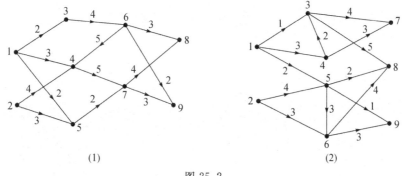

图 25.2

4. 设 $D=\langle V,E,W\rangle$ 是有向网络,$\langle S_1,T_1\rangle$,$\langle S_2,T_2\rangle$ 是 D 的两个最小切割,证明 $\langle S_1\bigcup S_2, T_1\bigcap T_2\rangle$ 也是 D 的最小切割.

Ⅱ. 习题解答

1. 解：解可能不是唯一的，图 25.3 对每个实例给出了一个最优解．其中粗线表示流不为 0 的边，括号中的数字表示边中的流量．

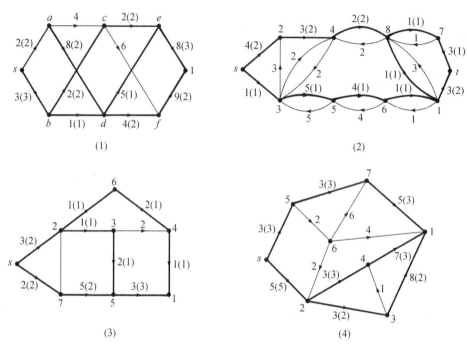

图 25.3

2. 解：(1) 最小切割为 $\langle S,T \rangle$，其中 $S=\{s\}$，$T=\{a,b,c,d,e,f,1\}$，$C(S,T)=5$；

(2) 最小切割为 $\langle S,T \rangle$，其中 $S=\{s,2,3,4,5,6,8\}$，$T=\{t,7,1\}$，$C(S,T)=3$；

(3) 最小切割为 $\langle S,T \rangle$，其中 $S=\{s,2,3,4,5,6,7\}$，$T=\{1\}$，$C(S,T)=4$；

(4) 最小切割为 $\langle S,T \rangle$，其中 $S=\{s\}$，$T=\{1,2,3,4,5,6,7\}$，$C(S,T)=8$.

3. 解：解不唯一．增加源结点 s 和漏结点 t，一种标号的结果给在图 25.4 中．对应的最优解如下：

(1) $x_{13}=2, x_{36}=2, x_{68}=2, x_{14}=3, x_{47}=5, x_{78}=4, x_{24}=2, x_{25}=2, x_{57}=2, x_{79}=3$，最大流值为 9；

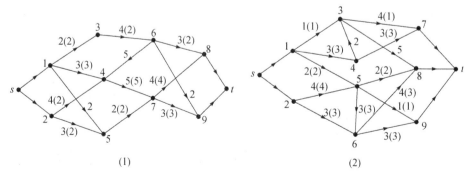

图 25.4

(2) $x_{13}=1, x_{14}=3, x_{37}=1, x_{47}=3, x_{15}=2, x_{58}=2, x_{25}=4, x_{59}=1, x_{56}=3, x_{26}=3, x_{68}=3, x_{69}=3$,

最大流值为 13.

4. 证：因为$\langle S_1, T_1\rangle$, $\langle S_2, T_2\rangle$是 D 的两个最小切割，因此，

$$S_1 \cup T_1 = V,\quad S_1 \cap T_1 = \varnothing, s \in S_1, t \in T_1;$$
$$S_2 \cup T_2 = V,\quad S_2 \cap T_2 = \varnothing, s \in S_2, t \in T_2.$$

那么

$$\begin{aligned}(S_1 \cup S_2) \cup (T_1 \cap T_2) &= (S_1 \cup S_2 \cup T_1) \cap (S_1 \cup S_2 \cup T_2)\\ &= (V \cup S_2) \cap (V \cup S_1) = V;\\ (S_1 \cup S_2) \cap (T_1 \cap T_2) &= (S_1 \cap T_1 \cap T_2) \cup (S_2 \cap T_1 \cap T_2)\\ &= (\varnothing \cap T_2) \cup (\varnothing \cap T_1) = \varnothing.\end{aligned}$$
$$s \in S_1 \cup S_2, t \in T_1 \cap T_2.$$

因此$\langle S_1 \cup S_2, T_1 \cap T_2\rangle$也是 D 的切割. 各集合之间关系如图 25.5 所示. 下面证明它也是最小切割.

由于$\langle S_1, T_1\rangle$, $\langle S_2, T_2\rangle$是割集，令 a,b,c,d 分别表示下述两两不交的集合：

$$a = S_1 \cap S_2,\ b = S_1 - (S_1 \cap S_2) = T_2 - (T_1 \cap T_2),$$
$$c = T_1 \cap T_2,\ d = S_2 - (S_1 \cap S_2) = T_1 - (T_1 \cap T_2),$$

于是有

$$S_1 = a \cup b,\ T_1 = c \cup d,\ S_2 = a \cup d,\ T_2 = b \cup c.$$

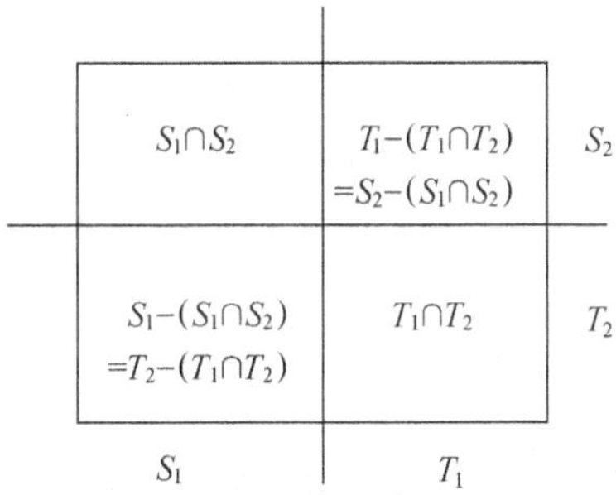

图 25.5

令 C_{ij} 为从 i 集合到 j 集合的所有前向弧上的流量之和，其中 $i,j=a,b,c,d$. 设网络的最大流为 v，由于$\langle S_1, T_1\rangle$, $\langle S_2, T_2\rangle$是最小切割，根据最大流最小切割的定理，有

$$C(S_1, T_1) = C(S_2, T_2) = v,$$

即

$$C(S_1, T_1) = (Cac - Cca) + (Cad - Cda) + (Cbc - Ccb) + (Cbd - Cdb) = v,$$
$$C(S_2, T_2) = (Cab - Cba) + (Cac - Cca) + (Cdb - Cbd) + (Cdc - Ccd) = v,$$

从而得到

$$C(S_1 \cup S_2, T_1 \cap T_2) = (Cac - Cca) + (Cbc - Ccb) + (Cdc - Ccd).$$

因为进入集合 d 的总流入量和总流出量之和相等，因此

$$Cad + Cbd + Ccd = Cda + Cdb + Cdc \Rightarrow Cdc - Ccd = (Cad - Cda) + (Cbd - Cdb),$$

从而得到

$$\begin{aligned}C(S_1 \cup S_2, T_1 \cap T_2) &= (Cac - Cca) + (Cbc - Ccb) + (Cad - Cda) + (Cbd - Cdb)\\ &= C(S_1, T_1) = v.\end{aligned}$$

第二十六章　命题逻辑

I. 习题二十六

1. 将下列命题符号化.
(1) 我看见的既不是小张也不是小王；
(2) 他生于 1963 年或 1964 年；
(3) 只要下雨我就带伞；
(4) 只有下雨我才带伞；
(5) 除非天气好，否则我是不会出去的；
(6) 两个数的和是偶数当且仅当这两个数都是偶数或这两个数都是奇数.

2. 写出下列命题形式的真值表.
(1) $((\neg p) \wedge (\neg q))$；　　　　　　(2) $((p \rightarrow q) \rightarrow r)$；
(3) $(p \rightarrow (q \rightarrow r))$；　　　　　　(4) $((p \rightarrow (q \rightarrow r)) \rightarrow ((p \rightarrow q) \rightarrow (p \rightarrow r)))$.

3. 求出下列命题形式的所有成真指派.
(1) $(p \rightarrow (q \rightarrow p))$；　　　　　　(2) $((q \vee r) \rightarrow ((\neg r) \rightarrow q))$；
(3) $(p \rightarrow (q \vee p))$；　　　　　　(4) $((p \rightarrow p) \rightarrow ((\neg p) \rightarrow (\neg q)))$；
(5) $((p \rightarrow p) \rightarrow ((\neg q) \rightarrow (\neg p)))$；　　(6) $((p \wedge (\neg p)) \rightarrow q)$；
(7) $((p \vee (\neg p)) \rightarrow q)$；　　　　(8) $((p \vee (\neg p)) \rightarrow ((q \vee (\neg q)) \rightarrow r))$；
(9) $(((p \rightarrow q) \wedge (q \rightarrow r)) \rightarrow (p \rightarrow r))$；　(10) $((\neg (p \rightarrow q)) \wedge q)$.

并判断上述命题形式哪些是重言式？哪些是矛盾式？哪些是可满足式？

4. 证明：命题形式 $((\neg p) \rightarrow (q \vee r))$ 与 $((\neg ((\neg q) \rightarrow r)) \rightarrow p)$ 确定同一个真值函数，并指出这个真值函数.

5. 任取非 $f_\vee, f_\wedge, f_\rightarrow, f_\leftrightarrow$ 中的两个二元真值函数，给出其命题形式表示.

6. 设三元真值函数 $f: \{0,1\}^3 \rightarrow \{0,1\}$ 为
$$f(0,0,0)=1, \quad f(1,0,0)=1, \quad f(0,1,0)=1, \quad f(0,0,1)=1,$$
$$f(0,1,1)=0, \quad f(1,0,1)=0, \quad f(1,1,0)=0, \quad f(1,1,1)=0.$$
试找出一个命题形式 α，使得 α 中仅含联结词 $\neg, \vee$，且 $f = f_\alpha$.

7. 二元真值函数 f 为
$$f(0,0)=1, \quad f(0,1)=0, \quad f(1,0)=0, \quad f(1,1)=0,$$
则 f 定义一个广义联结词 $\downarrow$，则 $\{\downarrow\}$ 是一个联结词的完全集.

8. 二元真值函数 f 为
$$f(0,0)=1, \quad f(0,1)=1, \quad f(1,0)=1, \quad f(1,1)=0,$$
则 f 定义一个广意联结词 $\uparrow$，则 $\{\uparrow\}$ 是一个联结词的完全集.

9. 证明：例 26.15 的(1)和(3)，即
(1) $\alpha \rightarrow \beta \vdash \neg \beta \rightarrow \neg \alpha$；　　　(3) $\neg \alpha \rightarrow \beta \vdash \neg \beta \rightarrow \alpha$.

10. 证明：例 26.16 的 (2),(3) 和 (6),即

(2) $\alpha \to \neg \alpha \vdash \neg \alpha$; (3) $\alpha \to \beta, \alpha \to \neg \beta \vdash \neg \alpha$;

(6) $\neg(\alpha \to \beta) \vdash \neg \beta$.

11. 设 α, β, γ 是 N 中公式，证明下列各式在 N 中成立．

(1) $\alpha \vee (\beta \wedge \gamma) \dashv\vdash (\alpha \vee \beta) \wedge (\alpha \vee \gamma)$; (2) $\alpha \wedge (\beta \vee \gamma) \dashv\vdash (\alpha \wedge \beta) \vee (\alpha \wedge \gamma)$;

(3) $\alpha \to (\beta \wedge \gamma) \dashv\vdash (\alpha \to \beta) \wedge (\alpha \to \gamma)$; (4) $\alpha \to (\beta \vee \gamma) \dashv\vdash (\alpha \to \beta) \vee (\alpha \to \gamma)$;

(5) $(\alpha \wedge \beta) \to \gamma \dashv\vdash (\alpha \to \gamma) \vee (\beta \to \gamma)$; (6) $(\alpha \vee \beta) \to \gamma \dashv\vdash (\alpha \to \gamma) \wedge (\beta \to \gamma)$.

12. 设 α, β, γ 是 N 中公式，证明下列各式在 N 中成立．

(1) $\alpha \leftrightarrow \beta, \alpha \vdash \beta$; (2) $\alpha \leftrightarrow \beta, \beta \vdash \alpha$;

(3) $\alpha \leftrightarrow \beta \vdash \beta \leftrightarrow \alpha$; (4) $\neg(\alpha \leftrightarrow \beta) \dashv\vdash \neg \alpha \leftrightarrow \beta$;

(5) $\neg(\alpha \leftrightarrow \beta) \dashv\vdash \alpha \leftrightarrow \neg \beta$; (6) $\alpha \leftrightarrow \beta \dashv\vdash (\neg \alpha \vee \beta) \wedge (\alpha \vee \neg \beta)$;

(7) $\alpha \leftrightarrow \beta \dashv\vdash (\alpha \wedge \beta) \vee (\neg \alpha \wedge \neg \beta)$; (8) $(\alpha \leftrightarrow \beta) \leftrightarrow \gamma \dashv\vdash \alpha \leftrightarrow (\beta \leftrightarrow \gamma)$;

(9) $\alpha \leftrightarrow \beta, \beta \leftrightarrow \gamma \vdash \alpha \leftrightarrow \gamma$; (10) $\alpha \leftrightarrow \neg \alpha \vdash \beta$;

(11) $\varnothing \vdash (\alpha \leftrightarrow \beta) \vee (\alpha \leftrightarrow \neg \beta)$.

13. 设 $\alpha, \beta, \gamma, \delta, \eta, \theta$ 是 N 中公式，证明下列各式在 N 中成立．

(1) $\alpha \to (\beta \to \gamma), \alpha \wedge \beta \vdash \gamma$; (2) $\neg \alpha \vee \beta, \neg(\beta \wedge \gamma), \gamma \vdash \neg \alpha$;

(3) $\alpha \to \beta \vdash \alpha \to (\alpha \wedge \beta)$; (4) $\beta \to \delta, \beta \to \gamma, \delta \leftrightarrow \alpha, \alpha \wedge \gamma \vdash \alpha \wedge \beta \wedge \gamma \wedge \delta$;

(5) $\alpha \to (\alpha \to \beta) \vdash \neg \beta \to \neg \alpha$; (6) $\alpha \to \beta, \neg(\beta \to \gamma) \to \neg \alpha \vdash \alpha \to \gamma$;

(7) $(\alpha \to \beta) \to \alpha \vdash \alpha$; (8) $(\alpha \to \beta) \to \gamma \vdash \alpha \vee \gamma$;

(9) $(\alpha \to \beta) \to \gamma \vdash \neg \beta \vee \gamma$; (10) $\neg(\alpha \to \beta) \vdash \beta \to \alpha$;

(11) $\neg \alpha \vee \beta, \neg \beta \vdash \neg \alpha$; (12) $\alpha \wedge \beta, \neg \beta \vee \gamma \vdash \alpha \wedge \gamma$;

(13) $\alpha \to (\neg \beta), \beta \vee (\neg \gamma), \gamma \wedge (\neg \delta) \vdash \neg \alpha$; (14) $\alpha \vee \beta, \alpha \to \gamma, \beta \to \delta \vdash \gamma \vee \delta$;

(15) $(\alpha \vee \beta) \to (\gamma \wedge \delta), (\delta \vee \eta) \to \theta \vdash \alpha \to \theta$; (16) $\alpha \vee \beta, \beta \to \gamma, \alpha \to \delta, \neg \delta \vdash (\alpha \vee \beta) \wedge \gamma$.

14. 写出下列公式在 P 中的证明序列．

(1) $(p_1 \to p_2) \to ((\neg p_1 \to \neg p_2) \to (p_2 \to p_1))$;

(2) $((p_1 \to (p_2 \to p_3)) \to (p_1 \to p_2)) \to ((p_1 \to (p_2 \to p_3)) \to (p_1 \to p_3))$;

(3) $(p_1 \to (p_1 \to p_2)) \to (p_1 \to p_2)$;

(4) $p_1 \to (p_2 \to (p_1 \to p_2))$.

15. 设 α, β, γ 是 P 中的公式，写出下列各式在 P 中的证明序列．

(1) $\alpha \to \beta, \neg(\beta \to \gamma) \to \neg \alpha \vdash_P \alpha \to \gamma$; (2) $\alpha \to (\beta \to \gamma) \vdash_P \beta \to (\alpha \to \gamma)$;

(3) $\neg(\alpha \to \beta) \vdash_P \alpha$; (4) $\neg(\alpha \to \beta) \vdash_P \neg \beta$.

16. 用演绎定理证明 P 中的下列公式都是内定理．

(1) $(\neg(\alpha \to \beta) \to \gamma) \to (\alpha \to (\neg \beta \to \gamma))$; (2) $(\alpha \to (\beta \to \neg \alpha)) \to (\alpha \to \neg \beta)$;

(3) $((\neg \alpha \to \beta) \to \gamma) \to (\alpha \to \gamma)$.

17. 设 $\alpha, \alpha', \beta, \gamma$ 是 P 中公式，证明：

(1) $(\alpha \to \beta) \to \beta \vdash_P (\beta \to \alpha) \to \alpha$; (2) $(\alpha \to \beta) \to \gamma \vdash_P (\alpha \to \gamma) \to \gamma$;

(3) $(\alpha \to \beta) \to \gamma \vdash_P (\gamma \to \alpha) \to (\alpha' \to \alpha)$.

18. 试证明第 11 题中各式在 P 都成立．

19. 试证明第 12 题中各式在 P 都成立．

20. 试证明第 13 题中各式在 P 都成立.

21. 证明：映射 $v: F_P \longrightarrow \{0,1\}$ 为 P 的一个赋值的充要条件是：对 P 中任意公式 α, β，下面两条成立.
(1) $v(\alpha) \neq v(\neg \alpha)$；
(2) $v(\alpha \to \beta) = 0$ 当且仅当：$v(\alpha) = 1$ 且 $v(\beta) = 0$.

22. 若 α, β 是公式，且 $\alpha \Leftrightarrow \alpha_1, \beta \Leftrightarrow \beta_1$，则
(1) $\alpha \vee \beta \Leftrightarrow \alpha_1 \vee \beta_1$；
(2) $\alpha \wedge \beta \Leftrightarrow \alpha_1 \wedge \beta_1$.

23. 证明下列公式互相等值，并注明理由.
(1) $\neg(\alpha \vee \neg \beta) \to (\beta \to \gamma)$；
(2) $\neg(\beta \to \alpha) \to (\neg \beta \vee \gamma)$；
(3) $(\neg \alpha \wedge \beta) \to \neg(\beta \wedge \neg \gamma)$；
(4) $\neg(\neg \beta \vee \gamma) \to (\beta \to \alpha)$；
(5) $\beta \to (\neg \alpha \to \gamma)$；
(6) $\beta \to (\alpha \vee \gamma)$；
(7) $\alpha \vee (\neg \beta) \vee \gamma$.

24. 设 α, β, γ 为 P 中公式，α 在 γ 中出现，将 γ 中的所有 α 换为 β 所得到的公式记为 δ. 若 γ 为重言式，问 δ 是否还为重言式？（比较定理 26.23，26.24，26.25）

25. 求下列各式的析取范式和合取范式：
(1) $\alpha \leftrightarrow \beta$；
(2) $((\alpha \to \beta) \to \gamma) \to \theta$；
(3) $\alpha \to (\neg \beta \vee \gamma)$.

26. 求表示下列三元真值函数 f 的析取范式和合取范式.

$$f(0,0,0)=1, \quad f(1,0,0)=0,$$
$$f(0,1,0)=1, \quad f(0,0,1)=0,$$
$$f(0,1,1)=1, \quad f(1,0,1)=0,$$
$$f(1,1,0)=1, \quad f(1,1,1)=0.$$

27. 由推论 26.12 证明定理 26.34. 其中，

推论 26.12　在 P 的公式中至少存在一个不是内定理.

定理 26.34（P 的和谐性）　对 P 的任何公式 α，$\vdash \alpha$ 与 $\vdash \neg \alpha$ 不能同时成立.

28. 若 $\Sigma \vdash_P \alpha$，则对 P 的任意指派 σ，如果对 Σ 中的每个公式 β 都有 $\beta^\sigma = 1$，那么 $\alpha^\sigma = 1$.

29. 判断下列公式是否为 P 的内定理.
(1) $(\alpha \to \neg \alpha) \to \neg \alpha$；
(2) $(\neg \alpha \to \beta) \to (\alpha \to \neg \beta)$；
(3) $(\neg \beta \to \alpha) \to (\alpha \to \neg \beta)$；
(4) $\neg(\alpha \to \beta) \to \neg \beta$；
(5) $\alpha \to (\beta \to \neg(\alpha \to \beta))$；
(6) $\alpha \to (\beta \to \neg(\alpha \to \neg \beta))$；
(7) $(\alpha \to \beta) \to ((\gamma \to \alpha) \to (\gamma \to \beta))$；
(8) $(\alpha \to \beta) \to ((\gamma \to \neg \alpha) \to (\gamma \to \neg \beta))$.

Ⅱ. 习题解答

1. 解：
(1) $\neg p \wedge \neg q$，其中，

p：我看见的是小张；

q：我看见的是小王.

(2) $(p \vee q) \wedge \neg(p \wedge q)$，其中，

p：他生于 1963 年；

q：他生于 1964 年.

(3) $p \to q$，其中，

p：下雨；

q：我就带伞.

注：命题"只要 p 就 q"中，p 是 q 的充分条件，但不是必要条件.

(4) $\neg p \to \neg q$，其中，

p：下雨；

q：我就带伞.

注：命题"只有 p 才 q"中，p 是 q 的必要条件，但不是充分条件.

(5) $\neg p \to \neg q$，其中，

p：天气好；

q：我出去.

(6) $p \leftrightarrow ((q \vee r) \wedge \neg (q \wedge r))$，其中，

p：这两个数的和是偶数；

q：这两个数都是奇数；

r：这两个数都是偶数.

2. 解：

(1) 的真值表如下：

p	q	$(\neg p)$	$(\neg q)$	$((\neg p) \wedge (\neg q))$
0	0	1	1	1
0	1	1	0	0
1	0	0	1	0
1	1	0	0	0

(2) 的真值表如下：

p	q	r	$(p \to q)$	$((p \to q) \to r)$
0	0	0	1	0
1	0	0	0	1
0	1	0	1	0
0	0	1	1	1
0	1	1	1	1
1	0	1	0	1
1	1	0	1	0
1	1	1	1	1

(3) 的真值表如下：

p	q	r	$(q \to r)$	$(p \to (q \to r))$	p	q	r	$(q \to r)$	$(p \to (q \to r))$
0	0	0	1	1	0	1	1	1	1
1	0	0	1	1	1	0	1	1	1
0	1	0	0	1	1	1	0	0	0
0	0	1	1	1	1	1	1	1	1

(4) 记$((p\rightarrow(q\rightarrow r))\rightarrow((p\rightarrow q)\rightarrow(p\rightarrow r)))$为$\alpha$,则$\alpha$的真值表如下：

p	q	r	$(p\rightarrow(q\rightarrow r))$	$(p\rightarrow q)$	$(p\rightarrow r)$	$((p\rightarrow q)\rightarrow(p\rightarrow r))$	α
0	0	0	1	1	1	1	1
1	0	0	1	0	0	1	1
0	1	0	1	1	1	1	1
0	0	1	1	1	1	1	1
0	1	1	1	1	1	1	1
1	0	1	1	0	1	1	1
1	1	0	0	1	0	0	1
1	1	1	1	1	1	1	1

3. 解：

由真值表容易看出：(1),(2),(3),(6),(9)都是重言式(从而也是可满足式),因而所有指派都是成真指派.(10)是矛盾式,因而没有成真指派.

(4) 关于p,q的全部成真指派为：$\langle 0,0\rangle$、$\langle 1,0\rangle$和$\langle 1,1\rangle$.

(5) 关于p,q的全部成真指派为：$\langle 0,0\rangle$、$\langle 0,1\rangle$和$\langle 1,1\rangle$.

(7) 关于p,q的全部成真指派为：$\langle 0,1\rangle$和$\langle 1,1\rangle$.

(8) 关于p,q,r的全部成真指派为：$\langle 0,0,1\rangle$,$\langle 1,0,1\rangle$,$\langle 0,1,1\rangle$和$\langle 1,1,1\rangle$.

4. 证法一 首先列出这两个命题形式的真值表如下：

p	q	r	$(q\vee r)$	$((\neg p)\rightarrow(q\vee r))$	$(\neg((\neg q)\rightarrow r))$	$((\neg((\neg q)\rightarrow r))\rightarrow p)$
0	0	0	0	0	1	0
1	0	0	0	1	1	1
0	1	0	1	1	0	1
0	0	1	1	1	0	1
0	1	1	1	1	0	1
1	0	1	1	1	0	1
1	1	0	1	1	0	1
1	1	1	1	1	0	1

容易看出,这两个命题的真值表一样,从而它们确定的真值函数也一样,且该真值函数f为$f:\{0,1\}^3\rightarrow\{0,1\}^3$为

$$f(0,0,0)=0, \quad f(1,0,0)=1,$$
$$f(0,1,0)=1, \quad f(0,0,1)=1,$$
$$f(0,1,1)=1, \quad f(1,0,1)=1,$$
$$f(1,1,0)=1, \quad f(1,1,1)=1.$$

证法二 先求$((\neg p)\rightarrow(q\vee r))$的成假指派.要使得$((\neg p)\rightarrow(q\vee r))$为假,必须$(\neg p)$取真且$(q\vee r)$取假,从而$p$必须为假,且$q,r$也必须都为假.故$((\neg p)\rightarrow(q\vee r))$关于$p,q,r$的成假指派只有$\langle 0,0,0\rangle$,其余的均是成真指派.

再求$((\neg((\neg q)\rightarrow r))\rightarrow p)$的成假指派.要使得$((\neg((\neg q)\rightarrow r))\rightarrow p)$为假,必须$(\neg((\neg q)\rightarrow r))$取真且$p$取假,从而$((\neg q)\rightarrow r)$必须为假,且$p$也必须为假.因此$(\neg q)$必须为真且$r$必须为

假,而且 p 也必须为假. 故 $((\neg((\neg q)\rightarrow r))\rightarrow p)$ 关于 p,q,r 的成假指派只有 $\langle 0,0,0\rangle$,其余的均是成真指派.

由此知:这两个命题形式的成真指派和成假指派完全一样,因而它们确定的真值函数也完全一样. 所定的真值函数如上面的证法一.

5. 解:二元真值函数共有 $2^{2^2}=16$ 个,分别记为 $f_1,f_2,\cdots,f_{16}$,它们的定义如下:

$$f_1: (0,0)\rightarrow 1,(0,1)\rightarrow 1,(1,0)\rightarrow 1,(1,1)\rightarrow 1;$$
$$f_2: (0,0)\rightarrow 0,(0,1)\rightarrow 1,(1,0)\rightarrow 1,(1,1)\rightarrow 1;$$
$$f_3: (0,0)\rightarrow 1,(0,1)\rightarrow 0,(1,0)\rightarrow 1,(1,1)\rightarrow 1;$$
$$f_4: (0,0)\rightarrow 1,(0,1)\rightarrow 1,(1,0)\rightarrow 0,(1,1)\rightarrow 1;$$
$$f_5: (0,0)\rightarrow 1,(0,1)\rightarrow 1,(1,0)\rightarrow 1,(1,1)\rightarrow 0;$$
$$f_6: (0,0)\rightarrow 0,(0,1)\rightarrow 0,(1,0)\rightarrow 1,(1,1)\rightarrow 1;$$
$$f_7: (0,0)\rightarrow 0,(0,1)\rightarrow 1,(1,0)\rightarrow 0,(1,1)\rightarrow 1;$$
$$f_8: (0,0)\rightarrow 0,(0,1)\rightarrow 1,(1,0)\rightarrow 1,(1,1)\rightarrow 0;$$
$$f_9: (0,0)\rightarrow 1,(0,1)\rightarrow 0,(1,0)\rightarrow 0,(1,1)\rightarrow 1;$$
$$f_{10}: (0,0)\rightarrow 1,(0,1)\rightarrow 0,(1,0)\rightarrow 1,(1,1)\rightarrow 0;$$
$$f_{11}: (0,0)\rightarrow 1,(0,1)\rightarrow 1,(1,0)\rightarrow 0,(1,1)\rightarrow 0;$$
$$f_{12}: (0,0)\rightarrow 0,(0,1)\rightarrow 0,(1,0)\rightarrow 0,(1,1)\rightarrow 1;$$
$$f_{13}: (0,0)\rightarrow 0,(0,1)\rightarrow 0,(1,0)\rightarrow 1,(1,1)\rightarrow 0;$$
$$f_{14}: (0,0)\rightarrow 0,(0,1)\rightarrow 1,(1,0)\rightarrow 0,(1,1)\rightarrow 0;$$
$$f_{15}: (0,0)\rightarrow 1,(0,1)\rightarrow 0,(1,0)\rightarrow 0,(1,1)\rightarrow 0;$$
$$f_{16}: (0,0)\rightarrow 0,(0,1)\rightarrow 0,(1,0)\rightarrow 0,(1,1)\rightarrow 0.$$

表示它们的命题形式分别如下:

f_1 是恒真函数,可由 $p\vee\neg p$ 表示;

f_2 是 $f_\vee$,可由 $p\vee q$ 表示;

f_3 可由 $p\vee\neg q$ 表示;

f_4 是 $f_\rightarrow$,可由 $p\rightarrow q$ 或 $\neg p\vee q$ 表示;

f_5 可由 $\neg p\vee\neg q$ 表示;

f_6 可由 p 表示;

f_7 可由 q 表示;

f_8 可由 $\neg(p\leftrightarrow q)$ 表示;

f_9 是 $f_\leftrightarrow$,可由 $p\leftrightarrow q$ 表示;

f_{10} 可由 $\neg q$ 表示;

f_{11} 可由 $\neg p$ 表示;

f_{12} 是 $f_\wedge$,可由 $p\wedge q$ 表示;

f_{13} 可由 $p\wedge\neg q$ 表示;

f_{14} 可由 $\neg p\wedge q$ 表示;

f_{15} 可由 $\neg p\wedge\neg q$ 表示;

f_{16} 可由 $p \wedge \neg p$ 表示.

6. 解法一 析取范式法. f 可由下列命题形式表示：
$$(\neg p \wedge \neg q \wedge \neg r) \vee (p \wedge \neg q \wedge \neg r) \vee (\neg p \wedge q \wedge \neg r) \vee (\neg p \wedge \neg q \wedge r),$$
该命题等价于
$$\neg(p \vee q \vee r) \vee \neg(\neg p \vee q \vee r) \vee \neg(p \vee \neg q \vee r) \vee \neg(p \vee q \vee \neg r),$$
取之为 α 即可.

解法二 合取范式法. f 可由下列命题形式表示：
$$(p \vee \neg q \vee \neg r) \wedge (\neg p \vee q \vee \neg r) \wedge (\neg p \vee \neg q \vee r) \wedge (\neg p \vee \neg q \vee \neg r),$$
该命题等价于
$$\neg((p \vee \neg q \vee \neg r) \vee (\neg p \vee q \vee \neg r) \vee (\neg p \vee \neg q \vee r) \vee (\neg p \vee \neg q \vee \neg r)),$$
取之为 α 即可.

解法三 作二元真值函数 f_1 和 f_2 如下：
$$f_1(q,r) = f(0,q,r), \qquad f_2(q,r) = f(1,q,r).$$
易知：$f_1(q,r)$ 和 $f_2(q,r)$ 可分别由 $\neg q \vee \neg r$ 和 $\neg(q \vee r)$ 表示. 从而 f 可以如下命题形式表示：
$$(\neg p \to (\neg q \vee \neg r)) \wedge (p \to \neg(q \vee r)),$$
该命题等价于
$$\neg(\neg(p \vee \neg q \vee \neg r) \vee \neg(\neg p \vee \neg(q \vee r))),$$
取之为 α 即可.

注：与解法三类似可得知,下列公式也能表示 f:
$$(\neg p \wedge (\neg q \vee \neg r)) \vee (p \wedge \neg(q \vee r)),$$
所以 α 还可取为
$$\neg(p \vee \neg(\neg q \vee \neg r)) \vee \neg(\neg p \vee (q \vee r)).$$

7. 思路："↓"常称为"或非联结词". 要证明 ↓ 是联结词的完全集,只要证明 ¬ 和 ∨ 可由 ↓ 表示. 由 ↓ 的定义易知：$\alpha \downarrow \beta \Leftrightarrow \neg(\alpha \vee \beta)$. 取 β 也为 α 得 $\neg(\alpha \vee \alpha) \Leftrightarrow \alpha \downarrow \alpha$. 于是
$$\neg \alpha \Leftrightarrow \alpha \downarrow \alpha,$$
而且
$$\alpha \vee \beta \Leftrightarrow \neg(\alpha \downarrow \beta) \Leftrightarrow (\alpha \downarrow \beta) \downarrow (\alpha \downarrow \beta).$$

证明：因为
$$\neg \alpha \Leftrightarrow \alpha \downarrow \alpha,$$
$$\alpha \vee \beta \Leftrightarrow \neg(\alpha \downarrow \beta) \Leftrightarrow (\alpha \downarrow \beta) \downarrow (\alpha \downarrow \beta).$$
而 $\{\neg, \vee\}$ 是联结词的完全集,故 ↓ 也是联结词的完全集.

8. 证明："↑"常称为"与非联结词". 易知：$\alpha \uparrow \beta \Leftrightarrow \neg(\alpha \wedge \beta)$. 与上题类似可得
$$\neg \alpha \Leftrightarrow \alpha \uparrow \alpha,$$
$$\alpha \wedge \beta \Leftrightarrow \neg(\alpha \uparrow \beta) \Leftrightarrow (\alpha \uparrow \beta) \uparrow (\alpha \uparrow \beta).$$
而 $\{\neg, \wedge\}$ 是联结词的完全集,故 ↑ 也是联结词的完全集.

9. 证：

(1) ① $\alpha \to \beta, \neg \beta, \alpha \vdash \alpha$ (∈)

② $\alpha \to \beta, \neg \beta, \alpha \vdash \alpha \to \beta$ (∈)

③ $\alpha \to \beta, \neg \beta, \alpha \vdash \beta$ (→−)①②

第二十六章 命题逻辑

   ④ $\alpha \to \beta, \neg\beta, \alpha \vdash \neg\beta$ ($\in$)
   ⑤ $\alpha \to \neg\beta, \beta \vdash \neg\alpha$ ($\neg +$)③④
   ⑥ $\alpha \to \beta \vdash \neg\beta \to \neg\alpha$ ($\to +$)⑤
 (3) ① $\neg\alpha \to \beta, \neg\beta, \neg\alpha \vdash \neg\alpha$ ($\in$)
   ② $\neg\alpha \to \beta, \neg\beta, \neg\alpha \vdash \neg\alpha \to \beta$ ($\in$)
   ③ $\neg\alpha \to \beta, \neg\beta, \neg\alpha \vdash \beta$ ($\to -$)①②
   ④ $\neg\alpha \to \beta, \neg\beta, \neg\alpha \vdash \neg\beta$ ($\in$)
   ⑤ $\neg\alpha \to \beta, \neg\beta \vdash \alpha$ ($\neg -$)③④
   ⑥ $\neg\alpha \to \beta \vdash \neg\beta \to \alpha$ ($\to$)⑤

10. 证：
 (2) ① $\alpha \to \neg\alpha, \alpha \vdash \alpha$ ($\in$)
   ② $\alpha \to \neg\alpha, \alpha \vdash \alpha \to \neg\alpha$ ($\in$)
   ③ $\alpha \to \neg\alpha \vdash \neg\alpha$ ($\neg +$)①②
 (3) ① $\alpha \to \beta, \alpha \to \neg\beta, \alpha \vdash \alpha$ ($\in$)
   ② $\alpha \to \beta, \alpha \to \neg\beta, \alpha \vdash \alpha \to \beta$ ($\in$)
   ③ $\alpha \to \beta, \alpha \to \neg\beta, \alpha \vdash \beta$ ($\to -$)①②
   ④ $\alpha \to \beta, \alpha \to \neg\beta, \alpha \vdash \alpha \to \neg\beta$ ($\in$)
   ⑤ $\alpha \to \beta, \alpha \to \neg\beta, \alpha \vdash \neg\beta$ ($\to -$)①④
   ⑥ $\alpha \to \beta, \alpha \to \neg\beta \vdash \neg\alpha$ ($\neg +$)③⑤
 (6) ① $\neg(\alpha \to \beta), \beta, \alpha \vdash \beta$ ($\in$)
   ② $\neg(\alpha \to \beta), \beta \vdash \alpha \to \beta$ ($\to +$)①
   ③ $\neg(\alpha \to \beta), \beta \vdash \neg(\alpha \to \beta)$ ($\in$)
   ④ $\neg(\alpha \to \beta), \beta \vdash \neg\beta$ ($\neg +$)②③

11. 证：
 (1) (⊢)
   ① $\alpha \vdash \alpha$ ($\in$)
   ② $\alpha \vdash \alpha \vee \beta$ ($\vee +$)①
   ③ $\alpha \vdash \alpha \vee \gamma$ ($\vee +$)①
   ④ $\alpha \vdash (\alpha \vee \beta) \wedge (\alpha \vee \gamma)$ ($\wedge +$)②③
   ⑤ $\beta \wedge \gamma \vdash \beta \wedge \gamma$ ($\in$)
   ⑥ $\beta \wedge \gamma \vdash \beta$ ($\wedge -$)⑤
   ⑦ $\beta \wedge \gamma \vdash \alpha \vee \beta$ ($\vee +$)⑥
   ⑧ $\beta \wedge \gamma \vdash \gamma$ ($\wedge -$)⑤
   ⑨ $\beta \wedge \gamma \vdash \alpha \vee \gamma$ ($\vee +$)⑧
   ⑩ $\beta \wedge \gamma \vdash (\alpha \vee \beta) \wedge (\alpha \wedge \gamma)$ ($\wedge +$)⑦⑨
   ⑪ $\alpha \wedge (\beta \wedge \gamma) \vdash (\alpha \vee \beta) \wedge (\alpha \wedge \gamma)$ ($\wedge +$)④⑩
 (1) (⊣)
   ① $\alpha, \alpha \vdash \alpha$ ($\in$)
   ② $\alpha, \alpha \vdash \alpha \vee (\beta \wedge \gamma)$ ($\vee +$)①

③ $\alpha,\gamma \vdash \alpha$ $\qquad$ ($\in$)
④ $\alpha,\gamma \vdash \alpha \vee (\beta \wedge \gamma)$ $\qquad$ ($\vee +$)③
⑤ $\alpha,\alpha \vee \gamma \vdash \alpha \vee (\beta \wedge \gamma)$ $\qquad$ ($\vee -$)①
⑥ $\beta,\alpha \vdash \alpha$ $\qquad$ ($\in$)
⑦ $\beta,\alpha \vdash \alpha \vee (\beta \wedge \gamma)$ $\qquad$ ($\vee +$)⑥
⑧ $\beta,\gamma \vdash \beta$ $\qquad$ ($\in$)
⑨ $\beta,\gamma \vdash \gamma$ $\qquad$ ($\in$)
⑩ $\beta,\gamma \vdash \beta \wedge \gamma$ $\qquad$ ($\wedge +$)⑧⑨
⑪ $\beta,\gamma \vdash \alpha \vee (\beta \wedge \gamma)$ $\qquad$ ($\vee +$)⑩
⑫ $\beta,\alpha \vee \gamma \vdash \alpha \vee (\beta \wedge \gamma)$ $\qquad$ ($\vee -$)⑦⑪
⑬ $\alpha \vee \beta,\alpha \vee \gamma \vdash \alpha \vee (\beta \wedge \gamma)$ $\qquad$ ($\vee -$)⑤⑫
⑭ $(\alpha \vee \beta) \wedge (\alpha \vee \gamma) \vdash \alpha \vee \beta$ $\qquad$ (已证)
⑮ $(\alpha \vee \beta) \wedge (\alpha \vee \gamma) \vdash \alpha \vee \gamma$ $\qquad$ (已证)
⑯ $(\alpha \vee \beta) \wedge (\alpha \vee \gamma) \vdash \alpha \vee (\beta \wedge \gamma)$ $\qquad$ (Tr)⑬⑭⑮

(2) (⊢)

① $\alpha \wedge (\beta \vee \gamma) \vdash \alpha \wedge (\beta \vee \gamma)$ $\qquad$ ($\in$)
② $\alpha \wedge (\beta \vee \gamma) \vdash \alpha$ $\qquad$ ($\wedge -$)①
③ $\alpha \wedge (\beta \vee \gamma) \vdash \beta \vee \gamma$ $\qquad$ ($\wedge -$)①
④ $\alpha,\beta \vdash \alpha \wedge \beta$ $\qquad$ (已证)
⑤ $\alpha,\beta \vdash (\alpha \wedge \beta) \vee (\alpha \wedge \gamma)$ $\qquad$ ($\vee +$)④
⑥ $\alpha,\gamma \vdash \alpha \wedge \gamma$ $\qquad$ (已证)
⑦ $\alpha,\gamma \vdash (\alpha \wedge \beta) \vee (\alpha \wedge \gamma)$ $\qquad$ ($\vee +$)④
⑧ $\alpha,\beta \vee \gamma \vdash (\alpha \wedge \beta) \vee (\alpha \wedge \gamma)$ $\qquad$ ($\vee -$)⑤⑦
⑨ $\alpha \wedge (\beta \vee \gamma) \vdash (\alpha \wedge \beta) \vee (\alpha \wedge \gamma)$ $\qquad$ (Tr)②③⑧

(2) (⊣)

① $\alpha \wedge \beta \vdash \alpha$ $\qquad$ (已证)
② $\alpha \wedge \beta \vdash \beta$ $\qquad$ (已证)
③ $\alpha \wedge \beta \vdash \beta \vee \gamma$ $\qquad$ ($\vee +$)②
④ $\alpha \wedge \beta \vdash \alpha \wedge (\beta \vee \gamma)$ $\qquad$ ($\wedge +$)①③
⑤ $\alpha \wedge \gamma \vdash \alpha$ $\qquad$ (已证)
⑥ $\alpha \wedge \gamma \vdash \gamma$ $\qquad$ (已证)
⑦ $\alpha \wedge \gamma \vdash \beta \vee \gamma$ $\qquad$ ($\vee +$)②
⑧ $\alpha \wedge \gamma \vdash \alpha \wedge (\beta \vee \gamma)$ $\qquad$ ($\wedge +$)⑤⑦
⑨ $(\alpha \wedge \beta) \vee (\alpha \wedge \gamma) \vdash \alpha \wedge (\beta \vee \gamma)$ $\qquad$ ($\vee -$)④⑧

(3) (⊢)

① $\alpha \to (\beta \wedge \gamma),\alpha \vdash \alpha$ $\qquad$ ($\in$)
② $\alpha \to (\beta \wedge \gamma),\alpha \vdash \alpha \to (\beta \wedge \gamma)$ $\qquad$ ($\in$)
③ $\alpha \to (\beta \wedge \gamma),\alpha \vdash \beta \wedge \gamma$ $\qquad$ ($\to -$)①②
④ $\alpha \to (\beta \wedge \gamma),\alpha \vdash \beta$ $\qquad$ ($\wedge -$)③

⑤ $\alpha\to(\beta\wedge\gamma)\vdash\alpha\to\beta$ $(\to+)$④
⑥ $\alpha\to(\beta\wedge\gamma)\vdash\alpha\to\gamma$ (类似⑤)
⑦ $\alpha\to(\beta\wedge\gamma)\vdash(\alpha\to\beta)\wedge(\alpha\to\gamma)$ $(\wedge+)$③⑥

(3) (㊀)
① $(\alpha\to\beta)\wedge(\alpha\to\gamma),\alpha\vdash\alpha$ $(\in)$
② $(\alpha\to\beta)\wedge(\alpha\to\gamma),\alpha\vdash(\alpha\to\beta)\wedge(\alpha\to\gamma)$ $(\in)$
③ $(\alpha\to\beta)\wedge(\alpha\to\gamma),\alpha\vdash\alpha\to\beta$ $(\wedge-)$②
④ $(\alpha\to\beta)\wedge(\alpha\to\gamma),\alpha\vdash\alpha\to\gamma$ $(\wedge-)$②
⑤ $(\alpha\to\beta)\wedge(\alpha\to\gamma),\alpha\vdash\beta$ $(\to-)$①③
⑥ $(\alpha\to\beta)\wedge(\alpha\to\gamma),\alpha\vdash\gamma$ $(\to-)$①④
⑦ $(\alpha\to\beta)\wedge(\alpha\to\gamma),\alpha\vdash\beta\wedge\gamma$ $(\wedge+)$⑤⑥
⑧ $(\alpha\to\beta)\wedge(\alpha\to\gamma)\vdash\alpha\to(\beta\wedge\gamma)$ $(\to+)$⑦

(4) (⊢)
① $\neg((\alpha\to\beta)\vee(\alpha\to\beta))\vdash\neg(\alpha\to\beta)\wedge\neg(\alpha\to\gamma)$ (已证)
② $\neg((\alpha\to\beta)\vee(\alpha\to\beta))\vdash\neg(\alpha\to\beta)$ $(\wedge-)$①
③ $\neg((\alpha\to\beta)\vee(\alpha\to\beta))\vdash\neg(\alpha\to\gamma)$ $(\wedge-)$①
④ $\neg(\alpha\to\beta)\vdash\alpha,\neg\beta$ (已证)
⑤ $\neg(\alpha\to\gamma)\vdash\neg\gamma$ (已证)
⑥ $\neg((\alpha\to\beta)\vee(\alpha\to\beta))\vdash\alpha,\neg\beta$ (Tr)②④
⑦ $\neg((\alpha\to\beta)\vee(\alpha\to\beta))\vdash\neg\gamma$ (Tr)③⑤
⑧ $\neg((\alpha\to\beta)\vee(\alpha\to\beta))\vdash\neg\beta\wedge\neg\gamma$ $(\wedge+)$⑥⑦
⑨ $\neg\beta\wedge\neg\gamma\vdash\neg(\beta\vee\gamma)$ (已证)
⑩ $\neg((\alpha\to\beta)\vee(\alpha\to\beta))\vdash\neg(\beta\vee\gamma)$ (Tr)⑧⑨
⑪ $\alpha\to(\beta\vee\gamma),\neg((\alpha\to\beta)\vee(\alpha\to\beta))\vdash\alpha$ $(+)$⑥
⑫ $\alpha\to(\beta\vee\gamma),\neg((\alpha\to\beta)\vee(\alpha\to\beta))\vdash\neg(\beta\vee\gamma)$ $(+)$⑩
⑬ $\alpha\to(\beta\vee\gamma),\neg((\alpha\to\beta)\vee(\alpha\to\beta))\vdash\alpha\to(\beta\vee\gamma)$ $(\in)$
⑭ $\alpha\to(\beta\vee\gamma),\neg((\alpha\to\beta)\vee(\alpha\to\beta))\vdash\beta\vee\gamma$ $(\to-)$⑫⑬
⑮ $\alpha\to(\beta\vee\gamma)\vdash(\alpha\to\beta)\vee(\alpha\to\beta)$ $(\to-)$⑫⑭

(4) (㊀)
① $\alpha\to\beta,\alpha\vdash\beta$ (已证)
② $\alpha\to\beta,\alpha\vdash\beta\vee\gamma$ $(\vee+)$①
③ $\alpha\to\beta\vdash\alpha\to(\beta\vee\gamma)$ $(\to+)$②
④ $\alpha\to\gamma,\alpha\vdash\gamma$ (已证)
⑤ $\alpha\to\gamma,\alpha\vdash\beta\vee\gamma$ $(\vee+)$④
⑥ $\alpha\to\gamma\vdash\alpha\to(\beta\vee\gamma)$ $(\to+)$⑤
⑦ $(\alpha\to\beta)\vee(\alpha\to\gamma)\vdash\alpha\to(\beta\vee\gamma)$ $(\vee-)$③⑥

(5) (⊢)
① $\neg((\alpha\to\gamma)\vee(\beta\to\gamma))\vdash\neg(\alpha\to\gamma)\wedge\neg(\beta\to\gamma)$ (已证)
② $\neg((\alpha\to\gamma)\vee(\beta\to\gamma))\vdash\neg(\alpha\to\gamma)$ $(\wedge-)$①

③ $\neg((\alpha \to \gamma) \lor (\beta \to \gamma)) \vdash \neg(\beta \to \gamma)$ $(\land -)$①
④ $\neg(\alpha \to \gamma) \vdash \alpha, \neg \gamma$ (已证)
⑤ $\neg(\beta \to \gamma) \vdash \beta$ (已证)
⑥ $\neg((\alpha \to \gamma) \lor (\beta \to \gamma)) \vdash \alpha, \neg \gamma$ (Tr)②④
⑦ $\neg((\alpha \to \gamma) \lor (\beta \to \gamma)) \vdash \beta$ (Tr)③⑤
⑧ $\neg((\alpha \to \gamma) \lor (\beta \to \gamma)) \vdash \alpha \land \beta$ $(\land +)$⑥⑦
⑨ $(\alpha \land \beta) \to \gamma, \neg((\alpha \to \gamma) \lor (\beta \to \gamma)) \vdash \neg \gamma$ $(+)$⑥
⑩ $(\alpha \land \beta) \to \gamma, \neg((\alpha \to \gamma) \lor (\beta \to \gamma)) \vdash \alpha \land \beta$ $(+)$⑧
⑪ $(\alpha \land \beta) \to \gamma, \neg((\alpha \to \gamma) \lor (\beta \to \gamma)) \vdash (\alpha \land \beta) \to \gamma$ $(\in)$
⑫ $(\alpha \land \beta) \to \gamma, \neg((\alpha \to \gamma) \lor (\beta \to \gamma)) \vdash \gamma$ $(\to -)$⑩⑪
⑬ $(\alpha \land \beta) \to \gamma \vdash (\alpha \to \gamma) \lor (\beta \to \gamma)$ $(\neg -)$⑨⑫

(5) (⊣)
① $\alpha \to \gamma, \alpha \land \beta \vdash \alpha \land \beta$ $(\in)$
② $\alpha \to \gamma, \alpha \land \beta \vdash \alpha$ $(\land -)$①
③ $\alpha \to \gamma, \alpha \land \beta \vdash \alpha \to \gamma$ $(\in)$
④ $\alpha \to \gamma, \alpha \land \beta \vdash \gamma$ $(\to -)$②③
⑤ $\alpha \to \gamma \vdash (\alpha \land \beta) \to \gamma$ $(\to +)$④
⑥ $\beta \to \gamma, \alpha \land \beta \vdash \alpha \land \beta$ $(\in)$
⑦ $\beta \to \gamma, (\alpha \land \beta) \vdash \beta$ $(\land -)$⑥
⑧ $\beta \to \gamma, \alpha \land \beta \vdash \beta \to \gamma$ $(\in)$
⑨ $\beta \to \gamma, \alpha \land \beta \vdash \gamma$ $(\to -)$⑦⑧
⑩ $\beta \to \gamma \vdash (\alpha \land \beta) \to \gamma$ $(\to +)$⑨
⑪ $(\alpha \to \gamma) \lor (\beta \to \gamma) \vdash (\alpha \land \beta) \to \gamma$ $(\lor -)$⑤⑩

(6) (⊢)
① $(\alpha \lor \beta) \to \gamma, \alpha \vdash \alpha$ $(\in)$
② $(\alpha \lor \beta) \to \gamma, \alpha \vdash \alpha \lor \beta$ $(\lor +)$①
③ $(\alpha \lor \beta) \to \gamma, \alpha \vdash (\alpha \lor \beta) \to \gamma$ $(\in)$
④ $(\alpha \lor \beta) \to \gamma, \alpha \vdash \gamma$ $(\to -)$②③
⑤ $(\alpha \lor \beta) \to \gamma \vdash \alpha \to \gamma$ $(\to +)$④
⑥ $(\alpha \lor \beta) \to \gamma, \beta \vdash \beta$ $(\in)$
⑦ $(\alpha \lor \beta) \to \gamma, \beta \vdash \alpha \lor \beta$ $(\lor +)$⑥
⑧ $(\alpha \lor \beta) \to \gamma, \beta \vdash (\alpha \lor \beta) \to \gamma$ $(\in)$
⑧ $(\alpha \lor \beta) \to \gamma, \beta \vdash \gamma$ $(\to -)$⑦⑧
⑩ $(\alpha \lor \beta) \to \gamma \vdash \beta \to \gamma$ $(\to +)$⑨
⑪ $(\alpha \lor \beta) \to \gamma \vdash (\alpha \to \gamma) \land (\beta \to \gamma)$ $(\land +)$⑤⑩

(6) (⊣)
① $(\alpha \to \gamma) \land (\beta \to \gamma), \alpha \vdash \alpha$ $(\in)$
② $(\alpha \to \gamma) \land (\beta \to \gamma), \alpha \vdash (\alpha \to \gamma) \land (\beta \to \gamma)$ $(\in)$
③ $(\alpha \to \gamma) \land (\beta \to \gamma), \alpha \vdash \alpha \to \gamma$ $(\land -)$②

④ $(\alpha\rightarrow\gamma)\wedge(\beta\rightarrow\gamma),\alpha\vdash\gamma$ $(\rightarrow-)$①③

⑤ $(\alpha\rightarrow\gamma)\wedge(\beta\rightarrow\gamma),\beta\vdash\beta$ $(\in)$

⑥ $(\alpha\rightarrow\gamma)\wedge(\beta\rightarrow\gamma),\beta\vdash(\alpha\rightarrow\gamma)\wedge(\beta\rightarrow\gamma)$ $(\in)$

⑦ $(\alpha\rightarrow\gamma)\wedge(\beta\rightarrow\gamma),\beta\vdash\beta\rightarrow\gamma$ $(\in)$

⑧ $(\alpha\rightarrow\gamma)\wedge(\beta\rightarrow\gamma),\beta\vdash\gamma$ $(\rightarrow-)$⑤⑦

⑨ $(\alpha\rightarrow\gamma)\wedge(\beta\rightarrow\gamma),\alpha\vee\beta\vdash\gamma$ $(\vee-)$④⑧

⑩ $(\alpha\rightarrow\gamma)\wedge(\beta\rightarrow\gamma)\vdash(\alpha\vee\beta)\rightarrow\gamma$ $(\rightarrow+)$⑨

12. 证：

(1) ① $\alpha\leftrightarrow\beta,\alpha\vdash\alpha\leftrightarrow\beta$ $(\in)$

② $\alpha\leftrightarrow\beta,\alpha\vdash\alpha$ $(\in)$

③ $\alpha\leftrightarrow\beta,\alpha\vdash\beta$ $(\leftrightarrow-)$①②

(2) 类似(1)可证.

(3) (⊢)

① $\alpha\leftrightarrow\beta,\beta\vdash\alpha\leftrightarrow\beta$ $(\in)$

② $\alpha\leftrightarrow\beta,\beta\vdash\beta$ $(\in)$

③ $\alpha\leftrightarrow\beta,\beta\vdash\alpha$ $(\leftrightarrow-)$①②

④ $\alpha\leftrightarrow\beta,\alpha\vdash\alpha\leftrightarrow\beta$ $(\in)$

⑤ $\alpha\leftrightarrow\beta,\alpha\vdash\alpha$ $(\in)$

⑥ $\alpha\leftrightarrow\beta,\beta\vdash\beta$ $(\leftrightarrow-)$④⑤

⑦ $\alpha\leftrightarrow\beta\vdash\beta\leftrightarrow\alpha$ $(\leftrightarrow+)$③⑥

(3) (⊣)：类似(⊢)可证.

(4) (⊢)

① $\neg\alpha,\alpha\vdash\beta$ (已证)

② $\neg\alpha\vdash\alpha\rightarrow\beta$ $(\rightarrow+)$①

③ $\neg(\alpha\leftrightarrow\beta),\neg\alpha,\neg\beta\vdash\alpha\rightarrow\beta$ $(+)$②

④ $\neg\beta,\beta\vdash\alpha$ (已证)

⑤ $\neg\beta\vdash\beta\rightarrow\alpha$ $(\rightarrow+)$④

⑥ $\neg(\alpha\leftrightarrow\beta),\neg\alpha,\neg\beta\vdash\beta\rightarrow\alpha$ $(+)$⑤

⑦ $\neg(\alpha\leftrightarrow\beta),\neg\alpha,\neg\beta\vdash(\alpha\rightarrow\beta)\wedge(\beta\rightarrow\alpha)$ $(\wedge+)$③⑥

⑧ $(\alpha\rightarrow\beta)\wedge(\beta\rightarrow\alpha)\vdash\alpha\leftrightarrow\beta$ (已证)

⑨ $\neg(\alpha\leftrightarrow\beta),\neg\alpha,\neg\beta\vdash\alpha\leftrightarrow\beta$ (Tr)⑦⑧

⑩ $\neg(\alpha\leftrightarrow\beta),\neg\alpha,\neg\beta\vdash\neg(\alpha\leftrightarrow\beta)$ $(\in)$

⑪ $\neg(\alpha\leftrightarrow\beta),\neg\alpha\vdash\beta$ $(\neg-)$⑨⑩

⑫ $\beta\vdash\alpha\rightarrow\beta$ (已证)

⑬ $\neg(\alpha\leftrightarrow\beta),\alpha,\beta\vdash\alpha\rightarrow\beta$ $(+)$⑫

⑭ $\alpha\vdash\beta\rightarrow\alpha$ (已证)

⑮ $\neg(\alpha\leftrightarrow\beta),\alpha,\beta\vdash\beta\rightarrow\alpha$ $(+)$⑫

⑯ $\neg(\alpha\leftrightarrow\beta),\alpha,\beta\vdash(\alpha\rightarrow\beta)\wedge(\beta\rightarrow\alpha)$ $(\wedge+)$⑬⑮

⑰ $\neg(\alpha\leftrightarrow\beta),\alpha,\beta\vdash\alpha\leftrightarrow\beta$ (Tr)⑯⑧

⑱ ¬(α↔β),α,β⊢¬(α↔β)　　　　　　　　　　　　　　(∈)
⑲ ¬(α↔β),β⊢¬α　　　　　　　　　　　　　　　　　(¬+)⑰⑱
⑳ ¬(α↔β)⊢¬α↔β　　　　　　　　　　　　　　　　(↔+)⑪⑲

(4) (⊣)
① ¬α↔β,α↔β,α⊢α　　　　　　　　　　　　　　　(∈)
② ¬α↔β,α↔β,α⊢α↔β　　　　　　　　　　　　　(∈)
③ ¬α↔β,α↔β,α⊢β　　　　　　　　　　　　　　　(↔−)①②
④ ¬α↔β,α↔β,α⊢¬α↔β　　　　　　　　　　　　(∈)
⑤ ¬α↔β,α↔β,α⊢¬α　　　　　　　　　　　　　　(↔−)③④
⑥ ¬α↔β,α↔β⊢¬α　　　　　　　　　　　　　　　(↔+)①⑤
⑦ ¬α↔β,α↔β⊢¬α↔β　　　　　　　　　　　　　(∈)
⑧ ¬α↔β,α↔β⊢β　　　　　　　　　　　　　　　　(↔−)⑥⑦
⑨ ¬α↔β,α↔β⊢α↔β　　　　　　　　　　　　　　(∈)
⑩ ¬α↔β,α↔β⊢α　　　　　　　　　　　　　　　　(↔−)⑧⑨
⑪ ¬α↔β⊢¬(α↔β)　　　　　　　　　　　　　　　　(¬+)⑥⑩

(5) ① α↔β⊣⊢β↔α　　　　　　　　　　　　　　　　　(本练习题(3))
② ¬(α↔β)⊣⊢¬(β↔α)　　　　　　　　　　　　　　 (定理)
③ ¬(β↔α)⊣⊢¬β↔α　　　　　　　　　　　　　　　(本练习题(4))
④ ¬β↔α⊣⊢α↔¬β　　　　　　　　　　　　　　　　(本练习题(3))
⑤ ¬(α↔β)⊣⊢α↔¬β　　　　　　　　　　　　　　　(Tr)②③④

(6) (⊢)
① α↔β⊢(α→β)∧(β→α)　　　　　　　　　　　　　(已证)
② α↔β⊢α→β　　　　　　　　　　　　　　　　　　(∧−)①
③ α↔β⊢β→α　　　　　　　　　　　　　　　　　　(∧−)①
④ α→β⊢¬α∨β　　　　　　　　　　　　　　　　　(已证)
⑤ α↔β⊢¬α∨β　　　　　　　　　　　　　　　　　(Tr)②④
⑥ β→α⊢¬β∨α　　　　　　　　　　　　　　　　　(已证)
⑦ ¬β∨α⊢α∨¬β　　　　　　　　　　　　　　　　(已证)
⑧ α↔β⊢α∨¬β　　　　　　　　　　　　　　　　　(Tr)②⑥⑦
⑨ α↔β⊢(¬α∨β)∧(α∨¬β)　　　　　　　　　　　　(∧+)⑤⑧

(6) (⊣)
① (¬α∨β)∧(α∨¬β)⊢¬α∨β　　　　　　　　　　　 (已证)
② ¬α∨β⊢α→β　　　　　　　　　　　　　　　　　(已证)
③ (¬α∨β)∧(α∨¬β)⊢α→β　　　　　　　　　　　　(Tr)①②
④ (¬α∨β)∧(α∨¬β)⊢α∨¬β　　　　　　　　　　　 (已证)
⑤ α∨¬β⊢¬β∨α　　　　　　　　　　　　　　　　(已证)
⑥ ¬β∨α⊢β→α　　　　　　　　　　　　　　　　　(已证)
⑦ (¬α∨β)∧(α∨¬β)⊢β→α　　　　　　　　　　　　(Tr)④⑤⑥
⑧ (¬α∨β)∧(α∨¬β)⊢(α→β)∧(β→α)　　　　　　　 (∧+)③⑦

⑨ $(\alpha\rightarrow\beta)\wedge(\beta\rightarrow\alpha)\vdash\alpha\leftrightarrow\beta$ (已证)

⑩ $(\neg\alpha\vee\beta)\wedge(\alpha\vee\neg\beta)\vdash\alpha\leftrightarrow\beta$ (Tr)⑧⑨

(7) (⊢)

① $\alpha\leftrightarrow\beta,\alpha\vdash\alpha$ (∈)

② $\alpha\leftrightarrow\beta,\alpha\vdash\alpha\leftrightarrow\beta$ (∈)

③ $\alpha\leftrightarrow\beta,\alpha\vdash\beta$ (↔)(−)①②

④ $\alpha\leftrightarrow\beta,\alpha\vdash\alpha\wedge\beta$ (∧)①③

⑤ $\alpha\leftrightarrow\beta,\beta\vdash\beta$ (∈)

⑥ $\alpha\leftrightarrow\beta,\beta\vdash\alpha$ (↔−)②⑤

⑦ $\alpha\leftrightarrow\beta,\beta\vdash\alpha\wedge\beta$ (∧+)⑤⑥

⑧ $\alpha\leftrightarrow\beta,\alpha\vee\beta\vdash\alpha\wedge\beta$ (∨−)④⑦

⑨ $\neg(\alpha\vee\beta)\vdash\neg\alpha\wedge\neg\beta$ (已证)

⑩ $\neg(\neg\alpha\vee\neg\beta)\vdash\alpha\vee\beta$ (定理)

⑪ $\alpha\leftrightarrow\beta,\neg(\neg\alpha\wedge\neg\beta)\vdash\alpha\vee\beta$ (+)

⑫ $\alpha\leftrightarrow\beta,\neg(\neg\alpha\wedge\neg\beta)\vdash\alpha\leftrightarrow\beta$ (∈)

⑬ $\alpha\leftrightarrow\beta,\neg(\neg\alpha\wedge\neg\beta)\vdash\alpha\wedge\beta$ (Tr)⑫⑪⑧

⑭ $\alpha\leftrightarrow\beta\vdash\neg(\neg\alpha\wedge\neg\beta)\rightarrow(\alpha\wedge\beta)$ (→+)⑬

⑮ $\neg(\neg\alpha\wedge\neg\beta)\rightarrow(\alpha\wedge\beta)\vdash(\neg\alpha\wedge\neg\beta)\vee(\alpha\wedge\beta)$ (已证)

⑯ $(\neg\alpha\wedge\neg\beta)\vee(\alpha\wedge\beta)\vdash(\alpha\wedge\beta)\vee(\neg\alpha\wedge\neg\beta)$ (已证)

⑰ $\alpha\leftrightarrow\beta\vdash(\alpha\wedge\beta)\vee(\neg\alpha\wedge\neg\beta)$ (Tr)⑭⑮⑯

(7) (⊣)

① $\alpha\wedge\beta,\alpha\vdash\alpha\wedge\beta$ (∈)

② $\alpha\wedge\beta,\alpha\vdash\beta$ (∧−)①

③ $\alpha\wedge\beta,\beta\vdash\alpha\wedge\beta$ (∈)

④ $\alpha\wedge\beta,\beta\vdash\alpha$ (∧−)③

⑤ $\alpha\wedge\beta\vdash\alpha\leftrightarrow\beta$ (∧−)②④

⑥ $\neg\alpha\wedge\neg\beta,\alpha\vdash\neg\alpha\wedge\neg\beta$ (∈)

⑦ $\neg\alpha\wedge\neg\beta,\alpha\vdash\neg\alpha$ (∧−)⑥

⑧ $\neg\alpha\wedge\neg\beta,\alpha\vdash\alpha$ (∈)

⑨ $\alpha,\neg\alpha\vdash\beta$ (已证)

⑩ $\neg\alpha\wedge\neg\beta,\alpha\vdash\beta$ (Tr)⑦⑧⑨

⑪ $\neg\alpha\wedge\neg\beta,\beta\vdash\neg\alpha\wedge\neg\beta$ (∈)

⑫ $\neg\alpha\wedge\neg\beta,\beta\vdash\neg\beta$ (∧−)⑪

⑬ $\neg\alpha\wedge\neg\beta,\beta\vdash\beta$ (∈)

⑭ $\beta,\neg\beta\vdash\alpha$ (已证)

⑮ $\neg\alpha\wedge\neg\beta,\beta\vdash\alpha$ (Tr)⑫⑬⑭

⑯ $\neg\alpha\wedge\neg\beta\vdash\alpha\leftrightarrow\beta$ (↔+)⑩⑮

⑰ $(\alpha\wedge\beta)\vee(\neg\alpha\wedge\neg\beta)\vdash\alpha\leftrightarrow\beta$ (∨−)⑤⑯

(8) (┠)
① $(\alpha\leftrightarrow\beta)\leftrightarrow\gamma,\alpha,\beta,\alpha\vdash\beta$ (∈)
② $(\alpha\leftrightarrow\beta)\leftrightarrow\gamma,\alpha,\beta,\beta\vdash\alpha$ (∈)
③ $(\alpha\leftrightarrow\beta)\leftrightarrow\gamma,\alpha,\beta\vdash\alpha\leftrightarrow\beta$ (↔＋)①②
④ $(\alpha\leftrightarrow\beta)\leftrightarrow\gamma,\alpha,\beta\vdash(\alpha\leftrightarrow\beta)\leftrightarrow\gamma$ (∈)
⑤ $(\alpha\leftrightarrow\beta)\leftrightarrow\gamma,\alpha,\beta\vdash\gamma$ (↔－)③④
⑥ $(\alpha\leftrightarrow\beta)\leftrightarrow\gamma,\alpha,\gamma\vdash\gamma$ (∈)
⑦ $(\alpha\leftrightarrow\beta)\leftrightarrow\gamma,\alpha,\gamma\vdash(\alpha\leftrightarrow\beta)\leftrightarrow\gamma$ (∈)
⑧ $(\alpha\leftrightarrow\beta)\leftrightarrow\gamma,\alpha,\gamma\vdash\alpha\leftrightarrow\beta$ (↔－)⑥⑦
⑨ $(\alpha\leftrightarrow\beta)\leftrightarrow\gamma,\alpha,\gamma\vdash\alpha$ (∈)
⑩ $(\alpha\leftrightarrow\beta)\leftrightarrow\gamma,\alpha,\gamma\vdash\beta$ (↔－)⑧⑨
⑪ $(\alpha\leftrightarrow\beta)\leftrightarrow\gamma,\alpha\vdash\beta\leftrightarrow\gamma$ (↔＋)⑤⑩
⑫ $(\alpha\leftrightarrow\beta)\leftrightarrow\gamma,\beta\leftrightarrow\gamma,\gamma\vdash\gamma$ (∈)
⑬ $(\alpha\leftrightarrow\beta)\leftrightarrow\gamma,\beta\leftrightarrow\gamma,\gamma\vdash\beta\leftrightarrow\gamma$ (∈)
⑭ $(\alpha\leftrightarrow\beta)\leftrightarrow\gamma,\beta\leftrightarrow\gamma,\gamma\vdash\beta$ (↔－)⑫⑬
⑮ $(\alpha\leftrightarrow\beta)\leftrightarrow\gamma,\beta\leftrightarrow\gamma,\gamma\vdash(\alpha\leftrightarrow\beta)\leftrightarrow\gamma$ (∈)
⑯ $(\alpha\leftrightarrow\beta)\leftrightarrow\gamma,\beta\leftrightarrow\gamma,\gamma\vdash\alpha\leftrightarrow\beta$ (↔－)⑬⑮
⑰ $(\alpha\leftrightarrow\beta)\leftrightarrow\gamma,\beta\leftrightarrow\gamma,\gamma\vdash\alpha$ (↔－)⑭⑯
⑱ $(\alpha\leftrightarrow\beta)\leftrightarrow\gamma,\beta\leftrightarrow\gamma,\neg\gamma\vdash\neg\gamma$ (∈)
⑲ $(\alpha\leftrightarrow\beta)\leftrightarrow\gamma,\beta\leftrightarrow\gamma,\neg\gamma\vdash\beta\leftrightarrow\gamma$ (∈)
⑳ $\beta\leftrightarrow\gamma\vdash\beta\rightarrow\gamma$ (已证)
㉑ $\beta\rightarrow\gamma\vdash\neg\gamma\rightarrow\neg\beta$ (已证)
㉒ $(\alpha\leftrightarrow\beta)\leftrightarrow\gamma,\beta\leftrightarrow\gamma,\neg\gamma\vdash\neg\gamma\rightarrow\neg\beta$ (Tr)⑲⑳㉑
㉓ $(\alpha\leftrightarrow\beta)\leftrightarrow\gamma,\beta\leftrightarrow\gamma,\neg\gamma\vdash\neg\beta$ (→－)⑱㉒
㉔ $(\alpha\leftrightarrow\beta)\leftrightarrow\gamma,\beta\leftrightarrow\gamma,\neg\gamma\vdash\neg(\alpha\leftrightarrow\beta)$ (类似㉓)
㉕ $\neg(\alpha\leftrightarrow\beta)\vdash\alpha\leftrightarrow\neg\beta$ (已证)
㉖ $(\alpha\leftrightarrow\beta)\leftrightarrow\gamma,\beta\leftrightarrow\gamma,\neg\gamma\vdash\alpha\leftrightarrow\neg\beta$ (Tr)㉔㉕
㉗ $(\alpha\leftrightarrow\beta)\leftrightarrow\gamma,\beta\leftrightarrow\gamma,\neg\gamma\vdash\alpha$ (↔－)㉓㉖
㉘ $(\alpha\leftrightarrow\beta)\leftrightarrow\gamma,\beta\leftrightarrow\gamma,\gamma\vee\neg\gamma\vdash\alpha$ (∨－)⑰㉗
㉙ $\varnothing\vdash\gamma\vee\neg\gamma$ (已证)
㉚ $(\alpha\leftrightarrow\beta)\leftrightarrow\gamma,\beta\leftrightarrow\gamma\vdash\gamma\vee\neg\gamma$ (＋)㉙
㉛ $(\alpha\leftrightarrow\beta)\leftrightarrow\gamma,\beta\leftrightarrow\gamma\vdash(\alpha\leftrightarrow\beta)\leftrightarrow\gamma,\beta\leftrightarrow\gamma$ (∈)
㉜ $(\alpha\leftrightarrow\beta)\leftrightarrow\gamma,\beta\leftrightarrow\gamma\vdash\alpha$ (Tr)㉘㉚㉛
㉝ $(\alpha\leftrightarrow\beta)\leftrightarrow\gamma\vdash\alpha\leftrightarrow(\beta\leftrightarrow\gamma)$ (↔＋)⑪㉜

(8) (┠) 另证：
① $(\alpha\leftrightarrow\beta)\leftrightarrow\gamma,\alpha,\beta\vdash\beta$ (∈)
② $(\alpha\leftrightarrow\beta)\leftrightarrow\gamma,\alpha,\beta\vdash\alpha$ (∈)
③ $(\alpha\leftrightarrow\beta)\leftrightarrow\gamma,\alpha,\beta\vdash\alpha\leftrightarrow\beta$ (↔＋)①②
④ $(\alpha\leftrightarrow\beta)\leftrightarrow\gamma,\alpha,\beta\vdash(\alpha\leftrightarrow\beta)\leftrightarrow\gamma$ (∈)

⑤	$(\alpha\leftrightarrow\beta)\leftrightarrow\gamma,\alpha,\beta\vdash\gamma$	$(\leftrightarrow-)$③④
⑥	$(\alpha\leftrightarrow\beta)\leftrightarrow\gamma,\alpha,\gamma\vdash\gamma$	$(\in)$
⑦	$(\alpha\leftrightarrow\beta)\leftrightarrow\gamma,\alpha,\gamma\vdash(\alpha\leftrightarrow\beta)\leftrightarrow\gamma$	$(\in)$
⑧	$(\alpha\leftrightarrow\beta)\leftrightarrow\gamma,\alpha,\gamma\vdash\alpha\leftrightarrow\beta$	$(\leftrightarrow-)$⑥⑦
⑨	$(\alpha\leftrightarrow\beta)\leftrightarrow\gamma,\alpha,\gamma\vdash\alpha$	$(\in)$
⑩	$(\alpha\leftrightarrow\beta)\leftrightarrow\gamma,\alpha,\gamma\vdash\beta$	$(\leftrightarrow-)$⑧⑨
⑪	$(\alpha\leftrightarrow\beta)\leftrightarrow\gamma,\alpha\vdash\beta\leftrightarrow\gamma$	$(\leftrightarrow+)$⑤⑩
⑫	$(\alpha\leftrightarrow\beta)\leftrightarrow\gamma,\beta\wedge\gamma\vdash\beta\wedge\gamma$	$(\in)$
⑬	$(\alpha\leftrightarrow\beta)\leftrightarrow\gamma,\beta\wedge\gamma\vdash\beta$	$(\wedge-)$⑫
⑭	$(\alpha\leftrightarrow\beta)\leftrightarrow\gamma,\beta\wedge\gamma\vdash\gamma$	$(\wedge-)$⑫
⑮	$(\alpha\leftrightarrow\beta)\leftrightarrow\gamma,\beta\wedge\gamma\vdash(\alpha\leftrightarrow\beta)\leftrightarrow\gamma$	$(\in)$
⑯	$(\alpha\leftrightarrow\beta)\leftrightarrow\gamma,\beta\wedge\gamma\vdash(\alpha\leftrightarrow\beta)$	$(\leftrightarrow-)$⑭⑮
⑰	$(\alpha\leftrightarrow\beta)\leftrightarrow\gamma,\beta\wedge\gamma\vdash\alpha$	$(\leftrightarrow-)$⑬⑯
⑱	$(\alpha\leftrightarrow\beta)\leftrightarrow\gamma,\neg\beta\wedge\neg\gamma\vdash\neg\beta\wedge\neg\gamma$	$(\in)$
⑲	$(\alpha\leftrightarrow\beta)\leftrightarrow\gamma,\neg\beta\wedge\neg\gamma\vdash\neg\beta$	$(\wedge-)$⑱
⑳	$(\alpha\leftrightarrow\beta)\leftrightarrow\gamma,\neg\beta\wedge\neg\gamma\vdash\neg\gamma$	$(\wedge-)$⑱
㉑	$(\alpha\leftrightarrow\beta)\leftrightarrow\gamma,\alpha\leftrightarrow\beta\vdash\gamma$	(已证)
㉒	$(\alpha\leftrightarrow\beta)\leftrightarrow\gamma\vdash(\alpha\leftrightarrow\beta)\to\gamma$	$(\to+)$㉑
㉓	$(\alpha\leftrightarrow\beta)\to\gamma\vdash\neg\gamma\to\neg(\alpha\leftrightarrow\beta)$	(已证)
㉔	$(\alpha\leftrightarrow\beta)\leftrightarrow\gamma\vdash\neg\gamma\to\neg(\alpha\leftrightarrow\beta)$	(Tr)㉒㉓
㉕	$(\alpha\leftrightarrow\beta)\leftrightarrow\gamma,\neg\beta\wedge\neg\gamma\vdash\neg\gamma\to\neg(\alpha\leftrightarrow\beta)$	$(+)$㉔
㉖	$(\alpha\leftrightarrow\beta)\leftrightarrow\gamma,\neg\beta\wedge\neg\gamma\vdash\neg(\alpha\leftrightarrow\beta)$	$(\to-)$⑳㉕
㉗	$\neg(\alpha\leftrightarrow\beta)\vdash\alpha\leftrightarrow\neg\beta$	(已证)
㉘	$(\alpha\leftrightarrow\beta)\leftrightarrow\gamma,\neg\beta\wedge\neg\gamma\vdash\alpha\leftrightarrow\neg\beta$	(Tr)㉖㉗
㉙	$(\alpha\leftrightarrow\beta)\leftrightarrow\gamma,\neg\beta\wedge\neg\gamma\vdash\alpha$	$(\leftrightarrow-)$⑲㉘
㉚	$(\alpha\leftrightarrow\beta)\leftrightarrow\gamma,(\beta\wedge\gamma)\vee(\neg\beta\wedge\neg\gamma)\vdash\alpha$	$(\vee-)$⑰㉙
㉛	$\beta\leftrightarrow\gamma\vdash(\beta\wedge\gamma)\vee(\neg\beta\wedge\neg\gamma)$	(已证)
㉜	$(\alpha\leftrightarrow\beta)\leftrightarrow\gamma,\beta\leftrightarrow\gamma\vdash(\beta\wedge\gamma)\vee(\neg\beta\wedge\neg\gamma)$	$(+)$㉛
㉝	$(\alpha\leftrightarrow\beta)\leftrightarrow\gamma,\beta\leftrightarrow\gamma\vdash(\alpha\leftrightarrow\beta)\leftrightarrow\gamma$	$(\in)$
㉞	$(\alpha\leftrightarrow\beta)\leftrightarrow\gamma,\beta\leftrightarrow\gamma\vdash\alpha$	(Tr)㉚㉞㉟
㉟	$(\alpha\leftrightarrow\beta)\leftrightarrow\gamma\vdash\alpha\leftrightarrow(\beta\leftrightarrow\gamma)$	$(\leftrightarrow+)$⑪㉜

(8) (一)

①	$\alpha\leftrightarrow(\beta\leftrightarrow\gamma)\vdash(\beta\leftrightarrow\gamma)\leftrightarrow\alpha$	(已证)
②	$\gamma\leftrightarrow\beta\vdash\beta\leftrightarrow\gamma$	(已证)
③	$(\beta\leftrightarrow\gamma)\leftrightarrow\alpha,\gamma\leftrightarrow\beta\vdash\beta\leftrightarrow\gamma$	$(+)$②
④	$(\beta\leftrightarrow\gamma)\leftrightarrow\alpha,\gamma\leftrightarrow\beta\vdash(\beta\leftrightarrow\gamma)\leftrightarrow\alpha$	$(\in)$
⑤	$(\beta\leftrightarrow\gamma)\leftrightarrow\alpha,\gamma\leftrightarrow\beta\vdash\alpha$	$(\leftrightarrow-)$③④
⑥	$(\beta\leftrightarrow\gamma)\leftrightarrow\alpha,\alpha,\gamma\vdash\alpha$	$(\in)$
⑦	$(\beta\leftrightarrow\gamma)\leftrightarrow\alpha,\alpha,\gamma\vdash(\beta\leftrightarrow\gamma)\leftrightarrow\alpha$	$(\in)$

⑧ $(\beta\leftrightarrow\gamma)\leftrightarrow\alpha,\alpha,\gamma\vdash\beta\leftrightarrow\gamma$ ($\leftrightarrow-$)⑥⑦

⑨ $(\beta\leftrightarrow\gamma)\leftrightarrow\alpha,\alpha,\gamma\vdash\gamma$ ($\in$)

⑩ $(\beta\leftrightarrow\gamma)\leftrightarrow\alpha,\alpha,\gamma\vdash\beta$ ($\leftrightarrow-$)⑧⑨

⑪ $(\beta\leftrightarrow\gamma)\leftrightarrow\alpha,\alpha,\beta\vdash\alpha$ ($\in$)

⑫ $(\beta\leftrightarrow\gamma)\leftrightarrow\alpha,\alpha,\beta\vdash(\beta\leftrightarrow\gamma)\leftrightarrow\alpha$ ($\in$)

⑬ $(\beta\leftrightarrow\gamma)\leftrightarrow\alpha,\alpha,\beta\vdash\beta\leftrightarrow\gamma$ ($\leftrightarrow-$)⑥⑦

⑭ $(\beta\leftrightarrow\gamma)\leftrightarrow\alpha,\alpha,\beta\vdash\beta$ ($\in$)

⑮ $(\beta\leftrightarrow\gamma)\leftrightarrow\alpha,\alpha,\beta\vdash\gamma$ ($\leftrightarrow-$)⑧⑨

⑯ $(\beta\leftrightarrow\gamma)\leftrightarrow\alpha,\alpha\vdash\gamma\leftrightarrow\beta$ ($\leftrightarrow+$)⑩⑮

⑰ $(\beta\leftrightarrow\gamma)\leftrightarrow\alpha\vdash(\gamma\leftrightarrow\beta)\leftrightarrow\alpha$ ($\leftrightarrow+$)⑤⑯

⑱ $(\gamma\leftrightarrow\beta)\leftrightarrow\alpha\vdash\gamma\leftrightarrow(\beta\leftrightarrow\alpha)$ (本习题之⊢)

⑲ $\gamma\leftrightarrow(\beta\leftrightarrow\alpha)\vdash(\beta\leftrightarrow\alpha)\leftrightarrow\gamma$ (已证)

⑳ $\alpha\leftrightarrow(\beta\leftrightarrow\gamma)\vdash(\beta\leftrightarrow\alpha)\leftrightarrow\gamma$ (Tr)①⑰⑱⑲

㉑ $(\beta\leftrightarrow\alpha)\leftrightarrow\gamma\vdash(\alpha\leftrightarrow\beta)\leftrightarrow\gamma$ (类似⑰)

㉒ $\alpha\leftrightarrow(\beta\leftrightarrow\gamma)\vdash(\alpha\leftrightarrow\beta)\leftrightarrow\gamma$ (Tr)⑳㉑

(9) ① $\alpha\leftrightarrow\beta,\beta\leftrightarrow\gamma,\alpha\vdash\alpha$ ($\in$)

 ② $\alpha\leftrightarrow\beta,\beta\leftrightarrow\gamma,\alpha\vdash\alpha\leftrightarrow\beta$ ($\in$)

 ③ $\alpha\leftrightarrow\beta,\beta\leftrightarrow\gamma,\alpha\vdash\beta$ ($\leftrightarrow-$)①②

 ④ $\alpha\leftrightarrow\beta,\beta\leftrightarrow\gamma,\alpha\vdash\beta\leftrightarrow\gamma$ ($\in$)

 ⑤ $\alpha\leftrightarrow\beta,\beta\leftrightarrow\gamma,\alpha\vdash\gamma$ ($\leftrightarrow-$)③④

 ⑥ $\alpha\leftrightarrow\beta,\beta\leftrightarrow\gamma,\gamma\vdash\gamma$ ($\in$)

 ⑦ $\alpha\leftrightarrow\beta,\beta\leftrightarrow\gamma,\gamma\vdash\beta\leftrightarrow\gamma$ ($\in$)

 ⑧ $\alpha\leftrightarrow\beta,\beta\leftrightarrow\gamma,\gamma\vdash\beta$ ($\leftrightarrow-$)⑥⑦

 ⑨ $\alpha\leftrightarrow\beta,\beta\leftrightarrow\gamma,\gamma\vdash\alpha\leftrightarrow\beta$ ($\in$)

 ⑩ $\alpha\leftrightarrow\beta,\beta\leftrightarrow\gamma,\gamma\vdash\alpha$ ($\leftrightarrow-$)⑧⑨

 ⑪ $\alpha\leftrightarrow\beta,\beta\leftrightarrow\gamma\vdash\alpha\leftrightarrow\gamma$ ($\leftrightarrow+$)⑤⑩

(10) ① $\alpha\leftrightarrow\neg\alpha\vdash(\alpha\to\neg\alpha)\land(\neg\alpha\to\alpha)$ (已证)

 ② $\alpha\leftrightarrow\neg\alpha\vdash\neg\alpha\to\alpha$ ($\land-$)①

 ③ $\alpha\leftrightarrow\neg\alpha\vdash\alpha\to\neg\alpha$ ($\land-$)①

 ④ $\neg\alpha\to\alpha\vdash\alpha$ (已证)

 ⑤ $\alpha\to\neg\alpha\vdash\neg\alpha$ (已证)

 ⑥ $\alpha,\neg\alpha\vdash\beta$ (已证)

 ⑦ $\alpha\leftrightarrow\neg\alpha\vdash\beta$ (Tr)②③④⑤⑥

(11) ① $\neg(\alpha\leftrightarrow\beta)\vdash\alpha\leftrightarrow\neg\beta$ (已证)

 ② $\varnothing\vdash\neg(\alpha\leftrightarrow\beta)\to(\alpha\leftrightarrow\neg\beta)$ ($\to+$)①

 ③ $\neg(\alpha\leftrightarrow\beta)\to(\alpha\leftrightarrow\neg\beta)\vdash(\alpha\leftrightarrow\beta)\lor(\alpha\leftrightarrow\neg\beta)$ (已证)

 ④ $\varnothing\vdash(\alpha\leftrightarrow\beta)\lor(\alpha\leftrightarrow\neg\beta)$ (Tr)②③

13. 证：

(1) ① $\alpha\to(\beta\to\gamma),\alpha\land\beta\vdash\alpha\land\beta$ ($\in$)

② $\alpha \rightarrow (\beta \rightarrow \gamma), \alpha \wedge \beta \vdash \alpha$ ($\wedge -$)①

③ $\alpha \rightarrow (\beta \rightarrow \gamma), \alpha \wedge \beta \vdash \beta$ ($\wedge -$)①

④ $\alpha \rightarrow (\beta \rightarrow \gamma), \alpha \wedge \beta \vdash \alpha \rightarrow (\beta \rightarrow \gamma)$ ($\in$)

⑤ $\alpha \rightarrow (\beta \rightarrow \gamma), \alpha \wedge \beta \vdash \beta \rightarrow \gamma$ ($\rightarrow -$)②④

⑥ $\alpha \rightarrow (\beta \rightarrow \gamma), \alpha \wedge \beta \vdash \gamma$ ($\rightarrow -$)③⑥

(2) ① $\neg \alpha \vee \beta \vdash \alpha \rightarrow \beta$ (已证)

② $\neg \alpha \vee \beta, \neg(\beta \wedge \gamma), \gamma, \alpha \vdash \alpha \rightarrow \beta$ ($+$)①

③ $\neg \alpha \vee \beta, \neg(\beta \wedge \gamma), \gamma, \alpha \vdash \alpha$ ($\in$)

④ $\neg \alpha \vee \beta, \neg(\beta \wedge \gamma), \gamma, \alpha \vdash \beta$ ($\rightarrow -$)②③

⑤ $\neg \alpha \vee \beta, \neg(\beta \wedge \gamma), \gamma, \alpha \vdash \gamma$ ($\in$)

⑥ $\neg \alpha \vee \beta, \neg(\beta \wedge \gamma), \gamma, \alpha \vdash \beta \wedge \gamma$ ($\wedge +$)④⑤

⑦ $\neg \alpha \vee \beta, \neg(\beta \wedge \gamma), \gamma, \alpha \vdash \neg(\beta \wedge \gamma)$ ($\in$)

⑧ $\neg \alpha \vee \beta, \neg(\beta \wedge \gamma), \gamma \vdash \neg \alpha$ ($\neg +$)⑥⑦

(3) ① $\alpha \rightarrow \beta, \alpha \vdash \alpha \rightarrow \beta$ ($\in$)

② $\alpha \rightarrow \beta, \alpha \vdash \alpha$ ($\in$)

③ $\alpha \rightarrow \beta, \alpha \vdash \beta$ ($\rightarrow -$)①②

④ $\alpha \rightarrow \beta, \alpha \vdash \alpha \wedge \beta$ ($\wedge +$)②③

⑤ $\alpha \rightarrow \beta \vdash \alpha \rightarrow (\alpha \wedge \beta)$ ($\rightarrow +$)③④

(4) ① $\beta \rightarrow \delta, \beta \leftrightarrow \gamma, \delta \leftrightarrow \alpha, \alpha \wedge \gamma \vdash \alpha \wedge \gamma$ ($\in$)

② $\beta \rightarrow \delta, \beta \leftrightarrow \gamma, \delta \leftrightarrow \alpha, \alpha \wedge \gamma \vdash \alpha$ ($\wedge -$)①

③ $\beta \rightarrow \delta, \beta \leftrightarrow \gamma, \delta \leftrightarrow \alpha, \alpha \wedge \gamma \vdash \gamma$ ($\wedge -$)①

④ $\beta \rightarrow \delta, \beta \leftrightarrow \gamma, \delta \leftrightarrow \alpha, \alpha \wedge \gamma \vdash \delta \leftrightarrow \alpha$ ($\in$)

⑤ $\beta \rightarrow \delta, \beta \leftrightarrow \gamma, \delta \leftrightarrow \alpha, \alpha \wedge \gamma \vdash \delta$ ($\leftrightarrow -$)②④

⑥ $\beta \rightarrow \delta, \beta \leftrightarrow \gamma, \delta \leftrightarrow \alpha, \alpha \wedge \gamma \vdash \beta \leftrightarrow \gamma$ ($\in$)

⑦ $\beta \rightarrow \delta, \beta \leftrightarrow \gamma, \delta \leftrightarrow \alpha, \alpha \wedge \gamma \vdash \beta$ ($\leftrightarrow -$)③⑥

⑧ $\beta \rightarrow \delta, \beta \leftrightarrow \gamma, \delta \leftrightarrow \alpha, \alpha \wedge \gamma \vdash \beta \rightarrow \delta$ ($\in$)

⑨ $\beta \rightarrow \delta, \beta \leftrightarrow \gamma, \delta \leftrightarrow \alpha, \alpha \wedge \gamma \vdash \delta$ ($\rightarrow -$)⑦⑧

⑩ $\beta \rightarrow \delta, \beta \leftrightarrow \gamma, \delta \leftrightarrow \alpha, \alpha \wedge \gamma \vdash \gamma \wedge \delta$ ($\wedge +$)③⑨

⑪ $\beta \rightarrow \delta, \beta \leftrightarrow \gamma, \delta \leftrightarrow \alpha, \alpha \wedge \gamma \vdash \beta \wedge \gamma \wedge \delta$ ($\wedge +$)⑦⑩

⑫ $\beta \rightarrow \delta, \beta \leftrightarrow \gamma, \delta \leftrightarrow \alpha, \alpha \wedge \gamma \vdash \alpha \wedge \beta \wedge \gamma \wedge \delta$ ($\wedge +$)②⑪

(5) ① $\alpha \rightarrow (\alpha \rightarrow \beta), \neg \beta, \alpha \vdash \alpha$ ($\in$)

② $\alpha \rightarrow (\alpha \rightarrow \beta), \neg \beta, \alpha \vdash \alpha \rightarrow (\alpha \rightarrow \beta)$ ($\in$)

③ $\alpha \rightarrow (\alpha \rightarrow \beta), \neg \beta, \alpha \vdash \alpha \rightarrow \beta$ ($\rightarrow -$)①②

④ $\alpha \rightarrow (\alpha \rightarrow \beta), \neg \beta, \alpha \vdash \beta$ ($\rightarrow -$)①③

⑤ $\alpha \rightarrow (\alpha \rightarrow \beta), \neg \beta, \alpha \vdash \neg \beta$ ($\in$)

⑥ $\alpha \rightarrow (\alpha \rightarrow \beta), \neg \beta \vdash \neg \alpha$ ($\neg +$)④⑤

⑦ $\alpha \rightarrow (\alpha \rightarrow \beta) \vdash \neg \beta \rightarrow \neg \alpha$ ($\neg +$)④⑤

(6) ① $\neg(\beta \rightarrow \gamma) \rightarrow \neg \alpha \vdash \alpha \rightarrow (\beta \rightarrow \gamma)$ (已证)

② $\alpha \rightarrow \beta, \neg(\beta \rightarrow \gamma) \rightarrow \neg \alpha, \alpha \vdash \alpha \rightarrow (\beta \rightarrow \gamma)$ ($+$)①

③ $\alpha\to\beta,\neg(\beta\to\gamma)\to\neg\alpha,\alpha\vdash\alpha$ $(\in)$
④ $\alpha\to\beta,\neg(\beta\to\gamma)\to\neg\alpha,\alpha\vdash\beta\to\gamma$ $(\to-)$②③
⑤ $\alpha\to\beta,\neg(\beta\to\gamma)\to\neg\alpha,\alpha\vdash\alpha\to\beta$ $(\in)$
⑥ $\alpha\to\beta,\neg(\beta\to\gamma)\to\neg\alpha,\alpha\vdash\beta$ $(\to-)$③⑤
⑦ $\alpha\to\beta,\neg(\beta\to\gamma)\to\neg\alpha,\alpha\vdash\gamma$ $(\to-)$④⑥
⑧ $\alpha\to\beta,\neg(\beta\to\gamma)\to\neg\alpha\vdash\alpha\to\gamma$ $(\to-)$④⑥

(7) ① $(\alpha\to\beta)\to\alpha\vdash\neg\alpha\to\neg(\alpha\to\beta)$ (已证)
② $(\alpha\to\beta)\to\alpha,\neg\alpha\vdash\neg\alpha\to\neg(\alpha\to\beta)$ $(+)$
③ $(\alpha\to\beta)\to\alpha,\neg\alpha\vdash\neg\alpha$ $(\in)$
④ $(\alpha\to\beta)\to\alpha,\neg\alpha\vdash\neg(\alpha\to\beta)$ $(\to-)$②③
⑤ $\neg(\alpha\to\beta)\vdash\alpha$ (已证)
⑥ $(\alpha\to\beta)\to\alpha,\neg\alpha\vdash\alpha$ (Tr)④⑤
⑦ $(\alpha\to\beta)\to\alpha\vdash\alpha$ $(\neg-)$③⑥

(8) ① $\neg\alpha,\alpha\vdash\beta$ (已证)
② $\neg\alpha\vdash\alpha\to\beta$ $(\to+)$①
③ $(\alpha\to\beta)\to\gamma,\neg\alpha\vdash\alpha\to\beta$ $(\to+)$①
④ $(\alpha\to\beta)\to\gamma,\neg\alpha\vdash(\alpha\to\beta)\to\gamma$ $(\in)$
⑤ $(\alpha\to\beta)\to\gamma,\neg\alpha\vdash\gamma$ $(\to-)$③④
⑥ $(\alpha\to\beta)\to\gamma\vdash\neg\alpha\to\gamma$ $(\to+)$⑤
⑦ $\neg\alpha\to\gamma\vdash\alpha\vee\gamma$ (已证)
⑧ $(\alpha\to\beta)\to\gamma\vdash\alpha\vee\gamma$ (Tr)⑥⑦

(9) ① $\beta\vdash\alpha\to\beta$ (已证)
② $(\alpha\to\beta)\to\gamma,\beta\vdash\alpha\to\beta$ $(+)$①
③ $(\alpha\to\beta)\to\gamma,\beta\vdash(\alpha\to\beta)\to\gamma$ $(\in)$
④ $(\alpha\to\beta)\to\gamma,\beta\vdash\gamma$ $(\to-)$②③
⑤ $(\alpha\to\beta)\to\gamma\vdash\beta\to\gamma$ $(\to+)$④
⑥ $\beta\to\gamma\vdash\neg\beta\vee\gamma$ (已证)
⑦ $(\alpha\to\beta)\to\gamma\vdash\neg\beta\vee\gamma$ (Tr)⑤⑥

(10) ① $\neg(\alpha\to\beta)\vdash\alpha$ (已证)
② $\neg(\alpha\to\beta),\beta\vdash\alpha$ $(+)$
③ $\neg(\alpha\to\beta)\vdash\beta\to\alpha$ $(\to+)$②

(11) ① $\neg\alpha\vee\beta\vdash\alpha\to\beta$ (已证)
② $\neg\alpha\vee\beta,\neg\beta,\alpha\vdash\alpha\to\beta$ $(+)$①
③ $\neg\alpha\vee\beta,\neg\beta,\alpha\vdash\alpha$ $(\in)$
④ $\neg\alpha\vee\beta,\neg\beta,\alpha\vdash\beta$ $(\to-)$②③
⑤ $\neg\alpha\vee\beta,\neg\beta,\alpha\vdash\neg\beta$ $(\in)$
⑥ $\neg\alpha\vee\beta,\neg\beta\vdash\neg\alpha$ $(\neg+)$④⑤

(12) ① $\neg\beta\vee\gamma\vdash\beta\to\gamma$ (已证)
③ $\alpha\wedge\beta,\neg\beta\vee\gamma\vdash\beta\to\gamma$ $(+)$①

	③ $\alpha \wedge \beta, \neg \beta \vee \gamma \vdash \alpha \wedge \beta$	($\in$)
	④ $\alpha \wedge \beta, \neg \beta \vee \gamma \vdash \alpha$	($\wedge -$)③
	⑤ $\alpha \wedge \beta, \neg \beta \vee \gamma \vdash \beta$	($\wedge -$)③
	⑥ $\alpha \wedge \beta, \neg \beta \vee \gamma \vdash \gamma$	($\rightarrow -$)②⑤
	⑦ $\alpha \wedge \beta, \neg \beta \vee \gamma \vdash \alpha \wedge \gamma$	($\wedge$)④⑥
(13)	① $\beta \vee \neg \gamma \vdash \neg \beta \rightarrow \neg \gamma$	(已证)
	② $\alpha \rightarrow \neg \beta, \beta \vee \neg \gamma, \gamma \wedge \neg \delta, \alpha \vdash \neg \beta \rightarrow \neg \gamma$	(+)
	③ $\alpha \rightarrow \neg \beta, \beta \vee \neg \gamma, \gamma \wedge \neg \delta, \alpha \vdash \alpha$	($\in$)
	④ $\alpha \rightarrow \neg \beta, \beta \vee \neg \gamma, \gamma \wedge \neg \delta, \alpha \vdash \alpha \rightarrow \neg \beta$	($\in$)
	⑤ $\alpha \rightarrow \neg \beta, \beta \vee \neg \gamma, \gamma \wedge \neg \delta, \alpha \vdash \neg \beta$	($\rightarrow -$)③④
	⑥ $\alpha \rightarrow \neg \beta, \beta \vee \neg \gamma, \gamma \wedge \neg \delta, \alpha \vdash \neg \gamma$	($\rightarrow -$)②⑤
	⑦ $\alpha \rightarrow \neg \beta, \beta \vee \neg \gamma, \gamma \wedge \neg \delta, \alpha \vdash \gamma \wedge \neg \delta$	($\in$)
	⑧ $\alpha \rightarrow \neg \beta, \beta \vee \neg \gamma, \gamma \wedge \neg \delta, \alpha \vdash \gamma$	($\wedge -$)⑦
	⑨ $\alpha \rightarrow \neg \beta, \beta \vee \neg \gamma, \gamma \wedge \neg \delta \vdash \neg \alpha$	($\neg +$)(6,8)
(14)	① $\alpha, \alpha \rightarrow \gamma, \beta \rightarrow \delta \vdash \alpha$	($\in$)
	② $\alpha, \alpha \rightarrow \gamma, \beta \rightarrow \delta \vdash \alpha \rightarrow \gamma$	($\in$)
	③ $\alpha, \alpha \rightarrow \gamma, \beta \rightarrow \delta \vdash \gamma$	($\rightarrow -$)①②
	④ $\alpha, \alpha \rightarrow \gamma, \beta \rightarrow \delta \vdash \gamma \vee \delta$	($\vee +$)③
	⑤ $\beta, \alpha \rightarrow \gamma, \beta \rightarrow \delta \vdash \beta$	($\in$)
	⑥ $\beta, \alpha \rightarrow \gamma, \beta \rightarrow \delta \vdash \beta \rightarrow \delta$	($\in$)
	⑦ $\beta, \alpha \rightarrow \gamma, \beta \rightarrow \delta \vdash \delta$	($\rightarrow -$)⑤⑥
	⑧ $\beta, \alpha \rightarrow \gamma, \beta \rightarrow \delta \vdash \gamma \vee \delta$	($\vee +$)⑦
	⑨ $\alpha \vee \beta, \alpha \rightarrow \gamma, \beta \rightarrow \delta \vdash \gamma \vee \delta$	($\vee -$)④⑧
(15)	① $(\alpha \vee \beta) \rightarrow (\gamma \wedge \delta), (\delta \vee \eta) \rightarrow \theta, \alpha \vdash \alpha$	($\in$)
	② $(\alpha \vee \beta) \rightarrow (\gamma \wedge \delta), (\delta \vee \eta) \rightarrow \theta, \alpha \vdash \alpha \vee \beta$	($\vee +$)①
	③ $(\alpha \vee \beta) \rightarrow (\gamma \wedge \delta), (\delta \vee \eta) \rightarrow \theta, \alpha \vdash (\alpha \vee \beta) \rightarrow (\gamma \wedge \delta)$	($\in$)
	④ $(\alpha \vee \beta) \rightarrow (\gamma \wedge \delta), (\delta \vee \eta) \rightarrow \theta, \alpha \vdash \gamma \wedge \delta$	($\rightarrow -$)②③
	⑤ $(\alpha \vee \beta) \rightarrow (\gamma \wedge \delta), (\delta \vee \eta) \rightarrow \theta, \alpha \vdash \delta$	($\wedge -$)④
	⑥ $(\alpha \vee \beta) \rightarrow (\gamma \wedge \delta), (\delta \vee \eta) \rightarrow \theta, \alpha \vdash \delta \vee \eta$	($\wedge -$)④
	⑦ $(\alpha \vee \beta) \rightarrow (\gamma \wedge \delta), (\delta \vee \eta) \rightarrow \theta, \alpha \vdash (\delta \vee \eta) \rightarrow \theta$	($\in$)
	⑧ $(\alpha \vee \beta) \rightarrow (\gamma \wedge \delta), (\delta \vee \eta) \rightarrow \theta, \alpha \vdash \theta$	($\rightarrow -$)⑥⑦
	⑨ $(\alpha \vee \beta) \rightarrow (\gamma \wedge \delta), (\delta \vee \eta) \rightarrow \theta \vdash \alpha \rightarrow \theta$	($\rightarrow +$)⑧
(16)	① $\alpha, \beta \rightarrow \gamma, \alpha \rightarrow \delta, \neg \delta \vdash \alpha$	($\in$)
	② $\alpha, \beta \rightarrow \gamma, \alpha \rightarrow \delta, \neg \delta \vdash \alpha \vee \beta$	($\vee +$)①
	③ $\alpha, \beta \rightarrow \gamma, \alpha \rightarrow \delta, \neg \delta, \neg \gamma \vdash \alpha$	(+)①
	④ $\alpha, \beta \rightarrow \gamma, \alpha \rightarrow \delta, \neg \delta, \neg \gamma \vdash \alpha \rightarrow \delta$	($\in$)
	⑤ $\alpha, \beta \rightarrow \gamma, \alpha \rightarrow \delta, \neg \delta, \neg \gamma \vdash \delta$	($\rightarrow -$)③④
	⑥ $\alpha, \beta \rightarrow \gamma, \alpha \rightarrow \delta, \neg \delta, \neg \gamma \vdash \neg \delta$	($\in$)
	⑦ $\alpha, \beta \rightarrow \gamma, \alpha \rightarrow \delta, \neg \delta \vdash \neg \neg \gamma$	($\neg -$)⑤⑥

⑧ $\alpha, \beta \to \gamma, \alpha \to \delta, \neg \delta \vdash (\alpha \lor \beta) \land \gamma$ $(\land +)$②⑦

⑨ $\beta, \beta \to \gamma, \alpha \to \delta, \neg \delta \vdash \beta$ $(\in)$

⑩ $\beta, \beta \to \gamma, \alpha \to \delta, \neg \delta \vdash \beta \to \gamma$ $(\in)$

⑪ $\beta, \beta \to \gamma, \alpha \to \delta, \neg \delta \vdash \gamma$ $(\to -)$⑨⑩

⑫ $\beta, \beta \to \gamma, \alpha \to \delta, \neg \delta \vdash \alpha \lor \beta$ $(\lor +)$①

⑬ $\beta, \beta \to \gamma, \alpha \to \delta, \neg \delta \vdash (\alpha \lor \beta) \land \gamma$ $(\land +)$⑪⑫

⑭ $\alpha \lor \beta, \beta \to \gamma, \alpha \to \delta, \neg \delta \vdash (\alpha \lor \beta) \land \gamma$ $(\lor -)$⑧⑬

14. 证：

(1) ① $(\neg p_1 \to \neg p_2) \to (p_2 \to p_1)$ (A3)

② $((\neg p_1 \to \neg p_2) \to (p_2 \to p_1)) \to$
     $((p_1 \to p_2) \to ((\neg p_1 \to \neg p_2) \to (p_2 \to p_1)))$ (A2)

③ $(p_1 \to p_2) \to ((\neg p_1 \to \neg p_2) \to (p_2 \to p_1))$ (M)①②

(2) ① $(p_1 \to (p_2 \to p_3)) \to ((p_1 \to p_2) \to (p_1 \to p_3))$ (A2)

② $((p_1 \to (p_2 \to p_3)) \to ((p_1 \to p_2) \to (p_1 \to p_3))) \to$
     $(((p_1 \to (p_2 \to p_3)) \to (p_1 \to p_2)) \to ((p_1 \to (p_2 \to p_3)) \to (p_1 \to p_3)))$ (A2)

③ $((p_1 \to (p_2 \to p_3)) \to (p_1 \to p_2)) \to ((p_1 \to (p_2 \to p_3)) \to (p_1 \to p_3))$ (M)①②

(3) ① $(p_1 \to p_2) \to ((p_1 \to (p_1 \to p_2)) \to (p_1 \to p_2))$ (A1)

② $((p_1 \to p_2) \to ((p_1 \to (p_1 \to p_2)) \to (p_1 \to p_2))) \to$
     $(((p_1 \to p_2) \to (p_1 \to (p_1 \to p_2))) \to ((p_1 \to p_2) \to (p_1 \to p_2)))$ (A2)

③ $((p_1 \to p_2) \to (p_1 \to (p_1 \to p_2))) \to ((p_1 \to p_2) \to (p_1 \to p_2))$ (M)①②

④ $(p_1 \to p_2) \to (p_1 \to (p_1 \to p_2))$ (A1)

⑤ $(p_1 \to p_2) \to (p_1 \to p_2)$ (M)③④

⑥ $((p_1 \to p_2) \to (p_1 \to p_2)) \to (((p_1 \to p_2) \to p_1) \to ((p_1 \to p_2) \to p_2))$ (A2)

⑦ $((p_1 \to p_2) \to p_1) \to ((p_1 \to p_2) \to p_2)$ (M)⑤⑥

⑧ $(((p_1 \to p_2) \to p_1) \to ((p_1 \to p_2) \to p_2)) \to$
     $(p_1 \to (((p_1 \to p_2) \to p_1) \to ((p_1 \to p_2) \to p_2)))$ (A1)

⑨ $p_1 \to (((p_1 \to p_2) \to p_1) \to ((p_1 \to p_2) \to p_2))$ (M)⑦⑧

⑩ $(p_1 \to (((p_1 \to p_2) \to p_1) \to ((p_1 \to p_2) \to p_2))) \to$
     $((p_1 \to ((p_1 \to p_2) \to p_1)) \to (p_1 \to ((p_1 \to p_2) \to p_2)))$ (A2)

⑪ $(p_1 \to ((p_1 \to p_2) \to p_1)) \to (p_1 \to ((p_1 \to p_2) \to p_2))$ (M)⑩⑪

⑫ $p_1 \to ((p_1 \to p_2) \to p_1)$ (A1)

⑬ $p_1 \to ((p_1 \to p_2) \to p_2)$ (M)⑪⑫

⑭ $(p_1 \to ((p_1 \to p_2) \to p_2)) \to ((p_1 \to (p_1 \to p_2)) \to (p_1 \to p_2))$ (A3)

⑮ $(p_1 \to (p_1 \to p_2)) \to (p_1 \to p_2)$ (M)⑬⑭

(4) ① $p_2 \to (p_1 \to p_2)$ (A1)

② $(p_2 \to (p_1 \to p_2)) \to (p_1 \to (p_2 \to (p_1 \to p_2)))$ (A1)

③ $p_1 \to (p_2 \to (p_1 \to p_2))$ (M)①②

15. 证：

(1) ① $\neg(\beta \to \gamma) \to \neg \alpha$ (前提)

② $(\neg(\beta\to\gamma)\to\neg\alpha)\to(\alpha\to(\beta\to\gamma))$ (A3)

③ $\alpha\to(\beta\to\gamma)$ (M)①②

④ $(\alpha\to(\beta\to\gamma))\to((\alpha\to\beta)\to(\alpha\to\gamma))$ (A2)

⑤ $(\alpha\to\beta)\to(\alpha\to\gamma)$ (M)③④

⑥ $\alpha\to\beta$ (前提)

⑦ $\alpha\to\gamma$ (M)⑤⑥

(2) ① $\alpha\to(\beta\to\gamma)$ (前提)

② $(\alpha\to(\beta\to\gamma))\to((\alpha\to\beta)\to(\alpha\to\gamma))$ (A2)

③ $(\alpha\to\beta)\to(\alpha\to\gamma)$ (M)①②

④ $((\alpha\to\beta)\to(\alpha\to\gamma))\to(\beta\to((\alpha\to\beta)\to(\alpha\to\gamma)))$ (A1)

⑤ $\beta\to((\alpha\to\beta)\to(\alpha\to\gamma))\to$ (M)③④

⑥ $(\beta\to((\alpha\to\beta)\to(\alpha\to\gamma)))\to((\beta\to(\alpha\to\beta))\to(\beta\to(\alpha\to\gamma)))$ (A2)

⑦ $(\beta\to(\alpha\to\beta))\to(\beta\to(\alpha\to\gamma))$ (M)⑤⑥

⑧ $\beta\to(\alpha\to\beta)$ (A1)

⑨ $\beta\to(\alpha\to\gamma)$ (M)⑦⑧

(3) ① $\neg\alpha\to(\neg\beta\to\neg\alpha)$ (A1)

② $(\neg\beta\to\neg\alpha)\to(\beta\to\alpha)$ (A3)

③ $((\neg\beta\to\neg\alpha)\to(\beta\to\alpha))\to(\neg\alpha\to((\neg\beta\to\neg\alpha)\to(\beta\to\alpha)))$ (A1)

④ $\neg\alpha\to((\neg\beta\to\neg\alpha)\to(\beta\to\alpha))$ (M)②③

⑤ $(\neg\alpha\to((\neg\beta\to\neg\alpha)\to(\beta\to\alpha)))\to$
$((\neg\alpha\to(\neg\beta\to\neg\alpha))\to(\neg\alpha\to(\alpha\to\beta)))$ (A2)

⑥ $(\neg\alpha\to(\neg\beta\to\neg\alpha))\to(\neg\alpha\to(\alpha\to\beta))$ (M)④⑤

⑦ $\neg\alpha\to(\alpha\to\beta)$ (M)①⑥

⑧ $\neg\neg(\alpha\to\beta)\to(\neg\neg\neg\neg(\alpha\to\beta)\to\neg\neg(\alpha\to\beta))$ (A1)

⑨ $(\neg\neg\neg\neg(\alpha\to\beta)\to\neg\neg(\alpha\to\beta))\to(\neg\neg(\alpha\to\beta)\to\neg\neg\neg\neg(\alpha\to\beta))$ (A3)

⑩ $((\neg\neg\neg\neg(\alpha\to\beta)\to\neg\neg(\alpha\to\beta))\to(\neg\neg(\alpha\to\beta)\to\neg\neg\neg\neg(\alpha\to\beta)))\to$
$(\neg\neg\neg(\alpha\to\beta)\to$
$((\neg\neg\neg\neg(\alpha\to\beta)\to\neg\neg(\alpha\to\beta))\to(\neg\neg(\alpha\to\beta)\to\neg\neg\neg\neg(\alpha\to\beta))))$ (A1)

⑪ $\neg\neg\neg(\alpha\to\beta)\to$
$((\neg\neg\neg\neg(\alpha\to\beta)\to\neg\neg(\alpha\to\beta))\to(\neg\neg(\alpha\to\beta)\to\neg\neg\neg\neg(\alpha\to\beta)))$ (M)⑨⑩

⑫ $(\neg\neg\neg(\alpha\to\beta)\to$
$((\neg\neg\neg\neg(\alpha\to\beta)\to\neg\neg(\alpha\to\beta))\to(\neg\neg(\alpha\to\beta)\to\neg\neg\neg\neg(\alpha\to\beta))))\to$
$((\neg\neg\neg(\alpha\to\beta)\to(\neg\neg\neg\neg(\alpha\to\beta)\to\neg\neg(\alpha\to\beta)))\to$
$(\neg\neg\neg(\alpha\to\beta)\to(\neg\neg(\alpha\to\beta)\to\neg\neg\neg\neg(\alpha\to\beta))))$ (A3)

⑬ $(\neg\neg\neg(\alpha\to\beta)\to(\neg\neg\neg\neg(\alpha\to\beta)\to\neg\neg\to(\alpha\to\beta)))\to$
$(\neg\neg\neg(\alpha\to\beta)\to(\neg\neg(\alpha\to\beta)\to\neg\neg\neg\neg(\alpha\to\beta)))$ (M)⑪⑫

⑭ $\neg\neg\neg(\alpha\to\beta)\to(\neg\neg(\alpha\to\beta)\to\neg\neg\neg\neg(\alpha\to\beta))$ (M)⑧⑬

⑮ $(\neg\neg(\alpha\to\beta)\to\neg\neg\neg\neg(\alpha\to\beta))\to(\neg\neg\neg(\alpha\to\beta)\to\neg(\alpha\to\beta))$ (A3)

⑯ $((\neg\neg(\alpha\to\beta)\to\neg\neg\neg\neg(\alpha\to\beta))\to(\neg\neg\neg(\alpha\to\beta)\to\neg(\alpha\to\beta)))\to$

$$\text{⑯} \ \neg\neg\neg(\alpha\to\beta)\to$$
$$((\neg\neg(\alpha\to\beta)\to\neg\neg\neg(\alpha\to\beta))\to(\neg\neg\neg(\alpha\to\beta)\to\neg(\alpha\to\beta)))) \quad (A1)$$

⑰ $\neg\neg\neg(\alpha\to\beta)\to$
$((\neg\neg(\alpha\to\beta)\to\neg\neg\neg(\alpha\to\beta))\to(\neg\neg\neg(\alpha\to\beta)\to\neg(\alpha\to\beta)))$ (M)⑮⑯

⑱ $(\neg\neg\neg(\alpha\to\beta)\to$
$((\neg\neg(\alpha\to\beta)\to\neg\neg\neg(\alpha\to\beta))\to(\neg\neg\neg(\alpha\to\beta)\to\neg(\alpha\to\beta))))\to$
$((\neg\neg\neg(\alpha\to\beta)\to(\neg\neg(\alpha\to\beta)\to\neg\neg\neg(\alpha\to\beta)))\to$
$(\neg\neg\neg(\alpha\to\beta)\to(\neg\neg\neg(\alpha\to\beta)\to\neg(\alpha\to\beta)))) \quad (A2)$

⑲ $(\neg\neg\neg(\alpha\to\beta)\to(\neg\neg(\alpha\to\beta)\to\neg\neg\neg(\alpha\to\beta)))\to$
$(\neg\neg\neg(\alpha\to\beta)\to(\neg\neg\neg(\alpha\to\beta)\to\neg(\alpha\to\beta)))$ (M)⑰⑱

⑳ $\neg\neg\neg(\alpha\to\beta)\to(\neg\neg\neg(\alpha\to\beta)\to\neg(\alpha\to\beta))$ (M)⑭⑲

㉑ $(\neg\neg\neg(\alpha\to\beta)\to(\neg\neg\neg(\alpha\to\beta)\to\neg(\alpha\to\beta)))\to$
$((\neg\neg\neg(\alpha\to\beta))\to\neg\neg\neg(\alpha\to\beta)\to(\neg\neg\neg(\alpha\to\beta)\to\neg(\alpha\to\beta)))$ (A2)

㉒ $(\neg\neg\neg(\alpha\to\beta)\to\neg\neg\neg(\alpha\to\beta))\to(\neg\neg\neg(\alpha\to\beta)\to\neg(\alpha\to\beta))$ (M)⑳㉑

㉓ $\neg\neg\neg(\alpha\to\beta)\to((\beta\to\neg\neg\neg(\alpha\to\beta))\to\neg\neg\neg(\alpha\to\beta))$ (A1)

㉔ $(\neg\neg\neg(\alpha\to\beta)\to((\beta\to\neg\neg\neg(\alpha\to\beta))\to\neg\neg\neg(\alpha\to\beta)))\to$
$((\neg\neg\neg(\alpha\to\beta)\to(\beta\to\neg\neg\neg(\alpha\to\beta)))\to(\neg\neg\neg(\alpha\to\beta)\to\neg\neg\neg(\alpha\to\beta)))$ (A2)

㉕ $(\neg\neg\neg(\alpha\to\beta)\to(\beta\to\neg\neg\neg(\alpha\to\beta)))\to(\neg\neg\neg(\alpha\to\beta)\to\neg\neg\neg(\alpha\to\beta))$ (M)㉓㉔

㉖ $\neg\neg\neg(\alpha\to\beta)\to(\beta\to\neg\neg\neg(\alpha\to\beta))$ (A1)

㉗ $\neg\neg\neg(\alpha\to\beta)\to\neg\neg\neg(\alpha\to\beta)$ (M)㉕㉖

㉘ $\neg\neg\neg(\alpha\to\beta)\to\neg(\alpha\to\beta)$ (M)㉒㉗

㉙ $(\neg\neg\neg(\alpha\to\beta)\to\neg(\alpha\to\beta))\to((\alpha\to\beta)\to\neg\neg(\alpha\to\beta))$ (A3)

㉚ $(\alpha\to\beta)\to\neg\neg(\alpha\to\beta)$ (M)㉘㉙

㉛ $((\alpha\to\beta)\to\neg\neg(\alpha\to\beta))\to(\neg\alpha\to((\alpha\to\beta)\to\neg\neg(\alpha\to\beta)))$ (A1)

㉜ $\neg\alpha\to((\alpha\to\beta)\to\neg\neg(\alpha\to\beta))$ (M)㉚㉛

㉝ $(\neg\alpha\to((\alpha\to\beta)\to\neg\neg(\alpha\to\beta)))\to$
$((\neg\alpha\to(\alpha\to\beta))\to(\neg\alpha\to\neg\neg(\alpha\to\beta)))$ (A2)

㉞ $(\neg\alpha\to(\alpha\to\beta))\to(\neg\alpha\to\neg\neg(\alpha\to\beta))$ (M)㉜㉝

㉟ $\neg\alpha\to\neg\neg(\alpha\to\beta)$ (M)⑦㉞

㊱ $(\neg\alpha\to\neg\neg(\alpha\to\beta))\to(\neg(\alpha\to\beta)\to\alpha)$ (A3)

㊲ $\neg(\alpha\to\beta)\to\alpha$ (M)㉟㊱

㊳ $\neg(\alpha\to\beta)$ (前提)

㊴ α (M)㊲㊳

(4) ① $\beta\to(\alpha\to\beta)$ (A1)

② $\neg\neg\beta\to(\neg\neg\neg\neg\beta\to\neg\neg\beta)$ (A1)

③ $(\neg\neg\neg\neg\beta\to\neg\neg\beta)\to(\neg\beta\to\neg\neg\neg\beta)$ (A3)

④ $((\neg\neg\neg\neg\beta\to\neg\neg\beta)\to(\neg\beta\to\neg\neg\neg\beta))\to$
$(\neg\neg\beta\to((\neg\neg\neg\neg\beta\to\neg\neg\beta)\to(\neg\beta\to\neg\neg\neg\beta)))$ (A1)

⑤ $\neg\neg\beta\to((\neg\neg\neg\neg\beta\to\neg\neg\beta)\to(\neg\beta\to\neg\neg\neg\beta))$ (M)③④

⑥ $(\neg\neg\beta \to ((\neg\neg\neg\neg\beta \to \neg\neg\beta) \to (\neg\neg\beta \to \neg\neg\neg\neg\beta))) \to$
$\quad((\neg\neg\beta \to (\neg\neg\neg\neg\beta \to \neg\neg\beta)) \to (\neg\neg\beta \to (\neg\neg\beta \to \neg\neg\neg\neg\beta)))$ (A2)

⑦ $(\neg\neg\beta \to (\neg\neg\neg\neg\beta \to \neg\neg\beta)) \to (\neg\neg\beta \to (\neg\neg\beta \to \neg\neg\neg\neg\beta))$ (M)⑤⑥

⑧ $\neg\neg\beta \to (\neg\neg\beta \to \neg\neg\neg\neg\beta)$ (M)②⑦

⑨ $(\neg\neg\beta \to \neg\neg\neg\neg\beta) \to (\neg\neg\beta \to \beta)$ (A3)

⑩ $((\neg\neg\beta \to \neg\neg\neg\neg\beta) \to (\neg\neg\beta \to \beta)) \to (\neg\neg\beta \to ((\neg\neg\beta \to \neg\neg\neg\neg\beta) \to (\neg\neg\beta \to \beta)))$ (A1)

⑪ $\neg\neg\beta \to ((\neg\neg\beta \to \neg\neg\neg\neg\beta) \to (\neg\neg\beta \to \beta))$ (M)⑨⑩

⑫ $(\neg\neg\beta \to ((\neg\neg\beta \to \neg\neg\neg\neg\beta) \to (\neg\neg\beta \to \beta))) \to$
$\quad((\neg\neg\beta \to (\neg\neg\beta \to \neg\neg\neg\neg\beta)) \to (\neg\neg\beta \to (\neg\neg\beta \to \beta)))$ (A2)

⑬ $(\neg\neg\beta \to (\neg\neg\beta \to \neg\neg\neg\neg\beta)) \to (\neg\neg\beta \to (\neg\neg\beta \to \beta))$ (M)⑪⑫

⑭ $\neg\neg\beta \to (\neg\neg\beta \to \beta)$ (M)⑧⑬

⑮ $(\neg\neg\beta \to (\neg\neg\beta \to \beta)) \to ((\neg\neg\beta \to \neg\neg\beta) \to (\neg\neg\beta \to \beta))$ (A2)

⑯ $(\neg\neg\beta \to \neg\neg\beta) \to (\neg\neg\beta \to \beta)$ (M)⑭⑮

⑰ $\neg\neg\beta \to ((\neg\neg\neg\neg\beta \to \neg\neg\beta) \to \neg\neg\beta)$ (A1)

⑱ $(\neg\neg\beta \to ((\neg\neg\neg\neg\beta \to \neg\neg\beta) \to \neg\neg\beta)) \to$
$\quad((\neg\neg\beta \to (\neg\neg\neg\neg\beta \to \neg\neg\beta)) \to (\neg\neg\beta \to \neg\neg\beta))$ (A2)

⑲ $(\neg\neg\beta \to (\neg\neg\neg\neg\beta \to \neg\neg\beta)) \to (\neg\neg\beta \to \neg\neg\beta)$ (M)⑰⑱

⑳ $\neg\neg\beta \to \neg\neg\beta$ (M)②⑲

㉑ $\neg\neg\beta \to \beta$ (M)⑯⑳

㉒ $(\beta \to (\alpha \to \beta)) \to (\neg\neg\beta \to (\beta \to (\alpha \to \beta)))$ (A1)

㉓ $\neg\neg\beta \to (\beta \to (\alpha \to \beta))$ (M)①㉒

㉔ $(\neg\neg\beta \to (\beta \to (\alpha \to \beta))) \to ((\neg\neg\beta \to \beta) \to (\neg\neg\beta \to (\alpha \to \beta)))$ (A2)

㉕ $(\neg\neg\beta \to \beta) \to (\neg\neg\beta \to (\alpha \to \beta))$ (M)㉓㉔

㉖ $\neg\neg\beta \to (\alpha \to \beta)$ (M)㉑㉕

㉗ $\neg\neg\neg(\alpha \to \beta) \to (\neg\neg\neg\neg\neg(\alpha \to \beta) \to \neg\neg\neg(\alpha \to \beta))$ (A1)

㉘ $(\neg\neg\neg\neg\neg(\alpha \to \beta) \to \neg\neg\neg(\alpha \to \beta)) \to (\neg\neg(\alpha \to \beta) \to \neg\neg\neg\neg(\alpha \to \beta))$ (A3)

㉙ $((\neg\neg\neg\neg\neg(\alpha \to \beta) \to \neg\neg\neg(\alpha \to \beta)) \to (\neg\neg(\alpha \to \beta) \to \neg\neg\neg\neg(\alpha \to \beta))) \to$
$\quad(\neg\neg\neg(\alpha \to \beta) \to$
$\quad((\neg\neg\neg\neg\neg(\alpha \to \beta) \to \neg\neg\neg(\alpha \to \beta)) \to (\neg\neg(\alpha \to \beta) \to \neg\neg\neg\neg(\alpha \to \beta))))$ (A1)

㉚ $\neg\neg\neg(\alpha \to \beta) \to$
$\quad((\neg\neg\neg\neg\neg(\alpha \to \beta) \to \neg\neg\neg(\alpha \to \beta)) \to (\neg\neg(\alpha \to \beta) \to \neg\neg\neg\neg(\alpha \to \beta)))$ (M)㉘㉙

㉛ $(\neg\neg\neg(\alpha \to \beta) \to$
$\quad((\neg\neg\neg\neg\neg(\alpha \to \beta) \to \neg\neg\neg(\alpha \to \beta)) \to (\neg\neg(\alpha \to \beta) \to \neg\neg\neg\neg(\alpha \to \beta)))) \to$
$\quad((\neg\neg\neg(\alpha \to \beta) \to (\neg\neg\neg\neg\neg(\alpha \to \beta) \to \neg\neg\neg(\alpha \to \beta))) \to$
$\quad(\neg\neg\neg(\alpha \to \beta) \to (\neg\neg(\alpha \to \beta) \to \neg\neg\neg\neg(\alpha \to \beta))))$ (A3)

㉜ $(\neg\neg\neg(\alpha \to \beta) \to (\neg\neg\neg\neg\neg(\alpha \to \beta) \to \neg\neg\neg(\alpha \to \beta))) \to$
$\quad(\neg\neg\neg(\alpha \to \beta) \to (\neg\neg(\alpha \to \beta) \to \neg\neg\neg\neg(\alpha \to \beta)))$ (M)㉚㉛

㉝ $\neg\neg\neg(\alpha \to \beta) \to (\neg\neg(\alpha \to \beta) \to \neg\neg\neg\neg(\alpha \to \beta))$ (M)㉗㉜

㉞ $(\neg\neg(\alpha \to \beta) \to \neg\neg\neg\neg(\alpha \to \beta)) \to (\neg\neg\neg(\alpha \to \beta) \to \neg(\alpha \to \beta))$ (A3)

㉟ $((\neg\neg(\alpha\to\beta)\to\neg\neg\neg\neg(\alpha\to\beta))\to(\neg\neg\neg(\alpha\to\beta)\to\neg(\alpha\to\beta)))\to$
$(\neg\neg\neg(\alpha\to\beta)\to$
$((\neg\neg(\alpha\to\beta)\to\neg\neg\neg\neg(\alpha\to\beta))\to(\neg\neg\neg(\alpha\to\beta)\to\neg(\alpha\to\beta))))$ (A1)

㊱ $\neg\neg\neg(\alpha\to\beta)\to$
$((\neg\neg(\alpha\to\beta)\to\neg\neg\neg\neg(\alpha\to\beta))\to(\neg\neg\neg(\alpha\to\beta)\to\neg(\alpha\to\beta)))$ (M)㉞㉟

㊲ $(\neg\neg\neg(\alpha\to\beta)\to$
$((\neg\neg(\alpha\to\beta)\to\neg\neg\neg\neg(\alpha\to\beta))\to(\neg\neg\neg(\alpha\to\beta)\to\neg(\alpha\to\beta))))\to$
$((\neg\neg\neg(\alpha\to\beta)\to(\neg\neg(\alpha\to\beta)\to\neg\neg\neg\neg(\alpha\to\beta)))\to$
$(\neg\neg\neg(\alpha\to\beta)\to(\neg\neg\neg(\alpha\to\beta)\to\neg(\alpha\to\beta))))$ (A2)

㊳ $(\neg\neg\neg(\alpha\to\beta)\to(\neg\neg(\alpha\to\beta)\to\neg\neg\neg\neg(\alpha\to\beta)))\to$
$(\neg\neg\neg(\alpha\to\beta)\to(\neg\neg\neg(\alpha\to\beta)\to\neg(\alpha\to\beta)))$ (M)㊱㊲

㊴ $\neg\neg\neg(\alpha\to\beta)\to(\neg\neg\neg(\alpha\to\beta)\to\neg(\alpha\to\beta))$ (M)㉝㊳

㊵ $(\neg\neg\neg(\alpha\to\beta)\to(\neg\neg\neg(\alpha\to\beta)\to\neg(\alpha\to\beta)))\to$
$((\neg\neg\neg(\alpha\to\beta)\to\neg\neg\neg(\alpha\to\beta))\to(\neg\neg\neg(\alpha\to\beta)\to\neg(\alpha\to\beta)))$ (A2)

㊶ $(\neg\neg\neg(\alpha\to\beta)\to\neg\neg\neg(\alpha\to\beta))\to(\neg\neg\neg(\alpha\to\beta)\to\neg(\alpha\to\beta))$ (M)㊴㊵

㊷ $\neg\neg\neg(\alpha\to\beta)\to((\beta\to\neg\neg\neg(\alpha\to\beta))\to\neg\neg\neg(\alpha\to\beta))$ (A1)

㊸ $(\neg\neg\neg(\alpha\to\beta)\to((\beta\to\neg\neg\neg(\alpha\to\beta))\to\neg\neg\neg(\alpha\to\beta)))\to$
$((\neg\neg\neg(\alpha\to\beta)\to(\beta\to\neg\neg\neg(\alpha\to\beta)))\to(\neg\neg\neg(\alpha\to\beta)\to\neg\neg\neg(\alpha\to\beta)))$ (A2)

㊹ $(\neg\neg\neg(\alpha\to\beta)\to(\beta\to\neg\neg\neg(\alpha\to\beta)))\to(\neg\neg\neg(\alpha\to\beta)\to\neg\neg\neg(\alpha\to\beta))$ (M)㊷㊸

㊺ $\neg\neg\neg(\alpha\to\beta)\to(\beta\to\neg\neg\neg(\alpha\to\beta))$ (A1)

㊻ $\neg\neg\neg(\alpha\to\beta)\to\neg\neg\neg(\alpha\to\beta)$ (M)㊹㊺

㊼ $\neg\neg\neg(\alpha\to\beta)\to\neg(\alpha\to\beta)$ (M)㉒㊻

㊽ $(\neg\neg\neg(\alpha\to\beta)\to\neg(\alpha\to\beta))\to((\alpha\to\beta)\to\neg\neg(\alpha\to\beta))$ (A3)

㊾ $(\alpha\to\beta)\to\neg\neg(\alpha\to\beta)$ (M)㊼㊽

㊿ $((\alpha\to\beta)\to\neg\neg(\alpha\to\beta))\to(\neg\neg\beta\to((\alpha\to\beta)\to\neg\neg(\alpha\to\beta)))$ (A1)

㉛ $\neg\neg\beta\to((\alpha\to\beta)\to\neg\neg(\alpha\to\beta))$ (M)㊾㊿

㉜ $(\neg\neg\beta\to((\alpha\to\beta)\to\neg\neg(\alpha\to\beta)))\to$
$((\neg\neg\beta\to(\alpha\to\beta))\to(\neg\neg\beta\to\neg\neg(\alpha\to\beta)))$ (A2)

㉝ $(\neg\neg\beta\to(\alpha\to\beta))\to(\neg\neg\beta\to\neg\neg(\alpha\to\beta))$ (M)㉛㉜

㉞ $\neg\neg\beta\to\neg\neg(\alpha\to\beta)$ (M)㉖㉝

㉟ $(\neg\neg\beta\to\neg\neg(\alpha\to\beta))\to(\neg(\alpha\to\beta)\to\neg\beta)$ (A3)

㊱ $\neg(\alpha\to\beta)\to\neg\beta$ (M)㉞㉟

㊲ $\neg(\alpha\to\beta)$ （前提）

㊳ $\neg\beta$ (M)㊱㊲

16. 证：

(1) 只要在 P 中证明$\neg(\alpha\to\beta)\to\gamma,\alpha,\neg\beta\vdash\gamma$. 下证之.

① $\alpha\to(\neg\beta\to\neg(\alpha\to\beta))$ （已证））

② α （前提）

③ $\neg\beta\to\neg(\alpha\to\beta)$ (M)①②

	④ $\neg\beta$	(前提)
	⑤ $\neg(\alpha\to\beta)$	(M)③④
	⑥ $\neg(\alpha\to\beta)\to\gamma$	(前提)
	⑦ γ	(M)⑤⑥

(2) 只要在 P 中证明 $\alpha\to(\beta\to\neg\alpha),\alpha\vdash\neg\beta$. 下用三种方法证之.

证法一 ① $\alpha\to(\beta\to\neg\alpha)$ (前提)
     ② α (前提)
     ③ $\beta\to\neg\alpha$ (M)①②
     ④ $\neg\neg\beta\to\beta$ (已证)
     ⑤ $(\beta\to\neg\alpha)\to(\neg\neg\beta\to(\beta\to\neg\alpha))$ (A1)
     ⑥ $\neg\neg\beta\to(\beta\to\neg\alpha)$ (M)③⑤
     ⑦ $(\neg\neg\beta\to(\beta\to\neg\alpha))\to((\neg\neg\beta\to\beta)\to(\neg\neg\beta\to\neg\alpha))$ (A2)
     ⑧ $(\neg\neg\beta\to\beta)\to(\neg\neg\beta\to\neg\alpha)$ (M)⑥⑦
     ⑨ $\neg\neg\beta\to\neg\alpha$ (M)④⑧
     ⑩ $(\neg\neg\beta\to\neg\alpha)\to(\alpha\to\neg\beta)$ (A3)
     ⑪ $\alpha\to\neg\beta$ (M)⑨⑩
     ⑫ $\neg\beta$ (M)②⑪

证法二 ① $\alpha\to(\beta\to\neg\alpha)$ (前提)
     ② α (前提)
     ③ $\beta\to\neg\alpha$ (M)①②
     ④ $\neg\neg\beta\to\beta$ (已证)
     ⑤ $(\neg\neg\beta\to\beta)\to((\beta\to\neg\alpha)\to(\neg\neg\beta\to\neg\alpha))$ (已证)
     ⑥ $(\beta\to\neg\alpha)\to(\neg\neg\beta\to\neg\alpha)$ (M)④⑤
     ⑦ $\neg\neg\beta\to\neg\alpha$ (M)③⑥
     ⑧ $(\neg\neg\beta\to\neg\alpha)\to(\alpha\to\neg\beta)$ (A3)
     ⑨ $\alpha\to\neg\beta$ (M)⑦⑧
     ⑩ $\neg\beta$ (M)②⑨

证法三 ① $\alpha\to(\beta\to\neg\alpha)$ (前提)
     ② α (前提)
     ③ $\beta\to\neg\alpha$ (M)①②
     ④ $(\beta\to\neg\alpha)\to(\neg\neg\alpha\to\neg\beta)$ (已证)
     ⑤ $\neg\neg\alpha\to\neg\beta$ (M)③④
     ⑥ $\alpha\to\neg\neg\alpha$ (已证)
     ⑦ $\neg\neg\alpha$ (M)②⑥
     ⑧ $\neg\beta$ (M)⑤⑦

(3) 只要在 P 中证明 $(\neg\alpha\to\beta)\to\gamma,\alpha\vdash\gamma$. 下证之.

     ① $\alpha\to\neg\neg\alpha$ (已证)
     ② α (前提)
     ③ $\neg\neg\alpha$ (M)①②

④ $\neg\neg\alpha \to (\neg\alpha \to \beta)$ （已证）
⑤ $\neg\alpha \to \beta$ （M）③④
⑥ $(\neg\alpha \to \beta) \to \gamma$ （前提）
⑦ γ （M）⑤⑥

17. 证：

(1) 下用两种证法证之.

证法一 先证 $(\alpha \to \beta) \to \beta, \neg\alpha \vdash \neg(\beta \to \alpha)$.

① $\neg\alpha$ （前提）
② $\neg\alpha \to (\alpha \to \beta)$ （已证）
③ $\alpha \to \beta$ （M）①②
④ $(\alpha \to \beta) \to \beta$ （前提）
⑤ β （M）③④
⑥ $\beta \to (\neg\alpha \to \neg(\beta \to \alpha))$ （已证）
⑦ $\neg\alpha \to \neg(\beta \to \alpha)$ （M）⑤⑥
⑧ $\neg(\beta \to \alpha)$ （M）①⑦

再证 $(\alpha \to \beta) \to \beta \vdash (\beta \to \alpha) \to \alpha$.

由演绎定理得 $\vdash ((\alpha \to \beta) \to \beta) \to (\neg\alpha \to \neg(\beta \to \alpha))$. 由于 $\vdash (\neg\alpha \to \neg(\beta \to \alpha)) \to ((\beta \to \alpha) \to \alpha)$，由（Tr）得 $\vdash ((\alpha \to \beta) \to \beta) \to ((\beta \to \alpha) \to \alpha)$. 从而由演绎定理的逆定理知 $(\alpha \to \beta) \to \beta \vdash (\beta \to \alpha) \to \alpha$.

证法二 只要证 $(\alpha \to \beta) \to \beta, \beta \to \alpha \vdash \alpha$.

① $(\alpha \to \beta) \to \beta$ （前提）
② $\beta \to \alpha$ （前提）
③ $((\alpha \to \beta) \to \beta) \to ((\beta \to \alpha) \to ((\alpha \to \beta) \to \alpha))$ （已证）
④ $(\beta \to \alpha) \to ((\alpha \to \beta) \to \alpha)$ （M）①③
⑤ $(\alpha \to \beta) \to \alpha$ （M）②④
⑥ $\neg\alpha \to (\alpha \to \beta)$ （已证）
⑦ $(\neg\alpha \to (\alpha \to \beta)) \to (((\alpha \to \beta) \to \alpha) \to (\neg\alpha \to \alpha))$ （已证）
⑧ $((\alpha \to \beta) \to \alpha) \to (\neg\alpha \to \alpha)$ （M）⑥⑦
⑨ $\neg\alpha \to \alpha$ （M）⑤⑧
⑩ $(\neg\alpha \to \alpha) \to \alpha$ （已证）
⑪ α （M）⑨⑩

(2) 下列三种方法证之.

证法一 先证 $(\alpha \to \beta) \to \gamma, \neg\gamma \vdash \neg(\alpha \to \gamma)$.

① $\neg\gamma$ （前提）
② $(\alpha \to \beta) \to \gamma$ （前提）
③ $((\alpha \to \beta) \to \gamma) \to (\neg\gamma \to \neg(\alpha \to \beta))$ （已证）
④ $\neg\gamma \to \neg(\alpha \to \beta)$ （M）②③
⑤ $\neg(\alpha \to \beta)$ （M）①④
⑥ $\neg\alpha \to (\alpha \to \beta)$ （已证）
⑦ $(\neg\alpha \to (\alpha \to \beta)) \to (\neg(\alpha \to \beta) \to \neg\neg\alpha)$ （已证）

⑧ $\neg(\alpha \to \beta) \to \neg\neg\alpha$ (M)⑥⑦
⑨ $\neg\neg\alpha$ (M)⑤⑧
⑩ $\neg\neg\alpha \to \alpha$ (已证)
⑪ α (M)⑨⑩
⑫ $\alpha \to (\neg\gamma \to \neg(\alpha \to \gamma))$ (已证)
⑬ $\neg\gamma \to \neg(\alpha \to \gamma)$ (M)⑪⑫
⑭ $\neg(\alpha \to \gamma)$ (M)①⑬

再证 $(\alpha \to \beta) \to \gamma \vdash (\alpha \to \gamma) \to \gamma$ 如下：

由演绎定理知：$\vdash ((\alpha \to \beta) \to \gamma) \to (\neg\gamma \to \neg(\alpha \to \gamma))$. 由于 $\vdash (\neg\gamma \to \neg(\alpha \to \gamma)) \to ((\alpha \to \gamma) \to \gamma)$，故 $\vdash ((\alpha \to \beta) \to \gamma) \to ((\alpha \to \gamma) \to \gamma)$. 从而有 $(\alpha \to \beta) \to \gamma \vdash (\alpha \to \gamma) \to \gamma$.

证法二 先证 $(\alpha \to \beta) \to \gamma, \alpha \to \gamma \vdash \neg\gamma \to \gamma$，

只要证 $(\alpha \to \beta) \to \gamma, \alpha \to \gamma, \neg\gamma \vdash \gamma$

① $\neg\gamma$ (前提)
② $\alpha \to \gamma$ (前提)
③ $(\alpha \to \gamma) \to (\neg\gamma \to \neg\alpha)$ (已证)
④ $\neg\gamma \to \neg\alpha$ (M)②③
⑤ $\neg\alpha$ (M)①④
⑥ $\neg\alpha \to (\alpha \to \beta)$ (已证)
⑦ $\alpha \to \beta$ (M)⑤⑥
⑧ $(\alpha \to \beta) \to \gamma$ (前提)
⑨ γ (M)⑦⑧

再证 $(\alpha \to \beta) \to \gamma \vdash (\alpha \to \gamma) \to \gamma$，只要证 $(\alpha \to \beta) \to \gamma, (\alpha \to \gamma) \vdash \gamma$.

① $\neg\gamma \to \gamma$ (上证)
② $(\neg\gamma \to \gamma) \to \gamma$ (已证)
③ γ (M)①②

证法三 只要证 $(\alpha \to \beta) \to \gamma, (\alpha \to \gamma) \vdash \gamma$.

① $(\neg\alpha \to (\alpha \to \beta)) \to (((\alpha \to \beta) \to \gamma) \to (\neg\alpha \to \gamma))$ (已证)
② $\neg\alpha \to (\alpha \to \beta)$ (已证)
③ $((\alpha \to \beta) \to \gamma) \to (\neg\alpha \to \gamma)$ (M)①②
④ $(\alpha \to \beta) \to \gamma$ (前提)
⑤ $\neg\alpha \to \gamma$ (M)③④
⑥ $\alpha \to \gamma$ (前提)
⑦ $(\alpha \to \gamma) \to ((\neg\alpha \to \gamma) \to \gamma)$ (已证)
⑧ $(\neg\alpha \to \gamma) \to \gamma$ (M)⑥⑦
⑨ γ (M)⑤⑧

(3) 只要证 $(\alpha \to \beta) \to \gamma, \gamma \to \alpha, \alpha' \vdash \alpha$

① $((\alpha \to \beta) \to \gamma) \to ((\gamma \to \alpha) \to ((\alpha \to \beta) \to \alpha))$ (已证)
② $(\alpha \to \beta) \to \gamma$ (前提)

③ $(\gamma \rightarrow \alpha) \rightarrow ((\alpha \rightarrow \beta) \rightarrow \alpha)$ (M)①②

④ $\gamma \rightarrow \alpha$ (前提)

⑤ $(\alpha \rightarrow \beta) \rightarrow \alpha$ (M)③④

⑥ $(\neg \alpha \rightarrow (\alpha \rightarrow \beta)) \rightarrow (((\alpha \rightarrow \beta) \rightarrow \alpha) \rightarrow (\neg \alpha \rightarrow \alpha))$ (已证)

⑦ $\neg \alpha \rightarrow (\alpha \rightarrow \beta)$ (已证)

⑧ $((\alpha \rightarrow \beta) \rightarrow \alpha) \rightarrow (\neg \alpha \rightarrow \alpha)$ (M)⑥⑦

⑨ $\neg \alpha \rightarrow \alpha$ (M)⑤⑧

⑩ $(\neg \alpha \rightarrow \alpha) \rightarrow \alpha$ (已证)

⑪ α (M)⑨⑩

18. 证：利用 N 和 P 的等价性可证.

19. 证：利用 N 和 P 的等价性可证.

20. 证：利用 N 和 P 的等价性可证.下面对只含 $\neg$、$\rightarrow$ 的式子重新进行证明.

(5) 用三种证法证之.

证法一 先证 $\alpha \rightarrow (\alpha \rightarrow \beta), \alpha \vdash \beta$.

① α (前提)

② $\alpha \rightarrow (\alpha \rightarrow \beta)$ (前提)

③ $\alpha \rightarrow \beta$ (M)①②

④ β (M)①③

再证 $\alpha \rightarrow (\alpha \rightarrow \beta) \vdash \neg \beta \rightarrow \neg \alpha$.

由演绎定理知 $\vdash (\alpha \rightarrow (\alpha \rightarrow \beta)) \rightarrow (\alpha \rightarrow \beta)$. 而 $\vdash (\alpha \rightarrow \beta) \rightarrow (\neg \beta \rightarrow \neg \alpha)$，故 $\vdash (\alpha \rightarrow (\alpha \rightarrow \beta)) \rightarrow (\neg \beta \rightarrow \neg \alpha)$. 由演绎定理的逆定理得 $\alpha \rightarrow (\alpha \rightarrow \beta) \vdash \neg \beta \rightarrow \neg \alpha$.

证法二 先证 $\alpha \rightarrow (\alpha \rightarrow \beta), \neg \beta \vdash \alpha \rightarrow \neg \alpha$, 只要证 $\alpha \rightarrow (\alpha \rightarrow \beta), \neg \beta, \alpha \vdash \neg \alpha$.

① α (前提)

② $\alpha \rightarrow (\alpha \rightarrow \beta)$ (前提)

③ $\alpha \rightarrow \beta$ (M)①②

④ β (M)①③

⑤ $\neg \beta$ (前提)

⑥ $\neg \beta \rightarrow (\beta \rightarrow \neg \alpha)$ (已证)

⑦ $\beta \rightarrow \neg \alpha$ (M)⑤⑥

⑧ $\neg \alpha$ (M)④⑦

再证 $\alpha \rightarrow (\alpha \rightarrow \beta) \vdash \neg \beta \rightarrow \neg \alpha$, 只要证 $\alpha \rightarrow (\alpha \rightarrow \beta), \neg \beta \vdash \neg \alpha$.

① $\alpha \rightarrow \neg \alpha$ (上面证明)

② $\neg \alpha \rightarrow \neg \alpha$ (已证)

③ $(\alpha \rightarrow \neg \alpha) \rightarrow ((\neg \alpha \rightarrow \neg \alpha) \rightarrow \neg \alpha)$ (已证)

④ $(\neg \alpha \rightarrow \neg \alpha) \rightarrow \neg \alpha$ (M)①③

⑤ $\neg \alpha$ (M)②④

证法三 只要证 $\alpha \rightarrow (\alpha \rightarrow \beta), \neg \beta, \alpha \vdash \neg \alpha$.

① $\alpha \rightarrow (\alpha \rightarrow \beta)$ (前提)

② $\neg \alpha \rightarrow (\alpha \rightarrow \beta)$ (已证)

③ $(\alpha\to(\alpha\to\beta))\to((\neg\alpha\to(\alpha\to\beta))\to(\alpha\to\beta))$ (已证)
④ $(\neg\alpha\to(\alpha\to\beta))\to(\alpha\to\beta)$ (M)①③
⑤ $\alpha\to\beta$ (M)②④
⑥ $(\alpha\to\beta)\to(\neg\beta\to\neg\alpha)$ (已证)
⑦ $\neg\beta\to\neg\alpha$ (M)⑤⑥
⑧ $\neg\beta$ (前提)
⑧ $\neg\alpha$ (M)⑦⑧

(6) 只要证 $\alpha\to\beta,\neg(\beta\to\gamma)\to\neg\alpha,\alpha\vdash\gamma$.
① $\alpha\to\beta$ (前提)
② α (前提)
③ β (M)①②
④ $\neg(\beta\to\gamma)\to\neg\alpha$ (前提)
⑤ $(\neg(\beta\to\gamma)\to\neg\alpha)\to(\alpha\to(\beta\to\gamma))$ (A3)
⑥ $\alpha\to(\beta\to\gamma))$ (M)④⑤
⑦ $\beta\to\gamma$ (M)②⑥
⑧ γ (M)③⑦

(7)
① $\neg\alpha\to(\alpha\to\beta)$ (已证)
② $(\alpha\to\beta)\to\alpha$ (前提)
③ $(\neg\alpha\to(\alpha\to\beta))\to(((\alpha\to\beta)\to\alpha)\to(\neg\alpha\to\alpha))$ (已证)
④ $((\alpha\to\beta)\to\alpha)\to(\neg\alpha\to\alpha)$ (M)①③
⑤ $\neg\alpha\to\alpha$ (M)②④
⑥ $(\neg\alpha\to\alpha)\to\alpha$ (已证)
⑦ α (M)⑤⑥

(10) 只要证 $\neg(\alpha\to\beta),\beta\vdash\alpha$.
① $\beta\to(\alpha\to\beta)$ (A1)
② β (前提)
③ $\alpha\to\beta$ (已证)
④ $\neg(\alpha\to\beta)$ (前提)
⑤ $\neg(\alpha\to\beta)\to((\alpha\to\beta)\to\alpha)$ (已证)
⑥ $(\alpha\to\beta)\to\alpha$ (M)④⑤
⑦ α (M)③⑥

21. 证：**证法一** 设 v 是一个 P 的一个赋值，则对 P 中任意公式 α,β，

(1) $v(\neg\alpha)=1-v(\alpha)$，从而 $v(\alpha)=0$ 时，$v(\neg\alpha)=1$；$v(\alpha)=1$ 时，$v(\neg\alpha)=0$，即 $v(\neg\alpha)\neq v(\alpha)$.

(2) $v(\alpha\to\beta)=\max\{1-v(\alpha),v(\beta)\}$. 从而 $v(\alpha\to\beta)=0$ 当且仅当 $1-v(\alpha)=0$ 且 $v(\beta)=0$，当且仅当 $v(\alpha)=1$ 且 $v(\beta)=0$.

证法二 设 $v:F_P\to\{0,1\}$ 是满足上述条件(1)和(2)的一个映射，则 v 首先是 P 的一个指派.

(1) 当 $v(\alpha)=0$ 时，$v(\neg\alpha)\neq 0$，而 $v(\neg\alpha)\in\{0,1\}$，从而 $v(\neg\alpha)=1$. 类似地，当 $v(\alpha)=1$ 时，$v(\neg\alpha)=0$. 总之，$v(\neg\alpha)=1-v(\alpha)$.

(2) $v(\alpha\rightarrow\beta)=0$ 当且仅当 $v(\alpha)=1$ 且 $v(\beta)=0$，当且仅当 $\max\{1-v(\alpha),v(\beta)\}=0$. 从而 $v(\alpha\rightarrow\beta)=1$ 当且仅当 $v(\alpha\rightarrow\beta)\neq 0$，当且仅当 $\max\{1-v(\alpha),v(\beta)\}\neq 0$，当且仅当 $\max\{1-v(\alpha),v(\beta)\}=1$. 总之，$v(\alpha\rightarrow\beta)=\max\{1-v(\alpha),v(\beta)\}$.

22. 证：对任意一个指派 σ，
$$(\alpha\vee\beta)^\sigma=\max\{\alpha^\sigma,\beta^\sigma\}=\max\{(\alpha_1)^\sigma,(\beta_1)^\sigma\}=(\alpha_1\vee\beta_1)^\sigma,$$
$$(\alpha\wedge\beta)^\sigma=\min\{\alpha^\sigma,\beta^\sigma\}=\min\{(\alpha_1)^\sigma,(\beta_1)^\sigma\}=(\alpha_1\wedge\beta_1)^\sigma,$$
故 $\alpha\vee\beta\Leftrightarrow\alpha_1\vee\beta_1$，且 $\alpha\wedge\beta\Leftrightarrow\alpha_1\wedge\beta_1$.

23. **证法一** 对任一个指派 σ，无沦 $\alpha^\sigma,\beta^\sigma,\gamma^\sigma$ 的值是什么，上述命题的值都一样，如下表所示. 故他们等值.

α^σ	β^σ	γ^σ	上述公式在 σ 下的值
0	0	0	1
1	0	0	1
0	1	0	0
0	0	1	1
1	1	0	1
1	0	1	1
0	1	1	1
1	1	1	1

证法二 等值演算法.

$\neg(\alpha\vee\neg\beta)\rightarrow(\beta\rightarrow\gamma)$	式(1)
$\Leftrightarrow\neg(\neg\beta\vee\alpha)\rightarrow(\beta\rightarrow\gamma)$	第二替换定理
$\Leftrightarrow\neg(\beta\rightarrow\alpha)\rightarrow(\beta\rightarrow\gamma)$	第二替换定理
$\Leftrightarrow\neg(\beta\rightarrow\alpha)\rightarrow(\neg\beta\vee\gamma)$	第二替换定理，式(2)
$\Leftrightarrow\neg(\neg\beta\vee\gamma)\rightarrow\neg\neg(\beta\rightarrow\alpha)$	第一替换定理
$\Leftrightarrow\neg(\neg\beta\vee\gamma)\rightarrow(\beta\rightarrow\alpha)$	第二替换定理，式(4)
$\neg(\alpha\vee\neg\beta)\rightarrow(\beta\rightarrow\gamma)$	式(1)
$\Leftrightarrow(\neg\alpha\wedge\neg\neg\beta)\rightarrow(\beta\rightarrow\gamma)$	第二替换定理
$\Leftrightarrow(\neg\alpha\wedge\beta)\rightarrow(\beta\rightarrow\gamma)$	第二替换定理
$\Leftrightarrow(\neg\alpha\wedge\beta)\rightarrow(\neg\beta\vee\gamma)$	第二替换定理
$\Leftrightarrow(\neg\alpha\wedge\beta)\rightarrow(\neg\neg\beta\wedge\neg\gamma)$	第二替换定理
$\Leftrightarrow(\neg\alpha\wedge\beta)\rightarrow\neg(\beta\wedge\neg\gamma)$	第二替换定理，式(2)
$\neg(\alpha\vee\neg\beta)\rightarrow(\beta\rightarrow\gamma)$	式(1)
$\Leftrightarrow(\alpha\vee\neg\beta)\vee(\beta\rightarrow\gamma)$	第一替换定理
$\Leftrightarrow(\alpha\vee\neg\beta)\vee(\neg\beta\rightarrow\gamma)$	第二替换定理
$\Leftrightarrow\alpha\vee(\neg\beta\vee(\neg\beta\vee\gamma))$	第一替换定理，结合律
$\Leftrightarrow\alpha\vee((\neg\beta\vee\neg\beta)\vee\gamma)$	第一替换定理，结合律
$\Leftrightarrow\alpha\vee(\neg\beta\vee\gamma)$	第二替换定理，式(7)

$\quad\Leftrightarrow(\alpha\vee\neg\beta)\vee\gamma$ 　　　　　　　　　　　　　　　第一替换定理，结合律

$\quad\Leftrightarrow(\neg\beta\vee\alpha)\vee\gamma$ 　　　　　　　　　　　　　　　第二替换定理，交换律

$\quad\Leftrightarrow\neg\beta\vee(\alpha\vee\gamma)$ 　　　　　　　　　　　　　　　第一替换定理，结合律

$\quad\Leftrightarrow\beta\to(\alpha\vee\gamma)$ 　　　　　　　　　　　　　　　　第一替换定理，式(6)

$\quad\Leftrightarrow\beta\to(\neg\alpha\to\gamma).$ 　　　　　　　　　　　　　　　第一替换定理，式(5)

24. 答：δ 不一定为重言式. 举例如下：设 γ 为 $p\to(q\to p)$，$\alpha=p\to q$，则 γ 为一个重言式，α 在其中出现. 取 β 为 q，则 δ 为 $p\to q$. 但 δ 不为重言式.

25. 解：

(1) $\alpha\leftrightarrow\beta$

$\quad\Leftrightarrow(\alpha\to\beta)\wedge(\beta\to\alpha)$

$\quad\Leftrightarrow(\neg\alpha\vee\beta)\wedge(\neg\beta\vee\alpha)$ 　　　　　　　　　　　　（一个合取范式）

$\quad\Leftrightarrow(\neg\alpha\wedge\neg\beta)\vee(\neg\alpha\wedge\alpha)\vee(\beta\wedge\neg\beta)\vee(\beta\wedge\alpha)$

$\quad\Leftrightarrow(\neg\alpha\wedge\neg\beta)\vee(\alpha\wedge\beta).$ 　　　　　　　　　　　（一个析取范式）

(2) $((\alpha\to\beta)\to\gamma)\to\theta$

$\quad\Leftrightarrow((\neg\alpha\vee\beta)\to\gamma)\to\theta$

$\quad\Leftrightarrow\neg(\neg(\neg\alpha\vee\beta)\vee\gamma)\to\theta$

$\quad\Leftrightarrow\neg(\neg(\neg\alpha\vee\beta)\vee\gamma)\vee\theta$

$\quad\Leftrightarrow(\neg\neg(\neg\alpha\vee\beta)\wedge\neg\gamma)\vee\theta$

$\quad\Leftrightarrow((\neg\alpha\vee\beta)\wedge\neg\gamma)\vee\theta$

$\quad\Leftrightarrow(\neg\alpha\wedge\neg\gamma)\vee(\beta\wedge\neg\gamma)\vee\theta$ 　　　　　　　　　　（一个析取范式）

$\quad\Leftrightarrow(\neg\alpha\vee\beta\vee\theta)\wedge(\neg\gamma\vee\theta).$ 　　　　　　　　　　（一个合取范式）

(3) $\alpha\to(\neg\beta\to\gamma)$

$\quad\Leftrightarrow\neg\alpha\vee\beta\vee\gamma.$ 　　　　　　　　　　　　　　　（析取范式，也是合取范式）

26. 解：使 f 的值为 1 的自变量的值为：$(0,0,0),(0,1,0),(0,1,1),(1,1,0)$. 从而表示 f 的一个析取范式为

$$(\neg p\wedge\neg q\wedge\neg r)\vee(\neg p\wedge q\wedge\neg r)\vee(\neg p\wedge q\wedge r)\vee(p\wedge q\wedge\neg r).$$

使 f 的值为 0 的自变量的值为 $(1,0,0),(0,0,1),(1,0,1),(1,1,1)$. 从而表示 f 的一个合取范式为

$$(\neg p\vee q\vee r)\wedge(p\vee q\vee\neg r)\wedge(\neg p\vee q\vee\neg r)\wedge(\neg p\wedge\neg q\vee\neg r).$$

27. 证：假设推论 26.12 成立，下证定理 26.34 成立，用反证法. 假如存在一个公式 α 满足：$\vdash\alpha$ 且 $\vdash\neg\alpha$. 则对任意公示 β，由于 $\vdash\neg\alpha\to(\alpha\to\beta)$，故 $\vdash\beta$，与推论 26.12 矛盾. 证毕.

28. 证：与可靠性的证明类似. 因 $\Sigma\vdash_P\alpha$，故在 P 中有在前提 σ 下证明 α 的证明序列

$$\alpha_1,\alpha_2,\cdots,\alpha_n(=\alpha).$$

对 P 的任意指派 σ，下对 i 归纳证明 $(\alpha_i)^\sigma=1$. 从而 $\alpha^\sigma=(\alpha_n)^\sigma=1$. 从而 $\alpha^\sigma=(\alpha_n)^\sigma=1$.

(1) 当 $i=1$ 时，α_1 是 P 的一个分理或者 $\alpha_1\in\Sigma$.

若 α_1 是 P 的一个公理，由可靠性知：$(\alpha_1)^\sigma=1$.

若 $\alpha_1\in\Sigma$，有题设知 $(\alpha_1)^\sigma=1$.

(2) 设命题对满足 $1\leqslant i<k$ 的所有 i 都成立. 下证命题当 $i=k$ 时也成立.

若 α_k 是 P 的一个公理或者 $\alpha_k\in\Sigma$，仿(1)可证.

若 α_k 是由 α_j 和 α_l 利用分离规则得到的，不妨设 α_l 为 $\alpha_l \to \alpha_k$。由归纳假设知：$(\alpha_j)^\sigma = 1$，$(\alpha_j \to \alpha_k)^\sigma = 1$。从而 $(\alpha_k)^\sigma = 1$。

归纳证毕，命题成立。

29．答：易见只有(1)，(4)，(6)是重言式，故是内定理，其余都不是。

Ⅲ．补充习题

1. 设 $\alpha(q,r)$ 和 $\beta(q,r)$ 是两个二元命题形式，试证明：存在三元命题形式 $\gamma(p,q,r)$，使得 $\gamma(0,q,r) \Leftrightarrow \alpha(q,r)$ 且 $\gamma(1,q,r) \Leftrightarrow \beta(q,r)$。

2. 写出下列公式在 P 中的一个证明序列。

(1) $\neg\alpha \to (\alpha \to \beta)$；

(2) $\alpha \to (\beta \to \gamma) \vdash \beta \to (\alpha \to \gamma)$。

3. 令 P^+ 是在命题演算形式系统 P 中增加如下命题公式作为公理得到的形式系统：
$$(\neg\alpha \to \beta) \to (\alpha \to \neg\beta).$$
证明：P^+ 中存在公式 γ 使得 $\vdash_{P^+} \gamma$ 且 $\vdash_{P^+} \neg\gamma$。

4. 设 Σ 和 α 分别为 P 中的公式集和公式。如果对 P 的任意指派 σ，当 Σ 中的所有公式在 σ 下的值都为真时，α 在 σ 下的值也为真，则称 Σ 语义推出 α，记为 $\Sigma \models \alpha$。试证明：若 $\Sigma \vdash \alpha$，则 $\Sigma \models \alpha$。

5. 设 Σ 和 α 分别为 P 中的公式集和公式。如果不存在 P 中的公式 β 使得 $\Sigma \vdash \beta$ 且 $\Sigma \vdash \neg\beta$，对称 Σ 在 P 中是和谐的。试证明：如果存在 P 的指派 σ 使得 Σ 中的每个公式在 σ 下的值都为真，则 Σ 在 P 中是和谐的。

6. 若 $\alpha \vee \beta$ 是 N 的内定理，问 α 或 β 中是否至少有一个是也是 N 的内定理。若回答是，请予证明，若回答不是，请举反例。

Ⅳ．补充习题解答

1. 证：令 $\gamma(p,q,r) = (\neg p \to \alpha) \wedge (p \to \beta)$，则
$$\gamma(0,q,r) = (1 \to \alpha) \wedge (0 \to \beta)$$
$$\Leftrightarrow (1 \to \alpha) \wedge 1$$
$$\Leftrightarrow 1 \to \alpha$$
$$\Leftrightarrow \alpha.$$

同理：$\gamma(1,q,r) \Leftrightarrow \beta$。

另解 1：也可令 $\gamma(p,q,r) = (p \vee \alpha) \wedge (\neg p \vee \beta)$。

另解 2：也可令 $\gamma(p,q,r) = (\neg p \wedge \alpha) \wedge (p \wedge \beta)$。

2. 证：

(1) ① $\neg\alpha \to (\neg\beta \to \neg\alpha)$ (A1)

② $(\neg\beta \to \neg\alpha) \to (\alpha \to \beta)$ (A3)

③ $((\neg\beta \to \neg\alpha) \to (\alpha \to \beta)) \to (\neg\alpha \to ((\neg\beta \to \neg\alpha) \to (\alpha \to \beta)))$ (A1)

④ $\neg\alpha \to ((\neg\beta \to \neg\alpha) \to (\alpha \to \beta))$ (M)②③

⑤ $(\neg\alpha \to ((\neg\beta \to \neg\alpha) \to (\alpha \to \beta)))((\neg\alpha \to (\neg\beta \to \neg\alpha)) \to (\neg\alpha \to (\alpha \to \beta)))$ (A2)

⑥ $(\neg\alpha \to (\neg\beta \to \neg\alpha)) \to (\neg\alpha \to (\alpha \to \beta))$ (M)④⑤

⑦ $\neg\alpha \to (\neg\beta \to \neg\alpha)$ (A1)

⑧ $\neg\alpha \to (\alpha \to \beta)$ (M)⑥⑦

(2) ① $\alpha \to (\beta \to \gamma)$ (前提)

② $(\alpha \to (\beta \to \gamma)) \to ((\alpha \to \beta) \to (\alpha \to \gamma))$ (A2)

③ $((\alpha \to \beta) \to (\alpha \to \gamma))$ (M)①②

④ $((\alpha \to \beta) \to (\alpha \to \gamma)) \to (\beta \to ((\alpha \to \beta) \to (\alpha \to \gamma)))$ (A1)

⑤ $(\beta \to ((\alpha \to \beta) \to (\alpha \to \gamma)))$ (M)③④

⑥ $(\beta \to ((\alpha \to \beta) \to (\alpha \to \gamma))) \to ((\beta \to (\alpha \to \beta)) \to (\beta \to (\alpha \to \gamma)))$ (A3)

⑦ $(\beta \to (\alpha \to \beta)) \to (\beta \to (\alpha \to \gamma))$ (A1)

⑧ $(\beta \to (\alpha \to \beta))$ (A1)

⑨ $\beta \to (\alpha \to \gamma)$ (M)⑦⑧

3. 证：令 $\gamma = \alpha \to (\beta \to \alpha)$，即取 γ 为 P 的公理（A1），则 γ 也为 P^+ 的公理. 从而 $\vdash_{P^+} \gamma$. 下面给出 $\neg\gamma$ 在 P^+ 中的证明序列，则 $\vdash_{P^+} \neg\gamma$. 从而 $\alpha \to (\beta \to \alpha)$ 即为所求.

① γ (A1)

② $\gamma \to (\neg\gamma \to \gamma)$ (A1)

③ $\neg\gamma \to \gamma$ (M)①②

④ $(\neg\gamma \to \gamma) \to (\gamma \to \neg\gamma)$ (新公理)

⑤ $\gamma \to \neg\gamma$ (M)③④

⑥ $\neg\gamma$ (M)①⑤

4. 证法一 因 $\Sigma \vdash_P \alpha$，故存在 Σ 的一个有限子集 Σ_0 使得 $\Sigma_0 \vdash_P \alpha$.

令 $\Sigma_0 = \{\alpha_1, \alpha_2, \cdots, \alpha_n\}$，则由演绎定理知：$\vdash \alpha_1 \to \alpha_1 \to \cdots \to \alpha_n \to \alpha$. 由可靠性定理知：

$$\vdash \alpha_1 \to \alpha_2 \to \cdots \to \alpha_n \to \alpha \qquad (*)$$

为证 $\Sigma \models \alpha$，设 σ 是使 Σ 中所有公式都为真的任意指派，从而使得 $\alpha_1, \alpha_2, \cdots, \alpha_n$ 都为真，由 $(*)$ 知：$\alpha^\sigma = 1$，由 σ 的任意性知：$\Sigma \models \alpha$.

证法二 因 $\Sigma \vdash \alpha$，故存在 $\Sigma \vdash \alpha$ 在 P 中的一个证明序列：

$$\alpha_1, \alpha_2, \cdots, \alpha_n (= \alpha).$$

下面对 i 归纳证明：$\Sigma \models \alpha_i$，即证：对使 Σ 中所有公式都为真的任一个指派 σ，$(\alpha_i)^\sigma = 1$.

(1) 当 $i = 1$ 时，则 α_1 是公理或 $\alpha_1 \in \Sigma$. 无论哪种情况，$(\alpha_i)^\sigma = 1$.

(2) 设当 $i < k$ 时，命题成立，下证 $i = k$ 时命题也成立.

① 若 α_k 是公理或 $\alpha_k \in \Sigma$，类似(1)可证明.

② 设 α_k 是由 α_j 和 α_l 用(M)得到的，不妨设 $\alpha_l = \alpha_j \to \alpha_k$. 由归纳假设知：$\Sigma \models \alpha_j$，$\Sigma \models \alpha_j \to \alpha_k$. 从而 $(\alpha_j)^\sigma = 1$，$(\alpha_j \to \alpha_k)^\sigma = 1$，故 $(\alpha_k)^\sigma = 1$.

归纳完毕.

5. (反证法) 若 Σ 在 P 中不和谐，则存在 P 中公式 β 使 $\Sigma \vdash \beta$ 且 $\Sigma \vdash \neg\beta$. 由上例知：$\Sigma \models \beta$ 且 $\Sigma \models \neg\beta$. 由于 σ 使得 Σ 中的每个公式在 σ 下的值都为真，故 $\beta^\sigma = 1$ 且 $(\neg\beta)^\sigma = 1$，矛盾.

6. 答： $\alpha \lor \beta$ 不一定是内定理. 反例如下：令 α 和 β 分别是 p 和 $\neg p$，其中 p 是一个便是变元. 则 $\alpha \lor \beta$ 是永真式，从而是内定理. 但 p 和 $\neg p$ 都不是内定理.

第二十七章 一阶谓词演算

Ⅰ. 习题二十七

1. 将下列命题用一阶语言的公式来表示(要求写出所在的一阶语言).

(1) 没有不犯错误的人;

(2) 努力奋斗的人终究会成功;

(3) 并不是所有的人都一样高;

(4) 0 小于任何正整数;

(5) 对所有的 x,$x+0=x$;

(6) 对所有的 x,存在唯一的 y,使得 $x+y=0$;

(7) 存在唯一的 x,使得 $x+y=y$ 对所有的 y 成立;

(8) 不存在大于每个实数的数;

(9) 每个数都是奇数或偶数;

(10) 单调有界数列都有收敛的子序列;

(11) 可导的函数一定连续,但连续的函数不一定可导;

(12) 两个函数相等当且仅当这两个函数的定义域相等,值域也相等,且定义域中的每个元素在它们下的像也相等.

2. 用一阶语言描述偏序关系.

3. 在下列一阶公式中,变元的各处出现是自由出现还是约束出现?并据此指出各个公式的自由变元和约束变元.

(1) $\forall x_2 F_1^2(x_1,x_2) \to F_1^2(x_2,a)$;

(2) $F_1^1(x_3) \to \neg \forall x_1 \forall x_2 F_2^2(x_1,x_2)$;

(3) $\forall x_1 F_1^1(x_1) \to \forall x_2 F_2^2(x_1,x_2)$;

(4) $\forall x_2(F_1^2(f_1^2(x_1,x_2),x_1) \to \forall x_1 F_2^2(x_3,f_2^2(x_1,x_2)))$;

(5) $\forall x_1 F_1^1(x_2) \to \forall x_2 F_2^2(x_1)$.

4. 设 α 是下列公式之一, t 是项 $f_1^2(x_1,x_2)$, 试写出 $\alpha(x_1/t)$, 并判断 t 对 x_1 在 α 中是否自由.

(1) $\exists x_2 F_1^2(f_1^2(x_1,x_2),x_2) \to F_2^1(x_1)$;

(2) $\forall x_1(F^1(x_3) \to F^1(x_1))$;

(3) $\forall x_2 F_1^1(f_1^1(x_2)) \to \exists x_3 F_2^3(x_1,x_2,x_3)$;

(4) $\exists x_2 F_1^3(x_1,f_1^1(x_2),x_3) \to \forall x_3 F_2^1(f_2^2(x_1,x_2))$;

(5) $\forall x_3(F_2^1(x_3) \to F_1^1(x_1))$.

5. 判断下列公式是否为闭公式,若不是,写出其一个全称闭式.

(1) $\exists x_1(F_1^2(x_1,x_3) \to F_2^1(x_2))$;

(2) $F_1^3(c_1,c_2,c_3) \wedge F_2^2(c_1,c_1)$;

(3) $\forall x_2 \exists x_3 F_1^2(x_1,x_2) \vee F_2^1(x_4)$.

6. 证明：若 y 对 x 在 α 中自由，且 y 不在 α 中自由出现，则 $\forall x\alpha \vdash_{N_{\mathscr{L}}} \forall y\alpha(x/y)$.

7. 证明：$\exists x\alpha \vdash_{N_{\mathscr{L}}} \neg\forall x \neg\alpha$.

8. 设 α, α' 是 $\mathscr{L}$ 中的公式. 若 $\alpha \vdash_{N_{\mathscr{L}}} \alpha'$，则：$\forall x\alpha \vdash_{N_{\mathscr{L}}} \forall x\alpha'$.

9. 证明例 27.12 的 (2),(3) 和 (4)，即 (2) $\alpha \wedge \exists x\beta \dashv\vdash \exists x(\alpha \wedge \beta)$. (3) $\alpha \vee \forall x\beta \dashv\vdash \forall x(\alpha \vee \beta)$.
(4) $\alpha \vee \exists x\beta \dashv\vdash \exists x(\alpha \vee \beta)$.

10. 证明：若 $\Gamma, \alpha \vdash_{N_{\mathscr{L}}} \beta$，则 $\Gamma, \forall x\alpha \vdash_{N_{\mathscr{L}}} \beta$.

11. 证明：若 $\Gamma, \alpha \vdash_{N_{\mathscr{L}}} \beta$，且 x 不在 Γ 的任何公式中自由出现，则 $\Gamma, \forall x\alpha \vdash_{N_{\mathscr{L}}} \forall x\beta$.

12. 证明：若 $\Gamma, \alpha \vdash_{N_{\mathscr{L}}} \beta$，且 x 不在 Γ 的任何公式中自由出现. 则 $\Gamma, \exists x\alpha \vdash_{N_{\mathscr{L}}} \exists x\beta$.

13. 证明：若 $\Gamma, \alpha \vdash_{N_{\mathscr{L}}} \beta$，且 x 不在 $\Gamma \cup \{\beta\}$ 的任何公式中自由出现，则 $\Gamma, \exists x\alpha \vdash_{N_{\mathscr{L}}} \forall x\beta$.

14. 在 $N_{\mathscr{L}}$ 中证明下列各式.

(1) $\forall x\alpha \vdash \exists x\alpha$；

(2) $\forall x(\alpha \rightarrow \beta), \exists x\alpha \vdash \exists x(\alpha \wedge \beta)$；

(3) $\forall x(\alpha \rightarrow \beta), \forall x(\beta \leftrightarrow \gamma) \vdash \forall x(\alpha \leftrightarrow \gamma)$；

(4) $\exists x y\alpha \vdash \exists y x\alpha$；

(5) $\exists x \forall y\alpha \vdash \forall y \exists x\alpha$.

15. 设 x 不在 β 中自由出现，y 不在 α 中自由出现，则：

(1) $Q_1 x\alpha \wedge Q_2 y\beta \dashv\vdash_{N_{\mathscr{L}}} Q_1 x Q_2 y(\alpha \wedge \beta)$；

(2) $Q_1 x\alpha \vee Q_2 y\beta \dashv\vdash_{N_{\mathscr{L}}} Q_1 x Q_2 y(\alpha \vee \beta)$.

其中，Q_1, Q_1 代表 $\forall$ 或 $\exists$.

16. (1) 若 $\Sigma \vdash_{N_{\mathscr{L}}} \alpha \rightarrow \beta$，问 $\Sigma \vdash_{N_{\mathscr{L}}} \forall x\alpha \rightarrow \forall x\beta$ 成立吗？

(2) 若 $\Sigma \vdash_{N_{\mathscr{L}}} \alpha \rightarrow \beta$，问 $\Sigma \vdash_{N_{\mathscr{L}}} \exists x\alpha \rightarrow \exists x\beta$ 成立吗？

17. 求下列各式的前束范式.

(1) $\forall x_1 F_1^2(x_1,x_2) \wedge \forall x_2 F_1^2(x_1,x_2)$；

(2) $\forall x_2 F_1^1(x_1) \rightarrow \exists x_1 F_1^1(x_2)$；

(3) $\forall x_1 \forall x_2 F_1^2(x_1,x_2) \rightarrow \forall x_1 \forall x_2 F_1^2(x_1,x_2)$；

(4) $\forall x_1 F_1^2(x_1,x_2) \rightarrow (\forall x_1 F_2^1(x_1) \rightarrow \exists x_2 F_1^2(x_2,x_3))$.

18. 求与下列各式等阶的 II 型前束范式.

(1) $\exists x_1 \exists x_2 F_1^2(x_1,x_2)$；

(2) $\exists x_1 \forall x_1 F_1^2(x_1,x_2)$；

(3) $\exists x_1 F_1^1(x_1) \rightarrow \exists x_2 F_1^1(x_2)$；

(4) $(\exists x_1 F_1^1(x_1) \rightarrow \exists x_2 F_1^1(x_2)) \rightarrow (\exists x_1 F_1^1(x_1) \rightarrow \exists x_2 F_1^1(x_2))$.

19. 求与下列各式等阶的 Σ 型前束范式.

(1) $\forall x_3 \exists x_1 \forall x_1 F_1^2(x_1,x_2)$；

(2) $\exists x_1 F_1^1(x_1) \rightarrow \forall x_1 \exists x_2 F_1^1(x_1,x_2)$；

(3) $\forall x_1 \forall x_2 F_1^2(x_1,x_2) \wedge \forall x_2 F_1^2(x_1,x_2)$.

20. 在 $K_{\mathscr{L}}$ 中证明下列各式.

(1) $\vdash (\exists x\alpha \vee \exists x\beta) \leftrightarrow \exists x(\alpha \vee \beta)$;

(2) $\vdash (\forall x\alpha \vee \forall x\beta) \rightarrow \forall x(\alpha \vee \beta)$;

(3) $\vdash \exists x(\alpha \wedge \beta) \rightarrow (\exists x\alpha \wedge \exists x\beta)$;

(4) $\vdash \forall x(\alpha \wedge \beta) \leftrightarrow (\forall x\alpha \wedge \forall x\beta)$;

(5) $\vdash (\forall x(\alpha \rightarrow \beta) \rightarrow (\forall x(\beta \rightarrow \gamma) \rightarrow \forall x(\alpha \rightarrow \gamma))$;

(6) $\vdash (\exists x\alpha \vee \forall x\beta) \rightarrow (\forall x\neg\alpha \rightarrow \forall x\beta)$.

21. 在 $K_{\mathscr{L}}$ 中证明下列各式.

(1) $\exists x(\alpha \rightarrow \beta) \rightarrow (\forall x\alpha \rightarrow \beta)$,　　若 x 不在 β 中自由出现.

(2) $(\forall x\alpha \rightarrow \beta) \rightarrow \exists x(\alpha \rightarrow \beta)$,　　若 x 不在 β 中自由出现.

(3) $\exists x(\alpha \rightarrow \beta) \rightarrow (\alpha \rightarrow \exists x\beta)$,　　若 x 不在 α 中自由出现.

(4) $(\alpha \rightarrow \exists x\beta) \rightarrow \exists x(\alpha \rightarrow \beta)$,　　若 x 不在 α 中自由出现.

22. 设一阶语言 $\mathscr{L} = \{F_1^2, f_1^2, f_2^2, c\}$, $\mathscr{L}$ 的一个解释 I 为

$$I = \langle Z, \{>\}, \{\times, +1\}, \{0\} \rangle.$$

对 $\mathscr{L}$ 中的下列各公式 α, 求满足 α 的一个指派 σ:

(1) $F_1^2(x_1, c)$;

(2) $F_1^2(f_1^2(x_1, x_2), x_1) \rightarrow F_1^2(c, f_1^2(x_1, x_2))$;

(3) $\neg F_1^2(x_1, f_1^2(x_1, f_1^2(x_1, f_2^1(x_2))))$;

(4) $\forall x_1 F_1^2(f_1^2(x_1, x_2), x_3)$;

(5) $\forall x_1 F_1^2(f_1^2(x_1, c), x_1) \rightarrow F_1^2(x_1, x_2)$.

23. 设一阶语言 $\mathscr{L} = \{F_1^2, f_1^2, f_2^2, f_3^1, c\}$, $\mathscr{L}$ 的一个解释 I 为

$$I = \langle N, \{=\}, \{\times, +, +1\}, \{0\} \rangle.$$

下列公式在 I 中哪些真？哪些假？

(1) $\forall x_1 F_1^2(f_1^2(c, x_1), c)$;

(2) $F_1^2(f_3^1(x_1), c))$;

(3) $\exists x_1 F_1^2(f_3^1(x_1), c))$;

(4) $\forall x_1 F_1^2(f_3^1(x_1), c))$;

(5) $\forall x_1 \exists x_2 F_1^2(x_1, f_1^2(x_1, x_2))$;

(6) $\forall x_1 \exists x_2 F_1^2(x_1, f_2^2(f_3^1(x_1), x_2))$;

(7) $\forall x_1 x_2 (F_1^2(x_1, c) \rightarrow F_1^2(f_1^2(x_1, x_2), x_2))$;

(8) $\exists x_1 F_1^2(f_3^1(x_1), c)$.

24. 设一阶语言 $\mathscr{L} = \{F_1^2, F_2^1, F_3^1\}$, 证明 $\mathscr{L}$ 中的下列公式是永真式.

(1) $\exists x_1 \forall x_2 F_1^2(x_1, x_2) \rightarrow \forall x_2 \forall x_1 \exists x_1 F_1^2(x_1, x_2)$;

(2) $\forall x_1 F_2^1(x_1) \rightarrow (\forall x_1 F_3^1(x_2) \rightarrow \forall x_2 F_2^1(x_2))$.

25. 对任意一阶公式 α, β, 证明下列公式都是永真式.

(1) $\forall x(\alpha \rightarrow \beta) \rightarrow (\alpha \rightarrow \forall x\beta)$,　　若 x 不在 α 中自由出现;

(2) $\forall x_1 \forall x_2 \alpha \rightarrow \forall x_2 \forall x_1 \alpha$.

26. 设 α,β 是 $\mathscr{L}$ 的公式,I 是 $\mathscr{L}$ 的解释,问:

(1) "$\alpha\to\beta$ 在 I 中假当且仅当 α 在 I 中真且 β 在 I 中假"成立么?

(2) "$\alpha\to\beta$ 是永假式当且仅当 α 是永真式且 β 是永假式"成立么?

若回答成立请予证明,若回答不成立请举反例.

27. 设 α 是 $\mathscr{L}$ 的公式,问:

(1) "$\{\alpha\}\models\forall x\alpha$"是否成立?

(2) 若 $\models\alpha$,则 $\models\forall x\alpha$,对否?

(3) "$\{\alpha\}\underset{M}{\models}\forall x\alpha$"是否成立?

若回答成立请予证明,若回答不成立请举反例.

28. 设 Γ,α 分别是 $\mathscr{L}$ 的公式集与公式,x 是 $K_{\mathscr{L}}$ 中的个体变元符号,问:

(1) "$\Gamma\models\alpha$ 当且仅当 $\Gamma\models\forall x\alpha$"成立么?

(2) "$\Gamma\underset{M}{\models}\alpha$ 当且仅当 $\Gamma\underset{M}{\models}\forall x\alpha$"成立么?

若回答成立请予证明,若回答不成立请举反例.

29. 设 Γ,α 分别是 $\mathscr{L}$ 的公式集与公式,请举一反例说明"若 $\Gamma\underset{M}{\models}\alpha$,则 $\Gamma\models\alpha$"不成立.

30. 设 I 是 $\mathscr{L}$ 的一个解释,σ 是 $\mathscr{L}$ 在 I 中的一个指派,令 $T_\sigma(I)=\{\alpha\mid\alpha$ 是 $K_{\mathscr{L}}$ 中公式,$I\underset{\sigma}{\models}\alpha\}$. 证明: $T_\sigma(I)$ 是 $K_{\mathscr{L}}$ 中的一个极大和谐公式集.

31. 设 Γ 是 $\mathscr{L}$ 的公式集,α 是 $\mathscr{L}$ 的公式,α' 是 α 的全称闭式. 证明若 $\Gamma\cup\{\alpha'\}$ 和谐,则 $\Gamma\cup\{\alpha\}$ 和谐.

Ⅱ. 习题解答

1. 解:

(1) 令 $\mathscr{L}=\{P^1,E^1\}$,其中,$P(x)$ 表示 x 是一个人,$E(x)$ 表示 x 犯错误,则该命题可表示为
$$\neg\exists x(P(x)\wedge\neg E(x)).$$

(2) 令 $\mathscr{L}=\{P^1,H^1,S^1\}$,其中,$P(x)$ 表示 x 是一个人,$H(x)$ 表示 x 努力奋斗,$S(x)$ 表示 x 会成功. 则该命题可表示为
$$\forall x(P(x)\to(H(x)\to S(x))).$$

(3) 令 $\mathscr{L}=\{P^1,S^2\}$,其中,$P(x)$ 表示 x 是一个人,$S(x,y)$ 表示 x 和 y 身高一样. 则该命题可表示为
$$\neg\forall x\forall y((P(x)\wedge P(y))\to S(x,y)).$$

(4) 令 $\mathscr{L}=\{P^1,G^2,0\}$,其中,$P(x)$ 表示 x 是一个正整数,$G(x,y)$ 表示 x 小于 y. 则该命题可表示为
$$\forall x(P(x)\to G(0,x)).$$

(5) 令 $\mathscr{L}=\{s^2,E^2,0\}$,其中,$s$ 表示和函数,即 $s(x,y)$ 表示 x 与 y 的和,$E(x,y)$ 表示 x 等于 y. 则该命题可表示为
$$\forall xE(s(x,0),x).$$

(6) 令 $\mathscr{L}=\{s^2,E^2,0\}$,其中,$s$ 表示和函数,即 $s(x,y)$ 表示 x 与 y 的和,$E(x,y)$ 表示 x 等于 y. 则该命题可表示为
$$\forall x\exists y(E(s(x,y),0)\wedge\forall z(E(s(x,z),0)\to E(y,z))).$$

(7) 令 $\mathscr{L}=\{s^2,E^2\}$，其中，s 表示和函数，即 $s(x,y)$ 表示 x 与 y 的和，$E(x,y)$ 表示 x 等于 y. 则该命题可表示为

$$\exists x((\forall y E(s(x,y),y)) \wedge (\forall_z((\forall y E(s(z,y),y)) \rightarrow E(x,y)))).$$

(8) 令 $\mathscr{L}=\{P^1,R^1,G^2\}$，其中，$P(x)$ 表示 x 是一个数，$R(x)$ 表示 x 是一个实数，$G(x,y)$ 表示 x 大于 y. 则该命题可表示为

$$\neg \exists x(P(x) \wedge (\forall y(R(y) \rightarrow G(x,y)))).$$

(9) 令 $\mathscr{L}=\{P^1,O^1,E^1\}$，其中，$P(x)$ 表示 x 是一个数，$O(x)$ 表示 x 是一个奇数，$E(x)$ 表示 x 是一个偶数. 则该命题可表示为

$$\forall x(P(x) \rightarrow ((O(x) \wedge \neg E(x)) \vee (E(x) \wedge \neg O(x)))).$$

(10) 令 $\mathscr{L}=\{M^1,B^1,C^1,S^2(x,y)\}$，其中：$M(x)$ 表示 x 是一个单调数列，$B(x)$ 表示 x 是一个有界数列，$C(x)$ 表示 x 是一个收敛数列，$S(x,y)$ 表示数列 y 是数列 x 的一个子序列. 则该命题可表示为

$$\forall x((M(x) \wedge B(x)) \rightarrow (\exists y(S(x,y) \wedge C(y)))).$$

(11) 令 $\mathscr{L}=\{C^1,D^1\}$，其中，$C(x)$ 表示 x 是一个连续函数，$D(x)$ 表示 x 是一个可导函数. 则该命题可表示为

$$\forall x((D(x) \rightarrow C(x)) \wedge \neg(C(x) \rightarrow D(x))).$$

(12) 令 $\mathscr{L}=\{E^2,D^2,V^2,I^2\}$，其中 $E(x,y)$ 表示函数 x 和 y 相等，$D(x,y)$ 表示函数 x 和 y 的定义域相等，$V(x,y)$ 表示函数 x 和 y 的值域相等，$I(x,y)$ 表示函数 x 和 y 对其定义域中的每个元素的像相等. 则该命题可表示为

$$\forall x \forall y(E(x,y) \leftrightarrow (D(x,y) \wedge V(x,y) \wedge I(x,y))).$$

2. 解：设符号库 $\mathscr{L}=\{R^2,E^2\}$，则偏序关系是满足下列公式的二元关系：

$$\forall x R(x,x) \wedge$$
$$(\forall x \forall y((R(x,y) \wedge R(y,x)) \rightarrow E(x,y)) \wedge$$
$$\forall x \forall y \forall z((R(x,y) \wedge R(y,z)) \rightarrow R(x,z))).$$

3. 解：

(1)
$$\forall x_2 \; F_1^2(x_1, \; x_2) \rightarrow F_1^2(x_2, a),$$
$$\uparrow \qquad \uparrow \qquad \uparrow \qquad \uparrow$$
$$\text{约束} \quad \text{自由} \quad \text{约束} \quad \text{自由}$$

此公式的自由变元为 x_1 和 x_2.

(2)
$$F_1^1(x_3\;) \rightarrow \neg \forall x_1 \; \forall x_2 \; F_2^2(x_1, \; x_2),$$
$$\uparrow \qquad \uparrow \qquad \uparrow \qquad \uparrow \qquad \uparrow$$
$$\text{自由} \quad \text{约束} \quad \text{约束} \quad \text{约束} \quad \text{约束}$$

此公式的自由变元为 x_3.

(3)
$$\forall x_1 \; F_1^1(x_1\;) \rightarrow \forall x_2 \; F_2^2(x_1, \; x_2),$$
$$\uparrow \qquad \uparrow \qquad \uparrow \qquad \uparrow \qquad \uparrow$$
$$\text{约束} \quad \text{约束} \quad \text{约束} \quad \text{自由} \quad \text{约束}$$

此公式的自由变元为 x_1.

(4) $\forall x_2 \; (F_1^2(f_1^2(x_1, \; x_2), \; x_1) \rightarrow \forall x_1 \; F_2^2(x_3, \; f_2^2(x_1 \; x_2))),$
$$\uparrow \qquad \uparrow \qquad \uparrow \qquad \uparrow \qquad \uparrow \qquad \uparrow \qquad \uparrow$$
$$\text{约束} \quad \text{自由} \quad \text{约束} \quad \text{自由} \quad \text{约束} \quad \text{自由} \quad \text{约束} \quad \text{约束}$$

此公式的自由变元为 x_1 和 x_3.

(5) $\quad\quad\quad\quad\quad\quad \forall x_1 \quad F_1^1(x_2) \rightarrow \forall x_2 \quad F_2^1(x_1)$,
$\quad\quad\quad\quad\quad\quad\quad\quad\uparrow\quad\quad\quad\uparrow\quad\quad\quad\quad\uparrow\quad\quad\quad\uparrow$
$\quad\quad\quad\quad\quad\quad\quad\quad$约束$\quad\quad$自由$\quad\quad$约束$\quad\quad$自由

此公式的自由变元为 x_1 和 x_2.

4. 解:

(1) $\quad\quad\quad \alpha(x_1/t) = \exists x_2 F_1^2(f_1^2(f_1^2(x_1,x_2),x_2),x_2) \rightarrow F_2^1(f_1^2(x_1,x_2))$,

t 对 x 在此 α 中不自由.

(2) $\quad\quad\quad\quad\quad\quad\quad\quad \alpha(x_1/t) = \alpha$,

t 对 x 在此 α 中自由.

(3) $\quad\quad\quad \alpha(x_1/t) = \forall x_2 F_1^1(f_1^1(x_2)) \rightarrow \exists x_3 F_2^3(f_1^2(x_1,x_2),x_2,x_3)$,

t 对 x 在此 α 中自由.

(4) $\quad \alpha(x_1/t) = \exists x_2 F_1^3(f_1^2(x_1,x_2),f_1^1(x_2),x_3) \rightarrow \forall x_3 F_2^1(f_1^2(f_1^2(x_1,x_2),x_2))$,

t 对 x 在此 α 中不自由.

(5) $\quad\quad\quad\quad\quad \alpha(x_1/t) = \forall x_3(F_2^1(x_3) \rightarrow F_1^1(f_1^2(x_1,x_1)))$,

t 对 x 在此 α 中自由.

5. 解

(1) $\exists x_1(F_1^2(x_1,x_3) \rightarrow F_2^1(x_2))$ 不是闭公式, 其一全称闭式为
$$\forall x_2 x_3 \exists x_1(F_1^2(x_1,x_3) \rightarrow F_2^1(x_2));$$

(2) $F_1^3(c_1,c_2,c_3) \wedge F_1^2(c_1,c_1)$ 是闭公式;

(3) $\forall x_2 \exists x_3 F_1^2(x_1,x_2) \vee F_2^1(x_4)$ 不是闭公式, 其一全称闭式为
$$\forall x_1, x_4 \forall x_2 \exists x_3 F_1^2(x_1,x_2) \vee F_2^1(x_4).$$

6. 证:

(⊢) ① $\forall x\alpha \vdash \forall x\alpha$ $\quad\quad\quad\quad\quad\quad\quad\quad\quad\quad\quad\quad\quad$ (∈)

② $\forall x\alpha \vdash \alpha(x/y)$ $\quad\quad\quad\quad\quad\quad\quad\quad\quad\quad$ (∀−)①(y 对 x 在 α 中自由)

③ $\forall x\alpha \vdash \forall y\alpha(x/y)$ $\quad\quad\quad\quad\quad\quad\quad\quad\quad\quad$ (∀+)②(y 不在 $\forall x\alpha$ 中自由出现)

(⊣) ① $\forall y\alpha(x/y) \vdash \forall y\alpha(x/y)$ $\quad\quad\quad\quad\quad\quad\quad\quad\quad\quad\quad$ (∈)

② $\forall y\alpha(x/y) \vdash \alpha(x/y)(y/x)$ $\quad\quad\quad\quad$ (∀−)①(x 对 y 在 $\alpha(x/y)$中自由)

③ $\forall y\alpha(x/y) \vdash \alpha$ $\quad\quad\quad\quad\quad\quad\quad\quad\quad\quad\quad\quad$ ($\alpha(x/y)(y/x) = \alpha$)

④ $\forall y\alpha(x/y) \vdash \forall x\alpha$ $\quad\quad\quad\quad\quad\quad$ (∀+)③(x 不在 $\forall y\alpha(x/y)$中自由出现)

7. 证:

(⊢) ① $\alpha, \forall x \neg\alpha \vdash \alpha$ $\quad\quad\quad\quad\quad\quad\quad\quad\quad\quad\quad\quad\quad\quad$ (∈)

② $\alpha, \forall x \neg\alpha \vdash \forall x \neg\alpha$ $\quad\quad\quad\quad\quad\quad\quad\quad\quad\quad\quad\quad\quad$ (∈)

③ $\alpha, \forall x \neg\alpha \vdash \neg\alpha$ $\quad\quad\quad\quad\quad\quad\quad\quad\quad\quad\quad\quad\quad$ (∀−)②

④ $\alpha \vdash \neg\forall x \neg\alpha$ $\quad\quad\quad\quad\quad\quad\quad\quad\quad\quad\quad\quad\quad\quad$ (¬+)①③

⑤ $\exists x\alpha \vdash \neg\forall x \neg\alpha$ $\quad\quad\quad\quad\quad\quad\quad\quad\quad\quad\quad\quad\quad\quad$ (∃−)④

$\quad\quad\quad\quad\quad\quad\quad\quad\quad\quad\quad\quad\quad\quad\quad$ (x 不在¬$\forall x \neg\alpha$ 中自由出现)

(⊢另证) ① $\forall x \neg\alpha \vdash \forall x \neg\alpha$ $\quad\quad\quad\quad\quad\quad\quad\quad\quad\quad\quad$ (∈)

② $\forall x \neg\alpha \vdash \neg\alpha$ $\quad\quad\quad\quad\quad\quad\quad\quad\quad\quad\quad\quad\quad$ (∀−)①

③ $\alpha \vdash \neg\forall x \neg\alpha$ $\quad\quad\quad\quad\quad\quad\quad\quad\quad\quad\quad\quad\quad\quad$ (定理)②

④ $\exists x\alpha \vdash \forall x \neg\alpha$ (∃−)③
     (x 不在$\neg\forall x\neg\alpha$ 中自由出现)

(⊣) ① $\alpha \vdash \alpha$ (∈)

 ② $\alpha \vdash \exists x_2$ (∃+)①

 ③ $\neg\exists x_2 \vdash \alpha$ (定理)②

 ④ $\neg\exists\alpha \vdash \forall x \vdash \alpha$ (∀+)③
     (x 不在$\neg\exists x\alpha$ 中自由出现)

 ⑤ $\neg\forall x \neg\alpha \vdash \exists x\alpha$ (定理)④

8. 证：只证⊢，另一个方向类似可证：

(⊢) ① $\forall x\alpha \vdash \forall x\alpha$ (∈)

 ② $\forall x\alpha \vdash \alpha$ (∀−)①

 ③ $\alpha \vdash \alpha'$ (已知)

 ④ $\forall x\alpha \vdash \alpha'$ (Tr)②③

 ⑤ $\forall x\alpha \vdash \forall x\alpha'$ (∀+)④

9. 证：

(2) (⊢)

 ① $\alpha,\beta \vdash \alpha\wedge\beta$ (命题内定理)

 ② $\alpha,\beta \vdash \exists x(\alpha\wedge\beta)$ (∃+)①

 ③ $\alpha,\exists x\beta \vdash \exists x(\alpha\wedge\beta)$ (∃−)②
     (x 不在α 中自由出现)

 ④ $\alpha\wedge\exists x\beta \vdash \alpha,\exists x\beta$ (命题内定理)

 ⑤ $\alpha\wedge\exists x\beta \vdash \exists x(\alpha\wedge\beta)$ (Tr)③④

(2) (⊣)

 ① $\alpha\wedge\beta \vdash \alpha,\beta$ (命题内定理)

 ② $\alpha\wedge\beta \vdash \exists x\beta$ (∃+)①

 ③ $\alpha\wedge\beta \vdash \alpha\wedge\exists x\beta$ (∧+)①②

 ④ $\exists x(\alpha\wedge\beta) \vdash \alpha\wedge\exists x\beta$ (∧−)③
     (x 不在$\alpha\wedge\exists x\beta$ 中自由出现)

(3) (⊢)

 ① $\alpha \vdash \alpha\vee\beta$ (命题内定理)

 ② $\alpha \vdash \forall x(\alpha\vee\beta)$ (∀+)①
     (x 不在α 中自由出现)

 ③ $\forall x\beta \vdash \forall x\beta$ (∈)

 ④ $\forall x\beta \vdash \beta$ (∀−)③

 ⑤ $\forall x\beta \vdash \alpha\vee\beta$ (∀+)④

 ⑥ $\forall x\beta \vdash \forall x(\alpha\vee\beta)$ (∀+)⑤

 ⑦ $\alpha\vee\forall x\beta \vdash \forall x(\alpha\vee\beta)$ (∨−)②⑥

(3) (⊣)

 ① $\forall x(\alpha\vee\beta),\neg\alpha \vdash \forall x(\alpha\vee\beta)$ (∈)

② $\forall x(\alpha \vee \beta), \neg\alpha \vdash \alpha \vee \beta$ $(\forall -)$①
③ $\alpha \vee \beta \vdash \neg\alpha \rightarrow \beta$ (命题内定理)
④ $\forall x(\alpha \vee \beta), \neg\alpha \vdash \neg\alpha \rightarrow \beta$ (Tr)②③
⑤ $\forall x(\alpha \vee \beta), \neg\alpha \vdash \neg\alpha$ $(\in)$
⑥ $\forall x(\alpha \vee \beta), \neg\alpha \vdash \beta$ $(\rightarrow -)$④⑤
⑦ $\forall x(\alpha \vee \beta), \neg\alpha \vdash \forall x\beta$ $(\forall +)$⑥
          (x 不在$\neg\alpha$ 中自由出现)
⑧ $\forall x(\alpha \vee \beta), \vdash \neg\alpha \rightarrow \forall x\beta$ $(\rightarrow +)$⑦
⑨ $\neg\alpha \rightarrow \forall x\beta \vdash \alpha \vee \forall x\beta$ (命题内定理)
⑩ $\forall x(\alpha \vee \beta) \vdash \alpha \vee \forall x\beta$ (Tr)⑧⑨

(4) $(\vdash)$
① $\alpha \vdash \alpha \vee \beta$ (命题内定理)
② $\alpha \vdash \exists x(\alpha \vee \beta)$ $(\exists +)$①
③ $\beta \vdash \alpha \vee \beta$ (命题内定理)
④ $\beta \vdash \exists x(\alpha \vee \beta)$ $(\exists +)$③
⑤ $\exists x\beta \vdash \exists x(\alpha \vee \beta)$ $(\exists -)$④
⑥ $\alpha \vee \exists x\beta \vdash \exists x(\alpha \vee \beta)$ $(\exists -)$④

(4) $(\dashv)$
① $\alpha \vdash \alpha \vee \exists x\beta$ (命题内定理)
② $\beta \vdash \beta$ $(\in)$
③ $\beta \vdash \exists x\beta$ $(\exists -)$②
④ $\beta \vdash \alpha \vee \exists x\beta$ $(\vee +)$③
⑤ $\alpha \vee \beta \vdash \alpha \vee \exists x\beta$ $(\vee -)$①④
⑥ $\exists x(\alpha \vee \beta) \vdash \alpha \vee \exists x\beta$ $(\exists -)$⑤

10. 证：① $\Gamma, \forall x\alpha \vdash \forall x\alpha$ $(\in)$
    ② $\Gamma, \forall x\alpha \vdash \alpha$ $(\forall -)$①
    ③ $\Gamma, \forall x\alpha \vdash \Gamma$ $(\in)$
    ④ $\Gamma, \alpha \vdash \beta$ (已知)
    ⑤ $\Gamma, \forall x\alpha \vdash \beta$ (Tr)②③④

11. 证：① $\Gamma, \forall x\alpha \vdash \forall x\alpha$ $(\in)$
    ② $\Gamma, \forall x\alpha \vdash \alpha$ $(\forall -)$①
    ③ $\Gamma, \forall x\alpha \vdash \Gamma$ $(\in)$
    ④ $\Gamma, \alpha \vdash \beta$ (已知)
    ⑤ $\Gamma, \forall x\alpha \vdash \beta$ (Tr)②③④
    ⑥ $\Gamma, \forall x\alpha \vdash \forall x\beta$ $(\forall +)$
          (x 不在Γ 的任何公式中自由出现)

12. 证：① $\Gamma, \alpha \vdash \beta$ (已知)
    ② $\Gamma, \alpha \vdash \exists x\beta$ $(\exists +)$
    ③ $\Gamma, \exists x\alpha \vdash \exists x\beta$ $(\exists -)$②
          (x 不在Γ 的任何公式中自由出现)

13. 证：① $\Gamma, \alpha \vdash \beta$ (已知)

② $\Gamma, \exists x\alpha \vdash \beta$ (∃−)①

(x 不在 $\Gamma \cup \{\beta\}$ 的任何公式中自由出现)

③ $\Gamma, \exists x\alpha \vdash \forall x\beta$ (∃−)②

(x 不在 Γ 的任何公式中自由出现)

14. 证：

(1) ① $\forall x\alpha \vdash \forall x\alpha$ (∈)

② $\forall x\alpha \vdash \alpha$ (∀−)①

③ $\forall x\alpha \vdash \exists x\alpha$ (∃+)②

(2) ① $\forall x(\alpha \to \beta), \alpha \vdash \forall x(\alpha \to \beta)$ (∈)

② $\forall x(\alpha \to \beta), \alpha \vdash \alpha \to \beta$ (∀−)①

③ $\forall x(\alpha \to \beta), \alpha \vdash \alpha$ (∈)

④ $\forall x(\alpha \to \beta), \alpha \vdash \beta$ (→−)②③

⑤ $\forall x(\alpha \to \beta), \alpha \vdash \alpha \wedge \beta$ (∧+)③④

⑥ $\forall x(\alpha \to \beta), \alpha \vdash \exists x(\alpha \wedge \beta)$ (∃+)⑤

⑦ $\forall x(\alpha \to \beta), \exists x_2 \vdash \exists x(\alpha \wedge \beta)$ (∃−)⑥

(3) ① $\forall x(\alpha \leftrightarrow \beta), \forall x(\beta \leftrightarrow \gamma) \vdash \forall x(\alpha \leftrightarrow \beta)$ (∈)

② $\forall x(\alpha \leftrightarrow \beta), \forall x(\beta \leftrightarrow \gamma) \vdash \alpha \leftrightarrow \beta$ (∀−)①

③ $\forall x(\alpha \leftrightarrow \beta), \forall x(\beta \leftrightarrow \gamma) \vdash \forall x(\beta \leftrightarrow \gamma)$ (∈)

④ $\forall x(\alpha \leftrightarrow \beta), \forall x(\beta \leftrightarrow \gamma) \vdash \beta \leftrightarrow \gamma$ (∀−)③

⑤ $\alpha \leftrightarrow \beta, \beta \leftrightarrow \gamma \vdash \alpha \leftrightarrow \gamma$ (命题内定理)

⑥ $\forall x(\alpha \leftrightarrow \beta), \forall x(\beta \leftrightarrow \gamma) \vdash \alpha \leftrightarrow \gamma$ (Tr)②④⑤

⑦ $\forall x(\alpha \leftrightarrow \beta), \forall x(\beta \leftrightarrow \gamma) \vdash \forall x(\alpha \leftrightarrow \gamma)$ (∀+)⑥

(4) ① $\alpha \vdash \alpha$ (∈)

② $\alpha \vdash \exists x\alpha$ (∃+)①

③ $\alpha \vdash \exists y \exists x\alpha$ (∃+)②

④ $\exists y\alpha \vdash \exists y \exists x\alpha$ (∃−)③

⑤ $\exists x \exists y\alpha \vdash \exists y \exists x\alpha$ (∃−)④

(5) ① $\forall y\alpha \vdash \forall y\alpha$ (∈)

② $\forall y\alpha \vdash \alpha$ (∀−)①

③ $\forall y\alpha \vdash \exists x\alpha$ (∃+)②

④ $\forall y\alpha \vdash \forall y \exists x\alpha$ (∀+)③

⑤ $\exists x \forall y\alpha \vdash \forall y \forall x\alpha$ (∃−)④

15. (1) 证：分四种情况证明.

情形一 Q_1 和 Q_2 都是 $\forall$ 时.

(⊢) ① $\forall x\alpha \wedge \forall y\beta \vdash \forall x\alpha \wedge \forall y\beta$ (∈)

② $\forall x\alpha \wedge \forall y\beta \vdash \forall x\beta$ (∧−)①

③ $\forall x\alpha \wedge \forall y\beta \vdash \forall y\beta$ (∧−)①

④ $\forall x\alpha \wedge \forall y\beta \vdash \alpha$ (∧−)②

⑤ $\forall x\alpha \land \forall y\beta \vdash \beta$ $\qquad$ $(\land-)$③
⑥ $\forall x\alpha \land \forall y\beta \vdash \alpha \land \beta$ $\qquad$ $(\land+)$④⑤
⑦ $\forall x\alpha \land \forall y\beta \vdash \forall y(\alpha \land \beta)$ $\qquad$ $(\forall+)$⑥
⑧ $\forall x\alpha \land \forall y\beta \vdash \forall x \forall y(\alpha \land \beta)$ $\qquad$ $(\forall+)$⑦

(㈡) ① $\forall x \forall y(\alpha \land \beta) \vdash \forall x \forall y(\alpha \land \beta)$ $\qquad$ $(\in)$
② $\forall x \forall y(\alpha \land \beta) \vdash \forall y(\alpha \land \beta)$ $\qquad$ $(\forall-)$①
③ $\forall x \forall y(\alpha \land \beta) \vdash \alpha \land \beta$ $\qquad$ $(\forall-)$②
④ $\forall x \forall y(\alpha \land \beta) \vdash \alpha$ $\qquad$ $(\land-)$③
⑤ $\forall x \forall y(\alpha \land \beta) \vdash \beta$ $\qquad$ $(\land-)$④
⑥ $\forall x \forall y(\alpha \land \beta) \vdash \forall x\alpha$ $\qquad$ $(\forall+)$④
⑦ $\forall x \forall y(\alpha \land \beta) \vdash \forall y\beta$ $\qquad$ $(\forall+)$⑤
⑧ $\forall x \forall y(\alpha \land \beta) \vdash \forall x\alpha \land \forall y\beta$ $\qquad$ $(\forall+)$⑥⑦

注：此种情形没有用到条件"x 不在 β 中自由出现，y 不在 α 中自由出现".

情形二 Q_1 为 $\forall$ 而 Q_2 为 $\exists$ 时.

(㈠) ① $\forall x\alpha, \beta \vdash \forall x\alpha$ $\qquad$ $(\in)$
② $\forall x\alpha, \beta \vdash \alpha$ $\qquad$ $(\forall-)$①
③ $\forall x\alpha, \beta \vdash \exists x\beta$ $\qquad$ $(\in)$
④ $\forall x\alpha, \beta \vdash \alpha \land \beta$ $\qquad$ $(\land+)$②③
⑤ $\forall x\alpha, \beta \vdash \exists y(\alpha \land \beta)$ $\qquad$ $(\land+)$④
⑥ $\forall x\alpha, \beta \vdash \forall x \exists y(\alpha \land \beta)$ $\qquad$ $(\land+)$⑤
$\qquad\qquad\qquad\qquad\qquad\qquad\qquad\qquad\qquad\qquad\qquad$ (x 不在 β 中自由出现)
⑦ $\forall x\alpha, \exists y\beta \vdash \forall x \exists y(\alpha \land \beta)$ $\qquad$ $(\exists-)$⑥
$\qquad\qquad\qquad\qquad\qquad\qquad\qquad\qquad\qquad\qquad\qquad$ (y 不在 α 中自由出现)
⑧ $\forall x\alpha \land \exists y\beta \vdash \forall x\alpha, \exists y\beta$ $\qquad$ $(\land-)$⑦
⑨ $\forall x\alpha \land \exists y\beta \vdash \forall x \exists y(\alpha \land \beta)$ $\qquad$ (Tr)⑦⑧

(㈡) ① $\alpha \land \beta \vdash \alpha$ $\qquad$ (命题内定理)
② $\exists y(\alpha \land \beta) \vdash \alpha$ $\qquad$ $(\exists-)$①
$\qquad\qquad\qquad\qquad\qquad\qquad\qquad\qquad\qquad\qquad\qquad$ (y 不在 α 中自由出现)
③ $\forall x \exists y(\alpha \land \beta) \vdash \forall x \exists y(\alpha \land \beta)$ $\qquad$ $(\in)$
④ $\forall x \exists y(\alpha \land \beta) \vdash \exists y(\alpha \land \beta)$ $\qquad$ $(\forall-)$③
⑤ $\forall x \exists y(\alpha \land \beta) \vdash \alpha$ $\qquad$ (Tr)②④
⑥ $\forall x \exists y(\alpha \land \beta) \vdash \forall x\alpha$ $\qquad$ $(\forall+)$⑤
⑦ $\alpha \land \beta \vdash \beta$ $\qquad$ (命题内定理)
⑧ $\alpha \land \beta \vdash \exists y\beta$ $\qquad$ $(\exists+)$⑦
⑨ $\exists y(\alpha \land \beta) \vdash \exists y\beta$ $\qquad$ $(\exists-)$⑧
⑩ $\forall x \exists y(\alpha \land \beta) \vdash \forall x \exists y(\alpha \land \beta)$ $\qquad$ $(\in)$
⑪ $\forall x \exists y(\alpha \land \beta) \vdash \exists y(\alpha \land \beta)$ $\qquad$ $(\forall-)$⑩
⑫ $\forall x \exists y(\alpha \land \beta) \vdash \exists y\beta$ $\qquad$ (Tr)⑨⑪
⑬ $\forall x \exists y(\alpha \land \beta) \vdash \forall x\alpha \land \exists y\beta$ $\qquad$ $(\land+)$⑥⑫

情形三　Q_1 为 $\exists$ 而 Q_2 为 $\forall$ 时.

(⊢) ① $\alpha, \forall y\beta \vdash \alpha$ 　　　　　　　　　　　　　　　　　　($\in$)
　　② $\alpha, \forall y\beta \vdash \forall x\beta$ 　　　　　　　　　　　　　　　　　　($\in$)
　　③ $\alpha, \forall y\beta \vdash \beta$ 　　　　　　　　　　　　　　　　　　($\forall-$)②
　　④ $\alpha, \forall y\beta \vdash \alpha \wedge \beta$ 　　　　　　　　　　　　　　　　($\wedge+$)①③
　　⑤ $\alpha, \forall y\beta \vdash \forall y(\alpha \wedge \beta)$ 　　　　　　　　　　　　　($\forall+$)④
　　　　　　　　　　　　　　　　　　　　　　　　　　　(y 不在 α 中自由出现)
　　⑥ $\alpha, \forall y\beta \vdash \exists x \forall y(\alpha \wedge \beta)$ 　　　　　　　　　　　($\exists+$)⑤
　　⑦ $\exists x\alpha, \forall y\beta \vdash \exists x \forall y(\alpha \wedge \beta)$ 　　　　　　　　　($\exists-$)⑥
　　　　　　　　　　　　　　　　　　　　　　　　　　　(x 不在 β 中自由出现)
　　⑧ $\exists x\alpha \wedge \forall y\beta \vdash \exists x\alpha, \forall y\beta$ 　　　　　　　　　　(命题内定理)
　　⑨ $\exists x\alpha \wedge \forall y\beta \vdash \exists x \forall y(\alpha \wedge \beta)$ 　　　　　　　　(Tr)⑦⑧

(⊣) ① $\forall y(\alpha \wedge \beta) \vdash \forall y(\alpha \wedge \beta)$ 　　　　　　　　　　　($\in$)
　　② $\forall y(\alpha \wedge \beta) \vdash \alpha \wedge \beta$ 　　　　　　　　　　　　　($\forall-$)①
　　③ $\forall y(\alpha \wedge \beta) \vdash \alpha$ 　　　　　　　　　　　　　　　($\wedge-$)②
　　④ $\forall y(\alpha \wedge \beta) \vdash \exists x\alpha$ 　　　　　　　　　　　　　($\exists+$)③
　　⑤ $\forall y(\alpha \wedge \beta) \vdash \beta$ 　　　　　　　　　　　　　　　($\wedge-$)②
　　⑥ $\forall y(\alpha \wedge \beta) \vdash \forall y\beta$ 　　　　　　　　　　　　　($\forall+$)⑤
　　⑦ $\forall y(\alpha \wedge \beta) \vdash \exists x\alpha \wedge \forall y\beta$ 　　　　　　　　　($\wedge+$)④⑥
　　⑧ $\exists x \forall y(\alpha \wedge \beta) \vdash \exists x\alpha \wedge \forall y\beta$ 　　　　　　　　($\wedge+$)④⑥
　　　　　　　　　　　　　　　　　　　　　　　　　　　(x 不在 β 中自由出现)

情形四　Q_1 和 Q_2 都为 $\exists$ 时.

(⊢) ① $\alpha \wedge \beta \vdash \alpha$ 　　　　　　　　　　　　　　　　　　(命题内定理)
　　② $\alpha \wedge \beta \vdash \beta$ 　　　　　　　　　　　　　　　　　　(命题内定理)
　　③ $\alpha \wedge \beta \vdash \exists x\alpha$ 　　　　　　　　　　　　　　　　($\exists+$)①
　　④ $\alpha \wedge \beta \vdash \exists y\beta$ 　　　　　　　　　　　　　　　　($\exists+$)②
　　⑤ $\alpha \wedge \beta \vdash \exists x\alpha \wedge \exists y\beta$ 　　　　　　　　　　　($\wedge+$)③④
　　⑥ $\exists y(\alpha \wedge \beta) \vdash \exists x\alpha \wedge \exists y\beta$ 　　　　　　　　　($\exists-$)⑤
　　　　　　　　　　　　　　　　　　　　　　　　　　　(y 不在 α 中自由出现)
　　⑦ $\exists x \exists y(\alpha \wedge \beta) \vdash \exists x\alpha \wedge \exists y\beta$ 　　　　　　　　($\exists-$)⑤
　　　　　　　　　　　　　　　　　　　　　　　　　　　(x 不在 β 中自由出现)

(⊣) ① $\alpha, \beta \vdash \alpha \wedge \beta$ 　　　　　　　　　　　　　　　　　(命题内定理)
　　② $\alpha, \beta \vdash \exists y(\alpha \wedge \beta)$ 　　　　　　　　　　　　　　($\exists+$)①
　　③ $\alpha, \beta \vdash \exists x \exists y(\alpha \wedge \beta)$ 　　　　　　　　　　　($\exists+$)②
　　④ $\alpha, \exists y\beta \vdash \exists x \exists y(\alpha \wedge \beta)$ 　　　　　　　　　($\exists-$)③
　　　　　　　　　　　　　　　　　　　　　　　　　　　(y 不在 α 中自由出现)
　　⑤ $\exists x\alpha, \exists y\beta \vdash \exists x \exists y(\alpha \wedge \beta)$ 　　　　　　　　($\exists-$)④
　　　　　　　　　　　　　　　　　　　　　　　　　　　(x 不在 β 中自由出现)

⑥ $\exists x\alpha \wedge \exists y\beta \vdash \exists x\alpha \exists y\beta$ (命题内定理)

⑦ $\exists x\alpha \wedge \exists y\beta \vdash \exists x \exists y(\alpha \wedge \beta)$ (Tr)⑤⑥

(2) 类似(1)可证.

16. 答：

(1) 不一定成立，反例如下：令

$$\mathscr{L} = \{F^2, f^1, c\}, \Sigma = \{F(x,c)\}, \alpha \text{ 为 } F(f(x),c), \beta \text{ 为 } F(x,c).$$

显然 $\Sigma \vdash_{N_\mathscr{L}} \alpha \to \beta$. 下证 $\Sigma \vdash_{N_\mathscr{L}} \forall x\alpha \to \forall x\beta$ 不成立. 构造 $\mathscr{L}$ 的一个解释 I 和指派 σ 如下：

① $I = \{R, \overline{F^2}, \overline{f^1}, \bar{c}\}$, 其中：

R 为实数集；

$\overline{F^2} = \{(a,b) \mid x, y \in R, a \geqslant b\}$;

$\overline{f^1}: R \Leftrightarrow R, a \mapsto |a|$;

$\bar{c} = 0$.

② $\sigma(x) = 1$. 则 $\sigma \vDash \Sigma$ 且 $\sigma \vDash \forall x F(f(x), c)$, 但 $\sigma \nvDash \forall x F(x,c)$. 从而 $\Sigma \nvDash \forall x\alpha \to \forall x\beta$.

(2) 也不一定成立，反例如下：

令 $\mathscr{L} = \{F^2, f^1, c\}, \Sigma \{F(x,c)\}, \alpha$ 为 $F(f(x),c), \beta$ 为 $F(x,c)$.

显然 $\Sigma \vdash_{N_\mathscr{L}} \alpha \to \beta$. 下证 $\Sigma \vdash_{N_\mathscr{L}} \forall x\alpha \to \forall x\beta$ 不成立. 构造 $\mathscr{L}$ 的一个解释 I 和指派 σ 如下：

① $I = \{R, \overline{F^2}, \overline{f^1}, \bar{c}\}$, 其中：

R 为实数集；

$\overline{F^2} = \{(a,b) \mid x, y \in R, a \geqslant b\}$;

$\overline{f^1}: R \to R, a \mapsto |a|$;

$\bar{c} = 0$.

② $\sigma(x) = 1$. 则 $\sigma \vDash \Sigma$ 且 $\sigma \vDash \forall x F(f(x), c)$, 但 $\sigma \nvDash \forall x F(x,c)$. 从而 $\Sigma \nvDash \forall x\alpha \to \forall x\beta$.

17. 解：

(1) $\forall x_1 F_1^2(x_1, x_2) \wedge \forall x_2 F_1^2(x_1, x_2)$

$\vdash \forall x_3 F_1^2(x_3, x_2) \wedge \forall x_4 F_1^2(x_1, x_4)$

$\vdash \forall x_3 (F_1^2(x_3, x_2) \wedge \forall x_4 F_1^2(x_1, x_4))$

$\vdash \forall x_3 \forall x_4 (F_1^2(x_3, x_2) \wedge F_1^2(x_1, x_4))$.

(2) **解法一** $\forall x_2 F_1^1(x_1) \to \exists x_1 F_1^1(x_2)$

$\vdash \forall x_3 F_1^1(x_1) \to \exists x_4 F_1^1(x_2)$

$\vdash \exists x_4 (\forall x_3 F_1^1(x_1) \to F_1^1(x_2))$

$\vdash \exists x_4 \exists x_3 (F_1^1(x_1) \to F_1^1(x_2))$;

解法二 $\forall x_2 F_1^1(x_1) \to \exists x_1 F_1^1(x_2)$

$\vdash \forall x_3 F_1^1(x_1) \to \exists x_4 F_1^1(x_2)$

$\vdash \exists x_3 (F_1^1(x_1) \to \exists x_4 F_1^1(x_2))$

$\vdash \exists x_3 \exists x_4 (F_1^1(x_1) \to F_1^1(x_2))$;

解法三　$\forall x_2 F_1^1(x_1) \to \exists x_1 F_1^1(x_2)$

$\vdash F_1^1(x_1) \to \exists x_1 F_1^1(x_2)$　　　　　　　　　　　(x_2 不在 $F_1^1(x_1)$ 中自由出现)

$\vdash F_1^1(x_1) \to F_1^1(x_2)$.　　　　　　　　　　　　　($x_1$ 不在 $F_1^1(x_2)$ 中自由出现)

(3) $\forall x_1 \forall x_2 F_1^2(x_1,x_2) \to \forall x_1 \forall x_2 F_1^2(x_1,x_2)$

$\vdash \forall x_1 \forall x_2 F_1^2(x_1,x_2) \to \forall x_1 \forall x_4 F_1^2(x_1,x_4)$

　　($\vdash \forall x_1 \forall x_2 F_1^2(x_1,x_2) \to \forall x_3 \forall x_2 F_1^2(x_3,x_2)$)

$\vdash \forall x_1 \forall x_2 F_1^2(x_1,x_2) \to \forall x_3 \forall x_4 F_1^2(x_3,x_4)$

$\vdash \exists x_1 \exists x_2 (F_1^2(x_1,x_2) \to \forall x_3 \forall x_4 F_1^2(x_3,x_4))$

$\vdash \exists x_1 \exists x_2 \forall x_3 \forall x_4 (F_1^2(x_1,x_2) \to F_1^2(x_3,x_4))$.

另解：$\forall x_1 \forall x_2 F_1^2(x_1,x_2) \to \forall x_1 \forall x_2 F_1^2(x_1,x_2)$ 是一个永真式，故和任意一个永真式等价，从而

$$\forall x_1 \forall x_2 F_1^2(x_1,x_2) \to \forall x_1 \forall x_2 F_1^2(x_1,x_2) \vdash F_1^2(x_1,x_2) \to F_1^2(x_1,x_2).$$

(4) $\forall x_1 F_1^2(x_1,x_2) \to (\forall x_1 F_2^1(x_1) \to \exists x_2 F_1^2(x_2,x_3))$

$\vdash \forall x_1 F_1^2(x_1,x_2) \to (\forall x_3 F_2^1(x_3) \to \exists x_4 F_1^2(x_4,x_3))$

$\vdash \forall x_1 F_1^2(x_1,x_2) \to \exists x_3 \exists x_4 (F_2^1(x_3) \to F_1^2(x_4,x_3))$

$\vdash \exists x_1 \exists x_3 \exists x_4 (F_1^2(x_1,x_2) \to (F_2^1(x_3) \to F_1^2(x_4,x_3)))$

　　($\vdash \exists x_3 \exists x_4 \exists x_1 (F_1^2(x_1,x_2) \to (F_2^1(x_3) \to F_1^2(x_4,x_3))))$.

18. 解：

(1) $\forall x_3 \exists x_1 \exists x_2 F_1^2(x_1,x_2)$;

(2) $\forall x_1 F_1^2(x_1,x_2)$;

(3) $\forall x_1 \exists x_2 (F_1^1(x_1) \to F_1^1(x_2))$;

(4) $(\exists x_1 F_1^1(x_1) \to \exists x_2 F_1^1(x_2)) \to (\exists x_1 F_1^1(x_1) \to \exists x_2 F_1^1(x_2))$

$\vdash (\exists x_1 F_1^1(x_1) \to \exists x_2 F_1^1(x_2)) \to (\exists x_3 F_1^1(x_3) \to \exists x_4 F_1^1(x_4))$

$\vdash \forall x_1 \exists x_2 (F_1^1(x_1) \to F_1^1(x_2)) \to \forall x_3 \exists x_4 (F_1^1(x_3) \to F_1^1(x_4))$

$\vdash \forall x_3 \exists x_4 \exists x_1 \forall x_2 ((F_1^1(x_1) \to F_1^1(x_2)) \to (F_1^1(x_3) \to F_1^1(x_4)))$

或者

$\vdash \forall x (F_1^1(x_1) \to F_1^1(x_1))$.

19. 解：

(1) $\exists x_1 \forall x_1 F_1^2(x_1,x_2)$;

(2) $\exists x_1 F_1^1(x_1) \to \forall x_1 \exists x_2 F_1^1(x_1,x_2)$

$\vdash \exists x_3 F_1^1(x_3) \to \forall x_1 \exists x_2 F_1^1(x_1,x_2)$

$\vdash \forall x_3 \forall x_1 \exists x_2 (F_1^1(x_3) \to F_1^1(x_1,x_2))$

$\vdash \exists x_4 \forall x_3 \forall x_1 \exists x_2 (F_1^1(x_3) \to F_1^1(x_1,x_2))$;

(3) $\forall x_1 \forall x_2 F_1^2(x_1,x_2) \wedge \forall x_2 F_1^2(x_1,x_2)$

$\vdash \forall x_3 \forall x_4 F_1^2(x_3,x_4) \wedge \forall x_2 F_1^2(x_1,x_2)$

$\vdash \forall x_2 \forall x_3 \forall x_4 (F_1^2(x_3,x_4) \wedge F_1^2(x_1,x_2))$

$\vdash \exists x_5 \forall x_2 \forall x_3 \forall x_4 (F_1^2(x_3,x_4) \wedge F_1^2(x_1,x_2))$.

20. 证:

(1) 分三步证之.

第一步 先证 $\forall x \neg(\neg\alpha \to \beta) \vdash \neg(\neg\neg\forall x \neg\alpha \to \neg\forall x \neg\beta)$.

①	$\forall x \neg(\neg\alpha \to \beta) \to \neg(\neg\alpha \to \beta)$	(K4)
②	$\forall x \neg(\neg\alpha \to \beta)$	(前提)
③	$\neg(\neg\alpha \to \beta)$	(M)①②
④	$\neg(\neg\alpha \to \beta) \to \neg\neg\alpha$	(命题内定理)
⑤	$\neg(\neg\alpha \to \beta) \to \neg\beta$	(命题内定理)
⑥	$\neg\neg\alpha$	(M)③④
⑦	$\neg\beta$	(M)③⑤
⑧	$\forall x \neg\neg\alpha$	(性质4)
⑨	$\forall x \neg\beta$	(性质4)
⑩	$\forall x \neg\neg\alpha \to (\forall x \neg\beta \to \neg(\neg\neg\forall x \neg\alpha \to \neg\forall x \neg\beta))$	(命题内定理)
⑪	$\forall x \neg\beta \to \neg(\neg\neg\forall x \neg\alpha \to \neg\forall x \neg\beta)$	(M)⑧⑩
⑫	$\neg(\neg\neg\forall x \neg\alpha \to \neg\forall x \neg\beta)$	(M)⑨⑪

第二步 再证 $\neg(\neg\neg\forall x \neg\alpha \to \neg\forall x \neg\beta) \vdash \forall x \neg(\neg\alpha \to \beta)$,

①	$\neg(\neg\neg\forall x \neg\alpha \to \neg\forall x \neg\beta) \to \forall x \neg\alpha$	(命题内定理)
②	$\neg(\neg\neg\forall x \neg\alpha \to \neg\forall x \neg\beta) \to \forall x \neg\beta$	(命题内定理)
③	$\neg(\neg\neg\forall x \neg\alpha \to \neg\forall x \neg\beta)$	(前提)
④	$\forall x \neg\alpha$	(M)①③
⑤	$\forall x \neg\beta$	(M)②③
⑥	$\forall x \neg\alpha \to \neg\alpha$	(K4)
⑦	$\forall x \neg\beta \to \neg\beta$	(K4)
⑧	$\neg\alpha$	(M)④⑥
⑨	$\neg\beta$	(M)⑤⑦
⑩	$\neg\alpha \to (\neg\beta \to \neg(\neg\alpha \to \beta))$	(命题内定理)
⑪	$\neg\beta \to \neg(\neg\alpha \to \beta)$	(M)⑧⑩
⑫	$\neg(\neg\alpha \to \beta)$	(M)⑨⑪
⑬	$\forall x \neg(\neg\alpha \to \beta)$	(性质4)

第三步 最后证 $\vdash (\exists x\alpha \lor \exists x\beta) \leftrightarrow \exists x(\alpha \lor \beta)$.

①	$\vdash \forall x \neg(\neg\alpha \to \beta) \to \neg(\neg\neg\forall x \neg\alpha \to \neg\forall x \neg\beta)$	(演绎定理)(1.1)
②	$\vdash (\forall x \neg(\neg\alpha \to \beta) \to \neg(\neg\neg\forall x \neg\alpha \to \neg\forall x \neg\beta)) \to$ $((\neg\neg\forall x \neg\alpha \to \neg\forall x \neg\beta) \to \neg\forall x \neg(\neg\alpha \to \beta))$	(命题内定理)
③	$\vdash (\neg\neg\forall x \neg\alpha \to \neg\forall x \neg\beta) \to \neg\forall x \neg(\neg\alpha \to \beta)$	(M)①②
④	$\vdash (\neg\exists x\alpha \to \exists x\beta) \to \exists x(\neg\alpha \to \beta)$	(③式的简写)
⑤	$\vdash (\exists x\alpha \lor \exists x\beta) \to \exists x(\alpha \lor \beta)$	(④式的简写)
⑥	$\vdash \exists x(\alpha \lor \beta) \to (\exists x\alpha \lor \exists x\beta)$	(由第二步类似可得)
⑦	$\neg((\exists x\alpha \lor \exists x\beta) \to \exists x(\alpha \lor \beta)) \to$	

$$((\exists x(\alpha \vee \beta) \to (\exists x\alpha \vee \exists x\beta)) \to ((\exists x\alpha \vee \exists x\beta) \leftrightarrow \exists x(\alpha \vee \beta))) \quad (命题内定理)$$

⑧ ⊢(∃x(α∨β)→(∃xα∨∃xβ))→((∃xα∨∃xβ)↔∃x(α∨β))　　(M)⑤⑦

⑨ ⊢(∃xα∨∃xβ)↔∃x(α∨β)　　(M)⑥⑧

(2) 由演绎定理知：只要证 ∀xα∨∀xβ⊢∀x(α∨β). 下证之.

① ∀xα∨∀xβ　　(前提)

② ∀xα→α　　(K4)

③ ∀xβ→β　　(K4)

④ (∀xα∨∀xβ)→((∀xα→α)→(∀xβ→β)→(α∨β))　　(命题内定理)

⑤ α∨β　　(M)①②③④

⑥ ∀x(α∨β)　　(性质4)

(3) 直接证明如下：

① ⊢¬α→¬(α∧β)　　(命题内定理)

② ⊢¬β→¬(α∧β)　　(命题内定理)

③ ⊢∃x(α∧β)→∃xα　　(例题)

④ ⊢∃x(α∧β)→∃xβ　　(例题)

⑤ ⊢(∃x(α∧β)→∃xα)→

((∃x(α∧β)→∃xβ)→(∃x(α∧β)→(∃xα∧∃xβ)))　　(命题内定理)

⑥ ∃x(α∧β)→(∃xα∧∃xβ)　　(M)③④⑤

(4) 分三步证明之.

第一步　首先证明 ∀x(α∧β)⊢∀xα∧∀xβ.

① ∀x(α∧β)→(α→β)　　(K4)

② ∀x(α∧β)　　(前提)

③ α∧β　　(M)①②

④ (α∧β)→α　　(命题内定理)

⑤ (α∧β)→β　　(命题内定理)

⑥ α　　(M)③④

⑦ β　　(M)③⑤

⑧ ∀xα　　(性质4)

⑨ ∀xβ　　(性质4)

⑩ ∀xα→(∀xβ→(∀xα∧∀xβ))　　(命题内定理)

⑪ ∀xα∧∀xβ　　(M)⑧⑨⑩

第二步　再证 ∀xα∧∀xβ⊢∀x(α∧β).

① (∀xα∧∀xβ)→∀xα　　(命题内定理)

② (∀xα∧∀xβ)→∀xβ　　(命题内定理)

③ ∀xα∧∀xβ　　(前提)

④ ∀xα　　(M)①③

⑤ ∀xβ　　(M)②③

⑥ ∀xα→α　　(K4)

⑦ ∀xβ→β　　(K4)

⑧ α   (M)④⑥
⑨ β   (M)⑤⑦
⑩ α→(β→(α∧β))   (命题内定理)
⑪ α∧β   (M)⑧⑨⑩
⑫ ∀x(α∧β)   (性质4)

第三步　最后证⊢∀x(α∧β)↔(∀xα∧∀xβ).
① ⊢(∀x(α∧β)→(∀xα∧∀xβ))→
　　(((∀xα∧∀xβ)→∀x(α∧β))→(∀x(α∧β)↔(∀xα∧∀xβ)))(命题内定理)
② ⊢(∀x(α∧β)→(∀xα∧∀xβ))   (演绎定理)(4.1)
③ ⊢∀xα∧∀xβ→∀x(α∧β)   (演绎定理)(4.2)
④ ∀x(α∧β)↔(∀xα∧∀xβ)   (M)①②③

(5) 直接证明如下：
① ⊢(α→β)→((β→γ)→(α→γ))   (命题内定理)
② ⊢∀x((α→β)→((β→γ)→(α→γ)))   (性质4)
③ ⊢∀x((α→β)→((β→γ)→(α→γ)))→
　　(∀x(α→β)→∀x((β→γ)→(α→γ)))   (K6)
④ ⊢∀x(α→β)→∀x(β→γ)→(α→γ)   (M)②③
⑤ ⊢∀x((β→γ)→(α→γ))→(∀x(β→γ)→∀x(α→γ))   (K6)
⑥ ⊢∀x(α∧β)→(∀x(β→γ)→∀x(α→γ))   (性质3)

(6) 只要证明：∃xα∨∀xβ⊢∀x¬α→∀xβ.
① ∃xα∨∀xβ   (前提)
② ¬∀x¬α∨∀xβ   (①的改写)
③ ¬¬∀x¬α→∀xβ   (②的改写)
④ ∀x¬α→¬¬∀x¬α   (命题内定理)
⑤ ∀x¬α→∀xβ   (性质(3))

21. 证：
(1) 只要证：∃x(α→β),∀xα⊢β.
① ∀xα   (前提)
② ∀xα→α   (K4)
③ α   (M)①②
④ α→(¬β→¬(α→β))   (命题内定理)
⑤ ¬β→¬(α→β)   (M)③④
⑥ ∀x(¬β→¬(α→β))   (性质4)
⑦ ∀x(¬β→¬(α→β))→(∀x¬β→∀x¬(α→β))   (K6)
⑧ ∀x¬β→∀x¬(α→β)   (M)⑥⑦
⑨ (∀x¬β→∀x¬(α→β))→(¬∀x¬(α→β)→¬(∀x¬β))   (命题内定理)
⑩ ¬∀x¬(α→β)→¬∀x¬β   (M)⑧⑨
⑪ ∃x(α→β)   (前提)
⑫ ¬∀x¬(α→β)   (⑪的改写)

⑬ $\neg \forall x \neg \beta$ (M)⑪⑫
⑭ $\neg \beta \rightarrow \forall x \neg \beta$ (K5, x 不在 $\neg \beta$ 中自由出现)
⑮ $(\neg \beta \rightarrow \forall x \neg \beta) \rightarrow (\neg \forall x \neg \beta \rightarrow \beta)$ (命题内定理)
⑯ $\neg \forall x \neg \beta \rightarrow \beta$ (M)⑭⑮
⑰ β (M)⑫⑯

(2) 先证 $\forall x \neg (\alpha \rightarrow \beta) \vdash \neg (\forall x \alpha \rightarrow \beta)$. 证明如下:

① $\forall x \neg (\alpha \rightarrow \beta) \rightarrow \neg (\alpha \rightarrow \beta)$ (K4)
② $\forall x \neg (\alpha \rightarrow \beta)$ (前提)
③ $\neg (\alpha \rightarrow \beta)$ (M)①②
④ $\neg (\alpha \rightarrow \beta) \rightarrow \alpha$ (命题内定理)
⑤ α (M)③④
⑥ $\forall x \alpha$ (性质4)
⑦ $\neg (\alpha \rightarrow \beta) \rightarrow \neg \beta$ (命题内定理)
⑧ $\neg \beta$ (M)③⑦
⑨ $\forall x \alpha \rightarrow (\neg \beta \rightarrow \neg (\forall x \alpha \rightarrow \beta))$ (命题内定理)
⑩ $\neg (\forall x \alpha \rightarrow \beta)$ (M)⑦⑧⑨

再证 $\vdash (\forall x \alpha \rightarrow \beta) \rightarrow \exists x (\alpha \rightarrow \beta)$.

① $\vdash \forall x \neg (\alpha \rightarrow \beta) \rightarrow \neg (\forall x \alpha \rightarrow \beta)$ (演绎定理)
② $\vdash (\forall x \neg (\alpha \rightarrow \beta) \rightarrow \neg (\forall x \alpha \rightarrow \beta)) \rightarrow ((\forall x \alpha \rightarrow \beta) \rightarrow \neg \forall x \neg (\alpha \rightarrow \beta))$ (命题内定理)
③ $\vdash (\forall x \alpha \rightarrow \beta) \rightarrow \neg \forall x \neg (\alpha \rightarrow \beta)$ (M)①②
④ $\vdash (\forall x \alpha \rightarrow \beta) \rightarrow \exists x (\alpha \rightarrow \beta)$ (③的改写)

(3) 先证 $\alpha \vdash \exists x (\alpha \rightarrow \beta) \rightarrow \exists x \beta$.

① α (前提)
② $\alpha \rightarrow (\neg \beta \rightarrow \neg (\alpha \rightarrow \beta))$ (命题内定理)
③ $\neg \beta \rightarrow \neg (\alpha \rightarrow \beta)$ (M)①②
④ $\forall x (\neg \beta \rightarrow \neg (\alpha \rightarrow \beta))$ (性质4)
⑤ $\forall x (\neg \beta \rightarrow \neg (\alpha \rightarrow \beta)) \rightarrow (\forall x \neg \beta \rightarrow \forall x \neg (\alpha \rightarrow \beta))$ (命题内定理)
⑥ $\forall x \neg \beta \rightarrow \forall x \neg (\alpha \rightarrow \beta)$ (M)④⑤
⑦ $(\forall x \neg \beta \rightarrow \forall x \neg (\alpha \rightarrow \beta)) \rightarrow (\neg \forall x \neg (\alpha \rightarrow \beta) \rightarrow \neg \forall x \neg \beta)$ (命题内定理)
⑧ $\neg \forall x \neg (\alpha \rightarrow \beta) \rightarrow \neg \forall x \neg \beta$ (M)⑥⑦
⑨ $\exists x (\alpha \rightarrow \beta) \rightarrow \exists x \beta$ (⑧的改写)

再证 $\exists x (\alpha \rightarrow \beta) \rightarrow (\alpha \rightarrow \exists x \beta)$.

由演绎定理的逆定理知 $\alpha, \exists x (\alpha \rightarrow \beta) \vdash \exists x \beta$. 由演绎定理得 $\exists x (\alpha \rightarrow \beta) \vdash \alpha \rightarrow \exists x \beta$, 再由演绎定理得 $\vdash \exists x (\alpha \rightarrow \beta) \rightarrow (\alpha \rightarrow \exists x \beta)$.

(4) 先证 $\forall x \neg (\alpha \rightarrow \beta) \vdash \neg (\alpha \rightarrow \exists x \beta)$. 证明如下:

① $\forall x \neg (\alpha \rightarrow \beta) \rightarrow \neg (\alpha \rightarrow \beta)$ (K4)
② $\forall x \neg (\alpha \rightarrow \beta)$ (前提)
③ $\neg (\alpha \rightarrow \beta)$ (M)①②
④ $\neg (\alpha \rightarrow \beta) \rightarrow \alpha$ (命题内定理)

⑤ α	(M)③④
⑥ $\neg(\alpha \to \beta) \to \neg\beta$	(命题内定理)
⑦ $\neg\beta$	(M)③⑥
⑧ $\forall x \neg\beta$	(性质 4)
⑨ $\forall x \neg\beta \to \neg\neg\forall x \neg\beta$	(命题内定理)
⑩ $\neg\neg\forall x \neg\beta$	(M)⑧⑨
⑪ $\neg\exists x\beta$	((10)的改写)
⑫ $\alpha \to (\neg\exists x\beta \to \neg(\alpha \to \exists x\beta))$	(命题内定理)
⑬ $\neg(\alpha \to \exists x\beta)$	(M)⑩⑪⑫

再证 $(\alpha \to \exists x\beta) \to \exists x(\alpha \to \beta)$.

① $\vdash \forall x \neg(\alpha \to \beta) \to \neg(\alpha \to \exists x\beta)$	(演绎定理)
② $\vdash (\forall x \neg(\alpha \to \beta) \to \neg(\alpha \to \exists x\beta)) \to ((\alpha \to \exists x\beta) \to \neg\forall x \neg(\alpha \to \beta))$	(命题内定理)
③ $\vdash (\alpha \to \exists x\beta) \to \neg\forall x \neg(\alpha \to \beta)$	(M)①②
④ $\vdash (\alpha \to \exists x\beta) \to \exists x(\alpha \to \beta)$	(③的改写)

22. 解：$F_1^2(x_1, c)$ 表示：

(1) $I \models_\sigma F_1^2(x_1, c)$ 当且仅当 $\sigma(x_1) > 0$，因此可取 σ 为任意一个使得 $\sigma(x_1)$ 为正整数的指派，例如可取 σ 为
$$\sigma(x_i) = i, \quad i = 0, 1, 2, \cdots$$

(2) $I \models_\sigma F_1^2(f_1^2(x_1, x_2), x_1) \to F_1^2(c, f_1^2(x_1, x_2))$ 当且仅当如果 $\sigma(x_1) \times (\sigma(x_2 - 1)) > 0$，则 $\sigma(x_1) \times \sigma(x_2) < 0$. 可取 σ 为任意一个使得 $\sigma(x_1) = 0$ 或者 $\sigma(x_2) = 1$ 的指派，例如可取 σ 为
$$\sigma(x_i) = \begin{cases} 0 & i = 1 \\ 1 & i \neq 1 \end{cases}$$

或者取 σ 为
$$\sigma(x_i) = 1, \quad i = 0, 1, 2, \cdots$$

(3) $I \models_\sigma \neg F_1^2(x_1, f_1^2(x_1, f_1^2(x_1, f_2^1(x_2))))$ 当且仅当 $\sigma(x_1) \times (\sigma(x-1) \times \sigma(x_2) + \sigma(x_1) - 1) \geq 0$. 可取 σ 为任意一个使得 $\sigma(x_1) = 0$ 的指派。

(4) $I \models_\sigma \forall x_1 F_1^2(f_1^2(x_1, x_2), x_3)$ 当且仅当对任意整数 n, $n \times \sigma(x_2) > \sigma(x_3)$. 可取 σ 为任意一个使得 $\sigma(x_2) = 0$ 且 $\sigma(x_3) = -1$ 的指派.

(5) $I \models_\sigma \forall x_1 F_1^2(f_1^2(x_1, c), x_1) \to F_1^2(x_1, x_2)$ 当且仅当如果任意整数都 <0，则 $\sigma(x_1) > \sigma(x_2)$. 而"任意整数都 <0"是假命题，故可取 σ 为任意一个指派.

23. 答：

(1) 真. $I \models_\sigma \forall x_1 F_1^2(f_1^2(c, x_1), c)$ 当且仅当对任意自然数 n, $0 \times n = 0$.

(2) 假. 没有指派 σ 使得 $\sigma(x_1) + 1 = 0$.

(3) 假.

(4) 假.

(5) 真. $I \models_\sigma \forall x_1 \exists x_2 F_1^2(x_1, f_1^1(x_1, x_2))$ 当且仅当对任意自然数 m，存在自然数 n 使得 $m = m + n$.

(6) 假. $I \models_\sigma \forall x_1 \exists x_2 F_1^2(x_1, f_2^2(f_3^1(x_1), x_2))$ 当且仅当对任意自然数 m，存在自然数 n 使得 $m = (m+1) + n$.

(7) 假. $I \models_\sigma \forall x_1 x_2(F_1^2(x_1,c) \to F_1^2(f_1^2(x_1,x_2),x_2))$ 当且仅当对任意自然数 m 和 n, 如果 $m=0$, 则 $m \times n = n$.

(8) 假. $I \models_\sigma \exists x_1 F_1^2(f_3^1(x_1),c))$ 当且仅当对存在自然数 m 使得 $m+1=0$.

24. 证:

(1) 对 $\mathscr{L}$ 的任一个解释 I 和 $\mathscr{L}$ 在 I 中任一指派 σ,
$$I \models_\sigma \exists x_1 \forall x_2 F_1^2(x_1,x_2) \to \forall x_2 \forall x_1 \exists x_1 F_1^2(x_1,x_2)$$
$\Leftrightarrow$ 如果存在 m 使得对任意 n 都有 $\langle m,n \rangle \in \overline{F_1^2}$, 则对任意 u 和 v, 存在 w 使得
$$\langle(\sigma(x_2/u)(x_1/v)(x_1/w))(x_1),(\sigma(x_2/u)(x_1/v)(x_1/w))(x_2)\rangle \in \overline{F_1^2}$$
$\Leftrightarrow$ 如果存在 m 使得对任意 n 都有 $\langle m,n \rangle \in \overline{F_1^2}$, 则对任意 u 和 v, 存在 w 使得 $\langle w,u \rangle \in \overline{F_1^2}$
$\Leftrightarrow$ 如果存在 m 使得对任意 n 都有 $\langle m,n \rangle \in \overline{F_1^2}$, 则对任意 u, 存在 w 使得 $\langle w,u \rangle \in \overline{F_1^2}$. (*)

(*)显然成立, 因为可取 w 为 m. 故 $\exists x_1 \forall x_2 F_1^2(x_1,x_2) \to \forall x_2 \forall x_1 \exists x_1 F_1^2(x_1,x_2)$ 为永真式.

(2) 由可靠性定理, 只要证明 $\forall x_1 F_2^1(x_1) \to (\forall x_1 F_3^1(x_2) \to (\forall x_2 F_2^1(x_2))$ 为 $N_\mathscr{L}$ 的内定理即可.

① $\forall x_1 F_2^1(x_1) \vdash \forall x_2 F_2^1(x_2)$ （换名）

② $\forall x_1 F_2^1(x_1), \forall x_1 F_3^1(x_2) \vdash \forall x_2 F_2^1(x_2)$ （＋）①

③ $\forall x_1 F_2^1(x_1) \vdash \forall x_1 F_3^1(x_2) \to \forall x_2 F_2^1(x_2)$ （→＋）②

④ $\vdash \forall x_1 F_2^1(x_1) \to (\forall x_1 F_3^1(x_2) \to \forall x_2 F_2^1(x_2))$ （→＋）③

25. **证法一** 由于这两个公式都是内定理, 故也是永真式.

证法二 对 $\mathscr{L}$ 的任一个解释 I 和 $\mathscr{L}$ 在 I 中任一个指派 σ,

(1) $I \models_\sigma \forall x(\alpha \to \beta) \to (\alpha \to \forall x \beta)$
$\Leftrightarrow$ 如果 $I \models_\sigma \forall x(\alpha \to \beta)$, 则 $I \models_\sigma \alpha \to \forall x \beta$
$\Leftrightarrow$ 如果 $I \models_\sigma \forall x(\alpha \to \beta)$, 则 $I \models_\sigma \alpha$, 则 $I \models_\sigma \forall x \beta$
$\Leftrightarrow$ 如果对任意 $a \in D_\mathscr{L}, I \models_{\sigma(x/a)} \alpha \to \beta$, 且 $I \models_\sigma \alpha$, 则对任意 $b \in D_\mathscr{L}, I \models_{\sigma(x/b)} \beta$
$\Leftrightarrow$ 如果对任意 $a \in D_\mathscr{L}$, 当 $I \models_{\sigma(x/a)} \alpha$ 时就有 $I \models_{\sigma(x/a)} \beta$, 且 $I \models_\sigma \alpha$, 则对任意 $b \in D_\mathscr{L}, I \models_{\sigma(x/b)} \beta$
$\Leftrightarrow$ 如果对任意 $a \in D_\mathscr{L}$, 当 $I \models_{\sigma(x/a)} \alpha$ 时就有 $I \models_{\sigma(x/a)} \beta$, 且对任意 $a \in D_\mathscr{L}$ 都有 $I \models_{\sigma(x/a)} \alpha$,
则对任意 $b \in D_\mathscr{L}, I \models_{\sigma(x/b)} \beta$. (*)

（因为 x 不在 α 中自由出现）

(*)显然成立. 故 $\forall x(\alpha \to \beta) \to (\alpha \to \forall x \beta)$ 为永真式.

(2) $I \models_\sigma \forall x_1 \forall x_2 \alpha \to \forall x_2 \forall x_1 \alpha$
$\Leftrightarrow$ 如果 $I \models_\sigma \forall x_1 \forall x_2 \alpha$, 则 $I \models_\sigma \forall x_2 \forall x_1 \alpha$
$\Leftrightarrow$ 如果对任意 $a,b \in D_\mathscr{L}$, 都有 $I \models_{\sigma(x_1/a)(x_2/b)} \alpha$, 则对任意 $u,v \in D_\mathscr{L}$ 都有 $I \models_{\sigma(x_2/u)(x_1/v)} \alpha$. (*)

(*)显然成立. 故 $\forall x_1 \forall x_2 \alpha \to \forall x_2 \forall x_1 \alpha$ 为永真式.

26. 答:

(1) 成立. 证明如下:

$\alpha \to \beta$ 在 I 中假
$\Leftrightarrow$ 对 $K_\mathscr{L}$ 在 I 中的任一个指派 $\sigma, I \not\models_\sigma \alpha \to \beta$

⇔对 $K_{\mathcal{L}}$ 在 I 中的任一个指派 σ, $I \underset{\sigma}{\vDash} \alpha$ 且 $I \underset{\sigma}{\nvDash} \beta$

⇔α 在 I 中真,而且 β 在 I 中假;

(2) 成立. 证明如下:

$\alpha \to \beta$ 永假

⇔对 $K_{\mathcal{L}}$ 的任意解释 I 及任一个指派 σ, $I \underset{\sigma}{\nvDash} \alpha \to \beta$

⇔对 $K_{\mathcal{L}}$ 的任意解释 I 及任一个指派 σ, $I \underset{\sigma}{\vDash} \alpha$ 且 $I \underset{\sigma}{\nvDash} \beta$

⇔α 永真,而且 β 永假.

27. 答:

(1) 不一定成立,反例如下:

令 $\mathcal{L} = \{F^1\}$, α 为 $F(x)$,则 $\{F(x)\} \nvDash \forall x F(x)$. 这是因为可取 $\mathcal{L}$ 的一个解释 I 为 $<\mathbb{R}$, $\{\mathbb{R}^+\}>$,其中 $\mathbb{R}^+$ 为正实数集合. $\mathcal{L}$ 在 I 中的一个指派 σ 为:对所有个体变元 x, $\sigma(x_i) = 1$,则 $I \underset{\sigma}{\vDash} F(x)$,但 $I \underset{\sigma}{\nvDash} \forall x F(x)$.

(2) 成立. 证明如下:对 $\mathcal{L}$ 的任一个解释 I,由于 $\vDash \alpha$,故 $I \vDash \alpha$. 由定理 18 知:$I \vDash \forall x \alpha$. 由 I 的任意性知:$\vDash \forall x \alpha$.

(3) 成立. 证明如下:对 $\mathcal{L}$ 的任一个解释 I,设 $I \vDash \{\alpha\}$,则由定义 23 知:$I \vDash \alpha$. 由定理 18 知:$I \vDash \forall x \alpha$. 由 I 的任意性和定义 24 知:$\{\alpha\} \underset{M}{\vDash} \forall x \alpha$.

28. 答:

(1) 不一定成立. 令 $\mathcal{L} = \{F^1\}$, α 为 $F(x)$, $\Gamma = \{\alpha\}$. 则 $\Gamma \vDash \alpha$,但 $\{F(x)\} \nvDash \forall x F(x)$. 理由同第 27 题.

(2) 成立. 证明如下:

(⇒) 对 $\mathcal{L}$ 的任一个解释 I,如果 $I \vDash \Gamma$,由于 $\Gamma \underset{M}{\vDash} \alpha$,故 $I \vDash \alpha$,从而 $I \vDash \forall x \alpha$. 故 $\Gamma \underset{M}{\vDash} \forall x \alpha$

(⇐) 对 $\mathcal{L}$ 的任一个解释 I,如果 $I \vDash \Gamma$,由于 $\Gamma \underset{M}{\vDash} \forall x \alpha$,故 $I \vDash \forall x \alpha$,从而 $I \vDash \alpha$. 故 $\Gamma \underset{M}{\vDash} \alpha$.

29. 答:

令 $\mathcal{L} = \{F^1\}$, $\Gamma = \{F(x)\}$, α 为 $\forall x F(x)$. 则 $\Gamma \underset{M}{\vDash} \alpha$,但 $\{F(x)\} \nvDash \forall x F(x)$. 理由同第 27 题.

30. 证明:

(和谐性) 若存在公式 γ 使得 $T_\sigma(I) \vdash \gamma$ 且 $T_\sigma(I) \vdash \neg \gamma$,由可靠性定理知:$T_\sigma(I) \vDash \gamma$ 且 $T_\sigma(I) \vDash \neg \gamma$ 由于 $I \underset{\sigma}{\vDash} T_\sigma(I)$,故 $I \underset{\sigma}{\vDash} \gamma$ 且 $I \underset{\sigma}{\vDash} \neg \gamma$,即 $I \underset{\sigma}{\vDash} \gamma$ 且 $I \underset{\sigma}{\nvDash} \gamma$,矛盾. 故 $T_\sigma(I)$ 是和谐的.

(极大性) 对 $K_{\mathcal{L}}$ 中的任意公式 α,由于 $I \underset{\sigma}{\vDash} \alpha$ 和 $I \underset{\sigma}{\vDash} \neg \alpha$ 有且只有一个成立,故 α 与 $\neg \alpha$ 中有且只有一个属于 $T_\sigma(I)$. 由定理 30 知 $T_\sigma(I)$ 是极大和谐的.

31. 证:用反证法. 若 $\Gamma \cup \{\alpha\}$ 不和谐,则存在 $\mathcal{L}$ 的公式 γ 使得 $\Gamma \cup \{\alpha\} \vdash \gamma \wedge \neg \gamma$. 由于 $\Gamma \cup \{\alpha'\} \vdash \Gamma \cup \{\alpha\}$,故 $\Gamma \cup \{\alpha'\} \vdash \gamma \wedge \neg \gamma$,与 $\Gamma \cup \{\alpha'\}$ 的和谐性矛盾.

Ⅲ. 补充习题

1. 设 α, β 是 $\mathcal{L}$ 的公式,I 是 $\mathcal{L}$ 的解释,问:

(1) "$\alpha \to \beta$ 在 I 中真当且仅当:α 在 I 中假或 β 在 I 中真"成立么?

(2) "$\alpha \to \beta$ 是永真式当且仅当:α 是永假式或 β 是永真式"成立么?

若回答成立请予证明,若回答不成立请举反例.

2. 设 α 为 $K_{\mathcal{L}}$ 的如下公式 $\exists y \forall x F(x, y) \to \forall x \exists y F(x, y)$. 问 α 是否为永真式? 如回答是,请予证明;若回答不是,请举一个反例.

3. 设 β 为 $K_{\mathscr{L}}$ 的如下公式 $\forall x \exists y F(x,y) \to \exists y \forall x F(x,y)$. 令 β 是否为永真式? 如回答是, 请予证明; 若回答不是, 请举一个反例.

4. 设 α, c 和 y 分别是 $K_{\mathscr{L}}$ 中公式、个体常元和个体变元. 记 α_y^c 为将 α 中出现的所有 c 替换为 y 得到的公式. 试证明: 若 $\vdash_{K_{\mathscr{L}}} \alpha$, 则存在个体变元 y 使得 $\vdash_{K_{\mathscr{L}}} \forall y \alpha_y^c$.

5. 设 Δ 是 $N_{\mathscr{L}}$ 中等价于 Π_2 型前束范式的全体公式组成的集合. 证明: 对任意 $\alpha, \beta \in \Delta$, 存在 $\gamma \in \Delta$ 使得 $\vdash_{N_{\mathscr{L}}} (\alpha \wedge \beta) \leftrightarrow \gamma$.

6. 设 Γ 是 $\mathscr{L}$ 中的一个公式集, α 是 $\mathscr{L}$ 中的一个公式, x 是 $\mathscr{L}$ 中的一个个体变元, c 是 $\mathscr{L}$ 中的一个个体常元, c 不在 $\Gamma \cup \{\alpha\}$ 的任何公式中出现. 试证明: 如果 $\Gamma \vdash_{K_{\mathscr{L}}} \alpha(x/c)$, 则 $\vdash_{K_{\mathscr{L}}} \forall x \alpha$.

7. 设 Γ, Σ 是 $\mathscr{L}$ 中的两个公式集, α 是 $\mathscr{L}$ 中的公式. 已知 $\Gamma \cup \Sigma \vdash_{K_{\mathscr{L}}} \alpha$, 且 $\Gamma \vdash_{K_{\mathscr{L}}} \Sigma$, 证明 $\Gamma \vdash_{K_{\mathscr{L}}} \alpha$.

Ⅳ. 补充习题解答

1. 答:

(1) 不成立. 反例如下: 令 $\mathscr{L} = \{F_1^1, F_2^1, f^1\}$, 取 $\mathscr{L}$ 的一个解释 I 为 $<\mathbb{R}, \{\mathbb{R}^*\}, \{\mathbb{R}^+\} \{\bar{f}^1\}>$, 其中 $\mathbb{R}^*$ 为非零实数集合, $\mathbb{R}^+$ 为正实数集合, $\bar{f}^1$ 是求绝对值函数.

令 α 为 $F_1^1(x), \beta$ 为 $F_2^1(f(x))$. 则 $I \models F_1^1(x) \to F_2^1(f(x))$. 但显然 $F_1^1(x)$ 在 I 中不真, $F_2^1(f(x))$ 在 I 中也不假.

(2) 不成立. 反例如下: 令 $\mathscr{L} = \{F_1^1\}$, α 为 $F_1^1(x), \beta$ 为 $F_1^1(y) \to F_1^1(x)$. 则 $\alpha \to \beta$ 为内定理, 从而 $\models \alpha \to \beta$. 但显然 α 在不是永假式, β 也不是永真式. 因为可取 $\mathscr{L}$ 的一个解释 I 为 $<\mathbb{R}, \{\mathbb{R}^+\}>$, 其中 $\mathbb{R}^+$ 为正实数集合. 则存在指派 σ 使得 $I \models_{\sigma} F_1^1(x)$, 也存在指派 τ 使得 $I \models_{\tau} F_1^1(y) \to F_1^1(x)$ 不成立.

2. 答: α 是永真式, 下证: 对任意解释 I 和指派 $\sigma, I \models_{\sigma} \alpha$.

$I \models_{\sigma} \alpha \Leftrightarrow$ 若存在 $a \in D_I$ 使得对任意 $b \in D_I, <b, a> \in \bar{F}$
则对任意 $c \in D_I$, 存在 $d \in D_I$, 使得 $<c, d> \in \bar{F}$.

可取 d 为 a, 则上述命题成立.

另证: 只要证 $\vdash_{N_{\mathscr{L}}} \alpha$, 则由可靠性知 α 为永真式.

① $\forall x F(x, y) \vdash \forall x F(x, y)$ ($\in$)
② $\forall x F(x, y) \vdash F(x, y)$ ($\forall -$)①
③ $\forall x F(x, y) \vdash \exists y F(x, y)$ ($\exists +$)②
④ $\forall x F(x, y) \vdash \forall + \exists y F(x, y)$ ($\forall +$)③
⑤ $\exists y \forall x F(x, y) \vdash \forall + \exists y F(x, y)$ ($\exists -$)④
⑥ $\vdash \exists y \forall x F(x, y) \to \forall + \exists y F(x, y)$ ($\to +$)⑤

3. 答:

β 不一定是永真式. 反例如下: 令 $\mathscr{L} = \{F^2\}$, $\mathscr{L}$ 的一个解释 I 为 $<\mathbb{N}, \{=\}>$, 其中 $\mathbb{N}$ 为自然数集, $=$ 是 $\mathbb{N}$ 上的相等关系. 则 $I \models \exists x \exists y F(x, y)$, 这是因为任意自然数 m, 存在自然数 n 使 $m = n$; 但 $I \not\models \exists y \forall x F(x, y)$, 因为不存在等于所有自然数的自然数. 从而 β 的前件在 I 中真, 但后件在 I 中假, 故 β 在 I 中假. (注: β 是一个闭公式).

4. 证: 因 $\vdash \alpha$, 故存在 $K_{\mathscr{L}}$ 中的证明序列

$$\alpha_1, \alpha_2, \cdots, \alpha_n (= \alpha)$$

令 y 是不在任一个 $\alpha_1,\alpha_2,\cdots,\alpha_n$ 中出现(无论自由还是约束)的一个变元. 下面对 i 归纳证明：
$\vdash_{K_{\mathscr{L}}} \forall y(\alpha_i)_y^c$.

(1) 当 $i=1$ 时, 则 α_1 是公理. 可对 $K_{\mathscr{L}}$ 的公理逐条验证知 $(\alpha_1)_y^c$ 也是公理. 从而 $\forall y(\alpha_1)_y^c$ 也是公理. 可如下对 (K4) 进行验证.

设 α_1 是 $\forall x\beta \to \beta(x/t)$, 因 y 不在 α_1 中出现, 从而不在 β 或 t 中出现, 也不等于 x, 故 $(\alpha_1)_y^c$ 为 $\forall x\beta_y^c \to (\beta(x/t))_y^c$, 即为 $\forall x\beta_y^c \to (\beta_y^c)(x/t)$, 从而 $(\alpha_1)_y^c$ 也是形如 (K4) 的公理.

(2) 设当 $i<\kappa$ 时, 命题成立, 下证 $i=\kappa$ 时命题也成立.

① 当 α_κ 是公理时, 类似 (1) 可证明.

② 设 α_κ 是由 α_j 和 α_l 用 (M) 得到的, 不妨设 $\alpha_l = \alpha_j \to \alpha_\kappa$. 由归纳假设知: $\vdash \forall y(\alpha_j)_y^c$, $\vdash \forall y(\alpha_l)_y^c$. 故 $\vdash \forall y(\alpha_j \to \alpha_\kappa)_y^c$, 从而 $\vdash \forall y((\alpha_j)_y^c \to (\alpha_k)_y^c)$. 由 (M) 和公理 (K4) 知 $\vdash \forall y(\alpha_j)_y^c \to \forall y(\alpha_k)_y^c$. 因 $\vdash \forall y(\alpha_j)_y^c$, 故 $\vdash \forall y(\alpha_\kappa)_y^c$.

归纳证毕.

5. 证: 设 $\alpha \vdash \forall x_1 \cdots x_k \exists y_1 \cdots y_l \alpha'$,
$$\beta \vdash \forall u_1 \cdots u_m \exists v_1 \cdots v_n \beta'.$$
其中 α 或 β 中不含量词. 根据换名原则:
$$\alpha \vdash \forall x_1' \cdots x_k' \exists y_1' \cdots y_l' \alpha'(y_l/y_l') \cdots (y_1/y_1')(x_k/x_k') \cdots (x_1/x_1'),$$
$$\beta \vdash \forall u_1' \cdots u_m' \exists v_1' \cdots v_n' \beta'(v_n/v_n') \cdots (v_1/v_1')(u_m/u_m') \cdots (u_1/u_1').$$
其中: $x_1', \cdots, x_k', y_1', \cdots, y_l', u_1', \cdots, u_m', v_1', \cdots, v_n'$ 互不相同, 且不在 α 和 β 中出现过.

将上述两前束范式的无量词部分分别记为 α'' 和 β'', 则
$$\alpha \wedge \beta \vdash \forall x_1' \cdots x_k' \forall u_1' \cdots u_m' \exists y_1' \cdots y_l' \exists v_1' \cdots v_n'(\alpha'' \wedge \beta'').$$

令 $\gamma = \forall x_1' \cdots x_k' \forall u_1' \cdots u_m' \exists y_1' \cdots y_l' \exists v_1' \cdots v_n'(\alpha'' \wedge \beta'')$, 则 $\gamma \in \Delta$, 且 $\vdash_{N_{\mathscr{L}}} (\alpha \wedge \beta) \leftrightarrow \gamma$.

6. 证: 分两步证之.

第一步 因为 $\Gamma \vdash_{K_{\mathscr{L}}} \alpha(x/c)$, 故 $\alpha(x/c)$ 在 $K_{\mathscr{L}}$ 中存在在前提 Γ 下的证明序列
$$\beta_1, \beta_2, \cdots, \beta_n (=\alpha(x/c)).$$
令 $\Gamma_0 = \Gamma \cap \{\beta_1, \beta_2, \cdots, \beta_n\}$. 则 $\Gamma_0 \vdash_{K_{\mathscr{L}}} \alpha(x/c)$. 取一个不在 $\{\beta_1, \beta_2, \cdots, \beta_n\} \cup \{\alpha\}$ 中出现的且不为 x 一个个体变元 y. 则
$$\Gamma_0 \vdash \beta_i(c/y).$$
对任意 $i(1 \leq i \leq n)$ 成立. 下对 i 归纳证明之.

(1) 当 $i=1$ 时, $\beta_1 \in \Gamma_0$ 或者 β_1 为公理.

① 若 $\beta_1 \in \Gamma_0$, 则 $\beta_1 \in \Gamma$, 从而 c 不在 β_1 中出现, 故 $\beta_1(c/y) = \beta_1$. 所以 $\beta_1(c/y) \in \Gamma_0$, 从而 $\Gamma_0 \vdash \beta_1(c/y)$.

② 若 β_1 为公理, 则 $\beta_1(c/y)$ 仍为公理. 只对 $\beta_1 = \forall u \gamma \to \gamma(u/t)$ 情形进行讨论. 其中 t 对 u 在 γ 中自由. 此时
$$\beta_1(c/y) = \forall u(\gamma(c/y)) \to (\gamma(u/t))(c/y) = \forall u(\gamma(c/y)) \to (\gamma(c/y))(u/t(c/y))$$
由于 t 不在 β_1 中出现, 也就不在 t 出现, 故 $\beta_1(c/y) = \forall u(\gamma(c/y)) \to (\gamma(c/y))(u/t)$, 仍为公理.

(2) 归纳步骤简单, 略.

故 $\Gamma_0 \vdash \beta_n(c/y)$, 即 $\Gamma_0 \vdash \alpha(x/c)(c/y)$. 从而 $\Gamma_0 \vdash \alpha(x/y)$.

第二步 由于 $\Gamma_0 \vdash \alpha(x/y)$，$y$ 不在 Γ_0 中出现. 故 $\Gamma_0 \vdash \forall y\alpha(x/y)$. 由于 y 不在 α 中出现，故 $\forall y\alpha(x/y) \vdash \forall x\alpha$. 从而 $\Gamma_0 \vdash \forall x\alpha$. 由于 $\Gamma_0 \subseteq \Gamma$，故 $\Gamma \vdash \forall x\alpha$. 证毕.

7. 证：由 $\Gamma \cup \Sigma \vdash_{K_\mathcal{L}} \alpha$ 知：分别存在 Γ 和 Σ 的有限子集 Γ_0 和 Σ_0，使得 $\Gamma_0 \cup \Sigma_0 \vdash_{K_\mathcal{L}} \alpha$.

令 $\Sigma_0 = \{\beta_1, \cdots, \beta_n\}$，则 $\Gamma_0 \vdash_{K_\mathcal{L}} \bigwedge_{i=1}^{n} \beta_i \to \alpha$. 故 $\Gamma \vdash_{K_\mathcal{L}} \bigwedge_{i=1}^{n} \beta_i \to \alpha$. 又因 $\Gamma \vdash_{K_\mathcal{L}} \Sigma$，故 $\Gamma \vdash_{K_\mathcal{L}} \Sigma_0$. 从而 $\Gamma \vdash_{K_\mathcal{L}} \bigwedge_{i=1}^{n} \beta_i$. 从而 $\Gamma \vdash_{K_\mathcal{L}} \alpha$.

注：也可对 $\Gamma \cup \Sigma \vdash_{K_\mathcal{L}} \alpha$ 的证明序列进行归纳证明.